U0334100

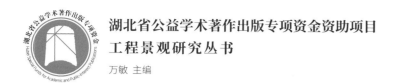

湖北省公益学术著作出版专项资金资助项目

工程景观研究丛书

万敏 主编

环境色彩的学理研究及景观设计实践探索(修订版)

Research of Environmental Color and Practice of Landscape Design

辛艺峰 著

华中科技大学出版社

http://press.hust.edu.cn

中国·武汉

图书在版编目（CIP）数据

环境色彩的学理研究及景观设计实践探索 / 辛艺峰著. — 修订版. —武汉：华中科技大学出版社，2023.10
（工程景观研究丛书）
ISBN 978-7-5772-0228-0

Ⅰ.①环… Ⅱ.①辛… Ⅲ.①景观规划—色彩—环境设计—研究 Ⅳ.①TU983

中国国家版本馆CIP数据核字(2023)第247636号

环境色彩的学理研究及景观设计实践探索（修订版）　　　　　　　　辛艺峰　著

Huanjing Secai de Xueli Yanjiu ji Jingguan Sheji Shijian Tansuo（Xiuding Ban）

策划编辑：易彩萍

责任编辑：易彩萍

封面设计：张　靖

责任监印：朱　玢

出版发行：华中科技大学出版社（中国·武汉）　　　电话：（027）81321913

地　　址：武汉市东湖新技术开发区华工科技园　　　邮编：430223

录　　排：华中科技大学惠友文印中心

印　　刷：湖北金港彩印有限公司

开　　本：787 mm×1092 mm　1/16

印　　张：36.25

字　　数：951千字

版　　次：2023年10月第1版 第1次印刷

定　　价：398.00 元

投稿邮箱：3325986274@qq.com
本书若有印装质量问题，请向出版社营销中心调换
全国免费服务热线：400-6679-118　竭诚为您服务

作者简介 | About the Author

辛艺峰

男,1961 年 11 月生,四川省广安人。华中科技大学建筑与城市规划学院教授和研究生导师、中国建筑学会会员及室内设计分会理事、资深高级室内建筑师、室内设计专家委员会委员、中国工业设计协会会员及首批认定的高级设计师、中国风景园林学会与中国图象图形学学会会员。

1995—2015 年全程负责华中科技大学建筑与城市规划学院环境艺术设计专业、设计学一级硕士授予点与艺术硕士授予点的申报、教学管理与学科建设工作,20 余年来,完成环境艺术设计专业从本科到硕士,再到建筑学一级学科博士授予点下的国内首个"室内设计及其理论"二级学科博士授予点的申报及学科建设任务,为华中科技大学第 12 个学科门类——艺术学科门类的设立做出具有开创性的贡献,其间主持城市环境艺术设计研究室的理论研究与设计创作实践工作。

主要从事城市及建筑内外环境设计专业方面的理论研究、教学、科研与工程设计工作,著有《建筑绘画表现技法》(合著,2001 年)、《建筑室内环境设计》(独著,2007 年)、"建筑室内装饰系列丛书"(5 册,合著、丛书主编,2007—2008 年)、《城市环境艺术设计快速效果表现》(独著,2008 年)、《室内环境设计原理与案例剖析》(独著,2013 年)、《城市细部的考量——环境艺术小品设计解读》(独著,2015 年)、《建筑室内环境设计(第 2 版)》(独著,2018 年)、《城市细节及环境设施设计》(独著,2021 年),专业教材有《商业建筑室内环境艺术设计》(普通高等教育"十一五"国家级规划教材,独著,2008 年)、《室内环境设计理论与入门方法》(普通高等教育"十一五"国家级规划教材,独著,2011 年)、《现代商场室内设计》(本科生教材,独著,2011 年)、《商业建筑内外环境设计》(研究生教材,独著,2013 年)及《室内设计原理》(住建部普通高等教育土建学科专业"十五"至"十四五"规划教材,合著,副主编)等。发表专业学术论文百余篇,出版、展示及完成各类城市及建筑内外环境艺术设计作品与工程项目百余个,已有 50 余篇(个)学术论文、设计作品与工程项目获奖。

前　言

　　人类对色彩的认识有着悠久的历史，早在远古时期，人类就已经懂得运用色彩来装饰自身与周围的环境，以表达内心的情感。纵览人类社会的发展历程可知：人类运用色彩来装饰、美化建筑及环境的历史，和装饰、美化自身及其他一切物品的历史一样源远流长，而且随着不同时代物质与精神、生产与意识等因素的改变而不断地发生变化。

　　就"环境色彩"而言，它是现代色彩学结合空间环境而产生的一个新的色彩探究领域。"环境色彩"一词产生于 20 世纪 60 年代，是基于飞速发展的世界性城市化进程而提出来的。从环境色彩涉及的范畴来看，它不但包含空间实体环境中的自然要素（地理环境、气候条件、植被生物、水体土壤）与人工要素（建构筑物、道路桥梁、服务设施、公共艺术），还包括空间实体环境中的人文要素（风土人情、地域文化、宗教信仰、审美习俗）等的色彩现象。本书从视觉美学与环境文化两个层面来呈现环境色彩探究的意义：视觉美学层面，主要通过空间实体环境中的自然、人工等要素来呈现环境色彩的意义；环境文化层面，主要通过空间实体环境中的人文要素、社会生活的方方面面来呈现环境色彩的气质及其他特质。两者相辅相成、相互补充，共同展现空间实体环境色彩的表现意蕴。

　　若从城市与大地环境来看，构成环境实体的任何景物都不能脱离色彩而存在，环境色彩是空间场所中引人注目、独具特色的景观构成要素。在构成空间场所个性特色的诸多要素中，色彩要素无疑凭借其"第一视觉"的特性而成为环境景观塑造中主要的语言表现形式。如在城市空间中，其环境色彩不仅可在某种程度上直接反映出所在城市市民的文化素质水平和精神风貌，还可展现该城市市民对文明程度与生活品质的追求。因此，就城市空间而言，环境色彩的良好规划与设计既能体现其具体时空，也是改善城市空间环境、提高城市景观品质的一种有效途径。对城市空间中环境色彩规划与设计的探索，即在于以严谨的学术态度、科学方法和艺术探求的精神去发现城市色彩的综合价值，寻找不同城市的色彩特质，为城市景观个性营造具有美学意义的城市色彩环境，以实现环境色彩在美丽中国建设中景观塑造的价值。

　　作为一个从事环境色彩设计教学与科研工作已 40 余年的学者，笔者从 20 世纪 80 年代初即接触到刚引入的色彩构成基础理论与教学训练内容，并以极大的兴趣投入这种感性与理性相结合的色彩理论学习及设计应用的实践探究之中。笔者进入原武汉城市建设学院风景园林系任教以后，在学院图书馆外文阅览室借阅到日本色彩设计家吉田慎吾所著的《環境色彩デザイン——調査から設計まで》原版图书，有机会较早触及"环境色彩"这个亟待开拓的研究范畴。笔者结合所在风景园林与环境艺术设计专业的教学，以及专业不同层级的学科建设和工程设计实践需要，以"环境色彩"为专题进行了持续的探索。

在环境色彩设计理论研究方面，笔者于 1989 年完成的《现代城市景观个性创造的重要因素——城市的环境色彩设计》入选 1989 年中国流行色协会学术交流会会议论文并获优秀学术论文奖，后以《城市景观与环境色彩设计》为题发表在中国流行色协会会刊《流行色》1992 年第 2 期；后有论文《试论现代城市的环境色彩设计》发表在《城市》1995 年第 2 期，《对建筑外观色彩设计的思考与展望》发表在《装饰装修天地》1995 年第 6 期、第 7 期两期，《走向新时期的城市环境色彩设计》发表在《新建筑》1995 年第 4 期；《建筑外部环境艺术设计中的色彩应用研究》发表在《重庆建筑大学学报》2002 年第 5 期；《现代城市环境色彩设计方法的研究》发表在《建筑学报》2004 年第 5 期等。进入 21 世纪以来，伴随着中国城市建设的飞速发展，环境与建筑色彩研究也引起不同领域广泛的关注，中国流行色协会作为中国科学技术协会下的一级学术组织，在过去关注纺织、服装、产品、家装等基础上，开始将目光聚焦于城市空间与建筑造型等环境色彩领域，并在协会下成立了建筑与环境色彩专业委员会，使前期处于摸索阶段的建筑与环境色彩研究逐渐成为社会关注的热点。在笔者主持的华中科技大学城市环境艺术设计研究室，从 2012 年至今，笔者对 21 世纪以来承担工程设计任务中完成的相关建筑环境色彩规划项目进行梳理，先后有《南方喀斯特地区城镇地域特色塑造中的环境色彩设计研究——以贵州荔波县城区为例》（2012 年）、《基于城市滨水区域的环境色彩设计探析——以豫中长葛市清潩河景观带设计为例》（2013 年）、《历史建筑内外环境更新改造中的色彩设计探索——以广东新会茶坑村旧乡府建筑为例》（2014 年）、《"美丽乡村"建设中的乡村环境色彩设计考量——以河南信阳市"狮乡美环"总体规划及美丽乡村重点地段整治设计为例》（2015 年）等近 30 篇环境色彩理论研究与设计应用探索方面的学术论文获中国流行色协会学术年会优秀论文奖，并收录入年会论文集公开出版或在中国色彩领域权威刊物《流行色》发表。这些学术探索从"传统—现代、室外—室内、城市—乡村"等多视角对环境色彩理论与设计应用进行探索，取得了一系列具有价值的理论研究成果。

在环境色彩设计教学探索方面，笔者从 1985 年 9 月起即在武汉城市建设学院（现华中科技大学）风景园林专业一年级"设计初步"课程中进行构成设计教学训练内容引入后的教学探索，经过几年的教学实践，就风景园林专业构成教学中的色彩训练内容而言，笔者深感这种富有理性和创意的基础训练方式对学生掌握现代色彩设计原理及把握建筑空间与风景园林色彩设计的有机联系帮助较大，其教学训练方式具有系统性、独创性、渐进性、启发性与趣味性等特点，满足了风景园林专业基础教学改革与系统构建的发展需要。1997 年 9 月武汉城市建设学院环境艺术设计专业招生后，"构成设计"课程教学训练内容从"设计初步"课程中分离出来单独设课，色彩构成训练内容成为一个完整的板块。笔者基于在环境色彩设计层面的理论探究及工程设计实践方面具有前沿性的思考，还在环境艺术设计专业高年级开设了"环境色彩研究专题"课程，以促进学生在多元化发展背景下对环境色彩理论进行深入学习。另在笔者指导下，先后有《城市地域特色塑造中的环境色彩设计研究——以郑州城市环境色彩设计实践为例》（张倩，2007 年）、《碧海蓝天·绿树红瓦——滨海城市青岛城市环境色彩设计特色研究》（刘海燕，2007 年）、《城市风貌特色塑造中的环境色彩设计方法及应用研究——以河南省平顶山市新城区为例》（杨鑫芃，2018 年）等硕士学位论文通过答辩，展现出在环境色彩设计方面取得的探索性成果。

在环境色彩景观设计实践方面，笔者一是从城市历史风貌及其旧城文化保护区维护层面将环境色彩规划设计理论导入相关工程实践应用，在延续城市历史文脉及维护城市文化风貌方面发挥出重要的作用。其项目包括河南郑州商城及相邻区域城市环境色彩概念设计（2007 年）、山东青岛城市色彩规划研究（2007 年）、贵州荔波县城风貌规划及旧城区主要街道环境色彩保护规划（2008 年）等。二是在城市开发新区整体规划及环境设计创新层面，完成城市开发新区整体规划及环境色彩规划设计，并取得一系列具有探索性的成果，包括河南南阳西峡财富世家住区环境设计（2007 年）、安徽合肥高新区柏堰科技园道路绿化环境色彩规划设计（2008 年）、河南长葛清潩河景观带城市概念性设计（2009 年）、广东珠海主城区道路及广场公共服务设施设置规划设计（2012 年）、湖北十堰房县义乌世贸城规划设计（2013 年）、河南信阳"狮乡美环"美丽乡村重要地段整治规划（2014 年）、河南省平顶山新城区城市风貌及环境色彩规划设计（2017 年）等。三是在城市标志建筑造型及内外环境空间营造层面，完成的设计项目包括湖北武汉东湖国家级风景名胜区梨园大门入口空间环境设计（2000 年）、广东韶关华苑名庭住区外部环境设计（2000 年）、湖北武汉东湖清河桥造型及环境设计（2002 年）、湖北武汉华中科技大学西 12 教学楼建筑内外环境设计（2007 年）等，从而为环境色彩景观营造范围的拓展提供了设计实践探索方面的参照案例。

以上在环境色彩理论研究、色彩教学与工程实践三个方面所做的探索及取得的阶段性成果，无疑为本书撰写起到良好的支撑作用，其中相关的环境色彩理论研究、教学与工程实践应用成果也经重新梳理后，纳入本书各个章节予以呈现。

在本书付梓之际，在此特向所有为本书提供帮助和支持的相关人士表示诚挚的谢意！另外，本书在撰写中参考的设计案例在文后用表格列出，在此予以说明并致谢。一本著述的完成实属不易，书中若有不当之处，还诚望读者及同仁给予批评和斧正。笔者从 20 世纪 80 年代触及"环境色彩"这个具有探索性的研究课题，见证了国内"环境色彩"研究从初始时的寂寞至今日的繁华，可谓感慨万分。环境色彩作为城乡景观及地域特色塑造中的重要一环，其理论研究与实践探索需要以更加宽广的学术视野、科学精神及艺术追求来展现独有的综合价值，以在走向未来的征程中，将明天的城市与大地环境色彩景观渲染得更为绚丽多姿。

目　　录

导论　环境色彩设计与城市景观个性的创造 [1,2]

20 世纪 60 年代初期，随着改善城市生活环境问题的提出，学界萌发了对城市环境行为问题的研究。众多社会学家、生态学家、心理学家、地理学家、人类学家和城市设计师在各自的研究领域对人类生活形态及改善城市居住环境的问题进行了广泛的研究和探讨，并从人的环境行为研究中发现，美学中的"形"和"色"的构成是影响城市景观环境的两个极为重要的因素。于是，在城市建设的诸多问题中，提出了景观的个性创造和环境色彩设计问题（图 0-1）。

图 0-1　城市景观个性创造和环境色彩设计

城市景观的个性特色和环境色彩是城市内在素质的外部表象。从广义上来说，它与人类文明的进程有密切联系；从狭义上来说，人们最初感受到的城市形象就是景观和空间。改善城市景观是现代城市建设中的几个关键问题之一，其重点是协调三度空间内环境与人的活动的关系，具体目标有三个，即合理发挥城市的使用功能，建设高质量的城市环境，建立有表现力的、易于识别和理解的城市形象。根据环境行为研究，愉悦的城市景观环境主要由两个因素组成，这就是实质设施上的视觉美感的满足和场所特性上的心智认同。

城市景观的实质要素包括四个内容，即自然景观、文化古迹、建筑物体和市政公共设施（图 0-2）。自然景观主要是指山、水、树木、草地以及绿化栽培等，文化古迹主要是指历史遗留下来的具有文化价值的某些街区、建筑文物和具有纪念意义的设施等，建筑物体主要是指街面连接的商店、工厂、住宅以及其他各种建筑物的屋顶天际线、房屋的立面形象及细部要素等，市政公共设施主要是指城市的广场、公园、道路设施、路面铺装、河道、交通塔标、告示牌、路灯、旗杆、水池、雕塑、花台、椅凳、电话亭、邮筒、垃圾箱、停车场、人行天桥、地下通道的出入口、各种标志、户外广告、橱窗及公共车辆和站台设施等。城市景观环境的色彩设计

1　辛艺峰.现代城市景观个性创造的重要因素——城市的环境色彩设计［C］// 中国流行色协会学术论文集，1989：10.
2　辛艺峰.城市景观与环境色彩设计［J］.流行色，1992（4）：5-7.

图 0-2　城市景观个性创造中的环境色彩设计

正是围绕这些方面的视觉美感要求提出来的，而色彩恰恰具有视觉美感上最易辨认和理解的标识作用，从而达到场所特性上的心智认同。

　　城市环境色彩处理的好坏直接影响到城市景观的个性特色塑造，如英国伦敦市内的红色双层巴士与古老黯淡的灰绿色建筑物背景构成了伦敦城市特有的风貌；澳大利亚海滨城市悉尼的悉尼歌剧院，白色的建筑立面与蔚蓝色的海滨环境构成典型的热带海滨城市景观。所以具有景观价值的城市环境色彩是城市形象最具感染力的视觉信号。许多国家的经验证明，城市景观环境色彩设计首先要调查城市色彩的现状，即了解城市色彩的地理环境、风土人情和文化特征（图0-3）。由于地域不同，城市景观的形成也各有区别。一般来说，城市环境，包括建筑物所涂饰的色彩，都富有地方性，并带有民族文化的印记，所以了解色彩的风土民俗以及城市的历史、文化和未来发展前景，是构建城市景观个性特色不可忽视的因素。

　　目前，国际上对于城市环境色彩的调查一般都采用由法国巴黎三度空间色彩设计事务所让·菲利普·郎科罗和日本CPC机构共同确立的方法，并结合各国的具体情况进行，其步骤分六个方面。

图 0-3 城市景观的个性特色塑造

1. 英国伦敦市内的红色双层巴士成为展现城市风貌特有的标识;
2. 悉尼歌剧院白色的建筑立面与蔚蓝色的海滨环境成为悉尼的标识色彩

①调查的基本计划的确立 / 调查对象的确定。

②预备调查——调查对象摄影 / 对象物的采集。

③测色对象色彩分布状态的把握 / 对象色彩整理。

④调查用色标的制作。

⑤实际调查——在现场利用色标测色 / 现场记录 / 调查状况及状况记录。

⑥现场记录的色标化与照片的对照 / 对色彩一览表的制作 / 色标的测色计算成孟塞尔数位 / 孟塞尔色度图的制作。

根据以上方法获得资料,再将材质、面积比率、地方发展方向以及市民意识等因素进行综合考虑,然后提出这个城市的环境色彩设计计划。

在这方面,法国巴黎的三度空间色彩设计事务所走在世界前列,设计师不仅对法国一些主要城市的环境色彩作出计划,而且计划在全国进行调查,以便对法国的整体环境进行色彩规划。在日本,CPC 机构完成了东京的城市环境调查,又对神户、川崎等城市作出了环境色彩的分析,对西条、广岛的景观色彩进行调查,并在此基础上思考下一步的设计(图 0-4)。

进行城市环境色彩设计一般除了按照色彩设计的基本原则进行,还要结合城市景观的个性特色进行综合考虑。当然,现代色彩的思维方式也不可忽视,这对于创造一个有个性的和有时代感的环境色彩非常必要。在具体制订计划时,有三个因素必须考虑,即环境色彩的思考因素、组配方法及现场测试。

在进行环境色彩设计之前,有几个问题必须落实:设计方案中将使用多少种颜色?多大的面积才有色彩变化?同一种颜色将重复使用多少次?这些都与城市景观的造型、大小、表面品质有关。

色彩的组配则以协调为原则,也就是同一颜色或同一色调形成的一致性,同一色系和相近色调形成的相关性,不同色系和互补色彩形成的协调对比。根据这些原则设计出来的城市环境色彩才会是和谐的。

图 0-4　法国及日本相关机构完成的城市环境色彩景观调查与规划设计成果

　　在完成环境色彩设计计划以后，设计的图面作业暂时告一段落，接下来就是现场测试。将设计出的几套色彩方案做成色标放入基地现场，在现场的光线下以基地为背景，用照相机从不同的角度拍摄照片，从中衡量哪一套方案最有利于创造城市景观和个性，从而进行取舍。

　　当然，城市景观环境的色彩设计可以通过周密的考虑达到设计程序的理想化。但是，能否实现并达到预期效果，还取决于材料和色料的选择。所以，改善城市环境色彩的一个比较根本的问题是建筑材料和色料的开发研究。只有应用多样化的材料和色彩，才有可能实现富有个性的城市景观。

　　制定严格的城市环境色彩管理体制是塑造良好的城市形象的根本保障。城市景观出现混乱现象，除了环境污染，杂乱无章的色彩设施也是一种严重的视觉公害。所以除了实现有个性特色的景观环境色彩，对城市环境色彩的规范管理，以控制无秩序的城市色彩泛滥也是必需的。例如交通管制、公共空间都需要确立一些对人的行为进行管理和制约的标志，作为注意、限制、禁止和区分安全、生产等行为导向的认知信号。尤其对城市中特有的交通工具、特殊的建筑物、公共设施、广告色彩、夜间的灯光照明等，更有必要进行统一管理，促使相关行业予以实施，这是构建愉悦的城市环境必不可少的手段。此外，加强这方面的宣传和指导，提高市民的色彩修养，调动市民参与管理，也是一件提升城市景观环境质量的意义深远的社会工程（图 0-5）。

图 0-5　国内外城市环境色彩设计

1. 澳大利亚堪培拉国家博物馆的建筑群造型色彩设计实景；
2. 中国广东深圳市华强北路的城市环境色彩设计实景

　　美国建筑师伊利尔·沙里宁曾经说过："让我看看你的城市，我就能说出这个城市居民在文化上追求的是什么。"事实确实如此，尽管不少人没有意识到这一点，但他们的文化素质和追求的趣味都能通过城市面貌暴露无遗。

　　城市是一本打开的书，是人们为自己编织的摇篮。当我们去探访一个陌生的城市的时候，留给我们最深的印象和感受就是这个城市特有的个性和魅力。我国数十年经济建设和改革的成功，已为现代城市景观环境的色彩设计积累了不少经验。人民正在从温饱型的生活逐渐向小康型生活过渡，环境意识的出现和文化精神的渴求，将对创造中国城市新的生活图景起到推动作用。中国城市景观环境的色彩设计是一项方兴未艾、充满希望的事业，在现代城市建设的发展过程中，有必要加快城市景观环境色彩的研究和治理进度，色彩学科的介入必将对这一事业的发展起促进作用，这也是人类文明发展之必然。

第一章　色彩学的基本理论

色彩是什么？是太阳神头顶上的光环，是宇宙万物的衣裳，是大自然脸颊的红晕，是人类心灵的颤动。

自从人类在这个蔚蓝色的星球诞生以来，色彩就以它那绚丽多姿、变幻莫测的魅力，吸引着人们永不休止地去探索它那神奇的奥秘，并为今天的人类社会创造出一个五彩缤纷的色彩世界（图1-1）。

图1-1　五彩缤纷的色彩世界

色彩和人类的生存及生活息息相关，它的发展不仅伴随着人类历史和文明前进的征程，而且还扩展与深入人类的衣、食、住、行、用、玩等各个层面，成为当代人类文化不可分割的重要组成部分。就人类对色彩的认知而言，色彩作为人类认识世界、感知世界不可或缺的媒介，很早就为人类所认知，并作为一种手段表达出人们的信念、期望和对未来生活的美好憧憬。而人类对色彩的认知是通过视觉，即人的眼睛，来接收有关形状、色彩等的信息，并反映到人的头脑中，经过联想形成一系列与之相关的属性判断，诸如体积、材料、性质、用途等，其视觉中心则主要集中于"形"与"色"两方面，其中形即形体，色即色彩。大量的视觉测试实验表明：在正常光照的情况下观察物体，测试一开始，视觉对色彩的敏感力约为80%，对形体的敏感力约为20%，且持续20秒，2分钟后，视觉对色彩的敏感力降到约为60%，对形体的敏感力升到约40%，5分钟后达到平衡。由此我们可以确认：色彩是人们视觉感官上的第一因素，利用色彩的这种特殊性质进行色彩现象与本质等层面的探究，对色彩学的学科发展与人们未来美好生活的创造具有重要的建设意义及应用价值。

第一节　色彩学的内涵与演进

一、色彩学的本质内涵

　　色彩学（color science）作为研究色彩产生、接受及其应用规律的科学，是以光学为基础，涉及物理学、化学、生理学、心理学、美学、社会学、文艺学、文化人类学与宗教学等的综合学科，也是一门需要进行跨学科研究的学科。对色彩学的探究则是人类对色彩认知的知识总汇，其理论研究成果均在色彩设计创作与推广应用中发挥出极为重要的作用。

　　我们知道，人类对自然界的认识源于各种感官体验，其中人们对自然界和人类社会的感受主要来自视觉。在"看"的过程中，人们的眼睛可以捕捉到许多细微的变化，对千千万万个不同的物体作出识别，这一切都离不开自然界千变万化、丰富多彩的色彩现象。大自然中的一切物体皆有颜色，只是色彩的本质内涵是什么呢？

　　古希腊哲学家则农认为："色彩是物质的最初形式。"

　　古希腊学者阿里斯妥太来斯在《泰奥菲拉斯图斯的色彩学》一书中认为色彩是"光投射在物体上而使该物体有色；光变化，物体的色也随之变化"。

　　中国先秦思想家孟子在解释人的声色之本性时说："口之于味也，有同耆焉；耳之于声也，有同听焉；目之于色也，有同美焉。至于心，独无所同然乎？心之所同然者何也？"由此可见，人的色彩本性同在人类原始色彩本能之中。

　　在先秦时期的史学钜编《左传》中即有"天有六色，发有五色，征为五声，淫生五疾"的论述，提出"五色"之说并与"五行"联系在一起，认为"五色"是色彩本源之色，是一切色彩的基本元素。五行结合生百物，五色结合生百色，五色论完全符合五行论的理论。

　　19世纪德国哲学家格奥尔格·威廉·弗里德里希·黑格尔认为："颜色感应该是艺术家所特有的一种品质，是他们所特有的掌握色调和就色调构思的一种能力，所以是再现想象力和创造力的一个基本因素。"

　　瑞士色彩学家约翰内斯·伊顿在《色彩艺术》一书的序言中写道："色彩就是生命，因为一个没有色彩的世界在我们看来就像死的一般。色彩是从原始时代就存在的概念，是原始的无色彩光线及其相对物无色彩黑暗的产儿。正如火焰产生光一样，光又产生了色彩。色是光之子，光是色之母。光——这个世界的第一个现象，通过色彩向我们展示了世界的精神和活生生的灵魂。"

　　日本文艺评论家小林秀雄在《近代绘画》一书评论莫奈的一章中说："色彩是破碎了的光……太阳的光与地球相撞，破碎分散，因而使整个地球形成美丽的色彩……"

　　在美国1995年版的《美国百科全书》中，对色彩的解释："色彩是光进入人眼的视网膜所产生的感知。这里的光可以是光源所发出的直射光，也可以是反射光……颜色感知取决于不同波长的光对眼睛不同程度的刺激。"

　　在上海辞书出版社1989年出版的第四版《辞海》中对色彩的注释："由于光的作用及各种

物体吸收光和反射光量的程度不同而呈现出复杂的色彩现象。"

在中国大百科全书出版社2004年出版的《中国大百科全书——美术Ⅱ》中对"色"的解释："光刺激眼睛而产生的视感觉，一切光源都含有色素成分；自然界中的一切色彩都是在日光和白光的映射下形成的。"

中国国家标准《颜色术语》（GB/T 5698—1985）中将色彩表述为："色是光作用于人眼引起除形象以外的视觉特性。"

由上述解释可以看出，色彩的形成与三个因素有关，即光、眼睛与物体，首先是光的存在，其次是眼睛的感知，再次为大脑视觉中枢产生的一种感觉（图1-2）。而光是客观存在的，眼睛与大脑是主观感受的，因此色彩现象是一种同时融合了客观存在和主观感受的复杂现象，对色彩的研究既需要对它进行定性、定量的科学研究和评价，也要兼顾因人而异的生理、心理感受。只是人们对色彩的认识往往依靠的是直观的感受，而忽视对色彩光学理论的深入探究，对色彩的本质内涵也缺乏理性认识，从而导致在色彩的表达上只能被动地依靠对生活的观察、感悟、视觉经验的积累来进行色彩艺术创作，缺乏对色彩进行再认识的过程，从而在色彩艺术表现上出现缺失与创造。引入色彩光学理论体系进行色彩的理性思考，即可对色彩的认识、发展起到推动作用，但也应预防极端理性与概念化弊端的出现。这是因为人们对色彩的认识是一个从感性到理性的认识过程，即从具象演变到对抽象形态符号的提炼，既要有艺术的感知，又需要有科学和理性的考量，并由此提升对色彩学本质内涵的认知水平。

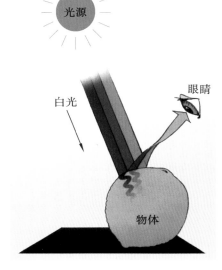

图1-2　人们感受色彩现象的三个基本条件

二、色彩学的历史演进

人类对色彩的感知可以说与人类自身的历史一样漫长，色彩作为人类认识世界、感知世界不可或缺的手段之一，很早就为人类所感知。随着人类自身的进化，人类对色彩的认识也逐渐深入，并开始有意识、有目的地对色彩进行探究，从而推动了色彩学的发展，使之成为人类文明的重要成果之一。

（一）人类早期对色彩的感知及认识

从色彩演变的历史来看，色彩可说是在历史久远的远古时期就被人们所认识的概念。当时，人类的生产技术水平较为低下，只是初步掌握了很少种类的色彩材料和粗浅、简单的使用方法，色彩多以装饰功能出现。诸如在法国丰·德·高姆洞发现的旧石器时代古象和野牛壁画，西班牙桑坦德附近阿尔塔米拉洞窟的野牛壁画与北非阿杰尔高原上中石器时代的岩画。原始先民在制作这些壁画时，开始掌握以矿石、动物材料为颜料绘制岩画的技术，且多使用赭石矿石研磨出的红、黄、棕三种颜色来描绘，以木炭为黑色，以动物脂肪、血液为调和剂，从而渗透人类最真诚的激情、冲动与活力（图1-3）。

图1-3　人类在历史久远的远古时期对色彩的感知及认识

1. 西班牙桑坦德附近阿尔塔米拉洞窟的野牛壁画色彩；
2. 北非阿杰尔高原上中石器时代的岩画色彩

　　另在距今约3万年的中国北京地区山顶洞人遗址中，据考已出现了具有明确装饰作用的染色文化迹象，主要染料为赤铁矿粉。公元前5000年至公元前1000年，人类对色彩的应用技术有了进一步的提高，并能运用更多的颜色材料模拟与再现现实，制作工艺品或绘制各类画作。如古埃及人在建筑中开始使用纯度较高的装饰性色彩，在陵墓壁画中的鸟、兽等动物身上已经开始运用灰度适当的色彩。另在中国云南沧源佤族自治县发现距今3000多年新石器晚期绘制在海拔1000～2000米石灰岩崖上的原始崖画，画面多为表现佤族先民狩猎、舞蹈、战争、采集、放牧、建筑、祭祀等场面，崖画彩绘所用赤铁矿粉与动物血调和绘成的暗红色尚能保持几千年不褪色，在今天仍熠熠生辉（图1-4），可见色彩作为一种图像识别性的视觉语言，在远古时期已经被人类掌握和使用。

图1-4　远古时期的色彩

1. 北京地区山顶洞人遗址中岩画色彩，据考已出现的染料为赤铁矿粉；
2. 云南沧源佤族自治县在海拔1000～2000米石灰岩崖上所绘原始崖画色彩为赤铁矿粉与动物血调和而成

而在甘肃秦安县五营乡邵庙村东大地湾已发掘出 200 多座房屋遗址，在其晚期的遗址中发现平地建的房屋。如编号 F901 的房址据推测为中国目前年代最早、规模最大的宫殿式建筑，由主室、东西两侧室和后室、门前附属物构成，总面积为 420 平方米，宫室内外墙面皆用黄泥抹光，使之表面坚实且平整。这种做法显然是为了实用，并具有一定的装饰效果（图 1-5）。另外，新石器时期的千余处遗址中出土的彩陶器物，分布范围几乎遍布全国，彩陶器物的色彩由于土质的不同，入窑烧制后也呈现出红、黑、棕、白等各异的颜色。

图 1-5　甘肃秦安大地湾编号 F901 房址

（二）色彩文化符号与民俗性的形成

中华民族是世界上最早懂得使用色彩的民族之一，在公元前 11 世纪后就逐渐形成了五行、五方、五色学说，确立了色彩结构，以黄、青、赤、黑、白五色为正色，与五行中的土、木、火、水、金相联系，把中国人关于自然宇宙、伦理、哲学等多种观念融入色彩的使用中，形成独树一帜的中国传统色彩文化观念，并在政治文化、社会礼仪及衣食住行上都扮演了重要的角色，其色彩成为划分地理方位和族群的形象符号。上到统治阶级，下至黎民百姓，无不以五色作为用色基准，并使之法典化，在一定程度上成了尊卑的标志和某种权力的象征。

据史书《周礼》记载："画缋之事，杂五色。"这是目前中国最早关于"五色观"色彩理论的记载，由此也为中国传统色彩的美学观念的形成奠定了基础。所谓"五色"，即"青、赤、黄、白、黑"。其中，"青色为主，生物生长之色；红色为赤，太阳之色；黄色为光，日光之色；白色为启，如同化水之色；黑色为晦，如同昏暗之色"，且以五色象征五行与天下五方的传统文化观念。"五色"还代表五种物质元素，也用其表现时间（季节）关系及空间关系，具体所指如图1-6所示。

而黑、白、青、赤、黄五色本身也确实是对光学三原色和黑、白无彩色的正确概括，也说明此时人类对于色彩全光谱的结构有了基本的认识。从西周到春秋、战国时期形成的"五色"系统广泛流行，标志着古代中国占统治地位的色彩审美意识已从原始观念的积淀中获得独立的审美意义。

"五色"系统的建立对于推动古代色彩科学技术的发展和色彩艺术的繁荣起到了非常重要的作用。五色的发现和色彩混合规律的掌握，大大丰富了色彩的色谱和艺术表现

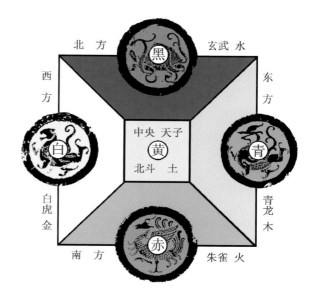

图1-6 五行、五色与五方的构成关系图

力。从此，人们从原始的自然单色概念中解放出来，走向色彩艺术创造的多元化，使色彩的装饰应用更广泛地进入社会生活，并注入了奴隶社会和封建社会的文化内涵，如商周时期奴隶制等级制度和宗教礼仪非常严格，色彩用作尊卑的标志，成为"明贵贱，辨等级"的工具，以维护统治阶级的利益。其后，"五色"系统在绘画和建筑活动中也都有所体现和划分。据《礼记》记载："楹，天子丹，诸侯黝，大夫苍，士黈。"即帝王的房屋柱子用红色，诸侯用黑色，一般官僚用青色，至于百姓只能用土黄色。除了统治阶级对"五色观"的推动作用，更多的因素还源自民间，烧陶与冶铜术的发明使其得到较广的应用。

另在公元前1000年至公元前612年，两河流域亚述时期的祭祀建筑设计中出现了用红、白蓝、褐、黑、银白、金黄的色彩次序作为祭坛建筑的等级划分，表示色彩作为一种划分事物层级的抽象符号已经产生。这个时期各个主要文明区域都在色彩基础符号、色彩材料技术上逐渐形成了各具特点的地域色彩系统。

（三）色彩的科学认知与其审美意蕴

在色彩的科学认知层面，古希腊哲学家苏格拉底在同当时的艺术家们讨论艺术时曾说："绘

画是对所见之物的描绘，（画家）借助颜色模仿凹陷与凸起、阴影与光亮、坚硬与柔软、平与不平，准确地把它们再现出来。"从中我们能够看出当时的画家已经观察到了光与色的关系，掌握了光与影的画法。从古希腊出土的陵墓壁画中，已经可以清晰地看到画家在起稿的时候对人物身体、服装衣褶的光影效果表现，可见当时的画家已经观察到了光与色的关系，掌握了光与影的画法。在其后的古罗马壁画中，画家已经发现了不同背光环境下的色彩变化并运用在作品中。另在公元前2世纪至公元前1世纪的罗马绘画里，出现了圆雕式的光影描绘，尤其是人物出现了投影，但光源是不统一的，透视法也没有发现唯一的消失焦点。同时，人物的肌体及服装衣褶的立体表现仍离完美成熟尚远，多数还是停留在凹凸起伏的塑造上（图1-7）。

图1-7　科学地认知色彩

而在色彩的审美探索层面，色彩审美就是指对视觉感受的美感评价与接受，要使之得到比较好的美感评价，就必须有意识地进行色彩设计。东汉著名经学家、文字学家许慎在《说文解字》里记载了汉代为人所熟知的39种色彩名，由此可以窥见当时染色和绘画使用的颜料已很丰富，并成为进行色彩设计的必要条件。在我国南朝刘宋时期的历史学家范晔编撰的记载东汉历史的纪传体史书《后汉书》中作为"礼仪志"的补充的"舆服志"中，便对当时规定的不同级别、时间、应用场合的车舆装饰、冠带、绶带、佩饰、服装等色彩规范设计做了详细的记录。如《后汉书·志第三十·舆服下》所记："公主、贵人、妃以上，嫁娶得服锦绮罗縠缯，采十二色，重缘袍。特进、列侯以上锦缯，采十二色。六百石以上重练，采九色，禁丹紫绀。三百石以上五色采，青绛黄红绿。二百石以上四采，青黄红绿。贾人，缃缥而已。"以此可以推断这时在色彩搭配的美感层面已具有较高的水平。

从汉代到明清时期，中国古代的卷本绘画在画面色彩运用上可说是独树一帜，即注重墨色的使用。早在魏晋南北朝时期，东晋画家顾恺之在《论画》一文中曾记叙过当时绘画设色技法的程序："竹、木、土，可令墨彩色轻而松竹叶浓也。凡胶清于彩色，不可进素之上下也。"他提出了墨色与浓厚色彩之间的分离运用经验。唐代画家、绘画理论家张彦远在他所著述的《历代名画记》中也说："山不待空青而翠，凤不待五色而綷，是故运墨而五色具，谓之得意。意在五色，则物象乖矣。"这表示他主张重用墨色，慎重使用浓丽色彩。宋代以后，中国画设色的重墨轻色观点非常流行，画面色彩经历了从古朴到绚丽到清淡，并实践了"随类赋彩"的法则，形成了中国画独有的色彩语境（图1-8）。

图 1-8 北宋王希孟《千里江山图》画卷（局部）

　　而中国古代山水画的用色对中国古代造园也有较大影响，明代造园家计成在《园冶》中述"巧于因借、精在体宜"的要则，园林建筑墙面多用白色粉刷，"鄙于巧绘"，色彩则多借用材料的本色，由此形成了明清之际江南园林与水墨山水画意境相融的设色效果。

　　公元 4 世纪至 14 世纪是欧洲中世纪时期。公元 330 年，罗马迁都于拜占庭，于是迎来了拜占庭文化发展时期。拜占庭文化由古罗马遗风、基督教和东方文化三部分组成，其中在基督教教堂装饰中多以小块彩色玻璃和石子镶嵌而成的绘画作品进行建筑及室内装饰。这种装饰绘画将色彩的明度对比与整体纯度值提高，加上与琐碎的线条分割构图，创造出一种无与伦比的华丽、浪漫的色彩设计风格。受这种传统镶嵌画色彩设计风格的影响，中世纪后期的哥特式绘画艺术在色彩运用中多采用深暗而强烈的色彩，如以蓝色为背景，以墨绿、金黄为主色调，以紫罗兰等色为补色，以褐色和桃红色来表现人体，其色彩表现效果也更加强烈（图 1-9）。

　　而著名医生阿尔韦托·马格诺在中世纪发表的关于颜色的论著至今仍有非常珍贵的意义。直到 15 世纪，意大利画家对更为科学、高妙的立体技巧有了系统的发明和总结——产生了焦点透视法和统一光源法，后在文艺复兴时期传播到欧洲其他地区。对于人类来讲，这是一个非常重要的进步。人类发现了现实世界色彩的明度变化来自光线照射角度的变化，并感受到了色彩对于空间塑造的重要作用（图 1-10）。

图 1-9 欧洲中世纪基督教教堂的建筑及室内装饰，以及哥特式绘画艺术中表现强烈的色彩运用效果

图 1-10 列奥纳多·达·芬奇创作的壁画《最后的晚餐》

（四）色彩理性探究与表现上的超越

在色彩学发展的历史上，17 世纪至 19 世纪人类对光学、色彩学的认识进入了一个理性探究的重要时期。早期的研究者如开普勒、笛卡儿、牛顿等人，一直致力于探讨光和颜色的理论问题，并由此证明色彩是色光为主体的一种客观存在。从色彩学理论研究来看，色彩学首先是关于光、色的物理科学研究，其次是关于人类视觉规律的生理学与心理学研究，再次是关于色彩材料应用的光学、化学与数字科技研究。在上述学科研究的基础上形成了色彩学领域三百多

年来积累的学科探究框架与理论成果。

　　1666 年，英国物理学家牛顿利用太阳光进行了著名的"光的色散"实验，用事实证实了白光是由红、橙、黄、绿、青、蓝、紫序列的不同色光复合而成的结论，并于 1704 年出版了《光学》一书，颜色的本质由此逐渐得到正确的解释，并为色彩学奠定了科学的发展基础（图 1-11）。其后，卢·布隆、乔治·帕勒墨等物理学家陆续发表了色彩减法混合三原色的发现和色彩、色觉、三原色等色彩分类的研究成果。这些物理科学的科研成果对人类认识色彩的本质起到了最关键的作用。

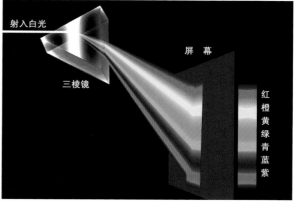

图 1-11　英国物理学家牛顿利用太阳光进行了著名的"光的色散"实验

　　1725 年，德国解剖学教授舒尔兹发现了光对银盐物质的作用，法国画家达盖尔和英国科学家塔尔伯特发明了摄影法，以及 1873 年后，在人们陆续发现有机染料与卤化银乳剂合成物的多感色性（蓝色除外）后，人类对色彩的认识、研究更是进入了一个崭新的时代（图 1-12）。

图 1-12　人类对色彩的认知

　　1810 年，德国文学家约翰·沃尔夫冈·冯·歌德出版了《色彩论》一书，全书阐述了色彩论的沿革，并对牛顿的宇宙机械观理论提出批判，认为牛顿的光谱理论并不具有普遍的真理价值。尽管历史学家通常将歌德的这种质疑看成是特定历史时期浪漫主义诗学对抗物理学的一个插曲，但其强调眼睛作为一个器官在颜色感知中的角色地位，无疑拓展了色彩研究的维度。与此同时，德国画家菲力普·奥托·龙格发表了用球体色标表示的色彩系统，这是最早的色彩立体系统研究，表明画家也在参与光色自然规律的研究。

　　19世纪下半叶，色彩学研究的著作开始出现，如法国薛夫鲁尔的《色彩和谐与对比的原则》，书中深刻揭示了色彩的同时对比法则，有关色彩调和、色彩对比的观点对后来的印象派画家产生了很大的影响。德国生理学家赫林发表心理四原色理论，提出"对立色"的理论模型。美国物理学家卢德的著作《现代的色素》一书中所谈及的关于光色视觉知觉科学视野中的色彩调和与同时对比原理，以及法国浪漫主义画派的代表人物欧仁·德拉克洛瓦在所绘《自由引导人民》和《十字军进入君士坦丁堡》等作品中体现出来的"固有色在阴影中和在高光下的变化以及色彩的对比关系"。英国画家透纳首先在作品中用色彩冷暖的关系去发现、表现自然中的光色和大气的效果等。这些理论均对印象派和后期印象派画家们色彩表现探索产生了重要的影响（图1-13）。

图1-13　名画中对色彩关系与效果的表达

　　在色彩的表现上，19世纪七八十年代达到了鼎盛时期的印象派画家主张根据太阳光谱所呈现的赤、橙、黄、绿、青、蓝、紫七种颜色去反映自然界的瞬间印象，无论是在城市还是在乡村，画家们开始观察和捕捉到瞬息多变的大自然的光与色彩的微妙变化进行自由表现，并将阳光下复杂的光影效果作为创作的兴趣点。诸如莫奈、雷诺阿、毕莎罗等印象派画家到晚年都成为色彩表现的艺术大师，印象派之后的重要画家高更、文森特·威廉·凡·高、塞尚等也都是在色彩表现上全力追求脱离传统模式、写生逻辑与光影要素限制的自由色彩艺术表现的巨匠（图1-14）。从这个阶段的绘画艺术作品可见，人类对色彩美的全部渴望由一些很具天赋的艺术家淋漓尽致地表现出来，他们用自己的探索超越了具体形象等的束缚，使色彩不再是造型要素的再现性附庸或简单的概念性色彩分配，而是进入了自由表现的审美意象空间。

　　只是在色彩科学发现方面，中国古代对五色系统的超前发现表明同期中国人在色彩感色机能和表现能力等层面曾经领先世界各民族。但在宋朝之后，中国的色彩实践和理论变得趋向沉寂，

图 1-14 19 世纪印象派画家用颜色去反映自然界瞬间印象的探索
1. 法国印象派代表人物和创始人之一莫奈所绘代表作品《伦敦国会大厦》；
2. 荷兰后印象派画家文森特·威廉·凡·高所绘作品《收割者》

导致近现代中国色彩认知的相对固着，虽然其间不时出现个别色彩感觉敏锐的艺术家，但是却没能冲破传统色彩观念的禁锢，创造出欧美等国在近现代色彩科学探寻中那样辉煌的成就及其对色彩本质的影响。

（五）颜色标准建立及色彩学的发展

进入 20 世纪，色彩学在现代光学、物理学、生理学、心理学等基础上获得了长足进展，其中颜色标准的建立是在其应用中最主要的基础性工作之一，也是在信息管理中颜色标准系统规范编码得以运行的基石。颜色标准系统的建立对色彩在各个领域推广运用及实现色彩科学管理更是意义重大。

1905 年，美国画家及美术教育家阿尔伯特·孟塞尔发表了孟塞尔色彩表色系统。1915 年，德国化学家奥斯特瓦尔德依据德国生理学家埃瓦尔德·赫林的色拮抗学说，采用以色相、明度、纯度为三属性，架构了以配色为目的的奥斯特瓦尔德色彩系统。1931 年，国际照明委员会推出了 CIE1931 标准色度学表色系统；1966 年，日本色彩研究所推出了 PCCS 实用颜色坐标表色系统；1972 年，瑞典斯堪的纳维亚色彩研究所推出了 NCS 自然色表色系统；1995 年，中国国家技术监督局发布了《中国颜色体系》（GB/T 15608—1995）等不同的色彩系统。

这些色彩表色系统的诞生，标志着人类对色彩认识进入了全面、系统和理性化的新阶段，人类已经可以通过科学方法、技术手段将全光谱中所包含的眼睛所能感知的大多数色彩复制出来，其色相再现的技术标准越来越精微。建筑材料、服装染色、彩色纸张印染、颜料制作、印刷等各类色彩工艺，都可以通过色彩表色系统的控制做到几乎不出现色偏误差。颜色标准的建立无疑为 20 世纪 60 年代以来色彩研究与应用领域的结合提供了基础条件，而如何将色彩的运用国际化、标准化、实用化是其发展的方向，研究取得的成果也逐步开始在企业研发、工业生产、商品流通、设计创新等领域得到应用推广（图 1-15）。

图1-15　颜色标准在各领域得到应用推广

　　色彩学的发展表现在两个方面：一是德裔美籍作家、美术和电影理论家、知觉心理学家鲁道夫·阿恩海姆在出版的《艺术与视知觉》《视觉思维》及英国艺术史家、艺术心理学和艺术哲学领域的大师级人物E.H.贡布里希出版的《艺术与人文科学》等著述中所强调和重视眼睛在颜色感知中的主观经验，将色彩研究与人的心理活动以及认知行为紧紧联系在一起，从而形成了现代色彩学研究中的四个维度，即光、眼睛、感知个体与应用关系；二是从20世纪80年代起，色彩学最前沿的研究是探讨如何使色彩成为知识产业的核心支柱，以及如何让色彩成为信息传播中的主要因素并占有更为广阔的市场等。

　　如今，色彩学在欧美、日、澳等发达国家和地区的研究与应用已经构成了一个规模庞大、跨越多种学科和行业范畴的视觉艺术职业设计市场，不仅在一般所理解的纺织品、服装、汽车、建筑等众所熟知的现代色彩设计应用行业中流行，还在家具、电器、出版物、影视、新媒体、环境景观、美容与个人形象设计等新的发展领域及设计行业中得到运用，成批的更为职业化的色彩设计师与色彩顾问也出现在当代生活的各个领域。色彩学层面的探究更是从原来的颜料色彩向数字色彩拓展，并且大有超越之势（图1-16）。

图1-16　数字色彩应用

色彩学作为发达的科学技术和绚丽的文化艺术的综合产物，是各学科、学科群在分解、组合的动态中自然形成的，具备多学科的各种属性。随着人类社会的发展、科学技术的进步和文化艺术的丰富，人类在色彩领域不断遇到新的事物，发现新的问题，人类在这方面的认识亦将不断地积累，直至由量变到质变、由感性向理性发展，并推动色彩学向着纵深研究领域迈进。

三、色彩学的研究任务

色彩学作为一门系统研究色彩产生、接收及应用规律的科学，其研究具有科学性、艺术性、技术性、综合性、交叉性的学科特性，也是一门需要进行跨学科研究的学科。从色彩学的研究任务来看，依据色彩学科建立的丰富内涵，形成了多层面的构筑系统，其研究任务包括以下内容。

1. 对色彩学本体特质的研究

对色彩学本体特质的研究是色彩学科系统建立的基础，也是进行色彩学研究的主要任务之一。色彩学经过多年的发展，在色彩本质揭示、概念界定、基本特征、领域分类、产生和形成的目的、原则以及具有相对独立意义的方法论和价值体系方面，具备了构筑色彩学本体特质的基本内核。同时，色彩学作为实践性很强的应用型学科，在各种表现对象具体的色彩艺术创作活动中，需对色彩的功能要求、设色理念、基调确立、构图原则、色彩效果的具体表达以及为实现各种表现对象综合价值而贯穿始终的相关管理因素等层面的内容予以梳理，并以其各不相同的运作方式来体现色彩学的独立价值，且从基本原理和应用原理的角度来介入色彩学的探究工作。

2. 对色彩学外延领域的研究

色彩学的综合性特点使其研究具有相关学科间互相交叉、渗透的发展趋势，对色彩学外延领域的研究任务一方面体现在它与其他学科横向联系交叉而形成的体系之中，另一方面在于对其本体的不断充实与完善。从理论层面来看，物理学、化学、生理学、心理学、美学、文化学及相关艺术门类等均对色彩学的学科建设产生影响。从应用层面来看，人类学、民俗学、社会学、教育学、管理学、逻辑学、伦理学、宗教学、市场学、传播学、营销学、广告学、消费心理学及相关应用领域等均对色彩的推广运用发挥作用。虽然目前色彩学外延领域的研究尚在完善之中，把握相关学科之间有机联系、互为影响的关系，是其外延领域研究尚需持续关注的内容。

3. 对色彩学发展规律的研究

色彩学的发展演进有其独特的规律性，以不同的生产力条件和社会形态为研究基础，可以更好地认识到不同历史时期色彩学的发展规律，以及当时社会发展条件下的表现形态。同时，也可了解和研究特定的历史条件下，色彩学本体能动地完善并发展突破的运行轨迹。其研究任务着重从几个层面加以总结分析：①当时人类最为基本的生活状态特征，它体现了色彩学物化形态的广泛意义；②当时人类社会的生产力和技术条件的基本特征，这是构成色彩学物化表现的动因；③当时人类意识形态领域的基本特征等对色彩学的历史演进所产生的影响，以及对不同历史时期色彩学的发展成就进行归纳，其目的在于为未来色彩学的探索寻找到可供参照的坐标系。

4. 对色彩学推广应用的研究

从色彩学推广应用研究来看，色彩学是以某一特定的色彩使用对象或色彩艺术为目标，将色彩学基础理论研究成果与相关交叉学科、应用范畴等结合进行的实践性探索工作。就色彩学的发展进程而言，欧美、日、澳等发达国家或地区在色彩应用方面已取得不少成果，伴随着中国近几十年来经济的快速发展与产业升级，对色彩的创造性使用研究也被提到一个前所未有的高度。在中国科学技术协会主编的《色彩学学科发展报告（2011—2012）》中，即将色彩学推广应用研究分为服装色彩发展研究、纺织色彩发展研究、色彩科学与技术发展研究、城市建筑与环境色彩发展研究、工业产品色彩发展研究、室内环境色彩发展研究等六个方面。色彩学的应用范畴越来越广，应用研究的任务也将更加深入与细化。

5. 色彩学科建设与教育研究

色彩学的形成和发展与色彩学科建设和教育的关系非常密切。教育体制、教育方法、人才培养目标以及针对色彩学不同领域、教育对象等逐步细分的不同类型人才的培养方式，都从不同角度决定了色彩学科建设与教育的发展方向。从发达国家的色彩学科建设与教育来看，在历经几百年色彩教学探索与实践演进的基础上，已将色彩科学和产业色彩应用导入色彩教学系统，进而步入数字色彩教学的新阶段。而对比国外色彩教育发展状况，国内的色彩教育经过近百年发展，于 20 世纪 80 年代从国外引进的"色彩构成"教学内容在相关设计学科一直延续至今，曾经对国内色彩教育产生推动作用。然而在面对国际的环境、市场需求的背景下，如何适应未来色彩学科建设与发展的需要，缩小色彩教学与世界发展潮流及社会需求之间的差距，是中国色彩学科建设与教育研究尚需面对的主要任务。

第二节　色彩学及其基本理论

人类从远古到今天，随着社会的发展与进步，对色彩的认知也在一步步深入。历史上第一次对色彩做出系统阐述的理论始于古希腊时期，但真正科学、独立地对色彩学进行科学的探究到近代才拉开帷幕。而色彩学理论的建立始于 17 世纪英国科学家牛顿所做的光的色散实验。牛顿通过实验发现色彩和光的关系，色彩产生之谜被揭示，色彩学被纳入科学理论范畴进行探究的历史被掀开。今天，伴随着人类对自然界色彩认识的逐渐深化，色彩学发展规律的探究已进入一个新的阶段。从现代色彩学的基本理论来看，色彩学主要包括色彩物理学、色彩生理学、色彩心理学和色彩行为学等多个分支。

一、色彩的物理学理论

自然界之所以色彩缤纷，是因为有了光的作用。没有光就没有色彩感觉，光涉及色彩物理学理论方面的知识，光与色之间的关系更是值得深入探究的。

（一）色彩的物理性质

1. 光与色

人对色彩产生感觉，首先要有光，要有对象，要有健康的眼睛和大脑，缺一不可，因此为了更好地研究及应用色彩，就必须掌握光到达眼睛的物理学知识，光进入眼睛至脑引起感觉的生理学知识，从感觉至知觉过程的心理学知识，所以今天对色彩的研究已成为多学科领域的综合科学。

没有光便没有色彩感觉。人们凭借光才能看见物体的形状、色彩，从而获得对客观世界的认识。如果我们在没有一点光线的暗室中，任何色彩都是无法辨认的。没有光就没有视觉活动，当然也就无所谓色彩感觉了，色彩感觉离不开光。

我们研究设计色彩，也要从研究光的性质开始。

什么是光呢？广义上讲，光在物理学上是一种客观存在的物质，它属于电磁波的一部分。电磁波包括宇宙射线、X射线、紫外线、可见光线、红外线和无线电波等，它们都各有不同的波长和振动频率。

在整个电磁波范围内，并不是所有的光都有色彩。只有380～780纳米波长的电磁波才能引起人的色觉。这段波长叫可见光谱，或叫作光，其余波长的电磁波都是人眼所看不见的，通称不可见光。波长长于780纳米的电磁波叫红外线，短于380纳米的电磁波叫紫外线（图1-17）。

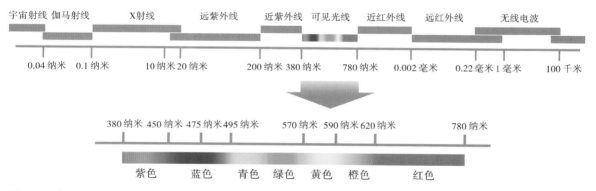

图1-17 电磁波与可见光线

从英国物理学家牛顿1666年所做的著名的"光的色散"实验可知，白光通过三棱镜分解成七种颜色，这种现象叫作色散。色散现象在自然界中常常可以看到，夏天雨过天晴，空气中悬浮着许多小水滴，这些小水滴起着三棱镜的作用，使阳光色散，形成美丽的彩虹。由三棱镜分解出来的色光如果用光度计测定，就可得出各色光的波长，因此，色的概念实际上是不同波长的光刺激人的眼睛引起的视觉反应。

而不同色彩的波长及其范围分别为：

红色的波长为700纳米，波长范围在640～750纳米；

橙色的波长为620纳米，波长范围在600～640纳米；

黄色的波长为580纳米，波长范围在550～600纳米；

绿色的波长为 520 纳米，波长范围在 480 ～ 550 纳米；

蓝色的波长为 470 纳米，波长范围在 450 ～ 480 纳米；

紫色的波长为 420 纳米，波长范围在 400 ～ 450 纳米。

2. 色彩现象

色彩指光刺激眼睛再传到大脑视觉中枢而产生的一种感觉。而色彩现象是指色彩有光源色、固有色和环境色之分（图 1-18）。

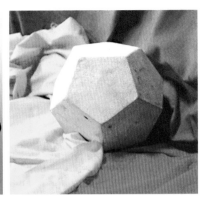

图 1-18　色彩现象中的光源色、固有色和环境色

光源色指光源本身的颜色，例如阳光是白色的，白炽灯是黄色的，等等。没有光就没有色彩，光源色是构成物体色彩的决定因素，若其发生变化，物体的色彩也会相应地发生变化。另外，在一年之中还有季节的更替，全天之内也有朝暮之分，就连阳光的色彩也是会发生变化的。至于灯光的光源，颜色更是五光十色。

固有色指物体本身的颜色，严格地说，固有色是不存在的。这是由于物体的颜色是其吸收与反射色光的能力所呈现的：反射的红光多，物体就是红色的；反射的绿光多，物体就是绿色的；等等。即使在同一色光照射下，由于照度不同，物体的固有色也会发生变化。通常照度越强，物体固有色越浅；反之物体固有色则越深。

环境色指周围环境对物体固有色的影响，它又被称为条件色。当物体被光源照射时就会吸收一部分色光，反射另一部分色光，当反射的光投射到邻近物体上时，就会使其固有色发生变化，色彩就会变得更为丰富。当然在特殊情况下也有例外，如镜面玻璃与抛光不锈钢等，其环境色的反射就非常明显。

对光源色、固有色与环境色的相互关系及物体的色彩变化规律的研究，为今后研究所有色彩关系打下了坚实的基础。

（二）色彩的基本属性

尽管世界上的色彩千千万万，各不相同，但是人们发现，大千世界中众多的色彩归纳起来主要可以分为无彩色系统与有彩色系统两大系列。其中无彩色系列是指黑白灰色，其特征只有一个——明度。它可在黑白世界中组成高、中、低调，是素描造型的关键。而有彩色系列是指黑白灰以外的所有色彩，包括红、橙、黄、绿、青、蓝、紫等颜色，其特征却有三个——色相、明度与纯度。而这样三个特征在色彩学中又称为色彩的三个基本属性，简称为色彩的三属性。

色相——色彩的相貌，它是色彩最显著的重要特征。

明度——色彩的明暗程度。明度最高的是理想中的白色，明度最低的是理想中的黑色。黑白两色之间可按不同的灰度排列来显示色彩的差别，而有彩色的明度是以无彩色的明度为基础来识别的。

纯度——色彩的纯净程度。它表示颜色中所含有色成分的比例。比例越大，则色彩纯度越高；比例愈小，则色彩纯度愈低。在实际应用中，它又被称为彩度与饱和度等。

以上三个属性是色彩定性与定量的标准，也是识别成千上万种颜色的科学总结。在一切色彩现象中都含有这三个要素，它们不能孤立存在，只要其中有一个要素发生变化，必然引起其他两个要素相应地发生变化。

（三）色彩的构成类型

我们所看到的色彩千差万别，几乎没有相同的，只要我们注意就能辨别出许多不同的色彩。将这些色彩大致进行分类，可分为黑、白、灰一类没有纯度的色彩和红、橙、黄、绿、蓝、紫等有纯度的色彩两个大类。其中，没有纯度的色彩被称为无彩色系，有纯度的色彩被称为有彩色系（图 1-19）。

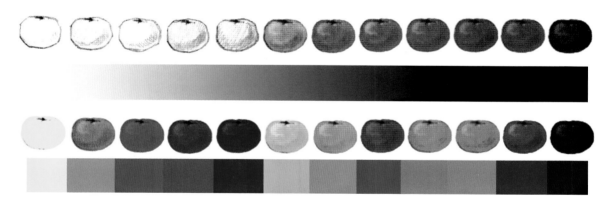

图 1-19　色彩的无彩色系与有彩色系的构成类型

无彩色系是指白色、黑色及由白色和黑色调和的各种深浅不同的灰色。按照一定的变化规律，可将其排成一个系列，由白色渐变到浅灰、中灰、深灰到黑色。色度学上称此为黑白系列，黑白系列中由白到黑的变化可以用一条垂直轴表示，一端为白，一端为黑，中间有各种过渡的灰色。无彩色系的颜色只有一种基本性质——明度。它们不具备色相和纯度，也就是说它们的色相与纯度都等于零。色彩的明度可用黑白度来表示：愈接近白色，明度愈高；愈接近黑色，明度愈低。

有彩色系简称彩色系，是指红、橙、黄、绿、青、蓝、紫等颜色。不同明度和纯度的红、橙、黄、绿、青、蓝、紫都属于有彩色系。有彩色系的颜色具有三个基本特征——色相、纯度、明度。

（四）色彩混合及规律

1. 色彩混合

色彩混合是指某一色彩中混入另一种色彩，即两种不同的色彩混合可获得第三种色彩。在颜料混合中，加入的色彩种类愈多，颜色越暗，最终变为黑色。反之，色光的三原色能综合产生白色光。

（1）原色、间色与复色。

原色也称第一次色，它包括三种颜色，即红、黄、蓝，其纯度最高，是调配其他颜色的基本色。这三色中的任意一色都不能由另外两种原色混合产生，而其他色彩可由这三色按一定的比例配合出来。这三个独立的色称三原色（或三基色）。

间色也称第二次色，它是由两种原色混合而成的，其纯度比原色要低，且将两种原色分别等量相加，即可得到橙、绿、紫三种间色。若相加的两种原色不等量时，就能调配出更多的不同倾向的间色。

复色也称第三次色，当三种原色等量相加时，即可获得黑色；若是不等量相加混合则可得到复色，而复色的纯度又较间色低。获取复色的方法可以是将原色与间色相混，也可将间色与间色相混，另外，任何一种原色与黑（或灰）相混合也能得到复色（图1-20）。

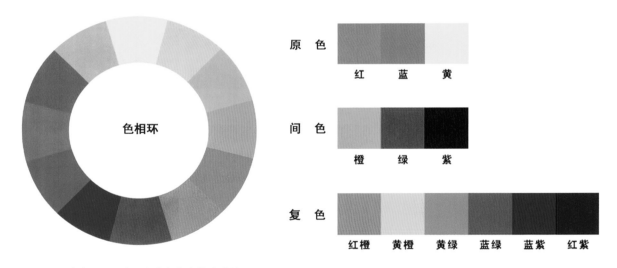

图1-20　色相环，原色、间色与复色的生成关系

牛顿用三棱镜将白色光分解得到红、橙、黄、绿、青、蓝、紫七种色光，这七种色混合在一起又产生白光，因此他认定这七种色光为原色。其后物理学家大卫·伯鲁斯特进一步发现原色只是红、黄、蓝三色，其他颜色都可以由这三种原色混合得来。他的这种理论被法国染料学家席弗通过各种染料配合实验证实。从此，这种三原色理论被人们公认。1802年，物理学家托马斯·杨根据人眼的视觉生理特征提出了新的三原色理论。他认为色光的三原色并非红、黄、蓝，而是红、绿、紫。这种理论又被物理学家麦克斯韦证实，他通过物理实验，将红光和绿光混合，

这时出现黄光，然后再掺入一定比例的紫光，结果出现了白光，从而使人们开始认识到色光和颜料的原色及其混合规律是有区别的。

色光的三原色是红、绿、蓝（蓝紫色），颜料的三原色是红（品红）、黄（柠檬黄）、青（湖蓝）。色光混合变亮，称为加色法混合；颜料混合变深，称为减色法混合（图1-21）。

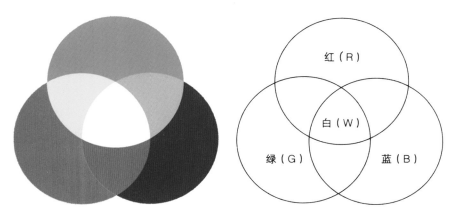

图1-21 加色法混合

（2）加色法混合。

从物理光学实验中可知，红、绿、蓝三种色光是其他色光所不能混合出来的。而这三种色光以不同的比例混合几乎可以得到自然界所有的颜色。所以红、绿、蓝是加色混合最理想的三原色。

加色法混合可得出：

红光 + 绿光 = 黄光；

红光 + 蓝光 = 品红光；

蓝光 + 绿光 = 青光；

红光 + 绿光 + 蓝光 = 白光。

如果改变三原色光的混合比例，还能得到其他不同的颜色。一切颜色都可以用加法混合得到，加法混合是色光的混合，因此随着不同色光混合量的增加，色光的明度也逐渐加强，当全色光混合时则可趋于白色。加色法混合效果是由人的视觉器官来完成的，因此是一种视觉混合。

彩色电视的彩色影像就是应用加色混色原理设计的。把彩色景象分解成红、绿、蓝三基色，并分别转变为电信号加以传送，最后在荧光屏上重现由三基色合成的景色。

（3）减色法混合。

有色物体（包括色料）之所以能显色，是因为物体对光谱中色光选择吸收和反射的作用。"吸收"就是"减去"的意思。印染的染料、绘画的颜料、印刷的油墨等各色的混合或重叠属于减色混合。当两种以上的色料相混合或重叠时，相当于白光减去各种色料的吸收光，剩余部分的反射色光混合结果就是色料混合和重叠产生的颜色。色料混合种类愈多，白光被减去的吸收光也愈多，相应的反射光量也愈少，最后将趋近于黑浊色（图1-22）。

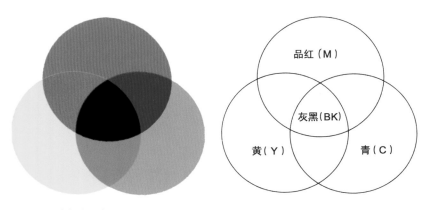

图 1-22　减色法混合

理想的颜色三原色应是品红（明亮的玫红）、黄（柠檬黄）、青（湖蓝），因为品红、黄、青混色的范围要比大红、中黄、普蓝大得多。

减法混合可得出：

品红 + 黄 = 红（白光 − 绿光 − 蓝光）；

青 + 黄 = 绿（白光 − 红光 − 蓝光）；

青 + 品红 = 蓝（白光 − 红光 − 绿光）；

品红 + 青 + 黄 = 黑（白光 − 绿光 − 红光、蓝光）。

减色法混合的原理只是为颜色的混合提供了一个规律，在实际应用中，仅用三原色去调配一切颜色是难以办到的。这是因为颜料三原色的饱和度很低，饱和度很低的颜料混色的范围就很小。

（4）色彩空间混合。

色彩空间混合是各种颜色的反射光快速先后刺激或同时刺激人眼，从而达到反射色光在视网膜上的混色效果。如果我们把两种或两种以上不同的颜色涂在圆盘上快速旋转，将混合出新的颜色（图 1-23）。如果我们把两种或两种以上不同的色点或色线相交并置，在一定的视觉距离内，也能看到近似圆盘上快速旋转产生的色彩混合效果。色点、色线空间混合在设计色彩中具有广泛的实际应用价值。

图 1-23　色彩空间混合陀螺

①色彩空间混合的关系。

a. 补色关系的色彩按一定比例空间混合，可得到无彩色系的灰和有彩色系的灰。如红与青绿的混合可得到灰、红灰、绿灰。

b. 非补色关系的色彩空间混合时，产生两色的中间色。如红与青的混合可得到红紫、紫、青紫。

c. 有彩色系色与无彩色系色混合时，也产生两色的中间色。如红与白的混合可得到不同明度的浅红，红与灰的混合可得到不同纯度的红灰。

d. 色彩空间混合时产生的新色的明度相当于所混合色的中间明度。

e. 色彩并置产生空间混合是有条件的。

其一，混合色应该是细点、细线，同时要求成密集状。点、线愈细及愈密，混合的效果愈明显。

其二，色彩并置之所以产生空间混合效果，与视觉距离有关，必须在一定的视觉距离之外才能产生混合效果。距离愈远，效果愈明显（图1-24）。

图1-24　色彩并置产生空间混合效果

②色彩空间混合的特点。

a. 色彩丰富，远看色调统一。在不同的视觉距离中，可以看到不同的色彩效果。

b. 色彩有颤动感，适合表现光感。

c. 如果变化各种混合色的量比，少套色也可以得到多套色的效果。

2. 色彩混合的规律

通过色彩混合实验可知，颜色经过相互混合能够产生不同于原来颜色的新的颜色感觉。颜色混合可以是颜色光的混合，也可以是染料的混合，前者是颜色相加的混合，后者是颜色相减的混合，这两种混合所得结果是不相同的，下面仅介绍颜色光的相加混合。

若把彩度最高的光谱色依顺序围成一个圆环，加上紫红色，便构成颜色立体的圆周，称为颜色环。每一种颜色都在圆环内或圆环上占据一个确定位置，彩度最低的白色位于圆心。为了推测两种颜色的混合色的位置，可以把两种颜色看作两个重量，用计算重心的原理来确定这个位置。也就是说，混合色的位置决定于两种颜色成分的比例，而且靠近比重大的颜色。

凡混合后产生白色或灰色的两种颜色为互补色，在颜色环直径两端的任何两种颜色都是互补色。

若把三原色和每两种原色等量相加，得到的间色按红、橙、黄、绿、蓝、紫的顺序等间距排列成一个圆环，便可得到一个由色彩组成的色环。这六种颜色也是物理学家牛顿对太阳光进行分解所得到的，故又称为牛顿色环。在这个色环上相距60°以内的各个色彩就被称为调和色，此外的就被称为对比色，相距180°的两种颜色则为互补色。互补色等量相加，则可得到黑色；若不等量相加，则可得到极为丰富的复色。

二、色彩的生理学理论

光源发出的光或经物体反射的光到达人眼后，刺激视网膜中的感光细胞，接受了光刺激的感光细胞产生相应的脉冲信号，经视神经传给大脑，通过大脑的解释、分析和判断而产生视觉，这就是人们看见色彩的过程。可见，人类感受色彩还必须有健康的视觉感受器官——眼睛，这种视觉生理特性是其进行色彩探究必不可少的客观条件。

（一）色彩的感觉器官——眼睛

1. 眼睛的生理构造

眼睛是人类感官中重要的器官，人们读书认字、看图赏画、观看演出、欣赏美景等活动无不用到眼睛。人的眼睛非常敏感，能辨别不同的颜色、光线，再将这些视觉形象信息转变成神经信号，传送给大脑。现代科学研究资料表明，一个视觉功能正常的人从外界接收的信息，其中 80% 以上的信息是由视觉器官输入大脑的，所以，研究眼睛的生理构造、功能及其特性是十分必要的。

人的眼睛近似一个球状体，位于眼眶内。正常成年人眼球前后径平均为 24 毫米，垂直径平均为 23 毫米。最前端突出于眶外 12 ～ 14 毫米，受眼睑保护。眼球包括眼球壁、眼内腔和内容物（包括房水、晶状体和玻璃体）、神经、血管等组织。从正面看，眼睛包括巩膜、瞳孔、虹膜及角膜等几个主要部分。除此之外，眼眶内还有运动眼球的小肌肉以及泪腺等结构。以右眼为例，眼睛的生理构造如图 1-25 所示。

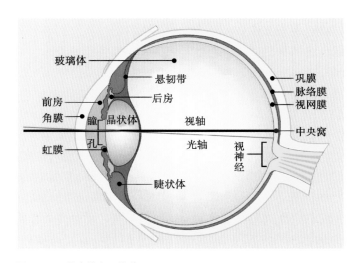

图 1-25　眼睛的生理构造

角膜位于眼球最前端，角膜是平均折射率为 1.336 的透明体，俗称眼白，微向前突出，曲率半径前表面约 7.7 毫米，后表面约 6.8 毫米，光由这里折射进入眼球而成像。

虹膜位于角膜后面，呈环形围绕瞳孔，也叫彩帘。虹膜内有两种肌肉控制瞳孔的大小，缩孔肌（即环形肌）收缩时瞳孔缩小，放孔肌（即辐射肌）收缩时则瞳孔放大，其作用如同照相机的自动光圈装置，而瞳孔的作用好似光圈。它的大小控制一般是不自觉的，光弱时大，光强时小。

视网膜是眼球壁最里面的一层透明薄膜，贴在脉络膜的内表面。视网膜即为视觉接收器，它本身也是一个复杂的神经中心，眼睛的感觉为视网膜中的视杆细胞和视锥细胞所致。视杆细胞可以感觉黯淡的光，其分辨率比较低，不能分辨物体的颜色；视锥细胞对亮光敏感，而且可以分辨颜色。两种视觉细胞各司其职，一个感受物体的明暗关系，一个感受物体的色彩关系，这样就形成了完整的物体影像。

晶状体位于眼睛正面中央，光线投射进来以后，经过它的折射传给视网膜。所谓近视眼、远视眼、老花眼以及各种色彩、形态的视觉或错觉，大部分都是由晶状体的伸缩作用引起的。它像一种能自动调节焦距的凸透镜一样。晶状体含黄色素，随年龄的增加而增加，它影响人对色彩的视觉。

玻璃体位于晶状体后面，它把眼球分为前后两房，前房充满透明的水状液体，后房则是浓玻璃体。外来的光线必须按顺序经过角膜、水状液体、晶状体、玻璃体，然后才能到达视网膜。它们均带有色素，且随环境和年龄而变化。

黄斑是视网膜中视觉最敏感的部位，是视杆细胞和视锥细胞最集中、最丰富的地方，位置刚好在通过瞳孔视轴的方向，其颜色为黄色，所以被称为黄斑。如果我们看到的物体非常清楚，是影像刚好投射到黄斑上的原因。

黄斑下面有个区域，虽然神经很集中，但由于没有感光细胞，也就没有感光能力，所以称为盲点。

眼球的各个生理构造部分具有不同的功能，承担着不同的视觉任务，共同形成一个复杂的视觉系统。而人的眼睛可以比作一台相机，晶状体相当于相机的镜头，通过悬韧带的运动可以自动调节光圈，玻璃体相当于暗箱，视网膜相当于底片。当人眼受到光的刺激后，通过晶状体投射到视网膜上，视网膜上视觉细胞的兴奋与抑制反应又通过视神经传递到大脑的视觉中枢，最终产生物像和色彩的感觉。

2. 眼睛的生理功能

（1）视觉的适应。

人们由暗处突然进入明亮处时，或由刺眼的亮处突然进入黑暗处时，人的眼睛均会出现不知所措又稍纵即逝的适应现象，这种现象就称为视觉的适应。它是指人的眼睛具有极为灵活的适应机能，也指眼睛对客观世界的变化产生的特殊适应能力。其中从暗到明的这个视觉适应过程叫明适应，从明到暗的这个视觉适应过程叫暗适应，从普通灯光（带黄橙色光）的房间到日光灯（带蓝白色光）的房间的这个光色视觉适应过程叫作色适应。另外，适应现象中包括光度适应、距离适应、方位适应等。当眼睛看距离近的物体时，眼内的水晶体会自动增厚变圆，曲度加大，焦距缩短；在看距离远的物体时，水晶体又会自动拉扁，曲度减小，焦距拉长。当眼睛处于光线强烈的状态时，眼内的瞳孔会自动缩小，以减少刺激；当眼睛处于光线柔弱的昏暗状态时，瞳孔又会自然放大，以便收集到更多的光。当目光自由转动时，无论物体处于什么方位，无论是在视中心还是边缘，都会清晰可辨。

（2）视觉的惰性（色感觉恒常）。

人们在观察物象时均需进行心理调节，以免被进入眼内光的物理性质欺骗，以认识物象的真实特性，视觉的这种自然或无意识对物体色知觉始终保持原样不变和"固有"的现象，被称为视觉惰性，也被称为色感觉恒常。色感觉恒常包括大小、明度与颜色恒常等形式。

大小恒常是指物体在人眼视网膜映像中的大小在变，但看上去它的大小基本不变，只是距离人们的远近不同而已，眼睛的这种恒常现象称为大小恒常。

明度恒常是指当照明条件改变时，人感觉到的物体的相对明度保持不变的知觉特性。如将黑、白两匹布一半置于亮处，一半置于暗处，虽然每匹布的两部分亮度存在差异，人们仍然会将它们感知为一匹黑布或一匹白布，而不会感知为两匹明暗不同的布料，眼睛的这种特性称为明度恒常。

颜色恒常是指当照射物体表面的颜色光发生变化时，人们对该物体表面颜色的知觉仍然保持不变的知觉特性。而颜色恒常是指人对物体颜色的知觉与人的知识经验、心理倾向有关，并不是指物体本身颜色的恒定不变，可见色彩感觉的恒常现象是有条件的。

（3）视觉的阈值。

阈值是指两种刺激必须要有一定量的差别，差别未达到定量上则无法区分异同，这个定量即称为阈值。人的眼睛无法分辨速度过快、面积过小、距离过远与差别过小的物体，诸如飞逝的炮弹、水滴中的微生物、从高空看的地面的人，形色都是难以区分的。正是人眼的这种视觉特性，为色彩的空间混合、网点印刷、影视摄录与杂技表演等提供了生理学层面的理论依据，也为人们在色彩表现中运用夸张与省略、统一与变化、具象与抽象等手法进行艺术创作提供了可用的处理方式。

（二）色彩的视觉理论

解释色觉现象及其机制的视觉理论主要包括 1807 年由托马斯·杨提出，1860 年由赫尔姆霍茨发展的三色说和赫林 1874 年提出的四色说，这两种学说在当今新的科学成果基础上相互补充，逐步得到了统一。

1. 杨 - 赫三色学说

根据颜色混合的事实，托马斯·杨于 1807 年首先提出了三原色的假设。在此基础上，1860 年，赫尔姆霍茨又假设在视网膜上有三种神经纤维，每种神经纤维的兴奋引起一种原色的感觉。杨 - 赫的三色学说认为人眼视网膜的视锥细胞含有红、绿、蓝三种感光色素，当单色光或各种混合色光投射到视网膜上时，三种感光色素的视锥细胞不同程度地受到刺激，经过大脑综合而产生色彩感觉。如当含红色素的视锥细胞兴奋时，其他两种视锥细胞相对处于抑制状态，便产生红色的感觉；当含绿色素的视锥细胞兴奋时，其他两种视锥细胞相对处于抑制状态，便产生绿色的感觉；如果含红色素和绿色素的两种视锥细胞同时兴奋，而含蓝色素的视锥细胞处于抑制状态时，便产生黄色的感觉；三种细胞同时兴奋时，则产生白色的感觉；三种细胞同时抑制则产生黑色的感觉；三种细胞不同程度地受到刺激时，则产生红、橙、黄、绿、青、蓝、紫等色感。如果人眼缺乏某种感光细胞，或某种感光的视锥细胞功能不正常，就会造成色盲或色弱，只是这个学说认为缺乏 1 种甚至 3 种纤维会造成单色盲或全色盲。

2. 赫林四色学说

赫林的四色学说也被称为对立色彩学说。1874 年，赫林观察到色彩现象总是成对发生关系，因而认定视网膜中有三对视素：白－黑视素、红－绿视素、黄－蓝视素。这三对视素的代谢作用包括建设（同化）和破坏（异化）两种对立的过程，光的刺激破坏白－黑视素，引起神经冲动，产生白色的感觉。无光刺激时，白－黑视素便重新建设起来，所引起的神经冲动产生黑色的感觉。对红－绿视素，红光起破坏作用，绿光起建设作用。对黄－蓝视素，黄光起破坏作用，蓝光起建设作用。因为各种颜色都有一定的明度，即含有白色，所以每一种颜色不仅影响其本身视素的活动，而且影响白－黑视素活动。根据赫林的学说，三对视素对立过程的组合产生各种颜色感觉和各种颜色的混合现象。依据这个学说，负后像的产生是由于颜色刺激停止后，与此颜色有关的对立过程开始活动，产生原来颜色的补色。色盲则是由于缺乏一对或两对感受器导致的结果。

现代神经生理学的发现既支持三色说，也支持四色说。支持三色说的机制是视网膜的三种锥体细胞，支持四色说的机制是视网膜神经节和外侧膝状核中四种起拮抗作用的感色细胞。现在普遍认为色觉过程可分为几个阶段：颜色视觉机制在视网膜感受器水平是三色的，符合杨－赫三色说，而在视网膜感受器以上的视觉传导通路上又是四色的，符合赫林的四色说，最后在大脑皮层的视觉中枢才产生各种色觉。而色彩视觉过程的这种设想也被称为"阶段"学说。

（三）色彩的视错现象

物体是客观存在的，但视觉现象并非完全是客观存在的，而在很大程度上是主观的东西在起作用。当人的感觉器官同时受到两种或两种以上因素刺激时，大脑皮层对外界刺激物进行分析、综合发生困难时就会造成错觉。而色彩视错的出现也被称为"心理性机带或视差"。

视错是视觉过程中的一种生理反应，其种类大致可以分为两类：一类是形象视错觉，如面积大小、角度大小、长短、远近、宽窄、高低、分割、位移、对比等；另一类是色彩视错觉，如颜色的对比、色彩的温度、光和色疲劳等。而色彩视知觉中的视错性是由于人的视觉、大脑皮层对外界刺激物的分析发生困难而造成的。人由于生理、心理等原因对客观事物产生了不正确的知觉，而并非客观存在，它是由人视觉器官内部产生的某种效应，诸如诱导关系中兴奋与抑制之间的效应，引起思维推理之间的种种错误而产生。人们的眼睛在看任何一种颜色时，总习惯于同周围其他的颜色相比较。如不同明度、纯度、色相的颜色同时并置在一起，色与色相连接的边缘色在视觉的感知上会与原色发生明显的差异，这种差异是色彩视错性的反应。

色彩的错觉是由于人们的生理构造引起的，错觉的强弱与观察者的距离、色彩的对比、色彩面积的大小等有关（图 1–26）。

另外，不同色彩并置会各自呈现对方的补色倾向。如灰色在红、橙、黄、绿、青、蓝、紫等不同底色上呈现补色的感觉。又如同一灰色在黑底上显得亮，在白底上显得暗，在红底上呈现绿色倾向，在绿底上呈现红色倾向（图 1–27）。

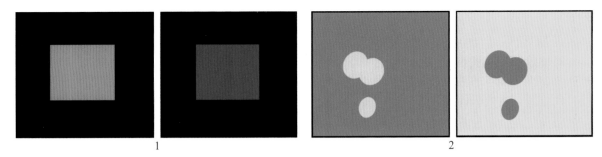

图 1-26　色彩错觉

1. 黑色底上同时放上红色与蓝色，会有红色向前、蓝色向后的错觉；

2. 把椭圆形绿色块放在方形黄色块上，会发现绿色有向内收缩的感觉，若反之椭圆形黄色块便有膨胀的感觉

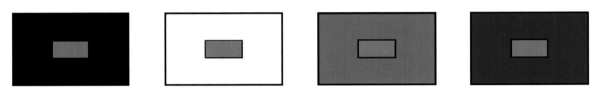

图 1-27　不同色彩并置会各自呈现对方的补色倾向

　　色彩视错是与其对比同时存在的，当两种色彩对比着同时刺激人眼之时，人眼常常会产生一种相互排斥的异象，并使视觉感受到的双方色彩差别更加显著。如在相邻的色彩中，色与色之间相邻的边缘部分就会出现色彩视错的感觉，而这种感觉较之各色的其余部分，色彩的对比则会更加强烈，就如当眼睛长时间的感觉一种色彩后，会产生疲劳感，这时需要用色彩的补色来恢复视觉平衡，这种平衡就形成了色彩的视错现象。色彩的视知觉具有视错性，故下列色彩视错现象发生。

　　（1）当任何两种色相不同的色彩并置时，二者都带有对方的补色。

　　（2）当任何色彩与中性灰色并置时，都会立即将灰色从中性、无彩色的状态改变为一种与该色相适应的补色状态。

　　（3）当明色与暗色同等大小并置时，明色膨胀感更强。

　　（4）当两种大小相等的互补色同时放置于一起时，暖色与明色比相同的冷色和暗色给人的感觉更强烈。

　　色彩的连续对比与同时对比都属于色彩心理性视错的范畴，而色彩视错现象在色彩应用中经常遇到，有时可在色彩应用中利用这种视错现象，以取得一种"将错就错"的色彩预期效果。

（四）色彩的生理影响

　　色彩现象往往与人的生理息息相关，并对人的生理产生影响。由于人眼对色彩明度和彩度的分辨力差，在选择色彩对比时，常以色调对比为主。就引起眼睛疲劳而言，蓝色、紫色最甚，红色、橙色次之，黄绿色、绿色、绿蓝色等色调不易引起视觉疲劳且认读速度快、准确度高。另外色彩对人体其他机能和生理过程也有影响，比如红色色调会使人的各种器官机能兴奋和不

稳定，有促使血压升高及脉搏加快的作用；而蓝色色调则会抑制各种器官的兴奋状态，使部分身体机能稳定，起降低血压及减缓脉搏的作用（图1-28）。

图1-28　色彩现象对人的身体机能和生理过程具有影响

　　法国心理学家弗艾雷在《论动觉》一书中认为："在彩色灯的照射下，会出现肌肉弹力增加，血液循环加快的现象，其中，红色带来的影响最大，其余依次为橙色、黄色、绿色和蓝色。"另一位心理学家古尔德斯坦通过观察也得出了类似的结论，他在治疗神经病人时发现，因患大脑疾病而丧失了平衡感的人在穿上红色衣服时，会变得头晕目眩，但换上绿色的衣服后，眩晕的症状很快就消失了。经过多次试验，古尔德斯坦得出这样的结论："波长较长的色彩会引起扩张性的反应，而波长较短的色彩则会引起收缩性的反应，在不同色彩的刺激下，机体或是向外界扩张，或是向内部收缩。"这就从生理学的角度对不同色彩给人们生理上带来的影响作出了解释。而有关色彩的冷暖之分，生理学家们也认为"这很可能是由于某些特定波长的光在大脑神经中产生的刺激，在强度和结构上与冷热温度产生的刺激有着同形同构的关系"。可见，许多看似感性的色彩现象其实往往对人的生理产生不同程度的影响。

三、色彩的心理学理论

　　色彩心理学是近现代色彩学的一个分支,着重研究人的主观色彩感知,如色彩情感、色彩象征、色彩想象等问题。色彩不但与民族色彩传统审美有关，而且与人的个性和情绪等心理有着不可分割的联系。其实人类早在遥远的古代就已经意识到色彩对人的反应与行为的刺激和象征作用。色彩通过视觉刺激人脑，引起人的知觉、情感、记忆、思想、意志、象征等一系列变化，以及人们通过对色彩的经验积累而转变成的色彩心理反应等，都是色彩心理所要探讨的内容。德国生理学家赫林在19世纪首创"心理学原色"理论，指出青与黄、红与黄、黑与白是影响人的感觉、情绪和思想的原色。德裔美籍作家、美术和电影理论家、知觉心理学家鲁道夫·阿恩海姆于1954年在其著作《艺术与视知觉——视觉形象心理学》中运用格式塔心理学分析视觉艺术的同时，将色彩学的心理研究纳入视觉知觉心理研究的科学系统中，并对"形状和色彩""对色彩的反应""冷暖""色彩的表现性""对色彩的喜好""对和谐的追求"与"色彩混合"等问题做了探究。日本著名的色彩学家小林重顺教授于 1966 年创办色彩与设计研究所，运用色彩图像指标从事色彩心理学方面的研究，并从色彩心理学、商品心理学的角度来探讨现代的市场开发与生活方式，拓宽了色彩学的研究范围和应用领域，也使色彩心理学理论方面的探索走向深入。

（一）色彩的心理感觉

色彩的心理感觉是在无意识情况下发生的，它源于经验，并根植于人的内心。心理学的实验发现，人们对色彩的心理感觉是因人而异的，日本色彩学家琢田敢针对不同色彩对不同人群进行了深入调查，以了解人们对色彩联想的差异，调查结果显示出不同年龄、不同性别的人群对色彩联想均有区别。归纳来看，色彩心理感觉的这种区别与不同人群的年龄与需求、性格与情绪、性别与偏好、修养与审美以及民族与风俗、地区与环境等因素有关，这些因素影响个人的色彩心理感觉和价值判断。但是个体条件相似的同一种类型人的色彩喜好会比较接近，他们对于色彩的心理感觉存在共通性。因此，了解人们对色彩的心理感觉，既需了解色彩感觉的个体差异，又要善于把握色彩象征性的普遍规律，以把握色彩的心理感觉在应用中的语言表达。而影响人们对色彩心理感觉的不同价值判断的因素主要包括以下内容。

1. 年龄与需求

根据实验心理学的研究，随着人们年龄的变化，生理结构也发生变化，对色彩所产生的心理影响与需求也随之有别。有人做过统计，儿童大多喜爱极鲜艳的颜色，如婴儿喜爱红色和黄色，4 ～ 9 岁儿童最喜爱红色，9 岁的儿童又喜爱绿色，在 7 ～ 15 岁的小学生中，男生的色彩爱好次序是绿、红、青、黄、白、黑，女生的爱好次序是绿、红、白、青、黄、黑。随着年龄的增长，人们的色彩喜好逐渐向复色过渡，向黑色靠近。也就是说，年龄越近成熟，所喜爱色彩越倾向成熟。

2. 性格与情绪

色彩会对情绪造成不同的影响。明亮的色彩会使人们产生乐观的情绪，而黯淡的色彩会让人产生消极的情绪，反之，不同性格的人对色彩的喜好也不尽相同。通常性格开朗的人会喜好明快艳丽或温暖的颜色，沉默的人会偏爱中性色、灰色或冷色，人的性格各异，对色彩的喜好自然会有各种差别。另外，当处于不同情绪支配之下时，人们对色彩的反应也不同。如烦躁时看一些强烈的、刺激的色彩，会加重不安感，也可能产生厌恶感，若换成温和的冷色或许能平静下来，这是色彩对情绪的反作用。为此，在色彩应用中需针对不同性格的人进行色彩的搭配，以获得其内心对色彩的认同感。

3. 性别与偏好

人对色彩的偏好是在对色彩有一定程度的认识和理解的基础上逐渐形成的，它既与人的生理发育、性别有关，又与人的生活经历、艺术素养及所处的社会环境相关，其中性别是造成人们对色彩偏好的重要因素。而在变化万千的色彩中，男性更偏爱蓝色系列的色彩，女性更偏爱粉色系列的色彩。究其原因，人们无法给出准确的科学解释。据美国《现代生物学》刊载的研究报告所述，男女的确对颜色有偏好，并且推测这与基因有关，是人的一种本能。研究发现，人对色彩的偏好有性别之分是人类进化的结果，有确凿的历史根源。只是由于多种因素的影响，相同的色彩往往具有完全不同的象征意义，很难通过理性认识总结出具有什么特征的人就一定偏爱什么色彩的规律。况且，男女对色彩的好恶又是相对的，是比较而言的，不是一旦喜欢某几种色彩就完全忌用其他的色彩。

4. 修养与审美

色彩修养是客观存在的色彩现象与人们对色彩的主观思维相互作用下的综合体现。具有不同文化修养的人会对色彩确立不同的审美标准。以色彩修养而论，对色彩知识要有基本的了解，同时不同知识储备和生活见识的人也会对色彩的审美产生后续的一系列影响。另外，人们的色彩审美标准也随着时代的发展不断变化。比如20世纪60年代初宇宙飞船上天后，世界范围内流行"宇宙服""宇宙色"；进入21世纪，随着现代工业的高速发展及城市化进程的加快，人们对环保又有了新的认识，重新向往自然色。而如今对色彩审美标准的变换频率日趋加快，这也是流行色受到广泛关注的根本原因。

5. 民族与风俗

由于各个国家、民族在社会、政治、经济、文化、科学、艺术、宗教信仰以及生活习惯等方面存在差异，不同国家与民族的风俗习惯造成了人们对色彩的不同态度和反应，表现在人们心理上对色彩的理解与喜好也各不相同。

6. 地区与环境

地区与环境的不同对色彩心理也会产生不同的影响，使地区性的色彩习惯与偏爱各不相同。诸如在热带地区，光照强烈，所以这个地区的环境显得偏白、偏亮，略显单调，因而在此地的人们对强烈多变的色彩有需求。寒带地区气温偏低，所以人们在心理和生理上对温暖都有一种渴求，偏爱柔和的暖色调。调查发现，在人们的生活中，环境和喜好经常会表现出相反的心理要求。比如在农村，由于室内的陈设较为简单朴素，色泽单调，农民一般喜欢装饰鲜艳的色彩。而在城市，由于建筑的色彩十分丰富，人们整天生活在色彩嘈杂的环境之中，因而对色彩多要求柔和、淡雅与统一。意大利色彩学家在欧洲地区曾做过日光测定，结果发现北欧的日光接近发蓝的日光灯色，而南欧地区意大利的日光则近于偏黄的灯光色。这样，两地的人民由于长期在有差别的日光色下生活，不知不觉地形成了习惯性的适应方式与爱好。可见长期生活在某一种色彩环境中确实会对人习惯性的色彩观念产生影响。

（二）色彩的心理特征

色彩作为一种物理现象，本身是没有性格的，但人们却能够感受到不同色彩所具有的不同心理特征，这是因为人们长期生活在色彩世界中，积累了许多视觉经验，一旦这些经验与外来的色彩刺激发生呼应，就会在人的心理上引发某种联想，由此，色彩也就被赋予了共同的情感特征（图1-29）。

当然，事情本身并非如此简单，我们都知道，不同波长的色彩刺激会对人的生理产生不同的影响，而为什么会产生这些影响目前尚无定论，因此，仅仅用联想理论来解释色彩所具有的复杂情感属性是不够的。虽然色彩获得情感属性的原因还不明确，但有一件事实是没有争议的，那就是色彩能够有力地表达情感。无论是有彩色还是无彩色，都有自己的心理特征。任何一种颜色，当它的色相、明度或纯度发生了变化或处于不同的搭配关系中时，其情感特征都会随之发生改变，因此，要想表达出所有颜色的情感特征非常困难，但对一些典型的色彩加以描绘却

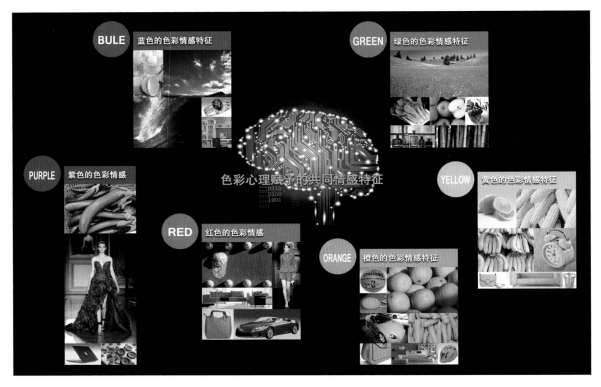

图 1-29　色彩心理赋予的共同情感特征

是可行而有必要的。表 1-1 以红、橙、黄、绿、蓝、紫、黑、白、灰这 9 种常见色彩为例，从联想和象征的角度对每种色彩的特点进行了描述，从中可以看出这些颜色具有丰富的情感特征。

表 1-1　色彩的联想与象征意义

色彩	特点	联想	象征
红	最强有力	太阳、火焰、红旗、苹果、辣椒、口红、红花、血等	热情、兴奋、胜利、喜庆、危险、野蛮、革命、战争
橙	最温暖	橘子、橙子、柿子、胡萝卜、灯光、霞光、救生衣、安全帽等	华丽、温暖、快乐、炽热、积极、幸福、满足
黄	明度最高	香蕉、向日葵、柠檬、油菜花、黄金、鸡蛋、菊花等	光明、辉煌、财富、权力、注意、不安、野心
绿	人眼最容易接受	树、山、草、藤蔓、森林、军装等	青春、希望、和平、宁静、理想、成长、安全
蓝	—	天空、大海、湖泊等	博大、沉静、凉爽、忧郁、消极、冷漠、理智、纯净、自由
紫	明度最低	葡萄、茄子、紫藤、紫甘蓝、花卉等	高贵、神秘、庄重、优雅、嫉妒、病态、压抑、悲哀

色彩	特点	联想	象征
黑	吸收全部光线	黑夜、炭、墨、头发、礼服、皮鞋等	明亮、干净、纯洁、朴素、虔诚、神圣、虚无
白	反射全部光线	雪、白纸、兔子、羽毛、白云、砂糖、婚纱、医生等	死亡、恐怖、邪恶、严肃、孤独、沉默
灰	—	鼠、尘、阴天天空、混凝土等	内涵、沉默、谦逊、柔和、细致、平稳、朴素、郁闷等

（三）色彩的心理感受

色彩的心理感受是指色彩带给人们的感觉，虽然色彩引起的复杂感情是因人而异的，但人类生理构造和生活环境等方面存在着共性，因此对大多数人来说，无论是单一色或者是几种色的混合色，在色彩的心理方面也存在着共同的感情（图1-30）。

图1-30　色彩的心理感受在空间环境中的表现
1～2.色彩的冷暖感；　　3～4.色彩的轻重感；　　5～6.色彩的软硬感；
7～8.色彩的强弱感；　　9.色彩的体量感；　　10.色彩的距离感

根据实验心理学家的研究，其内容包括以下几点。

1. 冷暖感

一般来说，红色、橙色、黄色常常使人联想到火焰的热度，有温暖的感觉；蓝色、蓝绿色、青色常常使人联想到冰雪，有寒冷的感觉。因此，凡是带红色、橙色、黄色的色调都带暖感，凡是带蓝色、蓝绿色、青色的色调都带冷感。另外，色彩的冷暖与明度、纯度也有关。高明度的色彩一般具有冷感，低明度的色彩一般具有暖感；高纯度的色彩具有暖感，低纯度的色彩具有冷感；无彩色的白色是冷色，黑色是暖色，灰色为中性。

2. 轻重感

色彩的轻重感主要由明度决定，明度高的色彩感觉轻，明度低的色彩感觉重。白色最轻，黑色最重。低明度基调的配色具有重感，高明度基调的配色具有轻感。

3. 软硬感

色彩的软硬感与明度、纯度都有关。凡是明度较高的含灰色系具有软感，凡是明度较低的含灰色系具有硬感。色彩纯度越高，越具有硬感；纯度越低，越具有软感。

4. 强弱感

色彩的强弱感与知觉度有关。高纯度色具有强感，低纯度色具有弱感。有彩色系比无彩色系强，而在有彩色系中又以红色为最强。

5. 体量感

从体量感的角度来看，色彩可以分为膨胀色与收缩色。同样面积的色彩有的看起来大一些，有些则看起来小些。明度和纯度高的色彩看起来面积膨胀，而明度和纯度低的色彩则看起来面积收缩。

6. 距离感

在相同距离观察色彩时，色彩又可分为前进色与后退色。而色相对色彩的进退感、伸缩感影响最大，一般暖色具有前进感，冷色具有后退感；明亮色具有前进感，深暗色具有后退感；纯度高的为前进色，纯度低的为后退色。

第三节　色彩学及其学科探究

从色彩学学科发展的趋势来看，与其相关学科的探究范畴主要包括对色彩表示体系、色彩审美层面、色彩的地理学、色彩民俗特征、色彩流行预测及数字色彩系统等领域的拓展，色彩学的本质研究也将得以不断深化。

一、色彩表示体系探究

19世纪后期至20世纪初期，欧美等发达国家在色彩学理论走向科学研究的基础上，尝试在色彩应用推广层面建立颜色表示体系及标准系统。在色彩实践探索中，美国艺术家阿尔伯特·孟塞尔与德国化学家威廉·奥斯特瓦尔德两人分别形成了两种不同的色彩观，并于 1905 年与 1915 年先后推出了以他们两人的名字命名的色彩体系，即孟塞尔色彩表色系统与奥斯特瓦尔德色彩系统。这两个色彩体系成为 20 世纪以来世界上两个最具代表性、最基本、最重要的色彩表示系统。

作为色彩标准与应用中最主要的基础性工作之一，孟塞尔色彩表色系统与奥斯特瓦尔德色彩系统的建立对色彩在各个领域推广运用及实现色彩科学管理更是具有重大的意义。在整个 20 世纪，不少国家均以这样两个色彩系统为基础并致力于对其的完善，或基于这两个色彩系统进一步研究各自国家的标准色体系。此外，世界上不少国家在不同行业中也开发了各自行业通用的实用色谱来表示色彩，并在色彩表示体系建构中取得了探究性的成果。其中，国际照明委员会（CIK）于 1931 年推出了 CIE1931 标准色度学表色系统，日本色彩研究所于 1966 年推出了 PCCS 实用颜色坐标表色系统，瑞典斯堪的纳维亚色彩研究所于 1972 年推出了 NCS 自然色彩表色系统，以及中国国家技术监督局于 1995 年发布的《中国颜色体系》（GB/T 15608—1995）等不同的色彩系统。

进入 21 世纪以来，国际上对于色彩表色系统的探究和应用越来越重视，国际颜色学会（AIC）、国际标准化组织（ISO）及国际照明委员会均曾讨论过颜色标准化的问题，只是由于色彩表色系统具有地域性的特点，如何建构一个能被各国一致公认的标准颜色体系，时至今日尚处于探索之中。

而中国颜色体系的建立是 1988 年在中科院王大珩院士、中科院心理研究所荆其诚院士的带领下历经近十年的科研探索、精心研制的颜色应用系统。国家技术监督局于 1995 年 6 月发布了《中国颜色体系》（GB/T 15608—1995），并从 1996 年 2 月开始实施，这也是中华人民共和国颜色体系的第一个国家标准。在该标准发表之前，还发布了《中国颜色体系样册》（GSB A26003—1994）。从 2003 年起，在《中国颜色体系》（GB/T 15608—1995）国家标准的基础上对该系统又进行了修订，并于 2006 年 9 月颁布修订后的《中国颜色体系》（GB/T 15608—2006），2007 年 2 月 1 日开始实施。其标准样册《中国颜色体系标准样册》（GSB 16–2062—2007）中的实物样品数量也由原来的 1500 组数据增加到 5300 组数据，是目前世界上包含数据最丰富的颜色标准。这套标准数值在全色彩空间范围内具有空间连续性、曲面或曲线光滑与闭合特性，因此非常准确地表达了色彩空间的信息内容和中国人对颜色感受的信息。这套标准的实施也使中国的色彩表述和使用从此走向科学化、定量化，直至为中国的色彩管理标准化奠定了坚实的科学基础。依据这套颜色体系，不同行业建立了相关的色卡，从而为具有中国特色的色彩表色系统建立及在相关领域的应用推广起到了重要的促进作用。

二、色彩审美层面探究

审美是人类理解世界的一种特殊形式，它是指人与世界（社会和自然）形成的一种无功利的、形象的和情感的关系状态。审美是在理智与情感、主观与客观上认识、理解、感知和评判世界上的存在。就人类的审美观念而言，它主要由审美理想、审美价值及审美趣味组成，并通过审美创造与审美鉴赏等行为方式，逐步将审美观念客观化，把物化产品审美化、主体化，进而创造出新的审美对象，培养出新的审美情趣。色彩本来只是一种自然现象，只是随着人类活动的介入，其人化的审美特征逐渐才显现出来。若从美学层面看，单一的、孤立的色彩本没有美丑之分，只有把颜色或者颜色组合与具体的主题、物体结合起来，方可形成具体的审美对象。而色彩审美除具备审美文化的基本特征外，还具有自身独有的特征，如色彩的视觉性、符号性。从表象看，色彩拥有丰富的表情属性，具备细腻的情感素质。从互动看，色彩可能是世界上最能触发人类审美情感的要素之一。现代英国心理学家 R.L. 格列高里认为："颜色知觉对我们人类具有极其重要的意义——它是视觉审美的核心，深刻地影响我们的情绪状态。"由此可见，色彩美自产生即受制于人们审美观念及心理感情的影响，这是一个由感觉、知觉、思维、情绪所构成且极为复杂的过程。在千姿百态的色彩世界里，没有不美丽的色彩，只有不和谐的配置。因此，不同的色彩配置能组合出各不相同的色彩风格，诸如华丽贵气、亲和自然、理性冷静、活泼热情、轻快明亮、优美雅致、浪漫温馨、夸张另类等，均给人们带来不同的色彩审美意象。

从色彩审美研究来看，有 Kan Tsukada 1978 年在日本东京出版的《色彩美学》，1986年琢田敢等所著的《色彩美的创造》，由湖南美术出版社出版。另外，在 20 世纪 80 年代，由上海人民美术出版社出版的瑞士美术理论家和艺术教育家，著名的色彩大师约翰内斯·伊顿所著的《色彩艺术》中，约翰内斯·伊顿为色彩审美层面的研究指出三个方向：其一是印象（视觉上），其二是表现（情感上），其三是结构（象征上）。他还阐明对色彩审美的体验和探究应注重色彩学与审美心理学的结合，以从美学的高度来审视和领悟色彩的魅力。此外，近20 年来，国内学者郭廉夫和张继华的《色彩美学》、赵勤国的《色彩形式语言》、吴义方等的《色彩文化趣谈》及张康夫的《色彩文化学》等著述也对色彩审美层面的问题进行了深入的探索。

而当前色彩审美层面的研究主要集中在色彩审美与审美主体的关系，色彩审美符号的类型，色彩的审美需求，设色的形式法则，不同时代人们的用色规律、表达特征，不同文化语境中的色彩审美现象、美学趣味与流行趋势，社会思潮对色彩审美态度的影响以及人们在色彩审美的行为心理、价值取向等层面的探索。即从美学的高度来审视和领悟色彩审美的魅力及文化意蕴，以从色彩真、美、善的意境表达中创造出一个多姿多彩的色彩世界。

三、色彩的地理学探究

色彩的地理学探究属于应用地理学的范畴，它是地理学在现代科学技术革命基础上诞生的产物。从应用地理学来看，它于 20 世纪 30 年代首先出现于西方国家，是运用地理学的理论、原则和方法，在基础地理资料的支持下，研究各种与人类社会经济发展有关的问题，且提出解决问题的方法和途径的学科。应用地理学先后与区域学、环境学、生态学、资源学、社会学、经济学、灾害学、旅游学等学科交叉形成新的研究领域，也在不同程度上给色彩学研究带来了重要启示。

作为应用地理学与色彩学结合而出现的一门新兴边缘学科，色彩地理学由法国著名色彩设计大师让·菲利普·郎科罗于20世纪60年代创建，并在欧美及日本等国家和地区进行实践和推广。从色彩地理学的研究方式看，类似于区域地理学，就是对地球表面分区域进行研究，在选定的地区内调查所有地理要素及其相互间的关系，将该地区的特征与其他地区相区别，研究处在不同地域中的同类事物的差异性。郎科罗教授的设计方法主要分为两个步骤：第一阶段被称作"景观分析"阶段，第二阶段为色彩视觉效果的概括总结。最终目的是确认这个区域的"景观色彩特质"，阐述调查区域内人们的色彩审美心理及其变化规律，其调查大致可概括为选址、调查、取证、归纳、编谱、小结等步骤。郎科罗的色彩地理学理论对城市规划、建筑、环境景观与工业产品等设计领域具有重要的指导作用。20世纪60年代，巴黎规划部门对城市色彩所做的两次规划与调整均应用了其理论及方法，巴黎的米黄色基调也形成于这个时期，法国巴黎的三度空间色彩设计事务所无疑在这个方面也走在世界前列。

色彩地理学的理论与方法对世界不少国家和地区均产生影响，如20世纪七八十年代日本的CPC机构即在其基础上，结合日本城市的地域特点完成了东京的城市环境调查，又对神户、川崎、西条、广岛等城市的景观色彩进行调查，并完成了上述城市环境色彩的设计提案工作。在20世纪后期，色彩地理学也被引入城市化建设的中国，不仅逐渐受到相关领域专家和学者的关注，而且在城市风貌维护与特色塑造、旧城历史街区与建筑保护、城市色彩控制与管理、建筑与景观环境设计、乡村整治与旅游开发等层面出现一系列理论探究及设计创作实践成果。只是中国城市、建筑与景观环境等在其建设规模、文化背景及发展速度等诸多方面均与国外有所不同，如何找到符合中国城乡建设需要的环境色彩规划的方法，直至建构出经得起实践应用考验的色彩理论体系尚有待探究与持续努力。

四、色彩的民俗学探究

民俗学作为一门针对风俗习惯、口承文学、传统技艺、生活文化及其思考模式进行研究，阐明其民俗现象在时空中流变意义的学科，具有学科交叉的性质。而色彩感受和审美自从人类有了视觉开始，就融入了人类生活的方方面面，无论哪个民族、哪个时代，均离不开色彩的渲染。色彩作为人类特有的民俗文化现象，在人们的生活中展现出丰富多彩的存在态势。无论是在国内还是在国外，其色彩民俗都是充满活力的文化表现特点。常言说，"一方水土养一方人"，又说，"十里不同俗"。世界这么大，且不同国家的色彩文化特征不同，即使是同一个地区、同一个民族的不同分支，其色彩认知也有所不同。随着时空流变，千百年来不同民族、不同国家形成了丰富多彩的色彩民俗文化，并成为人类珍贵的精神财富。

色彩民俗表现特征存在于中国数千年的演进中，一是人们普遍追求自由活泼、热情奔放的色彩基调，以表达对幸福向往的激情，色彩无疑是人们祈福的一种方式，使人们能从心理世界的美满与平衡来补偿在物质世界中的失落，为此，在各种空间与各类物品等用色上均有意追求热闹活泼的氛围。不管是在宗族祠堂、住宅堂屋，还是在民间织锦、刺绣、布偶、面塑、纸扎、节庆装饰以及宗教物象等的艺术创造中，其空间与物品等均是大红、大绿、大黄、大紫等色彩，以形成色彩亮丽、对比鲜明的色彩效果。二是在色彩民俗表现中，人们又自觉遵循民族色彩的文化传统，如在民宅、服饰等的设色方面也多选用青、蓝、绿等清淡冷灰的色调，这是其自觉或不自觉地遵循着封建社会等级制度用色秩序的结果。三是在其他诸如宗教、祭祀活动以及生活中色彩心理的象征性表达等方面，也在一定程度上反映出人们对色彩使用规律的遵循，以与中华民族的色彩基调保持着整体上的一致性。

色彩民俗表现特征在国外是受到保护的文化遗产之一，在其长期发展、传播的进程中，色彩民俗的符号化在一定的区域范围内已经得到广泛认知。如在英国民间团体佩戴的盾牌形的徽章中，有 9 种色彩被用来作为具有代表性的象征：金色或黄色表示名誉与忠诚，银色或白色表示信仰与纯洁，红色表示勇气与热心，蓝色表示虔敬与诚实，黑色表示悲哀与悔悟，绿色表示青春与希望，紫色象征权威与高位，橙色表示力量与忍耐，红紫色则象征着献身精神。另外，如诞生于中美洲热带丛林中的玛雅人的"玛雅蓝"，澳大利亚土著人身上涂饰的黄、白、红、黑等颜色均有其色彩民俗独有的文化内涵，是色彩民俗学尚需关注及研究的课题之一。

从色彩的民俗学探究看，色彩民俗学于 20 世纪 80 年代末在日本已发展成为比较成熟的学科，并涌现出一大批研究成果，如吉冈常雄的《日本的染色》、长崎盛辉的《色·彩饰的日本史》、户井田道三的《色彩与光泽之日本文化》、杉下龙一郎的《色·历史·风土》、小林忠雄的《色彩民俗》等。受日本色彩民俗学的影响，中国学者白庚胜借鉴了宫田登和小林忠雄的研究方法，于 2001 年 4 月出版了《色彩与纳西族民俗》一书，其后有杨健吾的《中国民间色彩民俗》等研究著述出版。而色彩的民俗学作为人们生活中必不可少的构成要素，反映出大众的造物思想和情感取向，是其历史传统的文化基因，其理论探究有利于深化对其文化的认知，并具有极为重要的理论意义。

五、色彩流行预测探究

在现代社会生活中，"流行"是一个非常时髦的词汇，诸如流行色彩、流行款式、流行音乐、流行语言等。而色彩的流行则是各种潮流的先驱和领航者，因为人们生活在一个色彩斑斓的客观世界中，处处充满阳光和色彩，没有阳光就没有色彩，也就没有生命的存在。20 世纪 60 年代，随着欧美一些国家经济的回升，市场商品供应日趋丰富，经贸交流日益活跃，消费者对商品的选择，包括对色彩的选择就有了更多的余地。商界开始把色彩的变化作为刺激消费者以寻觅商机的手段，由此使色彩的流行态势逐渐显露出来，并渗入国际经济贸易中，出现国际性的流行色彩。

就流行色（fashion color）而言，作为一个外来语，其中"fashion"的中译是时髦、时尚、风格，"color"的中译是色彩、颜色。"fashion color"翻译为"流行的色彩、时髦的色彩"。而流行色的预测是以社会心理变化的表达为依据，细分开来，可以包括社会思潮、经济环境、心理变化、消费动向及优选理论等，均对其产生影响。其预测受到色彩自身存在规律诸如色彩变化走向、色彩组合比例、色彩排列程序等方面的制约。流行色的表达则是通过流行色预测定案来完成的，其内容包括几个方面：一为主题词，即用文字标明色调，并按四个专题文字对流行色表现主题进行诠释定论；二为灵感图，即用彩色图画和文字表明灵感的源泉；三为色卡群，即围绕主色调按冷暖明暗排出多个系列色谱。可见流行色定案并不是指一种色调，而是在色卡群中能纵横搭配的几种或几组色彩。国际上流行色预测的发布始于 20 世纪 60 年代，由总部设在法国巴黎的国际流行色委员会每年举行两次例会来讨论各成员国的提案，并制定国际流行色彩的总趋势，于距离销售季节 24 至 18 个月提前发布。时至今日，流行色呈现出色彩流行的范围越来越广、越来越快，色彩流行的地域差、时间差越来越小，色彩流行的消费品构成越来越复杂，色彩流行持续的时间越来越短及更替也越来越快的发展趋势。而流行色创作和应用范围也从服装与时尚扩展到日用商品、产品包装、车辆船舶、家具陈设、室内装饰、建筑与城市等领域，并具有空前的商机和引领社会时尚的色彩流行文化现象。

20 世纪 80 年代初，国外先进的色彩科学理论被中国的色彩专家们引入国内，并首次发布了中国本土的流行色彩。在对流行色 30 多年的摸索、分析与预测过程中，从人类的视觉和情感原理，流行色彩的变化规律，政治、文化、经济、社会情况对流行色变化的影响，流行色预测的基本观点和基本方法等层面进行流行色彩的预测和探究。此外专家还结合中国传统文化和传统色彩对现代生活的重要影响进行流行色彩趋势预测，于 1985 年推出了以中国传统的"竹叶青色"为代表的蓝绿色调，1986 年推出了中国宫廷神秘、明亮的黄色色彩系列，其后还推出了灵感来源于中国西北的"黄土地"色彩系列，灵感来源于古丝绸之路的民俗风情色彩系列，灵感来源于烟雨朦胧、如梦如诗的江南的"水乡古镇"色彩系列。尤其是随着 2008 年北京奥运会的举办，又一次在世界范围内掀起了"中国红"的色彩流行潮流，使色彩流行预测探究及应用在融入国际流行色趋势的同时紧扣时代，向全世界传播了中华民族的优秀色彩文化底蕴和色彩流行时尚。

六、数字色彩系统探究

随着信息化社会的到来，科学技术的发展使设计学科出现了革命性的变化。20 世纪 90 年代以来，以计算机图形学为基础的数字设计以惊人的速度席卷了包装、印刷、广告、产品、服装、纺织、建筑、景观等几乎所有的设计领域。现代数字技术给设计领域带来的冲击不可估量，它从承载介质、造型手段、传播方式直至设计方法、设计思维等多方面为其造型设计注入新的内涵，也使作为造型设计重要因素的色彩不可避免地被卷入数字化的潮流中。

数字色彩是依赖数字化设备而存在，同时又跟传统的光学色彩、艺术色彩有着内在必然的联系，是色彩学在信息化时代的一种新的表现形式。数字色彩并不是凭空产生的，它是以现代色度学和计算机图形学为基础，采用经典艺用色彩学的色彩分析手法在新的载体上的发展和延伸。而现代色度学的基础是 1931 年国际照明委员会（法语简称为 CIE）在剑桥举行的 CIE 第八次会议上所确立的"CIE 1931-XYZ 系统"，CIE 标准后来经过用于计算机图形学，派生出今天在计算机上显示的千万种彩色。只是计算机图形学对颜色的探索主要集中在通过红、绿、蓝三色混合而产生的机制上，混色系统 CIE 的诞生，使色彩研究与色彩实践由单一的减色体系进入加色体系，使数字色彩的发展有了科学的依据。

当然，数字色彩的获取与生产均离不开相关的数字设备，为此，数字设备质量的好坏直接影响到数字色彩和图形的质量。常用的数字设备主要包括计算机、扫描仪、数码照相机和数字摄影机等。而数字色彩系统是由相关的计算机色彩模型及其相关的色彩域、色彩关系和色彩配置方法所构成。数字色彩成像的原理和内部色彩的物理性质决定了它是一种光学色彩，它与传统意义上的色彩系统存在明显的差别但又具有密切的联系，从而使数字色彩形成了显著特点且又自成体系。

20 世纪 80 年代至今，是人类的数字色彩探究阶段。数字科技的进步促进数字色彩有了长足的发展。尤其是数字色彩展现出的更可靠的色值稳定性、行业统一性，也极大地提高了数字色彩在其产业循环中的运行效率。诸如在传统的纺织色彩中导入数字色彩方法，使其重新焕发出新的生命力；印刷色彩在数字科技冲击下，由单一的四色印刷扩展到六色印刷，并实现了无制版的数码印刷；制造业中对色彩的信息化改造，让色彩配置实现数字化和可控量化；在城市化进程中导入了色彩规划，也使环境色彩的数字化管理与监控成为城市信息化建设的重要组成内容。随着色彩相关产业的发展，数字色彩将呈现出更为多元化的发展态势。

就数字色彩系统建构来看，在色彩媒介层面，其跨媒介的色彩探究将呈现体系化。色彩艺术与科学以及其相关技术的深度融合，将是未来数字色彩媒介探究和开发的重点。在色彩表达层面，除了尚需手绘色彩表达的形式，绝大部分视觉艺术与设计都采用数字色彩来表达，并对数字色彩成了色彩应用主流后的表达形式进行探究。在色彩方法层面，色彩理论与应用相结合，以适应信息时代色彩科学的发展和文化创意产业的需要为目标进行数字色彩方法层面的探究。

当下，数字色彩系统已使往日单一的颜料绘画、纺织印染、胶版印刷、色料涂料、建筑与工业材料等物质色彩，向数码三维打印、无制版印刷、计算机及网络、移动终端、数字化制造、LED 显示等诸多领域拓展。这些由发射光和数字媒介产生的色彩也已渗透到人们生活、学习、工作及产业等各个层面，数字色彩也从过去色彩应用的边缘走向色彩应用的中心，并逐渐走向规范化和系统化，探索使数字色彩系统能够深入相关产业深层的路径，直至在更加广阔的范围得以开发应用。

第四节　色彩表示系统的建立

色彩表示系统是根据人的视觉特性，把物体表面千变万化的色彩按照各自的特性、规律和秩序进行排列及定量表述色彩序列的立体模型。它也是为了便于人们认识、研究与应用色彩所建立并加以命名的色彩表示系统，对于研究色彩的标准化、科学化、系统化以及实际应用都具有十分重要的作用。

从色彩表示系统建立的特点来看，色彩比较理想的表示方法构建必须具有几个条件。首先，在色彩观测条件确定以后，一种色彩无论在任何情况下都应该是同一色彩。其次，任何色彩与其符号之间应该有着一一对应的关系。最后，就是把所有色彩按照一定规律有秩序地进行组合，使之成为系列。而满足这些条件的色彩表示方法即可称为表色体系。在各种色彩表示系统中，每种颜色在其系统中都有确定的位置，且可定量地表示出来。为此，色彩表示系统的建立对色彩学的发展具有重大的理论意义和广泛的应用价值。

一、色相环与色立体

在色彩表示系统中，色相环与色立体都是主要的展现形式。

色相环是指把不同色相、高纯度的色彩按红、橙、黄、绿、蓝、紫等差关系首尾连接，形成环列的二维色彩表色形式。一般有 5 种、6 种甚至 8 种色相为主要色相，若再加上各主要色相的中间色相，就可做成 10 色相、12 色相、24 色相、36 色相或 48 色相等色相环。

色立体是指把不同明度的黑、白、灰按上白、下黑、中间为不同明度的灰等差秩序排列起来，可以构成明度序列。把不同色相的高纯度色彩按红、橙、黄、绿、蓝、紫、紫红等差环列起来构成色相环，即色相序列。每个色相中不同纯度的色彩，按外面为纯色，向内纯度降低的顺序，以等差纯度排列起来，可形成各色相的纯度序列。以无彩色黑、白、灰明度序列为中轴，以色相环环列于中轴，以纯色与中轴构成纯度序列，这种把千百个色彩依明度、色相、纯度三种关系组织在一起，借助三维空间形式来构成的一个立体色彩表色形式，即被称为"色立体"（图1-31）。

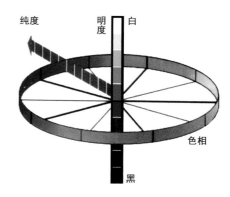

图 1-31　色立体的构成结构示意图

二、孟塞尔表色系统

孟塞尔色立体是美国的教育家孟塞尔于 1905 年创立的，它是从心理学的角度根据颜色的视知觉特点制定的色彩表示系统。孟塞尔表色系统发布后，美国光学会对其进行反复测定并几度修订，于 1943 年发布了"修正孟塞尔色彩体系"文件。国际上普遍采用该表色系统作为颜色的分类和标定方法。孟塞尔表色系统是以色彩的三要素为基础，将物体表面色彩以色相（H）、明度（V）、纯度（C）三属性表示，并按一定规律构成圆柱坐标体，即孟塞尔色立体（图1-32）。在该色立体上，其色相、明度与纯度的构成特点如下所述。

1. 色相

以红（R）、黄（Y）、绿（G）、蓝（B）、紫（P）5 色为基础色相，再加上橙（YR）、黄绿（GY）、蓝绿（BG）、蓝紫（PB）、红紫（RP）5 种中间色相，再将这 10 种基本色相各分 10 个等级，共可获得 100 个不同的色相，形成一个色相环，而每个色相的第 5 号，即 5R、5RY、5Y 等是该色相的代表色相。

2. 明度

将垂直轴的底部定为理想的黑色 0，顶部定为理想的白色 10。中间依次有各种灰色（IV），称之为无彩色轴，用 0、N_1、N_2……表示。

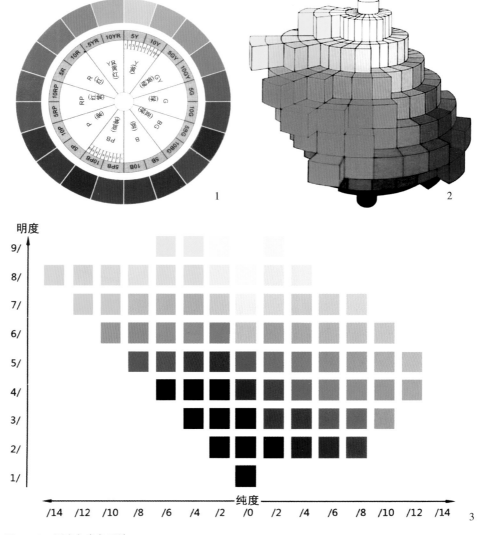

图 1-32　孟塞尔表色系统

1. 孟塞尔色相环；　　2. 孟塞尔色立体；　　3. 孟塞尔色立体纵切面

3. 纯度

纯度是以离开无彩色轴的程度来衡量的，在轴上的纯度定为 0，离轴越远，纯度越高。而孟塞尔色系表的表示记号为 H/V/G，即色相、明度和纯度。

孟塞尔表色系统是基于色彩的三属性并结合人们的色彩视觉心理因素而创立的表色系统，且已被世界公认和接受，也得到了美国试验材料学会和美国国家标准协会的承认并作为色彩规格的标准，相关国家也多选用其色彩术语来制定各自的色彩表示标准。

三、奥斯特瓦尔德表色系统

奥斯特瓦尔德色立体是由德国科学家、色彩学家及诺贝尔奖获得者奥斯特瓦尔德于 1915 年依据德国生理学家赫林的色拮抗学说，采用色相、明度、纯度为三属性，架构了以配色为目的的色彩表示系统（图 1-33）。奥斯特瓦尔德表色系统是将物体表面色彩以黑（B）、白（W）及纯色（C）为三个要素的混合量（B + W + C = 1）表示的。它依据四原色学说，在色相环上配置四个原色，即黄和蓝、红和青绿、间色橙和青、紫和黄绿，再细分为 24 个色相，并分别以数字 1 ～ 24 为代表。奥斯特瓦尔德色立体是以中间垂直轴为无彩色轴，由下而上按对数刻度配置由黑至白。该色立体是由 24 个同色相正三角形所组成的，由外周顶点 C 连成纯色环而形成的复圆锥体。奥斯特瓦尔德色彩表示系统的表色方法为色相、白量与黑量。

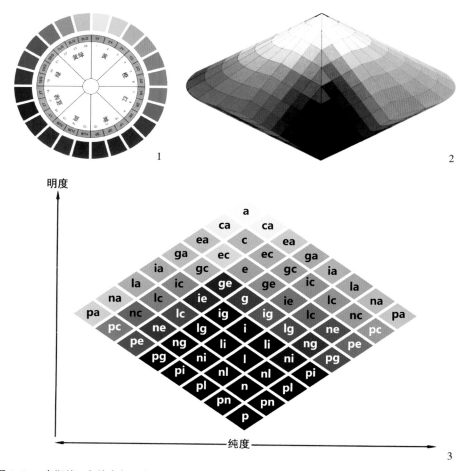

图 1-33 奥斯特瓦尔德表色系统

1. 奥斯特瓦尔德色相环；   2. 奥斯特瓦尔德色立体；   3. 奥斯特瓦尔德色立体纵切面

与孟塞尔表色系统不同，奥斯特瓦尔德表色系统首先就确定了白色和黑色以及完整的色相位置，为色彩搭配清晰，其色相三角形显示出规律性的变化，作为一种色彩表示方式使用非常方便，只是其等色相三角形的建立对颜色数量的增减具有限制，如果发现了新的、更饱和的颜色，在图上就很难再表现出来。

四、国际照明委员会 CIE 表色系统

国际照明委员会 CIE 表色系统是 1931 年提出的色彩接收表示法。它是在 1924 年制定出 X、Y、Z 三种刺激值的色度学理论基础上，将色刺激以 X、Y、Z 的三个虚色刺激的混合量来表示，故称之为色度坐标。表色体系属于混色系的光学表示方法，也是高度机械化的测色方法。

在 1931CIE 表色系统色度图中，x 色度坐标相当于红原色的比例，y 色度坐标相当于绿原色的比例，沿着 x 轴正方向红色越来越纯，绿色则沿 y 轴正方向变得更纯，最纯的蓝色位于靠近坐标原点的位置（图 1–34）。中心的白光点 E 的饱和度最低，光源轨迹线上饱和度最高。如果将光谱轨迹上表示不同色光波长点与色度图中心的白光点 E 相连，则可以将色度图划分为各种不同的颜色区域，任一点的位置代表了一种色彩的颜色特征。因此，只要计算出某颜色的色度坐标（x、y），就可以在色度中明确地定出它的颜色特征。再加上亮度因数 $Y = 100p$（$p =$ 物体表面的亮度 / 入射光源的亮度 $= Y/Y_0$），则该颜色便完全、唯一地确定下来了。

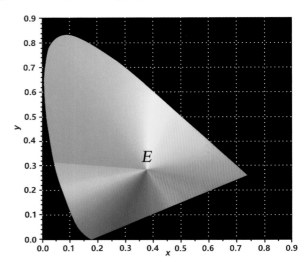

图 1–34　1931 CIE 表色系统色度图

CIE 表色系统是一种心理物理学的标色体系，按照 CIE 标准色度体系进行颜色测量时，首先测量光线的光谱分布（物理量），其次以光谱的三刺激值（心理量）为媒质，表示出颜色测量值。CIE 表色系统是一种高度机械化的测色方法，但由于仪器价格昂贵等，目前尚未普遍应用。

五、PCCS（日本色彩研究所）实用颜色坐标表色系统

PCCS 实用颜色坐标表色系统是日本色彩研究所于 1966 年推出的表色系统，它主要以色彩调和为目的。明度和彩度结合成为色调，PCCS 系统将色彩的三属性关系综合成色相与色调两种观念来构成色彩系列。PCCS 的色立体模型、色彩明度及纯度的表示方法与孟塞尔色彩系统相似，但分割的比例和级数不同。同时，PCCS 的色立体模型还吸收了奥斯特瓦尔德表色系统的一些功能（图 1–35）。

PCCS 实用颜色坐标表色系最大的特点是将明度和纯度综合起来，并用色调来描述。其中无彩色有 5 个色调，即白、浅灰、中灰、暗灰、黑；有彩色则分为鲜色调、加白的明色调、

浅色调、淡色调，以及加黑的深色调、暗色调，加灰的纯色调、浅灰调、灰色调、暗灰色调等。表色系统中每一色调包括该区域的全部色相，而同一色调的各色并不在明度上一致。9个色调以24色相为主体，分别以清色系、暗色系、纯色系、浊色系色彩命名。另外，PCCS的平面展示了每个色相的明度和纯度关系，对配色与色彩设计具有实用价值。

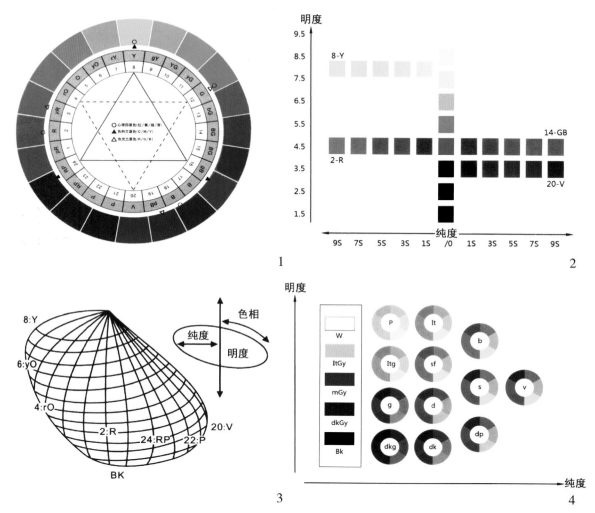

图 1-35　PCCS 实用颜色坐标表色系统

1.PCCS 色相环；　2.PCCS 色立体纵切面；　3.PCCS 色立体；　4.PCCS 色调图

六、NCS（瑞典斯堪的纳维亚色彩研究所）自然色表色系统

NCS 自然色表色系统是瑞典斯堪的纳维亚色彩研究所于 1972 年推出的表色系统，它最早由科学家 Forsius 在 1611 年发表的著作《自然》中提出，直到 20 世纪 20 年代才由瑞典斯堪

的纳维亚色彩研究所开始研发，历时 50 多年后，NCS 自然色表色系统才成为瑞典的国家色彩语言系统标准。

　　NCS 自然色表色系统把 6 种颜色作为纯色或原色，即白、黑、黄、红、蓝、绿。白、黑为非彩色，其他 4 种颜色为彩色。自然色表色系统根据各种颜色与黄、红、蓝、绿 4 种彩色原色的相似程度，以及与白和黑非彩色原色的相似程度，用一个三维的模型来表示各种颜色之间的关系。颜色立体的顶端是白原色，底端是黑原色。立体的中间部位由黄、红、蓝、绿 4 种原色形成一个圆环。在这个立体系统里，每一种颜色都占一个特定的位置，并且和其他颜色有准确的对应关系（图1-36）。

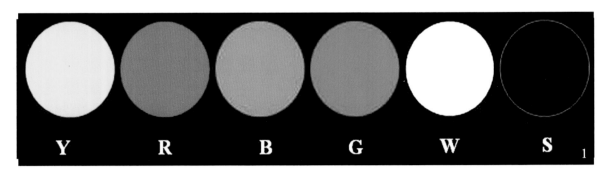

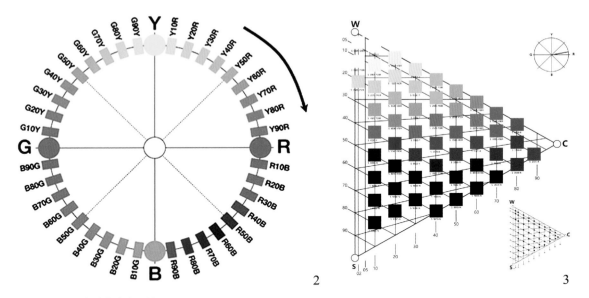

图 1-36　NCS 自然色表色系统

1.NCS 自然色六种基本色；　2.NCS 自然色色相环；　3.NCS 自然色色立体纵切面

　　NCS 自然色表色系统注重直观视觉对色彩的感受指标，从发布至今每年均公布色差检验报告，是目前色差控制最严格的色卡。NCS 自然色表色系统基于人对色彩的视觉感应，使用 NCS 色彩编号系统，可以不必借助其他语言，就能够准确描述颜色的色相值，进行自由的色彩语言交流。NCS自然色表色系统目前是世界上享有盛名的色彩语言体系，是欧洲运用最广泛的颜色体系，并逐步在全球范围内被选用。如今，NCS自然色表色系统已广泛应用于设计、研究、教育、建筑、工业、软件和商贸等领域，并将成为国际通用的色彩语言标准。

七、中国颜色体系

《中国颜色体系》（GB/T 15608—1995）是国家技术监督局于1995年6月发布的中国第一个颜色体系，并从1996年2月开始实施。这个色彩体系采用颜色的三属性（色调、明度、纯度）作为颜色空间的三维坐标，并以红、黄、绿、蓝、紫五基色为色调环上的主色。色调环按逆时针方向排列，与CIE1931色度图保持一致。标号方法和孟塞尔表色系统相同，为了和孟塞尔表色系统区分开来，通常在色标前加"BG"字样，如BG 5R4/14（红）、BG 5BG4/6（蓝绿）。我国于2006年9月颁布修订后的《中国颜色体系》（GB/T 15608—2006），于2007年2月1日开始实施。其标准样册《中国颜色体系标准样册》（GSB 16-2062—2007）中的实物样品数量也由原来的1500组数据增加到5300组数据，是目前世界上包含数据最丰富的颜色标准（图1-37）。

图1-37　中国颜色体系

1.《中国颜色体系标准样册》（GSB 16-2062—2007）；2.《中国建筑色卡国家标准》（GSB 16-1517—2002）

国家技术监督局发布的中国颜色体系特点有五个：一是以杨-赫三色学说为依据；二是基于中国人的心理物理验证实验提出基础色度分级，并对色空间的明度、色调和彩度进行均匀分级；三是编制考虑到了与国内各行业现有的专用色谱的兼容关系；四是在编排原则、标定方法等方面与国际接轨，从而便于国际交流，且方便实用；五是颜色样品的色度测量方法、照明和观察条件均符合国际颜色测量的新趋势和规定。此外，这套标准数值在全色彩空间范围内具有空间连续性、曲面或曲线光滑与闭合特性，因此非常准确地表达了色彩空间的信息内容和中国人对颜色感受的信息。

《中国颜色体系标准样册》（GSB 16-2062—2007）的发布使中国颜色体系有了第一个国

家标准。中国颜色标准的推出提高了中国颜色标准化工作的科学技术水平，为国民经济各部门的颜色控制、标定和交流提供了科学的颜色定量方法和为颜色对比提供了实物依据。同时，以此为基础展开了数字化色彩和数字化流行色彩的探究，并将以中国颜色标准为基础，以颜色体系实物样品数据库为中心，开发出一系列的数字色彩应用技术。随着时间的推移，中国颜色体系将以最快的速度带动我国色彩经济快速、全面地发展，在构建美丽中国的建设中发挥更加积极的作用。

第五节　色彩对比与调和要点

色彩对比与调和均指两个或两个以上的色彩放在一起呈现出来的差别和谐调关系。

一、色彩对比

色彩对比指两个或两个以上的色彩放在一起具有比较明显的差别。对比的最大特征就是在视觉上产生比较作用，使艺术作品的主题更加鲜明活跃。一般情况下，色彩对比的强弱与其在色彩属性上的差距成正比。而对比强烈则易形成鲜明、刺激、跳跃的感觉，并能增强主体的表现力与运动感。

在画面处理上运用色彩对比主要是为了渲染气氛，在画面中追求热烈、跳跃乃至神秘的感受，从而突出某些部分与主体，强调重点与背景的主次关系。而在对比色调的使用中应注意在面积布置上要有主从感，否则就会造成多元对比，使画面给人生硬、呆板与支离破碎的感觉。色彩对比包括以下几种类型。

（一）色相对比

两种以上色彩组合后，由于色相差别而形成的色彩对比效果称为色相对比。而色彩鲜艳即可充分展示出色彩本质特征的色相，只是不包括色彩中含黑、白、灰或少含黑、白、灰的色彩。色彩对比的强弱程度取决于色相之间在色相环上的距离（角度），距离（角度）越小对比越弱，反之则对比越强。

色相的对比关系（图1-38）包括以下四种。

1. 同一色相对比

色相之间在色相环上的距离角度为5°以内的同一色相对比，色彩在色相上差别极小，所产生的对比效果是最弱的色相对比关系。

2. 邻近色相对比

色相之间在色相环上的距离角度为5°～45°

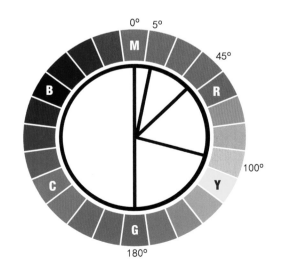

图1-38　色相的对比关系

的色相对比，色彩在色相上差别较弱，所产生的对比效果是较弱的色相对比关系。

3. 互补色相对比

色相之间在色相环上的距离角度为 45°～100° 的色相对比，色彩在色相上差别较强，所产生的对比效果是较强的色相对比关系。

4. 相对色相对比

色相之间在色相环上的距离角度为 180° 左右的色相对比，色彩在色相上差别极强，所产生的对比效果是最强的色相对比关系。

（二）明度对比

明度对比指色彩的明暗程度对比，也称色彩的黑白度对比关系。明度对比是色彩构成的最重要因素，色彩的层次与空间关系主要依靠色彩的明度对比来表现。在明度对比的关系中，可以由高明度白色到低明度黑色等距离划分为 11 等份，并将白色定为 1，黑色定为 11，白色和黑色均不算在色阶等差内，则可将其划分为 3 级共 9 种明度基调来进行。明度差在 2～4 阶段为高明度，明度差在 5～7 阶段为中明度，明度差在 8～10 阶段为低明度。另外，根据明度色阶的等差又可分出以下 3 种基调。

高短调：大面积明度色阶为 3，小面积明度色阶为 2～4 个明度色阶。

低中调：大面积明度色阶为 6，小面积明度色阶为 5～7 个明度色阶。

低短调：大面积明度色阶为 7，小面积明度色阶为 8～9 个明度色阶。

明度对比关系（图 1-39）包括以下 3 个方面。

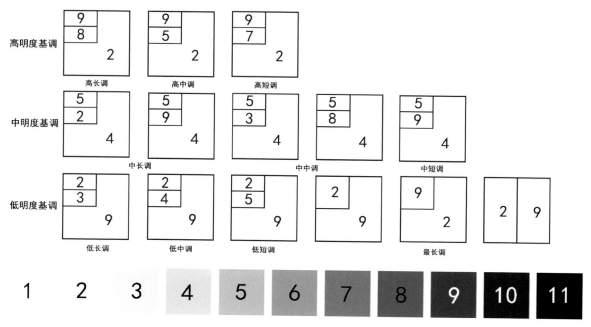

图 1-39　明度的对比关系

1. 明度弱对比

明度弱对比指明度相差 3 个色阶以内的对比，此对比在明度轴上距离比较近，又称为短调。

2. 明度中对比

明度中对比是指明度相差 3 个色阶以外、5 个色阶以内的对比，又称为中调，中调可具体分为以下 3 种。

高中调：占画面 70% 左右大面积的明度色阶为 2，小面积明度色阶为 5 和 1。

中中调：占画面 70% 左右大面积的明度色阶为 5，小面积明度色阶为 6 和 8 或 6 和 3。

低中调：占画面 70% 左右大面积的明度色阶为 8，小面积明度色阶为 6 和 9。

3. 明度强对比

明度强对比是指明度相差在 5 个色阶以外的对比，又称为长调，可细分为如下 4 种。

高长调：占画面 70% 左右大面积的明度色阶为 2，小面积明度色阶为 9 和 1。

中长调：占画面 70% 左右大面积的明度色阶为 5，小面积明度色阶为 6 和 10 或 6 和 1。

低长调：占画面 70% 左右大面积的明度色阶为 8，小面积明度色阶为 1 和 9。

最长调：占画面 70% 左右大面积的明度色阶为 2，小面积明度色阶为 9；或面积相反，70% 左右大面积的为 9，小面积是 1，或明度色阶 9 和 1 各占一半，为最强对比。

在以明度色彩为主的 9 等份明度基调的画面中，每一等份均为一个独立的画面，从上到下分为高、中、低三个不同的色调区域。在这三个明度色调区域中，从左到右又分为高长、高中、高短，中长、中中、中短，低长、低中、低短。其中每一等份的主导色彩均占画面的 70% 左右，且由此构成色彩的明度对比关系。

（三）纯度对比

纯度对比指由不同纯度的色彩所形成的对比，通俗地讲就是纯色与浊色之间的差别所形成的对比关系。通过在任何有彩色中加入无彩色黑、白、灰，均可降低其纯度，此外，混合该色的互补色也可以使其纯度下降。纯度对比规律和明度对比基本相似，以红色为例，从高纯度红色为 1 到低纯度黑色 11 之间分为等距离的 11 等份，这里纯红色 1 和黑色 11 均不算在色阶等差内，故可将其纯度色阶等差分为 9 种纯度基调来进行。其纯度差在 10 ～ 8 阶段为低纯度，纯度差在 7 ～ 5 阶段为中纯度，纯度差在 4 ～ 2 阶段为高纯度。另根据纯度色阶的等差分出纯度对比关系（图 1–40），包括如下 3 种。

1. 纯度弱对比

纯度弱对比指纯度差间隔 3 级以内的对比。

2. 纯度中对比

纯度中对比指纯度差间隔 4 ～ 6 级的对比。

3. 纯度强对比

纯度强对比指纯度差间隔 6 级以上的对比。

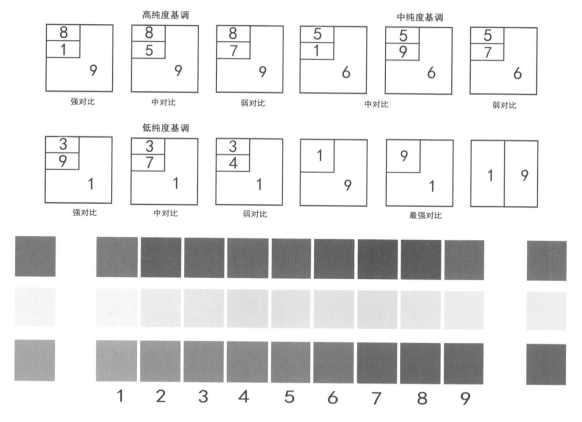

图 1-40　纯度的对比关系

（四）冷暖对比

冷暖对比指将色彩的色性倾向进行比较的色彩对比关系。冷暖本身是人皮肤对外界温度高低的条件感应，色彩的冷暖感主要来自人的生理与心理感受。色彩的冷暖对比又可分为强对比、中对比和弱对比（图 1-41）。

1. 强对比

强对比是指在冷暖对比中色相与色相之间在色轮上为 0° 同 100°～180° 之间形成的对比，即冷极与暖极、冷色与暖色成对比状时，为冷暖对比中的强对比。色彩的冷暖强对比给人的感觉是醒目、刺激、强烈与火热的。

2. 中对比

中对比是指在冷暖对比中色相与色相之间在色轮上为 0° 同 45°～75° 之间形成的对比，即暖极同中性微冷色、冷极同中性微暖色成对比状时，

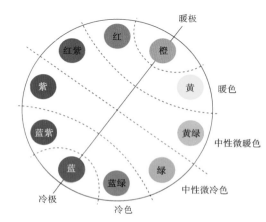

图 1-41　冷暖的对比关系

为冷暖对比中的中对比。色彩的冷暖中对比给人的感觉是和谐、丰富，既统一又有变化。

3. 弱对比

弱对比指在冷暖对比中色相与色相之间在色轮上为0°同45°左右的角度之间形成的对比，即暖极与暖色、冷极与冷色成对比状时，为冷暖对比中的弱对比。色彩的冷暖弱对比给人以和谐、统一的感觉。

（五）面积对比

面积对比指色彩与色彩之间在图面中所占面积大小上所产生的对比关系（图1-42）。在色彩的面积对比中，色彩纯度与面积决定着色彩对比的强弱。

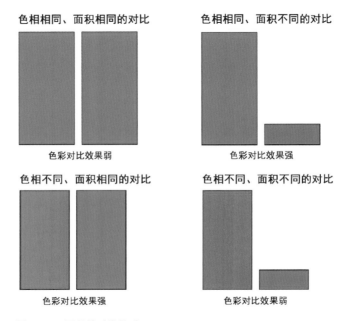

图1-42　面积的对比关系

1. 色相相同、面积相同与不同的对比

色彩与色彩之间不但色相与色相之间有差别，而且在面积的大小上也因反差很大产生对比，即面积对比中不同色相的弱对比。

2. 色相不同、面积相同与不同的对比

色彩与色彩面积基本相同时，只有色与色之间的差别。如不同色相的色彩在用色中均以1∶1的面积出现在画面中，即可产生不同色相的强对比。

（六）色彩对比的要点

一是在色彩对比中，需注意两个以上色彩差别的大小决定着其对比的强弱，因此可说差别是对比的关键。如果我们用对比的眼光来看色彩世界，就会发现世界上的色彩是千差万别、丰富多彩的。归纳来看，其色彩对比的关系可分为以明度差别为主的明度对比，以色相差别为主的色相对比，以纯度差别为主的纯度对比，以冷暖差别为主的冷暖对比。以上种种对比都会因为差别大而形成强对比，因差别小而形成弱对比，因差别适中而形成中对比等关系。

二是各个色彩的存在必定具备面积、形状、位置、肌理等构成特征，为此，对比的色彩之间还存在面积的比例关系，位置的远近关系，形状、肌理的异同关系。这四种存在方式及关系的变化对不同性质与不同程度的色彩对比效果均会产生非常明显的和不容忽视的独特影响。

二、色彩调和

将两个或两个以上的色彩放在一起，具有明显的、共同的、相互近似的色素就是色彩调和。其具体表现为色彩的和谐、温柔、高雅的视觉感受，且在各种色彩之间具有同一性。色彩调和可分为以下几种类型。

（一）同一调和

当两个或两个以上的色彩并置在一起时，形成强烈的色彩对比而产生极不协调的视觉效果，为此在对比的一方或双方加入同一因素以取得色彩调和的方法称为同一调和。

同一调和主要包括同色相调和、同明度调和、同纯度调和及非彩色调和，其调和的方法如图 1-43 所示。

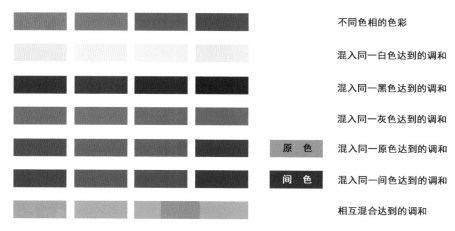

图 1-43　同一调和的调和方法

（1）在互补色的对比双方（或一方）加入白色，使之明度提高，纯度降低，达到调和。
（2）在互补色的对比双方（或一方）加入黑色，使之明度降低，纯度降低，达到调和。
（3）在互补色的对比双方（或一方）加入灰色，使之明度降低，纯度降低，达到调和。
（4）在互补色的对比双方加入同一原色（红、黄、蓝），使对比的双方向加入的原色色相靠拢，形成色调，达到调和。

（5）在互补色的对比双方使一色混入其中的另一色，或双方互混，增加同一性达到调和。注意在互混中要防止过灰及过脏。

（6）在互补色的对比双方用黑、白、灰、金、银或同一色线加以勾勒，使之既相互连贯又相互隔离而达到调和。

（二）对比调和

对比调和就是使强烈对比的色彩双方达到既变化又统一的和谐效果，不依赖要素的一致（加同一因素），而是靠某种组合秩序来实现。对比调和又称秩序调和，其调和的方法有如下两种。

（1）在互补色的对比双方置入相应的对比方色彩的等差、等比的渐变系列，以此结构使对比双方达到调和。

（2）在互补色的对比双方相互置放小面积的对比方色彩，达到调和。

（三）秩序调和

秩序调和是指一组色彩按明度、纯度、色相等分成渐变色阶，组合成依顺序变化的调和方式。以孟塞尔色立体为例（图1-44），其调和的方法有如下几种。

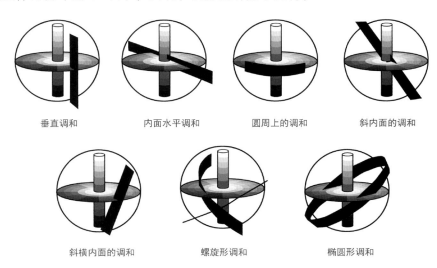

垂直调和　　　　　内面水平调和　　　　圆周上的调和　　　　斜内面的调和

斜横内面的调和　　　　螺旋形调和　　　　椭圆形调和

图1-44　以孟塞尔色立体为例的色彩调和方法示意

（1）垂直调和，即色相、纯度不变，只变化明度的调和，效果温和、稳定。

（2）内面水平调和，即从色立体的表面通过中性轴到达对面的水平线上的各色组合。在这条线上，明度不变，只有纯度的变化，色彩单调而缺乏刺激，但如果采用中性轴两边的补色进行调和，效果就会强烈、活泼得多。

（3）圆周上的调和，即明度、纯度不变，只有色相变化的调和。

（4）斜内面的调和，在这类调和中，明度、纯度都会发生变化，可以是同色相之间的，也可以是补色之间的，效果生动而富于变化。

（5）斜横内面的调和，这类调和的特征是明度变化大，色相与纯度仅有微小的变动，属于邻近色相的类似调和。

（6）螺旋形调和，这种方式是在色立体中自由地画出螺旋形，再以一定的间隔或其他规矩抽出包含在此形状中的色相进行配合。采用这种调和需要注意的是，纯度高的颜色其明度要适当降低。

（7）椭圆形调和，采用这种调和方式可以得到许多同纯度的补色，比内面调和扩大了范围。

（四）色彩调和的要点

色彩调和的要点为选定一组邻近色或同类色，通过调整色彩的纯度和明度来调节其色彩的效果，如面积调和法、间隔调和法、纯度调和法、明度调和法等。

一是面积调和法，即将色相对比面积的反差拉大，使画面中的某些色彩面积处于绝对优势，而另一些色彩则在面积上处于从属关系，使画面主次分明。

二是间隔调和法，即在组织色调时，可在色相对比强烈的各高饱和度色之间插入两色的相邻色或黑、白、灰等色彩进行过渡，用以降低对比度，并产生缓冲的色彩效果。

三是纯度调和法，即使高纯度的色显得更鲜艳，低纯度的色显得更雅致。在色相对比的情况下，为使其构成统一的视觉效果，往往在对比之中相互加入对方的色素，以降低对比色的纯度，达到协调的目的。

四是明度调和法，即当色彩的明度对比过于强烈时，可削弱明度对比，以减少色差的方法减弱色彩冲突，增强画面的调和感，构成美与和谐的色彩关系。

三、色彩对比与调和的组配关系

色彩的对比与调和在相关色彩应用中是非常普遍的构成组配关系。没有对比，也就无所谓调和，两者既互相排斥又互相依存，相辅相成，相得益彰。

如果画面色彩对比杂乱，失去调和统一的关系，就会让人在视觉上产生失去稳定的不安定感，使人烦躁不悦；相反，缺乏对比因素的调和，也会使人感到单调乏味，不能发挥色彩的感染力。

对比与调和也称变化与统一，只有在不断的色彩应用实践中反复训练，人们才能提高色彩的对比与调和的应用水平，做到应用自如。

第六节　色彩构成的训练方法

色彩构成是 20 世纪初由德国包豪斯设计学院开设的设计专业基础课程之一，当时设课的目的是使之与传统工艺美术教学内容相区别，以让学生能够通过对色彩的分析与研究产生新的设计思维。随着科学的发展以及对色彩的提取工艺与分析仪器等技术的进步，人们在对色彩现象进行大量定量分析研究的基础上，逐渐形成了色彩学比较完整的学科体系，并应用于现代设计专业基础训练及设计创作生产实践，且成为欧美国家现代设计院校相关设计专业基础训练中的主要学习内容。20世纪80年代初，随着中国改革开放的推行，色彩构成、平面构成与立体构成合称的三大构成等现代设计专业基础训练方式由一批学者从日本等地设计专业引入国内，由南至北、由东向西逐步在国内各类高校相关设计专业基础训练中推广运行，不仅促使国内高校相关设计专业基础教学的改革与发展，并为中国现代设计教育的崛起起到了重要的推动作用（图1-45）。

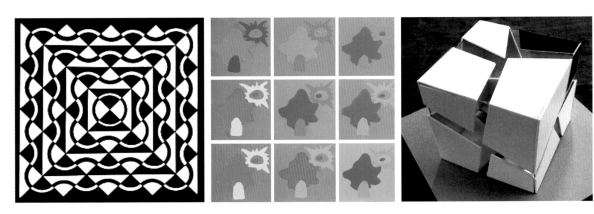

图 1-45　平面、色彩、立体三大构成专业基础训练内容对中国现代设计教育产生推动作用

一、色彩教学中感性色彩与理性色彩训练的关系

在色彩教学中，对相关设计专业学生进行的色彩训练主要包括感性色彩训练和理性色彩训练两个方面的内容（图1-46）。

图 1-46　色彩构成教学中的训练内容
1. 感性色彩训练练习作业；2～3. 理性色彩训练练习作业

一是感性色彩训练，即从静物写生开始，当积累了一定的色彩感性认识与经验后，再到建筑内外环境中进行场景写生。在此基础上，还需更进一步采用临摹、记忆默写与归纳整理等方

法来提高色彩练习水平。

二是理性色彩训练，即通过对设计色彩学基础与专业理论的学习，经过各种色彩构成的练习实践来增强初学者对各种色彩对比与调和、色彩构图等关系的认识。同时运用建筑与环境色彩采集构成的方法，提高初学者的色彩创造能力。

两者对相关设计专业初学者来说，是进行色彩教学的两个阶段，均源于统一的色彩理论，运用感性与理性色彩训练方式切入相关设计专业初学者的色彩教学，故具有各自的教学要点及训练目的，并相对独立，且各具特色。而要提高相关设计专业初学者色彩表现的水平，还需对其进行色彩基础知识的教育，并通过感性色彩与理性色彩两个方面的反复练习，达到提高初学者色彩艺术修养的目的。

二、色彩构成内涵及其教学特点

构成是指将两个以上的单元按照一定的原则，组合形成新的单元。而色彩构成是指将两个以上的色彩根据不同的目的性，按照一定的原则重新组合、搭配，构成新的、美的色彩关系。

从色彩教学中感性色彩与理性色彩训练的关系可知，对相关设计专业学生进行感性色彩训练是通过色彩写生的方式进行。经过色彩写生练习，学生对色彩的色相、明度、纯度、冷暖等有了感性认识，并在写生实践中逐步提高对色彩的观察分析能力，掌握调配色彩的技能。特别是色彩写生强调画面的色彩基调，即要求初学者处理好各描绘物体的固有色在光源色和环境色的影响作用下的对比协调关系。另外，相关设计专业学生在色彩写生中利用色彩对形象进行塑造，以训练学生对色彩形象思维能力并掌握色彩塑型技法，并使之能够从具象写生色彩迈向抽象设计色彩，直至完成色彩教学从感性到理性，再到设计应用循序渐进的转变。

而色彩构成的教学特点具有理论性，即从人们对色彩的知觉和心理效果出发，用科学的方法把复杂的色彩现象还原成基本的要素，利用色彩空间、量与质的可变幻性，按照一定的色彩规律去组合各构成要素间的相互关系，设计出新的、理想的色彩效果。另外，教学还具有实践性，运用色彩的色相、明度、纯度的渐变、对比、调和、空间并置以及色彩对人的生理、心理感知联想来完成新的色彩构成。其呈现的已不是对客观物象的再现，而是主观理想化的带有逻辑抽象的色彩组合，给人以新的色彩美感。

三、色彩构成训练的任务与内容

对相关设计专业学生进行理性色彩训练的任务与内容主要包括以下几项。

（一）色彩基础练习

色彩基础练习的主要内容包括让初学者从 24 色相环的制作开始，从单色到复色进行训练。其后在孟塞尔色立体上选择任一色相作色彩混合方面的反复练习（图 1-47）。

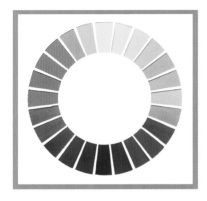

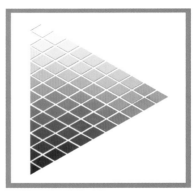

图 1-47 24 色相环与孟塞尔色立体练习作业

（二）色彩推移练习

色彩推移练习主要包括色彩的明度推移、色相推移、纯度推移与补色相混推移等训练内容（图 1-48 ）。

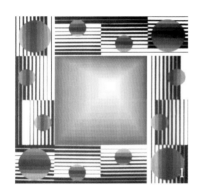

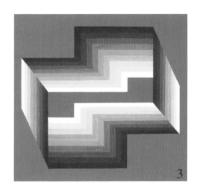

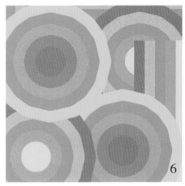

图 1-48 色彩推移方面的练习作业

1.明度推移；   2.色相推移；   3.纯度推移；   4.明度推移；   5.色相推移；   6.纯度推移

（三）色彩对比练习

色彩对比练习主要包括色彩的明度对比、色相对比、纯度对比、面积对比与冷暖对比等方面的练习（图1-49）。

图1-49　色彩对比方面的练习作业
1.明度对比；　2.色相对比；　3.纯度对比；　4.面积对比；　5.冷暖对比

（四）色彩调和练习

从色相关系上来看，主要有无彩色系的调和、无彩色与有彩色调和、同色相调和、邻近色相调和、类似色相调和、中差色相调和、对比色相调和与补色相调和等练习；从明度关系上来看，主要有同一明度调和、邻近明度调和、类似明度调和与对比明度调和等练习；从纯度关系上来看，主要有同一纯度调和、邻近纯度调和、类似纯度调和与对比纯度调和等练习（图1-50）。

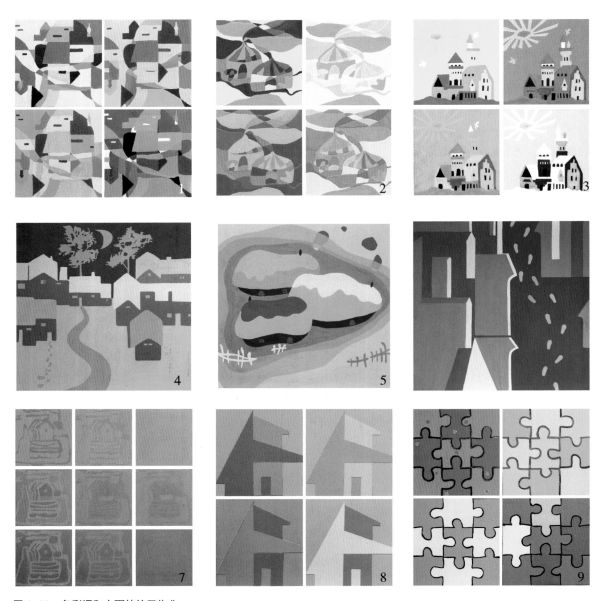

图1-50　色彩调和方面的练习作业

1～3.色相调和系列；　　4～6.明度调和系列；　　7～9.纯度调和系列

（五）色彩构图练习

色彩构图练习主要有色彩的均衡、呼应、主从、层次、点缀、衬托与渐变等练习（图1-51）。

（六）色彩采集构成练习

色彩采集构成练习对相关设计专业学生来说，练习的要求较前面的练习有很大提高，其目

图 1-51　色彩构图方面的练习作业

的主要在于进一步开发初学者对色彩的认识、分析与设计方面的能力，在教学中则将每个阶段的训练分为四个部分来进行，即色彩采集对象的认识与分析、色彩的繁化、色彩的简化及色彩的采集构成设计。而选择的采集对象可作为自然色彩、传统艺术、音乐与文学作品的抽象色彩启示，也可选择一些优秀的绘画、摄影作品，尤其是含有建筑环境内容的作品来作为具体的采集对象进行训练，其练习效果对相关设计专业学生来讲则会更为明显、有效（图 1-52、图 1-53）。

　　作为提高相关设计专业学生对理性色彩的认识与表现的能力的练习，色彩构成训练的内容与形式还有很多，其最终目的还在于通过对相关设计专业学生的色彩构成教学，使其逐步走向相对清晰、理性的色彩认知，从而达到对色彩语言更深入的了解和掌控，为未来的相关专业设计学习做好铺垫。

　　如今，随着数字化时代的到来，色彩构成教学训练内容与形式将面对再次改革，这使数字色彩系统具有更加科学和完善的教育形式，它将促使色彩构成课程在教学理念、授课内容、表达方式等方面发生新的转型。同时，数字色彩构成课程在相关设计专业的导入不仅能够开拓色彩设计基础教学的领域，使相关设计专业的学生能够接触到数字化背景下前沿的色彩理论，将经典色彩、CIE 色彩和计算机色彩等理论融为一体，对色彩理论知识的掌握更为全面。同时，

图1-52　色彩采集构成练习作业（采集对象——秋天的风景）

利用计算机硬件和软件方面的优势，还可改变过去色彩构成课程中依赖颜料表达的训练方式，更加重视色彩的创意与应用训练，表现的手法也更为丰富，形式更加多样。

当然，数字色彩系统导入色彩构成课程还处于探索阶段，其改革的目标是根据时代的发展将色彩构成课程教学推向更高层面，直至实现信息时代色彩学教学的发展要求。而如何将数字色彩系统与色彩构成课程教学紧密结合，创造适应信息化社会发展的色彩语言，全面提高学生的色彩应用水平与创新能力，以培养出能适应社会经济和文明高度发展所需的具有较高审美技能的色彩设计人才，是色彩设计教学改革未来仍需努力的目标。

图 1-53　色彩采集构成练习作业（采集对象——酒店泳池环境）

第二章 城市本质及其工程景观的营造

城市是人类文明的结晶，也是文明人类的自然生息地（图2-1）。城市作为人类物质文明与精神文明的载体和创造基地，往往也是一个国家或地区人口密集，工商业发达，集政治、文化、科技、艺术、经济、交通等于一体的聚集活动中心。

图2-1 城市是人类文明的结晶，也是文明人类的自然生息地

城市是人类文明的主要组成部分，也是伴随着人类文明与进步而发展的。农耕时代，人类开始定居，伴随工商业的发展，城市崛起和城市文明开始传播。在遥远的农耕时代城市就已出现，其作用是军事防御和举行祭祀仪式。那时城市的规模很小，每个城市和它控制的农村构成一个小单位，相对封闭，自给自足。据考，世界上最早的城市出现在埃及、美索不达米亚、印度河流域、黄河流域和中美洲等处（图2-2）。

埃及的城市起源于大约公元前3200年，据称第一王朝美尼斯所建的首都城市孟菲斯，因土坯墙壁涂为白色，而得名白墙，但现在大多已不复存在。第二王朝在阿拜多斯建的城堡，虽然规模很小，但为埃及最古老的城堡。美索不达米亚的城市出现时间与埃及大体相同，著名的城市遗址是乌尔。它位于伊拉克的巴格达市东南约300千米的幼发拉底河畔。大约在距今5000年以前，乌尔已发展为强盛的城邦。乌尔第三王朝时，以乌尔作为首都，同时它也是当时两河流域南部的宗教和商业中心。印度河流域早期的重要城市有哈拉帕和摩亨佐·达罗。前者位于北部旁遮普省的拉维河左岸，后者位于南部，在信德省的拉尔卡纳县境内。中国黄河流域，据早期的文字记载在夏朝已筑有城。但迄今从考古发掘的遗迹确认，中国最早的城市为郑州市中心及北关一带的商城。据考证，商城为商王仲丁的傲都，距今已有约3500年历史。美洲城市起源最早的地区在中美洲，其最古老的城市为代表玛雅文明的蒂卡尔及代表托尔特克文化的特奥蒂瓦坎。所以按以上时间可知世界上最早的城市起源于埃及的尼罗河流域。

图2-2 城市是伴随着人类文明与进步而发展的

1. 埃及第一王朝美尼斯所建的首都遗址孟菲斯；　　2. 美索不达米亚城市遗址乌尔；
3. 印度河流域早期的重要城市遗址哈拉帕；　　　　4. 中国最早的城市遗址郑州商城；
5. 美洲以玛雅文明为代表的城市遗址蒂卡尔

　　只是学者们普遍认为，真正意义上的城市是工商业发展的产物。如中国古代从西周时期即不仅在都城、王城中设有市，据《周礼·地官》记载当时民俗为"五十里有市"，即在王都通往各诸侯国的大路上出现了适应驿站的要求而设立的市，由此推动城市的发展，并促进了坐商的形成和商业店铺的出现。而发轫于春秋、战国时期的市坊制，经秦到汉代继续沿袭使用，它不仅促进商品交换与交易市场的建设，还推动了居民点的分化与集中，促进了城市的日益繁荣。市坊制到隋唐时期发展到了极盛，这在汉长安城和其后的唐长安城中遗址中均可见到。市坊制亡于北宋。宋太祖一道敕令，晚上取消宵禁，夜市就开放了。北宋京城的市场就不再是固定的两个东市、西市，而是商业街了（图2-3）。而13世纪位居地中海周边的城市米兰、威尼斯、巴黎等，都是重要的商业和贸易中心，其中威尼斯在繁盛时期人口超过20万。1800年，全球仅有2%的人口居住在城市，工业革命之后，城市化进程大大加快了，由于农民不断涌向新的工业中心，城市获得了前所未有的发展。到第一次世界大战前夕，英国、美国、德国、法国等国绝大多数人口都已生活在城市（图2-4）。到第二次世界大战之后的1950年，全球居住在城市的人口已达29%，进入21世纪的2000年，世界上大约已有一半的人口迁入了城市。根据联合国的预测，到2050年，全世界的城市人口将占总人口的66%。人口众多的城市，毫无疑问需要有别于农村的生活设施、服务体系、运输系统、娱乐场所与消费用品等。城市不仅成为富足的标志，更是文明的象征。

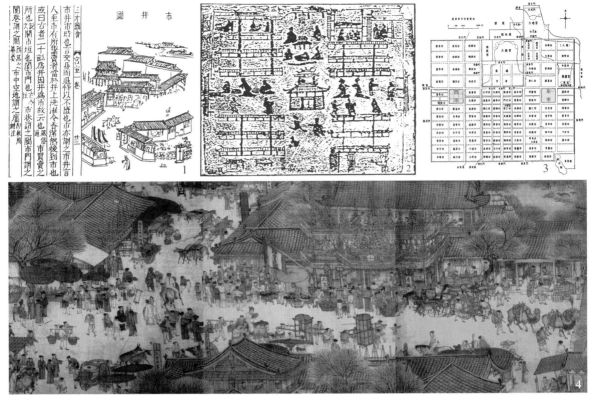

图 2-3　城市是工商业发展的产物

1. 典籍中的城市市井图；　　2. 汉画中的东汉时期城市市井图；　　3. 唐长安城复原图中的城市"市坊制"图示；
4. 宋代著名画家张择端所绘《清明上河图》图卷中所描绘出东京汴梁清明时节繁华的城市商业图景

图 2-4　13世纪位居地中海周边的城市米兰、威尼斯、巴黎等已成为重要商业和贸易中心

　　联合国人居组织1996年发布的《伊斯坦布尔宣言》强调："我们的城市必须成为人类能够过上有尊严的、健康、安全、幸福和充满希望的美满生活的地方。"不可否认的是，在城市飞速发展的今天，人们的城市生活也越来越面临一系列挑战：高密度的城市生活模式不免引发空间冲突、文化摩擦、资源短缺和环境污染。如果不加控制，城市的无序扩张会加剧这些问题，最终侵蚀城市的活力，影响城市生活的质量。

当今中国，城市环境空间的建设已经进入快速发展的阶段，现代化的城市空间、建筑造型、道路广场、景观园林、环境设施与色彩景观等与传统的城市面貌相比发生了巨大变化，而同时随着人们的活动重点从室内走向户外，大众对城市空间环境的要求和观念也发生了巨大变化。对于城市的环境色彩景观，已不仅仅停留在功能上的要求，更是上升到城市精神层面与文化特色塑造方面去思考，使城市环境色彩设计与研究，成为一个具有前瞻性与创新性的探索领域，城市环境色彩景观正与城市空间环境一起，为城市树立良好形象，提供完善的服务，发挥着越来越重要的作用。

第一节 城市本质及其构成类型

"人们为了活而聚集到城市，为了生活得更美好而居留于城市。"这是古希腊伟大的哲学家、科学家和教育家之一的亚里士多德（Aristotle，公元前 384～前 322）所言。从古发展至今的城市，是一个由许多子系统构成的复杂巨系统，正如一个巨大的容器，盛着经济、社会、文化、自然、空间等多个子系统。各个子系统之间的相互碰撞、相互交融，推动了城市的发展。回顾城市的成长历史，能清楚地感受到，城市是为生活而建造的，不是为造城而建造的。城市始于生活，成于生活。一座充满活力的城市，让生活更美好，无疑是城市发展和建设的美好理想和终极目标，因此，2010 年在中国上海举办的第 41 届世界博览会，主题为"城市，让生活更美好（Better City，Better Life）"，从而成为每个城市面向未来发展的方向（图 2-5）。未来城市应倡导低碳、节能、便利；倡导人际关系、人与自然关系的和谐；使每位市民、每位来访者都充分享有现代文明带来的丰硕成果。上海世博会主题也涵盖了人们对城市认知及解构的全部意义，并从哲学的思辨和深入的反思中寻找答案，直至呈现出人类对城市特色及其良好品质营建的不懈追求和应对策略。

一、城市的本质意义

若将城市的本质研究作为逻辑起点，即在不同类型城市中间找到一个具有共性的东西，便

图 2-5 2010 年在中国上海举办的第 41 届世界博览会

是进行城市本质探索的意义所在。不同历史时期城市的性质、作用存在，人的需要存在，人的生命存在，正是这些共同的因素导致了城市的产生、延续和发展。对"城市（urban）"内涵的解释看似简单、很好理解，但实际上人们对其一词来源的解读却各有不同。

从中国汉字的字义来看，"城"是以武器守卫土地的意思，是一种防御性的构筑物。"市"是一种交易的场所，即"日中为市""五十里有市"的市。但是有防御墙垣的居民点并不都是城市，有的村寨也设防御的墙垣。当"城"与"市"合起来的"城市"作为一种特定的人类居住场所（settlement），有着商业交换职能时，就成为具有现代意义的城市概念。

而在西方历史语言中，"城市"主要有两个源头、三种解释：一是来源于拉丁文"urbs"，英文为"urban"，原意指城市生活并引申到城市、市政等方面；二是来源于古代希腊文"civitas"，英文为"city"，其基本含义为"市民可以享受的公民权利"，与其相关的还有"civis（市民）""civilization（文明的、文化的）""civil（公民的）"等，均表明了城市的社会学意义，即城市是文明程度较高的、能享受公民权利的地方；三是在古希腊，人民匍匐在神圣的雅典山下，建设了一个个"新城邦（neopolis）"，后来该词被赋予新的含义，多用来形容现代化的大都市。

显然，对城市内涵的解析，可知早期的"城"和"市"是两个不同的概念，"城"是四面筑墙用来治理和军事防卫的据点，"市"是由手工业和商业构成的中心。中国上古时期城市的建立主要基于政治和军事需要。为满足由于"城"的规模扩张而日益增长的物质需求，"市"作为商品交易的场所在"城"内或"城"郊应运而生，"城"与"市"也由此结合在一起。而中古时期的西方城市大多起源于交通发达的街衢大道和市场，由于工商业在此聚集，为了对"市"的正常贸易活动进行管理，权贵们才建立了"城"。从城市起源来看，中国由"城"生"市"，西方由"市"围"城"，城市作为政治和经济中心开始在人类社会发展中形成。时至今日，城市已经成为人口最为密集的区域，在不同层面彰显着人类非凡的创造力，并对人类文明进步起到重要的推动作用。随着历史的发展，城市的内容、功能、结构、形态不断演化，从某一方面、某一角度给城市下定义是不可能概括城市这一包罗万象事物的本质的，但是，从不同角度进行的研究对了解城市的本质都是有益的。

从经济学的角度看：城市是具有相当面积、经济活动和住户集中，以致在私人企业和公共部门产生规模经济的连片地理区域。

从社会学的角度看：按照社会学的传统，城市被定义为具有某些特征的、在地理上有界的社会组织形式。

城市人口相对比较多，密集居住，并有异质性；至少有一些人从事非农业生产，并有一些是专业人员；城市具有市场功能，并且至少有部分制定规章的权力；城市显示了一种相互作用的方式。在其中，个人并非是作为一个完整的人而为人所知，这就意味着至少一些相互作用是在并不真正相识的人中间发生的；城市要求有一种超越家庭或家族之上的"社会联系"，更多的是合理的法律。

从地理学的角度看，城市是指地处交通方便环境的，且覆盖有一定面积的人群和房屋的密集结合体。

从城市规划学的角度看，在《城市规划基本术语标准》中，即以非农产业和非农业人口聚集为主要特征的居民点。包括按国家行政建制设立的市和镇。

从《辞源》一书中看，城市被解释为人口密集、工商业发达的地方。

随着城市的林立而起，其象征力便没了以往的深刻吸引力，这似乎也暗合了"道"，也许城市与乡村本就无本质上的区别，正像是人的安居乐所与勤奋工作一样，顺其自然（生产力的发展）而交替着自身的位置，可见城市对人类文明进程是如此重要。

社会学家把城市看作生态的社区（ecological communtiy），并认为城市是社会化的产物。

经济学家认为所有的城市都存在人口和经济活动在空间上的集中这一基本特征。

市政管理专家和政治家过去把城市看作法律上的实体，现在则把它看作公共事业的经营部门，提倡有效的规划和管理。

生态学家把城市看作人工建造的聚居地，是当地自然环境的组成部分。

有的建筑学家认为，城市是多种建筑形式的空间组合，主要是为聚集的居民提供具有良好设施的适宜于生活和工作的体形环境。

伴随着对城市研究的逐渐深入，人们对城市本质的认识也不断加深。从城市是依某种方式组织一个地区或更大的腹地的聚居单位这种观点出发，可以认为城市是一个从住房—聚居体系到聚居—聚居体系以至聚居—区域体系的发展过程。有的中国学者提出，城市可以看作是一定地域中的社会实体（由各种社会阶层组成）、经济实体（存在各种生产结构）和科学文化实体的有机统一体。城市还是载负上述活动的物质实体，因为城市是在一定的自然环境中由房屋、街衢和地下设施等构成的实在的空间形体。无论在发达国家还是在发展中国家，城市都蓄积着某一国家大部分人才、物质财富和精神财富。有的学者更以"系统"的观点进一步指出，"现代化城市是一个以人为主体，以空间利用为特点，以聚集经济效益为目的的一个集约人口、集约经济、集约科学文化的空间地域系统"。

归纳来看，对城市可有如下认识：城市聚集了一定数量的人口，城市以非农业活动为主，是区别于农村的社会组织形式，城市在一定地域中，在政治、经济、文化等方面具有不同范围中心的职能，城市要求相对聚集，以满足居民生产和生活方面的需要，发挥城市特有功能，城市必须提供必要的物质设施和力求保持良好的生态环境，城市是根据共同的社会目标和各方面的需要而进行协调运转的社会实体，城市有继承传统文化，并加以绵延发展的使命。随着时代发展，对城市本质的认识还将继续深化。

目前，从《中国大百科全书》为城市所下的定义来看，可知："城市（city）是依一定的生产方式和生活方式把一定地域组织起来的居民点，是该地域或更大腹地的经济、政治和文化生活的中心。"

而城市的存在不仅在于它的政治意义和经济意义，还具有深远的社会意义和文化意义。

二、城市的构成类型

城市的构成类型，是指按不同的标准所划分的城市类别。若按地理位置来划分，有沿海城市、内陆城市、边陲城市；若按功能来划分，有工业城市、商业城市、港口城市、文化城市、政治城市、宗教城市、旅游城市、综合性城市；若按城市影响力来划分，有世界城市、国际化城市、国际性城市、区域中心城市、地方中心城市；若按城区常住人口划分，国内新的城市规模划分标准以城区常住人口为统计口径，将城市划分为五类七档，即小城市（Ⅰ型小城市、Ⅱ型小城市）

中等城市、大城市（Ⅰ型大城市、Ⅱ型大城市）特大城市、超大城市。

小城市——城区常住人口50万以下的城市，其中20万以上50万以下的城市为Ⅰ型小城市，20万以下的城市为Ⅱ型小城市。

中等城市——城区常住人口50万以上100万以下的城市。

大城市——城区常住人口100万以上500万以下的城市，其中300万以上500万以下的城市为Ⅰ型大城市，100万以上300万以下的城市为Ⅱ型大城市。

特大城市——城区常住人口500万以上1000万以下的城市。

超大城市——城区常住人口1000万以上的城市。

这里按城市综合经济实力和世界城市发展的历史来分，将城市分为集市型、功能型、综合性、城市群等类别，这些类别也彰显出城市发展演进的各个阶段。

1. 集市型城市

集市型城市属于周边农民或手工业者商品交换的集聚地，商业主要由交易市场、商店和旅馆、饭店等配套服务设施所构成。在中国处于集市型阶段的城市主要有集镇。

2. 功能型城市

功能型城市通过自然资源的开发和优势产业的集中，开始发展其特有的工业产业，从而使城市具有特定的功能。不仅是商品的交换地，同时也是商品的生产地。但城市因产业分工而形成的功能单调，对其他地区和城市经济交流的依赖增强，商业开始由封闭型的城内交易为主转为开放性的城际交易为主，批发贸易业有了很大的发展。这类型城市主要有工业重镇、旅游城市等。

3. 综合型城市

不少地理位置优越和产业优势明显的城市经济功能趋于综合型，金融、贸易、服务、文化、娱乐等功能得到发展，城市的集聚力日益增强，从而使城市的经济能级大大提高，成为区域性、全国性甚至国际性的经济中心和贸易中心（大都市）。商业由单纯的商品交易向综合服务发展，商业活动也扩展延伸为促进商品流通和满足交易需求的一切活动。这类城市在中国比较典型的有直辖市、省会城市。

4. 城市群（或都市圈）

城市群是指一定地域内城市分布较为密集的地区，作为一种高效集约的空间模式，城市群是通过极化效应利用最小的空间，创造最大的效益，是内涵式发展的典型形态。当今世界，城市的经济功能已不再是在一个孤立的城市体现，而是由以一个中心城市为核心，同与其保持着密切经济联系的一系列中小城市共同组成的城市群来体现了。如美国大西洋沿岸的波士华城市带（又称波士顿都市圈），日本的东京、大阪、名古屋三大城市圈，英国的伦敦—利物浦城市带等。中国的长江三角洲地区、珠江三角洲城市群等实际上也正在形成一个经济关系密切的长江三角洲及粤港澳大湾区城市群，其整体的经济功能已在日益凸显。

三、城市的本质特征

城市的本质是指城市本身具有的最基本的属性，它决定着城市其他的特性，也决定着城市的基本面貌和发展规律。

对于城市本质的概括，要准确而深刻，不仅能够从城市的本体论上解释城市的形态和构成，从历史上揭示城市发生和发展的过程和动因，还能从城市存在的现实生活当中揭示城市的运行机理以及城市质量上的千差万别。然而审视一座城市的质量，根本着眼点还是要看它在多大程度上实现了人类自身属性的延伸和物化，要看它在多大程度上完成了人类自身的前景任务，在多大程度上满足了人类的发展需求。

城市实质上就是人类的化身。城市从无到有、从简单到复杂、从低级到高级的发展历史，其实反映着人类社会、人类自身同样的发展道路。对此，著名城市理论家芒福德有段精彩论述："最初，城市是神灵的家园，而最后城市变成了改造人类的主要场所，人性在这里得以充分发挥。进入城市的是一连串的神灵，而经过一段长期间隔之后，从城市中走出来的，是面目一新的男男女女，他们能够超越其神灵的局限，这是人类最初形成城市的时候始所未料的。"从城市的本质看，如果赋予一座城市以精神，而这精神不仅是我们已存在的，还是我们梦寐以求的，那它必定是人类在文明文化上所追求的极致，舍此无他（图2-6）。

图2-6　赋予一座城市以精神特质的便为城市的本质所在

城市最显著的本质特征在于"集聚"，然而，这种"集聚"的意义是它能够产生伟大的力量，即城市应具有的城市精神。城市的"集聚"不仅是人口聚居、建筑密集的区域，同时也是生产、消费、交换的集中地。城市集聚效益是其不断发展的根本动力，也是与乡村的一大本质区别。城市各种资源的密集性，使其成为一定地域空间的经济、社会、文化辐射中心。城市也叫城市聚落，是以非农业产业和非农业人口集聚形成的较大居民点。人口较稠密的地区称为城市，一般包括住宅区、工业区和商业区并且具备行政管辖功能。城市的行政管辖功能可能涉及较其本身更广泛的区域，其中有居民区、街道、医院、学校、公共绿地、写字楼、商业卖场、广场、公园及公共服务设施等。

随着经济的腾飞，城市化进程的发展，我国的城乡面貌发生了巨大的变化。面对着一个个新建的城市，城市中一幢幢拔地而起的高楼，我们在惊叹之余，不禁产生一种迷惑和忧虑。中国城市建设在追赶西方建筑理论的潮流下，忽视了各个国家和地区的自然条件以及政治经济文化本质上的巨大差异，"南方北方一个样，大城小城一个样"。照抄照搬，"洋为中用"的现象在城市中比比皆是，导致建筑风格的千篇一律，城市面貌平平无奇。强化城市的本质特征，进行城市空间及其工程环境景观特色营造已成为其面向未来发展的一项具有前瞻性的设计任务。

第二节　工程景观及其基本内涵

所谓工程，是指将自然科学的理论应用到具体工农业生产部门中形成的各学科的总称。人们改造客观自然界的活动都是为了人类的生存和社会的需要，就需要运用工程的手段和方法，按照人们的用途与要求，使自然界的物质和能源的特性能够通过各种结构、机器、产品、系统和过程以最短的时间和最少的人力、物力做出高效、可靠且对人类有用的物质成果。

在现代社会中，"工程"一词有广义和狭义之分。就广义的工程概念而言，工程是由一群人为达到某种目的在一个较长时间周期内进行协作活动的过程。这种广义的理解强调众多主体参与的社会性，如"希望工程""扶贫工程""富民工程""菜篮子工程"等。就狭义的工程概念而言，工程是"以某组设想的目标为依据，应用有关的科学知识和技术手段，通过有组织的一群人将某个（或某些）现有实体（自然的或人造的）转化为具有预期使用价值的人造产品的过程"。狭义的工程概念不仅强调多主体参与的社会性，而且主要指针对物质对象的、与生产实践密切联系、运用一定的知识和技术才能实现的人类活动，如"化学工程""载人航天工程"等。

而"景观"是一个美学概念，即环境空间的审美通过景观来体现。虽然景观表现为客观存在的景物，即自然物或人造物，却因为实现了人们所寄托的审美理想而成为主客观统一的产物，这点从"景观"的英文"landscape"一词就隐约显示了。然而在汉语"景观"一词中，却是很鲜明的有"景"、有"观"，"景"为客观，"观"为主观，二者统一则为景观。

景观一词最早出现在希伯来文的《圣经·旧约》中，用于对圣城耶路撒冷总体美景（包括所罗门寺庙、城堡、宫殿在内）的描述，这个概念也许与此书的犹太文化背景有关。"景观"在英文中为"landscape"，在德语中为"Landschaft"，法语为"paysage"。在中文文献中最早出现景观一词是在何时，目前尚无确切的考证。但无论是在国外还是在国内，景观都是作为视觉美学意义上一个概念，即与汉语中的"风景""景致""景色"同义或近义。只是不同学科的专家有不同的解读，其中地理学家把景观作为一个科学名词，定义为一种地表景象，或是综合自然地理区，或是一种类型单位的通称，如城市景观、森林景观等；艺术家把景观作为表现与再现的对象，等同于风景；建筑师则把景观作为建筑物的配景或背景；生态学家把景观定义为生态系统或生态系统的系统；旅游学家把景观当作资源。国家劳动和社会保障部对景观的定义："景观是指土地及土地上的空间和物体所构成的综合体。它是复杂的自然过程和人类活动在大地上的烙印。"而从美学的角度来看，景观就不只是物质空间的外显表现，还具有深刻的文化和美学意蕴。

工程景观，即将工程做成景观。工程景观营造涉及的工程类型主要包括土木建筑工程、市政工程、交通工程、水利工程、电力工程、通信工程、矿山工程、环境工程、海洋工程、航天工程、军事工程、化学工程、遗传工程、系统工程、生物工程等。工程景观概念的提出，是对景观所在风景园林学科内涵与视野的拓展，也是工程学科在当代面对所处环境空间审美层面中的必然选择。就人类进行工程建设活动而言，一是工程活动本身具有社会性，它是工程共同体通过实践将工程设计和知识应用于自然的过程；二是工程活动是为了造福人类，使人们更好地生活；三是其工程实践作为特定知识在自然界中的运用方式，具有与现代科学实验相似的探索特性。

　　基于这样的认知，我们认为从工程活动造福人类、谋求更好的生活的层面来看，工程景观及其营造的目的在于弱化城乡环境空间中以往各类工程建设所带来的负面影响，提升工程建设与广大城乡环境空间中人的亲和性（图2-7）。随着现代工程学科与风景园林学科联系越来越密切，对各类工程中的景观营造更需提到一个前所未有的高度来认识。

图 2-7　工程景观及其营造
1. 广东深圳滨海大道建设中的道路工程景观营造；2. 湖北武汉东湖清和桥观景平台建设增加了人与空间的亲和性和景观性

第三节　工程景观与其所属范畴

　　从工程景观营造方面来看，它无疑凝聚了当代人类的智慧与力量，既能为人类带来长远的经济利益，又能带来社会和生态效益。工程景观的特点主要表现在几个层面：一是营造目的符合特定社会工程建设的需要，具有很强的时代性；二是工程规模宏伟，建设周期长久，投资资金巨大；三是工程科技总水平高，具有持续的影响力和长远的吸引力。而工程景观营造的范畴主要是指狭义工程概念中的土木、建筑与市政工程、交通工程、水电工程、矿山工程、环境工程、海洋工程、军事工程等与景观规划设计的有机结合，属工程学科与风景园林学科的交叉内容。

一、就土木建筑与市政工程而言

　　土木建筑与市政工程作为一门为人类生活、生产、防护等活动建造各类设施与场所的工程学科，涵盖了地上、地下、水上、水下等的房屋、道路、桥梁、机场、港口、管线（通信、供电、供气、供热、给水、排水）、防洪围护、垃圾废物处理等工程范围内的设施与场所内的建筑物、构筑物、工程物的建设，涉及国民经济中各行各业的活动与发展，故被称为基础建设。基础建设具有综合性、社会性与实践性等营造特点，且力求在技术、经济和建造艺术上达到统一，以满足工程建造经济、实用与审美等方面的需要。

从土木建筑与市政工程审美层面的要求来看，主要包括土木建筑与市政工程的景观营造，国内部分案例如图 2-8 所示，国外部分案例如图 2-9 所示。

图 2-8 国内具有景观意义的土木建筑工程项目

1～4. 北京天安门广场、国家大剧院、中央电视台新楼与奥运场馆鸟巢； 5～6. 上海环球金融中心与世博会中国馆； 7. 西安钟楼；
8～9. 武汉江汉关与长江大桥； 10～12. 广州白天鹅宾馆、新电视塔与琶洲会展中心

图 2-9　国外具有景观意义的土木建筑等工程项目

1 ～ 3. 美国纽约联合国总部大厦、洛克菲勒中心与中央公园；　4 ～ 6. 英国伦敦白金汉宫、议会大厦与金丝雀码头；
7. 澳大利亚悉尼塔；　8 ～ 9. 巴西里约热内卢尼泰罗伊大桥与大西洋大道；
10 ～ 11. 埃及尼罗河西岸开罗新城内的开罗塔与阿布丁宫博物馆；　12. 新加坡的滨海湾金沙酒店与空中花园

　　从国内外城市中的土木建筑与市政工程代表之作可以看出，这些工程不仅满足了人们所处城市空间中的各种功能需要，不少工程还与城市审美需要结合，成为所在城市具有标识特色的土木、建筑与市政工程景观营造成果及城市游览景点。

二、就交通工程而言

　　交通工程是国民经济和社会发展的一个重要组成部分，也是保证社会经济活动得以正常进行和发展的基础工程。交通工程主要是指从事客、货运输等行业的工程，分为铁路、公路、水路、航空、管道等方式。交通工程不仅具有较强的使用功能，其工程多规模宏大、气势雄伟、造型别致，成为城市乃至国土之上独具形象特色和标志性的工程景观。国内部分案例如图2-10所示，国外部分案例如图2-11所示。

图2-10　国内具有景观意义的交通工程项目

1. "世界屋脊"上的青藏铁路工程；　2.已建成的"四横四纵"高铁路网工程；　3.已建成的"五纵七横"高速公路路网工程；
4.长江航运与武汉阳逻港内河港口工程；　5.海上航运与上海洋山港港口工程；　6.广州新白云机场航空港；
7."西气东送"管道工程；　8.上海磁悬浮列车示范线路；　9.浙江海盐至慈溪间的杭州湾跨海大桥

　　交通工程作为人类在大地上的建设，对自然环境产生的影响无疑是多方面的，出于对生态的维护、人文景观的展现，尽力将交通工程建设带来的环境破坏降到最低点，并且还力求创造出新的景观，显然是交通工程与景观艺术营造将要面临与值得探索的建设任务。

三、就水电工程而言

　　水电工程是水利、电力工程的合称。其中水利工程是指用于控制和调配自然界的地表水和地下水，为达到兴利除害目的而修建的工程。兴建水利工程能控制水流，防止洪涝灾害，并进行水量的调节和分配，以满足人民生活和生产对水资源的需要。水利工程需要修建坝、堤、溢洪道、水闸、进水口、渠道、渡槽、筏道、鱼道等不同类型的水工建筑物，以实现蓄水、提水、调水、发电、航运、灌溉、养殖、供水及利用地下水源的目的。而电力工程是指与电能生产、输送、分配有关的工程，电能的使用已渗透到国民经济和人民生活的一切领域，成为工业、农业、交通运输以及国防的主要动力形式和人们家庭生活中不可缺少的能源，在照明、电热、电化学和通信等方面得到了广泛的应用。

图 2-11 国外具有景观意义的交通工程项目
1. 俄罗斯的西伯利亚大铁路工程； 2. 法国 TGV 高铁工程； 3. 美国加利福尼亚州太平洋海岸公路； 4. 法国东南部的阿尔卑斯公路；
5. 欧洲多瑙河水运工程； 6. 日本横滨的海港港口工程； 7. 美国旧金山航空港站工程； 8. 美国成品油输送管线工程；
9. 瑞士圣哥达隧道工程； 10. 美国旧金山金门大桥工程； 11. 英国横跨亨伯尔河的桥梁工程； 12. 塞尔维亚泽蒙 - 博尔察大桥工程

从水利工程来看，尤以水利枢纽和水电站为主（图 2-12）。这些工程不仅为人类社会的发展做出重要贡献，并且也成为人类发展历史上具有文化价值、规模宏大的工程景观及世界自然与文化复合遗产，这些工程均为人类历史上的伟大工程。

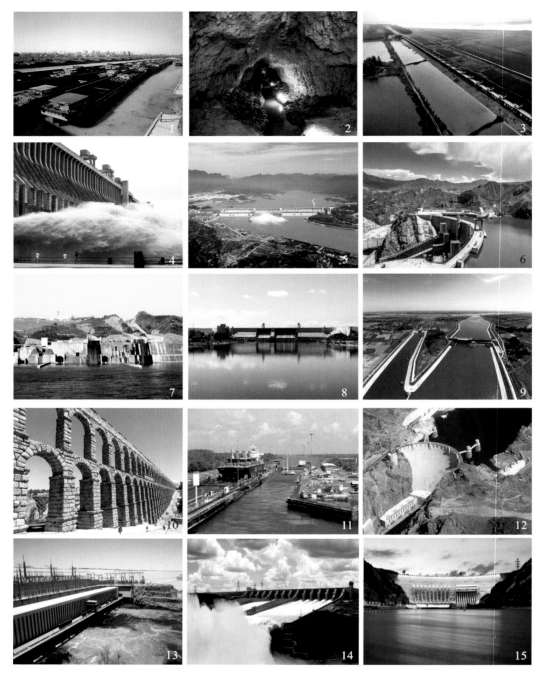

图 2-12 具有景观意义的水利工程项目

1. 中国的京杭大运河工程；2. 中国吐鲁番市的坎儿井；3. 中国长江上建成的荆江分洪工程；4. 中国葛洲坝水利枢纽工程；
5. 中国宜昌三峡工程；6. 中国黄河上的李家峡水电站工程；7. 中国黄河上的小浪底水库；8. 中国汉江上的丹江口水库；
9. 中国的南水北调中线工程；10. 西班牙塞戈维亚高架引水桥工程；11. 太平洋和大西洋间的巴拿马运河工程；
12. 美国的胡佛水坝工程；13. 埃及尼罗河上建成的阿斯旺水电站；14. 巴西和巴拉圭两国间拉普拉塔河－巴拉那河上的伊泰普大坝工程；15. 俄罗斯西伯利亚叶尼塞河上建成的萨扬－舒申斯克水电站工程

从电力工程来看，国内外部分案例如图 2-13 所示。在水电工程中，进入 21 世纪后，发达国家已逐渐把景观营造列为其工程设计内容之一予以考虑。

图 2-13 具有景观意义的电力工程项目

1. 中国北京太阳宫燃气热电冷联供工程；2. 中国台湾台中电厂；3. 中国宁夏灵武发电站二期工程；
4. 中国天津 IGCC 示范电站工程；5. 中国广东深圳大亚湾核电站；6. 中国浙江秦山核电站；7. 中国上海东海海上风电项目；
8. 中国青海格尔木太阳能公园；9. 中国昌吉准东至安徽宣城长 3324 千米的 ±1100 千伏特高压直流输电工程；
10. 俄罗斯苏尔古特发电厂；11. 斯里兰卡普特拉姆发电站；12. 法国格垃弗林核电站；
13. 美国加利福尼亚州风力发电场；14. 德国梅隆的太阳能公园；
15. 俄罗斯长 497 千米埃基巴斯图兹－科克切塔夫的 1000 千瓦特高压交流输变电工程

依托环境的优势，结合水电工程建设，可使功能单一的水电工程向多功能的环境景观水电工程设计转化，形成集水电工程与观光、游览于一体的水电观光景区，这显然也是水电工程在未来建设中将要面对的崭新课题和发展契机。

四、就矿山工程而言

矿山工程指以矿产资源为基础进行矿山资源开采作业的工程。矿产资源是经过地质成矿作用而成且天然赋存于地壳内部或地表，埋藏于地下或出露于地表，呈固态、液态或气态的，并具有开发利用价值的矿物或有用元素的集合体。矿产资源属于非可再生资源，目前已知的矿产有 4 类共 168 种，按其特点和用途可分为能源、金属、非金属与水气矿产。对于矿产资源的开发，各国均强调合理利用，以优化资源配置，实现最优耗竭，而保护矿区生态环境，防止矿山寿命终结时沦为荒芜的不毛之地，则是矿山开采工程中尚需面对的重要责任。

随着生态恢复及景观重塑理念在矿山开发废弃地利用中的引入，矿山工程景观恢复、改良、重建也有不少成功之作。国内外部分案例如图 2-14 所示，诸如浙江绍兴东湖公园即为自汉代起在此凿山取石修筑越城的采石场，经千年鬼斧神凿，遂成悬崖峭壁，其遗址于 19 世纪末经过百年的人工装扮，成为一处巧夺天工的山水大盆景，绍兴东湖也可谓最早的矿山工程景观。

矿山开采与工业废弃地运用景观生态学思想，通过科学合理的设计，对原有场地的景观特质进行挖掘，并塑造成独特的矿山工程景观，直至展现出其开发利用的自然生态修复功效及独特的文化与美学价值。

五、就环境工程而言

环境工程是在人类同环境污染作斗争、保护和改善生存环境的过程中形成的，主要包括给排水工程、大气污染与水污染防治工程、固体废物的处理和利用、环境污染综合整治、环境系统工程等方面的内容（图 2-15）。

从给排水工程来看，在给水方面，中国早在公元前 2300 年前后就创造了凿井技术，后为了保护水源建立了持刀守卫水井的制度，2014 年发现位于河南登封市告成镇附近东周时期的供水管网是国内目前发现最早的排水工程，可知在明朝以前就已开始采用明矾净水。公元 1 世纪及 2 世纪在罗马近郊所建的克劳狄引水道和法国南部尼姆斯城附近所建高架引水道，为罗马时期的城市供水设备。英国从 19 世纪初开始用砂滤法净化自来水，并在 19 世纪末采用漂白粉对水进行消毒。在排水方面，中国在公元前 2000 多年就用陶土管修建了地下排水道，江西赣州福寿沟则有宋朝修建的城市下水道。古代罗马大约在公元前 6 世纪开始修建地下排水道。法国巴黎下水道修建于 19 世纪中叶，经过百余年来的不断完善，其下水管长度已达 2450 千米，下水道的污水流到远处的污水处理厂，污水处理达标后才能排到河里。日本东京的地下排水系统的标准是"五至十年一遇"，最大的下水道直径在 12 米左右，这一系统始建于 1992 年，2006 年竣工后堪称世界上最先进的下水道排水系统。在雨水排放方面，有英国伦敦于 2000 年建成的

图2-14 具有景观意义的矿山工程项目

1. 中国浙江绍兴利用汉代采石场所建的东湖公园； 2. 中国河北唐山利用采煤塌陷区所建的南湖公园；
3. 中国湖北黄石利用铁矿石大峡谷所建的国家矿山公园； 4. 中国上海利用辰山采石坑所建的植物园矿坑花园；
5. 法国巴黎利用废弃采石场改建的比特·绍蒙公园； 6. 美国西雅图用废弃地所建的煤气厂公园；
7. 英国用煤矿钢铁区所建的爱堡河谷公园； 8. 澳大利亚悉尼利用废弃采石厂建成的奥运公园；
9. 南非约翰内斯堡用金矿旧址所建的"黄金矿城"； 10. 美国宾夕法尼亚州伯利恒钢铁厂城市娱乐区

图 2-15 具有景观意义的环境工程项目

1. 法国巴黎建于 19 世纪中叶的城市下水管网；2. 中国 2010 年上海世博会的雨水利用示范工程；
3. 澳大利亚墨尔本建成的爱丁堡雨水花园；4. 中国北京高碑店污水处理厂；
5. 中国四川成都府河边所建的环境教育场地——活水公园；6. 中国上海老港垃圾填埋场；
7. 中国广东广州李坑垃圾焚烧发电厂；8. 西班牙巴塞罗那市威尔登·琼恩垃圾填埋场景观重建工程；
9. 中国湖北武汉利用垃圾填埋场所建的园博园；10. 意大利米兰高速公路两旁所设隔声屏障；
11 ~ 12. 中国湖北武汉在贯穿城市的铁路线路及快速道路两旁设置绿化植物隔离防噪声墙来实现减噪

世纪圆顶雨水示范工程，2010 年建成的上海世博会雨水利用示范工程，2012 年澳大利亚墨尔本建成的爱丁堡雨水花园。

　　从大气污染与水污染防治工程来看，在大气污染方面，为消除工业生产造成的粉尘污染，美国于 1885 年发明了离心除尘器。进入 20 世纪，除尘、空气调节、燃烧装置改造、工业气体净化等工程技术逐渐得到推广应用。在污水处理方面，英国在 19 世纪中叶开始建设污水处理厂，从 20 世纪初就开始采用活性污泥法处理污水。中国属于发展中国家，煤炭是最主要的能源，因此由燃煤和工业排放的固定污染源较多，是大气污染的主要原因之一。从 20 世纪 70 年代末至 90 年代末，采用消除煤烟、工业点源治理及属地管理方式来整治。近年来随着雾霾的加重，国家采用联动手段从多个层面建设大气污染防治工程设施对大气污染予以治理。水污染防治工程在国内始建于 20 世纪 70 年代，到 2009 年，我国已建城镇污水处理厂 1215 座，处理能力达到每日 9052 万立方米。具有代表性的工程有 1999 年底完成二期工程的北京高碑店污水处理厂，2008 年 12 月建成的广州龙归污水处理厂，另外在 2017 年 9 月，国内一次性建成的规模最大的武汉北湖污水处理厂土建工程正式开工。其间，四川成都在府河边于 1997 年建成了世界上第一座城市综合性环境教育公园——活水公园。

从固体废物处理方面来看，中国、印度等亚洲国家自古以来就有利用粪便和垃圾堆肥的处置方法。我国现代固体废物处理工程建设始于 20 世纪 80 年代中期，其后相继建成了浙江杭州天子岭垃圾填埋场、北京阿苏卫与安定等垃圾填埋场、上海老港填埋场和江镇堆场、广东佛山市五峰山卫生填埋场。河南开封市的垃圾填埋场建于 2011 年，总容量为 11.9 万立方米。上海江桥生活垃圾焚烧厂是国内早期的大型现代化垃圾焚烧厂，2005 年 11 月，其二期工程投入运行。广州李坑垃圾焚烧厂是国内第一个也是唯一一个采用中温次高压参数的焚烧发电厂，2005 年 10 月试运行，平均日处理生活垃圾 1040 吨，日处理 2000 吨垃圾的李坑二期项目也已经开工建设。

在公元前 3000 年至公元前 1000 年，古希腊开始对城市垃圾采用覆土埋入大坑的处理方法。英国巴斯城的现址就比在古罗马时期的原址高出 4 ～ 7 米，即在废墟上重建的。进入 20 世纪，随着消费水平迅速提高，固体废物排出量急剧增加，成为严重的环境问题。20 世纪 70 年代以来，美、英、德、法与日本等国由于废物放置场地紧张，提出了"资源循环"的概念，并不断采取新措施和新技术来处理和利用固体废物，使其从消极处置转向积极利用，实现废物的再资源化。在固体废物处理工程与景观结合方面，2010 年西班牙巴塞罗那市的威尔登·琼恩垃圾填埋场景观重建工程与 2015 年武汉利用江汉区及硚口区长丰地块和东西湖区金口垃圾填埋场地块建设的园博园，均为成功探索之作。

从噪声控制工程来看，国内外均在传统建筑中利用对墙壁和门窗位置的安排来处理隔声问题。从 20 世纪 50 年代起，逐步建立起噪声控制的基础理论，并针对噪声源、噪声的传播路径及接收者这三者，在其间做隔离或防护措施。诸如意大利米兰结合城市景观营造与防止噪声的需要，沿高速公路等交通设施设置隔声屏障（屏障建筑）对噪声予以控制。湖北武汉市在贯穿城市的铁路线路及快速道路两旁设置绿化植物隔离防噪声墙来实现减噪目的，并力求达到景观营造的目标。

六、就海洋工程而言

海洋工程是指以开发、利用、保护、恢复海洋资源为目的的工程，可分为海岸工程、近海工程和深海工程，但三者又有所重叠。其工程包括围海、填海、建闸、筑堤、筑坝，人工鱼礁、海上养殖，码头和航道开挖、疏浚，冲吹填岛、海洋建构筑物、盐田、海水淡化及综合利用、潮汐发电等海洋能源开发、海洋娱乐、运动及景观开发等内容（图2-16）。

图2-16　具有景观意义的海洋工程项目

1. 荷兰著名的拦海大堤工程；2. 日本神户的人工岛填海工程；3. 中国上海洋山深水港区四期工程；4. 沙特阿拉伯海水淡化工厂；
5. 阿联酋的杰贝尔阿里海水淡化厂；6. 美国佛罗里达的基拉戈海滩；7. 马尔代夫著名的度假海岛天堂岛；8. 澳大利亚的度假胜地黄金海岸；
9. 中国海南三亚的天涯海角风景区

　　从围海造田工程来看，著名的海洋工程有荷兰从13世纪以来通过围海造田修建的总长达2400千米的拦海大堤，1986年规模宏大的"三角洲工程"竣工，所建造的4座大坝总长16千米，把4个深入陆地的海湾变成了湖泊。该工程使荷兰西南部地区摆脱了水患的困扰，改善了鹿特丹至比利时安特卫普的交通，促进了该地区乃至全荷兰的经济发展。

　　从填海造地工程来看，日本神户人工岛填海工程始于1972年，用15年时间建造了一座总面积为5.8平方千米的人工岛，并建有一座高297米的世界第一吊桥，将人工岛与神户市区连接起来。如今岛上居民有2万人，各种设施齐全，有国际饭店、旅馆、商店、博物馆、岛内游泳池、医院、学校及3个公园，还有休假娱乐场和6000套住宅。神户人工岛是当时世界上最大的一座人造海上城市，享有"二十一世纪的海上城市"之称。中国澳门由于山多平地少，除了历史上先后把城市的范围扩展至关闸，囊括青洲、氹仔、路环后，又扩展至横琴岛、对面山，并于1863年进行第一次填海工程。至2011年，澳门半岛的面积在填海工程下已超过9.3平方千米，澳门总面积不断扩大。2005年5月建成的上海芦潮港至浙江崎岖列岛小城子山全长32.5千米的东海大桥，是中国第一座外海跨海大桥。2017年建成的上海国际航运中心洋山深水港区四期工程，使洋山深水港成为全球最大的智能集装箱码头。

从海水淡化工程来看，世界上第一个陆基海水脱盐厂于1560年在突尼斯的一个海岛上建成。1872年，智利研发出了世界首台太阳能海水淡化装置，日产2万立方米淡水。1898年，俄罗斯建成了首座基于多效蒸发原理的海水淡化工厂，日产淡水达1230立方米。沙特政府为了解决严重的水资源短缺问题，投入巨资建起了25座大型海水淡化工厂，实现了每天5.25×10^6立方米的海水淡化产能，总产水量约占世界海水淡化总量的25.9%，产能位居世界第一。海湾地区规模较大的海水淡化工程还有阿联酋的杰贝尔阿里海水淡化厂。国内有1981年在西沙群岛建成的第一个日产200吨的电渗析海水淡化站；1997年国内第一套每天500立方米反渗透海水淡化装置在浙江嵊山建成投产；至2010年底，国内已建成海水淡化装置70多套，达到日产能逾60万吨的产业规模。

从海洋娱乐、运动及景观开发方面来看，国外有美国佛罗里达的基拉戈海滩、夏威夷帕利沙滩与威基基海滩，还有马尔代夫著名的度假海岛——天堂岛与太阳岛，澳大利亚的假日游乐胜地黄金海岸，法国西起土伦，经尼斯、戛纳和摩纳哥东到法国与意大利边境的蓝色海岸，泰国安达曼海上的"珍珠"普吉岛、芭堤雅的沙滩等。国内的有辽宁大连老虎滩海洋公园与圣亚海洋世界，河北秦皇岛北戴河海滨浴场，山东青岛栈桥、奥帆中心与金沙滩，福建漳州滨海火山国家地质公园，海南三亚的亚龙湾国家旅游度假区与天涯海角风景区等。

七、就军事工程而言

军事工程是指以追求军事效益、达成军事目的为导向，满足国防安全需要所建设的、指向明确的相关工程。工程按用途可分为阵地、战略和战区指挥所及通信枢纽、交通与渡河保障、爆破、伪装、给水、军港、机场、武器试验场、军事训练、后勤和基地仓库、输油管线、营房及从属于以上的各种军事障碍构筑工程等。军事工程伴随着战争的出现而出现，又随着战争的发展而发展起来。古代军事工程主要依靠人力和简单的手工作业来完成（图2-17），诸如中国古代在北方辽阔土地上建设的万里长城防御工程，是世界上修建时间最长、工程量最大的一项古代防御工程。其始建于西周，延续不断修筑了2000多年。另外还有便于防守作战的古代城池遗址，迄今已发现有近60座。此外，每建设一座城市，都建有城墙、城楼、堞楼、敌台、硬楼、软楼、马面、瓮城、望火楼、鼓楼以及军粮城、战城等，均为防御性的军事工程。

国外始建于公元前580年的雅典卫城，位于雅典市中心的卫城山丘上，当初卫城就是用于防范外敌入侵的要塞。城堡为欧洲的军事工程，木质的简易城堡出现于9世纪，至11世纪以后发展为石质建造。11世纪至14世纪是欧洲城堡建设的高峰期，当时的贵族为了争夺土地、粮食、

图 2-17　具有景观意义的军事工程项目（一）

1. 中国北方辽阔土地上建设的万里长城防御工程；2. 中国南方古代兵家必争之地荆州城城门及其坚城城墙；
3. 公元前 580 年防御外敌所建要塞雅典卫城；4. 英格兰的城堡利兹堡；
5. 俄罗斯莫斯科的克里姆林宫；6. 意大利著名的西尔米奥奈要塞；
7. 法国著名的凡尔登要塞；8. 法国东部具有防御功能的马其诺防线

牲畜、人口而不断爆发战争，密集的战争导致修建的城堡越来越多、越来越大，以守卫自己的领地。

国内近现代军事工程如图 2-18 所示。

随着战争形式的发展，已有一些落后的军事工程被弃用，更多宏伟的军事工程则被开发成为爱国主义教育基地或旅游胜地，诸如中国的长城，各类城门、关隘、栈道与乡村土围子等，另如广东东莞的虎门炮台等还被建成爱国主义教育基地。国外的城堡与要塞也多被开辟为观光景点、高级饭店、博物馆与公园等。而新建的现代军事工程如海南文昌卫星发射中心则与航天科普和科技展示、航天主题娱乐、发射场参观、实时观看火箭发射等活动结合，建设为航天主题公园。南海南沙群岛的海岛与机场建设，也与未来海洋旅游开发结合，和平时期可用于造福社会，所有这些使得军事工程景观营建也成为亟待探索的设计领域。

图2-18 具有景观意义的军事工程项目（二）

1～2. 建于清代的广东东莞的虎门炮台与新会的崖门炮台；3. 抗日战争爆发后建于安徽彭泽马当的马当要塞；
4.20世纪50年代末建于甘肃酒泉的卫星发射中心；5.20世纪60至70年代建于湖北咸宁的"131"工程；
6. 南海上的填海筑岛及机场建设；7.2014年底交付使用的海南文昌卫星发射中心

　　此外，随着工程景观理论研究及实践探索的深入，工程景观还将引入通信、化学、生物、医用、农业等工程领域，使相关工程本身的功能得以更好地体现，并能从景观美学层面实现城市工程景观特色营造的目标。

第四节　城市工程景观特色营造

当今的城市已进入一个科技高度发达的时代，这个时代科技成为人们在城市生活中的主宰，科技给人们带来了巨大的物质利益。但是毋庸置疑，科技也给人类生活特别是精神生活带来某种局限。尤其是在城市空间中各种工程建设从物质方面给人们带来高度理性化与技术化的同时，也让人们失去了诸多精神方面的乐趣，其中就包括对城市中相关工程的审美与景观特色营造。工程科技与审美的对立以前所未有的态势呈现于城市空间之中，长此以往显然不利于城市的进步与发展。在此背景下，对城市空间中各种工程建设的科技与审美的协调，无疑就成为工程景观特色营造中尚需探索的课题。

一、对城市景观特色的认识

城市景观特色是指在特定城市景观审美时空范围中最能代表城市空间的特色景观。城市景观特色可从两个层面来阐释：一是"城市景观的审美时空范围"，所强调的"特色"是基于审美系统的时空关系，其范畴包括审美主体、审美客体以及主体对客体的能动作用；二是有"最能够代表所在城市空间的特色景观"，指具有可供识别的城市个性特点。显然城市景观特色是一定时空领域内城市景观作为人们的审美对象相对于其他城市所体现出的不同审美特征。这种审美特征不在其他城市与地区重复出现，故在该城市的形态、形象和形式等方面具有不可替代的特性。

城市不仅因山水形胜而具景观特色，而且由于不同城市空间不同的社会生活形成了各自的特点。所以每到一个城市，我们会感受到不一样的城市性格，如庄严而稳重的北京、智慧与包容的上海、精致而温柔的杭州、成熟与内敛的南京……然而，在当今中国的很多城市，却充满了"千城一面"的城市形象。大到城市风貌、建筑与景观，小至环境小品，形式上照搬照抄，地方特色逐渐丧失，城市性格也逐渐埋没了。

俗话说："性格决定命运。"不同性格的人演绎不同的人生。对一座城市而言，对城市景观特色的营造便成了关注城市空间未来发展的窗口。城市景观特色是一个国家、一个民族和一个地区在特定的历史时期和特定的地区的反映，它体现于当地人民的社会生活、精神生活以及当地习俗与情趣之中。城市景观特色的营造应该与所在城市的性格和精神相符，如果有心创造城市的特色，就不应出现城市景观"千城一面"的局面。城市性格的多样性从逻辑上决定了其景观应该是各具特色的，城市的性格与其景观特色的营造之间存在着一脉相承的因果关系。而这种一脉相承的关系需要从设计的逻辑性、价值取向及形式语言三个方面来实现。

特色是城市景观的魅力所在，许多城市的景观往往因特色鲜明、别具一格而名扬天下。从古到今，从中国到外国，每个城市都有各自发展的轨迹，都有自己独特的个性特征。呈现出来的城市景观特色有历史的、传统的，也有新兴的、现代的。诸如巴黎是法国的首都和最大的城市，也是法国的政治、经济、文化、商业中心，在全球与纽约、伦敦和东京并列为四大国际大都市，素有"浪漫之都""时尚之都""世界花都"之美称。巴黎自中世纪以来，其城市建设一直保留着过去的印记，甚至是历史最悠久的某些街道的布局也保留着统一的风格。作为古城保护的楷模，巴黎既是文化环境的典范，也是生态文明的样板。在城市景观特色营造中，不管是城市整体风貌，还是空间环境细节，均可从中体会到巴黎这座城市对于美与精致的追求。又如中国浙江杭州是一座历史文化名城，也是以风景秀美著称于世的城市。"上有天堂，下有苏杭"，近年来的新型经济发展也别开生面，可以说，杭州这座城市值得向世人展示的美好实在太多。从美丽的西湖到闻名于世的钱塘江与京杭大运河，还有那些数也数不清的小河汊静静地流淌在杭州城中，让世人了解到杭州的温婉与精致。基于杭州留给人们的苏杭"水墨印象"，杭州以"生活品质之城"的主题来营造城市的景观特色，并展现其城市面向未来的追求。正是由于城市具有多样性格，即"是复杂物的统一"，对其城市景观特色的营建更应于细微之处见神韵，以唤起人们对城市景观特色的记忆，并延伸至城市的精神与性格（图2-19）。

图2-19　特色是城市景观的魅力所在

1～2. 素有"浪漫之都""时尚之都""世界花都"之美称的法国巴黎城市景观意象；

3～4. 留给人们"水墨印象"的中国浙江杭州，以"生活品质之城"的主题来营造城市的景观特色

二、城市工程景观特色的构成要素

城市景观特色是在城市发展中尊重地域文化、历史与自然，追求人类生存最根本利益的基

础上形成的。城市作为一个开放的复杂系统，其景观特色的构成要素主要包括自然景观、人工景观和人文景观三个方面的内容。

1. 自然景观要素

自然景观要素是城市景观设计的物质基础，包括地形地貌、动植物、水体、气候条件等，只是在城市空间中自然景观要素不可避免地会受到不同程度的人工改造，但其自然景观要素仍然是构筑城市生态环境必不可少的物质保障。

2. 人工景观要素

人工景观要素是构成城市景观的基本单元，包括建筑、铺装、景观小品、服务设施等，与自然景观要素一样，它们都是属于物质层面的，人们可以通过眼、耳、鼻、舌等感觉器官感知到它们的"客观实在性"，并且它们都具有一定的具体表现形态，都是依赖于人的参与、改变或创造而形成的。

3. 人文景观要素

人文景观要素是城市空间中展现出的各种文化现象，涵盖了文化、艺术、历史、社会等诸多方面的内容。归纳起来，人文景观要素主要包括历史古迹、古典园林、宗教文化、民俗风情、文学与艺术、城镇与产业观光等。城市是人类文化的产物，其人文景观要素为反映城市文化的一个最好的载体，它呈现出不同城市的个性与特色，并具有各个城市深厚的文化内涵，它可使置身其中的人们感受到浓郁的文化气息和强烈的文化意蕴。

这些有形或者无形的要素随着城市的进化与发展，呈现出无穷尽的城市景观组合方式，是城市景观特色的具体组成部分，也是城市空间中最突出，最具代表性，最能使人们引起历史联想、留住城市记忆的文化载体。城市空间中的工程景观特色营造也使然，对相关工程所处环境文化内涵的挖掘，是延续和塑造城市景观特色的目的所在。

三、城市工程景观特色的营造方法

"特色是生活的反映，特色是地域的分野，特色是文化的积淀，特色是民族的凝结。"城市工程景观特色的建构应找准定位，这是因为城市文化从根本上决定了城市的辐射力和吸引力。在当代与未来的城市竞争中，只有找准城市文化特色的定位，城市空间文化特色建构才会鲜明，城市的影响力也越大（图2-20）。而对城市工程景观特色的营造，可从以下多种方法入手。

一是注重城市工程景观的文化特色挖掘。城市文化特色的建构要立足城市工程景观的文化特色基础与内涵进行挖掘，以确定迥异于其他城市工程景观的文化特色建构，并对城市地域特色文化进行批判性思考，将符合时代潮流、引领城市发展的文化基因作为传承的基点，挖掘出最能表达所在城市文化特色的工程景观要素。

二是优化城市工程景观的自然生态环境。打造"诗意地栖居"这样一个理想的城市空间需将自然协调、生态优先与环境友好的战略贯穿城市工程景观营造的始终，尽力维护城市的原生态自然环境，协调人与城市地形地貌、动植物、水体、气候条件等的关系，优化城市主导风向的氧源森林及绿色通廊的建设，使之成为工程景观特色营造的自然生态环境保障。

图 2-20 城市景观特色的建构

1. 意大利威尼斯因水而生的"水城"文化及特色景观；
2. 中国云南大理独有的白族文化及特色景观

三是丰富城市工程景观功能与汇集活力。随着城市工程景观功能与形态多样化方向的发展取向，工程景观不仅为城市空间带来居住、办公、生产、商业、学习、交通多种功能便利，可以借助工程景观特色的营造丰富城市空间的功能，还能通过城市人群、活动、事件与故事的汇聚形成其场所的活力，这也是城市工程景观特色营造的魅力所在。

四是强化城市工程景观整体关系的重塑。在城市空间中，构成城市工程景观的要素众多，包括土木建筑、市政与交通工程等，如何将其纳入城市空间整体系统予以重塑，并从宏观、中观和微观上把握好空间与工程景观的关系，在定性、定位、定量、定形上实现城市工程景观特色营造的既定目标。

五是倡导城市工程景观场所与细部处理。由于人们对城市空间场所的体验多来自具有城市空间特色的细部，城市工程景观场所也不例外，对市民的人性关怀应体现在细微之处。诸如城市空间中各类公共服务设施与环境小品的巧妙设置，就有助于推动城市工程景观中人性场所空间的建构，营造出具有文化特色建构的城市空间细部。

六是用造型语言营造城市工程景观特色。营造城市工程景观的造型语言主要包括形态、色彩、材质与光影等，结合所处城市的空间功能、形象定位、风貌特色与文化建构等因素，从影响城市工程景观特色形成的空间功能布局、建构筑物形态、环境色彩配置、界面场地用材、夜景照明效果、公共艺术及设施配置等层面呈现出城市工程景观的个性与造型特色。

七是提升城市工程景观的文化厚度与品位。文化体现着国家和民族的品格，既是凝聚人心的精神纽带，也是关系民生的幸福指标。在城市工程景观特色建构中应该把追求城市特有的文化内涵与优质生活作为表达的目标，以传递出城市的历史文化和人文特色信息，形成对所在城市的归属感与认同感。而这种情感与亲和力的体现，也是实现城市空间中工程景观文化特色营造的至高境界。

第三章　城市景观及其环境色彩的设计方法

　　城市是自然界中人类密度较高的聚集地，是人类社会政治、经济活动的载体，也是人类最伟大的创造。城市景观作为人类聚居空间各种活动留存的印迹，也是景观系统中重要的组成部分。人们生活在城市空间之中，无时无刻不在受到城市景观的影响（图3-1）。不管是喜欢还是不喜欢，人们总是通过视觉、听觉、嗅觉等去感受它，凭自己的意识去对景观信息进行再加工，直至每个人形成对城市景观的总体印象，而对城市景观的认识尚需要从城市建设层面来进行。而所谓方法，是指为获得某种东西或达到某种目的而采取的手段与行为方式。它在哲学、科学及生活中有着不同的解释与定义。就方法来看，它是指为获得某种东西或达到某种目的而采取的途径、

图3-1　城市景观作为人类聚居空间各种活动留存的印迹，也是景观系统中重要的组成部分
1. 意大利威尼斯圣马克广场的城市景观；2. 美国底特律河沿岸的城市景观；
3. 中国湖北武汉具有城市标识作用的黄鹤楼景观；4. 中国浙江南浔古镇的水乡城镇景观

步骤、手段与行为方式。俗话说：“工欲善其事，必先利其器。”在城市景观特色营造中，对环境色彩设计方法的选择是一个重要的问题，只有选择正确的设计方法，才能达到设计创作的预期结果。

第一节　城市景观解读及基本特点

一、城市景观内涵及认知

城市景观（urban landscape）一词最早出现于 *The Architectural Review* 1944 年第 1 期的一篇题为 *Exterior Furnishing or Sharawaggi: The Art of Making Urban Landscape* 的文章中，此后，英国的戈登·卡伦在 1961 年出版的《城镇景观》一书中也使用了较为相近的“townscape”一词，标志着开始将城市景观置于艺术美学的视野之中，分析其艺术的物质表现形态。

城市景观是城市中的物质形态环境和人文精神环境经过人的主观感知，融入人的思想和情感之后所获得的审美形象。这种审美形象由人创造，凝结了对人类文明的知觉体验，寄托了人类的生存理想，承载了人类的情感记忆，又反过来以具体可感的大地存在方式鼓舞并升华人的灵魂，延续历史、传承文化，成为一个城市永恒不变的象征和文化记忆，成为人在大地上诗意的存在方式。城市景观的构成包括自然、人文、社会等诸多因素，其中自然景观因素主要是指自然风景，如地形地貌、古树名木、山石河流、湖泊海洋等。人工景观因素主要有建构筑物、文物古迹、道路广场、风景园林、设施小品等。社会景观因素主要有在空间场所内为人际交流、公众参与、无障碍环境营造等设计的景观，以凸显城市景观设计对社会的影响。这些景观因素为创造高质量的城市空间环境提供了大量的素材，但是要形成独具特色的城市景观，就必须对各种景观因素进行系统组织，并且结合风水学使其形成完整和谐的景观体系及有序的空间形态。

对城市景观的认知则需从其系统角度来展开，而城市景观系统是指对影响城市总体形象的关键因素及城市开放空间的结构系统所进行的统筹与总体安排。其系统由城市空间中的多种形式构成，诸如标志景观、道路景观、边界景观、区域景观与节点景观系统等内容（图 3-2）。

1. 标志景观

标志景观是指在城市空间中具有唯一特征、能代表城市独特形象的景观。城市标志景观可使人们对这个城市产生清晰的认知，并对城市知名度的传播有重大意义。如巴西里约热内卢州科科瓦多山顶的基督像、美国纽约哈德逊河口的自由女神像、英国伦敦横跨泰晤士河的伦敦塔桥、澳大利亚的悉尼歌剧院、北京的天安门、武汉的黄鹤楼等，均属于具有城市标志特征的景观。

2. 道路景观

道路景观是指人们在道路中移动时获得的对城市认知的景观。道路不仅是景观的连接通道，也是景观之间联系的视觉通道。如法国巴黎的香榭丽舍大道、俄罗斯圣彼得堡的涅夫斯基大道、

图 3-2 城市景观系统的构成要素

1. 巴西里约热内卢州科科瓦多山顶的基督像；2. 中国广东深圳的深南大道；3. 美国旧金山城郊间的边界景观；
4. 中国四川成都宽窄巷子街区；5. 意大利米兰市中心森皮奥内公园旁的凯旋门

意大利米兰的蒙特拿破仑街、北京的长安街、上海的南京路、广东深圳的深南大道等，均为著名的道路景观工程。

3. 边界景观

边界景观是指能让人们在特定时空尺度下，感知地域差异带来的异质景观心理印象的景观。城市边界景观包括外部边界、水体边界、植物边界、建筑边界、硬质边界、道路边界与生态因子边界等类型。如美国旧金山城郊间的边界景观、巴西首都巴西利亚城区与帕拉诺阿湖的水体边界景观、中国福建厦门与筼筜外湖间的边界景观等，均为城市边界景观工程。

4. 区域景观

区域景观是指在城市不同区域范围内以单元形式组成的景观空间，包括城市行政区域、历史风貌区域、文化区域、滨水区域与商业街区等类型。如在澳大利亚首都堪培拉行政中心区域建立的澳大利亚国会大厦、高等法院和众多其他政府部门与外交机关，这里也是许多全国性社会和文化机构的所在地。另外还有中国四川成都的宽窄巷子，这里原为清朝八旗兵驻地，是北方胡同文化的代表，经过改造，如今成为展现老成都生活及文化的区域景观，也是成都的一张文化名片，让人魂牵梦萦。

5. 节点景观

节点景观是指在城市中的重要地块或交叉路口，或河道方向转弯处等非线型空间形成的景观。在城市的出入口或城市人流聚集的核心点往往出现节点空间，包括城市空间中的广场、公园、道路交叉路口与中心花坛等能让人群活动的集散地，这就是城市中散布的"节点"。如位于意大利米兰市中心森皮奥内公园旁的凯旋门，中国重庆市位于渝中区民族路、民权路、邹容路交会的十字路口处的解放碑等，均为城市节点景观工程。

二、城市景观的构成类型

城市景观的构成类型可从不同的角度进行划分。

（一）从城市美学的视角进行划分

从城市美学的视角进行划分，可将城市景观分为城市自然景观与人文景观等（图3-3）。

图3-3 从城市美学的视角对城市景观进行划分
1～2.城市自然景观；3～5.城市人文景观

1. 城市自然景观

城市自然景观指一个城市的地理环境与自然风貌，包括地形、土壤、气候、植被、水源、交通位置等，这些对于生命的产生和形成以及人类的活动都具有至关重要的影响，也直接决定着城市的景观风貌。

2. 城市人文景观

城市是人类文化的产物，也是区域文化集中的代表，城市人文景观是反映城市文化的载体，具有深厚的文化内涵和广泛的文化意境。城市人文景观包括物质性人文景观和精神性人文景观两部分。物质性人文景观是指城市中所有的空间和物质实体外观，诸如住宅、写字楼、歌剧院、电影院、学校、医院、教堂等建筑物，以及道路、桥梁、公园、交通工具和城市绿化带等；精神性人文景观是指城市中非物质形态的精神内涵，诸如市民丰富多彩的文化节庆、民俗及风俗活动等。

（二）从城市景观功能需要的角度进行划分

从城市景观的功能需要进行划分，可将城市景观分为城市居住区景观、城市行政区景观、城市商业区景观、城市文教区景观、城市高新技术园区景观、城市历史类景观、城市交通类景观、城市游憩类景观及城市工业类景观等（图3-4）。

图3-4 从城市景观的功能需要角度进行划分

1. 城市居住区景观

居住区是位于城市中，在空间上相对独立的各种类型、规模的生活用地的统称。它是构成城市环境的重要组成部分，一般由住宅建筑、公共建筑、道路交通设施和公共绿地四大系统构成，其面积往往占城市用地的30%以上，其居住区景观环境质量的优劣对城市景观具有直接影响。

城市居住区景观构成的要素可分为两类：一种是物质的构成，即人、建筑、水体、道路、庭院、设施、小品等实体要素；另一种是精神文化构成，即环境历史、文脉、特色等。不同个体由于心理特征的差异，对外部空间的需求也不相同，从而构成景观要素的差异，这对于人们在户外活动时的心理感受有着重要影响。

2. 城市行政区景观

行政区是政府和城市行政中心所在地，城市行政区景观建设是空间建设中最易控制、最快、最易出效果的地方，其形式有景观式、综合式与生活式行政中心区之分。其中景观式行政中心区往往是国家级行政中心区，代表着国家的政治文化形象，具有很强的纪念性、象征性和观赏性，常形成著名的旅游景观胜地。综合式行政中心区在功能上则具有城市综合职能，在空间形态上，除在行政核心区局部采用大空间、大尺度的中心对称布局外，其他区域均采用适宜的较小尺度空间、连续的城市界面，以最活跃、最富弹性的线形街道渗透和连接各种类型的城市活动空间，构成丰富的人性化市民活动环境，以吸引大量的客流，此类行政区景观兼具象征性与生活性的属性特征。生活式行政中心区多存在于历史悠久的小城市，城市行政中心区往往随着城市的发展而逐步形成，行政建筑与景观空间散落其间，与中心区其他功能建筑空间交融混合，形成亲切宜人的生活化城市中心场所，其景观具有尺度亲和、空间灵活、生动有趣、功能复合多元的特征。

3. 城市商业区景观

城市商业区景观是指商业建筑或以商业功能为主的建筑单体以及群体的外部空间景观，主要包括各类商业建筑单体外环境、商业综合体、商业街区、商业园区等景观。这类景观功能一般较为综合，通常以商业功能为主，另外辅以休闲、游憩、娱乐等功能。现代城市中集商务办公、旅游、会展、购物、娱乐等多种功能于一体的商务区也可纳入这一范畴，中央商务区更是以丰富的内涵、强劲的活力带动城市及更大区域的经济发展，景观也更具城市标志性特色，现代城市中商务区的空间形态更是成为影响城市景观整体风貌的重要因素。

4. 城市文教区景观

文教区是指城市文化与教育建筑和设施的布置区域，其中文化建筑和设施是指由各级政府及社会力量等建设并向公众开放，用于人们开展各种文化娱乐活动，具有公益性质的公共建筑形式。文化建筑和设施具有规模大小不同、内容繁简各异的特点，它们都是进行文化娱乐活动的物质基础和载体。城市文教区景观往往是反映一个国家或者地区城乡经济发展水平、社会文明程度的重要标志。从文化建筑和设施构成类型来看，主要有图书馆、博物馆（纪念馆）、美术馆、文化馆（站）、剧场（音乐厅、歌舞厅、影院）与文化艺术中心等，景观多具有文化艺术个性特点。而教育建筑和设施主要包括高等学校、中小学校与幼儿园以及各种培训中心和补习学校。因教学要求和规模的不同，各种教育建筑和设施的景观建筑从总体布局到单体建筑与环境设计均有很大差别，其景观设计具有育人性、人文性、生态性与阶段性等发展特征。

5. 城市高新技术园区景观

高新技术园区是指国家在一些知识密集、技术密集的大中城市和沿海地区建立的发展高新技术的产业开发区，是以实现软、硬环境的局部优化，最大限度地把科技成果转化为现实生产力而建立起来的集中区域。城市高新技术园区景观设计营造的特征如下：一是其高新技术建筑平面空间布局趋向大进深、多开间、组合型与集群化；二是建筑外部形象设计更具创造性，出现变异、新颖的造型；三是内外空间环境设计趋于人性化，并注重其公共空间场所特质的塑造；四是将环境可持续设计理念引入科学实验建筑及内外环境设计，以体现设计的先进性及时代特征。

6. 城市历史类景观

城市历史类景观是指人类生存痕迹在人类生活的地理区域范围内的集中体现，在某一特定阶段，是为了迎合人类的心理需求，而"附加在自然景观上的人类活动形态"。城市历史景观的主要表现形式有城市中的历史与传统建筑、历史与传统风貌街区、纪念建筑与雕塑、名人故居、宗教建筑与陵墓空间以及市井民俗等特色城市景观所传递出的场所精神。

7. 城市交通类景观

城市交通类景观指城市对外交通的各种现代交通公共空间、城市内部道桥系统及交通类公共服务设施所构成的景观。对外交通的各种现代交通公共空间主要包括铁路客运站、公路客运站、航空港、水运客运站、城市交通综合体等。城市内部的道桥系统主要包括具有观赏意义的城市道路，如城市景观大道、历史风貌古街与公园园路等，具有商业意义的城市道路如城市商业步行街与金融商贸街等，具有生活意义的城市街道如传统住区街巷与现代住区街道等。城市桥梁主要包括跨越江河湖海及各种障碍而建的交通桥梁，提高城市空间中交通通行效益而建的桥梁（高架桥、立交桥与人行天桥等）与满足市民游览、休闲所需而建的各式桥梁（廊道桥、各式景观桥等）。交通类公共服务设施包括地铁与轻轨车站、渡口与隧道、各类公交车站与交通服务设施等。交通类景观是展现城市景观最集中和重要的载体，在一定程度上成为表现城市文化特色的媒介，并直接影响着城市景观的整体效果。

8. 城市游憩类景观

城市游憩类景观主要是指由各种公园、游憩休闲林带、居住区绿地、交通绿地、附属绿地、生产防护绿地以及位于市内或城郊的风景游览区、旅游娱乐区、水面与道路广场、运动与疗养场地等城市游憩系统构成的景观，是城市空间中生态、活力、休闲与安居等精神在景观营造中的具体展现。

9. 城市工业类景观

城市工业类景观泛指那些与工业生产相关的空间场所，主要包括曾经和现在工业生产用地和与工业生产相关的交通、运输、仓储用地等地段的景观营造，诸如废弃的工厂、铁路站场、码头、工业废料倾倒场等。这些工业遗产如同一部大型而直观、全面而生动的史书，记载着整个工业时代城市发展的印记，对其进行景观环境更新设计时，最关键的就是需解决遗留废弃物的保留、改造、再利用问题，以展现其价值。而城市现代工业类景观是指供人们从事工业生产的建筑物及构筑物，以及现代工业类景观场地等，它们是展现现代工业生产过程、工厂风貌、工人劳动生活场景的重要场所，这些工业类景观对开展工业旅游活动具有现实价值。

此外，城市空间中还有其他各类景观，这里不再一一列举。

（三）从城市景观空间形态的角度进行划分

从城市景观的空间形态进行划分，可将城市景观分为城市点状景观、城市线状景观与城市面状景观等（图3-5）。

图3-5　从城市景观的空间形态进行划分

1. 城市点状景观

城市点状景观即相对城市整体环境而言，以点状形式出现的景观。其特点是景观空间的二维尺度较小且比例较为接近，如城市空间中的亭台楼阁、公交站点与街头绿地景观等。

2. 城市线状景观

城市线状景观即以线状形式出现的景观，主要包括城市交通干道、步行街道及沿水岸呈线性延展的滨水休闲绿地景观等。

3. 城市面状景观

城市面状景观即以面状形式出现的景观，主要包括城市空间中较丰富的功能空间景观类型，如城市公园、居住区景观、行政区景观、高新技术园区景观、中央商务区景观等。

三、城市景观的基本特点

城市景观受到其构成类型及各要素之间复杂关系的影响，其基本特征归纳来看主要表现在以下几个方面。

一是城市景观的功能性。进行城市景观的营造，其目的就是给居住在城市中的人们提供活动场所和公共空间，满足人们生活、工作、游憩与交通等活动的需要。城市景观不仅是为"观"而存在，更应满足城市的功能要求。1933年，国际现代建筑协会拟订的《雅典宪章》中提出了城市的居住、工作、游憩和交通四大功能。围绕这四大功能产生了丰富的城市景观，如生活方面有各种居住区、商业、教育和医疗环境景观等，工作方面有办公、科研、工业和农业景观等，游憩方面有康乐场所、公园绿地和广场景观等，交通方面又有道桥系统、公共交通和服务设施景观等。即使城市空间中一些精神意义非常丰富和强烈的景观，在一定精神内涵背后，也还是隐藏着功能因素。比如宗教建筑、纪念场所与园林景观等，在作为精神崇拜和审美对象的背后，还具有供祭祀与供奉、凭眺与休憩等实际功能特性。

二是城市景观的审美性。人类一直在追求理想的聚居环境，城市景观是人类聚居环境发展的巅峰。城市景观在满足基本的功能需求之后，还呈现出丰富的审美特性，并在实践过程中与功能性构成不可分离的整体。城市景观通过尺度、比例、色彩、装饰等一系列形式美学法则以及巧妙的空间布局和有机组合，展现出生动活泼的空间形象，反映出人类的情感与理想。同时，城市景观作为人类文明的积淀，还将人类历史文化演进的成果呈现在城市空间之中，使城市景观通过审美特性来彰显城市的魅力和文化意蕴。

三是城市景观的自然性。城市景观不仅在形式上表达自然，且寻求与自然的平衡更是城市景观设计的一个重要准则，城市景观不仅要创造美的形象，还应赋予环境以生命。人们需要自然，这既是生理上的也是心理上的需要。生命个体需要自然的空间，需要以自然去抵御过度人工化的环境，抵御烟雾和噪声，需要通过自然的纽带再度与大地相联系，是自然的土地给人们提供了营养和可持续发展的基础。人们千方百计地想把与自然结合的理想寄托在创造的城市人工环境之中，以此抵御人与自然日益分离的状态。与自然共生是人类最基本的需要，城市景观设计的目标之一就是要改善人与自然的关系，提高人类的精神品位。如此，与自然的结合加上丰富多彩的文化就会给城市带来人性化的景观，人类也就实现了"梦想的天堂"，因此，自然性显然是城市景观努力追寻的目标。

四是城市景观的文化性。城市景观不仅是按一定的科学、美学规律构筑起来的物质空间实体，还是人类文化的创造物，是人类精神对自然的加工，是人类社会组织制度、价值观念、思维方式的载体。其文化性是指城市景观具有某种独特的文化特征，它是城市在长期的建设实践中形成的特有风貌。诸如从明朗典雅的希腊神庙所彰显的民主精神，到梦幻神秘的哥特式教堂所宣扬的神性至尊，或是庭院深深的四合院所反映的宗法礼制，清幽淡雅的中国园林所蕴含的闲情逸致，无一不是社会及人类在大地空间之上的文化展现，是理念世界在空间环境中的现实体现。而城市景观将个体之间不同的文化与地域特点直接反映在城市整体景观风貌上，也正是这种文化与地域特性，使之营造出的城市景观呈现出变化万千的景观效果，直至展现出城市景观上的文化差异。

五是城市景观的层次性。城市景观的层次性指其景观应具有不同的等级，通常分为宏观（重要景观）、中观（次要景观）和微观（一般景观）三个层次。就城市中的景观层次而言，城市重要景观均为城市地标性景观，多位于城市的核心区域，它是公众共同瞻仰的视觉形象，由于其精神内涵而成为公众心目中共有的特定形象，它将辐射整个城市乃至更大的区域。城市中的次要景观包括道路、边界与区域景观等，其影响范围在城市中的某一个区域或次分区内。而城市中的一般景观即重要景观和次要景观之外的景观，其影响范围只限于某一个小区或更小的地带。层次性也是感知城市景现有序性效果的特性之一。

六是城市景观的识别性。城市景观的识别性指人们对城市景观的感知特性。在城市空间中，人们对景观的识别是具有选择性的，不同文化和社会背景的人群具有不同的审美观、价值观，不同景观客体要素不一定对每个人都是有意义的，这是因为不同的人对景观有不同的感知意象。另外，在城市中的人们对景观的识别方式也不尽相同，由于采用了不同的识别方式，人们对景观的感知也会有所差异。诸如步行观景与乘车观景对景观感知的结果是不一样的，在高楼上鸟瞰城市与在地平面上观察城市的感受也是不一样的。因此，城市景观的识别性是城市景观营造中尚需考量的设计基本特征，具有提高景观设计可识别性的作用。

第二节　环境色彩认知及其设计要素

现代城市的环境色彩设计是在高科技发展的形势下，以现代色彩学运用于现代城市环境设计而产生的一门新的色彩研究学科。由于色彩对生活在城市环境中的人们具有特殊的影响和作用，在今天各个国家的城市环境建设中，城市的环境色彩问题已经引起了主管城市建设的各级部门、科研机构及规划设计单位的高度重视与普遍关心。

中国自古以来就是一个注重色彩的民族，纵览灿烂的中国古代城市建设及构成城市的各种建筑历史资料，我们可以毫不夸张地说，中国从来都是以色彩丰富、设色大胆、用色鲜明、对比强烈而立于世界城市与建筑文化之林，并形成了一套完整的系统。而且在不同的历史发展时期、不同的地域与不同民族的城市环境中，均有各自独特的环境色彩所构成的城市景观，由此可见，城市的环境色彩在传统的城市个性与特色塑造中均起到了至关重要的作用。随着我国城市化进程的飞速发展，与城市环境质量密切相关的城市景观个性的创造问题摆在了城市规划设计师、建筑师、艺术家及管理部门工作人员的面前，并且成为相关专家及主管机构尚需探究与亟待解决的问题。

一、环境色彩用语的认知

"环境色彩"是一个新的色彩用语，产生于20世纪60年代，对它的重视与研究是基于飞速发展的世界性城市化进程而提出来的。随着改善城市生活环境问题的提出，人们萌发了对城市环境行为问题的研究，从研究中发现，在环境的视觉设计中，"形"和"色"是构成与影响城市景观环境效果的两个极为重要的因素。同时我们知道，"形"即形体，"色"即色彩。从大量的视觉测试实验中人们得知：色彩是人们视觉感官的第一因素，色彩的这种特殊性质对城市景观个性的创造具有重要的意义，城市环境色彩设计概念也正是在这种研究的基础上提出的。

（一）环境色彩的内涵

环境色彩作为一个新兴的探究领域，主要是指针对空间实体环境中通过人的视觉所反映出来的所有色彩要素以及由各种色彩要素共同形成于空间实体环境中具有整体风貌效果的色彩的总称。从广义上讲，环境色彩的内涵十分广泛，不但包含空间实体环境中的自然要素（地理环境、气候条件、植被生物、水体土壤）与人工要素（建构筑物、道路桥梁、服务设施、公共艺术），还包括空间实体环境中的人文要素（风土人情、地域文化、宗教信仰、审美习俗）等的色彩现象，并从视觉美学与环境文化两个层面展现环境色彩的意义。视觉美学层面主要通过空间实体环境中的自然、人工等要素来呈现环境色彩的意义；环境文化层面主要通过空间实体环境中的人文要素、社会生活的方方面面来呈现环境色彩的气质及特质。两者相辅相成，共同展现空间实体环境色彩的表现意蕴。显然，环境色彩呈现于人们的生活之中，并对人们的生活产生相应的影响。

与色彩学在相关领域应用的比较来看，空间实体中的环境色彩应用最为复杂，其范围可以涉及整个人类赖以生存的地球的环境保护与治理以及生态平衡、稀有动物及自然风景与资源的保护、河湖水源的净化和防止沙漠化等领域；从微观上来说，一间居室的布置设计，也是空间环境设计的对象。从空间实体环境的类型来看，环境色彩应用主要包括国土与区域规划、城镇规划、建构筑物、景园绿地、工程景观、服务设施、公共艺术、室内空间与展示陈设等空间实体的环境色彩规划与设计应用。因此，在理论、实证和应用等各个层面对环境色彩进行探究，均应有色彩学家与更多跨界专家学者的共同参与，使环境色彩在规模宏大的空间实体环境规划与设计中得以推广应用，为未来的城镇与大地环境增色添彩（图3-6）。

图3-6 空间实体中的环境色彩探究
1.意大利米兰城市街道呈现出的环境色彩景观效果；2.中国甘肃张掖丹霞地貌展现出的大地环境色彩印象

（二）环境色彩的作用

人们生活在充满色彩的空间环境之中，色彩对人们生活的影响无处不在。其蕴含的潜在价值随着环境色彩相关理论研究与实践的进展还会进一步凸显。归纳来看，空间实体环境色彩主要具有物理、心理、生理、识别、调节及文化等方面的作用（图3-7）。

一是环境色彩的物理作用。物体总是处于一定空间环境之中，故物体色彩的色相、冷暖、远近、大小和轻重感，不仅是物体本身对光的吸收与反射作用的结果，而且也是物体之间相互作用关系及空间环境影响所造成的结果。这种关系必然影响着人们的视觉感知，使物体的大小、形状等在感知中发生变化，这种变化若用物理单位来表示，即称为色彩的物理作用。诸如空间实体环境色彩给人们带来的温度感、体量感与距离感等视觉上的感受，如新加坡的城市道路就是利用环境色彩来表现空间上的距离感的案例，即环境色彩的物理作用在空间实体环境规划与设计实践中的具体显现。

二是环境色彩的心理作用。空间实体环境色彩的心理作用主要表现在两个方面，即悦目性与情感性。它们可以给人以美感，能影响人们的情趣，引起联想，乃至具有象征作用。其中，悦目性主要表现在不同年龄、性别、民族、职业的人对于色彩悦目性的挑选不相同：一般年轻人喜爱悦目色，中老年人相反；女性喜用悦目色，男性次之等。而情感性主要表现在色彩能给人们以联想，并且随着人们的年龄、性别、文化程度、社会经历、美学修养的不同，对色彩所

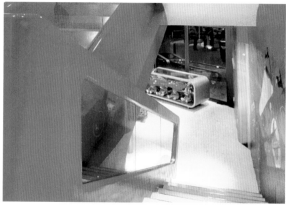
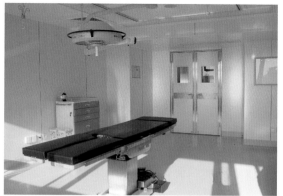

图3-7　空间实体中环境色彩的作用

引起的联想也是各不相同的。如位于浙江杭州西子湖畔的法拉利精品店，其店内满眼炫目的红色早已让人血脉偾张，那迎面扑来的热情将进入店内空间的顾客瞬间带入激情澎湃的赛车现场，将环境色彩的心理作用发挥到极致。

　　三是环境色彩的生理作用。空间实体环境色彩的生理作用主要在于对视觉本身的影响。人眼对光线的明暗有一个适应的过程，这个过程被称为视觉的适应性。而视觉器官对颜色也有一个适应的过程，这种由于颜色的刺激所引起的视觉变化被称为色适应。色适应的原理经常被用于建筑内外环境色彩设计中，一般做法是把器物色彩的补色作为背景色，以消除视觉干扰，减少视觉疲劳，使视觉器官从背景色中得到平衡和休息。如在医院外科手术室中使用淡绿、淡青的色彩，就是为了消除医生长时间注视血液的红色而产生的疲劳所采用的改善办法。另外色彩的生理作用还表现为对人的脉搏、心率、血压等均具有明显的影响。故许多科学家研究的结果都认为，在内外空间环境中正确地运用环境色彩将有利于人们的健康。

四是环境色彩的识别作用。色彩常常被人们用来表现个性、特点、身份、地位以及领域，这是由色彩的本质所决定的。而环境色彩的识别作用类似于记号与标志，其目的在于视觉传达。成功的环境色彩设计能很好地表现出空间实体环境的功能、个性和特色，并便于人们的识别、发现。例如举世闻名的澳大利亚悉尼歌剧院，其洁白的建筑外观色彩和优美的建筑造型在蓝天碧水的映衬下，似一组乘风破浪的帆影。在那个特定的环境里，没有其他任何形式的设计手法可以取代白色帆影带给人们这样的悦目感受及识别效果，悉尼歌剧院的这组建筑如今已经成为城市的标志，人们只要一见到其图片就能想到悉尼和澳大利亚，其环境色彩的识别作用显而易见。

五是环境色彩的调节作用。色彩调节是根据视觉残像和补色的规律，对空间实体环境的色彩进行调节，以满足其使用者的生理需要和心理需要。色彩调节具有振奋精神、消除疲劳、提高效率及治疗疾病的功效。环境色彩在建筑内外空间环境设计中的作用主要表现在对空间与光线两个方面的调节上，所用手法可综合前面提到的各种办法。其调节的目的就在于能使人们在内外空间环境中获得安全、舒适与美的享受，从而有效地利用光照，使人易于看清，并减轻眼睛的疲劳，提高人们的注意力。在建筑外部空间设计中，环境色彩在交通安全方面起调节作用由来已久。如在城市道路路面环境色彩应用中，在事故多发地段采用彩色路面，以与灰黑色路面有所区别，并起到提示司机注意的目的。此外，环境色彩还有助于形成和谐的空间氛围，通过色彩调节能够让空间实体环境中自然色彩与人工色彩协调及彼此融合，从而产生空间环境整体和谐的效果。

六是环境色彩的文化作用。空间实体环境色彩的文化作用体现在很多层面，大到城市空间环境，小到建筑室内环境，其环境色彩都发挥出令人难以置信的巨大文化潜能，失去文化价值的城市空间环境色彩会令城市形象单调乏味、缺少魅力，进而影响城市的经济发展和文明进程。而不考虑建筑内外环境色彩会使其空间索然无味。现代社会生活环境的快节奏变化及传媒、资讯的飞速发展，导致当代色彩环境复杂多变，在色彩文化的演变中，只有扎根于丰富的传统色彩，才能培育出健康、丰富多样并具备时代特征的色彩文化。如美国连锁快餐机构麦当劳的建筑内外环境色彩结合不同国家和地区的文化背景使用不同的色彩形象，产生的环境色彩功效也具有其独特的文化作用。意大利米兰的麦当劳建筑内外环境色彩基调稳重，大面积采用中性的黑、灰等色，饱和度较高的色彩作为点缀而小面积使用，整体色调与米兰的城市环境色彩协调，且符合当地人的审美喜好；中国城市中的麦当劳建筑内外环境色彩基调则偏暖，色彩明度与纯度较高，从而传达出喜庆、热闹的环境色彩意象，给人以亲近的就餐环境氛围。

二、环境色彩的设计要素

就城市景观营造而言，环境色彩的设计要素主要包括城市景观营造中影响环境色彩形成的因素、环境色彩基本特性的呈现及关系构建等。

（一）影响环境色彩形成的因素

从空间实体中环境色彩的规划设计及推广应用来看，对空间实体中环境色彩产生影响的因素包括自然环境和人文环境等内容。

1. 自然环境因素

自然环境因素是指地球表层的各种自然要素，这是影响空间实体中环境形成的基本因素。不同的地理环境造就了地域空间的环境差异，人类一切的社会活动都是改造、适应自然环境的必然结果。自然环境因素对空间实体中环境色彩的客观影响主要表现在地形与地貌、气候与日照、植被与水体及地方性建材等方面（图 3-8）。

图 3-8 影响环境色彩的自然因素

1 ~ 2. 地形与地貌；3 ~ 4. 气候与日照；5 ~ 6. 植被与水体；7 ~ 8. 地方性建材

（1）地形与地貌。

地形与地貌是指地势高低起伏变化所形成的地表形态，有高原、山地、平原、丘陵、盆地五大基本地形地貌形态。

地形地貌是空间实体环境形成的基础。在《荀子·强国篇》中便有"其固塞险，形势便，山林川谷美，天材之利多，是形胜也"之说。自然地形从整体上影响着空间实体环境的形态风貌，如高原环境的广袤无垠、山地环境的复杂多变、平原环境的一碧千里、丘陵环境的起伏连绵、盆地环境的周高中低等，不同的地形地貌呈现出不同的环境风貌与特色。另外，地形地貌对自然环境色彩也产生影响，以中国不同地域的土壤物质结构为例，东北和内蒙古地区的土壤多呈黑色、栗色；山东、河北等地的土壤基本呈浅棕色；云南、江西、湖南、贵州等地区大多为红色；西北黄土高原上则全部为黄色的土壤等。

地形地貌因素对区域性的材料特征和色谱构成也有影响，并自然而然地使空间实体环境色彩具有明确的地域特点，同时也在空间实体环境与地质状况间建立起联系紧密的视觉感官印象。

（2）气候与日照。

气候与日照不仅决定了一个地区的自然景观，并且也是决定空间实体环境色彩的重要因素之一。其中气候作为大气物理特征呈现出的长期平均状态，具有稳定性，时间跨度为月、季、年、数年到数百年以上，且以冷、暖、干、湿这些特征来衡量，通常由某一时期的平均值和离差值表现。由于不同地区不同地理纬度、地域与季节等的差别，其气候条件是千差万别的。气候对人们的主观感受和由此而产生的心理反应具有直接影响，如地理纬度上的热带、温带与寒带带给人们的是不同的心理感受，也使人们对环境色彩的选择偏好有所不同。在高温炎热地区，为了减少高温对人所产生的影响，空间环境色彩多以浅色或白色调为主，给人以宁静的心理感觉；寒冷地区则反之，多使用深色调的暖色。再如潮湿与干旱的地区，由于气候条件中的湿度不同，同样会影响到地域色彩的选取倾向。气候湿润地区的空气湿度大、透明度低，影像看起来较模糊，色彩以明快、醒目的鲜明色为主，如橙色、中黄、淡黄等色彩，以避免灰蒙蒙的天气给人精神上带来压抑感和沉闷感；干旱地区空气干燥、植被稀少，大风和沙尘暴较多，色彩多采用灰色或低明度的暖色调，如中国黄土高原地区空间环境中建筑色彩多采用灰、黄等与环境色相近的低明度色调。

日照时间指一天当中有太阳光照射的时间，随纬度和季节而变化，并和云量、云的厚度以及地形有关。日照对空间实体中的环境色彩也具有影响，美国的 Faber Brirren 和 Harry Walker Henpner 提出了日照时间和色彩喜好关系的理论。在日照时间较长的地区，人们喜好暖色调或鲜艳的颜色。如赤道周边地区的人们几乎都对鲜艳的色彩情有独钟，其建筑外观多为红色、粉红色、黄色等鲜艳的颜色，内部空间多为绿色、青绿色等冷色系的颜色。四季普照、阳光明媚的希腊爱琴海空气清新，环境色彩简洁明快，民宅多为浅黄的立面和棕红色的坡顶，清真寺则多为白色的墙面和蓝色的穹顶，形成独特的地中海式环境色彩景观。在日照时间少、雨季长的地区，建筑及环境多使用冷色和灰色系颜色。如中国江南水乡雨季较长，总是处于烟雨朦胧之中，其建筑多以大片白色粉墙为基调，配以黑灰色青瓦、褐色或原木色梁柱、门窗及灰色地砖，由此形成明快且素雅的环境色彩景观效果。

（3）植被与水体。

植被与水体均存在于空间实体环境之中，并对环境色彩具有影响。从空间实体环境中的植被来看，植被是指地球表面某一地区所覆盖的植物群落。依植物群落类型划分，可分为草甸植被、森林植被等。从全球范围来划分，可区分为海洋植被和陆地植被两类。由于植被赖以生存的土地（或水域）媒介的差异，植物群落变化最明显的为气候温度变化为植物生长带来的梯度变化。自海平面到高山，随着高度变化温度递减，植物生长形成清晰独特的垂直植被景观色彩，基本上可自土黄、蓝绿、墨绿、灰绿再到灰依次变化，亦使植被环境色彩出现变化。

从空间实体环境中的水体来看，它是江、河、湖、海、地下水、冰川等的总称，也是被水覆盖地段的自然综合体。水体不仅包括水，还包括水中溶解物质、悬浮物、底泥、水生生物等。水体呈现出不同的颜色是因为自然水体中含有各种物质。如含有大量泥沙的黄河水呈土黄色，含有大量蓝藻的湖水呈蓝绿色，含有大量血红裸藻的湖水呈铁锈色。而植被与水体呈现出来的环境色彩现象，也成为一种"生态色彩"发生质变的指标，两者亦相互影响。

（4）地方性建材。

地域建筑与环境色彩形成的最重要原因即使用了地方性建材，采用了传统工艺及施工方法。而地方性建材一般是指从原有的自然环境和技术条件下获取的建材，不同地区有着不同的自然地理与技术条件，且加工工艺水平也各不相同，因此各个地区提供的建筑材料也有所不同。从本质上讲，使用地方性建材、采用传统工艺及施工方法是形成地域建筑与环境色彩的根本原因。如法国圣康坦市和苏瓦松市相距仅60千米，由于两城建筑用材均以当地材料为主，两城的建筑与环境色彩大相径庭。其中圣康坦市使用当地烧制的红砖建造房屋，城市环境呈现出红色主调；苏瓦松市使用当地的石灰石为主材建造房屋，城市环境呈现出灰褐色主调。因此，以土、石作为营建材料的两座城市，建筑与环境色彩在城市基调方面也就表现出强烈的地域性特色。中国福建永定土楼外墙的土黄色彩既显朴实，也给人很久远的印象。贵州镇宁黄果树镇滑石哨布依族村山寨多为石板房，整个村寨都由浅灰、青白的石料构筑，在阳光下银光闪烁，月色中凝霜盖雪，其建筑与环境呈现出独特的地方性建材色彩。

2. 人文环境因素

人文环境因素是指在人类活动演变中的人文要素，它也是影响空间实体中环境形成的基本因素。伴随着社会的发展与进步，人类改造自然能力的增强，自然环境因素对空间实体环境色彩的影响逐渐减弱，而人文环境因素对不同地域空间的影响作用逐渐加强。人文因素所包括的因素很多，诸如社会制度、风尚习俗、民族宗教、营造技术等（图3-9）。

图3-9　影响环境色彩的人文因素
1～2.社会制度；3～4.风尚习俗；5～6.民族宗教；7～8.营造技术

（1）社会制度。

社会制度是为了满足人类基本的社会需要，在各个社会中具有普遍性，在某一历史时期里具有稳定性的社会规范体系，是人类社会活动的规范体系。它是由一组相关的社会规范构成的，也是相对持久的社会关系的定型化。如在中国古代社会，随着人类发展进程中封建制度的形成，无论在建筑营造、服饰用色等方面都有等级化的规定，并赋予色彩一定的文化和社会含义，色彩也被逐渐赋予了等级观念。周代把统治阶层分为五个等级：天子、诸侯、卿、大夫、士。根据等级，人们的所有行为包括衣食住行都要遵守制度规范，不同等级的建筑所采用的色彩也不同。在儒家经典之一的《春秋谷梁传》中就有"楹，天子丹（朱红色），诸侯黝垩（黑白色），大夫苍（青色），士黈"的描述，这说明在当时楹柱上涂何种颜色已同等级制度联系起来，空间环境中的建筑色彩成为"明贵贱、辨等级"的一种标志。又如皇家建筑为黄瓦、红墙与白色台基，用色鲜明、强烈，以象征至高无上的皇权；而民居建筑色彩多为材料本色，北方多灰色基调，南方则为粉墙黛瓦，即从一个侧面反映出环境色彩的变迁与社会制度关系密切，同时也呈现出中国传统建筑与环境色彩独特的审美观念及文化意蕴。

（2）风尚习俗。

风尚习俗也简称风俗，它是指人类社会长期相沿积久而成的风尚与习俗。所谓"百里不同风，千里不同俗"，即恰当反映了风俗因地而异的特点。世界上不同地域和民族的风尚习俗存在着明显的文化差异，形式各异的风尚习俗使得不同地域的人们对色彩的喜好也各不相同，且在建筑与环境色彩的使用上呈现出不同的色彩景观效果。比如英国伦敦和南非的布隆方丹，其空间环境除了有气候和用材等层面的差异，地区与风俗上的不同使两地在建筑与环境色彩使用上差别很大。居于北半球岛国的英国人绅士、古板、严谨，居于南半球内陆的南非人奔放、外向、自由，这样的差别均反映在他们对于色彩的喜好上，并形成了两地建筑与环境色彩使用上的地域特色。

而美国洛杉矶与日本大阪从地理位置上看是基本处于同一纬度的城市，两城均为现代工商城市，也都有很长的建城历史。在美国洛杉矶沿海地区，印第安人在此已居住数千年，建城则始于1542年第一批到达这里的欧洲人，其后的大量移民使该地成为一个文化多元的国际性城市。日本大阪历史悠久，在森之宫附近发现的遗迹证明大阪自绳文时代中期开始就有人居住。由于两个城市的风俗不同，现在美国洛杉矶沿海地区浓绿的树丛映衬着红色砖墙与明亮的橘黄色屋顶房屋，而日本大阪心斋桥附近树丛的掩映下呈现的灰色屋顶与深色漆木配白纸窗房屋，在环境色彩上展现出不同的风貌，可见风尚习俗对不同城市环境色彩地域特色产生的影响是巨大的。

（3）民族宗教。

民族宗教是指民族成员所共同信奉的宗教。其中民族是指在文化、语言、历史与其他人群在客观上有所区分的一群人，经长期历史发展而形成的稳定共同体。宗教是人类社会发展到一定历史阶段出现的一种文化现象，属于社会特殊意识形态。民族宗教是由氏族 – 部落宗教（又称原始宗教）发展而来的，从民族宗教的本质上可知其与人类文化发展具有不可分割的联系。各个民族的发展与宗教也部分紧密相连，并且由它们所渗透出来的宗教和民族文化直接影响着一个地区的整体文化内涵，而这些文化内涵又会直接反映在空间实体中，且对环境色彩的表达产生影响。比如汉族喜爱红、黄两色，反映在建筑上表现为留存至今的重要宫殿、庙宇等建筑物多是红墙黄瓦；而伊斯兰教追求的是一种洁净、纯粹的信仰，人们所见的清真寺建筑与环境色彩也多由绿、蓝、白、金等构成。

又如藏族，宗教是其精神的支撑。在佛教传入西藏前，西藏信仰本地的苯教，崇尚黑色。在佛教传入后，佛教与苯教融合形成藏传佛教，佛教所崇尚的黄色、红色开始融入本地原有的黑色与白色中，形成了西藏佛教所尊崇的白、红褐、绿、蓝、金等色。藏式建筑中大面积使用的白色及红色，门窗洞口常用的黑色，分别代表了佛教世界中的三层——天上、地上、地下。白色为吉祥的象征，为温和与善良的体现，并总和吉祥如意联系在一起。在高原强烈的日照下，白色异常夺目耀眼，洁白的建筑与蔚蓝的天空形成色彩明朗、和谐的视觉效果。白色的用法较为普遍，无论是宫殿、寺庙还是民居都可以使用，而红色的用法则相对严格，具有特定的宗教文化内涵。红色主要使用在寺庙的个别殿堂和外墙上，大面积洁白的建筑群体烘托出深红的殿堂，给人一种感官上和精神上的强烈刺激，产生一种自然而然的崇拜心情。黑色为驱邪之用，主要用在建筑和外界联系的门窗上，以防外邪入侵。藏族宗教建筑多用金色屋顶、黑色的门窗套，加上局部艳丽色彩图案的点缀。另外，藏族宗教寺院外墙多以黄色和红色为主，民居建筑主要为白色外墙和自然材质的本色，最终形成西藏建筑与环境色彩独特的地域风貌。显然，民族宗教的特殊文化内涵也是影响空间实体中建筑与环境色彩的重要因素。

（4）营造技术。

"营造"一词最早是一个建筑学的概念，指的是古代建筑的施工建设，其后专指建造、构造、编造以及建筑工程及器械制作等事宜。营造技术是指随着自然环境的变化而变化的建筑工程技术，主要表现为对环境的适应和由此产生的相应的技术手段。各地的自然气候千差万别，自然资源、地貌特征各不相同，因此为适应地域环境而形成的营造技术种类繁多。诸如中国传统建筑多采取以木构为主，辅以砖瓦围合的建筑形式。为了减少建筑木构件与外界环境的接触并保护木料，出现了建筑油饰技术。最初的油漆是以天然的桐油和大漆为原材料，随着生产技术的提升和原料的丰富，各种矿物颜料开始出现，使合成有色油漆成为可能，木构建筑色彩更富变化。此外，砖瓦制造技术在宋代以前水平较低，不能量产，只是用于宫殿建筑。宋代以后制砖技术得到飞速发展，砖瓦开始在城市建设中得到广泛使用。由于烧制技术的成熟和地域环境的特性，砖瓦以青灰色为主，从而形成不同的城市环境色彩基调。

随着现代建筑营造技术在用材、工艺与施工技艺等层面的巨大进步，城市中营建了造型各异、构造多样、工艺复杂的现代建筑，加上现代建筑表皮用材、涂饰工艺与光照技艺等的发展，城市空间中的建筑与环境色彩更是呈现出五光十色的时尚效果。国内如北京的国家大剧院、上海的环球金融中心与广州琶洲会展中心，国外如英国伦敦的千年穹、阿联酋迪拜的迪拜大厦与美国芝加哥的螺旋塔等，均在现代建筑营造技术发展的基础上，展现出面向未来的建筑与环境色彩的崭新面貌。

综上所述，影响环境色彩的因素还包括环境色彩文化、环境空间尺度、环境景观特点与环境空间体验等，这些因素均是在进行空间实体环境色彩深化研究时，需要结合色彩认知关系的相关维度予以挖掘的，以把握空间实体环境色彩规划与场所设计要点，创造出不断更新、变化的环境色彩时尚视觉效果。

（二）环境色彩基本特性的呈现

空间实体中环境色彩的营造应对环境色彩的基本特征予以把握，并从其文化背景和感性认知的层面去认识和读解。就空间实体中环境色彩的基本特性而言，主要包括空间性、文化性、差异性、持久性及公共性等特征（图3-10）。

图3-10　环境色彩的基本特性
1～2.空间性；3～4.文化性；5～6.差异性；7～8.持久性；9～10.公共性

1. 环境色彩的空间性

环境色彩即空间中的色彩，其空间性无疑是最基本的特性。在空间实体环境中唯有解决了色彩与空间的关系，将色彩的作用与空间结合起来认知，其色彩在空间实体环境中才能发挥更大的作用。一是无论是城市还是乡村、建筑外观还是室内设计等都离不开空间，而空间也离不开色彩；二是色彩可以在某种程度上限定空间，即空间的边界除了位置的属性，还有形、色、质的特征。色相不同，人们感知到的空间也不同，这种不同反映在空间的体量、尺度、形状、比例、分隔等多个方面。

首先，建筑内外空间都有体量和尺度，或高大、宏伟，或压抑、沉闷。法国现代建筑大师勒·柯布西耶认为用色彩可以"强化某些体量，削弱某些体量"，如在他设计的位于法国东部浮日山区的朗香教堂，以及马赛公寓建筑造型与内外空间中，即利用环境色彩的空间特性成功营造了建筑造型的体量和尺度。

其次，色彩还可以改变空间的形状、比例，并用来强化与分隔空间。如在荷兰最古老的乌德勒支大学，其教学建筑内部的休息空间运用色彩突出顶部来进行空间分隔。另在法国巴黎蓬皮杜中心图书馆，部分用高彩度的橙红色处理休息室界面，强化与低彩度图书馆部分的区别。

最后，从城市建筑环境整体角度来看，色彩在整体空间序列组织层面所起的作用更大。如位于北京城中轴线上的紫禁城，其环境色彩应用色相对比手法，烘托出抑扬顿挫、高潮迭起的空间序列。其中天安门、午门、太和殿是三大高潮，黄色瓦顶与蓝色天空、蓝绿彩画与朱红门窗、白色台基与深灰色地面形成强烈对比，从而使高潮空间产生巍峨崇高、凌驾一切的色彩震撼魅力。这些主体建筑的内部空间继续沿用同样的色彩处理手法，宫殿内部天花和梁枋多采用蓝绿彩画，门窗施以朱红并以大量金色装饰，用浓墨重彩的方式营造出庄重华贵的气氛。可见环境色彩的空间性往往会令色彩的布局与组合凸显个性。

2. 环境色彩的文化性

所谓文化性是指一系列共有的概念、价值观和行为准则，以及个人行为能力为集体所接受的共同标准，文化的基础是象征。环境色彩的产生首先是文化的积累造成的，诸如中国古代北方城市中的灰砖青瓦建筑色彩，古代南方城市中的粉墙黛瓦建筑色彩，欧洲地中海沿岸城市建筑的白色基调，阿尔卑斯山脉周边传统老城中黄灰色和青灰色石块建筑的色彩基调等，均由中外不同环境色彩文化的长期沉淀而形成。

另外，不同国家、社会、传统都会赋予色彩不同的象征意义，暗示某种抽象的精神含义。如印度泰姬·玛哈尔陵建筑的白色象征纯洁、神圣；伊斯兰建筑外观的绿色象征生命永恒；美国波士顿约翰·汉考克大厦的蓝色玻璃幕墙象征高科技时代的来临；中国北京紫禁城金碧辉煌的建筑群及黄色琉璃屋顶在古代象征封建社会至高无上的皇权；而北京天安门城楼的红色外墙则作为中国政治中心的象征。这些具有历史文化价值的建筑与环境色彩往往比一般城市具有更突出的特征。

3. 环境色彩的差异性

由于色彩载体的差异性，环境色彩有自然色和人工色之分。其中自然色由土地、山脉、水体、天空、植被等物体的色彩组成。人工色则由人类活动创造的建构筑物、工程景观、公共设施等物体的色彩组成。由于城市是人工环境面积最大的场所，环境色彩组成具有独特的表现性质。另外，现代城市在体积、高度、密度上都超过了以往的城市，因而城市周边地区受环境色彩的影响很大，并且由于色彩面积大小的差异，会使人产生不同的心理感受，环境色彩的差异性也是至关重要的考虑因素。

4. 环境色彩的持久性

由于色彩载体的持久性不同，环境色彩也可以分为固定色、临时色和流行色等。其中固定性环境色彩指能够相对持久保留的色彩，如建构筑物、常绿树木、标识设施等的色彩都是可以保留比较长时间的，不少历史文化名城的环境色彩均具有文化遗产保护的持久性需要。而临时色往往是指短时间可以更换的载体色彩，如城市广告、标牌、灯饰、橱窗、窗台摆设等。流行色则是由于人们所形成的时尚色彩风尚，如服饰、车辆、陈设物品等的色彩都是流行的。对城市与乡村、建筑内外空间等环境色彩而言，环境色彩的持久与稳定等是环境色彩呈现的重要特征。

5. 环境色彩的公共性

环境色彩是空间实体共性营造的基础，生活在空间实体环境中的人们共同承受着环境色彩带给人们的各类视觉感受。如上海世博会中国馆所用的"中国红"以及道路交通标识中所用的色彩，均具有环境色彩的公共性。可见，在进行环境色彩景观规划设计与控制管理等工作时，需要综合考虑人们对于环境色彩的认同感，处理好环境色彩的公共性。同时，随着人们生活水平的不断提高，人们对环境色彩景观品质的要求也在不断地提高，让公众参与环境色彩景观的规划、设计和管理工作，也是公共性在环境色彩营造中的特色体现。

（三）环境色彩与城市景观营造的关系构建

在城市景观营造中，可说构成其实质的任何景物都不能脱离色彩而存在，环境色彩是城市空间中引人注目、独具个性特色的城市景观构成要素。在构成城市个性特色的诸多要素中，色彩要素无疑凭借其"第一视觉"的特性而成为城市景观塑造中主要的语言表现形式（图3-11）。环境色彩还可在某种程度上直接反映出所在城市市民的文化素质水平和精神风貌，并展现城市对文明程度与生活品质的追求。因此，就城市空间而言，规划与设计是城市美学在具体时空中的体现，也是改善城市空间环境、提高城市景观品质的一种有效途径。对城市空间环境色彩规划与设计的探索，在于以严谨的学术视野、科学方法和艺术探求的精神去发现城市色彩的综合价值，寻找不同城市的色彩特质，为城市景观营造具有美学意义的城市色彩环境，以实现"美丽中国"建设中色彩景观塑造的梦想和价值呈现。

图3-11　环境色彩作为城市空间中引人注目、独具个性特色的城市景观构成要素

1.上海浦东世纪广场前卫的城市环境色彩景观掠影；2.卡塔尔多哈伊斯兰艺术博物馆临海环境色彩景观印象

第三节　城市景观视野下的环境色彩设计探究

城市作为人类文明的载体，其面貌是区域的地域、文化、民族等特征直接、显性的反映。

而环境色彩是城市空间中最活跃的因素之一，城市空间中的任何景物都不能脱离色彩而存在。若从城市空间营造的宏观层面来看，在古今中外城市发展的历程中，也不乏成功的环境色彩之作，如意大利具有悠久历史的文化名城威尼斯，法国的世界文化之都巴黎，日本古代文化发祥地之一的奈良，加拿大的最宜居城市多伦多，新西兰第一大城市奥克兰，邻近两洋的南非名城开普敦，中国以色彩丰富、对比强烈而著称的北京等，其城市环境色彩在展现城市风貌特征的同时，也彰显出所处城市空间的文化品质（图3-12）。

图3-12　城市环境色彩彰显城市空间的文化品质

1. 意大利威尼斯的城市环境色彩；2. 法国巴黎的城市环境色彩；3. 日本奈良的城市环境色彩；
4. 加拿大多伦多的城市环境色彩；5. 新西兰奥克兰的城市环境色彩；6. 南非开普敦的城市环境色彩

一、城市环境色彩的意义及规划设计目的

城市环境色彩作为一个内涵丰富、外延广阔的概念，主要是指城市空间实体要素通过人的视觉感知反映出来的相对整体的色彩面貌。就城市环境色彩而言，它不仅包括城市空间中建构筑物、市政工程、植被水体及土壤山石等的色彩，也包括城市空间中人的服饰、服务设施、公共艺术及街头装饰物品等的色彩。由于色彩具有第一视觉特性，人们对色彩的关注远远超过物体的形态，色彩还是城市空间中最突出、夺目的景观元素。绚丽多姿的城市环境色彩可使城市空间更具魅力，不管是中国碧海蓝天、绿树红瓦的滨海城市青岛的环境色彩，还是法国巴黎新城拉德芳斯以金属、玻璃幕墙与钢筋混凝土等用材构成的现代城市环境色彩，以及迪拜建设中拥有科幻特色的未来之城的环境色彩等，其城市环境色彩均以独具的视觉特点印象展现出城市的文化品位、人文魅力和地域风情。由此可见，对城市环境色彩特质的挖掘，目的在于营造具有个性与特色的城市色彩风貌（图3-13）。

图 3-13　城市环境色彩可展现出城市空间的文化品位、人文魅力和地域风情
1.中国青岛的城市环境色彩；2.法国巴黎新城拉德芳斯的城市环境色彩；3.迪拜的城市环境色彩

　　进行城市环境色彩规划设计即在城市空间中以色彩为载体来诠释城市文化，彰显城市精神，表现城市个性，展现城市特质，这既是城市环境色彩规划的终极追求，也是城市环境色彩设计的理想目标。

二、国外城市环境色彩规划设计实践与探索

　　从现代意义上的城市环境色彩规划设计来看，最早进行这项工作的城市当推意大利的都灵市。19 世纪初至 19 世纪 50 年代，都灵市政府在当地建筑师协会的建议下对城市的环境色彩进行了规划与设计，并于 1845 年由建筑师协会向公众发表了都灵市城市环境色彩图谱。图谱中的色彩都被编号，且以此为参考对城市空间中的房屋重新粉饰。意大利都灵市的环境色彩规划注重城市建筑与街道、广场风格的统一，部分主要道路和广场的环境色彩设计非常细致，虽然当时对城市环境的色彩调查缺少一定的客观性和科学性，但从某种意义上讲，都灵市的城市环境色彩规划设计工作掀开了城市环境色彩调查与评价探究的序幕，也让都灵市这座工业城市以"都灵黄"树立起城市独有的色彩品牌形象（图 3-14）。

　　在 20 世纪 40 年代，葡萄牙首都里斯本市政当局也为该城制定了城市环境色彩方案。欧洲许多城市在第二次世界大战后的重建中提出了城市保护理念，由此对城市环境色彩规划设计工作也产生了推动作用。尤其是从 20 世纪 50 年代起，人们厌倦了城市千篇一律的灰色调，利用重建对城市环境色彩进行了规划设计，如波兰的华沙、英国的考文垂、乌克兰的基辅、匈牙利的布达佩斯、意大利的米兰、德国的柏林等，重建后的环境色彩均得到相应的改观，其城市环境色彩规划与设计也引起城市主管机构的关注（图 3-15）。

　　20 世纪 60 年代，法国著名色彩设计大师让·菲利普·郎科罗针对工业社会提出了保护色彩自然环境和人文环境的问题，并率先提出了"色彩地理学"的概念。郎科罗认为，一个地区或城市的建筑色彩会因为其在地球上所处的地理位置的不同而大相径庭，这既包括了自然地理条件的因素，也包括了不同文化所造成的影响，即自然地理和人文地理两方面的因素共同决定了一个地区或城市的建筑色彩。对于城市来说，其城市景观特质和环境色彩就是资源，具有其他城市不可替代的价值。为此，郎科罗对整个法国乃至世界上百余个城市的环境色彩展开过调查，并创造出一整套以实地调研与分析为主的方法，为城市环境色彩规划、设计与管理提出了

图 3-14 意大利都灵市的城市环境色彩规划设计

图 3-15 城市保护理念下的欧洲环境色彩的规划设计

1. 波兰华沙的城市环境色彩；2. 英国考文垂的城市环境色彩；3. 乌克兰基辅的城市环境色彩；
4. 匈牙利布达佩斯的城市环境色彩；5. 意大利米兰的城市环境色彩；6. 德国柏林的城市环境色彩

一套全新的思路与方法。郎科罗领导的法国巴黎三度空间色彩设计事务所在城市环境色彩方面走在世界前列，该事务所不仅完成了法国主要城市的色彩调查，并在全法国展开了这项调查工作，以便从整体上对法国进行国土环境的色彩规划，其中许多研究工作具有实验性和开创性，如现在被广泛赞誉的巴黎米黄色基调就是其突出成果之一。同时郎科罗的色彩理论也得到学术界的广泛认同，对世界各地色彩研究机构的探索工作具有深远影响（图 3-16）。

图 3-16　法国巴黎受到赞誉的城市环境米黄色基调

　　20 世纪 70 年代，东京市政府邀请郎科罗教授作为项目负责人，委托日本色彩研究中心对东京进行了城市环境色彩的调研，其目的主要是解决传统景观与现代景观之间的融合问题，调研总结出了《东京色彩调研报告》，并经过不断完善与修改，制定了世界上首部具有现代意义的城市色彩规划——《东京城市色彩规划》。1972 年，日本京都以保护古都风貌为出发点，以本地古建筑群色彩为基调，颁布了对城市建筑的颜色所作的限制性规定；位于九州地区东南部的宫崎县也建立与自然协调的城市环境色彩标准；神户市也于 1978 年颁布了《城市景观法规》，并对城市环境色彩的运用进行了规定。日本色彩规划中心是日本乃至亚洲地区当时针对城市环境色彩进行研究的机构，主要工作就是为日本的城市管理部门研究制定城市建筑色彩实施法令。该中心的工作方法在很大程度上借鉴了郎科罗的方法，但在实地色彩采样中使用了电子彩色分光测量仪器，从而为该地区未来进行城市环境与建筑色彩规划设计提供了更加精确的数据库，也使其规划设计成果表现得更为准确。如日本建设省分别于 1981 年和 1992 年推出的《城市规划的基本规划》和《城市空间的色彩规划》法案，即由该中心专家委员会批准后才能生效及实施（图 3-17）。

图 3-17　日本色彩规划中心完成的城市环境色彩设计成果

1. 京都市的古都风貌保护及环境色彩；2. 宫崎县建立与自然协调的环境色彩；3. 神户市的城市环境色彩

　　20 世纪 80 年代，英国的色彩设计师米切尔·兰卡斯特应邀为英国伦敦泰晤士河两岸进行了环境色彩规划设计。该项工作通过将整个流域的环境色彩与景观有机结合，以此强调河流流域固有的连续性，规划设计将泰晤士河分为不同区段，各个区段提出不同的环境色彩规划设计方案，这使泰晤士河两岸缺乏整体性的现状有了很大的改变。从 1981 年起，色彩专家哥瑞特·斯麦迪尔教授对挪威朗伊尔城也进行了环境色彩规划设计，经过前后近 20 年的努力逐渐实施完成，其环境色彩效果不仅为该城带来良好的景观，还使这座原本接近衰败的工业小城由此一跃成为挪威著名的旅游城市，也为城市创造了显著的经济效益（图 3-18）。

图 3-18　20 世纪 80 年代完成的城市环境色彩规划与设计成果

1. 英国伦敦泰晤士河两岸的环境色彩景观效果；2. 挪威朗伊尔城的环境色彩景观效果

　　20 世纪 90 年代，德国波茨坦地区委托瑞士色彩学专家维尔纳·施皮尔曼教授进行城市环境色彩规划设计，其环境色彩方案将城市主调色定位为沉稳的氧化红色系和赫黄色系，城市辅调色为灰色系和白色，蓝色系则充当了点缀色，这种色彩规划理念实施后得到多数市民和观光游客的认可。

日本色彩设计家吉田慎吾于 1994 年主持了立川市法瑞特区城市更新项目，并为该地区的发展计划所需提出了适宜的城市景观实施方案。另外，吉田慎吾还指导了该方案的实施与建筑设计，在实际施工中将该地区建筑材料悬挂在建筑外立面上与相邻建筑进行比较，以确保色彩方案得到有效落实。1995 年，由大阪市役所计画局联合日本色彩技术研究所共同主持了大阪市色彩规划项目，在对大阪市现状色彩进行全面调研的基础上，最终确立以同一和类似调和的色彩搭配方案为基本原则，以色调强弱产生变化的城市色彩规划方案，此外，还针对大阪市的各种城市功能区域制定不同的色彩规划方案，并对建筑物提出推荐色谱和禁用色谱，最后完成了《大阪市色彩景观计划手册》的制定，为城市的环境色彩管理提供了有效依据（图 3-19）。

图 3-19　20 世纪 90 年代完成的城市环境色彩规划与设计成果
1. 德国波茨坦的城市环境色彩景观效果；2. 日本大阪市的城市环境色彩景观效果

进入 21 世纪，日本政府于 2004 年通过了《景观法》为其城市营造护航，日本国土交通省在近年还出台了《建设美丽国土政策大纲》，并制定出 19 项跟进措施，展现出日本的景观管理理念和发展动向。日本要求在完成城市规划与建筑设计的最后一个环节进行色彩的专项规划设计，即使是城市住区规划，也要求必须完成新建住区成套的环境色彩规划设计，且提交主管部门通过后方可实施；印度拉贾斯坦邦的行政中心斋浦尔于 2010 年针对新旧城区城市环境与建筑色彩，在专门颁布的《斋浦尔地区建筑规范》中要求通过对大型公共建筑逐项推行，以实现对城市环境与建筑色彩进行设计和管理控制，从而延续莫卧儿王朝以来印度斋浦尔城独特的城市风貌。地处南美洲的阿根廷在邻近布宜诺斯艾利斯的博卡社区历史文化遗产保护中，通过实地调研、分析研究，以寻找出博卡历史文化遗产区域的色彩和其他特征，从而在环境与建筑色彩层面实现对重大历史文化遗产的保护。

韩国为了规划及控制城市高层公寓建筑的色彩，也通过实地调研对现有高层住宅的外观色彩形象进行提炼，筛选出 208 个标准色并通过计算机色彩模拟建立的评估场景进行分析与评估，以找出一套城市高层公寓建筑最佳的色彩搭配系统及色彩规划指南，用以指导高层公寓建筑的色彩设计，以保证高层公寓外观最低限度的色彩协调。如今，世界上许多发达国家的城市都设有城市环境色彩专门研究机构，已经制定和推出适合不同城市环境的色彩法规及形式多样的城市环境色彩规划设计方法（图3-20）。

图3-20　21世纪以来完成的城市环境色彩规划与设计成果

1.印度拉斋普尔的城市环境色彩景观效果；2.韩国首尔的城市高层公寓环境色彩景观效果；
3.阿根廷布宜诺斯艾利斯博卡社区的城市环境色彩景观效果

三、我国城市环境色彩规划设计实践与探索

我国对城市环境色彩规划设计的理论探究与实践，是在引入环境色彩相关理论的基础上展开的。我国台湾学者从20世纪80年代初便要求在城市规划与建筑设计的最后一个环节作出环境色彩的专项规划与设计，以便与城市的整体环境色彩相协调，并在此基础上力争塑造出富有个性的城市景观环境。

我国于20世纪80年代中期引入城市环境色彩的相关理论和规划设计方法，目前从互联网上所查到最早发表的有关介绍国外城市环境色彩的论文是发表在《城市》1995年第2期的《试论现代城市的环境色彩设计》一文。该文从城市环境色彩设计产生的背景，城市环境色彩是城市景观个性化创造的重要因素以及城市环境色彩设计的调查、设计和管理方法多个层面对现代城市环境色彩设计予以解析与推介。

其实笔者从1985年6月进入原武汉城市建设学院，即从学院图书馆外文阅览室看到日本色彩设计家吉田慎吾所著的《環境色彩デザイン——调查から设计まで》原版图书，该书于1984年由日本美术出版社出版（图3-21），由此使笔者有机会成为较早接触"环境色彩"方面的学者之一。笔者依据本书及相关外文原版刊物，结合任教的

图3-21　《環境色彩デザイン——調查から設計まで》

风景园林系教学和工程设计实践需要，以敏锐的视角于1989年完成《现代城市景观个性创造的重要因素——城市的环境色彩设计》一文的撰写，该文入选1989年中国流行色协会学术交流会并获优秀学术论文奖，后以《城市景观与环境色彩设计》为题发表在中国流行色协会会刊《流行色》1992年第2期。只是当时对现代城市环境与建筑色彩的研究不受学界与行业重视，直到20世纪90年代以后，随着一批批海外学成归来学者的著书、撰文等推介，国内对现代城市环境与建筑色彩的研究才逐渐活跃起来，并有一系列环境色彩理论层面的探究成果呈现于学界与业界。这些成果从不同角度对城市环境色彩规划设计予以解读，对其后的城市环境色彩规划设计实践工作具有重要的参考意义。

而伴随着中国城市化进程的快速发展，环境色彩作为城镇空间特色塑造中的一环。20世纪90年代以来，不少城市的城市规划、建筑与环境艺术设计师们在进行城市环境规划设计的过程中，尝试将环境色彩设计纳入城市、建筑、景观与室内等环境中予以考虑（图3-22）。如于1997年6月建成的黑龙江哈尔滨中央大街是国内第一条改造而成的商业步行街。而哈尔滨确定的城市环境色彩主色调为米黄色和白色，这样的环境色彩关系从整治一新的哈尔滨中央大街即可看出，只见街道两旁的建筑均以浅黄色、浅灰色为主调，以体现古朴、淡雅、明快、温暖的城市地域色彩环境特征。所有沿街的暖黄色调为主的建筑保持色相不变，对色调不协调的偏冷、偏重的建筑一律重新刷色。沿街建筑色彩较重或过纯的，本着恢复原貌的宗旨，也改深色为浅色，并用淡雅的色彩增强沿街建筑的古朴特色，通过这样的调整，既突出了中央大街原有的天际轮廓线，也消除了破坏街道天际线的各类尖顶上不协调的环境色彩，又强化了中央大街的历史文化内涵和活泼的建筑特色。上海浦东是20世纪90年代后发展起来的城市新区，以海派风格著称的上海城市建设，在浦东新区环境色彩方面也结合发展的需要，将国外许多最新的设计手法用于浦东新区城市建设实践中，如黄浦江边浦东新区建筑群所展现出的城市环境色彩设计效果就表现出其特有的城市个性风格。1999年，为纪念中华人民共和国成立50周年，北京市对北京天安门广场及长安街两侧新旧建筑群外观进行城市环境色彩综合整治，使北京这一具有国家形象特色的中心区域环境色彩显得更加庄重、恢宏、大气与和谐，展现出北京以"复合灰"色系作为城市环境色彩基调的组配关系。

图 3-22　中国城市化进程中城镇环境色彩特色塑造
1. 黑龙江哈尔滨中央大街的米黄和白色展现出城市的环境色彩特色风貌；2. 上海浦东新区建筑群展现出的海派城市环境色彩设计效果

进入 21 世纪，中国已进行及正在进行的环境色彩规划设计实践的城市越来越多，有诉求的城镇更是规模巨大。从城市环境色彩规划设计实践探索来看，可将其分为以下几个层面予以归纳。

1. 在城市历史风貌及其旧城文化保护区维护层面

将环境色彩规划设计导入其中的相关工程实践项目有江苏苏州古城街景城市色彩规划（2003 年）、陕西西安历史文化名城老城区城市色彩体系控制研究（2007 年）、河南郑州商城及相邻区域城市环境色彩概念设计（2007 年）、贵州荔波县城风貌规划及旧城区主要街道环境色彩保护规划（2008 年）、北京什刹海历史文化保护区传统色彩风貌保护规划（2009 年）、浙江杭州京杭运河杭州段城市色彩规划（2009 年）、北京南锣鼓巷历史文化保护区传统色彩风貌保护规划（2010 年）、江苏南京明城墙及其周边区域色彩保护规划（2010 年）、北京琉璃厂街区环境色彩设计（2012 年）、河南洛阳涧西工业遗产历史文化街区保护性规划（2012 年）、湖北黄石城市风貌色彩规划设计（2012 年）、北京前门传统商业街区色彩控制研究（2013 年）、广东广府地区传统建筑色彩研究（2013 年）、江苏泰安历史文化名城保护规划色彩研究（2013 年）、河北邯郸市中心城区历史文化景观重塑中的环境色彩控制与设计（2014 年）、海南海口市南洋风骑楼老街区整饬中的环境色彩控制与设计（2016 年）、湖南湘西传统村落环境色彩控制规划与设计（2017 年）、河南新乡市东关街历史片区更新改造提质项目及色彩控制规划设计（2018 年）、湖北武汉市汉阳区钟家村片区沿街立面店招整治及环境色彩控制规划（2018 年）、湖北赤壁市羊楼洞古镇老街景观提升节点及环境色彩规划设计（2019 年）、湖北武汉市户部巷历史文化街区城市综合提升及环境色彩控制规划（2019 年）、湖北赤壁市蒲圻古城历史文化街区及环境色彩控制规划（2021 年）等，环境色彩规划设计在延续城市历史文脉及维护城市文化风貌方面发挥出重要的作用（图 3-23）。

图 3-23　城市历史风貌及其旧城文化保护区维护层面的环境色彩保护规划

1. 江苏苏州古城街景城市色彩规划效果；2. 贵州荔波县城风貌规划及旧城区环境色彩保护规划效果；
3. 北京什刹海历史文化保护区传统色彩风貌保护规划

2. 在城市景观特色规划及空间形象设计重塑层面

将环境色彩规划设计引入其中具有代表性的工程实践项目有辽宁盘锦市色彩规划（2002 年）、湖北武汉市城市色彩规划（2003 年）、黑龙江哈尔滨城市色彩规划（2004 年）、山东烟台城市色彩规划（2005 年）、江西赣州城市色彩规划研究（2005 年）、山西大同城市色彩规划（2006 年）、澳门城市色彩调研与规划研究（2006 年）、浙江杭州城市色彩规划（2007 年）、浙江衢州城市总体形象设计（2007 年）、广东广州城市色彩规划（2007 年）、浙江温州市城市景观建筑色彩规划研究（2007 年）、浙江玉环县城市色彩规划（2007 年）、福建泉州市城市色彩规划研究（2007 年）、重庆市主城区城市色彩总体规划研究（2007 年）、天津市城市色彩规划（2008 年）、河北石家庄城市色彩规划 2008 年）、河北张家口城市色彩规划（2008 年）、河北迁安建筑色彩规划 (2008 年)、黑龙江伊春市中心城色彩规划 (2008 年)、山西临汾城市色彩规划（2008 年）、江苏江阴市城市客厅建筑色彩规划与设计（2008 年）、江苏苏州城市色彩规划（2008 年）、江苏无锡市城市色彩规划研究（2008 年）、福建厦门市城市色彩规划（2008 年）、湖南长沙市城市色彩规划（2008 年）、四川成都市城市色彩景观总体规划（2008 年）、四川江油市城市色彩规划（2008 年）、四川泸州市城市色彩规划（2008 年）、四川攀枝花市城市色彩规划（2008 年）、河北通州城市特色空间与色彩规划（2009 年）、辽宁葫芦岛城市风貌规划及色彩专题规划（2009 年）、黑龙江牡丹江城市色彩规划（2009 年）、山东广饶县城市色彩规划（2009 年）、浙江嘉兴城市色彩规划（2009 年）、湖北鄂州城市色彩景观规划（2009 年）、陕西西安城市色彩研究（2009 年）、陕西宝鸡市城市色彩规划（2009 年）、河北张北县城市色彩规划（2010 年）、江苏徐州市城市色彩规划（2010 年）、浙江杭州主城区建筑专项色彩规划（2010 年）、湖南岳阳城市风貌规划（2010 年）、湖南株洲城市色彩规划（2010 年）、广东珠海建筑色彩规划（2010 年）、新疆阿勒泰城市色彩与建筑风格总体规划（2010 年）、辽宁沈阳城市色彩景观规划（2011 年）、吉林长春市建筑色彩调查与规划设计（2011 年）、山东济南中心城色彩规划研究（2011 年）、山东青岛城市色彩规划研究（2011 年）、山东日照城市色彩规划（2011 年）、江苏常州城市色彩总体规划（2011 年）、江苏淮安生态新城特色空间与色彩规划（2011 年）、浙江绍兴城市色彩与高度规划（2011 年）、安徽宣城建筑色彩规划（2011 年）、广西玉林市城市色彩规划指引 (2011 年)、河北保定市城市色彩专项规划 (2012 年)、河北昌黎县城市色彩规划（2012 年）、河北威县城市色彩规划（2012 年）、辽宁营口主城区色彩与天际线控制指引专项规划（2012 年）、黑龙江佳木斯城市色彩规划研究（2012 年）、山东滨州城市色彩规划（2012 年）、江苏南通城市色彩规划（2012 年）、浙江台州城市色彩规划（2012 年）、河南平顶山城市色彩研究与规划（2012 年）、陕西安康城市色彩规划设计（2012 年）、甘肃嘉峪关城市色彩规划（2012 年）、山西晋城市城市色彩规划研究（2013 年）、江苏连云港城市色彩规划（2013 年）、浙江丽水主城区城市建筑色彩规划（2013 年）、福建永安城市色彩规划（2013 年）、福建福州中心城区城市色彩规划设计（2013 年）、辽宁锦州城市色彩规划（2014 年）、山东临沂城市色彩规划（2014 年）、福建晋江中心城区城市色彩规划设计（2014 年）、重庆垫江总体色彩规划（2014 年）、云南昆明城市色彩规划（2014 年）、安徽合肥市滨湖新区城市色彩规划设计（2016 年）、上海张江科学城城市色彩规划（2018 年）、江苏南京市小西湖街区保护与再生中的环境色彩规划（2021 年）、湖北武汉市汉北国际商贸城风俗街区环境色彩规划设计（2021 年）、湖北武汉市绿色能源有限公司周边城市环境整治及色彩规划设计（2022 年）等。环境色彩规划设计作为专项规划与设计内容，在不同地域城市景观特色重塑及提升城市空间形象品位方面具有推广应用价值（图 3-24）。

3. 在城市开发新区整体规划及环境设计创新层面

步入 21 世纪以来，我国在城市开发新区整体规划及环境色彩规划设计方面取得一系列具有探索性的成果，如浙江宁波镇海区城市景观建筑色彩调研与规划报告（2005 年），江苏南京仙

图 3-24 城市景观特色规划及空间形象设计重塑层面的环境色彩保护规划

1. 福建厦门市城市色彩规划效果；2. 浙江嘉兴市城市环境色彩规划效果；3. 新疆维吾尔自治区阿勒泰城市环境色彩保护规划效果；
4. 山东青岛市城市环境色彩规划效果；5. 甘肃嘉峪关市城市色彩规划效果；6. 云南昆明市"昆明故城"环境色彩规划效果

林新市区城市色彩规划（2006年），河南南阳西峡财富世家住区环境设计（2007年），湖南长沙鹏基·诺亚山林项目2～3期概念设计（2007年），江西南昌红谷滩新区城市环境色彩规划（2007年），山西太原迎泽大街色彩环境改造（2008年），江苏常州武进区总体城市色彩规划（2008年），浙江杭州钱江两岸城市色彩规划（2008年），安徽合肥高新区柏堰科技园道路环境设计（2008年），江苏无锡太湖新城色彩规划（2009年），浙江杭州滨江区白马湖地区城市色彩规划（2009年），河南西峡县宛西制药仲景百草园环境设计（2008年），河南长葛清潩河景观带城市概念性设计（2009年），广东深圳市南山区南新路街道立面整治规划与环境设计（2009年），浙江杭州城东新城城市色彩规划（2010年），广东深圳市深南大道城市色彩调查研究（2010年），重庆潼南职院新校区规划及商住地产开发设计（2010年），四川绵竹富新镇区街区色彩规划（2010年），辽宁大连连云新城色彩规划（2011年），浙江宜兴城东新区建筑色彩规划（2011年），湖北松滋沧水风景区旅游规划设计（2011年），广西柳州柳东大道建筑色彩设计（2011年），陕西安康滨江区域空间色彩优化设计（2011年），河北秦皇岛南戴河旅游度假区色彩规划（2012年），安徽径县谢园路色彩规划（2012年），江西九江八里湖新区色彩景观规划设计（2012年），河南鹤壁新区建筑空间高度色彩规划（2012年），广东珠海主城区道路及广场公共服务设施规划设计（2012年），陕西西安曲江新区城市色彩景观规划（2012年），山东济南奥体中心片区色彩规划（2013年），河南光山七星湖公园修建性详规设计（2013年），湖北十堰房县义乌世贸城规划设计（2013年），重庆两江新区龙盛、水土片区城市色彩规划（2013年），贵州贵安新区城市色彩规划（2013年），云南昆明北京路建筑色彩规划设计（2013年），河南信阳"狮乡美环"美丽乡村重要地段整治及色彩控制规划（2014年），江南水乡甪直古镇新市镇色彩规划设计（2015年），广东深圳市下沙村更新改造及色彩控制规划设计（2016年），河南平顶山市新城区城市风貌及环境色彩规划设计（2017年），湖北利川市"龙船水乡"景区更新改造提质及色彩控制规划（2018年），广东深圳市南山亲清政商园景观工程方案规划设计（2018年），湖北武汉市武珞路、中南路、八一路、徐东大街等沿街立面店招整治设计及环境色彩控制规划（2019年），河南安阳市安钢集团厂区环境（一期）及景观节点造型及环境色彩规划设计（2019年），湖北宣恩县伍家台贡茶文化旅游小镇旅游开发及悬圃天街环境色彩设计（2021年），陕西西安市"三河一山"绿道律动建筑立面造型及环境色彩规划设计（2021年），北京2022年冬奥会场馆造型及环境色彩规划设计（2021年）等。环境色彩已经成为城市开发新区整体规划及环境设计创新的亮点，以及城市空间表现的新标志、新目标及城市文化表述的新内容等，城市规划与设计由此进入环境色彩时代（图3-25）。

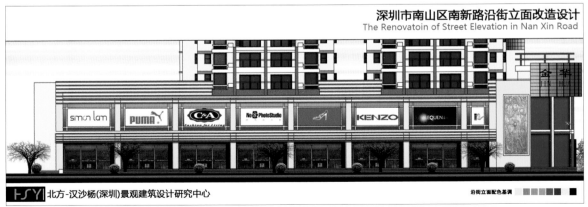

图3-25 城市开发新区整体规划及环境设计创新层面的环境色彩保护规划

4. 在城市标志建筑造型及内外环境空间营造层面

环境色彩规划设计在城市标志建筑造型及内外环境空间营造中所起的作用包括主体构形、同步构形、辅助构形与功能构形等。如河南平顶山市工人文化宫总体环境规划设计（1988 年），河南安阳殷墟博物苑入口广场标识及外部空间环境设计（1990 年），湖北丹江口市西山宾馆建筑内外环境艺术设计（1995 年），广东虎门鸦片战争海战馆（2000 年），湖北武汉东湖国家级风景名胜区梨园大门入口空间环境设计（2000 年），广东韶关华苑名庭住区外部空间设计（2000 年），湖北武汉东湖清河桥造型及环境设计（2002 年），广东广州琶洲国际会展中心（2002 年），海南三亚喜来登度假酒店（2002 年），辽宁沈阳建筑大学新校区（2003 年），湖北武汉武昌楚天都市花园住区环境设计（2003 年），广东深圳南山书城（2003 年），北京天文馆新馆（2004 年），广东深圳市民中心（2004 年），江西南昌江中集团总部办公楼（2005 年），江苏苏州博物馆（2006 年），北京国家大剧院（2007 年），江苏苏州科技文化艺术中心（2007 年），湖北武汉华中科技大学西十二教学楼建筑内外环境设计（2007 年），四川成都优品道广场（2007 年），浙江宁波博物馆（2008 年），北京鸟巢——国家体育场（2008 年），北京水立方——国家游泳中心（2008 年），北京首都国际机场 3 号航站楼（2008 年），云南昆明野鸭湖山水假日城二期住区（2008 年），湖北武汉琴台音乐厅（2009 年），上海世博会中国馆（2010 年），云南腾冲界头乡高黎贡手工造纸博物馆（2010 年），四川北川羌族自治县文化中心（2010 年），内蒙古恩格贝沙漠科学馆（2011 年），江苏南京南站主站房（2011 年），湖北武汉辛亥革命博物馆新馆（2011 年），陕西华阴华山风景名胜区游客中心（2011 年），四川汶川大地震震中纪念馆（2011 年），广东深圳市滨河大道人行天桥造型及环境色彩设计（2011 年），北京中央电视台新址主楼（2012 年），北京银河 HOSO（2012 年），湖北省图书馆新馆（2012 年），北京凤凰中心（2013 年），上海青浦区中信泰富朱家角锦江酒店（2013 年），浙江杭州阿里巴巴集团总部大楼（2013 年），浙江杭州中国美术学院象山校区专家接待中心（2013 年），陕西西安贾平凹文化艺术馆（2013 年），青海班玛县科培村典型新老碉楼民居（2013 年），黑龙江哈尔滨大剧院（2014 年），海南三亚美丽之冠七星级酒店（2014 年），青海玉树州康巴艺术中心（2014 年），西藏日喀则火车站（2014 年），上海国家会展中心（2015 年），江苏南京侵华日军南京大屠杀遇难同胞纪念馆三期工程（2015 年），浙江乌镇木心美术馆（2015 年），浙江丽水市松阳县四都乡平田农耕博物馆（2015 年），湖北武汉东湖国家自主创新示范区公共服务中心（2015 年），云南省博物馆新馆（2015 年），湖北武汉新能源研究院（2016 年），上海世博会博物馆（2016 年），广东深圳市当代艺术馆与城市规划展览馆（2016 年），浙江长兴市城市家具造型及环境色彩设计（2016 年），江西浮梁县红旗峰玻璃桥桥头造型及景区环境色彩设计（2018 年），上海市静安区西泗塘滨河空间南岸环境色彩设计（2019 年），广东深圳市滨海大道机场段、绿梓大道、盐坝高速公路道路及环境色彩设计（2018 年），江西景德镇市黑猫集团企业入口空间环境及色彩规划设计（2020 年），广东深圳市龙华区清平高尔夫立交桥环境色彩设计（2020 年），湖北武汉市汉阳琴台美术馆造型及环境色彩设计（2021 年），河南唐河县城市入口门户景观造型及环境色彩设计（2021 年），湖北武汉市武商梦时代广场造型及环境色彩设计（2022 年）等。在城市具有标志性建筑的造型及内外环境空间营造中加强对环境色彩语言的运用，不仅展现出建筑造型的个性与特色，也为城市环境色彩景观营造范围的拓展提供设计实践探索方面的参照案例及表达路径（图3-26）。

图3-26　城市标志建筑造型及内外环境空间营造层面的环境色彩保护规划
1. 广东深圳市民中心色彩景观；2. 江苏南京南站色彩景观；3. 湖北武汉新能源研究院色彩景观

5. 在色彩表示系统建构及传统建筑色彩调研层面

国家相关部门与科研院所从 20 世纪 80 年代后期起，已逐步推进与完成了环境色彩方面一系列具有价值的基础工作。诸如从 1988 年起，由中国科学院王大珩、荆其诚两位院士挂帅带领的团队，历经近十年的探索完成了颜色应用系统的建构，并通过中国色彩标准化技术委员会的鉴定。国家技术监督局于 1995 年 6 月发布中国颜色体系的第一个国家标准《中国颜色体系》（GB/T 15608—1995）。与此同时，由中国建筑科学研究院物理所牵头完成了"建筑色彩体系和建筑色卡"研究，从而为中国建筑色彩确立了标准并为其应用提供了基础。另由中国建筑科学研究院物理所、国家文物局等 6 个单位联合，对中国古典建筑的色彩标准进行研究，并建立了中国古典建筑色彩数据库，为中国古建筑的保护与修复等工作的展开提供了可查的建筑色彩依据。

1991—1993 年，在北京自然科学基金会的资助下，北京建筑设计研究院对中国传统建筑装饰、环境、色彩进行了专题研究，调研涉及北京、西藏自治区、广西、皖南、海南、新疆维吾尔自治区 6 个地区，其成果填补了中国在传统建筑色彩研究领域的空白。

2004 年，由中国流行色协会组织国内色彩专家开展的历时近一年而完成的《中国城市居民色彩取向调查报告》，是国内首次就色彩对城市居民进行较为系统和完整的调查分析和研究，该报告从城市、建筑、环境与公共设施色彩等方面对城市居民色彩取向进行调研和分析，且成为中国的色彩研究从定性向定量转变的标志（图 3-27）。其后推出的年度调查报告在调查城市的数量和样本上都有所扩展，还增加了调查内容及专家评述等，真正实现了中国色彩研究的"让数据说话"。

图 3-27　城市色彩表示系统及传统建筑色彩调研层面的应用系统建构

1. 中国古典建筑的色彩标准图谱；2. 中国流行色协会组织完成的《中国城市居民色彩取向调查报告》

进入 21 世纪以来，由于城市环境风貌特色营造所需，城市环境色彩规划设计受到城市各级政府与主管部门的重视，先后有一系列的城市环境色彩规划设计项目完成且在不同城市得以应用。在这些面广量大的环境色彩规划设计中，国内相关高校、城市规划及建筑设计研究院所、环境色彩专门设计机构、各级城市政府与管理部门等成为城市环境色彩规划设计实践工作的推动者及参与者，对中国城市环境色彩的规划设计实践工作的开展起到重要的促进作用。只是处于自主、探索阶段的城市环境色彩规划设计实践工作在城市环境建设及风貌特色营建等层面必须上升到一定高度去认识，以使不同城市的文化价值、空间场所精神及景观个性特色在环境色彩规划设计中能更好地体现。

第四节　城市景观营造中的环境色彩设计方法

城市景观个性与特色的营造是现代城市空间环境设计需要考虑的主要问题之一。现代城市空间环境设计研究的重点是三度空间环境与人的活动关系。城市空间的个性与特色营造是一个城市内在素质的外部表象。从广义来说，它与人类文明的进程有着密切联系，从狭义来看，人们最初感受到的城市形象即这个城市的景观和空间。那么城市景观个性与特色的营造依据是什么呢？根据环境行为研究的理论可知，愉悦的城市景观环境主要由两个要素组成，即实质设施上的视觉美感的满足和场所特性上心智认同的归属。

环境色彩设计作为城市景观系统构成中的重要因素，正是围绕城市空间实体环境来展开的，环境色彩恰恰具有视觉美感上最易辨认和理解的识别作用，从而能够达到城市空间场所特质上的心智认同。就城市景观营造与环境色彩设计两者的关系而言，一是环境色彩设计是城市景观大系统中的有机组成部分，环境色彩设计在城市景观营造中被视为一个特殊的子系统，应避免使环境色彩与城市空间结构分离认知的趋向发生。二是需要科学定位城市景观营造中环境色彩的设计定位，凸显环境色彩设计在城市景观系统中的重要作用，既要关注城市空间中建成区对环境色彩设计的影响，更需强调城市空间中自然地理因素、人文环境背景对环境色彩设计造成的影响。三是在探究城市景观个性与特色营造策略时，应弄清环境色彩设计与城市空间形态的结构关联，不仅关注城市空间中的主导色彩，还需按照城市空间的功能结构提出各个功能分区的环境色彩策略，并且通过对城市空间实体及细部环境色彩的控制，来展现城市景观营造中环境色彩设计的特征，直至为城市主管部门及相关机构制定城市环境色彩管理规则，防止不当的环境色彩设计给城市空间带来视觉污染，并提供行之有效的科学依据。

在进行城市景观营造中的环境色彩设计时，对设计方法的选择是一个重要的问题。只有选择正确的设计方法，才能达到设计创作的预期结果。就设计方法而言，格里高利认为："设计方法是对某种特定种类问题的解决方法，是创造充足的条件使之达到相互关联结果的方法。"设计目的和内容的复杂性，决定了为达到预想目标所采取的设计方法的多样性和丰富的可选择余地，对于设计方法的研究，不单纯是为了明确地界定某一特定设计目标所必须采用的设计方法，而且是将各类型设计问题的处理办法加以系统化的总结，以得到具有普遍意义的方法论结果。

一、城市环境色彩设计的相关工作

从目前城市空间中环境色彩规划设计实践来看，城市环境色彩设计不同层面的相关工作步骤主要包括调查、设计及管控。

（一）在城市环境色彩调查层面

从各个国家成功的城市环境色彩规划设计实践经验可知，城市景观的环境色彩设计方法主要应该立足于从调查了解城市环境色彩的现状资料着手，即首先弄清城市色彩的地理环境、风土人情和文化特征。由于城市所处的地域不同，城市景观的形成也各有区别，一般来说，城市环境（包括建筑物）所呈现出来的色彩都富有地方性，并带有民族文化的印记，因此了解色彩相关的风土民俗以及这个城市的历史、文化和未来的发展前景是构筑城市景观个性特色不可忽视的因素。

目前，国际上对于城市环境色彩的调查基本借用了法国巴黎三度空间色彩设计事务所的色彩设计大师让·菲利普·郎科罗和日本 CPC 机构共同确立的方法，并结合国内不同城市的具体情况展开工作（图 3-28）。

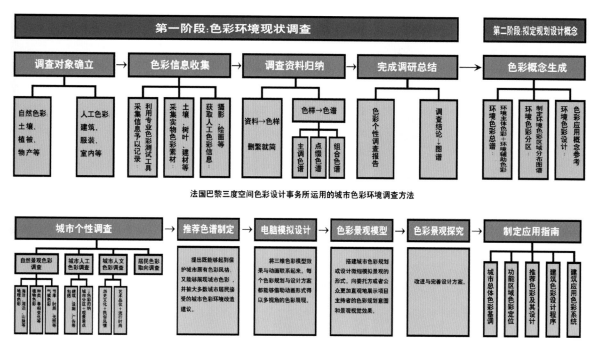

图 3-28　国际上在城市环境色彩调研方面运用的调查方法

具体地说，可将步骤分为调查基本计划的确立与调查对象的确定，对调查对象进行拍摄与色彩采集（预备调查），测定对象色彩分布状况与进行对象色彩的整理，调查使用色标的制作，在调查现场利用色标测定色彩，并将调查情况予以记录（实际调查），将现场记录的色标和现场所拍照片进行对照，制作调查色彩表格，将所测色标计算成孟塞尔色彩数位，并制作出色度图等六个方面的内容。具体工作依据上述内容获得调查对象的现场测试资料，再加上对建筑材料的材质、所用色彩的面积比率及地方发展方向、市民意向等因素进行综合分析后，即可提出所处城市的环境色彩设计计划。

（二）在城市环境色彩设计层面

城市环境的色彩设计是在调查、分析、提案的基础上进行的，除按色彩设计的原则进行设计外，还需结合城市的特点及个性等要素进行综合考虑，并密切注意把握现代色彩设计思维方式的转变，以便掌握设计的最新动向。此外，设计中还必须考虑环境色彩的设计意念、思考方法、配置形式及现场测定，只有完成了这些工作，城市环境色彩设计才能做得相对全面。设计时还必须事先落实以下内容：在设计提案中，将使用多少种颜色和多大的面积才有色彩变化，同一种颜色将重复多少次。所有这些都与城市环境的造型处理、大小尺寸、表面品质密切相关。色彩的组配应以协调为原则，同一色彩或同一色调要形成一致性，同一色系及相近色调则要形成相关性，不同色系及互补色彩还要形成和谐对比关系。

在完成城市环境色彩设计后，设计的图面工作暂告一个段落，接下来要做设计色彩的现场测试。常见的做法是将提出的几套色彩设计方案所做的色标放入基地现场，在现场光线下，以基地为背景，从不同角度拍摄照片，从中选择最佳方案，然后制定出正式的设计定案。另外，城市的环境色彩设计还可以通过周密的设计计划达到理想的效果，但要最终实现设计的目标，还取决于建筑材料和色料的挑选。因此可以说，只有当我国的建筑材料及建筑装饰材料产业发展到一个较高的水准，富有特色及个性的城市环境色彩才可能最终实现。

（三）在城市环境色彩管控层面

在环境色彩规划编制管控方面，现有城市环境色彩规划设计的内容基本纳入了城市风貌专项规划编制之中，且在规划编制时注重内在的系统性，体现在对城市环境色彩提取分析、色彩基础数据库建立、规划推荐色彩框架建立和色彩的规划运用等方面，强调与风貌专项规划体系相适应。在城市环境色彩管控层面，成果一是用于规划管理部门为城市空间中的具体地块提供环境色彩设计的依据条件，二是用于为城市空间中具体地块设计方案的审批提供依据。

要创造和谐的城市环境色彩，对城市环境色彩进行管理是必需的。现代城市在视觉感受方面出现混乱的原因，除了其他的污染源，杂乱无章的城市色彩也是原因之一。所以在现代城市中，必须按照一定的规章管理、控制城市色彩，以防视觉污染泛滥成灾。同时还必须使城市的环境色彩能与城市的整体风格协调，让城市色彩的和谐感和秩序感能够成功地展示出来。在城市的交通管制、公共空间及特殊行业等领域，还需对城市中的标志性建筑物、公共设施、广告招牌、商业橱窗、城市照明、装饰灯光进行统一管理，而且要求主管部门带头实施。只有这样，才能够创造出令人愉悦的城市环境色彩。此外增强这方面的宣传教育，提高广大市民色彩文化欣赏的水平，引导市民参与管理，使创造良好的城市环境色彩成为一项意义深远的社会工程，这才是解决城市环境问题的根本所在。

二、城市环境色彩的调研方法

对城市环境色彩现状调研是进行城市环境色彩分析评价的基础性工作，目的是要认知城市环境色彩的现状与特质。而城市环境色彩调研工作对所在城市环境色彩现状的分析评价及后期规划控制的科学性具有直接影响，切不可等闲视之。

我们知道，影响一个城市环境色彩的构成因素既复杂又多样，在现状调查过程中，一方面应将各种因素全面纳入考察范围，另一方面，现状调查应具有可操作性，这是实现良好有效的城市环境色彩规划控制及景观特色营造的关键。城市环境色彩现状调查的范围包括城市空间中以建构筑物与工程等为主要对象的硬质景观，也包括城市空间中以绿化植物与水体等为主要对象的软质景观，还包括城市空间相关区域中的自然和人文等间接环境色彩现状。

（一）现状数据的采集

对城市环境色彩现状的调研也就是对城市环境色彩现状中相关数据的采集。目前国内进行城市环境色彩规划设计的实践，对城市空间中环境色彩的现状调研，即通过现场拍照、归类整理等方式来采集城市环境色彩信息，建立城市环境色彩资料库（图3-29）。

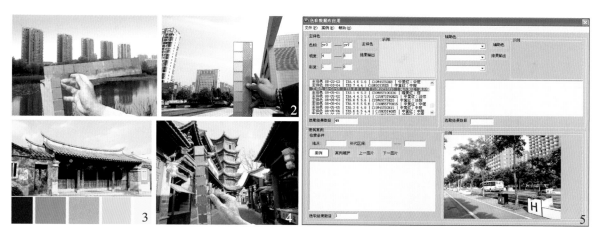

图3-29 城市环境色彩现状的调研

1～4.环境色彩现状数据的采集；5.城市环境色彩资料库的建立

从城市环境色彩现状相关数据的采集与获取来看，其调研的范畴主要包括显性和隐性两个层面。其中显性层面是指能够直观形象解读的城市色彩现况，包括对城市概况、自然地理及历史人文信息等背景信息的收集；隐性层面是指需要通过间接的语言方式分析出来的城市环境色彩取向，包括城市空间中相关环境色彩的成因与相关信息的获取。

1. 对城市概况、自然地理及人文信息等背景信息的收集

城市色彩现况是城市空间中由不同层次因素构成的复合系统，主要从城市概况、自然地理及人文信息等方面进行背景信息的收集。

城市概况包括城市的区位（地理、文化、与周边城市的关系）、性质、规模、演变、定位、未来发展的取向等内容。

自然地理包括城市的气候条件（气温、降水、湿度、云量和日照，以及大气污染状况）、独有的地理地貌、水体与植被等特征。这是城市环境色彩规划设计的必要条件。

人文信息包括城市的社会制度、风尚习俗、民族宗教、营造技术等。对人文信息要素的挖掘，在一定程度上反映出对城市环境色彩及风貌特征的认识水平。

2. 对城市空间中相关环境色彩的成因与相关信息的获取

城市环境色彩取向也是现状调研的基本内容，目标在于对城市空间中相关环境色彩成因与相关信息的获取，调研的内容主要通过对所在城市文献研究及人群调查两方面来获取。

所在城市文献研究涉及的文献资料包括所在城市的地方志、建设志、地域文化研究成果，城市博物馆、规划馆、档案馆等地的文献和图像资料，以及历史遗留建筑与街区可供考证

的城市空间实景等内容。文献研究的目的在于让参与所在城市环境色彩设计的设计师对城市历史特色、发展脉络、社会意识等可能对城市环境色彩产生影响的相关因素有一个客观的认知。

所在城市人群调查是对所在城市不同层次居民与外来人群等的调查，主要包括人们对城市环境色彩的关注程度、色彩观念、传统习俗、审美意趣及未来趋向等内容，进而发现所在城市环境色彩存在的问题，从城市人群调查层面找到环境色彩规划设计的目标和方向。

城市环境色彩现状的调研主要包括以下三个层面的信息，如表 3-1 所示。

表 3-1　城市环境色彩现状数据采集工作的内容

调查数据采集的基本内容		调查数据采集的具体内容	数据采集信息获取方式
城市基本信息	城市基本信息	区位、性质、规模、定位等	文献查阅
	自然地理信息	气候（气温、降水、湿度、云量和日照）、地理条件等	文献查阅
	人文历史信息	社会制度、风尚习俗、民族宗教与营造技术等	文献查阅与实景考证
城市环境色彩现状信息	自然环境色彩信息	地貌、土壤、天空、水体与植被等	记录环境色彩数据
	传统人工环境色彩信息	城市历史街区、传统建筑物和构筑物、工程景观、留存的文化遗迹及相关物品等	现存实景：精确测定色彩数据
			遗址记载：通过文献查阅推测
	现代人工环境色彩信息	建构筑物、工程景观、服务设施、公共艺术与交通工具等	精确测定与记录环境色彩数据

（1）城市空间及周边环境中自然色彩信息收集，如地貌、土壤、天空、水体与植被等色彩信息的获取。

（2）城市空间中具有历史及传统价值的人工环境色彩信息的收集，如城市历史街区、传统建筑物和构筑物、工程景观、留存的文化遗迹及相关物品等。

（3）城市空间中现代人工环境色彩信息收集，如城市空间中的建构筑物、工程景观、服务设施、公共艺术与交通工具等。

（二）数据采集的工具

城市环境色彩现状数据采集是一项非常复杂的工作，要求所采集的城市环境色彩信息具有准确性。目前城市环境色彩现状数据采集的工具主要有色彩亮度计、分光测色仪、建筑色卡、数码相机（图 3-30）。

1. 色彩亮度计

色彩亮度计是用来精确测量物体表面色彩的仪器，其工作原理是采用非接触式测量方式，

图 3-30　城市环境色彩现状数据采集的工具

1. 柯尼卡美能达 CS-200 亮度计；2. 美能达分光测色仪 CM-2500c；3.《中国建筑色卡》国家标样；4. 佳能数码相机

将被测对象作为一个亮度表面测量亮度值，测量后会显示出 CIE1931 的色度坐标值或光谱三刺激值，测得的数值可以转化为其他类别的颜色参数，如孟塞尔颜色数值等。色彩亮度计配有用于定标的标准白板，白板由硫酸钡制成，是理想的漫反射表面，在现场测得的标准白板的亮度值主要用于计算被测表面的亮度系数。

　　日本柯尼卡美能达 CS-200 亮度计采用光谱分布（类似于用于校正仪器的光源的光谱分布）测量光源，并使用与肉眼灵敏度相符的光谱灵敏度特性曲线（等色函数）进行计算。这种方法可以避免滤波器的不匹配，从而获得更加准确的测量结果。柯尼卡美能达 CS-200 亮度计主要应用于 LED 和其他小型光源的色度和亮度测量，钨丝灯和荧光灯的色度和亮度测量，新上漆的墙壁和其他无法触摸的表面的色彩测量，复杂形状和其他因卫生等因素而无法触摸的物体的表面色彩测量，包括铁路信号、道路信号和航空信号在内的信号照明的色度和亮度测量等。

　　2. 分光测色仪

　　分光测色仪是将性能优良、使用方便的测色计以轻便小巧的方式推向市场的测量产品。它可以模拟多种光源，在任何位置都可以进行测量。并能测量每个颜色点（10 纳米或者 20 纳米波长间隔）的"反射率曲线"。分光测色仪机身便带有具备照明功能的探视镜，使用户能快速精确地将仪器放置在对象上进行定位。

目前用于城市环境与建筑的分光测色仪为日本柯尼卡美能达分光亮度测色仪（CM-2600d），它自带 11 种光源模式，不受自然光影响，采用接触式的测量方式，测试结果较为准确，但无法测量不可触及的建筑部位。测色仪可设定测量被测物表面包含、不包含或同时具有反光因素三种模式，因而可以测量表面反射系数较大的建筑材料，如抛光石材、金属板、玻璃等。其测量结果的表述有 20 种模式选项，包括孟塞尔数值模式。分光测色仪 CM-2500c 在携带方便、精确度高的 CM-2600d/2500d 上增加 45/0 光学系统，操作性、精确度及易用性比 CM-2600d/2500d 系列更好。新型号具备建议使用或标准规定需使用 45/0 光学系统的各种应用的所有硬件及软件功能。其应用范围包括建筑材料、汽车内饰、固态喷涂、卷材涂料、高可见度衣物、印刷及包装等领域。

3. 建筑色卡

色卡是自然界存在的颜色在某种材质上的体现，用于色彩选择、比对、沟通，是色彩实现在一定范围内统一标准的工具。色卡携带方便，使用灵活，具体方法是通过目视观察比对城市环境与建构筑物以及其他被测量对象的色彩，挑选色卡中相同或最近似的颜色，然后根据色卡上标注的数值确定被测对象的色彩数据。

国际上一般使用的有 Pantone 色卡、德国 RAL 色卡、瑞典 NCS 色卡与日本 DIC 色卡。国内目前采用的是由中国建筑科学研究院编制的建筑色彩标准体系《中国建筑色卡》（GSB 16—1517—2002）国家标样，它主要供建筑领域使用，有 1026 种颜色可供专业人员选择。这种建筑色卡的颜色标注系统与孟塞尔系相同，都使用色相、明度和彩度进行编码。此外，该建筑色卡配有相应的电子数据库，数据库包括 CIE 色度图、LAB/LCH、HSL/HSB、色样以及常见换算及配方等内容，该数据库在检验色彩样本的准确性方面非常便捷与全面。

4. 数码相机

作为一种利用电子传感器把光学影像转换成电子数据的相机，通常在城市环境色彩现状数据采集中利用相机所拍的电子数据照片真实地记录实际视觉场景，以全面地反映城市环境色彩的各种视觉景观效果。只是相机拍摄的照片会受光线影响，难以精确表达色彩数值，因此在现场调研中所拍摄的照片，主要用于辅助说明及记录城市环境色彩与建筑的形象。具体颜色数值的确定原则上应以仪器测量的数据或色卡目视比对所获得的数据为标准。

上述城市环境色彩现状数据采集的几种工具各有利弊，在实际工作中需要根据各自情况选择恰当的工具进行测量，以便尽可能保证城市环境色彩现状数据采集的精确性。

（三）调研数据的分析

在完成所在城市环境色彩现状数据采集后，应对采集到的各种信息资料进行加工整理和分析归纳。这项任务工作量很大，需要借助一定的数据统计软件，如 Excel、SPSS 等，对采集到的城市环境色彩信息进行分析。这种分析分为城市环境色彩数据分析和色彩形象分析。其中城市环境色彩数据的分析一般可以采用网格图示、坐标体系分析的方法，城市环境色彩形象的分析一般可借助语义差别及形象坐标分析的方法（表 3-2）。

表 3-2 城市环境色彩现状数据调研的分析方法

名称	图示	分析方式
网格图示分析法	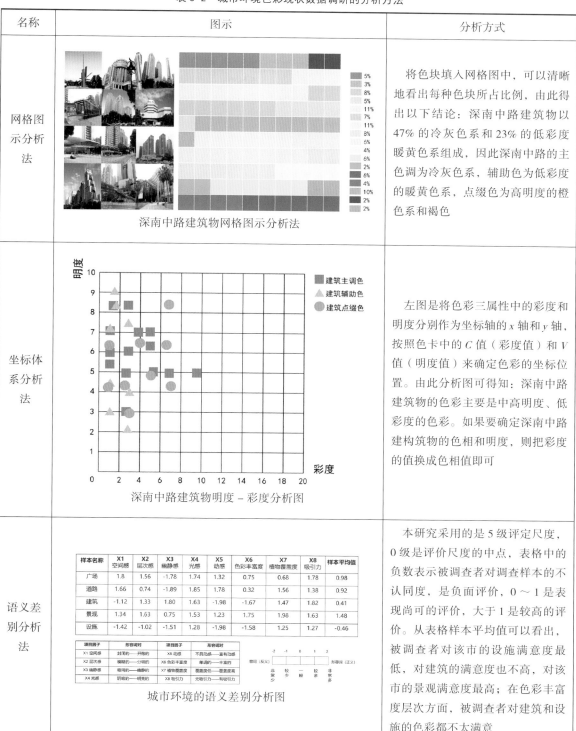 深南中路建筑物网格图示分析法	将色块填入网格图中，可以清晰地看出每种色块所占比例，由此得出以下结论：深南中路建筑物以 47% 的冷灰色系和 23% 的低彩度暖黄色系组成，因此深南中路的主色调为冷灰色系，辅助色为低彩度的暖黄色系，点缀色为高明度的橙色系和褐色
坐标体系分析法	深南中路建筑物明度–彩度分析图	左图是将色彩三属性中的彩度和明度分别作为坐标轴的 x 轴和 y 轴，按照色卡中的 C 值（彩度值）和 V 值（明度值）来确定色彩的坐标位置。由此分析图可得知：深南中路建筑物的色彩主要是中高明度、低彩度的色彩。如果要确定深南中路建构筑物的色相和明度，则把彩度的值换成色相值即可
语义差别分析法	城市环境的语义差别分析图	本研究采用的是 5 级评定尺度，0 级是评价尺度的中点，表格中的负数表示被调查者对调查样本的不认同度，是负面评价，0～1 是表现尚可的评价，大于 1 是较高的评价。从表格样本平均值可以看出，被调查者对该市的设施满意度最低，对建筑的满意度也不高，对该市的景观满意度最高；在色彩丰富度层次方面，被调查者对建筑和设施的色彩都不太满意

语义差别分析法图示中的表格：

样本名称	X1 空间感	X2 层次感	X3 幽静感	X4 光感	X5 动感	X6 色彩丰富度	X7 植物覆盖度	X8 吸引力	样本平均值
广场	1.8	1.56	-1.78	1.74	1.32	0.75	0.68	1.78	0.98
道路	1.66	0.74	-1.89	1.85	1.78	0.32	1.56	1.38	0.92
建筑	-1.12	1.33	1.80	1.63	-1.98	-1.67	1.47	1.82	0.41
景观	1.34	1.63	0.75	1.53	1.23	1.75	1.98	1.63	1.48
设施	-1.42	-1.02	-1.51	1.28	-1.98	-1.58	1.25	1.27	-0.46

项目因子	形容词对	项目因子	形容词对
X1 空间感	封闭的——开放的	X5 动感	不具动感——富有动感
X2 层次感	模糊的——分明的	X6 色彩丰富度	单调的——丰富的
X3 幽静感	喧闹的——幽静的	X7 植物覆盖度	覆盖度低——覆盖度高
X4 光感	阴暗的——明亮的	X8 吸引力	无吸引力——有吸引力

名称	图示	分析方式
形象坐标分析法	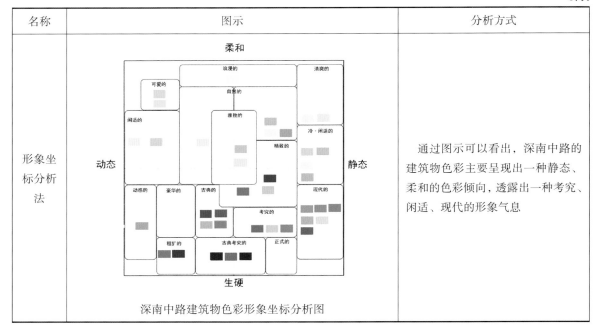 深南中路建筑物色彩形象坐标分析图	通过图示可以看出，深南中路的建筑物色彩主要呈现出一种静态、柔和的色彩倾向，透露出一种考究、闲适、现代的形象气息

一是网格图示分析法，指将现状数据采集调研获取的城市环境色彩以色块的形式分别填入网格图中的一种方法。这种分析方法可以直观、定量地呈现色彩现状，不仅可以从中提取比例较大的色彩，还可借它分析出城市环境色彩基调。网格图示分析归纳主要用于对城市面域环境色彩的分析，如对城市总体、重点区域、典型节点的主辅环境色彩数据的分析，也可用于分析城市空间中某一功能类型的建构筑物色彩基调。

二是坐标体系分析法，即将色彩三属性中的任意两个属性作为坐标的 x 轴和 y 轴，以便对城市环境色彩的属性及分布特征进行分析的方法。这种分析方法的表达形式是坐标图形，可以通过坐标图形比较直观地看出色彩分布状况，主要用于对城市环境色彩基调及色彩连续性的分析。通常坐标体系分析法在分析城市总体与重要区域色彩基调，道路及"边界"意象元素的色彩连续性中发挥重要作用，还可用于对城市空间中线性景观色彩连续性予以分析。

三是语义差别分析法，这是由美国心理学家 C.E. 奥斯古德于 1957 年提出的一种心理学研究方法，又称 SD 法。其做法主要是根据环境场所的各种特点，选择若干对形容词（对形容词的描述可以分为 5 ～ 7 个级别，且位于量表两端），被调查对象则依据环境体验进行相应的级别判断和回答。在一般运用中，为了使语汇规范化，便于整理分析，往往事先拟出一个有关环境评价的词汇表供选择参考，调查结果的客观程度依赖于量表的数量，量表越多，涵盖品质越多，其结果越客观。这种分析方法一般用于对城市总体、重点区域与某一功能类型的建构筑物的色彩意象进行分析，并还可用于对城市空间中特色空间场所及不同建筑类型的环境色彩情感特性予以分析。

四是形象坐标分析法，即通过心理学探究来把握形象的共同感觉，将颜色分为 WC（暖·冷）、SH（软·硬）、KG（清·浊）这三种心理轴，并以这个心理轴为基础，搜集整理能表现形象的形容词，并总结出 180 个词语，标记在坐标上。通过这种数据化的方式，可使 180 种词语的语感、

130种代表色以及许多的三色配色和五色配色能够相互转化来进行形象坐标分析。这种分析方法不仅可以用于对城市空间中环境色彩感觉进行分析，还可用于分析建构筑物材料、图案等的感觉。就是把诸如色、物、形、素材这样异质的东西，通过语言形象将其网络化，直至建构出具有城市环境色彩感性信息化的系统。只是城市环境色彩的情感语义随着文化的不同会呈现出差异性，而这种城市环境色彩文化的差异，则需要在规划设计实践中深入探索。

对城市环境色彩现状数据采集加工整理和分析归纳在规划设计中属于基础环节，需要从以下三个层面来展开。

1. 城市环境色彩谱系分析

城市环境色彩谱系分析是利用色彩谱系的手段对城市环境色彩的物理属性原型进行分析和归纳的方法。色彩谱系作为颜色呈现方式的一个表达术语，可以清楚地表明城市环境色彩中色彩三属性（色相、明度、纯度）的使用情况和基本规律，以及颜色组织形态的特定种类，它是一个以色群为整体的集合，包括了对城市空间中人工和自然色彩的谱系分析及归纳。

2. 城市环境色彩构成分析

城市环境色彩谱系分析只能以单一颜色解析色彩的物理属性，因此不能对色彩的面积、比例等色彩构成问题进行分析，而色彩构成分析则是对城市环境色彩从语法上的概括和总结。因此，需要将两者结合，才能真正理解、把握城市环境色彩的基本语义。城市环境色彩构成不仅受空间尺度和角度距离的影响，还受到城市空间中建构筑物等单体造型、界面表现、细部处理及场景尺度等的影响。对城市空间中有代表性的环境色彩关系进行分析、归纳与提炼，从而通过文字和图式的形式对其环境色彩构成分析予以表达及呈现。

3. 城市环境色彩材质分析

城市环境色彩受地域不同的影响，其空间实体的材质也各异。即使是同一城市的空间场所，相同建构筑物等不同部位的材料运用也是千差万别的。可见，对于城市环境色彩材质的研究和分析尚需进行深入细致的分析归纳，直至寻找出城市空间中材质运用的环境色彩关系。

以上对城市环境色彩三个层面的分析可谓是相互呼应，在城市环境色彩现状数据采集基础上具有重要作用与应用价值。其中对城市环境色彩现状的调研分析取得的成果可从宏观、中观、微观三个层面予以归纳，以供设计师在进行城市环境色彩规划设计工作时参考选用。

三、城市环境色彩的设计方法

城市环境色彩的设计方法是对应城市空间中环境色彩现存问题，提出城市环境色彩未来发展取向与实施控制的理念及其可操作系统，它是在对城市空间环境色彩现况调查、分析、提案的基础上进行的。具体设计中除了按照现代色彩设计的一般原则进行，还需结合城市景观个性及特色等因素进行综合考虑。另外，现代色彩设计的思维方式也不容忽视，创造有个性和时代感的环境色彩，注入新的色彩思考方法也是非常必要的。同时，还有一些要素也需考虑，即环境色彩的设计理念、环境色彩的思考方法、环境色彩的配置手法、环境色彩的现场测试，只有完成了这些工作后，环境色彩的设计才全部完成。另外，在城市空间中还需解决色彩与自然环境、城市功能、发展进程、空间布局、规划定位、具体设计与实施控制等方面的诸多问题，以营造出具有城市空间特色及和谐的环境色彩景观文化意蕴。就城市景观营造中的环境色彩设计方法而言，其工作包括以下内容。

（一）城市环境色彩的目标定位

城市环境色彩的目标定位是在环境色彩现状调研数据采集与分析以及需要进行环境色彩规划设计所在城市规模、功能布局、规划目标、城市景观特质等基础上综合权衡提出的，合理的环境色彩规划设计目标可以更好地实现城市环境色彩风貌的提升和转变，从而有效凸显城市的环境色彩风貌特质，以使城市的环境色彩个性更为鲜明。

从城市环境色彩规划设计来看，其目标定位决定了城市环境色彩风貌特色未来发展的方向，也是进行城市环境色彩景观营造及控制的基础，因而需要从以下几个层面进行综合考虑（图 3-31）。

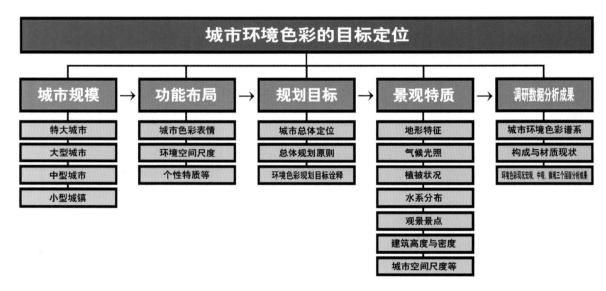

图 3-31 城市环境色彩的目标定位

一是城市规模，由于不同规模的城市，如特大城市、大型城市、中型城市、小型城镇等，对城市环境色彩意象要求具有差异性，因此在城市环境色彩目标定位中应结合城市的不同规模来确定的环境色彩的规划设计意象。

二是功能布局，城市的功能布局对环境色彩规划设计目标定位的确立非常重要，并对城市色彩表情、环境空间尺度、个性特质等方面产生影响，因此在城市环境色彩规划设计中应将功能布局作为重要因素予以考量。

三是规划目标，城市的总体规划目标是环境色彩规划设计目标定位的重要参考，因为城市环境色彩风貌的营造需要符合城市的总体定位。总体规划的原则是对环境色彩规划目标的诠释，是实施城市环境色彩规划设计目标的保障。

四是景观特质，应对反映所在城市景观特质的地形特征、气候光照、植被状况、水系分布、观景景点、建筑高度与密度、城市空间尺度等进行全面的分析和归纳，以使城市环境色彩能够成为实现景观特质营造的重要组成要素。

五是所在城市环境现状调研数据分析成果，其内容包括所在城市环境色彩谱系、构成与材质现状，以及对城市空间中环境色彩现况从宏观、中观、微观三个层面归纳分析的成果，以为城市环境色彩规划设计目标定位提供参考。

（二）城市环境色彩的设计内容

基于城市环境色彩的目标定位，环境色彩主要可以分为自然、人文与人工环境色彩等。其中自然环境色彩主要包括所在城市的气候条件、地理地貌、水体与植被等要素的环境色彩，在进行城市环境色彩规划设计时，需将其作为背景与基础纳入整体环境色彩规划设计基调考虑，并对自然环境色彩在城市环境色彩规划设计中的合理运用提供支持。人文环境色彩主要包括对城市环境色彩形成所产生影响的社会制度、风尚习俗、民族宗教、营造技术等因素，它在一定程度上对所在城市环境色彩规划设计的审美观念、发展取向及风貌营造产生影响，需对其进行深入挖掘，以从人文环境色彩方面归纳出规划设计的概念，直至深化对城市环境色彩规划设计概念的认知水平。人工环境色彩主要包括城市整体、功能分区、建构筑物、工程景观、服务设施与公共艺术等不同层次的环境色彩规划设计内容，它也是进行城市环境色彩规划设计的主要对象，对城市空间中环境色彩景观特色的形成具有重要作用，可分为三个层次来展开规划设计工作（图3-32）。

图 3-32　城市环境色彩的设计内容

1. 从城市整体与功能分区层次来看

城市整体与功能分区层次的环境色彩规划设计属于宏观层次。就城市整体层次环境色彩而言，它是指对整个城市空间范围内的环境色彩进行规划设计，为城市主管部门提供指导城市环境色彩决策、建设与发展的总体目标。实现这一目标的核心内容是提出城市环境色彩景观基调和城市环境色彩总体规划设计概念。在这个规划设计过程中，应提炼所在城市空间的自然与人文景观特色因素，并对整个城市空间从宏观层面进行环境色彩景观规划与设计进行引导及控制。作为整体城市景观，其城市环境色彩总体规划设计的策略分为以下几个方面。

一是对所在城市空间环境色彩系统进行调研，洞察自然环境与城市人文的现况格局和发展脉络，确定城市整体环境色彩规划设计概念及思路。

二是针对所在城市空间环境色彩现况中具有冲突的色彩与问题进行细化处理，在尊重城市文脉和环境色彩现况的前提下，运用环境色彩规划设计的方法，化解现况与城市环境色彩预期效果不符的矛盾，使其符合城市环境的形象定位和视觉审美的需要。

三是对所在城市空间中的环境色彩进行优化调整，并将环境色彩的对比、调和及色彩构成等手段运用于环境色彩规划设计之中，以建立具有逻辑关联的、和谐的城市环境色彩关系。

四是将所在城市空间中的环境色彩概念通过可视化的手段（图、物）表现出来，并进行直观的判断和调整，以将其对所在城市环境色彩和谐意境的追求呈现出来。

就城市功能分区层次环境色彩而言，城市功能分区是按功能要求将城市中各种物质要素如居住区、商业区及工业区等进行分区布置，组成一个互相联系、布局合理的有机整体，为城市的各项活动创造良好的环境和条件。功能分区也是城市环境色彩规划设计分区的主要依据，一般将城市分为主城区、新城区和城乡过渡带等类型。

主城区是指被划入中心城区、卫星城镇、工业区、仓储物流以及拟开发地区的区域，它也是所在城市历经多年建成的，中间交叉着老城区诸多历史街区与建筑遗产等，且面对着城市有机更新和转型发展的问题。就主城区环境色彩规划设计而言，如何传承环境色彩记忆，建立适应城市有机更新和转型发展需要的环境色彩谱系是规划设计中尚需探索的课题。

新城区是指距离主城较近，与主城在政治、经济、文化等方面存在紧密联系并享受各种特殊政策，具有各种城市要素功能的区域，也称为城市新区。城市新区多数位于近郊农村，其建设用地涉及的历史传统问题较少，这样新城区在进行环境色彩规划设计时具有较大的自由度。而新城区均期望建成现代、时尚、高品质及具有特色的新城区，以反映出城市新时期发展的成就及整体面貌。为此，新城区的环境色彩规划设计需要从新城区整体及不同功能分区的发展定位来探索环境色彩规划设计，使新城区环境色彩能够有序发展。

城乡接合部是指兼具城市和乡村土地利用性质的城市与乡村地区的过渡地带，也是接近城市并具有某些城市化特征的乡村地带。这个地带的环境色彩往往形成城乡交织的独特景观，诸如"城中村"呈现出杂乱的环境色彩意象。因此，城乡接合部需要在城市不同区域环境色彩基调的引领下，对环境色彩的传承及更新做出有效的应对，直至营造出城市整体空间与不同功能分区之间"和而不同"的环境色彩景观效果。

2. 从建构筑物与工程景观层次来看

城市空间中建构筑物与工程景观层次的环境色彩规划设计属于中观层次。其中建筑物是指有基础、墙、顶、门、窗，能够遮风避雨，供人在内居住、工作、学习、娱乐、储藏物品或进行其他活动的空间场所。而构筑物指不具备、不包含或不提供人类居住功能的人工建筑物，比如水塔、水池、过滤池、澄清池、沼气池等。若城市空间中的建构筑物环境色彩处理不好，最容易给人所在城市色彩景观杂乱无章的感觉，为此，对建构筑物环境色彩的规划设计需从建构筑物环境色彩的主体构形、同步构形、辅助构形与功能构形等层面予以把控，使建构筑物层次的环境色彩能融于城市空间环境色彩系统之中。而工程景观是指不同城市将工程做成的景观，涉及的工程类型主要包括土木工程、市政工程、交通工程、水利工程、电力工程、矿山工程、环境工程、海洋工程、军事工程等。城市空间中的工程景观环境色彩特色营造，在展现不同工程景观环境色彩个性的基础上，也需要与城市整体及功能分区、环境色彩规划设计协调。

3. 从服务设施与公共艺术层次来看

城市空间中服务设施与公共艺术层次的环境色彩规划设计属于微观层次。其中服务设施就是指用于城市公共开放空间中满足各种活动需要，具有点缀环境、丰富景观、烘托气氛、加深意境，提升城市审美质量，包括公共空间和半公共空间，且在城市空间环境建设中起着"点睛之笔"作用的设施。服务设施的形式有信息类、交通类、卫生类、照明类、服务类、配景类、康乐类、管理类与无障碍类等。公共艺术作为城市空间中多样介质构成的艺术景观、设施及其他公开展示的艺术形式，其公共性所针对的是城市空间中人和人赖以生存的大环境。公共艺术是现代城市文化和城市生活形态的产物，也是城市文化和城市生活理想与激情的一种集中反映，且在现代城市空间中具有重要的作用与文化价值。

作为城市空间中微观层次的服务设施与公共艺术，其环境色彩既要服从城市整体与功能分区色调的统一，又要积极发挥环境细部自身颜色的对比效应，使环境色彩的搭配与造型、质感等外在的形式要素协调，做到统一而不单调，对比而不杂乱。还要利用其服务设施与公共艺术环境色彩特有的性能和错视原理拉开前景与背景的距离，使服务设施与公共艺术环境色彩起到装饰、点缀和美化的作用，以从微观层面给城市空间增添欢快、温馨、亲切的环境感染力。

城市空间中上述三个层次的环境色彩规划设计内容之间是相互作用、相互影响的，宏观层次的城市环境色彩基调与规划设计概念的确定，对中观层次的建构筑物与工程景观，以及微观层次的服务设施与公共艺术等环境细部色彩规划设计产生引导作用，反之后者也对宏观层次的城市整体与功能分区色彩规划设计产生影响，最终构成城市空间中既统一和谐、又具有变化的环境色彩规划设计关系。

（三）城市环境色彩的基本色谱

城市环境色彩的基本色谱是指在城市环境色彩现状调研中经过对色彩数据的归纳和整理，呈现出城市环境色彩原真状态的颜色组成序列。基本色谱的制定既是对所在城市环境色彩现状的图示表现，也是对所在城市环境色彩组成关系的解读，更是能为城市环境色彩基调的控制及规划设计的实施工作提供客观的依据（图3-33）。

从城市环境色彩基本色谱的建立环节来看，基本色谱的总谱涵盖了城市整体环境中建筑的外立面色、点缀色和屋顶色的所有色谱，它能够概括出城市环境色彩的总体现状和特征，直观反映环境色彩总体的基本形态。其中建筑的外立面基本总谱是城市所有建筑物外立面色谱的集合，点缀色基本总谱是所有建筑物点缀色谱的集合，屋顶色基本总谱是所有建筑物屋顶色谱的集合。这些信息都是从城市空间中不同建筑及其环境色彩归纳梳理而成的。将城市环境色彩数据按照上述分类方式予以归纳和整理，反映城市环境色彩原始状态的基本色谱就建构完成了。

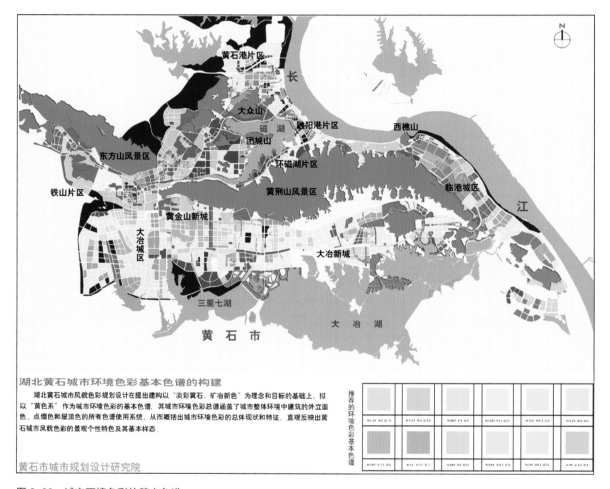

图 3-33　城市环境色彩的基本色谱

　　在城市环境色彩原始状态基本色谱的基础上，结合城市环境色彩规划设计的目标定位，以所在城市环境色彩规划设计概念为依据，从视觉美学的角度对城市环境色彩现况和组配关系进行分析，归纳总结出城市环境的用色规律，提出具有所在城市环境色彩景观营造特色的基本色谱，并将其作为城市环境色彩的推荐色谱和提案报告呈报有关设计、管理部门论证审批，其提案报告包括推荐、禁用两类，以明确城市环境色彩可用与不可用的范围。待城市环境色彩提案报告规划设计批准通过后，即可交施工单位实施。

（四）城市环境色彩的实施控制

城市环境色彩的实施控制需从宏观、中观与微观三个层面来进行。

1. 从城市空间宏观层面看

在城市空间宏观层面，主要控制协调城市环境色彩总体景观意象，即对城市整体环境色彩进行统一管理，避免城市空间中杂乱与引起视觉污染的环境色彩出现。强调对城市空间环境色彩进行整体规划设计，也是对城市环境色彩进行控制的原则性依据，城市环境色彩规划设计以宏观控制的方式引导环境色彩的整体协调与秩序，并给予中观层面的建构筑物与工程景观，以及微观层面的服务设施与公共艺术等环境细部的色彩表现以充分的尊重和自由创作的空间。

2. 从城市空间中观层面看

在城市空间中观层面，重点关注城市环境色彩控制范围与强度，宏观层面着重选取城市空间中具有色彩景观特征和有条件的区域进行环境色彩的控制，并对重点地段进行环境色彩规划设计，且针对城市空间中不同分区的功能属性、空间结构与营造特点对建构筑物和工程景观等环境色彩进行规划设计，完成城市空间中观层面主辅色谱、点缀色谱、禁用色谱以及环境色彩规划设计导则的编制。中观层面依据城市空间环境色彩控制强度，将所在城市空间分为重点控制区和一般控制区来管理。其中，重点控制区是城市空间中重要的功能区与景观区，能对城市环境色彩风貌产生较大影响，需要编制具有针对性的城市重点控制区域环境色彩规划设计方案。一般控制区是城市空间中重点控制区以外的区域，虽然不需要单独进行环境色彩规划设计，但仍需在宏观层面符合城市环境色彩规划设计的原则，以所定的城市环境色彩基调色谱为指导进行选色与配色，直至与城市整体环境色彩形成相互协调的配色关系。

3. 从城市空间微观层面看

城市空间微观层面关注城市服务设施与公共艺术等环境细部的色彩控制。在城市空间构成微观层面的环境色彩载体量广面大，种类繁多，将其各自呈现出的色彩纳入城市整体环境色彩规划设计的范畴，提供环境色彩指引，规范用色行为是实施控制的必然选择。其中，在城市公共服务设施、城市户外广告、城市夜景照明与城市公共艺术等专项规划设计中，均要求在城市环境色彩总体规划设计的指导下完成各自专项环境色彩规划设计的编制，以使城市主管部门对其进行管控有据可依。

（五）城市环境色彩的设计成果

城市环境色彩规划设计成果是工作完成的技术文件，要求能将城市环境色彩规划设计的总体内容予以落实，做出"量"的分析和具体的规定，通常完成的成果包括城市环境色彩规划设计文字与图纸两个部分的内容。

（1）设计成果文字部分包含文本、说明书及附件。

文本包括项目认知、规划依据、现况分析、专题研究、设计概念、目标定位、基调色彩确立、城市环境色彩整体风貌规划、功能分区环境色彩规划设计、城市具体环境（建构筑物、工程景观、服务设施与公共艺术等）色彩规划设计、城市环境色彩相关专项设计、城市环境色彩景观特色营造、城市环境色彩规划设计指引的适用范围、技术标准与管理措施等内容。

说明书包括相关法规，规划规范要求，城市环境色彩现状与评价，规划设计目标定位、原则与方法、规划布局、具体设计、控制方法，实施管理措施等内容的详细说明。

附件包括项目专题研究、基础资料汇编、评审会议纪要与意见等。

（2）设计成果图纸部分包括城市环境色彩现状图、城市整体环境色彩规划设计指引图、城市功能分区环境色彩规划设计指引图、城市具体环境（建构筑物、工程景观、服务设施与公共艺术等）色彩规划设计指引图，文本中城市环境色彩相关专项规划设计指引图等。

建构城市环境色彩规划设计成果完整的图纸表达系统，既能清晰地反映城市环境色彩规划的内容和具体的设计深度，又便于在相关城市环境色彩规划设计实践中操作。

（六）城市环境色彩设计方法存在的不足

纵览国内近年来城市环境色彩的设计方法，从其在城市空间环境色彩规划设计项目中的实践应用来看，存在的不足也逐渐显现出来。

1. 当下国内城市环境色彩规划设计实践项目中所用方法的问题

回顾国内城市环境色彩规划设计实践项目中所用的方法，几乎均来自法国和日本相关环境色彩设计机构共同确立的方法，其中也有结合国内不同城市的具体情况展开工作。对城市环境色彩现状的调研主要是把采集到的城市自然色彩、人文色彩与人工色彩，通过设计者的定性研究进行归纳和处理，由此形成一套模板式的主色谱、辅色谱和点缀色谱，然后施加到现代城市整体空间、各个功能分区、建构筑物、工程景观以及城市服务设施与公共艺术等环境细部上。这对于城市空间中旧城与文化遗产建筑保护、历史街区与工程景观更新、地域特色空间与场所环境营造以及延续城市文脉、留住城市记忆等项目的环境色彩规划设计实践无疑是适宜的，但对于城市空间中新区开发、新型建构筑物、工程景观以及城市服务设施与公共艺术等环境细部实际项目环境色彩规划设计实践，方法显得单一，缺少变化，且存在一定问题，需要我们在城市环境色彩规划设计实践中进行方法上的探索和创新。

2. 当下国内城市环境色彩规划设计实践项目中基调定位的问题

城市环境色彩规划设计实践项目的基调定位是完成所在城市空间环境色彩景观特色定位的表述。其环境色彩基调多由一组反映城市景观特色定位的关键词组寓意的色彩构成，用以引导城市环境色彩景观特色风貌营造向着愿景实现的方向发展。只是当下国内实践项目中的城市环境色彩规划设计基调定位不少确定为某浅色、某灰色……这些颜色作为所在城市空间环境色彩规划设计基调，设计成果千篇一律，其中不少耗时费力、巨资投入完成的城市环境色彩规划设计实践项目毫无特色可言，甚至有的城市环境色彩规划设计实践项目无法具体操作及推广应用。相关规划设计机构应对这个问题予以认真的反思。

3. 当下我国城市环境色彩规划设计项目的实施落地问题

我国城市环境色彩规划设计在进入 21 世纪后逐渐得到重视，至今已出现一系列规划设计成果。当下这些环境色彩规划设计成果主要以研究和导则的形式存在，对我国环境色彩规划设计工作起到促进作用，只是在具体项目实施落地中存在问题。在规划设计成果表达方面，城市环境色彩规划多以专业的控制色谱、配合静态的意向图引导为主，难以让使用者产生整体、直接的感官认识，而项目实施落地后，用户无所适从。归纳来看，所存在问题有四：一是规划设计偏宏大叙事，具体实施执行难；二是规划设计法定语言弱，管控力不强；三是规划设计缺乏定量手段，所定基调色范围过宽；四是规划设计多独立进行，缺乏与整个规划设计系统的联系，除部分作为城市风貌规划专项规划设计，不少为了城市环境色彩规划而进行规划设计，从而造成规划设计成果难以实施落地。在规划设计指导实施方面，从现阶段色彩规划研究与实践来看，无论是环境色彩研究还是规划设计实践，规划编制与后续管控均存在一定程度的脱节，导致大多数城市环境色彩规划都难以对城市风貌提升产生实质性的帮助，形成为环境色彩专项规划设计而进行的窘况，这也是后续环境色彩专项规划设计成果亟待解决的问题。

4. 结合工程实践尚需构建环境色彩规划设计的理论系统

在环境色彩规划设计理论引入方面，国内现有环境色彩规划设计基本以色彩地理学的理论为基础，结合国内已进行的环境色彩规划设计实践来看，环境色彩规划设计理论的引入对环境色彩规划设计工作无疑起到了很大的推动作用。只是随着国内环境色彩规划设计的深入，加上设计实践应用项目种类繁多，仅以来自欧洲的相关理论为基础显然存在不足，故在规划设计实践中切不可人云亦云，简单处置。诸如城乡空间环境中已建成区域与新开发待建区域，历史文化景观与高新技术新区，旧城风貌保护与新城特色营造等，均需在理论和方法的引入上多元化，并能结合国内面广、量大的环境色彩规划设计实践应用任务，与相关学科理论融合，逐渐构建起具有创新性的环境色彩规划设计理论系统，以彰显出环境色彩规划设计项目的场所精神和特征，直至形成广大城乡别样的色彩环境色彩景观效果。

5. 数字色彩方法在国内城市环境色彩规划设计实践中的导入

数字色彩是以现代色度学和计算机图形学为基础，采用经典艺用色彩学的色彩分析手法在新的载体上发展而来的，是色彩学在信息化时代的一种新的表现形式。当然，数字色彩的获取与生产均离不开相关的数字设备，常用的数字设备主要包括计算机、扫描仪、数码照相机和数字摄影机等。而数字色彩方法是由相关的计算机色彩模型及其相关的色彩域、色彩关系和色彩配置方法所构成的。在城市环境色彩规划设计实践项目中导入数字色彩方法，除了不同色相的配色，基调色的配色和以明度、饱和度为主的 10 种色调相互搭配，还会经常面对复杂多变的配色，涉及色相、明度和饱和度等的灵活运用。要求操作中先在横截面上考虑基调色的色相，再在纵截面上考虑不同明度与饱和度的色调，并把横截面色相的基调色意象与纵截面色调的复色意象相互融合。同时，还需关注城市文脉以外的颜色与城市定位之间的意象匹配，遴选出适合表达城市内涵的环境色彩规划设计组合关系。虽然目前数字色彩方法在国内城市环境色彩规划设计实践中的导入尚无应用于整座城市的成功案例，但在城市功能分区环境色彩规划设计实践中已有不少探索之作，逐渐走向规范化和系统化，探索数字色彩方法能够深入城市环境色彩规划设计实践中并得以开发应用的发展方向。

四、城市环境色彩的管控方法

要营造和谐的城市环境色彩景观，对城市空间中环境色彩进行管理是必要的。在现代城市中，必须按照一定的规章管理、控制城市色彩，以防视觉污染泛滥成灾。同时还必须使城市的环境色彩能与城市的整体风格相协调，让城市色彩的和谐感和秩序感能够成功地展示出来。在城市的交通管制、公共空间及特殊行业等领域，还需对城市中的建构筑物、工程景观、服务设施与公共艺术，以及城市空间中的广告招牌、商业橱窗、城市照明、装饰灯光等进行统一管理，并促使主管部门予以实施，只有这样，才能够创造出愉悦的城市环境色彩。此外，增强这方面的宣传和指导，以提高城市居民的色彩欣赏素质，调动市民参与管理的积极性，使创造良好的、富有个性的城市景观环境成为一项意义深远的社会工程。

就城市环境色彩的管理而言，其主管部门所做的工作包括构建城市环境色彩信息数据库，成立城市环境色彩相关管理机构以及制定城市环境色彩管理法规等。

（一）构建城市环境色彩信息数据库

建立城市环境色彩信息数据库的目的是记录城市空间中现状环境色彩信息，环境色彩信息数据库的构建在对城市环境色彩现状调研采集的数据分析归纳的基础上，总结梳理形成的城市环境色彩信息数据成果，其内容包括城市环境色彩信息数据样本与实物样本。城市环境色彩信息数据库的构建既可成为对城市环境现状色彩（地域性色彩、历史性色彩等）实施保护的重要手段，为城市风貌的保护研究以及发展演变提供有力支撑，又可成为城市环境色彩规划设计及控制管理的基础数据，为相关管理部门在进行城市环境色彩规划设计项目审批时提供参考依据，还能够便于城市环境色彩规划设计师从中汲取营养，规划设计出独具特色的城市环境色彩景观作品。如在 20 世纪 70 年代，意大利一个以黄色闻名的特林城需要重新粉刷，为了弄清特林城的传统色彩是什么，一位城市色彩学家 Giovanni Brino 和同事查阅了近百年的文献，并以历史建筑立面复原为色彩管理的立足点，通过探究工作为特林城建立了古城色彩数据库，特林城的建筑立面色彩复原完成后，引起了公众、学术界及政府的一致认可，并使他们意识到从城市环境色彩的角度进行人居环境保护的重要性。

20 世纪七八十年代，日本 CPC 机构完成了东京、神户、川崎、西条与广岛的城市环境色彩现状调查，并在此基础上构建出各个城市环境色彩信息数据库，从而为城市环境色彩规划设计及控制管理提供可供参考的基础数据。进入 21 世纪，天津市在 2008 年完成的城市环境色彩规划设计项目现况调查中，运用色彩地理学理论对城市环境色彩景观的自然、人文因素等进行分析，并通过对城市环境色彩信息采集与定量化综合研究手段，构建出天津市城市环境色彩数据库，对城市环境色彩基调的确定、管理控制导则的编制及规划设计管理策略的实施具有推动作用（图 3-34）。

（二）成立城市环境色彩相关管理机构

城市环境色彩规划设计项目实施后，随着岁月的流逝，实施后的规划设计项目环境色彩的彩度、明度会随之降低，城市环境色彩的风貌特征也随之削弱。为此，政府应成立相关管理机

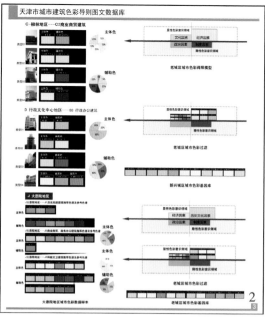

图 3-34 构建城市环境色彩信息数据库

1. 日本 CPC 机构依据完成的神户、川崎等地环境色彩现状调查所建信息数据库；2. 天津市构建的城市环境色彩数据库

构负责城市空间中环境色彩的维护与管理，这项工作也可与城市的文物管理部门合作，使城市环境色彩的风貌景观能够持续发展。如意大利都灵市于 19 世纪伊始，便成立相关机构开始对城市色彩调研与规划设计进行研究及管理，1845 年都灵市政府发布了具有建筑用色标准的公告，同时将这些建筑的推荐用色制成具有编号的色谱，并在市政大楼的样本墙上公示，用于指导城市色彩的建设。日本广岛市于 1978 年就成立了"管理指导城市色彩的创造景观美的规划"的专门委员会组织，并对其城市的色彩规划进行研究与管理。城市环境色彩相关管理机构工作中可借鉴之处就是色彩管理决策机制的建设：提出在城市及建筑规划设计中加入了色彩专项规划设计内容的要求，并规定色彩专项规划设计完成后才能将其项目整体提交主管部门审批，获得批准后方可进行实施工作。也正是由于这些科学、合理的城市色彩管理策略，日本城市的色彩管理工作才富有成效。

目前，国内成立专门的城市环境色彩管理机构尚处于起步阶段，如北京旧城的环境色彩规划设计及相关管理工作就主要由首都规划委员会、北京市规划委员会、北京市文物局、北京市房管局、北京市住房和城乡建设委员会等相关管理单位在北京市政府的领导下统一、协调进行。如对北京什刹海历史文化保护区环境色彩规划设计及相关管理提出的"四位一体"色彩管理策略，即将什刹海地区环境色彩管理实施工作的整个过程划分为四个相互关联、递进的环节：色彩项目规划设计的阶段、色彩项目实施的前期评估阶段、色彩项目具体实施（施工）阶段及验收评估及持续改进阶段。这四个部分统一于管理层面进行，建立起对什刹海地区环境色彩系统控制、动态管理的管理运行机制，从而使北京什刹海地区环境色彩朝着良性健康、可持续的方向发展，以便更好地保护与延续什刹海地区历史文化保护区环境色彩风貌及景观特色（图3-35）。

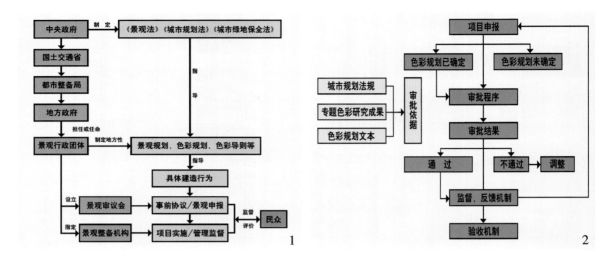

图 3-35　城市环境色彩的相关管理流程
1. 日本在城市环境色彩规划设计中运用的管理策略；2. 中国在城市环境色彩规划设计中所运用的管理流程

（三）制定城市环境色彩管理法规

　　制定严格的城市环境色彩管理法规是营造良好城市景观形象的根本保障，城市环境色彩是传递一种视觉感受方面的信息，因此必然存在着管理的需要。色彩污染不仅会损害城市面貌，还会对人们的生理乃至心理造成危害，因此必须进行管理和控制。所以在城市空间环境色彩设计方面，除了寻求、发现有个性和特色的城市环境色彩，逐步制定城市环境色彩方面的管理法规对其予以管理，避免无秩序的城市环境色彩泛滥成灾，以使城市的整体性与秩序感能很好地体现出来。

　　欧洲的意大利都灵市于 1845 年制定并由政府发布了该市建筑色彩推荐实施标准，这是国外最早有据可查的城市色彩管理专项法规。英国对城市中已建成区域的色彩控制管理工作始于20 世纪 70 年代，其工作重点着眼于城市的历史建筑保护层面，针对历史建筑色彩已制定了系列化的色彩控制管理条例，这些条例不仅列出了历史建筑的详细色彩现状及色彩形成的相关史料，并明确界定出历史建筑的用色范围，维护所用粉刷材料和施工作法等，以使环境色彩管理有规可依。日本于 1968 年颁布了《新城市规划法》，其中便涉及了城市景观色彩管理的内容。京都市于 1972 年以保护古都风貌为目的，在城市环境色彩现状调研基础上对城市建筑外立面色彩提出了管控的相关规定。日本建设部还于 1981 年发布了《城市空间色彩规划》法案，其中明确规定了城市规划或建筑设计最后环节为色彩的专项规划设计。大阪市于 1995 年出台了系统色彩规划方案，其中最大亮点就是在城市规划审批内容中增加了"色彩规划审批"的专项要求，这对于城市色彩管理而言具有划时代的意义，标志着色彩管理在相关城市建设中起决定作用。2004 年，日本通过的《景观法》对色彩使用和规划进行了规定，不仅加大了对城市环境色彩管理工作的力度，也为城市环境色彩管理的成效提供了强有力的法律保证，如表 3-3 所示。

表 3-3　日本《景观法》的主要内容

章节	名称	主要内容
第一章	总则	法律制定的目的、理念，政府、地方团体、业主和民众的职责，相关术语的定义
第二章	景观规划及基本措施	定义需要景观规划的地区，景观规划的内容、步骤、限制事项，各种建造设计的申报、劝告和变更，景观重要建造物、景观公共设施、景观农业振兴地区的认定和管理
第三章	景观地区	景观地区内建筑物、构筑物的创意限制，对其进行设计和施工的审批和管理；特定情况的处理措施和准景观地区的认定和管理
第四章	景观协议	景观协议的签订要求及限制事项，景观协定的申请、变更和法律效力
第五章	景观整备机构	景观整备机构的认定条件、相关职责、业务范围、工作内容和主管部门的管理要求
第六章	附则	对法案中未尽事宜做出补充说明
第七章	罚则	各种违法行为的处罚条款附则，执行日期和制定理由

国内当前在城市环境色彩管理法规方面尚处于探索阶段，其中北京市规划局于 1990 年发出城市新建小区要进行色彩规划设计的要求，可视为现代城市环境色彩管理的开端。2000 年可谓是中国进行城市环境色彩管理工作的发轫之年，从年初北京市政市容管理委员会发布了《北京市建筑物外立面保持整洁管理规定》开始，国内陆续有一些城市将色彩管理纳入城市的建设及整治工作中。紧接着国内一些城市，如哈尔滨、杭州、徐州、长沙、珠海等，也相继颁布了城市与建筑环境色彩方面的各种管理规定，武汉市继北京提出建筑外部环境基调色彩以后，对 20 世纪末期城市环境整治中出现的五颜六色的建筑立面效果也提出了质疑，要求城市建设主管部门应加强这方面的管理，并尽早提出有城市个性特色的建筑外观基调色彩。为了做好这项工作，武汉市城市规划局和市规划协会于 2002 年底就通过媒体面向全市市民举办了一次"武汉市色彩最美的建筑"评选活动，并开通热线电话征求"我最喜爱的建筑色彩"意见。此次活动中不管是专家还是普通市民，都对武汉市未来城市的环境色彩提出了许多有益的建议，充分反映广大市民对城市环境建设的关注度。通过一年多的努力，在综合各方面意见及结合武汉市未来城市发展实际的基础上，相关部门于 2003 年 12 月在媒体上正式发布了《武汉城市建筑色彩控制技术导则》。该导则将武汉市中心城区共分为 50 个建筑色彩控制片区及数个大型色彩景观节点和色彩控制带，并按城市区域把主色调的使用分为以下五类。

1. 重要城市景观与道路

重要城市景观与道路包括横穿市区的长江与汉水所形成的"两江四岸"，万里长江第一桥——武汉长江大桥两岸、徐东路、东湖环湖路、江汉路等城市主要景观道路。城市道路景观色彩要靓丽；地面色彩推荐运用营造热闹气氛的米色、橙色、暗红色等，街道两侧铺地必须采用同色调。重点控制公交站、电话亭、轻轨车站、厕所、人行天桥、栏杆、灯具、垃圾桶等相对固定设施的色彩。

2. 广场色彩要有标志性

大型建筑，如洪山广场、武展广场、西北湖广场、汉口火车站广场、光谷广场、首义广场等，外观色彩、屋顶色彩须考虑城市标志性和俯瞰城市的效果。

3. 城市住宅屋顶色彩需协调

在城市住区西北湖片、王家墩片、水果湖片、后湖、四新、东湖、南湖四大居住新城等，将严格控制大规模居住类建筑的屋顶色彩。

4. 城市老建筑的色彩风貌要保持

汉口的近代建筑风貌片、武昌的首义历史建筑风貌片、汉阳的月湖片老建筑等，建筑色彩必须与区内特定标志性建筑的色调风格相协调。

5. 湖边建筑需淡雅

东湖、南湖、墨水湖、龙阳湖、沙湖周边，屋顶的色调以较暗的蓝色、橙色、绿灰色为主，以烘托素雅清新的山水美。

该导则从 2004 年起开始在武汉市实施，实际上进入 21 世纪以来，武汉市在对近代优秀历史建筑比较集中的地段进行风貌整治时，就已经注意到城市的环境色彩问题，如江汉关一带、湖北谘议局（现辛亥革命武昌起义纪念馆）与金城银行（现武汉美术馆）一带等，就本着"整旧如旧"和"有机更新"的方式对建筑及周围的环境色彩进行处理，使两者相协调。

另外，在城市环境色彩景观营造方面也进行了一系列的探索，如在设计汉口中山大道的环境色彩时，考虑到该地既是全市商业中心，又是城市主要景观道路的特点，环境色彩就设计得十分靓丽。而位于武汉东湖风景区的湖北省博物馆、美术馆、楚天传媒大厦等省级文化建筑组群，其环境色彩设计就结合周边优美的自然景物和人文环境，适当点缀有红、褐、黑等楚国建筑及环境色彩，使人工环境色彩设计效果既有时代感，又呈现出浓郁的荆楚文化特色。城市住区的色彩则依据所处区域的不同而存在差别，如位于武昌高校区域四周的住区，通常环境色彩都比较协调，以给人一种现代生活与文化意蕴相互融合的住区环境色彩景观印象（图3–36）。

可见，环境色彩设计管理对城市风貌与景观特色的营造具有至关重要的作用，国内在城市环境色彩管理法规建设方面要走的路还有很长，但相信在不久的将来，我们的城镇与大地环境色彩景观必将给人更为绚丽多姿的空间色彩视觉感受。

图 3-36　面向未来的武汉城市环境色彩特色风貌塑造

1. 武汉长江两岸具有标志性特色的城市景观及环境色彩特色风貌；
2～4. 武汉近代历史建筑更新后的环境色彩效果；5. 具有荆楚建筑文化特点的湖北省博物馆环境色彩效果；
6. 武汉东湖风景区及周边建筑造型环境色彩效果；7. 武汉光谷广场造型及环境色彩效果；
8. 武汉东湖高新技术开发区新能源研究院建筑造型及环境色彩效果；
9. 位于武汉江岸区的"市民之家"建筑造型及周边环境色彩特色风貌

第四章　城市空间特色营造与环境色彩设计

　　城市作为人类物质文明与精神文明的载体和创造基地，往往也是一个国家或地区人口密集、工商业发达，集政治、文化、科技、艺术、经济、交通等于一体的聚集活动中心。从发展历史久远的城市演变进程来看，色彩伴随城市的产生而出现，并与之共同发展，它直接反映了城市的历史文脉、地域特征和整体文化风貌。同时，色彩作为城市中最为活跃的因素之一，其绚丽的色彩以各种载体形式存在于城市空间中，不仅带着自然界的光泽，更折射了不同的城市景观表象与文化内涵，直至成为城市历史发展演进中的必然选择。

　　在城市空间环境中，构成其实质的任何景物都不能脱离色彩而存在，环境色彩作为城市空间中引人注目、独具个性特色的城市景观构成要素而存在。在构成城市个性特色的诸多要素中，色彩要素无疑凭借其"第一视觉"的特性而成为城市景观塑造中最主要的语言表现形式（图4-1）。环境色彩还可在某种程度上直接反映出所在城市市民的文化素质水平和精神风貌，并展现城市对文明程度与生活品质的追求。因此，就城市空间而言，其规划与设计是城市美学在具体时空中的体现，也是改善城市空间环境、提高城市景观品质的一种有效途径。对城市空间中环境色

图 4-1　色彩要素成为城市景观塑造中最主要的语言表现形式

彩规划与设计的探索，在于以广阔的学术视野、严谨的科学方法和扎实的艺术探求精神去发现城市色彩的综合价值，寻找不同城市的色彩特质，为城市景观个性营造具有美学意义的城市色彩环境，以实现"美丽中国"建设中色彩景观塑造的梦想。

第一节　城市空间及环境色彩设计的特色营造

当今的城市已进入一个科技高度发达的时代，这个时代的科技成为人们在城市生活的主宰，科技给人们带来了巨大的物质利益。毋庸置疑，科技也给人类的生活，特别是精神生活带来某种局限。尤其是城市空间中各种工程建设从物质方面给人们带来高度理性化与技术化的同时，也让人们失去了诸多精神方面的乐趣，其中就包括城市中相关工程的审美与空间特色营造。工程科技与审美的对立以前所未有的态势呈现于城市空间之中，在此背景下，对城市空间中各种工程建设科技与审美的协调，无疑具有积极探索的意义。

一、城市空间及其构成

（一）城市空间的意义

所谓空间是指"空虚能容受之处"。然而既谓空虚，必能容受，既欲容受，便需设计。空间一词主要用于建筑，其后进行城市设计时，空间便移植入城市中，成为城市空间。由此，空间也是城市环境艺术设计的主体，只是作为城市环境艺术设计创作中的空间要素，并不只限于形成空间结构部分长、宽和高的总和，而是空的部分本身，即人们生活和活动的空间（图4-2）。

图4-2　空间是指"空虚能容受之处"，其意义在于"空间"是建筑的本质，也是建筑的生命

有关城市空间的解析，德国建筑师罗伯特·克里尔（Robert Krier）在其《城市空间》一书中描述："包括城市内和其他场所各建筑物之间所有的空间形式。这种空间常依不同的高

低层次呈几何形式联系在一起，它仅仅在几何特征和审美质量方面具有清晰的可辨性，从而导致人们自觉地去领会这个外部空间，即所谓城市空间。"简言之，就是城市中及各建筑物之间可被人们领会的所有的空间。人在任何时候都在领会城市，城市提供给人们的各个方面的感受便是城市空间。

可见，城市空间一直是建筑学和城市设计研究的重要领域，它主要对以城市空间物质性要素为基础的三维空间环境品质进行研究。空间作为一种社会与文化的存在形式，有很多种解释理论，从空间社会学的意义上，赋予空间以政治、文化、时间、结构等意义。既然城市空间是城市提供给人们的各个方面感受，我们便从人们的知觉、心理、行为角度进行分析。

1. 从人的知觉来看

挪威建筑理论家诺伯格－舒尔兹（Norberg-Schulz）在《存在·空间·建筑》一书中说到空间："如果把知觉心理学所带来的这些基本成果用常见词汇来表示，那就是初期组织化的图示是依靠中心（center）亦即场所（place，近接关系），方向（direction）亦即路线（path，连续关系），区域（area）亦即领域（domain，闭合关系）的成立而确立。人为了给自己定位，尤其需要掌握这些。"舒尔兹把空间用知觉心理学的方法分为了中心、方向、区域三部分。

2. 从人的心理来看

美国著名城市设计师奥斯卡·纽曼（Oscar Newman）从领域角度在居住环境中提出了一个由私密性空间、半私密性空间、半公共性空间及公共空间构成的空间体系的设想，即从人的行为心理来对空间进行分类。

3. 从人的行为来看

美国著名城市规划设计理论家凯文·林奇（Kevin Lynch）在《城市意象》一书中，归纳了城市形象的五个要素：道路（paths）、边缘（edges）、区域（districts）、节点（nodes）与地标（landmarks）。城市空间环境是享受城市生活、领略城市风情、彰显城市个性、展现城市魅力的空间场所。它既是城市各类活动的"发生器"和"容器"，也是城市市民精神体验和情感交流的主要场所（图4-3）。作为一种社会与文化的存在形式，城市空间蕴含着社会观念和人的价值，因此，从空间经济与社会学的意义上来讲，城市空间常常被赋予政治、经济、文化、生态等意义。

（二）城市空间的构成

城市是人类活动的集聚地，城市空间环境是城市活动发生的载体，城市空间的构成包含物质环境空间、社会经济空间和精神文化空间。

物质环境空间是城市各要素构成的物质体现，也是城市空间构成的实体对象，比如城市空间形态、建筑外部空间和用地布局等。

社会经济空间是社会群体活动的整体构成。不同社会群体活动的联系与隔离也造成了空间的联系与分离。从国家开始，社会阶层之间的相互关系和经济活动的模式就影响着空间的整体结构，并对以后的发展产生深远的影响。

图4-3 城市形象的五个要素：道路、边缘、区域、节点与地标

　　精神文化空间是城市空间的精神意义和文化内涵的具体反映，古希腊哲学家亚里士多德曾说："一个好的城市，是一个能够让人面对完整人生的场所。"精神文化空间常常会在物质环境空间中得到体现。

　　三者之间相辅相成，城市的社会经济活动和精神文化面貌都会映射到城市的物质环境空间中，直至构成城市空间形态的影响机制。而城市空间环境形态是城市存在的空间形式，表现为城市与城市之间，城市与环境之间的相对位置、顺序、分布、态势等。

二、城市空间的类型

　　基于对城市空间的认知及其构成形态的解析，我们认为良好的城市空间涉及空间的尺度、围合与开敞，以及与自然的有机联系等。而城市是一个开放、复杂的巨系统，城市空间为城市各个要素的综合载体，其形态与组织反映出城市系统中各主客体的存在形式和相互关系。随着城市的发展与变化，城市空间也在不断地演变，它是人类现代及历史上各种城市活动的投影，也是经过城市社会历史的涤荡而不断演化、沉淀下来的客观实体。

　　从现代城市发展来看，城市空间的类型主要由城市各类建筑组群与广场、道路与节点、桥梁与隧道、绿地与公园、水体与地貌等要素所组成，它们是城市空间环境的主要内容，也是城市环境色彩设置的主要空间场所（图4-4）。

图 4-4　城市空间是造型及环境色彩设计的主要场所

（一）城市空间中的建筑组群与广场

建筑组群是城市空间中最主要的组成内容，在现代城市空间中，城市用地基本由不同功能、彼此相邻的建筑组群所占据。若按建筑物的布置形式来分，建筑组群可分为带形布置的沿街建筑组群和组团布置的成组建筑组群；按建筑群所处的位置来为，建筑组群可分为城市中心建筑群、城市干道建筑群、滨水（包括河滨、湖滨、海滨等）建筑群、山地建筑群、园林建筑群等；按建筑物的使用功能来分，建筑组群包括居住建筑群、公共建筑群、生产建筑群与特殊建筑群等（图4-5）。

图 4-5　建筑组群是城市空间中最主要的组成内容，包括居住建筑群、公共建筑群、生产建筑群与特殊建筑群等

　　居住建筑——以家庭为主的居住空间，无论是独户住宅、还是集体公寓，均归在这个范畴之中。家庭是社会结构的一个基本单元，而且家庭生活具有特殊的性质和不同的需求，因而使

居住室内环境设计成为一个专门的设计领域，其目的就在于为家庭解决居住方面的问题，以便于塑造理想的家庭生活环境。而居住建筑的形式可分为集合式住宅、公寓式住宅、院落式住宅、别墅式住宅与集体宿舍等。

公共建筑——为人们日常生活和进行社会活动提供所需的场所，它在城市建设中占据着极为重要的地位。公共建筑包括的类型较多，常见的有办公建筑、宾馆建筑、商业建筑、会展建筑、交通建筑、文化建筑、科教建筑与医疗建筑，以及体育、电信、园林与纪念、宗教建筑等。

生产建筑——为从事工农业生产的各类生产建筑，其范畴可分为工业生产建筑和农业生产建筑等类型，其中工业生产建筑可分为主要生产厂房、辅助生产厂房、动力设备厂房、储藏物资厂房及包装运输厂房等，农业生产建筑可分为养禽养畜场房、保温保湿种植厂房、饲料加工厂房、农产品加工厂房及农产品仓储库房等。

特殊建筑——为某些特殊用途而建造的建筑，诸如军事、科学探险、海上水下建筑设施等均属于此类。若遇到这些类型的建筑设计，应当做特殊的设计来处理，以满足其空间上的特殊用途和需要。

而城市广场是指面积很大的场地，也指大型建筑前宽阔的空地。城市广场亦被称为"城市的客厅"，在城市空间中具有重要的地位。城市广场既是城市最为显著的形象代表，也是城市空间形态的节点，它突出地表现出城市的特征，对体现城市文化、社会生活、经济建设和环境效益有着极其重要的作用。城市广场不仅给市民的生活带来生机，丰富了社会生活的情趣，同时也为人们提供生活与活动的场所，使人们在城市空间意识到社会的存在，同时显示自身在城市空间中的存在价值。从城市广场的功能来看，其构成类型主要包括以下五种（图4-6）。

图4-6　城市广场是指面积很大的场地，并被称为"城市的客厅"

市政广场——位于城市行政中心区域，具有良好的交通便捷性和流通性，通向广场的主干道多具备相应宽度和道路级别，以满足大量密集人群的聚集和疏散。广场上的主体建筑物是室内的集会空间，常成为广场空间序列的对景，建筑物多呈对称状布置，整体气氛偏向于稳重和庄严。

交通广场——主要功能是合理组织交通，对车辆进出方向作相应的规划和限制，以保证车辆和行人互不干扰，满足畅通无阻、便捷顺达的要求。组织、安排和设置公共交通停车站、汽车停车场，步行区域可与城市步行系统搭接，停车地带和行人停留的区域之间以高差或绿化予以分隔。设置必要的公共设施和铺设硬质场地。交通广场又有干道交叉点的交通广场和站前集散广场之分。

商业广场——位于城市的商业中心区域，以步行环境为主要特色。商业活动相对比较集中，其布局形态、空间特征、环境质量和文脉特色应成为人们对城市最重要的印象之一，充分体悟到城市最具特色和活力的生活模式。

纪念广场——用于缅怀历史事件、历史人物的广场，常以纪念雕塑、纪念碑或纪念性建筑作为标志物，位于广场中心或主要方位。

休闲广场——位于市中心，也可能出现在街头转角或居住小区内。其主要功能是供人们休憩及举行各种娱乐活动。休闲广场形式布局应力求灵活多样，因地制宜；从空间形态到公共设施设备，要做到既符合人的行为活动规律及人体尺度，又要以轻松、惬意、悠闲和随意的特色吸引公众。

（二）城市空间中的道路与节点

城市道路是指在城市空间中通往城市的各个区域，供城市内交通运输及行人使用，便于市民生活、工作及开展各种活动，并与市外道路连接的道路系统。作为城市空间中的线性开放空间，城市道路包括城市干道与街道，既承担了交通运输任务，又为市民提供了生活的公共活动场所。从物质构成关系来说，城市道路可以看作是城市的"骨架"和"血管"；从精神构成关系来说，城市道路又是决定人们关于城市印象的首要因素。

此外，城市道路不仅是连接各个区域的通道，在很大程度上还是人们公共生活的舞台，是城市人文精神要素的综合反映，是一个城市历史文化延续变迁的载体和见证，是一种重要的文化资源，构成区域文化表象背后的灵魂要素。依据道路在城市空间中的地位和交通功能，城市道路可分为以下类型。

具有交通意义的道路——城市快速路、主干道、次干道与支路等。

具有商业意义的道路——城市各种商业性街道、步行店街等。

具有生活意义的道路——城市传统与现代住区内外环境中的各种道路系统。

具有观赏意义的道路——城市景观大道、历史街道、公园及景区园路等（图4-7）。

道路一般要具备三个方面的功能，即交通功能、环境生态功能和景观形象功能。三者的前后秩序和侧重点需依据不同的道路特点而定。一般情况下，首先要满足道路的交通功能，其次结合道路两侧及周边地带的环境绿化和水土养护，发挥环境生态功能，最后在此基础上，实现景观形象功能，即创造出优美宜人的景观形象。

图 4-7 道路可以看作是城市空间中的"骨架"和"血管",主要起到沟通城市的交通功能

道路比广场更具有切实的功能特征。复杂的道路布局形成了众多丰富的空间关系,是城市互相沟通的通道,与水系构筑了城市的纹理。道路作为公用的流动或散步的场所,它表现了人的动线和物的活动量等,具有特殊的物理形态。

近年来汽车量的飞速增长造成了人与车的矛盾,生活街道逐渐失去生活气息以及应有的魅力。为了构筑生活街道,应协调以汽车交通为主的道路和以步行为主的街道之间的关系。

道路的空间界面,可以理解成两侧的建筑立面和地面。好的道路设计应具有连续而统一的界面,这种连续性和统一性体现在道路两侧建筑的高度、立面、尺度、比例、色彩、材质等。比如道路两侧空间的高度和宽度的比值的不同,对空间形态和人们的心理都有很大的影响。不同性质道路的界面具有不同的特征。如果这种特征沿着路面不断有规律、有节奏地出现,能使道路空间形成连续统一的构成设计,从而令人难忘。巴黎香榭丽舍大街数百年来对道路宽度、两侧建筑的尺度、立面形式等不断进行完善,一个多世纪以来,以连续统一的界面、赏心悦目的景观吸引着四方游客。

而城市节点是指城市中的重要地块或交叉路口,或者河道方向转弯处等非线性空间。在城市的出入口或城市人流聚集的核心往往出现节点空间(图 4-8)。

图 4-8 城市节点是指城市空间中重要的设计场所

从城市中的重要地块来看，主要包括广场、公园、大型绿化等，能让人群活动的集散地就是城市中散布的"节点"。而城市广场是节点中的典型，在宏观上与地貌、水体、公园、绿地空间一道构成城市空间体系，这一体系在微观上体现为市民步行道、标志、树木、座椅、植栽、水景、铺地、凉亭、垃圾桶、饮水泉、雕塑等。城市广场作为一个公共性的开放活动空间，其基本功能必须是提供场所给市民开展各种休闲、运动、娱乐等活动。因此，广场应拥有良好的交通可达性和各种可利用的设施，体现出最大的公共性。城市广场通常与道路相连，可分为两类：一类是道路相交，而必然形成的一个把道路放宽、放大的区域，这经常成为道路的对景，为行人所关注；一类是在道路旁或者在道路的尽端，由建筑围合而成的相对私密的空间区域。

从城市中的交叉路口来看，主要是道路与广场交会形成的节点，其交会形式有四种：一条街道与广场交会，从每一个方向，以街道的中心线与广场呈垂直状；两条街道与广场交会，街道偏离广场中心，与广场垂直交会；三条街道与广场交会，在广场的角隅处与广场垂直交会；四条街道与广场交会，街道从任何角度、任何场所与广场交会。

（三）城市空间中的桥梁与隧道

桥梁是指为道路跨越天然或人工障碍物而修建的建（构）筑物，而城市桥梁是指在城市范围内，修建在河道上的桥梁和道路与道路立交、道路跨越铁路的立交桥及人行天桥，包括永久性桥和半永久性桥（图 4-9）。

跨水桥梁——架设在江河湖海上，便于车辆与行人等顺利通行的建筑物。跨水桥梁一般由上部结构、下部结构和附属构造物组成，上部结构主要指桥跨结构和支座系统，下部结构包括桥台、桥墩和基础，附属构造物则指桥头搭板、锥形护坡、护岸、导流工程等。

城市立交桥——在城市重要交通交会点建立的上下分层、多方向行驶、互不相扰的现代化陆地桥。其跨越形式包括跨线桥与地道桥两种，有单纯式、简易式、互通式立交桥之分。

单纯式立交桥是立交桥中最简单的一种，这种立交桥主要用于高架道路与一般道路的立体交叉、铁路与一般道路的立体交叉，其通行方法极其简单，却各自在自己的道路上行驶。

简易式立交桥主要设置在城内交通要道上。主要形式有十字形立体交叉、Y 形立体交叉和 T 形立体交叉。其通行方法为：干线上的主交通流走上跨道或下穿道，左右转弯的车辆仍在平面交叉改变运动方向。

图 4-9　桥梁是指为道路跨越天然或人工障碍物而修建的建（构）筑物

互通式立交桥主要有三类：一是三枝交叉互通式立交桥，包括喇叭形互通式立交桥和定向型互通式立交桥；二是四枝交叉互通式立交桥，包括菱形互通式立交桥、不完全的苜蓿叶形互通式立交桥、完全的苜蓿叶形互通式立交桥和定向型互通式立交桥；三是多枝交叉的互通式立交桥。

人行天桥——又称人行立交桥，一般建造在车流量大、行人稠密的地段，或者交叉口、广场及铁路上面。人行天桥只允许行人通过，用于避免车流和人流平面相交时的冲突，保障人们安全地穿越，提高车速，减少交通事故。按照结构区分，常见的过街天桥可以分为三类，分别为悬挂式结构、承托式结构和混合式结构。

悬挂式结构的人行天桥以桥栏杆为主要承重部件，供行人通过的桥板本身并不承重，悬挂在作为承重梁的桥栏上，这种结构的过街天桥将结构性部件和实用型部件结合在了一起，可以减少建筑材料的使用，相对降低工程造价，但是这种结构的过街天桥桥栏杆异常粗壮，因而行人在桥上行走时视线会被桥栏杆遮挡，而且粗壮的桥栏杆很难给人以美的感受，在城市景观功能方面有所欠缺。

承托式结构的过街天桥将承重的桥梁直接架设在桥墩上，供行人行走的桥铺在桥梁之上，而桥栏杆仅仅起到保护行人的作用，并不承重。这一类的过街天桥造价相对较高，但是由于桥栏杆纤细优美，作为城市景观的功能较好，目前各城市中这一类型的过街天桥数量最多。

混合式结构的过街天桥是上述两种结构的杂交体，桥栏杆和桥梁共同作为承重结构分担桥的荷载。

城市隧道是指埋置于城市地层之内的一种建筑物。隧道可分为山岭隧道、水底隧道和地下隧道等（图 4-10）。

山岭隧道——穿过山岭的隧道。

图 4-10　城市隧道

　　水底隧道——修建在江河、湖泊、海港或海峡底下的隧道。它为铁路、城市道路、公路、地下铁道以及各种市政公用或专用管线提供穿越水域的通道，有的水底隧道还设有自行车道和人行通道。

　　地下隧道——埋设于城市地下的一种构筑物，它以为城市提供地下交通或其他用途为目的。

（四）城市空间中的绿地与公园

　　城市绿地是指用以栽植树木花草和布置配套设施，基本上由绿色植物覆盖，并赋以一定的功能与用途的场地。城市绿地能够提高城市自然生态质量，有利于环境保护，提高城市生活质量，调节环境心理，提升城市地景的美学效果，增加城市经济效益，有利于城市防灾，净化空气污染。其类型包括公共绿地（各种公园、游憩林荫带）、居住绿地、附属绿地、防护绿地、生产绿地和位于市内或城郊的风景林地（风景游览区、休养区、疗养区）等（图 4-11）。

图 4-11　城市绿地

　　公共绿地——向公众开放的，有一定游憩功能的绿化用地。特指公园和街头绿地，包括供游览休息的各种公园、动物园、植物园、陵园以及花园、游园和供游览休息用的林荫道绿地、广场绿地等。

居住绿地——在城市规划中确定的居住用地范围内的绿地和居住区公园。包括居住组团、居住小区以及城市规划中零散居住用地内的绿地。

附属绿地——城市建设用地中除绿地之外各类用地中的附属绿化用地。包括工厂、机关、学校、医院、部队等单位的居住用地及城市公共设施用地、工业用地、仓储用地、对外交通用地、道路广场用地、市政设施用地和特殊用地中的绿地。

防护绿地——用于城市环境、卫生、安全、防灾等目的的绿带、绿地。包括城市卫生隔离带、道路防护绿地、城市高压走廊绿带、防风林、城市组团隔离带等。

生产绿地——为城市绿化提供苗木、花草、种子的苗圃、花圃、草圃等。

风景林地——具有一定景观价值，对城市整体风貌和环境起作用，但尚未完善游览、休息、娱乐等设施的林地。

城市公园是指满足城市市民的休闲需要，提供休息、游览、锻炼、交往，以及举办各种集体文化活动的场所。类型包括综合公园、社区公园、专类公园、带状公园和街旁绿地（图4-12）。

图4-12 城市公园

综合公园——内容丰富、设施完善，适合城市市民开展各类户外活动、规模较大的城市公园，按服务范围和在城市中的地位可分为全市性公园和区域性公园。

社区公园——为城市社区居民日常游憩服务，具有一定活动内容和设施的城市公园（不包括居住组团绿地），包括"住区公园"和"小区游园"两个小类。

专类公园——具有专项功能的城市公园。包括动物园、植物园、儿童公园、文化公园、体育公园、交通公园、陵园等。

带状公园——沿城市道路、城墙、水系等，有一定游憩设施的狭长形绿地。包括轴线、滨水、路侧、保护、环城带状公园等形式。

街旁绿地——位于城市道路用地之外，相对独立成片的绿地。

（五）城市空间中的水体与地貌

水体是指水的集合体，它是地表水圈的重要组成部分，是以相对稳定的以陆地为边界的天然水域，包括江、河、湖、海、冰川、积雪、水库、池塘等，也包括地下水和大气中的水汽。若按水体所处的位置，可将其分为地面水水体、地下水水体和海洋水水体三类，它们之间是可以相互转化的（图4-13）。

图4-13　水体

城市的产生离不开水，水是城市发展的物质基础。生活、生产必须有水，水是城市产生、发展、演化的重要自然力。水影响着城市社会、经济、文化诸多方面的发展。而水体指的是以相对稳定的陆地为边界的天然水域，与城市产生、发展密切相关的水体都可称为城市水体。

作为城市空间的构成要素之一，城市水体是城市生态环境建设以及维系景观多样性和物种多样性的基本要素，也是城市空间中公众亲水娱乐、亲近自然的重要场所，具有重要的景观价值、娱乐价值和生态价值。同时，城市水体在洪涝灾害防治方面也发挥着重要作用。

在城市空间中，水体已成为城市公共空间不可或缺的重要部分，城市环境的好坏往往从水体环境中就能体现出来，具有良好的水体环境才有可能具有良好的城市环境。水体对城市空间的发展影响巨大，水景往往是滨水城市空间环境体系的骨架和主要内容。城市水体环境设计中常以水体来组织空间，以形成丰富及具有魅力的城市景观效果。

而地貌即地球表面各种形态的总称，也叫地形。地貌是城市空间中自然环境系统的一个重要组成部分，是人类从事生产和生活的立足之所，深刻地影响着人类的生存和发展。城市地貌包括自然、人工及两者混合形成的地貌（图4-14）。

自然地貌——城市地貌的基础，或称之为城市下垫面的基盘，它是在千百年的自然演进中形成的，具有原生态的风貌特点。

人工地貌——城市中由各种建筑群、道路、桥梁、人工堆积、人工平整的场地与人工开挖

图 4-14 地貌

的沟渠及地下工程（含地下铁道、河底隧道与地下室、地下仓库与商场）等的建设所形成，是建立在自然地貌之上或其间的，具有人工营造的痕迹。

混合地貌——城市中自然和人工混合的地貌。城市作为自然地貌和人工地貌叠加的集中区域，是建立在以地貌为基础的城市自然下垫面基础上的，地貌类型与特点都直接或间接地对城市发展发挥着不可忽视的作用。

纵览城市发展的历程，城市所处地貌各异，却总是选择地貌条件优越、交通方便、农副产品丰富的地方进行建设。城市分布的地貌主要有河流交汇处、平原或盆地底部、两大地貌单元交界处、河谷阶地、滨海或岛屿等，从而形成丰富、多样的城市环境特色。

第二节　城市空间特色营造中的环境色彩设计

在城市形成发展过程中，城市空间特色是经过长期发展演变，地域文化的渗透和表现凝聚于城市，并通过物质和非物质形式强烈地反映在城市各个空间中的历史存在。这些具有特色的空间通过人们对城市空间构成的整体思考，有意识地选择、布置和安排，在城市空间范围内逐步有序集合，才形成了城市的整体空间特色，可以说是诸多特色空间及其有序集合构成了城市的空间特色。

一、对城市空间特色的认识

城市空间特色是指在特定城市空间审美时空范围中最能代表城市的特色空间，也是指一个城市所具有的，包括了空间的、人文的、物质的各种要素集合所呈现的空间特征。其内涵是指由其所处的自然地理环境、历史文化积淀、经济社会发展水平共同组成的，不同于其他城市的空间特征。其中，自然地理环境是基础构成要素，历史文化积淀和经济社会发展水平是附着其上并与其紧密结合的人文物质构成要素，它们共同塑造出城市的空间特色。

可见，城市空间特色是城市个性，也是城市的形象在人们心目中的反映，它是一个城市区别于其他城市的独有色彩和风格，是人们认识一个城市并对这个城市所进行的形象性、艺术性的概括。而不同的城市有着不一样的性格，每个城市的山水形态各异，诸如山城重庆、南粤广州、北国长春、楚天武汉均各有千秋（图4-15）。在城市功能定位的基础上，展现城市特色的空间要素主要包括历史传统、文化积淀、生态环境、自然景观、建筑风格、经济优势、产业支柱、市民风范等，对这些空间要素进行优化整合，并通过整体塑造可展现出独特的城市空间个性。

图4-15　不同城市山水形态各异，如山城重庆、南粤广州、北国长春、楚天武汉在城市空间特色营建方面均各有千秋

二、城市空间特色营造与环境色彩关系的把握

环境色彩设计特色营造，城市作为城市空间审美特征差异性的呈现，与所在城市相处的自然环境、人文环境有其内在联系。而环境色彩在空间特色中的引入，可以综合反映不同城市的特质，成为一个城市区别于其他城市的文化、外貌、风土等的综合价值判断。而具有独特的环境色彩，也应该是城市空间健康发展的需要。因此，环境色彩就是指在城市空间中所有裸露物体外部被感知到的色彩总和，是城市空间特色重要的组成因素。

在城市空间特色营造中，环境色彩是以各种载体形式存在于城市空间之中的，它不仅带着自然界的光泽，更折射出不同城市的文化内涵。城市空间特色营造中的环境色彩载体按照材料、使用功能等有不同的划分方式。按照使用材料不同分为人工色彩载体和自然色彩载体；按照使用功能可分为建筑物、城市绿化、城市交通场所、交通工具、户外广告、公共设施、公共艺术；按照色彩关系可以分为色彩图形元素和色彩背景元素；按照城市意象元素可分为道路色彩、节点色彩、标识色彩、边界色彩、区域色彩等。正是因为城市空间特色营造中的环境色彩载体种类繁多，加之色彩本身又变化万千，所以营造一个既统一又有变化、意象明确且层次丰富的城市空间环境色彩，便需要对构成城市空间特色的各种环境色彩要素进行分析，以在城市空间特色营造中发挥出和谐构成环境色彩设计关系的作用（图4-16）。

图4-16　和谐的城市空间特色营造与环境色彩设计关系

在城市空间特色营造中，具体需要把握的环境色彩设计关系包括以下三种。

（一）城市空间特色营造中环境色彩数量和比例

从城市空间特色营造中环境色彩数量和比例关系来看，环境色彩关系是指城市空间主调色、辅调色和点缀色构成的色彩关系。城市空间主调色决定了环境色彩风貌的基调，是衡量城市空间特色营造中环境色彩是否统一的关键指标。而辅调色和点缀色是丰富环境色彩风貌、营造色彩活力的主要因素。

（二）城市空间特色营造中环境色彩分布及排列

从城市空间特色营造中环境色彩分布及排列关系来看，环境色彩关系是指城市空间特色营造中环境色彩因素之间形成的对比与调和关系，也是城市空间特色营造中环境色彩探究的主要内容之一。

（三）城市空间特色营造中环境色彩的层次划分

从城市空间特色营造中环境色彩的层次划分来看，环境色彩关系可划分为宏观、中观与微观三个层次。从宏观层次看，城市空间特色营造中环境色彩关系包括城市总体人工环境色彩与周边自然环境色彩之间的色彩关系；从中观层次来看，城市空间特色营造中环境色彩关系包括城市意象元素之间以及意象元素与一般区域之间形成的同时性或续时性的色彩关系；从微观层次来看，城市空间特色营造中环境色彩关系包括城市各类微观色彩载体——城市环境色彩元素之间的色彩关系以及色彩载体自身的色彩配比关系的差异化处理。

此外，若从城市空间特色营造中视觉认知的角度来看，环境色彩关系又指占视觉主导地位的图形元素和背景元素之间形成的色彩关系。根据图底关系的一般法则，在城市空间环境色彩载体中，那些流动的、面积小、鲜艳的、亮度高的、离认知主体近的容易成为图形元素，相反固定的、面积大的、低彩度的、亮度低的、离认知主体远的容易成为背景元素。可见城市空间环境色彩是通过物质载体得以呈现的，其图底关系不仅包括由于色彩属性、色彩冷暖所形成的不同图底关系，也包括由远近、前后、面积、形状、大小等由物质形体特征及空间位置等形成的图底关系。

对城市空间特色营造中环境色彩设计关系的把握，无疑对体现各具城市文化内涵的环境色彩意象有着重要意义，也为城市空间环境色彩设计特色营造提供了有效的构建路径。

三、城市空间中的环境色彩设计特色营造效能

在城市空间，环境色彩特色营造的效能有以下三种。

（一）展现城市空间特色

城市空间的发展是显性的，城市空间的文脉却是隐性的。在城市空间进行环境色彩特色营造，就是要唤起人们对城市人文特色的记忆，延伸城市的精神与性格。无论是世界文化艺术之都欧洲城市巴黎，还是自古享有"天府之国"美誉的中国城市成都等，它们均将其城市空间的显性发展与隐性文脉有机融合，使环境色彩特色营造展现出只属于所在城市的空间特色，环境色彩不仅诉说着所在城市空间发展的历史进程，更是反映出城市空间呈现出的文化意象和意蕴（图4-17）。同时，环境色彩特色营造还助推和谐的城市空间形成。色彩调节能够让人工色与自然色相协调，人工色彼此之间相融合，从而产生整体和谐的城市空间环境色彩设计效果。

图 4-17　环境色彩展现城市空间特色，反映出所在城市空间独有的文化意象和意蕴

（二）传达环境场所精神

　　场所是指地理空间里人或物所占有的部分（空间），挪威建筑理论家诺伯格－舒尔兹认为场所是存在空间的基本要素之一。在城市空间中，环境场所多为不同公共空间与环境色彩的有机融合。环境色彩特色营造直接影响着人们在场所中的知觉和空间定位，人们对于环境色彩的印象有助于对空间形成标识和感知。在城市商业空间场所中，如日本东京银座城市商业中心，其环境场所色彩特色营造便要传达出高潮迭起的空间艺术魅力来；而在城市历史空间场所中，如意大利米兰斯福尔扎城堡，其环境场所色彩特色营造需传达出厚重稳定的空间设计效果来（图4-18）。可见环境色彩特色营造在某种程度上"是形成我们对自身生活环境归属感和场所精神的源泉"。

图 4-18　环境色彩传达环境场所精神，呈现出所在城市空间的环境归属感和场所精神

　　"衡量一个城市是否具有独特的风貌特色，主要涉及自然环境、人工环境和社会生活之间是否和谐。"而城市空间特色营造中的环境色彩作为城市组成要素之一，它所囊括的城市空间中的自然色彩和人工色彩的协调，正是一个城市空间中环境色彩特色营造能否协调的重要组成

要素，在城市空间中彰显环境色彩特色营造效能研究的意义不言而喻。

（三）提升城市空间颜值

提升城市空间颜值是当下一个热词，"颜值"一词源于网络用语，是指对人、物和环境外观特征优劣程度的测定。其中"颜"，即颜容、外貌的意思，而"值"，则指数、分数。如同其他数值一样，"颜值"也有衡量标准，可以测量和比较，所以有"颜值高""颜值暴跌"的说法。当下颜值的适用范围已扩展到整个社会。其中城市颜值，便是从颜值一词派生而来的，它所反映出的内涵，则可从宋代文学家苏轼的组诗作品《饮湖上初晴后雨二首》中第二首对西湖景色的多样性描写予以感悟和体会："水光潋滟晴方好，山色空蒙雨亦奇。欲把西湖比西子，淡妆浓抹总相宜。"

从城市空间特色营造所提用词频率较高的"城市颜值"来看，我们认为城市颜值是城市价值链中的重要一环。所有城市都希望能变得更加美丽，具有更高的颜值。就城市颜值属性而言，它主要包括外在的物质意象和内在的非物质意象两部分。前者更多地表现为城市本身的物质形态，包括城市形态、空间布局、建构筑物、环境色彩、服务设施与公共艺术等；后者则更多地反映在城市活动、社会习俗与文脉传承等方面，包括城市定位、历史文脉、特色传承等，外在与内在的城市颜值又由不同类型的要素因子所构成。

存在于城市空间中的环境色彩，以各种载体的形式存在于城市空间中的各个部位，它不仅呈现出大自然的光泽，折射出地域文化的内涵，反映出城市历史发展的轨迹，更是成为最直接展现城市空间所追求的高颜值的表现方式。在城市空间规划设计中，环境色彩具有鲜明的表述作用、强烈的表现效果与珍贵的记忆价值。对于历史传承悠久、文化资源丰富的历史文化城市来说，环境色彩还是城市历史文化最为鲜活的记忆，可以清晰地表达隐含的城市精神，展现城市历史文化的脉络，强化城市历史风貌的特质，直至成为城市历史文化的载体和标志。如今不少城市都已经意识到，城市颜值与环境色彩等构成要素因子之间正在建立起新的价值链条，以建设更加宜居的高颜值城市。

城市空间中环境色彩是在特定自然环境和人文背景下所形成的，城市空间颜值的构建是一个长期的渐进过程，需要城市所有居民的共同经营与塑造。环境色彩作为提升城市空间颜值的重要构成因素，是城市空间中所有呈现景观效果诸多要素的综合，包括城市空间总体基调色彩、分区与建构筑物色彩，也包括了城市空间中的服务设施与公共艺术，以及市民进行各种活动的色彩。是提升城市空间颜值最外在的景观要素之一，更是一种系统的存在，为此处理好环境色彩与提升城市空间颜值的关系至关重要。其中，一是环境色彩景观应与其城市空间的发展定位相符，服从城市空间功能的表述，并体现环境色彩与城市空间历史文化的传承；二是对城市环境色彩景观进行统一规划与具体设计，并通过城市空间环境色彩设计效能来体现所在城市颜值的提升及特色营造；三是加强城市空间中环境色彩的管控，规范环境色彩应用，以防在五颜六色中迷失城市空间的发展取向。所有这些问题都指向城市的远见，城市空间颜值的提升需要远见，需看清时代发展之大势，以从更高的维度厘清城市空间颜值提升的内涵，直至通过环境色彩营造出物质形态和非物质形态共存的当下特色鲜明的城市颜值（图4-19）。

图 4-19　环境色彩提升城市空间颜值，体现出所在城市空间的远见及发展之大势

第三节　城市空间特色营造中的环境色彩应用

"建造城市是人类最伟大的成就之一。城市的形式，无论是过去还是将来，都始终是文明程度的标志。"

城市的形形色色，表达了城市文明的丰富多彩。而城市空间特色营造中的环境色彩设计应用，从近现代城市发展来看，意大利都灵市政府于 1845 年发布了城市色彩图谱，由此成为首个进行色彩规划的城市。当下在城市空间特色营造中，城市环境色彩规划已成为其中的专项规划内容，世界各国在环境色彩设计上已有多个城市取得有效的实施应用成果。近年来伴随着中国城市化进程的加快，尤其在 21 世纪以来，城市环境色彩已逐渐成为各个城市关注的热点。虽然中国如今做了色彩规划的城市已有不少，但如何"落地"推广，直至实施应用则是需要深入探索的问题。这里对法国巴黎、日本京都的城市环境色彩设计应用，以及中国厦门城市空间特色营造和北京 CBD 中心公共服务设施造型环境色彩设计应用予以解析，以促进中国城市空间中环境色彩设计独特气质和品位的形成。

一、解析印象中法国巴黎城市环境色彩

巴黎是法兰西共和国的首都和最大城市，也是法国的政治、经济、文化和商业中心，世界五个国际大都市之一。巴黎位于法国北部巴黎盆地中央，横跨塞纳河两岸，都会区人口约为 1100 万。众所周知，巴黎建都至今已有 1400 多年的历史，今天的巴黎，不仅是法国，也是西欧的政治、经济和文化中心，备受世界的瞩目。

（一）世界上最美城市巴黎的建设

巴黎曾被拿破仑夸赞为是世界上最美的城市。巴黎的美，不仅因为它是著名的世界艺术之都、

印象派美术发源地、芭蕾舞的诞生地、欧洲启蒙思想运动中心、电影的故乡及现代奥林匹克运动会创始地，也是世界公认的文化之都，巴黎的高等教育蜚声世界，巴黎综合理工学院、巴黎高等师范学院、巴黎西岱大学、巴黎国立高等美术学院、国立桥路学校荟萃于此，大量的科学机构、研究院、图书馆、博物馆、电影院、剧院、音乐厅分布于全市的各个角落。同时，巴黎还是世界著名的时尚与浪漫之都、历史名城、会议之都、创意重镇和美食乐园，具有"花都"的美称（图4-20）。巴黎市民为这座梦想之城带来缤纷活力，形成花都独一无二的印记。奥地利诗人里尔克曾说过："巴黎是一座无与伦比的城市。"

图 4-20　世界上最美的城市，有"花都"美称的法国巴黎及其环境色彩景观

巴黎是有悠久历史和灿烂文化的世界名城。从 12 世纪以来，巴黎在规划和建设上既十分珍视传统的文化，又积极地满足经济和社会生活发展的需要，保持着城市面貌的统一与和谐。12世纪菲利浦·奥古斯都统治时期，在塞纳河上以城岛为中心，跨河两岸建设城市，形成巴黎市中心的雏形。巴黎的城市建设在 17—18 世纪波旁王朝统治期间（特别在路易十四执政时）取得很大进展。这时期城市的发展主要集中在塞纳河右岸，建成了香榭丽舍大街等多条干道和一批纪念性建筑物。

拿破仑三世时代（1808—1873 年）是巴黎城市规划和建设史上一个重要时期。这位君主任命奥斯曼（Baron Georges-Eugène Haussmann，1809—1891 年）来实现他雄心勃勃的城市建设计划。其目的除了改善交通和居住状况、发展商业街道，还企图把可供炮队和马队通过的大路修通到城市各个角落，消除便于起义者进行街垒战的狭窄小巷。

这一时期的城市建设主要完成了贯穿全城的"大十字"干道和两条环路，城市有了基本骨架。"大十字"干道的东西向主轴线以卢浮宫为中心，西至星形广场，东至巴士底广场和民族广场；南北向轴线由斯特拉斯堡大街、赛巴斯托波尔大街和圣米歇尔大街构成。两条环路分别为内环和外环，内环在塞纳河右岸，大体沿原路易十三和查理五世时期的城墙遗址建设，在左岸为圣日耳曼大街，外环为拆除 1785 年城墙后建成的大街。

同时建成一批新的广场和纪念性建筑（民族广场、共和广场和卢浮宫北翼等）。主要的纪念性建筑大都布置在广场或街道的对景位置上。以卢浮宫和雄师凯旋门为重点的市中心，将道路、广场、绿地、水面、林荫带和大型纪念建筑物组成完整的统一体，成为当时乃至现今世界上最壮丽的市中心之一。

19 世纪末至 20 世纪上半叶，在巴黎举行的几次世界博览会给城市增添了不少新的建筑，如埃菲尔铁塔（1889 年）、大宫和小宫（1900 年）、夏洛特宫（1937 年）等。它们的出现，形成了几组新的建筑群，其构图轴线同城市原有建筑群轴线相互交织，形成不少城市对景和借景，从而丰富了城市面貌（图 4-21）。

图 4-21　几次世界博览会在巴黎举行给城市建筑增添了壮丽的面貌

20 世纪以来，巴黎进入现代化首都建设前列。20 世纪初，铁路和高速公路的建设使巴黎快速扩张，这带来了严重的城市问题。为此，巴黎市政府于第一次世界大战后进行了"改造、美化和壮大巴黎"的大讨论，并于 1932—1935 年第一次提出了限制巴黎恶性膨胀和美化巴黎的规划设想。

1964 年巴黎大区政府成立，辖区面积扩大到约 1.2 万平方千米。1965 年出台《巴黎地区国土开发与城市规划指导纲要（1965—2000）》，建议将新的城市建设沿重要交通干线布局，并划定了两条平行于塞纳河且与现状城市建成区南北两侧相切的城市优先发展轴线，同时沿轴线设立了拉德芳斯、圣得尼斯、凡尔赛等 8 座人口在 30 万～ 100 万的新城。且在 1977 年于巴黎拉丁区北侧、塞纳河右岸的博堡大街建成蓬皮杜中心及新的购物地下街。

20 世纪 80 年代，为使巴黎东、西市区的发展更为均衡，从 1981 年起，以密特朗为总统的法国政府宣布实施"总统十大工程"，内容涉及城市的方方面面，给巴黎的发展带来了极大的进步，且引领巴黎成为走向世界国际化大都市的佼佼者。十大工程建设包括巴士底歌剧院、国家图书馆等，已于 1996 年底全部完工（图 4-22）。

进入 21 世纪，为保证巴黎的国际地位及提升城市的整体吸引力，2012 年出台的《巴黎大区战略规划》，又名《巴黎大区 2030 战略规划》，编制思路为"挑战—理念—策略"，以从整体空间战略导向上将巴黎营造为一个紧凑、多核和绿色的大都市区。2017 年 8 月 1 日，国际奥委会宣布巴黎成为 2024 年奥运会主办城市。巴黎曾于 1900 年、1924 年两次举办过奥运会，

图4-22　巴黎西北拉德芳斯新城等建设及"总统十大工程"的实施，引领巴黎走向并成为国际化大城市

百年之后，奥运再回浪漫之都，难免让人对这届奥运会有着非同寻常的期待。巴黎奥组委希望借助这次奥运会，向全世界展现巴黎丰厚的历史文化底蕴，正如巴黎奥组委主席埃斯坦盖所说，要将奥运融入巴黎的壮丽之中，将竞技场搬入城市……并利用巴黎2024奥运会，向全世界观众展示巴黎的传统与现代，为巴黎奥运会提供以千年古城为背景的城市文化"非凡影像"（图4-23）。

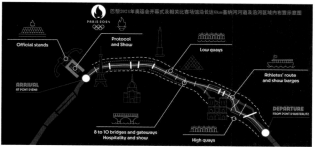

图4-23　巴黎2024奥运会将在长达6千米的塞纳河河道及沿河区域内举办，以向全世界观众展示巴黎的传统与现代

（二）印象中的巴黎城市环境色彩

法国巴黎是世界上最著名的文化城市，众多的文化古迹及来自世界各地的人们带给这个城

市的国际化，使其成为梦想之城而充满缤纷活力，形成了巴黎独一无二的城市印记。巴黎市内不仅有收藏无数艺术珍宝的卢浮宫、庄重神圣的圣母院、雄伟壮丽的凯旋门、奢侈繁华的香榭丽舍大道商店，而且还包括这些经过岁月洗礼，并承载法兰西文化积淀的城市环境色彩。

　　无论是在塞纳河两岸漫步还是在老城区逛街，各个不同时代的著名建筑、古迹比比皆是，令人目不暇接，仿佛走在一条宏伟的画廊里。若人们登上埃菲尔铁塔居高临下俯瞰，无不会发出"城市还是巴黎好"这样的感叹。历经千年建设的整个巴黎市，截至 2016 年，全市以卢浮宫为中心的第 1 区起顺时针排列命名，共被划分为 20 个区。广义的巴黎有小巴黎和大巴黎之分，小巴黎指大环城公路以内的巴黎城市内，面积 105.4 平方千米；大巴黎包括城区周围的上塞纳省、瓦勒德马恩省、塞纳 – 圣但尼省、伊夫林省、瓦勒德瓦兹省、塞纳—马恩省和埃松省 7 个省，共同组成巴黎大区，面积约为 1.2 万平方千米。而巴黎城市建设是由新、旧两个城区组成。其中小巴黎也就是巴黎旧城，主要集中在环路以内，大致包括位于市中心的 1 至 7 区，以及分布于 8 区、20 区环线内的一些历史街区；大巴黎则为包括新城在内的整个巴黎城。

　　1. 巴黎旧城——深灰色与黄色

　　巴黎旧城以有着上千年历史的各个时期的老建筑为主。其城市环境色彩基调除埃菲尔铁塔、乔治·蓬皮杜国家艺术文化中心等现代建筑物外，建筑墙体基本由亮丽而高雅的黄色系粉刷，而建筑物的屋顶以及埃菲尔铁塔等则主要由深灰色涂饰。因此，黄色系与深灰色系成为巴黎的标志色彩。这令人们无论走到城区的哪个角落，只要看到这两个色系，都会明确无误地知道自己身处巴黎（图 4–24）。

　　无论是在巴黎的历史古迹，如协和广场、凡尔赛宫与歌剧院，还是在城市中呈发散、辐射状的林荫大道与两侧的博物馆、美术馆、图书馆、餐厅、宾馆、教堂与公园，以及纵横的街巷与普通的民宅，均可见到建筑外观简单明了、整齐划一的颜色，这也使得巴黎在欧洲众多城市色彩建设当中显得出类拔萃、独树一帜。另外在旧城建筑色彩应用上的又一个特色是许多老建筑上装饰着璀璨耀眼的金色，如亚历山大三世大桥上的人物雕像、拿破仑墓的拱顶、卢浮宫的门栅栏等，在阳光或灯光的照射下金光灿灿，并与建筑用色相互辉映。金色的应用也把巴黎曾经作为法兰西历代皇城的历史展示得淋漓尽致。这些被涂饰了金色的建筑、雕像等通常与帝王将相的活动密切相关，并且常常与构成巴黎基调的深灰色进行匹配，更增添了金色的魅力。

　　塞纳河是巴黎的灵魂，尽管蜿蜒贯穿城市并将其分为左右两岸，但城市环境色彩却将巴黎统一，其整体色调是"高级灰"，由巴黎的建筑屋顶色彩统一了巴黎整体色调，区域的分界、道路、桥梁、色彩都是浪漫抒情的灰色调，比较雅致，并极富巴黎"高雅的情韵"。而在巴黎通往戴高乐机场的高速路两侧，为与旧城色彩协调，道路护墙、交通指示牌及机场建筑内外空间的主色调均由各种黄色调构成，使巴黎城市空间的黄色调给人们留下深刻印象。

　　2. 巴黎新城——前卫与多姿色彩

　　地处巴黎西北部的拉德芳斯新城，位于巴黎城市主轴线协和广场—香榭丽舍大街—凯旋门的延伸线西端，被称作"巴黎的曼哈顿"。拉德芳斯是巴黎政府为了缓解老城区的办公、居住、交通等压力于 20 世纪 50 年代末筹划，并于 20 世纪 80 年代末建造而成的一个与老城区建筑风格完全不同的新型城区，摩天大楼林立是其突出特征。拉德芳斯新城的落成，给巴黎带来

图4-24　巴黎旧城的环境色彩景观——黄色与深灰色

了浓烈的现代气息，是现代巴黎的象征。拉德芳斯新区设计别具匠心，体现了现代和未来城区的多功能设计思想：一是充分协调新旧巴黎的关系，新区距凯旋门5千米，与戴高乐广场、香榭丽舍大道、协和广场和卢浮宫在同一条轴线上，使现代巴黎和古老巴黎遥相呼应，相映生辉；二是严格实行人车分流，开辟立体交通系统，地下三层供车辆交通，地面则作步行交通；三是在区的中心建立中央核心商务区，并建造了一个长600米、宽70米的巨大人工平台，有步行道、花园和人工湖等，不仅满足了步行交通的需要，而且提供了游憩娱乐的空间；四是强调由路面层次、水池、树木、绿地、铺地、小品、雕塑、广场等所组成的街道空间的设计。经过多年的建设，拉德芳斯现在已高楼林立，成为集办公商务、生活购物和休闲娱乐于一身的现代化城区。众多法国和欧美跨国公司、银行、大饭店纷纷在这里建起了自己的摩天大楼。面积超过10万平方米的四季商业中心、奥尚超级市场、C&A商场等为人们提供了购物的便利。在拉德芳斯新城，每座建筑的体型、高度和色彩都不相同，从而形成新城前卫与多姿的色彩景观效果（图4-25）。

图4-25　巴黎新城的环境色彩——前卫与多姿色彩

　　当然，最具吸引力的还是巴黎的新象征——拉德芳斯大拱门，它与凯旋门遥相呼应又位于中央核心商务区主轴线上，既成为新旧巴黎对话的窗口，又对新区形成很强的凝聚力。建筑由南北两侧高110米、长112米、厚18.7米的塔楼和中央顶楼巨大的展览场所构成巨门，成为拉德芳斯的中心和标志。拉德芳斯大拱门建筑及其环境色彩表现极富韵味与想象力，如大拱门前右边建筑台阶上由马赛克嵌饰的彩色格墙花池，以及大拱门后的五彩现代雕塑、红色的拱桥等，类似于迷彩色彩效果的椭圆柱建筑等，均让法国人擅长驾驭色彩的天赋在此得到了完美的诠释。

　　在拉德芳斯新城环境色彩规划与建设方面，大部分建筑都是以当时流行的金属、玻璃幕墙和钢筋混凝土构成，造型洗练，体积感强。色彩多为明朗冷峻的色调。因此，整个市区具有鲜明的工业时代的美学特征。拉德芳斯新城给巴黎这座古城带来了浓烈的现代气息，更让人们从城市环境色彩中领略到巴黎走向未来的风采。

（三）巴黎的城市色彩规划

从世界城市空间来看，巴黎是一座色彩非常和谐的大都市，城市空间中灰色屋顶和各种黄色调的建筑，在城市多云的天气中营造出优雅、持久和恬静的审美感来。巴黎在 19 世纪初也同不少欧洲中世纪城市一样，城市街道狭窄、污水横流、泥泞遍布、充斥着危险与不安的混乱。直到 1853 年塞纳河省长奥斯曼对巴黎进行了一场规模浩大的城市改建计划，其成功的规划使巴黎脱胎换骨，城市面貌呈现出完美的艺术气质，也使巴黎成为 19 世纪世界最美的城市之一。而巴黎城市空间中的深灰色与黄色调，经过工程改造也成为巴黎的标志色彩。

在世界历史上，对城市进行色彩规划，并建立一个有效的色彩规划系统的起始城市当推意大利的都灵市。1845 年，都灵市政府发布了城市色彩图谱，谱中颜色各有编号，成为房屋所有者、建筑设色师和设计师参考的重点，并对其在使用上做出了明确的规定。

而在世界上最早意识到并付诸实践的城市色彩规划就在法国，法国政府在 20 世纪 60 年代初就进行了一些色彩规划，并于 1961 年和 1968 年对大巴黎地区进行了两次色彩调整。在对老城区历史建筑的调查分析基础上，提炼出城市的"色彩基因"，有计划地分类指导老城与新城的色彩发展。这其中，法国著名色彩设计大师让·菲利普·郎科罗（Jean-Philippe Lenclos）教授为色彩学领域最具影响力的学者之一，郎科罗创建了"色彩地理学"（图 4-26）。该理论成形于郎科罗在日本京都学习艺术的经历，但获得广泛关注和传播得益于 20 世纪 60 年代末至70 年代初对古建筑和城市遗产保护的世界性思潮。20 世纪 70 年代，郎科罗教授在法国开展了多项色彩设计活动，如在为拉德芳斯新城大拱门右侧的四季商业城进行建筑外观色彩设计时曾留下过辉煌一笔，他在建筑物入口处别出心裁地选择了渐变的绿色，从而使这栋建筑产生了一种与众不同的色彩个性。据郎科罗教授后来回忆，这一做法的初衷是为了让到此购物的人们能够在钢筋水泥丛林当中感受一些自然的气息。

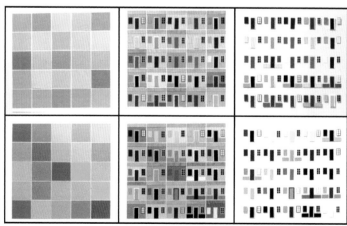

图 4-26　法国著名色彩设计大师让·菲利普·郎科罗教授提出的"色彩地理学"

值得一提的是，从 20 世纪 80 年代起，巴黎市政府将色彩规划作为政府条例进行颁布。如今巴黎城市色彩之所以给人秩序井然的印象，就是因为对城市色彩管理制度中各种规定的有效执行，如要求城市空间中临街店面仅限一层为施展商家色彩魅力的区域，一层以上建筑部位不能任意设立广告或公司标牌等。即使用之，色彩也不能凸显，从而在城市主体色调的背景下，城市色彩才能实现既统一和谐又富有变化的色彩效果。另在巴黎城市规划与建设上，主管部门是文化部而不是建筑部，这种做法或许在世界上也绝无仅有，从中我们也能够体会到法国政府对城市历史、文化、艺术，特别是对城市建设的尊重。由于管理部门定期组织相关人员对城市中每一栋古老建筑进行修缮、洗刷与美化，使得今日巴黎的市容市貌，仍给人一种"文化定位、艺术至上"的感受（图 4-27）。

图 4-27　当今的巴黎城市环境色彩景观给人以秩序井然的印象

　　进入 21 世纪，巴黎仍然是世界文化艺术之都，既前卫又富历史感，特色鲜明又兼具包容性，从巴黎的城市环境色彩，仍可以体会到巴黎人对于美与精致的追求已经渗透到了自己的血液当中。当下巴黎和谐统一、简单明了、整齐划一的城市色彩风貌，使其在欧洲众多城市色彩建设当中显得出类拔萃、独树一帜，并在巴黎城市的建设和保护上体现和延续，形成巴黎城市深厚的文化底蕴，也凸显出巴黎的人文精神。这也正如伟大导师和领袖恩格斯所言："只有法国这样的国家才能创造巴黎。"

二、透过京都领略日本的城市环境色彩

京都是日本的一座内陆城市，坐落在京都盆地的北半部和丹波高原的东部山区。从 794 年桓武天皇迁都平安京到 1868 年东京奠都为止，京都一直都是日本的首都——平安京，是日本的政治及文化的中心。京都是根据历来王朝文化中盛行的日本式唯美意识所构建的，以神社、佛阁等历史建筑物，庭院，绘画，传统活动，京都料理为代表，被称为千年古都。

（一）历久弥新的千年古都

京都位于日本列岛中心的关西地区，周围为东山、北山、西山环绕所形成的盆地地形，两条河流贯穿城市南北。市区面积约 827.9 平方千米，人口约为 150 万人，是有名的历史之城（图 4-28）。自建城以来，京都就作为日本的经济及文化中心，是日本历史悠久的城市，它的市民继承了其优雅的传统。京都具有浓郁的日本风情，是日本人心灵的故乡，日本文化的源点及

图 4-28　历久弥新的日本千年古都——京都

象征之地。京都是日本纺织物、陶瓷器、漆器、染织物等传统工艺品的产地。同时，它又是日本戏剧、茶道和插花等的繁盛之地，被称为"真正的日本"，也是日本人心目中的"永恒之城"（图 4-29）。

图 4-29　京都是日本戏剧、茶道和插花等的繁盛之地，也是日本人心灵的故乡

　　由于受到中国的影响，京都又是中国化极深的城市，人们漫步京都老城，即可从城市空间布局窥见一斑。这是因为平安京建立之初时逢中国的盛唐时期，中日两国交往密切，京都的城市建设深受历史上多次成为中国都城的洛阳和长安影响。建设将京都分为东西两部分来营造，其中东部的左京仿自洛阳，故称为"洛阳"，西部的右京仿自长安，因此称为"长安"。城北中央为皇室所在的宫城，宫城之外是作衙署之用的皇城，而皇城之外是作为一般官吏、平民居住的都城。然而，右京的"长安"地区由于多为沼泽地未能顺利开发，最后实际的市区只有左京的"洛阳"。所以京都也被称为"洛阳"，城市内各地区至今仍留有洛中、洛西、洛南、洛北等称呼，而前往京都则被称为"上京"或"上洛"。当时城市面积已达 20 平方千米，呈长方形，街道纵横，对称相交，形如棋盘，历经千余年的历史培育起来的古都让人感受到无穷的魅力（图 4-30）。

　　如今的京都是日本的佛教中心和神道教的圣地，因而拥有各种历史遗址和古代建筑，1950 年成为国际文化观光城市。市区迄今尚存有 1877 个神社、神阁和古寺名刹，平均每一个街区就有一座佛寺。京都拥有众多的文化遗产，并以"古都京都的文化财"的名义在 1994 年被联合国教科文组织列为世界文化遗产。其中包括京都市内的 17 处古迹：清水寺、金阁寺、龙安寺、二

图 4-30　历经千年历史培育起来的古都风貌让人感受到无穷魅力

续图 4-30

条城、银阁寺、天龙寺、延历寺、高山寺、仁和寺、西芳寺、东寺、醍醐寺、西本愿寺、上贺茂神社、下鸭神社、宇治上神社、平等院凤凰堂（图 4-31）。

图 4-31　京都列入世界文化遗产的清水寺、金阁寺、龙安寺古建筑实景及雨雾朦胧的岚山风景区

　　京都从诞生之日起就注定了不单纯只是日本的国家政权中心，精美的宫殿、寺庙、民宅和老街等，清雅的色彩风格使之成为一座展示古代日本城市风貌的博物馆。也正是这样，行走在京都即能见到古色古香的建筑、玲珑雅致的园林、精巧迷人的小品等，展现出盛唐文明与和风

文化的交融，使人们体会到古都的独特韵味及历久弥新的城市魅力。

（二）京都的城市环境色彩

京都作为日本的千年古城，留存至今，城市环境色彩印象最深的当推京都的金色、朱红色、橙色与黄色，以及与自然风物相伴的绿色等，都属于这个城市最初给人们带来的色彩印象（图4-32）。

图4-32　京都的城市环境色彩景观印象

1. 金色

位于京都市北区临济宗相国寺派的鹿苑寺内的三层楼阁建筑（舍利殿），始建于1397年，原为日本室町幕府第三任征夷大将军足利义满（1358—1408年）的山庄，后来改成禅寺"菩提所"。足利义满修禅的舍利殿称为金阁殿，因建筑内外都贴满了金箔而得名，建筑在阳光下金灿灿闪烁，夕阳西下，熠熠生辉的金阁与蔚蓝的天空、烫金的云朵、苍翠的林木、火红的秋叶交织错落，倒映在镜湖池中极其华丽。日本文坛巨匠三岛由纪夫（1925—1970年）形容它犹如夜空中的明月，展现出人世间无与伦比的色彩之美，给人们留下深刻的色彩记忆。

2. 朱红色

京都的神社、寺院数量惊人，使朱红色成为这个城市的基调。其中以作为全国稻荷神社总本宫的伏见稻荷大社的千本鸟居为代表，紧密而连续不断地蔓延着的朱红色，非常有气势。当阳光投射其中时，建筑充满了神秘浪漫的未知氛围。伏见稻荷大社的朱红色鸟居，是热情和能量的象征，也是京都的一大能量场，这样的朱红色，自古以来在京都被视作"能够对抗魔力"的颜色。

3. 橙色

橙色为京都庭园中秋叶的色彩。对橙色利用的极致表现在京都旧城洛北的圆光寺中，这座寺院有悠久的历史，是从前京都赫赫有名的尼姑修行的一大圣地。寺内有名庭"十牛之庭"，四季景致变幻，坐在本堂内观赏庭中景致，仿佛被屋檐梁柱的画框修饰，成了一幅自然的名画。因为是池泉洄游式庭园，亦可漫步其中，悠闲散步。与赤色的激烈炽热不同，橙色是温暖的颜色，可令人心神更加开阔。

4. 黄色

与京都庭园中秋叶相比，银杏似乎没那么出名。但如果你去过深秋时节的二条城或者西本愿寺，看到那巨大得令人疑心是否成了树神的银杏古木，很难不为之所动。西本愿寺的银杏树已经超过400岁，如今被指定为京都的天然纪念物，甚至寺内还有一个代代相传的传说：从前这里遭遇火灾时，是从这株银杏中喷出的水保住了西本愿寺，故僧人们真的把它当作神明来膜拜。

5. 绿色

京都有自然风物为伴，初夏之际有着铺天盖地的绿色，这样的色彩带来治愈系的世界。要说京都绿的绝景，还得数洛北的琉璃光寺，每年只在绿叶和红叶时限定开放两个月的寺院，从本堂的二楼望出去的风景最令人称赞，四面窗户之外的枫树，颜色反射在室内光滑的地面上，由外至内，仿佛一片绿色的海洋。此外还有梅雨季的西芳寺和祇王寺，是京都两大著名的"苔寺"，几百种苔类植物在雨水中焕发出无限的生命力，能够令人放松心情，心灵得到片刻的呼吸。

京都作为千年古都，其历史建筑至今基本保持原样，掩映在青翠的林木中间显得古意盎然。第二次世界大战后期，经中国建筑学家梁思成先生建议，京都与奈良均未受到战火大规模的摧残，使之还能维持传统古都的特殊风貌。其后城中所建新的建筑也没有破坏城市的环境色彩，这无疑也归功于日本自觉的精心呵护。随着对京都城市了解的深入，京都古朴、雅致的素系城市环境色彩逐渐占据了人们的视野。诸如京都旧城不仅维护完好，且拥有众多的文化遗产。如城北中央有日本旧皇宫，又被称为故宫的京都御所。虽不如北京故宫辉煌，但不管面积大小，都呈现出另一类的极致。皇宫内鲜花绿树、流水游鱼、白墙灰瓦、矮门篱栅、居屋闲亭，处处尽显精致。而整个京都城内，不管是精美的宫殿、寺庙，还是街町、民宅，因采用原生的木料、石材等建造，其材质本身给人亲切、质朴的印象，并统一在茶色、棕色及各种灰色系的自然色彩基调中，城市在色、形、材等方面可谓达到了堪称经典的完美与和谐。

虽然今日京都市区不乏现代化建筑，但是中心大多数的店面和住宅仍旧是低矮的两层楼木屋，色彩上主要使用黑、白、灰、红等色调，以及保留木纹本色，显得经典大方。通过调查分析可知，在现在京都最常用的113种色彩的颜色量表中，尽管红色系与棕色系占到了近三分之一，但鲜艳的颜色却融入温和的素色之中，虽然色彩并不鲜明，但带来的感受却是长远的。城市环境色彩给人们一种安静、平和且温柔的视觉体验，并彰显出千年古都独有的文化意蕴（图4-33）。

图4-33　彰显千年古都独有文化意蕴的京都城市环境色彩风貌

（三）京都的城市色彩规划

任何一座成功进行色彩规划的城市，必定要尊重城市自然地理环境赋予它的基本色调。城市色彩必定要有其历史文化积淀，色彩设计也尽量要与之协调并适当进行对比。20世纪70年代，随着日本引进欧洲色彩地理学的理念方法，将色彩作为景观视觉要素纳入日本传统建造物保护领域，并开始将电子测色仪器和色彩量化分析技术用于建筑色彩的规划设计，为非专业人员参与城市色彩设计与管理提供更多机会。如日本色彩研究中心受政府委托，从1971年开始对东京进行了全面的城市色彩调研，象征着日本城市色彩规划的正式起步。日本建设省还于1981年发布了"城市空间色彩规划"法案，其中明确规定了城市规划或建筑设计最后环节为色彩的专项规划设计（图 4-34）。

在城市环境色彩规划方面，日本非常注重传统城市风貌与现代城市色彩的调和，尊重"历史与现状色彩""使市民感到亲切""与城市印象相符"的地域特色营造，包括熊本、广岛、京都、神户在内的 80% 以上的城市，均明确提出了体现地域特色的城市环境色彩营造目标。京都市于 1972 年便以保护古都风貌为目的，在城市环境色彩现状调研基础上对城市建筑外立面色彩提出了管控的相关规定（表 4-1）。如京都为了实现历史文脉的继承，明确了城市建筑屋顶可使用的色彩及外壁禁止使用的色相，

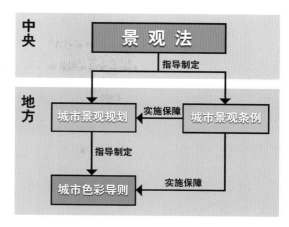

图 4-34　日本建设省发布了城市空间色彩规划法案

并规定在京都旧城区，高度超过 6 米的建筑物就被认为破坏景观，容易引起市民反对，所以在京都旧城区没有高层建筑，也没有高架道路。

表 4-1　京都为维护城区风貌制定的需共同遵循的设计基准

建筑物部位	共同遵循的设计基准
屋顶色彩	瓦：原则上用素雅的银色或铜板，保留素材色或青绿色，其他无光泽的深灰色，黑色金属板及其他屋顶材料
外墙材料	主要外墙上采用无光泽的材料（玻璃及自然素材除外）
阳台	设置阳台不得凸出建筑物墙壁，但是低层建筑物或从公共的空地看不到的场合不受此限
外墙色彩	主要的外墙上不得使用以下色彩，但未施着色的自然素材除外：彩度超过 6 的红色系色相，彩度超过 6 的黄红系色相（以下略）
门、围墙、绿篱等	设置自走式汽车停车场和自行车停车场时，应设门、围墙或绿篱等，并须考虑城市肌理的连续性

当然，在城市发展现代化进程中，伴随着城市市民价值观和生活方式的变化以及对经济性和效率性的追求，京都同样也面临城市风貌特色丧失的问题。诸如京町家等历史性建筑物的消失、与地域城市肌理不谐调的营建活动等，使得眺望和借用城市远景的借景消失，城市户外广告、设施与小品的设置使环境氛围受到破坏。为维护京都千年以来形成的城市风貌特色，多年来在政府、专家和全体市民的共同关注和不懈努力下，通过较为健全的法律法规体系的制定，城市规划控制方面的严格执行，京都的城市风貌特色得以维护（图 4-35）。

进入 21 世纪以来，京都市政府和相关机构进一步对都市规划和城市景观保护与营造政策、法规予以较大幅度的调整，针对城市规划中高度地区、景观地区、风貌地区的划定，制定了《眺望景观创生条例》《建筑物高度超限的特例许可手续》，修订了《街区景观整备条例》《风貌

图 4-35　健全的法律法规体系及城市规划控制方面的严格执行，使京都千年的城市环境色彩风貌得以维护

地区条例》《广告物等有关条例》《自然风景保全条例》等，并于 2007 年 9 月开始实施。其中在京都制定的日本第一个《眺望景观创生条例》中，就提出对 38 处优美的眺望景观和借景的保全措施，可见对包括城市环境色彩的规划、管理的特色景观营造，京都市多年来已做出了多样的努力。

　　日本京都的千年古城风貌得以保存，尤其是在城市环境色彩规划中对传承与发展关系的成功处理，以及在城市环境色彩规划指引、设计实施、法律法规与管理监督等方面取得的成功案例，均值得我们学习和借鉴。

三、鹭岛厦门的城市环境色彩设计

　　厦门地处中国东南沿海，作为滨海城市，厦门有着兼收并蓄的文化氛围。远古时期这里曾为白鹭栖息之地，闽南人踏上这块土地，看到白鹭成群浮于水面，充满田园浪漫幻想，因此取名"鹭岛"。定居于此的闽南人，耕织捕猎、动土造屋，将这方自然之境染上多元文化的色彩（图 4-36 ）。

图 4-36　从鼓浪屿远眺高"颜值"的厦门及其环境色彩景观

（一）鹭岛建设及城市未来发展

鹭岛是厦门市（厦门岛）的别称，狭义上专指厦门本岛，也称厦港，别名嘉禾屿。厦门原为岛屿城市，近代将邻近的大陆沿岸划入厦门合并发展为海湾型城市。鹭岛位于闽南金三角东南端，福建南部沿海，西北与大陆隔海相望，东南与金门县隔海对望。厦门自古属福建省泉州府同安县所辖。晋太康三年（282年）置同安县，属晋安郡。明洪武二十七年（1394年）筑厦门城，历经千余年发展，到近代鸦片战争后，厦门港成为中国最早开放的五个口岸城市之一。1852年在厦门设英租界，1902年鼓浪屿成为公共租界，直到1943年全部收回。厦门于1935年设市，中华人民共和国成立后为福建省辖市，1980年经国务院批准设立厦门经济特区，1988年经国务院批准为计划单列市，1994年升格为副省级市。

现今厦门市由鹭岛（厦门本岛）、离岛鼓浪屿、内陆九龙江、海沧半岛、集美半岛、翔安半岛以及同安等组成，陆地面积1699.39平方千米，海域面积300多平方千米。厦门市的主体——厦门岛南北长13.7千米，东西宽12.5千米，面积约为128.14平方千米。厦门岛是厦门的主要岛屿，也是厦门第一大岛屿，岛上有厦门较早的商业和政治中心，鼓浪屿就在厦门岛西南方。

厦门作为国际旅游城市，不仅风光秀丽，且城市绿化好、"颜值"高。厦门旅游资源丰富，不仅有各种美食小吃，还有丰富的旅游景点，如鼓浪屿、厦门大学、厦大白城、南普陀、沙坡尾、五缘湾湿地公园、厦门植物园、云上厦门等。自从2017年金砖五国会议在厦门召开之后，更是打开了国际大门。金砖国家领导人第九次会晤对厦门扩大旅游业、提高城市品牌度等软实力方面大有益处，完善了城市基础设施建设、扩展城市规模、促使经济社会效益等硬实力的提升。在招商引资、吸纳人才方面，厦门以第三产业为主，且在发展滨海旅游及会展经济等方面更具面向国际化的优势（图4-37）。同时，厦门还将进一步挖掘城市地域文化特色，实现本土性和国际性的结合，打造有山、有海，有美景、有内涵，文化底蕴深厚，厦门湾一体化、同城化发展的未来城市群，这也是城市魅力的具体呈现。

（二）厦门的城市环境色彩构成

厦门由于特定的地理环境、气候条件、人文历史和文化艺术等因素，形成了多元融合的地域城市环境色彩。从厦门城市空间中的建筑及环境色彩构成来看，可从以下几个方面来感受美丽厦门的城市环境色彩。

1. 感触闽南红砖大厝古韵

闽语中的"厝"，含义近似于普通话中的"家""屋""房"。闽南红砖大厝即为红砖建筑，主要分布于福建厦门、漳州、泉州等地，在台湾以金门最为集中。红砖建筑汲取了中国传统文化、闽越文化和海洋文化的精华，成为闽南文化的重要体系。"红砖白石双坡曲，出砖入石燕尾脊，雕梁画栋皇宫式"，便是对闽南红砖建筑特色的形象表述（图4-38）。

与中国其他传统民居一样，由于使用材料和工艺做法的一致性，闽南大厝的建筑色彩也具有高度的统一性。大厝的外立面色彩关系简明统一，占据墙面大部分面积的红砖和部分灰白色花岗岩呈现出的是材料本色，以高彩度、中高明度的红色为主色系，低彩度高明度接近无彩色系的灰白色为点缀色，从而形成色相对比的关系。闽南大厝的建筑色彩既艳丽多彩又不

图 4-37　鹭岛建设及其面向城市未来的环境色彩发展取向

失柔和协调，具有丰富的层次感及视觉美感效果，展现出了闽南沿海民居热情奔放的性格，具有鲜明的建筑语言。同时由于岁月的沉淀，大厝还焕发出了古色古香的韵味，记忆着城市的历史文化。

　　在厦门城市老街区中，使用闽南红砖所建建筑组群所占用地较广，诸如坐落于繁华中山路段的兰琴古厝，是厦门现今保存最完整的明代典型闽南风格建筑，还有近代红砖建筑华侨新村等。在厦门大学这所中国最美大学之一的校园里，从上弦场到芙蓉湖，也可见到这所大学独有的教学科研建筑组群"红色"美景。而集美学村有湖有海，建筑风格与厦门大学相同，由大量红砖建筑形成融中西风格于一炉的校舍堂馆组群。另就是被誉为"万国建筑的汇集地"的鼓浪屿，

图4-38 感触厦门及周边闽南红砖大厝环境色彩中的古韵

1. 厦门市中山路的兰琴古厝；2. 厦门市集美灌口镇的"东辉九十九间"古厝；
3. 厦门市海沧的新垵大厝古居民；4. 厦门市翔安大嶝田墘的闽南红砖大厝古居民群

在鼓浪屿上，各国建筑与闽南红砖成功交融在一起，使鼓浪屿的建筑风貌也呈现出特色鲜明的红色主色调。另在厦门市城区外围，如集美灌口镇的"东辉九十九间"古厝群，以及海沧的新垵与翔安大嶝田墘等地均可见到成片的闽南红砖大厝古民居群。由此可见，闽南红砖大厝的砖红色成为厦门城市空间中环境色彩构成的重要用色内容。

2. 品味骑楼中的南洋风情

骑楼是一种近代商住建筑，骑楼上楼下廊，上面住家，下为店铺。骑楼作为建筑物底层沿街面后退且留出公共人行空间的建筑物，鸦片战争后就传入鼓浪屿，1875年前后，最早的骑楼开始出现在中山路、大生里一带，其后又传入金门。这种建筑样式与厦门相得益彰，很快就出现了成片的骑楼街区。据统计，民国时期，厦门的中山路、思明路、开元路、大同路等20余条街，全路段或者部分路段皆采用了骑楼这一建筑形式，只要看到了骑楼，就意味着到了老市区。鹭江道、大中路、民族路、大学路等也有骑楼风格的路段。这种充满南国情调的建筑形式，共同构成了厦门独具特色的街道环境色彩（图4-39）。

图 4-39 品味厦门街道骑楼环境色彩中的南洋风情

厦门骑楼在建设中大量使用新型建材——洋灰（水泥），其沿街建筑立面则以欧式建筑和装饰风格为主，并与闽南本土建筑风格结合，最终形成兼容并蓄的折中风格。骑楼建筑外观色彩以高明度、接近无彩色系的米黄与灰白色为主色系，以低彩度、中高明度的构件色彩（窗户、铁栏杆等）为点缀色，街道景观呈明快的灰白主色调。另外一些线脚修饰及屋脊山花、窗头花饰的浮雕，则呈现出美丽的肌理、丰富的质感和光色变化。建筑整体环境色彩给人清新、淡雅、节奏感强和具有韵律的艺术享受。

3. 领略鼓浪屿的万国异彩

鼓浪屿原名"圆沙洲"，别名"圆洲仔"，南宋时期称"五龙屿"，岛西南有一海蚀岩洞受浪潮冲击，声如擂鼓，自明朝雅化为今名称"鼓浪屿"。

鼓浪屿曾长期是一座人烟稀少的荒岛，岛上多为半渔半农经济，最初的房屋也多是十分简陋的民房，为闽南沿海金三角（厦门、漳州、泉州）的房屋形式。明末清初直至鸦片战争时期，鼓浪屿的建筑开始发生变化。在厦门成为通商口岸之后，外国殖民主义者纷纷来鼓浪屿定居或暂居。19 世纪中叶厦门开埠，英、美、法等 13 国开始在岛上设立领事馆。位于鹿礁路 16 号的英国领事馆是鼓浪屿上第一座领事馆，也是厦门首个外国领事馆，只是这幢二层的洋楼早已被埋在了历史深处，今天所见的领事馆为 1998 年重建。

外国人染指鼓浪屿，先是租用民房，行使管理教堂、学校、医院等权力，至实力发展，站稳脚跟后，才陆续建造教会医院、教堂、圣教书局、领事馆等。建造量大的还是公馆、别墅等居住建筑，因此给原本宁静的小岛带来了翻天覆地的变化。由于岛上的建筑大都带着强烈的西方建筑特征，古希腊三大柱式、哥特式的尖顶、伊斯兰的圆顶、巴洛克式的浮雕在岛上随处可见，风格各异的东西方建筑在此汇聚……这段屈辱的历史意外地给鼓浪屿带来了"万国建筑博物馆"之名。另外，大量早期出国谋生的华侨在事业有成之后也纷纷回到闽南，选中了鼓浪屿为最佳的落脚点，纷纷投资鼓浪屿，兴建了很多"离宫别馆"。很多建筑的规模是十分巨大的，超出了外国人的建筑，耗资也是十分巨大的，如现在鼓浪屿对岸都能一眼望见的标志性建筑"八卦楼"便是一个典型例子。

鼓浪屿上所修建筑大部分依山就势，像天女散花般若隐若现地坐落在万绿丛中，形式多样、风格迥异，虽千姿百态，其中西合璧的建筑色彩风貌却能相映生辉、和谐统一。鼓浪屿的各类洋楼,往往选择最为上等的建筑材料和技术进行营造(图4-40)。建筑外立面中的外廊多为着色重点,一是通过建筑外立面中的外廊,可把岛上有些原本不是洋楼的闽南传统民居装扮成洋楼。二是通过外廊色彩处理,可使形式多样的各类洋楼得以协调,使洋楼有整体统一的色彩基调。鼓浪屿洋楼外墙材料多为清水红砖、石材和洋灰,其色彩关系较闽南大厝更复杂。红砖色在画面所占的比例较闽南大厝要低,另外石材和洋灰本身还呈现出明度上的对比。具体而言,岛上建筑外立面色彩以高彩度、中高明度的红色为主色系,低彩度、高明度、接近无彩色系的灰白色为辅色系,其他色彩结合一些中低彩度、低明度的点缀色。岛上建筑外廊立面通过柱廊与外墙立面色相及明度对比的变化使建筑色彩景观产生繁简、虚实、协调等形式美和富有韵律的光色效果。

图4-40 领略鼓浪屿环境色彩中的万国异彩

4. 拥抱海天一色的厦门蓝

说起蓝色，很多人会想到厦门蓝。这里的天是蓝的，海是蓝的。在厦门这个美丽的海滨城市，只要天晴，人们就可以尽情拥抱蓝色的天空与大海（图 4-41）。

图 4-41　拥抱海天一色中的厦门蓝韵

厦门优良的空气、蓝色的苍穹、明净高远的天空，带给人们的都是视觉享受。若想从空中领略厦门蓝，可以到厦门双子塔，乘坐电梯直上 55 层的"云上厦门"，眺望欣赏空中的厦门蓝。也可在厦金湾直升机场坐上直升机，来一回空中俯瞰厦门，零距离接触厦门的蓝天。

而在厦门蜿蜒的白城沙滩与黄厝海滩，数千米的阳光海岸可说是集蓝色于一身，如果想更深入体验厦门蓝，可坐上篑笥雅游的游船，进入厦门市中心，体验不一样的厦门蓝。

可见厦门蓝在鹭岛上空"霸屏"，好天气带来厦门如画的颜值，人们可在厦门的不少地方见识到厦门城市空间中呈现出的这种蓝色的梦幻。

5. 享受亚热带的绿色生活

厦门是一座海上花园城市，随处可见的青草绿地，让厦门散发着不一样的魅力。因此，绿色便成为厦门城市空间的环境底色。

厦门地形以滨海平原、台地和丘陵为主，属于亚热带海洋性季风气候，全年温和多雨，年平均气温在 21℃左右，冬无严寒，夏无酷暑。年平均降雨量在 1200 毫米左右，每年 5—8 月份雨量最多，来到厦门，在城市空间中就可感受到厦门的绿意盎然。老厦门人喜欢去已有百年建设历史的中山公园，在绿荫下听一曲南音；抑或到有"万石涵翠"的植物园里，去观赏数以万计一年四季中都绿得发亮的热带与亚热带植物；还可在厦门的城市"绿肺"——白鹭洲公园，欣赏从篑笥湖上起飞展翅翱翔的白鹭。而五缘湾湿地公园、园博苑、环岛路、东坪山、天竺山、大屏山公园，以及城市街巷、广场、天桥、庭园、建筑立面与阳台等处的各种绿植，使整个城市仿佛掩映在绿色树林之中（图 4-42）。

图 4-42　享受亚热带厦门的绿色生活

　　如今的厦门，城市建成区绿地率为 41.5%，绿化覆盖率为 45.65%；城市建成区绿地面积达 16830.74 公顷，公园绿地面积为 5789 公顷；建成综合性公园、专类公园、社区公园等各类公园 180 个。其中环岛路是厦门大学到会展中心的一段"黄金海岸线"，也是最美的马拉松赛道，串联着演武大桥、白城沙滩、胡里山炮台、曾厝垵等景区，骑上单车在环岛路上，可让淡淡海风拂面，穿行城市绿道两旁的热带绿植，还可透过海滨绿丛眺望碧海银滩，让人们感受到厦门的惬意，享受亚热带的绿色生活。

　　除了从以上几个方面来感受美丽鹭岛厦门的城市环境色彩，白色、粉色、紫色等也是城市环境色彩的构成因素（图 4-43）。

　　白色——白鹭作为厦门的象征，在城市空间中随处可见，乃至于厦门许多地名、店名都含有"鹭"字。天生丽质、雪衣雪发、优美高贵的白鹭成了厦门一抹跃动的白色。此外，在厦门还有教堂的白、小店的白，更有帆船的白和云朵的白。

　　粉色——厦门粉色是极浪漫的颜色，多彩粉色能满足一切少女心、公主梦的浪漫。盛夏鹭岛有近 300 种荷花集聚厦门园博苑，微风拂过，仿佛粉色也粘上了淡淡花香。

　　紫色——厦门市内紫红色的三角梅，点缀着鹭岛的大街小巷，它盛开的时候，好比片片云霞，或倚或探，自成一景，惊艳一城。且厦门也从不乏真正的紫霞，常在日暮时分，太阳沉入海平面下，将整片大海与天空染成紫色，如梦如幻，美不胜收，让厦门的日出日落引人无限遐想……

图 4-43　白色、粉色、紫色及五光十色的灯光秀等均成为鹭岛厦门城市环境色彩的构成因素

　　每当夜幕降临，厦门又被热情四溢的灯光包围，五光十色的灯光秀给夜晚的鹭岛披上了一层华美的外衣。放眼望去，鹭岛厦门似万花筒般的环境色彩尽显这个城市的繁华和浪漫。

（三）厦门的城市色彩规划展望

　　说到福建，人们首先想到的一定会是厦门。厦门作为高颜值的滨海旅游花园城市，于 2004 年获得"联合国人居奖"。鼓浪屿被《国家地理》杂志评选为"中国最美五大城区之首"，素有"海上花园"的美称。2017 年 7 月 8 日，"鼓浪屿：历史国际社区"被列入世界文化遗产名录，成为中国第 52 项世界文化遗产。享有如此美誉度的厦门，无论是城市的管理者还是市民，对其城市建筑及环境色彩无疑也有着品质更高的期盼。

　　中华人民共和国建设部 1996 年 7 月在北京中国国际展览中心主馆举办的"迈向新世纪的中国城市暨全国城市规划成就展览"上，可见到厦门市城市规划成果展览上面向 21 世纪的城市发展规划，包括城市风貌特色规划的内容。其后厦门在城市特色建设及城市色彩规划方面，与国内不少城市一样也经历了多次实践探索，直到 21 世纪第一个十年末期完成城市色彩规划导则，用于指导城市色彩景观的营造。随着"美丽中国"战略的提出及首次被纳入国家"十三五"规划，美丽厦门战略规划出台，并推动厦门首次将经济社会发展规划、土地利用总体规划、城市总体规划"三规合一"，从而实现城市发展目标、用地指标、空间坐标的"三标衔接"。规划认为厦门具有生态环境美、山海格局美、发展品质美、多元人文美、社会和谐美等五大美丽特质，提出厦门"两个百年"发展目标，即建党 100 周年时建成美丽中国的典范城市、中华人民共和国成立 100 周年时建成展示中国梦的样板城市。明确城市发展定位：国际知名的花园城市、美丽中国的典范城市、两岸交流的窗口城市、闽南地区的中心城市、温馨包容的幸福城市（图 4-44）。初步方案还提出美丽厦门的发展战略、行动计划，以及美丽厦门共同缔造的基本要求、工作要领等。

图 4-44 美丽厦门战略规划推动厦门的城市色彩景观营造走向未来

基于美丽厦门战略规划的考量，伴随着 2020—2035 年厦门国土空间总体规划的制定，面向未来的厦门城市色彩专项规划也将融于其中予以更新。其城市色彩规划展望有如下三点。

一是城市色彩规划是国土空间规划体系下城市设计具体方法的应用，不仅有助于激发厦门的城市活力、营造城市特色，而且有助于建设国际特色海洋中心城市、世界一流港口、滨海旅游名城与"一带一路"海洋文化交流中心，以及区域性海洋科技创新高地和海洋生态治理典范，以实现"公序善治"美丽国土规划建设的目标。

二是结合当下城市色彩规划精细化的需要，协调处理好城市色彩总体规划、街区控规分区管控、建筑设计引导、城市色彩实施评估各个阶段的不同要求，同时，运用大数据、物联网及智能终端等现代化信息科技手段，构建从规划、实施到管理的全链条智慧化城市色彩管理系统，为高质量发展的空间治理提供技术支撑，并为城市高品质发展提供精细化的管控治理水平。

三是针对国内近年来不少城市色彩规划落地实施难的问题，对城市色彩规划从规划指引向规则管控方面调整，通过数据分析与建设动态梳理，厘清城市色彩要素，运用多层次的规则引导，通过城市规划管理语言将其逐一落实。在厦门城市色彩规划框架下，应明确城市色彩总体定位和管控思路，从而营造出美丽厦门鲜明的城市形象，更进一步提升城市的知名度和美誉度，直至将鹭岛厦门打造成"水清、岸绿、滩净、湾美、岛丽"的高颜值生态花园城市。

四、北京 CBD 城市公共设施造型及环境色彩设计

所谓 CBD，全称是 central business district，即中央商务区，这个概念最早产生于 20 世纪 20 年代的美国，最早定义为"商业会聚之处"，其后 CBD 的内容不断发展，逐渐成为

城市经济、科技、文化与高端现代服务业的集聚之地。CBD 多位于城市的黄金地带，集中了金融、商贸、文化、服务以及大量的商务办公和酒店、公寓等设施，有最完善的交通、通信等现代化的基础设施和良好的环境，有大量的金融机构、企业财团聚集于此开展各种商务活动，从而成为一个城市、区域乃至国家经济发展的中枢。而 CBD 的环境艺术与风貌建设也成为引领未来城市发展的风向标，直至成为体现城市现代化水平的象征、重要标志与城市名片（图4-45）。

图 4-45　远眺晨曦中的北京中央商务区及其环境色彩景观

（一）展示现代的北京 CBD

北京作为中国的首都，发展和建设中央商务区，是首都经济功能扩展的必然需要，对于推动北京经济社会发展，改善北京城市形象，确立北京在经济全球化中的地位都有重要的意义。

1993 年经国务院批准的《北京城市总体规划（1991 年—2010 年）》明确提出，在朝阳门至建国门，东二环至东三环一带，规划建设北京中央商务区。1998 年，北京市规划局在《北京市中心地区控制性详细规划》中，将北京中央商务区的范围确定为朝阳区内西起东大桥路、东至西大望路、南起通惠河、北至朝阳北路之间约 3.99 平方千米的区域（图 4-46）。

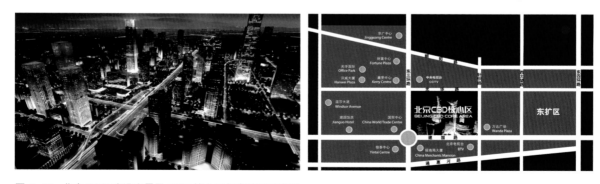

图 4-46　北京 CBD 建设实景及 CBD 核心区与东扩区示意图

如今的北京中央商务区，是摩托罗拉、惠普、三星、壳牌、丰田、通用、北京现代、德意志银行等众多世界 500 强企业中国总部所在地，区内已形成以国贸中心、华贸中心、环球金融中心为主的三大国际金融聚集区、文化创意产业聚集区、高端商务服务业聚集区、跨国公司地区总部聚集区，成为北京中央商务区三张响亮的名片。这里也是中央电视台、凤凰卫视、人民日报、北京电视台等传媒企业新址，众多国内金融、保险、地产、网络等高端企业以及微型信贷服务机构也汇集于此。

　　中央商务区作为北京建设国际化大都市与现代化新城区风貌集中展现的区域，不仅是北京对外开放的重要窗口和率先与国际接轨的商务中心，也是北京现代化新城区和国际化大都市风貌的集中展现区域，跨国公司地区总部和国际性金融机构的聚集地；北京发展金融、保险、通信服务、信息服务和咨询服务等现代服务业的聚集地及进行国际商务活动和国际文化交流的理想社区，代表北京发展的前沿，从高 528 米的北京最高楼中国尊到世贸天阶的超大电子屏，从建外 SOHO 的白楼到万达广场，众多创意文化、物流、服务企业在这里汇集，使其成为北京面向多元化未来的商务中心。这里将成为亚太地区经济运行的控制中心之一，成为全球经济资源和各类生产要素的集散基地、现代服务业的集中发展基地和经济文化的国际交流基地（图 4-47）。

图 4-47　北京 CBD 核心区建设及其环境色彩景观

　　北京中央商务区的城市建设显然还是北京未来发展中最具活力的部分，在核心区内城市环境建设方面，将现代艺术设计方法导入其中，分别在西北、西南、东北、东南四个区域各布置一个面积约 2.5 公顷的主题公园，即历史人文公园、表演艺术广场、科技信息公园、自然科学公园，并与核心区内绿化带和步行道，以及南侧通惠河沿岸的滨河绿化相连，组成包含多种元素的环状绿化系统。现在核心区西北已建成的现代艺术中心公园、"全北京向上看"的世贸天阶，西南建成的建外 SOHO 复合院落，东北建成的央视新大楼外部环境及区内道路两侧的休闲广场与绿地等，均为核心区营造出良好的生态环境和活动空间（图 4-48）。整个中央商务区工作的人们能在绿色、低碳、和谐与艺术氛围浓厚的环境空间中相互自在地交流，并享受安宁的现代城市生活。

图 4-48　北京 CBD 已成为未来城市建设发展中最具活力的地方

（二）北京 CBD 的城市公共设施造型

所谓城市公共设施，是一个内容广泛、多维、复杂的系统性概念。它可从两个层面来解析：一是指城市基础设施，主要是指由政府提供的属于社会的给公众享用或使用的公共物品或设备，如公共行政设施、公共信息设施、公共卫生设施、公共体育设施、公共文化设施、公共交通设施、公共教育设施、公共绿化设施、公共屋等；二是指城市服务设施，主要是指城市空间中那些功能简明、体量小巧、造型别致、带有意境、富有特色的小型建筑物或小型艺术造型体，城市空间中设置的这些设施对交通安全、公众服务、公共空间中大众生活的便利等诸多方面产生影响，是城市空间中离人们距离较近，带给人们一种自然、和谐和亲切感的小型建构筑物或艺术造型物体，已经成为城市空间一个独特的组成部分。

对北京中央商务区的城市公共设施的探究，主要是指对城市空间中的服务设施的研究。按城市空间中人们行为活动的功能需要设置，可将其具体划分为城市信息类、交通类、卫生类、照明类、服务类、配景类、康乐类、管理类与无障碍环境服务设施九类。它们是城市空间环境建设中不可缺少的构成要素，并与其他城市空间环境要素一起共同构筑了城市的形象，反映了城市的精神文化面貌，表现了城市的品质和性质，并与城市的社会环境、经济环境和文化环境都有着密切的联系。

从北京中央商务区来看，人们从目前已建成核心区造型各异的建筑、道路、散布的广场、节点、艺术公园与休闲绿地，以及步行道与现代院落空间，便可感受到迎面而来的当代城市风貌视觉印象。中央商务区内的城市公共设施也与众不同，给我们带来前卫与现代的感受。

1. 信息类城市公共设施

走进北京中央商务区，令人感到最具视觉冲击力的就是信息类城市公共设施。无论是朝外 SOHO 的标识，还是 SOHO 尚都的立体地产项目名牌、商务区内企业导向系统以及道路路牌、禁行与停车指示牌等，造型、色彩与材质等均经过系统设计，不仅醒目简洁，并且制作精致，给人耳目一新的视觉印象。如国贸新城、国贸大厦、中国银行门牌，安邦保险楼宇前的利苑塔标等，尤其是建外 SOHO 内以不同人体动态所做区内蓝色楼宇立体导向系统，不仅具有形态系列性、构思独特性、设计趣味性，其艺术造型还让人感到亲切，为区内平直的建筑设计形态带来变化与活力。

而区内地铁车站，从站体、标识柱到告示牌，不仅采用了北京地铁的统一企业形象标准，且造型简洁大方，展现出设计的现代感。设置的同城快递在商务区也是一道独特风景，以红、白两色为底，两根黄线加上邮局特有的绿色做基座，给人别具一格的感受。

商务区其他商业广告与店招、旗帜、数字电视屏幕、各种液晶滚动广告的造型均遵循简单明了的设计原则，在统一形式下求变化（图 4-49）。

图 4-49　北京中央商务区的信息类城市公共设施造型及环境色彩设计

续图 4-49

　　虽然整个中央商务区信息类城市公共设施的设计内容还有待探索，但高度的一体化不仅有助于提高商务区的空间质量，也有利于品牌的塑造。

　　2. 配景类城市公共设施

　　配景类城市公共设施是目前北京中央商务区建设中又一引人注目的靓丽风景。为了与商务区造型前卫、现代的各类建筑风格统一，区内所设配景类城市公共设施将以往的功能需要转型定位于现代艺术，并通过在商务区内外部空间及绿地环境安置公共艺术方面世界级大师的作品，来实现提升区内空间品质和档次的目的。

　　如 2008 年 3 月在商务区西北现代艺术中心公园落成的大型公共雕塑《奔向宁静的晨曦》，由法国雕塑大师萨沙·索斯诺创作，高 6 米、宽 8.4 米，由 13 吨铜制作而成。雕塑表面为鲜亮的黄色，主体是一个以轮廓造型表现的雄姿勃勃的奔马。萨沙·索斯诺在创作这件作品时，以中国东汉青铜艺术品《马踏飞燕》为创作灵感，将萨沙·索斯诺的"隐没"艺术表现手法运用在中国经典艺术形象上，实现了中国传统文化与西方现代艺术的完美结合。

　　其他的配景类城市公共设施有在朝外 SOHO 这条商务区最宽的城市绿带——"都市绿廊"中心所设高近 20 米、宽 10 余米，由铸铁材质建造而成的大型雕塑，以及在东三环与光华路交叉处西侧民生银行建筑外部空间游园中所设的现代雕塑，还有金汇路世界城商业街与现代艺术中心公园周围所设的各类公共艺术品（图 4-50）。

　　另在建外 SOHO 这个由 18 栋楼、16 条街、300 个店铺组成，不设围墙任人穿行，被媒体称为北京"最时尚的生活橱窗"的外部公共空间，运用水景、种植、花坛、树池、栏杆、景门、

图 4-50　北京中央商务区内所设各类现代艺术配景类城市公共设施造型及环境色彩设计

景窗及构筑体等配景类环境公共设施的形式与手法，在建外 SOHO 的道路、各种分散式小广场、公共绿地等营造出充满人情味、融生活和工作于一体的场所文化，凸显出建外 SOHO 在网络时代进行现代城市建设和设计的理念（图 4-51）。

图 4-51　北京中央商务区内所设各类配景类城市公共设施造型及环境色彩设计

3. 交通、照明与卫生类城市公共设施

由于汇聚于北京中央商务区的人流与车流量大，尤其是在交通流量高峰时段，交通拥堵现象同样严重。为此，在商务区交通系统建设方面，除几条地铁线路穿行区内外，为保障地面道路的畅通，区内道路除设有隔离护栏、人行天桥与地下通道外，道路指向标识、禁行阻拦设施及停车区域等较为完善，且设计风格十分现代（图 4-52）。

图 4-52　北京中央商务区内所设各类交通类城市公共设施造型及环境色彩设计

在北京中央商务区内，照明与卫生类小品完备，且造型简洁、时尚，与区内整体风格协调，区内所设路灯、广场灯、地灯、装饰灯具等齐全，且与区内高层建筑入夜灯光构成流光溢彩的都市夜景景观。垃圾桶等设施也较为精致，一体化的设计在建外 SOHO 更具特色（图4-53）。

图 4-53　北京中央商务区内所设各类照明与卫生类城市公共设施造型及环境色彩设计

4. 服务、管理、康乐类与无障碍城市公共设施

北京中央商务区作为首都迈向国际一流城市的建设重点，构筑区内高度发达的服务体系是其重要目标。而从商务区服务、管理类城市公共设施来看，各种休息坐具、亭廊棚架等配置较全，造型各异的服务与售货商亭设于区内外空间环境中（图 4-54）。而游乐设施和健身设施主要设在建外 SOHO 的复合院落空间，在双层步行系统围合的不同院落中，布置有树阵、喷泉、儿童玩具等，增加了空间的趣味与识别特征。

在北京中央商务区，除在道路交通、公共建筑、休闲与活动场所等方面进行无障碍公共设施设计外，还专门结合区内过街道路的宽度，在平交路口全部实现无障碍过街公共服务设施的设置，包括道路中间多个安全岛的设置。完善区内无障碍通道、楼梯、平台，并在洗手间等处增设盲文标识和语音提示服务设施，依据区内不同道路特点对慢行系统进行"量身定制"改造，促使中央商务区无障碍设施更加规范化、精细化与高质量的发展。

整个北京中央商务区的城市公共设施造型，在设计理念层面将现代设计艺术方法导入商务区公共设施设置规划与设计造型之中，凸显都市现代空间中艺术氛围的营造，以实现商务区环境艺术设计在"都市伊甸"空间塑造中的理念追求。在具体设计造型方面，商务区公共设施采

图 4-54　北京中央商务区内所设服务、管理与康乐类城市设施造型及环境色彩设计

用了整体化设计的方法，无论是商务区内的导向系统、公司标牌，还是商务区内的照明灯具、配景设施，无一不体现出简洁、前卫的设计造型理念，张扬的个性与艺术化的特色。路灯、树池与草坪的设计造型也体现了这种造型特征并融于环境之中。

（三）北京 CBD 城市公共设施前卫现代的环境色彩设计

从北京中央商务区城市公共设施来看，其特色与商务区建筑和外部空间环境风格可说是一脉相承的。区内造型前卫现代的摩天大楼与建筑组群以及开放的外部空间系统，不仅为各类公共设施的设置提供了舞台与背景，也为区内人性化设计与文化品位的提升起到促进作用（图 4–55）。

图 4–55　北京中央商务区所设城市公共设施造型及环境色彩体现出简洁、前卫的设计理念与艺术个性

在设计色彩方面，商务区公共环境设施选用了与整体环境协调的深灰色调，以形成区内公共设施色彩系统。整体色彩保持冷色基调，也在部分企业导向指示系统与门牌等信息类城市公共设施中使用夺目的红、绿、白色，以为区内空间增添活力。如 SOHO 尚都的立体名牌、建外 SOHO 内蓝色楼宇立体导向系统等，均取得了这样的视觉效果。配景类城市公共设施作为商务区建设中的亮点，为呈现区内前卫现代的设计风貌，所设各类雕塑、装置及公共艺术品，既有表现明亮、夺目色彩的，也有体现艺术品材料本色的，还有反映中国传统色彩的，点缀于商务区前卫现代楼宇及环境之中，成为一道靓丽的风景。商务区内交通、照明与卫生等相关城市公共设施的环境色彩设计则服从区域整体色调的统一，又在空间环境中发挥各自功能，展现应有的色彩对比效果，使环境色彩的搭配与造型、质感等外在的形式要素协调，并做到环境色彩的统一，既不单调，也不杂乱，使整个中央商务区城市环境色彩设计显得亲切生动，且增强了环境的感染力。

尽管中央商务区身居古都北京，但传统文化并未影响现在乃至未来北京在全球经济与文化中向国际一流城市建设迈进的步伐，而城市公共设施造型及环境色彩作为其中的点缀与细部，虽然微小，但量广面大，也是城市空间中不可小视之物，在北京中央商务区所设前卫现代的环境公共设施功能与作用中，便可感知到独有造型与环境色彩设计的风度和气质（图4-56）。

图4-56　迈向国际一流城市建设的北京中央商务区及环境色彩景观

正如两千多年前伟大的哲学家、科学家和教育家亚里士多德对城市多彩生活的概括："人们来到城市是为了生活，人们居住在城市是为了更好的生活。"如果说城市的改变提高了人们的生活品质，那么城市公共设施的完善设置与高效的服务，无疑会让人们的生活更加美好。

第四节　世界自然遗产地——南方喀斯特地区荔波县城区空间地域特色塑造中的环境色彩设计探究

所谓地域，是指有内聚力的地区。根据一定标准，地域本身具有同质性，并以同样的标准与相邻诸地区或诸区域相区别。地域是一种学术概念，是通过选择与某一特定问题相关的特征并排除不相关的特征而划定的。费尔南·布罗代尔认为地域是个变量，测量地域距离的真正单位是人迁移的速度。以前，人的迁移速度十分缓慢，地域成了阻隔和牢笼。总的来说，一个地域是一个具有具体位置的地区，在某种方式上与其他地区有差别，并限于这个差别所延伸的范围之内。

城镇的地域景观特色是指在一个相对固定的时间范围和相对明确的地理边界地域内，城镇环境内在的、具有一定普遍性的、相对稳定的自然和社会文化特征。虽然随着时间的推移，城镇的地域景观特色会发生一定的变化，但在一定的时间段内，这种特征是稳定的，是可以把握、描述和加以表现的。世界上各区域气候、水文、地理等自然条件不同，形成了各具特色的地域景观特征，因此也形成了丰富多彩的人文风情和地域环境（图 4-57）。

图 4-57　意大利威尼斯的城市环境色彩文化意蕴

城镇的地域景观特色营造是其内在素质的外部表现。从广义来说，它与人类文明的进程有着密切联系；从狭义来看，人们最初感受到的形象就是这个城镇的空间。那么城镇特色塑造的依据是什么呢？根据环境行为研究的理论可知，让人感到愉悦的城镇特色主要由两个要素组成，即实质设施上的视觉美感的满足和场所特性上心智认同的归属。城镇特色塑造的实质设施包括四个方面的内容，即自然景观、文化古迹、建筑物体与市政公共设施，城镇环境色彩设计正是围绕这些实质设施展开的，而色彩又恰恰具有视觉美感上最易辨认和理解的识别作用，从而达到场所特性上的心智认同。

显然，城镇环境色彩处理的好坏直接影响到城镇地域景观特色的塑造（图 4-58）。例如位于意大利威尼斯的彩虹岛，岛上五颜六色的房屋外墙均经过岛上居民统一规划。岛上除了房屋外墙，所有窗户都被整整齐齐地涂成白色的外框，加上那些绿色或者褐色的窗板，凸显房屋如彩虹般丰富的色彩变化，也保持整体建筑形象的统一，从而形成亚得里亚海沿岸城镇环境色彩景观的视觉印象。而地处我国江南水乡的浙江南浔古镇，小桥流水中荡漾出似水墨画色调的粉墙黛瓦与青石古道，以及褐色屋身构成的城镇环境色彩风貌画卷，则给人们留下一幅非常优雅的江南文化意蕴与个性形象。由此可见，具有地域特色的环境色彩是城镇形象塑造中最具感染力的视觉信号。

图 4-58 城镇环境色彩处理直接影响到城镇地域景观特色塑造

1. 挪威朗伊尔城的城镇环境色彩风貌特色印象；2. 浙江江南水乡的南浔古镇环境色彩风貌个性形象

一、世界自然遗产地——南方喀斯特地区荔波县城区地域风貌特色塑造中的环境色彩设计探究

2007 年 6 月 27 日，"中国南方喀斯特"世界自然遗产项目在新西兰召开的第 31 届世界遗产大会上获全票通过，成为我国第六个世界自然遗产项目。该项目由贵州荔波、云南石林与重庆武隆捆绑申报，由此荔波被列入世界遗产名录，成为贵州省第一个世界自然遗产地。随着荔波在国内与世界上知名度的提高，其城区风貌如何在全球化所导致的特色危机中得以维护与持续发展，也受到贵州省政府与相关职能部门的高度重视，于 2008 年 4 月面向国内外具有甲级资质的规划设计机构发出《贵州省荔波县县城风貌规划和旧城区主要街道街景整治规划方案征集公告》，华中科技大学建筑与城市规划学院的规划设计团队作为 6 个入围单位之一，经过两个月的努力，在贵州省相关部门组织的专家盲评中胜出，并承担了规划设计的深化任务。

在贵州省荔波县县城风貌规划深化设计中，笔者及设计团队将环境色彩设计导入荔波县城区的地域景观特色营造之中，环境色彩、夜景灯光、户外广告与公共设施等专项规划成果无疑是深化设计的几大亮点，这里我们着重对环境色彩专项规划中城区地域景观特色营造方面的探索予以叙述。

我们知道，地域文化是城区整体环境风貌特色形成的重要组成部分与关键所在。荔波县地处黔南边陲，被誉为地球腰带上的"绿宝石"，是一个布依族、水族、瑶族、苗族等多民族的聚居地。荔波县城城区历史悠久，山川秀丽，在 2000 多年的历史长河中，世代居住于这块神奇土地上勤劳智慧的各族人民，在生产生活中创造出了丰富多彩的文化，形成了浓郁的民族风情，也形成了独具风韵的民族建筑及环境色彩景观，这些都是进行荔波城区风貌规划时需要传承的珍贵文化资源（图 4-59）。

若从深化设计确立的荔波县城风貌特色营造来看，其定位是以自然山水为底蕴，以地域文化为特点，以发展城市旅游为目的，展现具有天地人和内涵、多民族风情和原真生活的城市风格与特征（图 4-60）。

图 4-59　被誉为地球腰带上的"绿宝石"的荔波县城秀丽风光

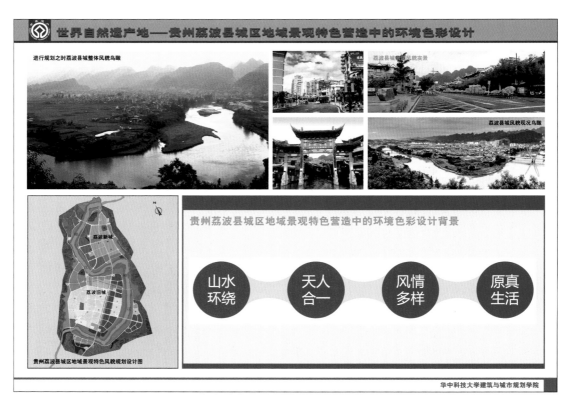

图 4-60　荔波县城区地域景观特色营造中的环境设计背景

基于这样的思考，在导入环境色彩设计的荔波县城区地域特色塑造中，我们借鉴发达国家城镇环境色彩设计处理的成功经验，并从调查荔波县城区环境色彩的现状资料着手，首先弄清其城区的地理环境、风土人情和文化特征，了解当地的风土民俗及其历史、文化和未来的发展前景，从几个层面来展开荔波县城区环境色彩地域特色塑造的探索。

二、贵州荔波县城区地域景观特色营造中的环境色彩设计探索

荔波县城区地域特色塑造中的环境色彩设计探索主要从城区环境色彩的调查采集、目标定位、规划原则、详细设计与实施应用等层面来展开。

（一）城区环境色彩调查采集

对荔波县城区需要进行环境色彩设计的建设基地展开调查，内容包括影响城区的自然环境色彩和人文环境色彩等因素，以及城区邻近环境中对环境色彩有影响的物体色彩现状，拍摄出彩色照片并在城区环境平面图及立面图上用色卡详细记录下来。

在前述调查的基础上，对城区人工构筑色彩现状进行采集分析，将环境色彩构成的内容（包括城区内已有的建筑、道路、节点与其他人工构筑设施等的色彩）予以归纳，找出城区现状色彩的配制比例，以形成城区环境色彩设计的组配依据（图4-61）。

图4-61　荔波县城区地域景观特色营造中的环境色彩采集

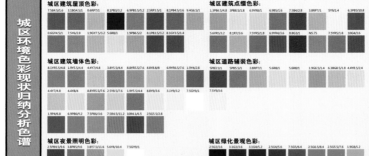
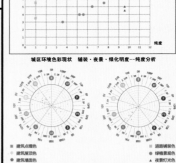

续图 4-61

（二）城区环境色彩目标定位

荔波县城城区环境色彩的目标定位在于塑造城区环境色彩的特色，力求处理好传承与时尚、自然与人工、历史与文化及设计与实施之间的关系，并使之有机结合（图 4-62）。环境色彩目标定位有以下几点。

居住生活区域的环境色彩以安静舒适色调为主，力求创造出一个有魅力、温馨的生活环境。

行政办公区域的环境色彩以庄重建筑色调为主，在严肃的色彩氛围中展现出亲民的平和感。

商业服务区域的环境色彩以暖色调为主，渲染浓烈的商业氛围，激发人们的购物欲望；其中传统商业街区则结合当地的地方人文特色，现代商业街区则可传达出具有民族风貌的时尚色彩。

历史文化街区的环境色彩以暖色调为主，强调民族与传统环境色彩文化的传承与延续。

绿化休闲区域的环境色彩以暖色调为主，渲染安静、祥和的生活氛围，强调自由惬意的生活节奏。

旅游游览区域的环境色彩以柔和色调为主，强调游览区域自然色彩与民族色彩特有的视觉印象。

民族工业区域的环境色彩以冷色调为主，结合民族工业生产多彩配置。

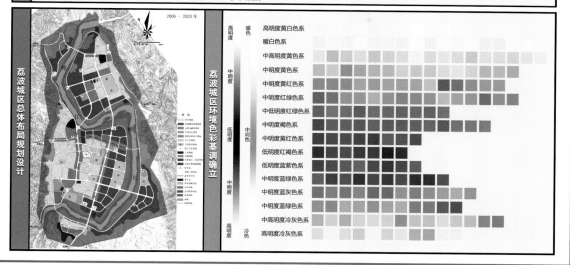

荔波城区环境色彩目标定位及其基调色彩的确立

环境色彩目标定位

荔波县城区环境色彩的目标定位在于塑造城区环境色彩的特色，力求处理好传承与时尚、自然与人工、历史与文化及设计与实施之间的关系，并使之有机结合。

环境色彩目标定位有以下几点。

居住生活区域的环境色彩以安静舒适色调为主，力求创造出一个有魅力、温馨的生活环境。

行政办公区域的环境色彩以庄重建筑色调为主，在严肃的色彩氛围中展现出亲民的平和感。

商业服务区域的环境色彩以暖色调为主，渲染浓烈的商业氛围，激发人们的购物欲望；其中传统商业街区则结合当地的地方人文特色，现代商业街区可传达出具有民族风貌的时尚色彩。

历史文化街区的环境色彩以暖色调为主，强调民族与传统环境色彩文化的传承与延续。

绿化休闲区域的环境色彩以暖色调为主，渲染安静、祥和的生活氛围，强调自由惬意的生活节奏。

旅游游览区域的环境色彩以柔和色调为主，强调游览区域自然色彩与民族色彩特有的视觉印象。

民族工业区域的环境色彩以冷色调为主，结合民族工业生产多彩色置。

荔波城区总体布局规划设计

荔波城区环境色彩基调确立

图 4-62　荔波县城区环境色彩目标定位及其基调色彩的确立

（三）城区环境色彩规划原则

1. 传承地域特色的原则

不同城镇的地域景观特色会对所处城区环境色彩产生影响，也成为城镇环境色彩设计中需要传承的珍贵文化资源。利用城区环境色彩来协助表达城镇的地域文化内涵和特色，已成为全球化趋势下塑造地域特色的重要手段，并成为城区风貌规划中需要把握的基本设计原则。

2. 符合功能要求的原则

不同城镇的环境色彩具有不同的象征意义，不同功能区域的环境主题需要与之相协调的环境色彩来表达，为此拟定城区不同功能建筑的基本色调必须符合其功能要求的设计原则。

3. 表达审美意义的原则

环境色彩除了可以表达功能方面的意义，其审美意义的表达对城区地域特色的塑造也具有重要的作用。在确定城区不同功能环境色彩基调时，还应根据建筑审美要求的不同来确定建筑的色彩基调。

4. 增强识别的原则

增强城区建筑的识别性，满足大众在导向上的要求，便于人们通过色彩来识别城区的建筑，界定活动领域和空间范围，这也是设计中需要考虑的重要原则之一。

5. 与周围环境协调的原则

在确定城区某功能区域内的环境色彩时，还必须考虑与周围环境色彩的相互影响，使之能与周围环境协调。

6. 与地方建材结合的原则

城区环境色彩规划不仅仅是图上工作，设计出来的城区环境色彩是要依靠具体的建材来实施的，故在进行城区环境色彩规划的过程中，应遵循与地方建材结合的原则，使设计与实施能有机结合。

三、贵州荔波县城区地域景观特色营造中的环境色彩的实施应用

（一）城区环境色彩的总体策略

荔波县城城区建筑总体主色调应以当地布依族、水族、瑶族、苗族等多民族的木构环境色彩的采集为依据，在此基础上提高色彩的明度和纯度，即以淡雅明快的中性色系如暖灰、冷灰色为主（图4-63）。

图4-63　荔波县城区风貌特色营造及其环境色彩的规划策略

荔波县城城区单体建筑不得大面积（指占外墙总面积 10% 以上）使用强烈、浓重的色彩，如红色、红褐色、黄褐色、深灰色等。城区地标或某些重要建筑如需以强烈色彩作为单体建筑主色调，须经城市设计专家委员会审定并报批。

在县城城区重要街道、中心地区，如现状环境色彩与整体环境极不协调，应通过色彩整治等技术措施加以改造。

城区各个特色分区应有不同的建筑主色调，不同的功能街区可以有不同的色彩特征。禁止在自然环境和旅游区内设置 3 平方米以上、色彩强烈的商业广告与导向标识，以维护县城城区特有的民族地域环境色彩印象。

（二）城区环境色彩的规划结构

荔波城区的环境色彩规划结构遵循从总体规划到分区规划，再到详细设计的步骤（图 4-64）。

图 4-64 荔波县城城区地域景观特色营造中的环境色彩总体规划

1. 城区环境色彩的总体规划

总体规划是决定城区发展大局策略的阶段，在对荔波县城城区的历史和现状充分调研、分析的基础上，从"色彩"的角度确定荔波县城城区环境色彩总体发展的定位与原则，并制定城区环境色彩的分区规划。

2. 城区环境色彩的分区规划

依据城区环境色彩规划结构确立出的荔波县城风貌特色区主要包括旧城区的都市风貌区与历史文化区，新城区的时代风貌区、滨水风貌区及旅游游览区，不同分区在城区景观特色营造中形成各自的风貌特征，并从整体上形成相互协调的空间关系。

3. 城区环境色彩的详细设计

将城区环境色彩的总体规划与分区规划的种种构想贯彻落实，主要内容包括落实和划定荔波旧城区历史文物古迹保护区、传统老街区、地方民俗和民族聚居区的环境色彩保护范围，提出具体的色彩保护方案，并根据周边环境设计具体的环境色彩方案。荔波新城区的时代风貌区、滨水风貌区及旅游游览区从城区空间体系的主要环节——建筑、街道、节点、植被、标志及广告、雕塑、市政设施等层面考虑民族风貌特色景观要素在其中的延续，并为荔波县城设计出有地域景观特色的新城区环境色彩。

（三）城区环境色彩的风貌特征

依据荔波城区总体规划布局，城区主要分为五个区域，其环境色彩特征也各不相同。

1. 都市风貌区

都市风貌区位于荔波县旧城区，是以现代建筑为主体的建设区域。该区范围内的建筑、街道、节点等均为现代设计风格，是荔波县城现有核心建成区。该区环境色彩推荐色谱及用色比例如图 4-65 所示。

主色调：都市风貌区以中高明度的暖黄色系为主，以高彩度及高明度的橙色、褐色、红棕色与亮丽的浅蓝色等来凸显都市风貌区的个性与特点。

辅色调：以橄榄绿、浅绿与深灰色为辅助色和点缀色，以降低都市风貌区内中高明度色彩对环境造成的影响。

环境色彩：风貌区对环境色彩的色相不作限制，可选用醒目的色彩，以热情、跳跃的色彩来凸显荔波新城区的城市精神，但应注意对彩度与明度作出相应限定，以避免产生杂乱、刺激以及晦暗情绪的高纯度和低明度色彩。

2. 历史文化区

历史文化区位于荔波县城老城区，该区有很多历史文化景点，风格特征主要在于反映荔波的历史进程。该区环境色彩推荐色谱及用色比例如图 4-66 所示。

主色调：旧城区建筑风貌已经基本形成，总体上以浅褐色墙和黑灰色瓦顶屋面为主。旧城区的新建建筑应总体上遵循这种色彩风格，沿用浅褐色、冷灰色墙面和黑灰色屋顶的色彩搭配。

辅色调：以红褐色、棕色、灰黑色作为主要的辅色调，即窗棂、柱、门的色彩。

环境色彩：主要指广场和步行街道铺地的色彩，建议采用传统条石、青石板的灰色、青灰色。

图 4-65　荔波县城区都市风貌区环境色彩分区规划

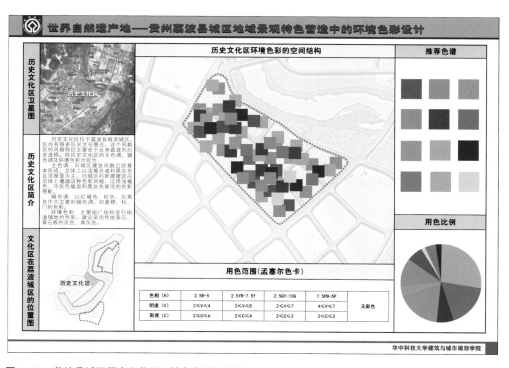

图 4-66　荔波县城区历史文化区环境色彩分区规划

3. 时代风貌区

时代风貌区位于荔波县城樟江北岸的新城区，是县城未来开发的重点，该区应体现新城特点，即时代特征。该区环境色彩推荐色谱及用色比例如图 4-67 所示。

主色调：时来坝片区处于开发初期，有着相当大的可塑性。与旧城区相比，新城区的环境色彩应在传承民族风貌的基础上营造出时尚与现代感，主色调总体上以暖色调为主。

辅色调：宜根据性质的不同而分别采用稳重、坚实或热烈明快的暖色或中性色调。

环境色彩：宜采用比较明快的中性色，格调高雅。

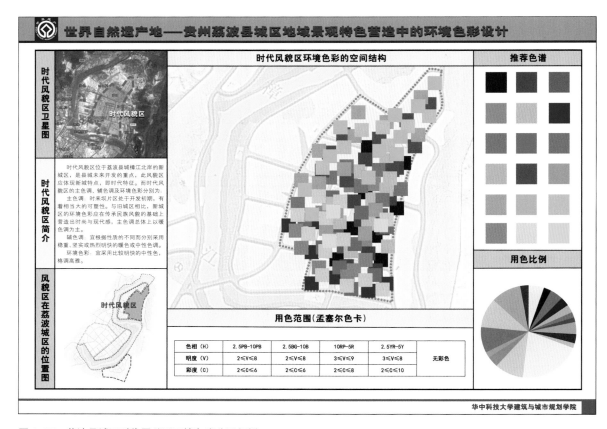

图 4-67　荔波县城区时代风貌区环境色彩分区规划

4. 滨水风貌区

滨水风貌区位于贯穿荔波县城的樟江两岸及滨水绿地，是体现滨水特色的区域。该区受到樟江的强烈影响，各处均体现滨水文化。该区环境色彩推荐色谱及用色比例如图 4-68 所示。

主色调：以与自然相融合的中低明度、低彩度的木色系为主体，点缀一些中等明度、高彩度的设施小品，力求最大程度降低人工色彩的存在感，追求与自然色彩相融合的视觉效果。

辅色调：以蓝、绿、灰色系列作为主要的辅色调，风貌区内滨水构筑物辅以木、石本色。

环境色彩：主要指樟江两岸滨水绿地与水体色彩，风貌区内道路、小径与相关临水构筑物体等拟用中明度的青、灰等为环境色彩，以使滨水风貌区具有原生性特点。

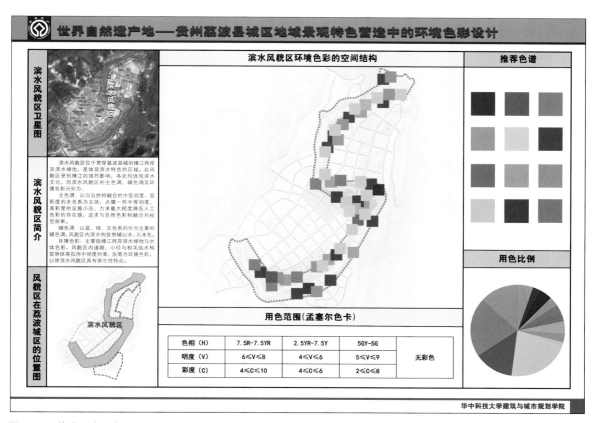

图4-68　荔波县城区滨水风貌区环境色彩分区规划

5. 旅游游览区

旅游游览区位于荔波县城樟江两岸、邻近山水风光优美的旅游服务用地。该区的塑造应体现荔波世界自然遗产地及其城区地域景观特色营造的特征。该区环境色彩推荐色谱及用色比例如图4-69所示。

主色调：滨水空间是游人和市民喜爱的休闲地域，应展现和谐的色彩环境，沿岸建筑色彩要与天然的滨水景观交相辉映，以低彩度、中高明度的亮灰色系为主。

辅色调：以褐色、棕色、灰黑色等低明度色彩作为旅游游览区的辅色调。

环境色彩：城区设施色彩应具有明显的指向性和相应彩度，广场及地面铺装的色彩应体现地域特色，并与周边建筑及环境相呼应，在自然植被的映衬下，营造出大气、典雅、亲切的环境色彩氛围。

图 4-69　荔波县城区旅游游览区环境色彩分区规划

（四）城区重要节点环境色彩设计

按照荔波县城城区总体规划，荔波县城中心城区主要由旧城区、时来坝片区、罗家寨片区和回龙阁片区组成。其中樟江河南旧城片区是现在的主要城区，樟江河北时来坝片区为正在建设的新城区，罗家寨片区是一个独立的休闲度假区，回龙阁片区是县城的工业小区。县城城区建筑总体色调以冷、暖、浅灰色为主，根据各个分区的特点进行变化，保持协调但各有特色。而城区重要节点的环境色彩设计主要包括以下内容。

1. 旧城区商业及休闲广场

荔波旧城区商业及休闲广场位于向阳中路与樟江路交会处，包括具有荔波县城地标特色的大榕树及步行街广场。此处以布依族、水族、瑶族、苗族等民族的商业文化为主题，使该处在已建步行商业街的基础上，体现出具有布依族、水族、瑶族、苗族等民族融合，走向未来的城市购物环境艺术的设计特色。商业及休闲广场为展现民族融合、走向未来的风情节点（图4-70），具体由"二区一点"构成。

"二区"为大榕树广场——展现荔波从行商到坐商，以及进行物物交换的历史；步行商业街——展现荔波民族融合、走向未来的新生活图景。

图4-70　荔波县城区旧城区商业及休闲广场环境色彩详细设计

　　"一点"为中共"一大"，代表邓恩铭故居纪念馆景点。

　　2. 旧城区街道沿街立面环境

　　荔波旧城区街道沿街立面环境的整治，主要对构成城区的向阳路、建设西路、文明路、樟江北路、民生路及梨园路共6条街道等予以更新改造（图4-71）。其整治目标如下：一是营造旧城区特色鲜明、风格独特、功能多样的街道系统；二是创建"宜人、宜居、宜游"的旧城区街道空间；三是通过街道整治，带动旧城区街道沿街立面整体环境的品质提升，打造与荔波世界自然遗产地相匹配的城区环境；四是实现旧城区街道功能与风格的协调统一，既服务国内外游客，又方便本地居民，以推动旅游经济与城区建设发展的共赢。

　　3. 新城区时来坝片区沿街立面环境

　　荔波新城区时来坝片区位于樟江北岸，是城市面向未来开发建设的重要场所。目前，时来坝片区沿街立面正在建设之中，建筑已有荔波喀斯特地貌世界自然遗产博物馆、三力酒店、荔波县宣传文化活动中心、樟江滨河演出中心及活动游园等，官塘大道、恩铭大道、时来路及江滨路等已建成。同时，新城区还将建设行政办公中心，政府及主要机关单位办公建筑，城市住宅、教育、医疗和商业服务中心等。时来坝片区的推荐色彩基调总体上以暖色系列为主，环境色彩应在传承民族风貌的基础上营造出时尚与现代感（图4-72）。

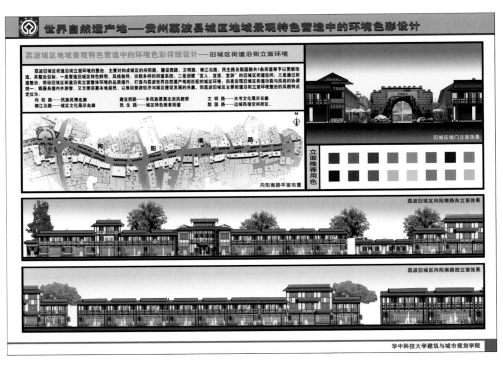

图 4-71 荔波县城区旧城区街道沿街立面环境色彩详细设计

图 4-72 荔波县城区新城区时来坝片区街道沿街立面环境色彩详细设计

4. 罗家寨片区沿街立面环境

罗家寨片区是荔波城区樟江以南的一个独立的休闲度假区域，其建筑与山水环境相互融合，同时体现出营建的时代气息。罗家寨片区沿街立面环境以浅灰与中性褐色为色彩基调，并采用比较协调明快的暖色调或白色为辅色，环境色彩采用比较明朗的山水之色形成对比关系（图4-73）。

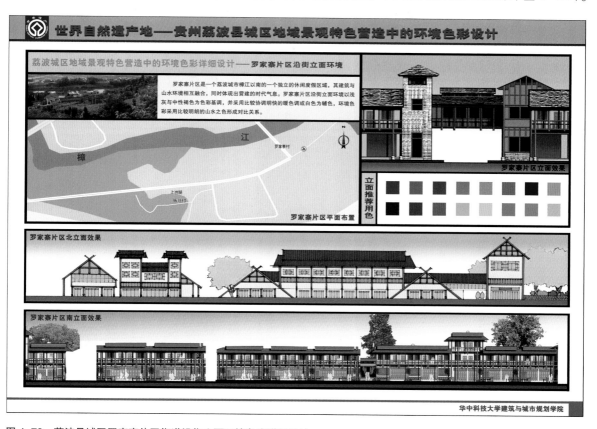

图4-73　荔波县城区罗家寨片区街道沿街立面环境色彩详细设计

5. 回龙阁片区民族工业园入口空间环境

回龙阁片区民族工业园位于荔波城区樟江的西南，是城市为发展民族工业、推动地区经济建设所设的园区，环境色彩以冷色调为主，结合民族工业生产对环境色彩予以多彩配置。民族工业园入口空间系园区重要节点，这里设有民族歌舞与奇风异俗的表演场地，并在此展示荔波多民族特有原真生活的场景，诸如民族祭坛、表演舞台、铜鼓廊架及展示荔波布依族、水族、瑶族、苗族四个民族的图腾神柱等，将荔波多民族共融发展的风貌特征呈现出来（图4-74）。

（五）城区环境色彩控制与管理

日本著名环境色彩规划家吉田慎吾说："色彩本身并无美丑，关键是如何运用色彩。"荔

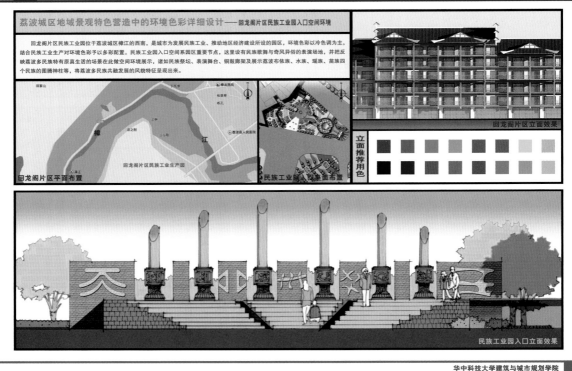

图 4-74 荔波县城区回龙阁片区民族工业园入口空间环境色彩详细设计

波城区地域景观特色营造中的环境色彩总体规划基于世界自然遗产地的环境色彩现状条件，依托影响城区环境色彩的自然因素、人文因素、人工因素及历史因素，运用科学的色彩学、美学规律以及城市规划设计理念，将民族风貌特色景观要素引入荔波城区环境色彩设计，并分别从总体控制、分区控制及地段控制三个层面对城区环境色彩进行科学、合理的统筹安排和控制引导，从而创造出和谐、有序、优美、明晰并具有民族文化内涵、风貌特色鲜明的城市色彩景观效果。

完整的城市环境色彩规划设计还需要良好的环境色彩控制方法与管理制度来落实。因此，为保障荔波城市环境色彩规划设计的实施，尚需在以下几个方面做出努力。

一是在荔波县住房和城乡建设局设立城市环境色彩规划设计专职管控部门。由于城市环境色彩规划设计涉及多个学科，就色彩学而言，它又涉及色彩科学与色彩艺术相互交织的内容，只有专业人员才能承担起这项工作。因此，建议在荔波县住房和城乡建设局等相关管理机构设立专职部门，或增设专职人员管理荔波城区环境色彩方面的工作。

二是加强城市环境色彩规划设计管控知识的普及工作。城市环境色彩规划设计的管控工作需要得到多方认同方能顺利实施，而这需要更多的人对城市境色彩规划设计与管理控制的意义、方法、流程等内容加深了解。因此，有关机构需要根据具体情况编纂和印发宣传材料，让政府、民众及开发商更为全面地了解城市环境色彩规划设计与管理控制的相关内容，以便在具体实施中得到更加广泛的认同与支持。

三是完善城市环境色彩规划设计管控配套措施。城市环境色彩载体多，影响因素多，受众喜好各不相同，再加上实施阶段的操作，给城区地域景观特色营造中的色彩风貌管理带来一定的难度。仅仅依靠技术上的控制引导不足以维持城市色彩风貌的连贯性，不足以保护代表性的环境色彩风貌特征，尚需依据荔波城市的具体情况制定出相应的管理控制规章制度，直至借助相关法制手段予以管控。

上述管控方法实施的目的在于维护荔波县城及周边空间色彩基调共同构成的城区整体环境色彩设计效果，使荔波城区环境色彩设计呈现出既有文化品位，又有时代感的色彩设计效果。

第五章 道路工程景观的环境色彩设计

在城市空间中，道路是连接城市各个功能区域的纽带，也是城市空间重要的组成部分。城市道路不仅反映一个城市政治、经济、文化的发展水平，并且在当代还成为城市形象和城市环境景观营造的核心。美国著名的城市规划设计理论家凯文·林奇在《城市意象》一书中将城市空间概括为道路、边界、区域、节点、标志物五大要素。其中道路处于首要地位，它对城市功能分区、空间结构、交通组织及景观营造都有着非常重要的作用。今天，随着人们观念的转变和生活方式的变化，城市道路在城市空间中发挥更多的作用。除满足城市各种交通运输的基本功能外，还为人们提供各种公共活动空间，如交往空间、购物空间、餐饮空间、休闲空间、娱乐空间等，同时还要满足城市文化传承、生活品质提升及审美情趣变化等层面的需要（图5-1）。由此可见，在城市空间中，道路已成为一个城市的活力与生命所在，且对城市未来的持续发展具有战略意义。

图5-1 作为连接城市各个功能分区的道路系统

第一节 道路工程景观的内涵及环境色彩设计要点

一、城市道路及其工程景观的意义

道路的广义含义是供人、马、车辆通行的路，以及两地之间的通道，包括各类公路、城市道路与街道、乡村道路与街道、工矿企业道路、相关机构道路、专用道路等。道路是人类社会生活和文化生活的主要发生器，也是人类生活与生产活动不可缺少的最基本的公共设施。

城市道路是指在城市空间中通达城市各个功能分区，供城市内部交通运输及行人使用，便于居民生活、工作及文化娱乐活动，并与市外道路连接，负担着对外交通的道路。城市道路由不同的地貌、建筑、设施、绿化、环境小品等构成，且形成多种线状形态，是城市组织的"骨架"，也是城市交通的"血管"。它代表着一个城市的形象，通过流动的空间来反映城市丰富的文化内涵。为此，对城市道路工程尚需要从景观营造的层面来认识。

（一）城市道路景观的内涵与作用

美国杰出作家、学者和社会活动家简·雅各布斯在《美国大城市的死与生》一书中提出："当想到一个城市时，心里有了什么？它的街道。如果一个大城市的街道看上去很有趣，那么这个城市看上去也挺有趣；如果这个街道看上去很枯燥，那么这个城市看上去也很枯燥。"简·雅各布斯在这里所说的"街道"亦可理解为本书所界定的城市道路。

欧洲于19世纪后期开始关注城市街道景观，并在城市规划中产生了道路景观的概念。美国于1907年开始组织道路工程师和园林建筑师协作设计道路景观，主要是在现场勘查中考虑道路线形与地貌的配合，保护和利用沿线景物。20世纪30年代德国产生了关于道路美学的系统理论，后日本在吸收上述理论的基础上，于20世纪中期以后提出了有关道路景观的认识理论。如曾担任日本建筑学会主席、日本建筑师协会主席的芦原信义在《街道的美学》和《续街道的美学》两书中集中展现了他的美学思想。芦原信义出版的《街道的美学》等著述对中国20世纪后期至今的城市道路与街道设计也产生了持续性的学术影响。

有关城市道路景观的内涵，我们认为它既包含城市道路景观中狭义的"景"，又包含人们对城市道路景观的感知结果"观"，以及人在景中实现"观"的过程——社会生活。它是由道路空间、围合空间的实体以及空间中人的活动共同组成的复杂综合体，涵盖了城市道路的物质形态与文化形态，以及它们在城市空间中的表现。

从城市整体而言，城市道路景观是组织城市景观的"骨架"，也是展现城市景观最集中、最重要的载体，在一定程度上成为表现城市文化特色的媒介，并直接影响着城市景观效果；从城市局部而言，城市道路景观又是城市景观的重要构成要素，与城市的整体氛围和特色塑造密切相关。在城市空间中，城市道路景观不仅是城市人文精神要素的综合反映，是一个城市历史文化延续变迁的载体和见证，也是一种重要的文化资源，是构成城市文化表象背后的灵魂要素。诸如北京的长安街、上海的南京路、俄罗斯圣彼得堡的涅夫斯基大道、美国纽约百老汇大街、意大利米兰的蒙特拿破仑街、澳大利亚悉尼的皮特街、四川成都的锦里步行街等都是城市道路景观的成功范例（图5-2）。

关于城市道路景观的作用，若从物质构成关系来说，城市道路景观是组织城市景观的"骨架"，是展现城市景观最集中、最重要的载体，在一定程度上成为表现城市文化特色的媒介，并直接影响着城市景观整体关系的形成及景观个性的物质表述。若从精神构成关系来说，城市道路景观又是人们确定有关城市景观印象的首要因素，应从审美需要出发，在满足交通功能的同时，充分考虑道路空间的美观、使用者的舒适度以及与周围环境的协调性，对城市道路景观的个性塑造与艺术魅力的彰显起到推动作用。

图 5-2 风貌各异的城市道路景观印象

1. 中国北京长安街；2. 俄罗斯圣彼得堡涅夫斯基大道；3. 澳大利亚悉尼皮特街；4. 中国四川成都锦里步行街

（二）城市道路景观及其构成类型

城市道路景观是指道路空间中被人们感知的道路本体，是两侧的建构筑物、服务设施、公共艺术、绿化水体、地形地貌等组成的各种物理形态。随着人们在道路空间中的移动，视角的不断变化产生一种连续动态的效果，看到路面、车辆、建筑、植物及相关目标的连续景物，从而形成对城市道路风貌的基本印象。而城市道路景观的营造，依据城市空间中道路等级的不同，其处理的方式也各异。根据《城市道路工程设计规范（2016年版）》（CJJ 37—2012）中对城市道路等级的分类，城市道路有快速路、主干路、次干路与支路之分。

快速路——在城市道路中设有隔离带，具有双向四车道以上的规模，全部或部分采用立体交叉与控制出入，以供车辆以较高速度行驶的道路。城市快速路设置的作用是保证汽车畅通连续行驶，以提高城市内部的运输效率。两侧有非机动车时需设分隔带，行人横过车行道时需经过交叉路口或地下通道及天桥。

主干路——城市空间中道路路网的骨架，是用于连接城市各主要分区的交通干道。城市主干路上的交通要保证一定的行车速度，故应根据交通量的大小设置相应宽度的车行道，以供车辆畅通行驶。主干路两侧有非机动车时需设分隔带，并建有相应宽度的人行道。

次干路——城市空间中配合主干路共同组成干路网，以起到联系城市各部分与集散交通作用。一般情况下应设快车道和慢车道供车辆混合行驶，条件许可时也可另设非机动车道。道路两侧应设人行道，并可使人行道两侧的公共建筑物对人流产生吸引力。

支路——城市空间中次干路与街坊路的连接线，也是解决局部交通问题的道路。支路的功能是服务市民的生活，并可用以补充干道网不足时的公共交通需要。

基于城市道路等级的不同，将道路工程景观引入快速发展的城市道路建设，对塑造城市的特色形象与提高生活品质具有十分重要的意义。目前，在城市空间中的道路工程景观构成类型包括以下形式。

1. 具有观赏意义的城市道路

具有观赏意义的城市道路包括城市景观大道、历史风貌古街、城市公园园路（图 5-3）。

图 5-3　具有观赏意义的城市道路
1. 法国巴黎的香榭丽舍大道；2. 中国上海浦东的世纪大道；3. 英国伯明翰的 Soho House 历史街区；
4. 中国江苏苏州的山塘老街；5. 新加坡滨海湾公园的高架廊道；6. 中国武汉东湖景区内的城市绿道

一是城市景观大道——将道路景观与城市环境有机结合，以为城市市民及外来宾客展现城市风采和风貌。其建设的目的就是将道路单一的交通功能转换为集交通、景观、生态、休闲等多种功能于一体的复合型城市道路空间，是城市形象塑造的重要建设内容。如法国巴黎的香榭丽舍大道、中国上海浦东的世纪大道等均为著名的城市景观大道工程。

二是历史风貌古街——承载着岁月流逝的痕迹，虽然历经沧桑，但在斑驳的墙壁上记录着许多民间流传的精彩故事，是城市发展的见证。所以它是历史的见证者，是故事的记录者，更是人们认识历史、缅怀过去的场所。历史风貌街道就仿佛是一瓮老酒，越陈越醇。如英国伯明翰的Soho House 历史街区、中国江苏苏州的山塘老街等，包含了历史文化气息和悠闲的市井风韵。

三是城市公园园路——城市公园、景区及休闲场所的道路，它不仅可作为交通的纽带，也是人们休闲娱乐休憩、放松身心的重要场所。如新加坡滨海湾公园的高架廊道与园区道路、中国武汉东湖景区内的城市绿道与临水休闲步道等，均呈现极具特色的景观效果。

　　2. 具有商业意义的城市道路

　　具有商业意义的城市道路包括城市商业步行街和金融商贸街（图5-4）。

图5-4　具有商业意义的城市道路
1. 日本大阪心斋桥商业步行街；2. 中国湖南长沙黄兴南路步行商业街；3. 美国纽约曼哈顿的华尔街；4. 中国上海的陆家嘴金融商贸街

　　一是城市商业步行街——由步行通道和林立通道两旁的商店组成，商品集中，构成街肆的商业步行道路与环境。它的建设不仅为城市空间注入了活力，也使城市生活方式得以改观，是世界各国城市复兴计划的重要模式。如日本大阪的心斋桥作为大阪商业步行街，集中了许多精品屋和专卖店，从早到晚熙熙攘攘，到处是市民和游客，是大阪著名的购物街区。中国湖南长沙的黄兴南路步行商业街也是一条集购物、休闲、娱乐、餐饮、文化及旅游等多项功能于一体且具有商业意义的城市道路，该步行商业街有内街和外街之分，街内商铺众多、品牌齐全，除各种常规服装店、饰品店以外，这里还汇集了全国各地的小吃美食，旁边的坡子街更是长沙特色小吃的聚集之处，有长沙人民耳熟能详的火宫殿、双燕楼、红梅冷饮等，数不胜数，是城市对外的一张景观形象名片。

二是金融商贸街——具有金融商贸意义的街道，它展示给人们的是金融商贸气息，在大城市中对城市的整体形象塑造起到非常重要的作用。如美国纽约曼哈顿的华尔街，这条 600 米长的狭窄街道云集了世界上各大知名企业以及各大银行和金融机构，最著名的还属纽约证券交易所。中国上海的陆家嘴金融商贸街是上海浦东开发以来建设的国家级金融中心。

3. 具有生活意义的城市街道

具有生活意义的城市街道包括传统住区街巷和现代住区街道（图 5-5）。

图 5-5 具有生活意义的城市街道

1. 西班牙安达卢西亚城市中的老街巷；2. 意大利威尼斯的水街水巷；3. 中国北京旧城区的老胡同；
4. 加拿大温哥华中心城区太平洋协和社区的生活道路；5. 中国深圳万科城住区中的道路系统

一是传统住区街巷——城市旧城住区中密如蛛网、纵横交错的街巷与胡同等，包括水街水巷。如西班牙安达卢西亚城市老市区中别有洞天的小街巷、意大利威尼斯蜿蜒交错的水街水巷与中国北京旧城区的老胡同等，均给人们留下不可磨灭的印象。

二是现代住区街道——城市现代居住小区中的生活道路，它们既承载着居住小区中人们的通行和疏散的功能，也成为小区居民之间进行交流与活动的重要场所，其道路景观的营建还为居住小区环境起到增光添彩的作用。如加拿大温哥华中心城区滨水地带在 20 世纪 80 年代末所建的太平洋协和社区就展现出滨水住区的景观特色。中国深圳万科城住区中的道路体系从整体上与开放式的社区规划结合，以街区为单元，干道与支路相连，使住区通过干道发生联系，支路内部通达性良好，道路景观也呈现出异国风情小镇的特色风貌。

（三）城市道路景观的基本特征

在城市空间景观建设中，道路景观的营造有其自身的性质与特点，主要表现在以下几个方面。

一是动态性。城市空间中的道路路网属线状空间景观系统，其道路景观具有延绵、起伏、转折与连续等特点。在时空环境上，道路景观一方面有前后连贯的空间序列变化，另一方面又有季相（四季）、时相（早、中、晚）、位相（人与景的相对位移）和人在心理时空运动中所产生的变化等对道路景观的影响，道路景观的营造永远作为"过程"而不断发展，并始终处于动态变化之中。

二是识别性。城市空间中道路的可识别是景观营造最基本的要求，道路的识别性包括路型、方位与环境可识别。在城市空间中，道路路网纵横交错，极易造成形象雷同、难以识别等问题，增强道路景观识别性的方法包括设置路名标识、完善导向系统、强化道路特征、优化路网结构等，以使人们在城市空间中能够处于一个清晰、明确及便于识别的道路环境之中。

三是场所性。道路是城市生活的舞台，其空间与人们的日常生活和交往息息相关。城市道路空间中的各种活动与道路空间中活动人群的参与等行为密切相关，对人们的生理和心理需求产生影响，为人们提供在空间内停留、交流、自我表现、游戏和锻炼的场地以及相关的设施等，建立起人与道路空间之间的认同感与归属感。

四是层次性。城市道路景观的营造是一个系统工程，道路景观的实体与空间子系统由道路本体，两侧的建构筑物、服务设施、公共艺术、绿化水体、地形地貌等若干要素所构成。其中子系统相互交叠，道路景观营造中的许多要素同时又是其他系统的组成部分，因此需要通过梳理使其层次性得以呈现。

五是文化性。城市空间中道路景观的特色主要通过对城市道路人文氛围的营造来呈现环境的美感，使城市市民具有一种亲切、认同、熟悉的感受，也使外来宾客产生一种新奇的印象。城市道路景观的文化性，即将城市文化、历史、地域、民俗等特色要素融入对城市道路景观的营建，才可将城市的个性和城市精神以及行为文化融入道路空间形态，使城市道路空间具有鲜明的特色，从而产生地域文化特点与景观效益。

二、城市道路工程景观与环境色彩的关系

城市道路是城市空间景观的主导因素，它不但要承载城市的人流与物流，并且是城市景观中最具特色的物质载体。由于城市道路景观独特的区域性与功能性，道路景观的营造在城市景观个性塑造中显得意义重大。而环境色彩作为城市色彩体系的重要组成部分，不仅在展示城市总体风貌方面具有十分重要的作用，而且在城市道路工程景观营造中也尤为重要，并有着广泛的应用价值（图5-6）。

在城市道路景观设计中，环境色彩是景观营造的重要组成内容，也是人们感知城市色彩景观的场所空间。色彩具有调动人们情绪和感觉的作用，并能够对人们的生理和心理产生积极的影响。将环境色彩纳入城市道路景观设计，能使城市道路景观给人以不同的视觉印象，有助于人们在城市空间中有效且直观地区分和识别不同等级道路景观的差别，便捷、安全地到达目的地，

图 5-6　城市道路是环境色彩体系的重要组成部分

且在运动行进中体会到道路景观带来的具有动态效果的审美感受。

　　不同的城市区域环境，甚至每条道路都有自身的空间场所特质，充分挖掘城市具有地域文化的色彩元素，并且将环境色彩有目的地加入城市道路景观营造中，对于提升城市景观面貌、增加城市色彩认知、营造城市线性色彩景观、提升城市道路景观形象具有重要的作用。

　　城市道路景观设计中环境色彩的调和与对比关系，既包含道路景观自身色彩表情中存在的内在调和，又包含道路景观与整个环境氛围的相互融合。道路景观中环境色彩的对比表现在各类安全标识色彩的应用所需，包括道路路面材质的色彩处理与景观表达。道路环境色彩需顾及人们心理和生理层面的反应，创造符合视觉感受的整体协调的道路色彩景观效果，彰显城市道路景观的设计品质。

三、城市道路环境色彩景观的设计要点

　　就城市道路工程景观营造而言，城市道路景观色彩包括道路本体及其沿线一定区域内若干构成要素的所有色彩视觉信息，道路色彩景观系统可分为道路本体，两侧的建构筑物、附属设施及绿化水体、地形地貌等，其设计要点包括以下内容。

（一）道路本体色彩景观

　　道路本体景观包括道路路面与指引标识等（图 5-7）。

图 5-7　道路本体的色彩景观设计

1～2.道路路面的色彩景观；3～5.指引标识的色彩景观

　　道路路面——城市机动车、非机动车与行人的道路承载面，有刚性和柔性路面之分，多数道路路面上设有各种标志标线。作为道路承载面，其色彩选用除需考虑与周围环境协调以外，还需考虑辨识性。目前道路路面材质色彩多为灰色、蓝灰色、蓝色、黑色四种，彩色路面形式也已用于城市道路路面铺设，使城市道路路面材质色彩呈现多姿多彩的景观效果，应用中需注重其环境色彩关系的处理。

　　指引标识——城市道路路面、道路两侧及路面上空所设警示标线、指引标识、信号灯具与各种标牌等，它是以色彩、图形、符号、文字与灯光向驾驶人员及行人传递特定信息，用以管制、警告及引导交通的色彩系统。指引标志也可称作道路交通标志标线，用于城市道路指引时应考虑避免透视、色差引起的错视现象，并基于路面与周边环境状况来进行环境色彩景观设计。

（二）道路两侧建构筑物色彩景观

　　建构筑物景观包括道路两侧建筑及架于道路可供通行车辆路面净空上的各种构筑物等（图5-8）。其中道路两侧建筑色彩景观由城市环境色彩景观总体规划予以考虑，进行道路色彩景观设计时，仅将其作为背景，若其对道路色彩景观产生破坏时，可提出整改意见并予以调整。道路路面净空上的各种构筑物则需结合道路色彩景观进行具体设计。

（三）道路附属设施色彩景观

　　道路附属设施包括服务设施、公共艺术品与道路构造物等。

图 5-8　城市道路两侧建构筑物具有环境色彩特色的景观营造

　　服务设施包括信息类、交通类、卫生类、照明类、服务类、管理类与无障碍等城市不同等级道路上的各种设施及设备（图 5-9）。

图 5-9　道路附属设施中服务设施的环境色彩景观效果

公共艺术品包括城市不同等级道路、交叉路口、停车场地所设环境雕塑、壁画、装置、灯光与水景艺术品等（图 5–10）。

图 5–10　道路附属设施中公共艺术品的环境色彩景观效果

道路构造物包括路沿石、路肩、护坡、防撞护栏、跨线桥与隧道等（图 5–11）。

图 5–11　道路附属设施中构造物的环境色彩景观效果

城市道路附属设施的色彩景观设计要点是对其以点状、线状、面状等进行归类，依据不同城市空间特点、道路所处场所等条件，色彩景观应注意与周围环境、地域特性及道路本体色彩景观的协调，在局部或特殊地段色彩景观要求变化，从而使城市道路色彩景观丰富有序。

（四）道路绿化水体与地形地貌等色彩景观

道路绿化指的是在道路两旁及分隔带内栽植树木、花草以及护路林等（图 5–12），其色彩景观设计要考虑道路两旁植物的色彩随气候、季节的变化呈现不同的色彩效果，绿化植物的配置除应很好地体现地方性，同时还需与周围环境相互配合。

水体与地形地貌等色彩景观均为城市道路两侧的自然景象，在进行道路色彩景观设计时，更多考虑的是与周围景象和谐共存。

图 5-12　道路绿化水体与地形地貌的环境色彩景观效果

德国哲学家弗里德里希·威廉·约瑟夫·冯·谢林在《艺术哲学》一书中指出："个别的美是不存在的，唯有整体才是美的。"和谐是色彩运用的核心原则，也是色彩设计的核心原则。城市道路色彩景观设计的要点在于把握环境色彩整体秩序的建立及其层次的梳理，在色彩基调上求统一，在局部或特殊地段色彩处理上求变化，从而使城市道路色彩呈现丰富而且有序的景观效果。

第二节　城市道路工程景观中的环境色彩案例探究

道路是城市空间的重要组成部分，也是便于人类在城市中进行生活、工作、学习、休息等活动，满足人们各种交通需要的最基本的公共服务设施。随着社会经济发展和城市发展水平的提高，人们对道路的要求已不再是简单的通行功能，而是把道路看作是城市环境中不可分割的一部分，对其环境景观功能提出了更高的要求。在城市发展中，道路的建设甚至比城市建设的历史更为久远，伴随世纪的变迁，不少历史悠久的城市空间中或多或少地保留了多条老街，老街保留下来的景象反映了历史，通过维护、整治与更新，使其至今仍散发出活力并提供价值。这些老街的环境色彩也与老街道路的路面、两侧的建构筑物、附属设施及绿化植被等，共同构成老街所在城市独有的街道景观，令人向往，如意大利米兰蒙特拿破仑大街、花园城市新加坡市乌节路、湖南长沙黄兴南路步行街道的环境色彩，更是散发出历久弥新的魅力。而新建城市空间中的道路，尤其是城市的主干道更是十分关注道路景观的营造，道路的环境色彩更是成为景观个性塑造中的重要因素，如广东珠海情侣路的环境色彩等，在道路景观建设中展现其独有的环境色彩设计风尚。

一、意大利米兰蒙特拿破仑大街的环境色彩

蒙特拿破仑大街位于意大利米兰的市中心，是米兰乃至意大利最高雅、最昂贵的一条历史与购物商业老街。蒙特拿破仑大街有其厚重的文化沉淀，最早可以追溯到古罗马帝国时期，16世纪末被命名为蒙特街，1804年更改为现有街道名，19世纪初期，米兰市对这条街道进行了重建。19世纪末，各种奢侈品牌精品店如雨后春笋般出现在这条街上，并不断蔓延。经历第二次世界大战炮火的意大利，在20世纪50年代经济得以复苏，且在经济逐渐繁荣的背景下，通过对蒙特拿破仑大街的更新，使之开始成为意大利米兰市中心的商业购物街。直至今日，这条老街更是成为米兰"时尚四边形"中最重要的街道。如今，蒙特拿破仑大街已成为高级时装和珠宝在全球范围内的聚集地，全球最重要的时装设计师和几乎所有顶尖品牌，如古驰、范思哲、阿玛尼、巴宝莉、普拉达、路易·威登、迪奥等，都在这条街上开设了专卖店和陈列馆。蒙特拿破仑大街如同米兰被认为是名满天下的时尚之都一样，已经被认为是当下意大利首屈一指的时尚品牌名街。

人们走在蒙特拿破仑大街上，脚踩着石板路，并不感觉街道有多么宽敞，更像一条幽雅的小巷。街道两侧为19世纪初期所建的新古典风格的建筑，整体风貌呈现出幽雅的姿态。从蒙特拿破仑大街街道界面环境色彩来看，街道路面全由精致的石板拼砌而成，路面石板呈褐红色或青麻灰色，两侧建筑有灰白色、土黄、浅橘、绿灰、暗红等色，加上金色、浅绿灰、浅蓝灰等色的屋顶，少量白色糅合的边框给人一种厚重、深沉及对比中呈现调和的色彩印象。街道附属设施如路灯、车挡、垃圾桶、座椅、种植器皿以及商业广告、遮阳棚、广告吊旗与路边商亭等均采用色相不同的深灰系列色彩，以构成环境色彩统一的视觉效果。仅街道指引标识、公交车辆、时令活动广告、街旁的鲜花等色彩显得靓丽。

作为意大利米兰乃至世界著名的时尚街道，街道两侧的世界时尚名店均建在充满意大利风情的建筑物里。店面、橱窗设计精美，标新立异，诠释了品牌的概念。如果不是专注于购物，毫不张扬的店面造型与色彩也许不会引起人们的关注（图5-13）。

蒙特拿破仑大街除汇聚众多世界时尚名店外，有"歌剧麦加"之称的世界著名的斯卡拉大剧院、米兰大教堂、外形典雅颇有古风的埃玛努埃二世长廊，以及政府办公建筑、电影院、书店、美术馆、画廊、餐厅、银行与街头广场等散布于街道两侧及周边街区。大街上虽人潮拥挤，可依然给人以优雅的感受。米兰作为时尚之都，每年在此预测并发布下一年度色彩流行趋势，并从服装、纺织用品扩展至生活用品、交通工具与家居建材色彩走向，对建筑与环境色彩也产生影响。因此，在蒙特拿破仑大街，人们既可见到着装时尚、光彩照人的模特，也可从精品名店中展出的时装、家居及奢侈用品中感受到时尚的风采。蒙特拿破仑大街自身展现出的低调、高贵的品质和无处不在的艺术气质，便是其街道、建筑及环境色彩呈现出的城市文化氛围（图5-14）。

图 5-13　米兰蒙特拿破仑大街环境色彩呈现出低调、贵气的品质和氛围

图 5-14　米兰市中心的时尚品牌名街——蒙特拿破仑大街

续图 5-14

二、花园城市新加坡市乌节路的环境色彩

花园城市新加坡市位于新加坡岛的南端，面积将近 100 平方千米。该市是新加坡的政治、经济、文化中心，作为世界上最佳人居环境城市之一的新加坡市，有世界著名的"花园城市"美称（图 5-15）。行走在新加坡市的城市道路，人们似乎感觉走进了热带树木与鲜花构成的绿色艺术长廊。车在车行道上行驶时，只能隐隐约约见到人行道上行人的影踪。人在人行道上走，也不用担心机动车带来的安全影响和马达的噪声干扰，各条道路中间车水马龙，两侧的环境则宁静娴雅。热带树木与鲜花也成为新加坡市城市道路最具特色的城市空间背景。在贯穿城市东西的快速干道上，各类交通导向标牌设施指示明确，信号、隔离与拦阻设施完备，人行天桥横跨于干道上空，公交站点有序设置，高度现代化且有序的管理效率使道路畅通无阻（图 5-16）。

图 5-15　岛国城市新加坡市，如今已经成为世界著名的"花园城市"

图 5-16　新加坡市的城市道路及其所设环境设施实景

乌节路位于新加坡市中心地段，全长 2.2 千米，是新加坡市最著名的购物街区，和纽约的第五大道、巴黎的香榭丽舍大街、伦敦的牛津街、东京银座等齐名，并享有世界十大商业街之一的美誉（图 5-17）。自 1830 年建成以来，乌节路多年来经历了大量的改造。20 世纪 50 年代，CK TANG（诗家董）在乌节路建立了一家购物中心。其后 LIDO 电影院、乌节戏院、来福村和杰克保龄等娱乐中心相继开设。到 20 世纪 80 年代，乌节路两侧建设了鳞次栉比的大型商业中心，汇聚了诸如天安城、董宫酒店、百丽宫、乌节中央城等现代商厦。当造型奇特的 ION Orchard（爱雍·乌节）与 Shaw House（邵氏大厦）商业中心、凯煌大酒店等落户乌节路后，这里也就成了世界级的远东购物和时尚中心。

图 5-17　新加坡市的著名商业街乌节路作为购物街区，享有世界十大商业街之一的美誉

花园城市新加坡市是一个充满色彩的城市，全城到处都可见五彩斑斓的植物和靓丽的城市色彩。新加坡市作为一个多种族、多宗教与多习俗的城市，不同的民族、历史与文化，经过创造性的融合形成了今天独特的新加坡文化及共生的多元社会。环境色彩在整个城市，诸如市中心区、市政广场、樟宜国际机场、圣淘沙公园、滨海湾花园、环球影城、S.E.A 海洋馆、水上乐园、时光之翼剧场及牛车水、哈芝巷、克拉码头等作为最活跃的视觉元素，呈现出自然、欧式、中式、马来西亚、印度、和式、现代及时尚等多样化的城市环境色彩风貌，具有很强的文化多元性与包容性（图 5-18）。

如今，乌节路街道两旁林立的巨大热带树木已遮天蔽日，整条道路以充满绿意的色彩基调为背景，行走在林荫道下，满目苍翠。街道两侧商业建筑外立面所进行的绿化处理，使花草树木不仅有效缓解了商业高楼带来的压迫感与冷硬感，更为购物人群增添了来自大自然的

图 5-18　新加坡城市色彩作为最活跃的视觉元素，呈现出文化的多元性与包容性特色

清新印象。从新加坡制定的城市设计导则详细规划看，对乌节路街道两旁各类建筑底层边界、屋顶设计、建筑高度、建筑立面与界墙等空间形态元素均做了严格规定。导则重视对街道界面景观整体性的营造，以及对建筑轮廓与沿街面位置的控制，以统一街道外观的协调性，但也赋予了设计一定的弹性空间。同时，导则也鼓励建筑细节的创意性与独特性，未对乌节路街道两旁各类建筑色彩、详细材质、局部装饰等做严格限定，而是引导丰富多样、个性鲜明的街道界面。因此，乌节路街道两旁各类商业建筑色彩各具特色，如乌节路街道两旁的百丽宫、董宫大酒店、诗家董百货公司、ION Orchard 购物中心、乌节中央城等现代商厦建筑外观采用暖色调和重量偏轻的色彩，包括灰色系列的白、浅灰黄、浅灰绿、浅灰棕、浅灰蓝等，在商厦建筑银灰色钢构架与深蓝绿色玻璃幕墙的映衬下，显得统一与和谐。其中五星级董宫大酒店和新的诗家董百货公司为有中式屋檐的现代建筑造型，建筑外观为暖灰色系色调，屋檐瓦面则用绿色琉璃瓦，屋檐下柱施用中国红，加上暖灰白色的台基和护栏，展现出东方的色彩风韵。乌节路街道两旁商厦建筑底层则依据各类商店品牌色彩表达的需要进行色彩设计，加上乌节路街道各种公共服务设施，特别是商店店招、橱窗及导向信息指示系统等的色彩，使乌节路呈现出多彩多姿、未来感十足的环境色彩效果。入夜车水马龙的乌节路更是灯火辉煌，随着当下媒体表达设计要素在商业店街两旁各类建筑立面的引入，结合最新 LED 显示屏技术，使乌节路街道两旁建筑的外立面转换成交流的界面，也使充满活力和动感的光影色彩在迷离的夜空中，不时地散发出唯新加坡乌节路才有的热带城市色彩风格及引人入胜的景观魅力（图 5-19）。

图 5-19　花园城市新加坡乌节路街道两旁商业建筑的环境色彩具有引人入胜的景观魅力

　　面向未来，新加坡政府为提升乌节路的环境品质，于 2019 年公布了"重振乌节路计划"，提出到 2065 年要从历史展示、植物美化与场所扩充等方面进一步升级街区等级（图 5-20）。具体措施有四点：一是为了便于下沉街道的建设，将禁止车辆通行，使乌节路成为一个行人步行的环境；二是释放公共空间；三是创造更加便利的商业和公共空间；四是通过工程技术营造提升乌节路室外舒适度，改造后的乌节路通过一个轻巧的天棚覆盖在树的上方，为行人遮挡阳光和雨水。这个天棚采用有机薄膜光伏电池，主要使用聚合物材料捕捉阳光，由此创造亚洲最大的太阳能电池阵列，通过街道下方的清洁能源提供充足的电力，以促进降温和提供照明。乌节路上的这些升级改造，定将给花园城市新加坡带来全新的商业购物空间形象，也将使乌节路的环境色彩在城市茂盛热带植物绿色基调的背景中，展现充满活力、五彩斑斓的城市商业街道空间。

三、湖南长沙黄兴南路步行街道路环境色彩设计

　　位于湘江下游的长沙，自古得"舟楫之便"，水运畅通历 2000 多年，因水而兴也带动整个城市由古至今的发展（图 5-21）。湘江由南向北纵穿长沙城区，从而促进城市贸易的兴旺，也使其商业渐显峥嵘，而湘江东岸地理位置的优势，则使建于 20 世纪 30 年代的黄兴路当之无愧成了长沙商业的策源地。

　　旧时的黄兴路商店林立，人声鼎沸，吴大茂、亨得利等传统老字号比比皆是，使黄兴路成了流金淌银的一块宝地。商业极度兴盛，街道却极其狭窄。过去的黄兴路，最窄的地方八角亭

图 5-20　新加坡政府为提升乌节路商业街环境品质，于 2019 年公布的"重振乌节路计划"

图 5-21　长沙城市风貌

与司门口街道路宽仅 1 米，行人络绎不绝，其后长沙便开始对黄兴路进行拓宽。1948 年，黄兴路北延建至先锋厅，1952 年又向南延建至劳动路，至此黄兴路除了具备商业功能，又成了一条贯穿南北的交通干道。20 世纪 90 年代末，这条历代传承的商业老街，逐渐与整个城市商业的发展不相适应，在城市经济结构调整的大趋势下，步行街模式作为改造老城区商业中心的一种模式被普遍认同。21 世纪伊始，黄兴南路步行街由长沙市政府引进外部建设公司共同修建，于 2002 年更新改造完工。黄兴南路步行街的开业，引爆了步行街这片区域，日均客流量达到 10 万人次，节假日更是达到了 20 万人次的高峰。步行街内商品种类众多，吃喝玩乐应有尽有，从各色潮流服饰、精品到特色小吃、饭店，这里汇聚了长沙民众所喜爱的一切商业元素，步行街西侧的坡子街更是长沙特色小吃的齐聚之处，有长沙人民耳熟能详的火宫殿、双燕楼、红梅冷饮等，数不胜数。整个黄兴南路步行街区域已成为全新概念的商业中心及旅游区，并赢来了"三湘商业第一街"的美誉（图 5-22）。

黄兴南路步行街从建成至今，期间经过多次提质改造。步行街北起芙蓉区司门口，南到南门口，全长 838 米，街面宽 23 ～ 26 米，包括近 10000 平方米的黄兴广场，商业空间总面积为 250000 平方米，它由室外、室内、空中花园三条步行街组合而成，是集购物、休闲、娱乐、餐饮、文化旅游等多项功能于一体的综合性场所。富有文化底蕴的城市雕塑，时尚且通透的建筑空间感受，尺度宜人、富有节奏感的现代繁华商市，给人留下难忘的记忆。而强大的综合功能和完善的配套服务，更使步行街拥有"城市岛"的综合效应，成为长沙的"城市名片"和展示长沙繁荣商业、城市管理的重要载体。

长沙市黄兴南路步行街道路环境色彩景观风貌具有如下几个特点。

一是作为步行街道路主体，地面铺装较为整体和统一，道路地面主要以两种色系的搭配来区分空间，即以骆驼红花岗岩作为主色调，青灰色花岗岩作为辅助色区分空间，部分地方点缀扇形分布的小块灰色麻石。但是地面铺装之间的衔接缺少色彩上的过渡，显得有些生硬，需通过对底界面的环境色彩在主色调上予以强化来达到突出主体的目的。

二是作为步行街道路两侧的建构筑物，黄兴南路与坡子街交会处的悦方摩尔建筑外观为米黄色，且与青色玻璃配合，营造出较高端的商业环境色彩氛围，对步行街道路环境色彩具有引导性。其他沿街两侧建筑表面多被商业广告掩盖，建筑底层门面大部分都被商家改造成符合店家审美及品牌特殊要求的风格，如百幸鞋业整栋楼为黑色，隔壁的特步则为白色主色调。有不少商厦建筑高层还保留着兴建时的外观色彩，也有的建筑在翻新时被粉刷成高纯度的色彩，与周边的建筑色彩不够统一。黄兴广场作为黄兴南路步行街的中心区域，尚需对其建筑外观色彩进行重点设计，使之成为整个步行街道路环境色彩的高潮部分。

三是作为步行街道路附属设施，黄兴南路步行街上最具特色的要数分布在街道各处的铜雕，雕制的人物惟妙惟肖，有挑担的老人、顽皮的小孩、做工的民间手艺人等，反映的是老长沙的生活百态。雕塑的古铜色彩闪烁着微微金属光芒，可谓是整个步行街的点睛之笔。而其他附属设施，如照明路灯、休息座椅、分类垃圾箱筒、导向标识系统等，则在强化功能主体色彩的同时，做到与步行街道路环境色彩整体上适当的搭配。

图 5-22　黄兴南路步行街区域已成为长沙市全新概念的商业中心及旅游区

四是整个道路的绿化景观设计，黄兴南路步行街采用中心绿化景观主轴贯穿整条步行街的做法，故绿化植被的布置与形状需依照中心主轴的走向呈不规则状，均匀分布在整条步行街上。这样的布置可以利用绿化植被的高度变化制造围合空间，营造出视觉上相对隐蔽的空间，以在喧闹的步行街环境中营造出适合休憩的围合空间。步行街道路中所设附属设施与种植的绿植和花草相间配置，从而形成绿化效果良好、环境色彩丰富的城市商业景观（图 5-23）。

图 5-23　长沙黄兴南路步行街道路环境色彩景观特点

黄兴南路步行街通过对现有城市环境色彩品质的提升，不仅能突出商业功能，体现古城风貌，展示湖湘文化，注入时代气息，还能以一流的市容市貌、灯饰装潢、街区文化、服务质量、管理水平成为长沙经济繁荣的代表点、城市文明的形象点、历史文化遗产与现代文明在商业发展中的交融点，整个步行街已经成为长沙城市形象新的标志性建筑群，黄兴南路步行街代表的更是长沙这座历史文化名城的社会经济、文化、文明、科技发展新的里程碑，也是长沙以"千年湖湘、烟火长沙"为理念对其进行再次改造提升，展现长沙丰富的历史文化底蕴，走向全国乃至世界的又一文化旅游窗口和城市设计亮点。

四、缤纷色彩浸染的浪漫海滨——广东珠海情侣路环境色彩设计

珠海位于珠江出海口西岸，毗邻南海，自古以来便是岭南文化重镇之一。珠海的地域文化是香山文化的重要组成部分。珠海于 1979 年建市，1980 年设立经济特区，是中国最早设立的经济特区之一，也是内地唯一与香港、澳门两个特别行政区均有陆路相连的城市，并有中国最具幸福感的城市及花园式滨海旅游城市之誉（图 5-24）。

图 5-24　位于珠江出海口西岸的珠海，是中国最具幸福感的城市及花园式滨海旅游城市之一

　　情侣路位于珠海香洲区东部，伶仃洋西岸，滨海岸线长度为 44.5 千米，沿岸各个海湾滨海环境复杂多样。道路建于 20 年代 90 年代初，至 1999 年完工并实现南北贯通，情侣南路及情侣中路沿珠海市东部滨海区延伸，南起珠澳边界，是珠海市与省会广州等地相连的主要通道。情侣路长约 28 千米，全路段共分为三部分，串联起拱北、吉大、香洲，具体名称为情侣南路、情侣中路和情侣北路。整条道路临海而建，道路所临海湾景色优美，从而造就了情侣路独特的山、海、城、岛风光。在道路面海一侧的游道行走，人们既可以吹着海风漫步，赏浪花、听涛声，更能感受缤纷色彩浸染的海滨风光。

　　珠海情侣路作为靓丽的城市名片，也是非常著名的景观道路，它面向伶仃洋，背依板樟山。漫步其间，可以看见以"中国结·三地同心"为主题，桥隧全长 55 千米的港珠澳大桥，还有由大小不一两组贝壳造型组成的延续珠海海洋文化的珠海歌剧院等建筑。鸟瞰珠海情侣路，它犹如一条飘逸的巨幅绸带，依山势、傍海湾，景色秀丽，每当夕阳西下，海风吹拂，景色更是美不胜收。在情侣中路直通海边的栈道上凭栏眺望，唐家湾沙滩、美丽湾沙滩、海天驿站、海天公园、珠海博物馆新馆、香洲港码头、野狸岛、得月舫、十里银滩、香炉湾、城市阳台、石景山公园、珠海渔女、大礁石、海滨公园、爱情邮局、海滨泳场、九州岛及码头、拱北湾等景观一览无遗，使人感到无比惬意，尤其是珠海渔女和香洲湾景观，更是珠海浪漫之城的代表，是珠海的城市名片，提升了珠海城市的知名度。2014 年，情侣路在编制提升规划项目时得以扩展延长，其范围包括情侣路全线：北至珠海与中山交界、西至珠海大道与磨刀门交会处路段。路段总长度约 55 千米，建成之后将成为世界上最长的城市滨海景观道路（图 5-25）。

　　情侣路及沿线空间作为珠海市对外快速交通要道及滨海景观廊道，具有多重功能，带给人们的感受也是多维的。它是珠三角西岸重要的滨海交通走廊，其北段还承接着对外交通的作用。作为对外快速交通要道，情侣路为四车道，道路红线宽度为 36 米，道路沿海湾岸线建设，西依山体大厦，东临碧海归帆，整体流线顺畅便利，线型呈现蜿蜒的变化。作为滨海景观廊道，情侣路利用东临碧海的滨海空间所建步道、广场、沙滩、景点与公共服务设施等，可使市民和游

图 5-25　珠海情侣路作为靓丽的城市名片，建成之后将成为世界上最长的城市滨海景观道路

人沿海湾漫行数千米去瞭望大海，远观澳门，海天美景尽收眼底。作为城市滨海景观道路，珠海情侣路带给人们的道路环境色彩印象也是风采卓然的。现情侣路有车行道、骑行道与人行道之分，不同道路各有特色。

车行道路面以沥青铺设，路面按规范规划，有色彩鲜明的交通管理标识线，在沥青路面上显得分外醒目。车行道西侧沿途建筑色彩以白色调、灰色调为主，多采用粉彩色系（浅蓝、浅粉、浅黄、浅绿、浅紫），给人们带来一种柔和、轻盈、诗意、阳光的审美体验。车行道两边公共服务设施配置完善，所设各类交通引导信号系统、照明灯具、隔离护栏、车挡、公交站亭及导向立牌等色彩各异，尤其是情侣路菱角嘴等处所设公交站亭，亭顶用橙黄色琉璃屋面，与白色亭身相结合，造型体现出浓郁的岭南风韵。而这些公交站亭也成为 20 世纪 90 年代珠海城市建设传承下来的代表之作。

骑行道与人行道共同构成珠海城市绿道，市民在情侣路沿海绿道所铺红色骑行道上可骑车观海，既可享受阳光、体验海风，又可经海滨公园驿站及香炉湾园内林荫夹道，品味山海景观带来的临海景象。这里是休憩和放松的好去处，市民在情侣路沿海绿道的蓝色人行道上散步、健走与慢跑，可观山海，还能近距离看贝壳造型的歌剧院。珠海城市绿道的建设走在国内前列，不仅率先出台《珠海市绿道管理办法》，在绿道线路设计、路形选择、沿路服务设施建设以及城市绿道环境色彩应用方面均展现出城市的个性特征。情侣路的人行景观道多由棕黄色和浅灰色砖石所砌，间有各类图形和多彩色带。道路两侧的棕榈行道树及滨海空间内的草坪、绿植和花卉均为典型的热带植物，绿化种植以珠海本地植物为主，种植风格为疏林草地形式，局部进行精细化的处理。情侣路上的交通工具，如电瓶车、自行车、公共汽车、观光双层巴士等，以及情侣路滨海空间配置的公共服务设施，如休息座椅、导向立牌、垃圾桶（箱）、配景雕塑等，均进行统一或分段、分类处理，不仅用色明快，还与滨海海天一色的环境在整体色调上形成和谐的关系。

如今珠海市以情侣路为"线"，在整体提升道路品质的基础上，组织实施了香炉湾、美丽湾、绿洋湾和唐家湾共约 5.1 千米的沙滩修复工程。以自然修复的手法还原本属于城市的开敞空间，沙滩现已陆续开放，使情侣路滨海空间成为水清、岸绿、滩净、湾美、水陆融合的浪漫海岸风情带。

在漫长的情侣路上，最受人们关注的地标景点为位于珠海香炉湾畔的珠海渔女塑像。这座石雕高 8.7 米，由重 10 吨的花岗岩分 70 件组合而成，是中国著名雕塑家潘鹤的杰作。珠海渔女被认为是手捧宝珠、带来希望与幸福的海神之女，亭亭玉立于海上礁石的渔女雕像，不仅成为珠海市的象征和城市标志，也是开创中国大型海滨雕像建设先河的成功之作。不管日出还是日落，珠海渔女塑像在香炉湾畔满天朝露和落日余晖中，映衬出珠海日新月异、节节攀升的城市天际线（图 5-26）。

情侣路沿路有不少珠海地标，如日月贝歌剧院和野狸岛，还有海滨泳场内融入了地中海式海洋元素的灯塔，珠海市民称之为"爱情守护塔"。另与灯塔相望的爱情邮局，在蓝天白云的滨海沙滩环境中，也不辜负爱情的冠名，通过这段路、这片海，传达出一生一世"爱"的设计主题。

图 5-26　珠海浪漫海滨情侣路及具有地标特征的环境色彩设计效果

　　地处北回归线以南，属亚热带海洋性季风气候的珠海，天空时不时便像被不小心"打翻"的调色盘，倘若天气晴朗时漫步在情侣路上，让人惊叹的不仅仅有海天一色带来的明快与胜景，还有五色斑斓的天空。从黄昏时的长日将尽，到夜幕降临下的月色渐明，天空会呈现出由蔷薇色到墨蓝的变换。天空变化的每种颜色都蕴藏着城市迷人的魅力。若天气阴沉时行走在情侣路上，人会感受到海天相接处的缥缈与静谧以及翻滚的云彩，还可在雨中海滨感知景观色彩轮番演绎的各种变化，景色可谓别样的迷人。

　　夜幕降临下的情侣路相比白日显得更加热闹。情侣路沿线的夜景照明采用轮廓照明、泛光照明、强调照明、内透光照明、动态照明等综合照明手段进行打造，既增加了层次感，又突出相应路段的主题，如浪漫主题所用的浅紫色、浅蓝色、浅粉色，都市主题所用的黄色，植被区所用的绿色等。同时，在山海主题与田园主题区段，除必要的交通照明外，多避免人工灯光的使用，以使人们在夜晚可以看到海滨特有的美丽星空（图 5-27）。

　　依照珠海"山海相依、陆岛相望"的规划愿景，引导情侣路规划形成"一带九湾"的浪漫海岸，"一带"即浪漫风情海岸带，"九湾"指金星湾、淇澳湾、唐家湾、凤凰湾、香炉湾、九州湾、拱北湾、横琴湾、新洪湾，现正全面推进、逐步实施该规划。今天，珠海市民和来宾沿着情侣路从北而南，或骑行，或徒步，整个珠海的海景及环境色彩将总揽于人们的眼中。不论是唐家湾海滨沙滩、一大一小两组贝壳造型歌剧院、亭亭玉立的渔女雕像，还是以爱为主题设计的海滨泳场、码头、灯塔与邮屋驿站等，以及海天相接处的港珠澳大桥，如斑斓的七彩之光汇聚成的珠海城市环境色彩，引导人们在光与色的交织中去寻找珠海缤纷色彩浸染的浪漫海滨万种风情和城市故事。

图 5-27　夜幕下的珠海情侣路，别样的光色景观更是呈现出迷人的浪漫色彩

第三节　安徽合肥柏堰科技园区城市道路绿化环境色彩设计

在当今社会，全球经济一体化和区域化的趋势越来越明显。高新科学技术及其产业已经成为世界经济和科技竞争的焦点，谁拥有高新技术优势，谁就能在激烈的国际竞争中立于不败之地，这已成为国际社会的普遍共识。而高新科技园区作为人类不断追求工作、居住、自然三者和谐的产物，也是人类的生活理想与科技文明交替衍生和发展的历程打在大地环境上的烙印。

一、城市高新科技园区及其道路景观环境设计的意义

就城市高新科技园区而言，它是指以发展高新技术为目的而设置的特定区域，是依托于智力密集、技术密集和开放环境，依靠科技和经济实力，吸收和借鉴国外先进科技资源、资金和管理手段，通过实行税收和贷款方面的优惠政策和各项改革措施，实现软、硬环境的局部优化，最大限度地把科技成果转化为现实生产力而建立起来的促进科研、教育和生产结合的综合性基地。

城市高新科技园区道路规划属于城市道路总体规划系统中的子系统，应纳入城市道路总体规划予以考量。而高新科技园区的道路建设可以看作城市"骨架"和"血管"向园区的延伸，道路路网框架的合理布局是高新科技园区建设的基础，道路景观环境的特色营造则是高新科技园区建设的重点，并对城市道路景观整体形象建设产生影响。诸如美国硅谷科技开发园区、日本关东工业园区与新加坡裕廊工业园区的道路及景观环境设计等，国内的北京中关村生命科学园区、深圳福田高新产业园区及武汉光谷东湖新技术开发园区的道路及景观环境设计等，均成为这些园区所在城市展现新的城市形象和风貌的重要建设地段（图 5-28），直至成为面向 21 世纪，追求城市"骨架"与整体和谐，完善城市功能，提高城市品位的有效途径，其意义和作用是显而易见的。

图 5-28　城市高新科学技术产业园区的道路及环境设计特色建设

1. 日本关东工业园区的道路及环境设计；2. 新加坡裕廊工业园区的道路及环境设计；
3. 深圳福田高新产业园区的道路及环境设计；4. 武汉光谷东湖新技术开发园区的道路及景观环境设计

二、合肥柏堰科技园区城市道路绿化环境设计解读

（一）科技园区道路绿化环境设计背景

　　合肥柏堰科技园区位于安徽合肥市区西南，其规划范围北起肥西桃花镇用地界限，南到宁西铁路，西接玉兰大道和长安大道，东至合九铁路，用地总面积为 9.23 平方千米。其中 312 国道以北用地面积约 0.71 平方千米，312 国道以南用地面积约 8.52 平方千米。柏堰科技园的总体规划已完成，其中一期八条道路已建成并通车，二期七条道路也将于近期建成。园区内正在实现"九通一平"，四周道路环绕，"交通便利，基地平坦，基础设施水平高，环境优美"，是极好的高科技工业园用地（图 5-29）。合肥市委、市政府提出了大建设、大发展、大环境的"三大"推进战略，合肥高新区结合发展空间的拓展，为实现可持续发展，与邻近的肥西县本着合作开发、利益共享的原则，共同建设柏堰科技园区。其目标就是超常规地发展高新技术产业，适应竞争需要，直至推动合肥市高新技术产业的发展，促进经济的建设。

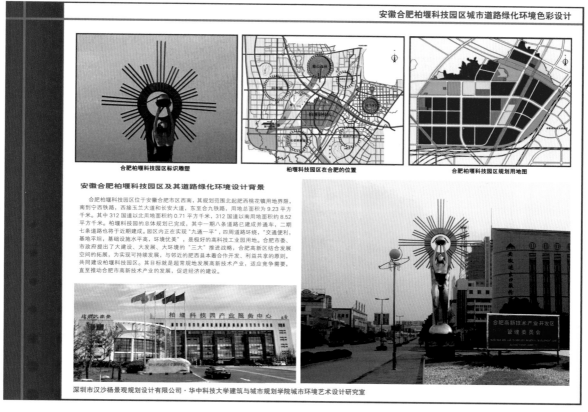

合肥柏堰科技园区标识雕塑　　柏堰科技园区在合肥的位置　　合肥柏堰科技园区规划用地图

安徽合肥柏堰科技园区及其道路绿化环境设计背景

合肥柏堰科技园区位于安徽合肥市区西南，其规划范围北起肥西桃花镇用地界限，南到宁西铁路，西接玉兰大道和长安大道，东至合九铁路，用地总面积为9.23平方千米。其中312国道以北用地面积约0.71平方千米，312国道以南用地面积约8.52平方千米。柏堰科技园的总体规划已完成，其中一期八条道路已建成并通车，二期七条道路也将于近期建设。园区正在实现"九通一平"，四周道路环绕，"交通便利、基地平坦，基础设施水平高，环境优美"，是极好的高科技工业园用地。合肥市委、市政府提出了大建设、大发展、大环境的"三大"推进战略，合肥高新区结合发展空间的拓展，为实现可持续发展，与邻近的肥西县本着合作开发、利益共享的原则，共同建设柏堰科技园区。其目标就是超常规地发展高新产业，适应竞争需要，直至推动合肥市高新技术产业的发展，促进经济的建设。

深圳市汉沙杨景观规划设计有限公司·华中科技大学建筑与城市规划学院城市环境艺术设计研究室

图5-29　合肥柏堰科技园区城市道路绿化环境的设计背景

（二）科技园区道路绿化环境设计定位

柏堰科技园区为一个在21世纪建设的高新科技产业园，如何使它适应时代的发展并体现现代高科技工业的特征，是进行园区道路绿化环境设计考虑的关键问题。在规划设计中需体现其面向21世纪高新技术产业的特征，在园区道路绿化形象创造方面要体现"超前、创新、大手笔突出道路绿化环境设计"的原则，努力完成规划目标，即将柏堰科技园区建设成为一个空间层次丰富、形象超前及具有21世纪现代工业园景观风范的园区，一个绿树成荫、花草遍地、生态环境优美的园区，一个管理科学、分期实施完整、远近期良好衔接的工业园区。

在此基础上，柏堰科技园区道路绿化环境建设要按所确立的设计定位展开，主要有如下几点。

（1）"新时代，新景观，新形象"——传承地域文脉，以全新的绿色道路环境与其他城市区域形成鲜明对比，体现合肥市迈向未来的发展步伐。

（2）设计风格简洁、明快、现代、环保。园区中绿化植被景观应突出"红、黄、绿"三彩花草特色，并将同一色叶类型植物集中布置，形成园区自然时令方面色彩设计上的变化，以达到令人赏心悦目的视觉效果。

（3）设计定位：与地域环境共生，与现代生活同构；追求生态化，实施生态补偿设计；追求人性化，关注文化品质，建立现代科技园区空间环境景观的设计特色（图5-30）。

图 5-30　合肥柏堰科技园区城市道路绿化环境的设计定位

（三）科技园区道路绿化环境设计原则

1. 系统性原则

柏堰科技园区道路绿化环境设计首先需要强调高新区绿色体系的完整性，同时又要保持和已建绿化部分及周边绿化的连续性，使各类型的绿地在点、线、面上融为一体。

园区各道路之间应根据道路等级以及周边的环境，保持自身的景观特点，丰富路景，增加可识别性，同时又通过道路节点相互联系，景观自成特色又相互衔接。规划设计还要从整体着手，讲求变化有序和主次分明，从宏观上确立基本结构，着力丰富细部景观，变而不乱，取得整体上的和谐统一。

2. 特色性原则

柏堰科技园区道路绿化环境设计应注重规划设计特色的体现，其设计应节奏明快、形式简洁，同时还需结合道路特性定位绿化特色和树种搭配，体现高新区的时代风格。园区内树种的选择注重变化，除了在生态性上考虑本地域树种，更多样化地选择多景观层次的树种搭配，尤其是新品种。植物配置集中成片，色彩对比明显，以骨干树种为背景，细部景观丰富而总体统一有序。除了植物元素，还充分考虑非植物元素的运用，体现景观的多样性、艺术性，烘托出高新区的特色文化。

3. 生态性原则

柏堰科技园区道路绿化环境设计应充分考虑高新区的立地条件，因地制宜，科学选择树种。在植物配置方面，乔、灌、花、地被相结合，常绿与落叶相结合，同时注重色彩和季相搭配，依靠多样性的配置形式和特色树种，创造多样性的绿色景观。

4. 艺术性原则

柏堰科技园区道路绿化环境设计在艺术性方面力求做到意境相融、层次分明。意境相融在于绿地形式和植物选择与道路性质、周围环境方面应通过形态与色彩等规划设计手法，使园区总体艺术设计氛围统一。层次分明在于结合总体规划，分析道路等级，不同层次的道路绿化按其重要程度和特点，在尺度控制、形式选择、植物配置方式等方面有明确的区分，从而使重点突出，层次分明。

三、合肥柏堰科技园区城市道路绿化环境色彩设计的探索

就合肥柏堰科技园区城市道路绿化环境来看，该科技园区是合肥市面向未来建设的新区，道路作为科技园区建设的骨架，道路景观特色营造对未来科技园区整体形象建设至关重要。而环境色彩在柏堰科技园区城市道路景观特色营造中的导入，显然对其道路景观个性塑造具有促进作用。基于这样的思考，在将环境色彩设计导入合肥柏堰科技园区城市道路景观特色营造时，我们借鉴发达国家高新科技园区道路景观色彩设计处理的成功经验，即从调查柏堰科技园区城市道路绿化环境色彩的现状资料着手，首先弄清科技园区及周边区域的地理环境、风土人情和文化特征，了解当地的民风、民俗及其历史、文化和未来的发展前景，从以下几个层面来进行柏堰科技园区城市道路绿化环境色彩设计的探索。

对合肥柏堰科技园区城市道路绿化环境色彩设计的探索主要从调查采集、目标定位、景观结构、总体规划、详细设计与实施应用等层面来展开（图 5-31）。

（一）合肥柏堰科技园区城市道路绿化环境色彩的调查采集

柏堰科技园区为开发新区，进行城市道路绿化设计时，园区除道路已基本建成外，尚未有企业入驻园区开始进行建设，场地内除一些还未撤除的村庄农舍外，均为推平的农田、高压线走廊与铁塔，以及园区道路跨河修建的桥梁等人工构筑物，人工色彩要素不多。科技园区目前主要由植物、天空、水系和山峦等呈现出来的自然色彩要素构成，环境色彩的调查采集主要以园区自然场地、周边区域所见人工建构筑物的色彩调查来展开，工作包括了解对园区环境色彩有影响的物体色彩现状，运用色卡对比法、拍照记录、计算机技术处理法和仪器测量法等进行分析，以使感性的色彩输入能够以理性的方式输出。同时，还需对柏堰科技园区内环境色彩的构成比例以及园区自然场地与周边区域所见人工建构筑物等环境色彩现状资料作出定性和定量

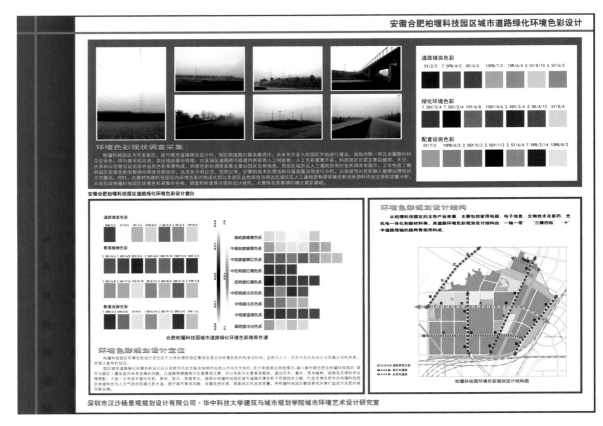

图 5-31　合肥柏堰科技园区城市道路绿化环境色彩的设计意象向

分析，从而形成柏堰科技园区环境色彩采集在色相、明度和纯度等方面的设计倾向，为整体色彩基调的确立奠定基础。

（二）合肥柏堰科技园区城市道路绿化环境色彩的目标定位

柏堰科技园区环境色彩设计定位在于力求处理好园区景观及其空间环境色彩的传承与时尚、自然与人工、历史与文化及设计与实施之间的关系，并使之能有机结合。

园区城市道路绿化环境色彩设计应以合肥市历史文脉及独特的自然山水风光为依托，充分考虑周边用地情况，融入新时期合肥及柏堰科技园区（城市与新区）建设面向未来发展的风貌，以道路两侧植物为主要景观元素，并以色彩为主要表现载体，通过乔木、灌木、草本植物、宿根花卉等科学合理搭配，于统一中寻求丰富的色彩、季相、层次、质感变化，提炼出柏堰科技园区城市道路环境色彩不同路段的主题，打造充满合肥市及柏堰科技园区地域特色与人文气质的低碳五彩大道，提升城市景观风貌，改善投资环境，提高地区的宜居质量，将柏堰科技园区整体景观环境打造成为合肥的城市新品牌。

（三）合肥柏堰科技园区城市道路绿化环境色彩的景观结构

柏堰科技园区的主导产业包括家用电器、电子信息、生物技术及医药、光机电一体化和新材料等。道路景观结构由一轴一带、三横四纵、十字道路绿轴的路网骨架所构成。

1. 一轴一带

"一轴"是指沿香樟大道和昌河大道形成的反"L"形的空间发展轴线，它体现了区内公共设施的布局特点，即主要沿这条轴线两侧布置。因此，它既是一条空间发展轴，也是一条生活轴线。它连接了高新区的过去和未来，高新区的过去在312国道以北沿科学大道和香樟大道发展，高新区的未来发展方向应沿着这条轴线向西发展，与科学城融为一体。

"一带"体现了园区内公共设施的布局特点，即主要沿昌河大道两侧布置，是全区的服务和管理中心。

2. 三横四纵

柏堰科技园区的道路规划注重方便快捷的区内外交通系统的创造，注重与城市总体规划道路网的衔接，加强与政务文化新区、经济开发区、规划中的科学城的联系，形成"三横四纵"的主干道道路网骨架。"三横"是指习友路、昌河大道和宁西路，"四纵"是指玉兰大道、杭埠路、香樟大道和政高路。其中，政高路为快速路，习友路、昌河大道、玉兰大道、香樟大道为主干道，杭埠路、宁西路为次干道。

3. "十"字道路绿轴

柏堰科技园区规划的景观轴线骨架由"十"字形的道路景观轴线组成。"十"字形的景观轴线是指沿昌河大道和香樟大道两侧布置区内的公共建筑中心和绿化公园。两个绿化公园为生态核心，林荫大道昌河大道、香樟大道、玉兰大道将两个"绿核"串联起来，与风景防护林一起，形成一个"点、线、面"结合的、完整的绿地系统，并将绿色渗透到整个园区，形成现代气息和科技园区高标准、高品位的新形象。

合肥柏堰科技园区城市道路环境色彩设计即按景观结构进行划分，可分为综合景观路、花园林荫路、一般林荫路三个层级来展开。其综合景观路为"三横四纵"的对外通道骨架和位于重要区位的城市干道，花园林荫路为位于居住区或联系居住区和工业区的城市次干道，一般林荫路是指除以上两种情况外的其余城区道路。柏堰科技园区的城市道路环境色彩的设计遵循从总体规划到详细设计，再到实施管理的步骤来展开。

（四）合肥柏堰科技园区城市道路绿化环境色彩的设计实施

1. 总体规划

由于合肥柏堰科技园区内的城市道路目前仅完成路网建设，路网两侧将要入驻的企业及服务类建筑尚未开始建设，需要完成的工作主要是道路绿化工作，环境色彩设计也集中在道路绿化层面来展开。这个阶段依据园区道路环境色彩的景观结构，从总体规划上将园区城市道路绿化中不同路段的环境色彩打造出不同的主题，以不同的色彩主题进行设计（图5-32）。同时，不同路段的环境色彩主题并非单一呈现，而是结合不同的区域环境、文脉主题、植物种类与附属设施等，共同构筑多样统一、变化和谐，具有科技园区道路景观特色的环境色彩风貌。而柏堰科技园区城市道路中此次纳入总体规划进行景观设计的道路主要为“三横四纵”的对外交通中的主要城市干道，各路段环境色彩以种植的行道树花期色彩为主题，具体环境色彩如表 5–1 所示。

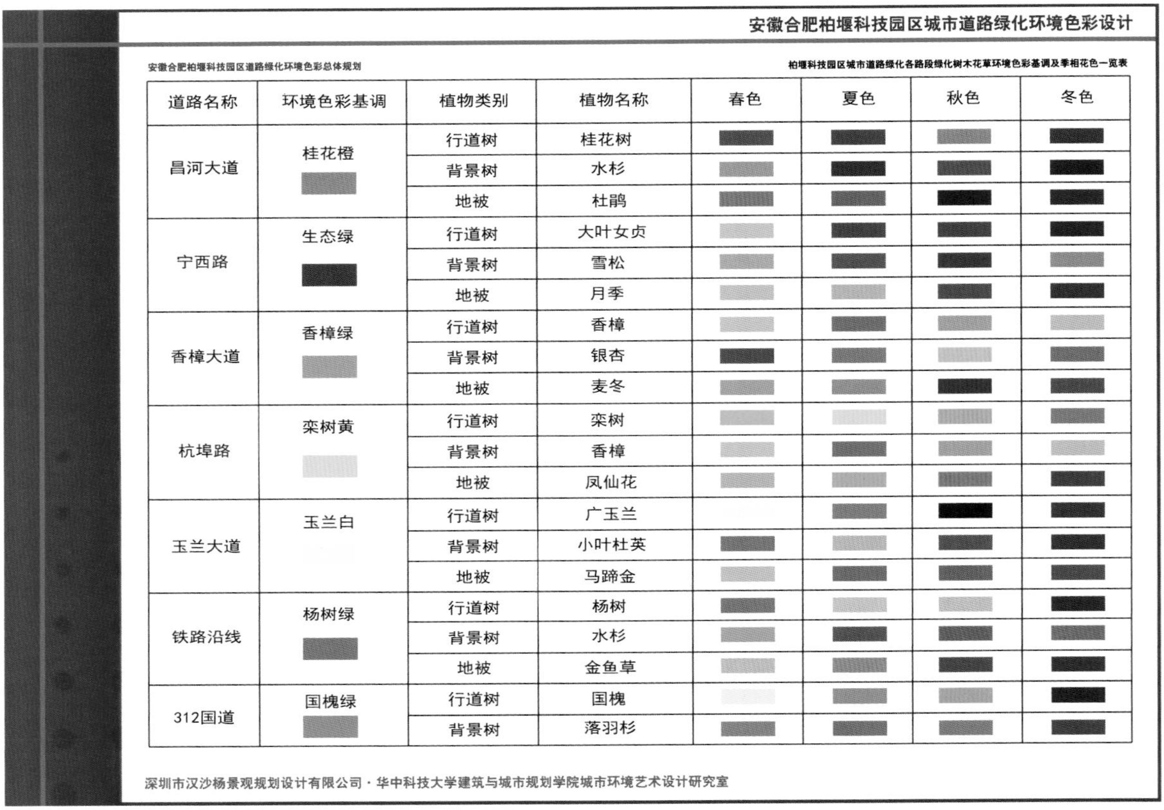

道路名称	环境色彩基调	植物类别	植物名称	春色	夏色	秋色	冬色
昌河大道	桂花橙	行道树	桂花树				
		背景树	水杉				
		地被	杜鹃				
宁西路	生态绿	行道树	大叶女贞				
		背景树	雪松				
		地被	月季				
香樟大道	香樟绿	行道树	香樟				
		背景树	银杏				
		地被	麦冬				
杭埠路	栾树黄	行道树	栾树				
		背景树	香樟				
		地被	凤仙花				
玉兰大道	玉兰白	行道树	广玉兰				
		背景树	小叶杜英				
		地被	马蹄金				
铁路沿线	杨树绿	行道树	杨树				
		背景树	水杉				
		地被	金鱼草				
312国道	国槐绿	行道树	国槐				
		背景树	落羽杉				

图 5–32　合肥柏堰科技园区道路绿化环境色彩的总体规划

表 5–1　柏堰科技园区城市道路绿化各路段绿化树木花草环境色彩基调一览表

序号	道路名称	行道树	背景树	花草	环境色彩基调	备注
1	昌河大道	桂花树	水杉	樱花、杜鹃	桂花橙	—
2	宁西路	大叶女贞	雪松	法国冬青、月季	生态绿	—
3	香樟大道	香樟	银杏	凤仙花、麦冬	香樟绿（黄绿色）	—
4	杭埠路	栾树	香樟	山桃花、石榴、凤仙花	栾树黄	—
5	玉兰大道	广玉兰	小叶杜英	茶花、马蹄金	玉兰白	—
6	铁路沿线	杨树	水杉	月季、金鱼草	杨树绿	秋季金黄
7	312 国道	国槐	落羽杉	—	国槐绿	—

2. 详细设计

柏堰科技园区城市道路绿化环境色彩的详细设计是对总体规划构想的贯彻落实，并对各路段周边环境作出的具体环境色彩设计。

（1）昌河大道。

昌河大道与宁西路是合肥新区柏堰科技园的两条主要水平道路。常言道："玉带环绕，门前有桂（贵）。"柏堰科技园的西南边以玉兰大道作为围合边界，大道两边的玉兰花开，宛如玉带环绕，体现出科技园区一片朝气蓬勃的气象。与之紧密相接的便是昌河大道，作为通向柏堰科技园的主要道路之一，在道路的两边、科技园的入口处种植一排排桂花，以印证"门前有桂（贵）"的福气。不仅如此，桂花还被选为合肥市的市花之一，因此作为门户植物更是首选（图5-33）。丹桂花色较深，花色有橙色、橙黄、橙红及朱红色，多数则为橙黄色，四季桂花为柠檬黄或浅黄色，银桂花色为纯白、乳白、黄白色或淡黄色，金桂花为柠檬黄或淡金黄色，从而构成昌河大道的环境色彩基调。

昌河大道西北面为居住区，东南面为工业区，因此在绿化带的设计上充分考虑了两者的不同需求。在居住区前的道路绿化带上布置了休闲空间，设置座椅、地灯、雨篷等设施，为附近居民提供晨练、散步、亲子活动等接触大自然的场所。园路设计为垂直水平交错的折线形，活泼有趣，又不破坏对面工业园严谨的形象。在植物配置上，主要采用丛植的樱花，极具观赏效果。

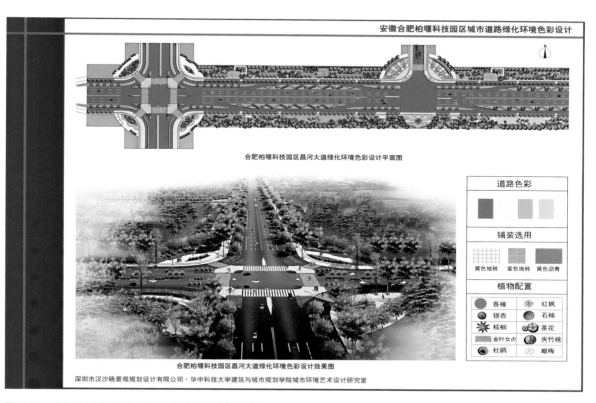

图5-33　合肥柏堰科技园区昌河大道绿化环境色彩设计

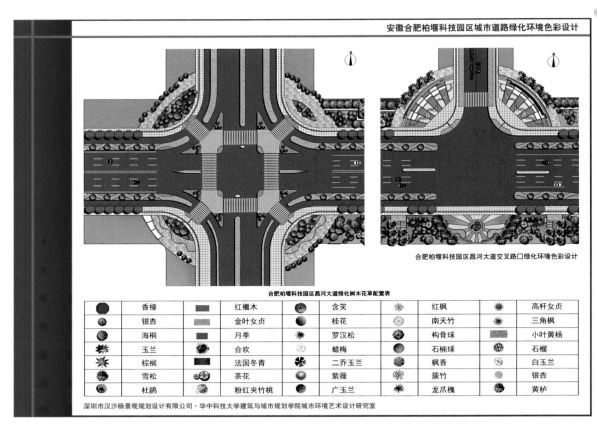

合肥柏堰科技园区昌河大道交叉路口绿化环境色彩设计

合肥柏堰科技园区昌河大道绿化树木花草配置表

●	香樟	▬	红檵木	●	含笑	✳	红枫	✳	高杆女贞
●	银杏	▦	金叶女贞	●	桂花	●	南天竹	✳	三角枫
●	海桐	■	月季	●	罗汉松	●	构骨球	▬	小叶黄杨
✳	玉兰	■	合欢	●	蜡梅	●	石楠球	●	石榴
✳	棕榈	■	法国冬青	✳	二乔玉兰	●	枫香	●	白玉兰
●	雪松	●	茶花	●	紫薇	●	簇竹	●	银杏
●	杜鹃	●	粉红夹竹桃	●	广玉兰	✳	龙爪槐	●	黄栌

深圳市汉沙杨景观规划设计有限公司·华中科技大学建筑与城市规划学院城市环境艺术设计研究室

续图 5–33

地被植物采用杜鹃、小叶栀子或鸢尾。在局部间植一些石榴和鸡爪槭，增强园路的序列感和引导性。而在道路另一边的工业区前，严整又不失活泼的植物配置间散落一些色彩鲜明的抽象雕塑。交通岛上点植几棵含笑，搭配种植紫叶小檗，铺地采用葱兰或沿阶草，以体现科技园区一轴一带色彩靓丽的休闲景观效果。

（2）宁西路。

宁西路是进入合肥新区柏堰科技园区的一条主要道路，因此在道路风貌设计上力求与科技园区相吻合。道路的行道树为大叶女贞，背景树采用成排的雪松，以展现科技园区严谨的环境氛围。道路旁各20米的绿地内种植修剪成绿篱的法国冬青、小蜡。红檵木、金叶女贞、瓜子黄杨等满铺组合成流线型图案，在图案的边缘种植一条葱兰，红花酢浆草种植成弧线形。常绿与深绿色相衬，冬去春来，别有景致。另外在分车带上种植香樟等，以红檵木、金叶女贞、小蜡等灌木间植。中间分车带种植高低错落的月季、杜鹃等（图 5–34）。

（3）杭埠路。

杭埠路是贯通合肥新区柏堰科技园的一条南北向道路，水平方向连接两片工业区，同样起到物流的作用，垂直方向连接两片居住区，因此是科技园内一条重要的景观大道。为满足工业

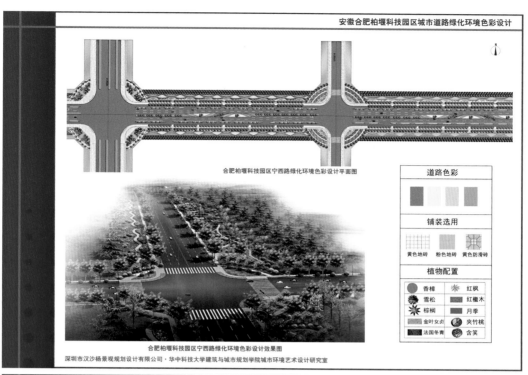

合肥柏堰科技园区宁西路绿化环境色彩设计平面图

合肥柏堰科技园区宁西路绿化环境色彩设计效果图

深圳市汉沙杨景观规划设计有限公司·华中科技大学建筑与城市规划学院城市环境艺术设计研究室

道路色彩			

铺装选用		
黄色地砖	粉色地砖	黄色防滑砖

植物配置			
	香樟		红枫
	雪松		红檵木
	棕榈		月季
	金叶女贞		夹竹桃
	法国冬青		含笑

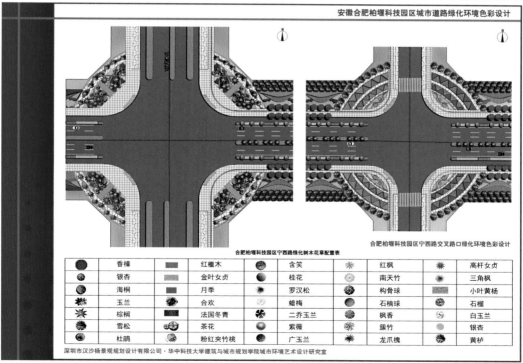

合肥柏堰科技园区宁西路交叉路口绿化环境色彩设计

合肥柏堰科技园区宁西路绿化树木花草配置表

	香樟		红檵木		含笑		红枫		高杆女贞
	银杏		金叶女贞		桂花		南天竹		三角枫
	海桐		月季		罗汉松		构骨球		小叶黄杨
	玉兰		合欢		蜡梅		石楠球		石榴
	棕榈		法国冬青		二乔玉兰		枫香		白玉兰
	雪松		茶花		紫薇		箬竹		银杏
	杜鹃		粉红夹竹桃		广玉兰		龙爪槐		黄栌

深圳市汉沙杨景观规划设计有限公司·华中科技大学建筑与城市规划学院城市环境艺术设计研究室

图 5-34 合肥柏堰科技园区宁西路绿化环境色彩设计

区和居住区两者截然不同的需要，道路行道树选择适应工业污染区配植的栾树种植。栾树春季嫩叶多为红叶，夏季黄花满树，入秋叶色变黄，果实紫红，形似灯笼，使道路可春季观叶、夏季观花、秋冬观果，呈现出十分美丽的色彩效果。中间分车绿化带上，以流线型为主要形态与图案，种植一连串大大小小的乔木、灌木、花草植物，如刺柏、杜鹃、石榴、山桃花、金边黄杨、金叶女贞、红檵木、红叶李和银杏等植物，互相搭配形成活泼有序的植物造型。

（4）香樟大道与玉兰大道。

香樟大道与玉兰大道是合肥柏堰科技园的主干道路，其绿化环境色彩设计如图5-35所示。

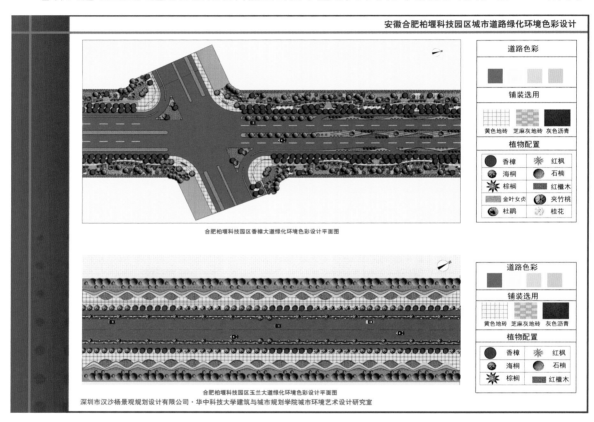

图 5-35　合肥柏堰科技园区香樟大道与玉兰大道绿化环境色彩设计

香樟大道位于合肥新区柏堰科技园的东部，与昌河大道、宁西路相接，是市区进入科技园的主要交通道路和重要景观大道之一。因此香樟大道除了要满足其交通功能的要求，还要起到引导空间景观序列的作用。"香樟大道"名源于当地的香樟树，在道路的景观设计中，紧扣路名，通过在人行道和道路两边宽20米的绿地内种植浓郁青翠的香樟，以体现道路的风貌和特色。同时，由于香樟树四季常绿，配合种植合欢，丰富了道路的季相景观和层次感。每到夏日，樟树翠绿，合欢花柔，营造出一道轻新靓丽的风景线。

香樟大道中间分车绿化带上种植有刺柏、石榴、山桃花、金边黄杨、金叶女贞、红檵木、红叶李和银杏等乔灌木。在两侧分车绿化带上种植银杏、凤仙花、石榴、红檵木等植物。植物的巧妙搭配组成各种变化有常、流畅优美的景观。绿化带上则采用沿阶草或麦冬铺地，将灌木和绿篱修剪成曲线的图案，以营造令人赏心悦目的植物造景效果。

玉兰大道位于科技园外围，左为南山湖，右为美的集团，得名于道路两旁芳香清丽的玉兰花。玉兰花繁花似锦之时，就像一条玉带一般环绕在科技园周围。玉兰大道两旁和分车带上种满了纯洁无瑕的白玉兰和高贵典雅的紫玉兰，除此以外还有广玉兰、常绿二乔玉兰等。搭配种植刺柏、石榴、山桃花、金边黄杨、金叶女贞、红榉木、红叶李和银杏等乔灌木，季相丰富，节奏明快。

（5）铁路沿线的风景防护林与312国道。

铁路与312国道是合肥柏堰科技园的过境线路，铁路沿线的风景防护林与312国道绿化环境色彩设计如图5-36所示。

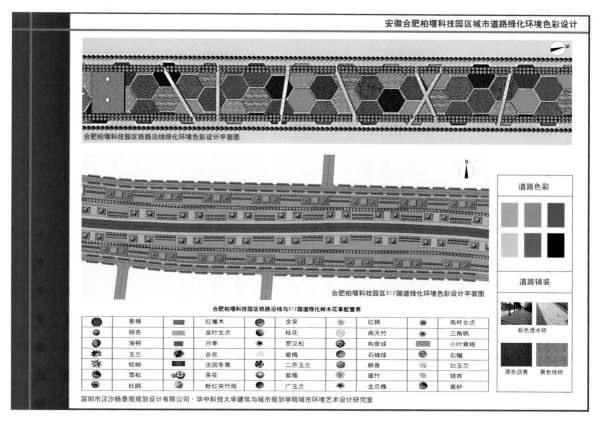

图5-36　合肥柏堰科技园区铁路沿线的风景防护林与312国道绿化环境色彩设计

铁路沿线的风景防护林地带位于科技园的东南外围，地带外围是铁路线，纵向紧邻政高快速路，宽为100～130米。铁路沿线首先需考虑的是防噪声与污染等，其次就是景观层次与环境色彩效果。从景观的层次来讲，由铁路线往北，依次是15米宽的草坪带状绿化，15米宽的乔木和灌木结合带状绿化，30米宽的小乔木和灌木组合的点植绿化，以及40米宽的可供行人和工业区内部人员结合人行步道和小游园广场休闲的一个带状空间。从平面布局上来说，是一个"疏—密—疏—密"的关系，景观层次更丰富、清晰。在植物配置上，外围乔木主要选择杨树或水杉搭配，而铁路沿线绿化带正好又是外围地带。在景观层次上，点植带和花池的树种主要选择刺柏、杜鹃、石榴、山桃花、金边黄杨、金叶女贞、红檵木、红叶李和银杏等植物，组成各种变化有常、流畅优美的景观。

312国道是一条路经科技园的高速路，因此在这段景观定位上重点突出其展示性，同时又保持一种延续性。在国道的两边种植的行道树为国槐，郁郁葱葱的国槐绿既显示了自然的风采，也是生命与环境友好的象征。道路两侧绿篱被修剪成块状的图案，整体简洁，令人赏心悦目，具有变化的感觉。国道用了石榴的图案作为主景。在一边距路边60米处、宽100米的绿化带内，种植带状的大型乔木作为防噪声、防污染的一个隔离带，在另一边，主要是几何形式的绿篱色块图案。

3. 设施配置

在现代城市空间中，道路设施种类繁多，它们是现代城市不可或缺的重要组成部分。基于合肥柏堰科技园区此次规划"三横四纵"场所环境的实际需要，着重设计交通类环境设施，即公交车站、导向系统、文化配景、休闲设施、绿篱等，并从道路设施环境色彩设计层面进行考虑（图5-37）。另外在道路两侧临居住区前道路绿化带上布置休闲空间，设

图5-37　安徽合肥柏堰科技园区道路两侧服务设施的环境色彩设计

置座椅、地灯、雨篷等设施，为周边居民提供晨练、散步、亲子活动等接触大自然的活动场所。而在道路临高新技术产业区前，在严整又不失活泼的植物配置间散布一些色彩鲜明的抽象雕塑。

4. 实施管理

根据合肥柏堰科技园区确立的城市道路绿化环境色彩规划结构，对各路段所做绿化环境色彩详细设计要求在建设工作中予以落实。目前虽然各路段的环境色彩设计主要集中在城市道路植物层面，待园区相关产业建构筑物开始建设，园区道路的路面色彩、指引标识用色、道路两侧建构筑物色彩、道路附属设施色彩尚需进一步深化，并需通过对城市道路绿化环境色彩的引导与控制，为柏堰科技园区城市道路绿化环境色彩的管理实施提供实施导则，从而保证柏堰科技园区城市道路绿化环境色彩设计得以实现。

第四节　深圳市深南中路及深南东路西段道路环境色彩分析与公共服务设施设计

城市道路是指在城市空间中通达城市的各个区域，供城市内交通运输及行人使用，便于市民生活、工作及开展各种活动，并与市外道路连接的道路系统。作为城市空间中的线性开放空间，城市道路包括城市干道与街道，既承担了交通运输任务，又为市民提供了公共活动的场所。从物质构成关系来说，道路可以看作城市的"骨架"和"血管"；从精神构成关系来说，道路又是决定人们城市印象的首要因素。它不仅具有良好的功能性，也可以与建筑、交通工具、植被、水体与地貌等要素融合成一个协调的城市空间环境。而城市道路中的公共服务设施造型及环境色彩设计的特色营造，在一定程度上可使趋同的道路变得具有地域特征和文化气息，直至彰显出城市人居空间环境的形态魅力。

一、深圳城市发展与深南路道路建设概貌

改革开放以来，深圳的发展速度令世人瞩目。深圳市地处珠江口东面，东临大鹏湾，西接珠江口，与素有"港口明珠"之称的香港仅有一河之隔。它是我国除海南省之外最大的经济特区，改革开放40多年来，深圳人锐意改革、勇于开拓、大胆创新，在近乎空白的地区描绘现代化国际性城市的蓝图，走出了一条具有中国特色的城市发展道路，创造了世界城市发展史上的奇迹。深圳是我国经济发展史上的一朵奇葩，它的发展速度更是令世界为之侧目（图5-38）。

从深圳市城市道路建设来看，城市建设已形成了"五横八纵"的城市快速路网络，并规划在2030年前，深圳市的干线道路网（高速公路和快速路）将形成"七横十三纵"的总体布局形态。深南路作为深圳市的一条东西向重要交通主干道，东始于罗湖区深南沿河立交，西终于南山区南头检查站，全长约30千米，由东至西横穿深圳罗湖、福田、南山3个区，由深南大道、深南中路与深南东路三个不断延伸的路段组成，被称为"南中国第一路"。深南路作为城市景观大道，

无疑是深圳备受瞩目的形象道路，它既是深圳经济特区的迎宾大道，也是深圳的城市名片。道路两侧均为花池，每当太阳升起，深南路显得明净清朗，繁密艳丽的各种鲜花灿烂得让人心醉；夜幕低垂，数不清的霓虹华彩扑面而来，处处璀璨辉煌（图5-39）。

图 5-38　有"南中国第一路"之誉的深圳市深南路道路景观

图 5-39　广东深圳市深南中路及深南东路西段道路环境色彩

二、深南中路及深南东路西段道路环境色彩分析

深南中路位于深圳市深南路的中段，为城市东西走向的主干道。深南中路涉及的范围横跨深圳市福田区及罗湖区，起于皇岗路，止于红岭路段，全长约4.5千米，宽60米，车行路面宽48米，为双向八车道。我们对深南中路及深南东路西段道路环境色彩现状进行了调查，归纳来看道路环境色彩景观具有如下特点。

（一）道路本体的环境色彩

道路本体的环境色彩景观可从道路路面与指引标识两个层面来解析，其中道路路面由SMA改性沥青铺设，路面呈青灰色。覆盖路面的SMA改性沥青具有吸尘能力强、降低行车噪声的特点，并由此与走在全球绿色革命前列的欧美地区、日本等同步，使深南路成为一条"环保路"。道路两侧人行道的路面整体上由偏暖色的麻灰石材铺砌，也有红色条石与麻灰石材铺砌形成的分离线及自行车道区域，盲道用偏黄或深灰色石材铺砌。深南东路西段道路两侧人行道的路面以及深南中路道路两侧边的中信大厦及城市广场、邓小平画像广场、深圳大剧院前广场、万象城及下沉广场等地面铺砌用材多样、图形丰富，由线黄灰、浅米灰、深绿灰、黑釉灰等颜色的地面石材铺砌，发展大厦与深交所前广场还设有防腐木步道，铺装用色包括火焰红、栗色、金麦黄等，地王大厦前广场地面还用红褐色石砖与蓝灰色条石相间铺设，用色彩与周边路面相区别。

而在道路指引标识用色方面，深南中路及深南东路西段道路车行路面均画有黄色及白色交通分隔线与警示线，醒目且明亮。整个路段道路指示、导引与路名标识均为统一的蓝底白字，地铁站点指示、导引牌标识为统一深灰底加白字，通行引导信号灯杆为黑灰色与蓝灰色，警示标识为黄底黑字，警示标识中的图形类标识为红底白字，文字类标识则为白底红字。道路指引标识用色统一，道路两侧商厦、银行、办公楼等的指引标识有不同行业CI系统色彩特点，给人色彩多样的感受（图5-40）。

（二）道路两侧建（构）筑物的环境色彩

深南中路及深南东路西段道路两侧建构筑物包括道路两侧沿街立面与路上的构筑物等，其中深南中路及深南东路西段道路两侧及周边区域展现出来的是深圳改革开放以来快速发展、不断进取的城市经典。这个路段作为深圳经济特区的繁华核心地段，集中分布了深圳最大的商贸圈——华强北商圈、深圳金融中心区蔡屋围金融中心区，道路两侧为深圳特区具有标志性的建筑，包括地王大厦、京基100大厦、赛格广场及深圳证券交易所。另外，从东到西坐落于道路两侧具有代表性的建设项目还有人民桥、电网大厦（北侧）、万象城及下沉广场（南侧）、深圳书城（南侧）、人民银行（北侧）、深圳大剧院（北侧）、工商银行（南侧）、深圳发展银行大厦（南侧）、农业银行（北侧）、金融中心（南侧）、晶都大酒店（南侧）、红岭大厦（南侧）、荔枝公园（北侧）、邓小平画像广场（北侧）、新闻大厦（北侧）、深圳市博物馆（北侧）、新城大厦（南侧）、深圳市委（北侧）、中信大厦及城市广场（南侧）、科学馆（北侧）、华联大厦（北侧）、华垦大厦（南侧）、兴华宾馆（北侧）、华能大厦（北侧）、赤尾大厦（南侧）与佳和华强大厦（北侧）、中航大厦（北侧）、北方大厦（南侧）、上海宾馆（北侧）、街头喷泉（南侧）、国际科技大厦（南侧）、深圳中心公园（北侧）、国际文化大厦（南侧）及横跨道路南北的蔡屋围天桥、中航天桥、田面天桥及华富路等多处人行地下通道。

从深南中路及深南东路西段道路两侧建筑来看，主要可分为政府与企业办公、居民商住、电子科技、金融保险、剧场书城与商业酒店大厦等类型。这一路段东边的深圳金融中心区色彩

图 5-40　广东深圳市深南中路及深南东路西段道路本体的环境色彩调研与分析

基调以暖灰系列为主，西边的华强北商圈色彩基调以冷灰系列为主。其中，办公楼与商住建筑在立面上用色多为低纯度色彩，电子科技与剧场书城建筑在立面上用色多为中纯度色彩，金融保险与商业酒店大厦等在立面上用色多为高纯度色彩，由于整个路段用色纯度高的建筑主要集中于东西两侧，故深南中路及深南东路西段道路两侧建筑立面用色呈现出中、低纯度的环境色彩印象。另外，深南中路及深南东路西段道路两侧数幢高层与超高层建筑立面使用玻璃、金属等材料，建筑立面基本为冷色系列的深蓝、浅蓝、深绿、偏冷的褐色等幕墙色彩，仅深圳发展银行大厦玻璃幕墙为暖色系的香槟红，其用色在整个路段上显得温馨高雅。

深南中路及深南东路西段道路路面所设构筑物包括横跨道路南北的蔡屋围天桥、中航天桥与田面天桥，天桥横跨道路桥梁与坡梯均用深灰色钢构建造，外饰银灰色挂板、不锈钢护栏，环境色彩呈冷灰系列。其中蔡屋围天桥、中航天桥无雨篷，田面天桥后增加雨篷，雨篷为棕黄色木构，且呈半圆形，体量较大，从而使田面天桥环境色彩由冷灰变为现有暖灰色彩。深南中路及深南东路西段道路及多处人行地下通道多与地铁站点结合，路面出口均由钢构与玻璃幕墙等材料建成。钢构外表有银灰色挂板外饰，也有深蓝灰或黑色的挂板。玻璃幕墙则有原色、浅蓝色、浅绿色，呈冷灰色彩系列（图5-41）。

图 5–41　广东深圳市深南中路及深南东路西段道路两侧建构筑物环境色彩调研与分析

（三）道路附属设施色彩

　　深南中路及深南东路西段道路附属设施的色彩景观包括服务设施与公共艺术等（图5–42），其中服务设施有信息类、交通类、卫生类、照明类、服务类、休息类、管理类、康乐类与无障碍等形式，由于服务设施不是专门针对深南路所做的设计，而是仅就市场已有相关产品选用设置，故种类繁多的服务设施在这个方面未能展现其应有特点，且出现造型杂乱、色彩各异的状况，尚需对整个路段服务设施配置进行更新改造，以与整个路段景观设计定位相符。在公共艺术层面，深南中路及深南东路西段道路上最大的公共艺术作品当属立于红岭路的巨型室外宣传画——邓小平画像及广场。这组公共艺术品已成为深圳城市的一个标志和著名景点，其环境色彩也鲜艳夺目、引人关注。另外，深圳市博物馆老馆入口的门雕、原深圳市委入口中心所设"孺子牛"与"艰难岁月"雕塑，以及赛格电子大厦、深交所大厦、地王大厦等建筑前广场所立的各种雕塑，福田路口东南角的城市水景等，均以雕塑材料本色展现城市的艺术风采。

图 5-42　广东深圳市深南中路及深南东路西段道路附属设施环境色彩调研与分析

（四）道路两旁的绿化景观

深圳市位于中国南部沿海地区，所处纬度较低，属亚热带海洋性气候，故绿化植被生长茂盛，一年四季绿树长青、鲜花盛开。因此，这个路段道路两旁的绿化良好，色彩景观丰富（图 5-43）。在这个路段，绿化面积较大的区域有万象城及下沉广场绿化、地王大厦西侧路中绿化、邓小平画像广场绿化、原深圳市委入口空间绿化、中信大厦及城市广场绿化，以及中核大厦、北方大厦、上海宾馆、国际科技大厦前绿化及深圳中心公园绿化。虽然这个路段是深圳的繁华区段，但正是高密度建筑空间中的南国树木、花草种植，给人们带来生机勃勃、富有南国特色和生命力的城市景观色彩印象。

三、深南中路及深南东路西段道路公共服务设施设计

深南中路及深南东路西段道路公共服务设施设计包括造型与色彩两个层面的内容，对深南中路及深南东路西段道路公共服务设施设计进行探究，可见道路两侧所设公共服务设施包括各类标识、告示及导向系统、广告与店招、环境雕塑、水景、栏杆、垃圾箱、售货商亭、自动取

图5-43　广东深圳市深南中路及深南东路西段道路两旁的绿化环境色彩调研与分析

款机与售货机、地铁出入口、公交车站候车亭廊、停车场、路障设施、人行天桥、休息坐具、亭廊棚架、社区的管理亭、街头巷尾的城市便民服务设施及一些无障碍公共服务设施等（图5-44）。从现状看，可说此路段是深圳市在当前城市道路公共服务设施配置方面较为完善的城市道路之一。

　　虽然深南中路及深南东路西段道路两侧在公共服务设施设置方面相对丰富，但是通过对整个道路进行调查后，我们仍然发现在公共服务设施设置方面存在诸多问题：一是缺乏城市特色，二是重车行、轻人行，三是种类数量不足，四是维护管理不够。而加强维护管理方面的统筹，是维护与管理好城市各类公共服务设施、促使城市空间中公共服务设施持续发展的根本保障。

（一）道路两侧公共服务设施设置规划与设计造型定位

1. 确立城市道路风貌特色

　　依据深圳市现代与历史并存、外来文化与本土特色相互融合这样的城市特色，在道路特色塑造中，我们依据城市总体规划中对整个城市风貌规划性质的确立，即面向未来发展、商业时尚展示、城市特色彰显及外来文化融合等城市形象塑造的要求，在城市道路特色塑造中与其对应，归纳出以下四个定位风格。

图 5-44　深南中路及深南东路西段道路两侧所设各类环境设施现状实景

①未来风格：以未来科技与现代前卫建筑及艺术造型来设计。

②时尚风格：以现代时尚造型与艺术潮流来设计。

③地域风格：以岭南园林及传统建筑装饰特色来设计。

④外来风格：以外来建筑及装饰特色来设计。

在进行深圳市城市道路风貌特色塑造时也遵循这样的规划要求，选择 4 条能够展现上述风貌塑造风格的道路来进行城市道路环境公共服务设施设置规划与设计造型（图 5-45）。

①未来风格：以深南大道、滨海大道为例。

②时尚风格：以深南中路、华强北路商业街、南海大道商业区为例。

③地域风格：以南新路、东门步行街为例。

④外来风格：以华侨城波托菲洛欧风街、侨城东街为例。

2. 道路两侧公共服务设施设置风格定位

伴随着深圳市经济的快速发展、社会进步与城市向着国际化一流水准建设的步伐，我们与深圳市汉沙杨景观规划设计有限公司联合进行了深圳市道路公共服务设施更新改造项目的设计工作。承担的深南中路及深南东路西段道路两侧公共服务设施设置规划与造型设计，即依据与上位规划的衔接，结合城市发展的国际视野和对现代设计思维体现的需要，在城市道路公共服

图5-45 展现深圳市城市风貌特色的道路空间环境

1.深圳滨海大道；2.深圳华强北路商业街；3.深圳东门步行街；4.深圳华侨城波托菲洛欧风街

务设施设计创作和改造方法上力求有所创新与突破。

基于这样的思考，以及深圳市城市道路风貌特色塑造中的规划要求，深南中路及深南东路西段道路两侧公共服务设施设置规划与设计造型的风格定位主题便定为"时尚与未来的交织"。其中"时尚"是城市最大商贸圈——华强北商圈的设计风格，走向未来是贯穿深圳城市东西主轴——深南路这条被称为"南中国第一路"的设计风格。深南中路及深南东路西段道路两侧处于两种风格交会的中心，故将"时尚与未来的交织"确立为城市公共服务设施设置规划与设计造型的风格定位，以使其规划设计具有前瞻性及创新特征。

（二）道路两侧公共服务设施的设置规划

深南中路及深南东路西段道路两侧公共服务设施的设置规划主要包括配置标准、类型选择与规划布局等方面的内容。就设置规划来看，应坚持以人为本的原则来制定，通过对城市公共服务设施进行规划，提出深南中路及深南东路西段道路两侧的配置标准建议，以使可供选择的公共服务设施类型能够满足空间环境的功能需求，选择方便市民在深南中路及深南东路西段道路两侧上开展各种活动的规划布局形式。

1. 公共服务设施设置规划的配置标准

（1）编制依据。

深南中路及深南东路西段道路两侧公共服务设施设置规划配置标准的编制依据主要有以下几点。

一是应满足国家与地方相关规范的要求，包括国家、广东省及深圳市相关法规、规章与规范等内容。

二是应满足以城市市民为本的设计原则，包括体贴的人性关怀、可持续的生态考量、和谐的多元文化等内容。

三是应体现规划设计的风格定位目标。深南中路及深南东路西段道路两侧公共服务设施规划设计的风格定位为"时尚与未来的交织"，道路公共服务设施设置应在布局、造型与组配等规划设计方面体现其定位目标。

四是应符合公共服务设施设置的经济适用需要。深南中路及深南东路西段道路两侧公共服务设施设置规划配置指标较其他地区高，但同时要考虑经济适用的需要，不能盲目提高标准，造成资源的浪费。

（2）布局要求。

深南中路及深南东路西段道路两侧公共服务设施设置规划布局的要求有八点：一是要确保人行道的通畅，二是要方便人们步行与活动的展开，三是要提高道路的舒适性，四是要重塑道路的景观性，五是要加强人行道的安全性，六是要提供适应人行的布灯方式，七是要完善公交候车亭廊配置，八是要营造道路的艺术氛围。深南中路公共服务设施的设置规划能为城市道路的文化与特色塑造起到促进作用。

2. 公共服务设施设置类型的选择

城市道路公共服务设施主要包括信息类、交通类、卫生类、照明类、服务类、休息类、配景类、管理类、康乐类与无障碍等类型，但不是每条道路均要设置所有的公共服务设施，应根据需要予以选择。针对深圳市重塑城市精神风貌的需要及深南中路及深南东路西段道路两侧公共服务设施规划设计的风格定位目标，在充分考虑道路所处环境、设置场所与空间条件的基础上，从深南中路及深南东路西段道路两侧整体风貌塑造出发，结合道路两侧密布的商业、行政、办公、文化、科技、住宅、广场与休闲绿地等的用地特点需要，从实际出发，因地制宜地对公共服务设施的类型提出选择建议。

3. 公共服务设施设置规划布局

根据深南中路及深南东路西段道路两侧公共服务设施规划设计的风格定位与特色塑造的需要，以及深南中路及深南东路西段道路两侧公共服务设施设置的条件和相应的设计规范要求，在深南中路及深南东路西段道路两侧公共服务设施设置规划方面，除了从总体上做出规划布局，还选择了信息类、交通类、卫生类、照明类、配景类、服务类与无障碍类等道路环境艺术公共服务设施，按该路段的具体设置条件进行分类规划布局，规划范围如图5-46所示，布局的要点如下：一是确保道路通畅性，二是丰富道路活动性，三是改善道路舒适性，四是加强道路景观性，五是增强道路安全性，六是完善公交停靠性。

图 5-46　道路两侧所设各类公共服务设施规划范围

具体到深南中路及深南东路西段道路两侧的公共服务设施设置规划及类型选择，如表 5-2 所示。

表 5-2　深南中路及深南东路西段道路两侧公共服务设施设置类型选择

环境设施与设施类型	编号	环境设施与设施名称	设置状况				备注
			应设置	宜设置	不必设置	不应设置	
信息类	1	标识与告示	●	●			
	2	导向系统	●				
	3	广告与店招	●				
	4	电话与城市 Wi-Fi 亭		●			
	5	邮筒与邮箱		●			
	6	智能快递投递箱	●				
	7	电子信息显示系统	●				
	8	计时装置与公共时钟		●			
交通类	9	轨道与公交车站的候车廊	●				
	10	停车场与共享单车架	●				
	11	加油站与充电桩		●			
	12	人行天桥与地下隧道		●			
	13	路障设施	●				
	14	人行横道与地面铺装	●				
卫生类	15	垃圾箱	●				
	16	公共厕所		●			
	17	空气净化器					
	18	烟灰缸与洗手盆		●			

环境设施与设施类型	编号	环境设施与设施名称	设置状况				备注
			应设置	宜设置	不必设置	不应设置	
照明类	19	照明设施	●				
服务类	20	休息坐具	●				
	21	亭廊棚架		●			
	22	服务与售货商亭	●				
	23	自动取款机	●				
	24	自动售货机	●				
	25	饮水器		●			
	26	相关市政设施					
配景类	27	环境雕塑、壁饰	●				
	28	水景		●			
	29	绿植与花坛	●				
	30	景墙、景门与景窗		●			
	31	活动景物		●			
	32	其他公共艺术		●			
康乐类	33	游戏设施		●			
	34	游乐设施			●		
	35	健身设施		●			
管理类	36	管理设施	●				
	37	消防设施		●			
	38	防护设施		●			
无障碍	39	坡道	●				
	40	盲道	●				

4. 公共服务设施布置方式与控制

结合公共服务设施设置规划布局的基本要求和相关要点，对深南中路主要路段提出公共服务设施设置方式，进行道路公共服务设施设置规划布局的路段经过归纳有 3 种段面形式，而进行道路公共服务设施设置规划布局的路段共有 7 个十字路口、15 个丁字路口。作为道路交叉路口，城市道路公共服务设施布局也是需要重点考虑的，具体布置方案以华强商业街十字路口及松岭路丁字路口来展现（图 5-47）。

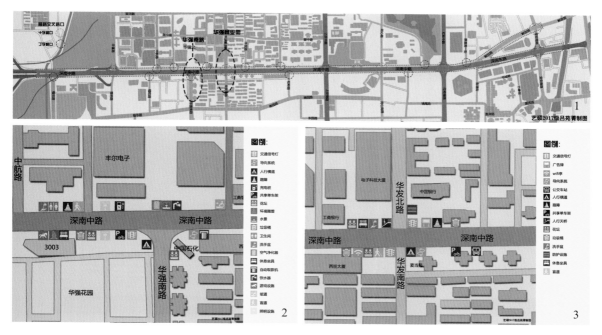

图 5-47　道路交叉路口环境设施设置的规划布局

1. 进行道路环境设施设置规划布局路段的交叉路口示意；
2. 华强商业街丁字路口环境设施设置规划；3. 华发路十字路口环境设施设置规划

　　其中，在每个交通道路的主要路口处均按规范设置信息类、交通类公共服务设施，在道路的衔接处及各个不同功能区域之间穿插布置有服务类、配景类公共服务设施，在道路不同功能区域均衡置放卫生类、休息类公共服务设施，在道路两侧设有无障碍公共服务设施。

（三）道路两侧公共服务设施的造型设计

　　深南中路及深南东路西段道路两侧公共服务设施的造型设计是在设置规划的基础上，依据深南中路及深南东路西段道路两侧公共服务设施规划设计的风格定位所做的深化设计工作。

　　一是信息类公共服务设施造型设计（图 5-48、图 5-49）。信息类公共服务设施主要包括城市道路中的各类标识及告示、导向系统、广告与店招、电话与城市 Wi-Fi 亭、邮筒与邮箱、智能快递投递箱、电子信息显示系统计时装置与公共时钟等。现今城市环境也被各种各样的视觉信息包裹，时尚文化的传播少不了这类设施作为传播载体。这类设施起到了信息的说明性、引导性及告示性的作用，因此如何快速、直接、美观地让信息被大众准确无误地接收，是信息类公共服务设施设计的关键。

　　二是交通类公共服务设施设计造型（图 5-50、图 5-51）。交通类公共服务设施主要包括城市轨道交通与公交车站的候车亭廊、停车场地与共享单车架、加油站与充电桩、人行天桥与地下通道、路障设施、人行横道与地面铺装等。在通常情况下，城市交通类公共服务设施不仅

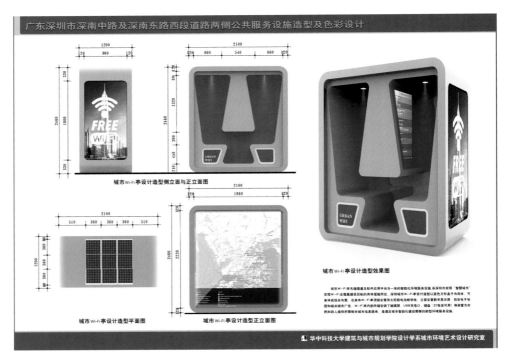

图 5-48　信息类公共服务设施——城市 Wi-Fi 亭设计造型

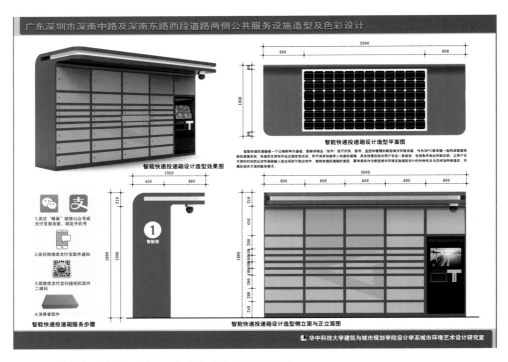

图 5-49　信息类公共服务设施——智能快递投递箱设计造型

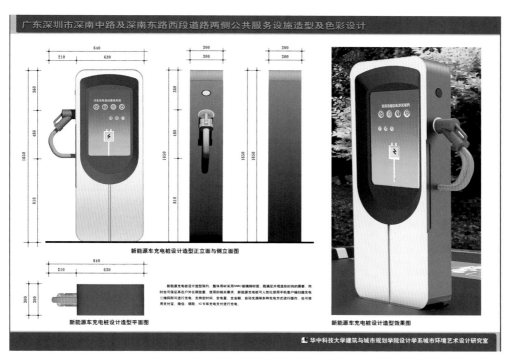

图 5-50　交通类公共服务设施——新能源车充电桩设计造型

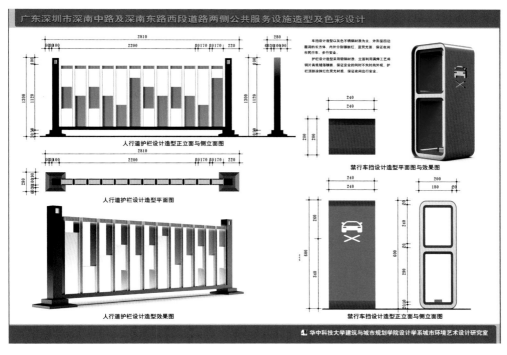

图 5-51　交通类公共服务设施——人行道护栏与禁行车挡设计造型

实用，而且对城市道路形象塑造起到重要的作用。尤其在当前城市推行智慧交通的视角下，运用各种新兴技术手段，提出多方向、多维度、多系统的城市交通类公共服务设施设计方案，无疑能够改变城市道路的形象，在道路两侧细节处理上给人更具亲和力的空间感受。

三是卫生类公共服务设施造型设计（图 5-52）。卫生类城市公共服务设施是为了满足城市公共卫生而设置的设施，主要包括城市道路中的垃圾箱、公共厕所、空气净化器、烟灰缸与洗手盆等，深南中路及深南东路西段道路两侧卫生设施配备造型多样，但缺乏整体性，造型设计品质仍需提升。

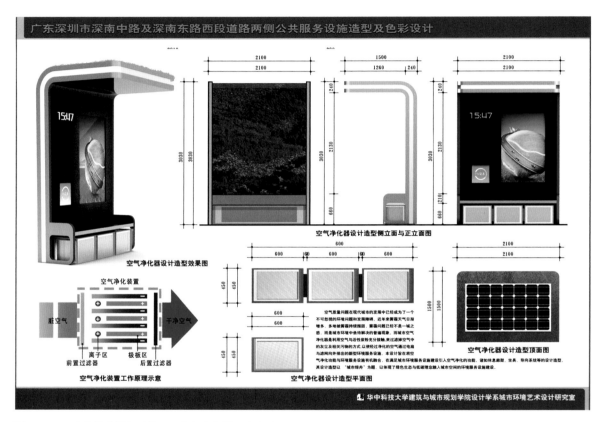

图 5-52　卫生类公共服务设施——空气净化器设计造型

四是服务类公共服务设施造型设计（图 5-53）。城市环境中的服务类公共服务设施包括各类固定与可移动的休息坐具、亭廊棚架、服务亭与售货商亭、自动取款机与自动售货机等。这些设施主要涉及城市日常生活的自发性活动层面及社会性层面，是现代城市中常见的公共服务设施，它也从一个方面展现出现代城市对市民与游人等人群的关怀。

五是管理类公共服务设施造型设计（图 5-54）。管理类公共服务设施包括城市环境中属于不同部门管辖，又同属城市环境系统的管理设施，如城市环境中的各类管理设施、消防设施与防护设施等，它们是支撑城市良好运转的条件，又给城市环境提供安全、卫生、便利与舒适等需要的保证。

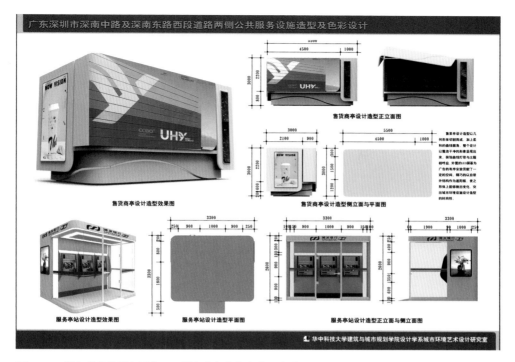

图 5-53　服务类公共服务设施——服务亭与售货商亭设计造型

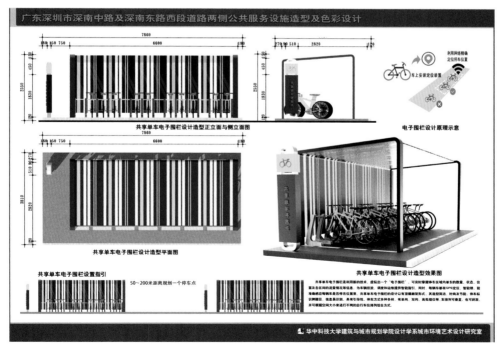

图 5-54　管理类公共服务设施——共享单车电子围栏设计造型

六是配景类公共服务设施设计造型（图 5-55）。配景类城市环境设施设计主要包括环境雕塑、壁饰，水景，绿植与花坛，景墙、景门与景窗，活动景物等，以及对城市道路中相关具有功能的设施进行处理，诸如城市道路环境中的供电设施、地下建筑的通风口与建筑空调等均需进行配景方面的处理。

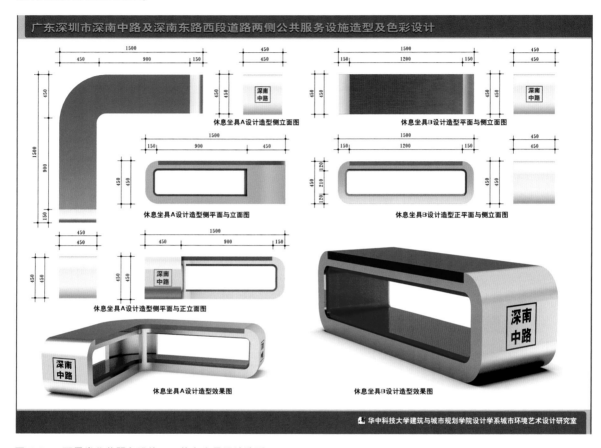

图 5-55　配景类公共服务设施——休息坐具设计造型

此外还有照明类、康乐类与无障碍公共服务设施等的设计造型，以上三类未在此次设计范畴。出于对道路公共服务设施设计造型组配的考虑，在进行深圳市深南中路及深南东路西段道路两侧公共服务设施的设计造型中，我们还根据不同类型公共服务设施设计造型的要求有所侧重，并运用组合设计法对两种功能以上的公共服务设施设计造型进行组配与创作实践方面的探索。诸如垃圾箱通过模块化造型予以组配，达到垃圾分类回收的目的，活动卫生间通过模块化造型在数量上进行同类组配来满足不同空间人群使用的需要，休息坐具与种植花箱形成异类组配的关系，从而形成城市道路两侧、广场及相关场地等处良好的休闲空间环境，使道路两侧公共服务设施设计作品既能彰显城市特色与满足道路场所环境的需要，凸显出道路公共服务设施自身的个性，还能凸显出城市道路公共服务设施的组配特点，真正做到以人为本、因地制宜及与时俱进。

（四）道路两侧公共服务设施的色彩设计

城市空间中道路两侧公共服务设施的色彩往往带有很强的地域、宗教、文化及风俗特色，色彩设计既要服从整体造型上色调的统一，又要积极发挥自身的色彩对比效应，使色彩的搭配与造型、质感等外在的形式要素协调，做到统一而不单调、对比而不杂乱（图 5-56 ～图 5-59）。深南中路及深南东路西段道路两侧公共服务设施的色彩设计是在整体造型上所做的深化设计工作。

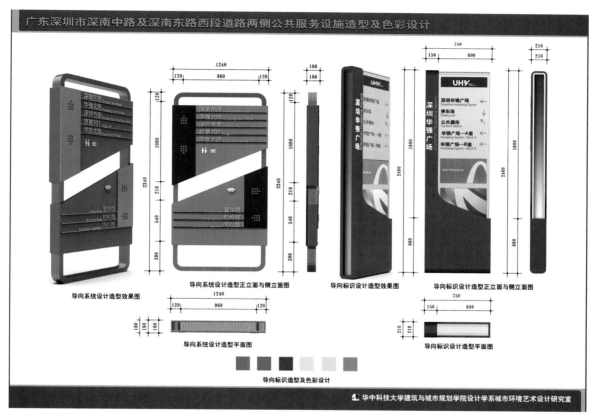

图 5-56　信息类公共服务设施——导向标识造型及色彩设计

一是从各类公共服务设施整体色彩基调看，此次设计以深海蓝、中灰色钢构和原木本色为主，加上玻璃原色及服务设施的色彩设计。以显示与操作屏板的组合来体现城市的时尚与前卫，用原木本色带给市民与来宾亲切与温暖。如在城市道路空间中所设的城市 Wi-Fi 亭，不仅可以满足行人无线上网、订餐问路、手机充值、支付缴费等功能，还可享受随时随地的无线上网服务。另外，置于道路两侧相关休闲场地等处的休息坐具，造型设计采用参数模块化的设计理念，坐具运用各自独立的单体，并相互穿插组合构成。除设置于城市道路两侧相关休闲场地等处外，还可根据道路两侧空间的要求与需要进行任意组合，以满足道路两侧相关空间的使用需要。在整体色彩基调处理上，均体现出这样的环境色彩风尚。

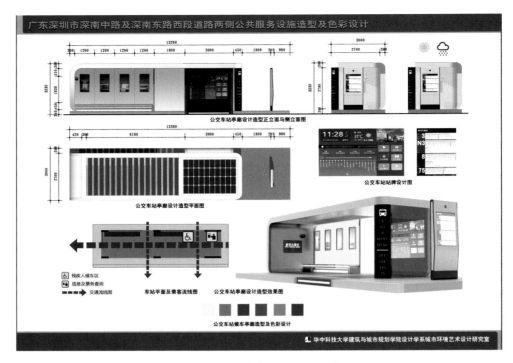

图 5-57　交通类公共服务设施——公交车站候车亭廊造型及色彩设计

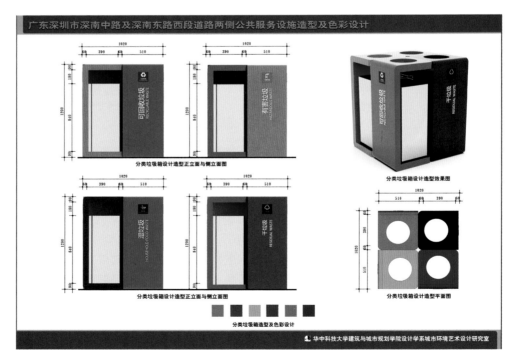

图 5-58　卫生类公共服务设施——分类垃圾箱造型及色彩设计

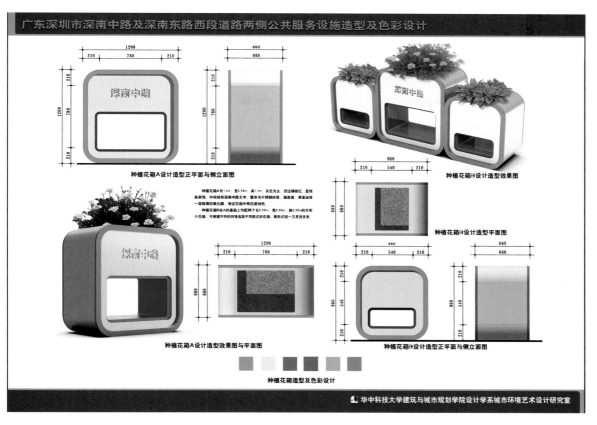

图 5-59　配景类公共服务设施——种植花箱造型及色彩设计

二是从各类公共服务设施整体色彩功能看，信息类与交通类公共服务设施整体色彩保持冷色基调，局部的高明度色彩运用在显示屏部分，如导向标识是城市道路中必须配置的环境设施，功能在于引导方向、指示方位及传达信息。深南中路及深南东路西段道路两侧导向标识设计立足"时尚与未来交织"的风格定位，结合城市道路导向系统的实际需要，一改之前整个路段导向标识各自分离、造型无序滞后的状况，运用时尚、新颖的形态和色彩设计手法进行导向标识的设计造型，以展现规划道路两侧导向标识设计的时尚色彩设计风貌特色。而管理类公共服务设施，诸如深南中路及深南东路西段道路两侧的门岗亭、停车场的收费亭、公交车总站管理亭、旅游观光景点的售票亭、休息场所的服务亭等具有管理上功能需要的设施，色彩要凸显其功能特征。

三是从各类公共服务设施整体色彩设计看，如深南中路及深南东路西段道路两侧的公交车站候车亭廊设计，在其造型遵循公交站点分级的原则下，采用通用性与模块化的处理手法对不同公交站点的候车亭廊进行设计。造型中运用太阳能电池板与候车亭顶棚结合的设计方式，为车站的电子设备提供充足能源。车站内的广告灯箱为滚动式，是宣传城市风貌的有效方式。而候车亭廊在设计造型上依据公交站点分级，均配备有防护栏、夜间照明设施、休息座椅、站名牌立柱、站牌（智能电子站牌）、公交线路图、垃圾箱、电子显示屏、监控摄像头等，通过模块化处理的手法对公交站点进行分级配置，其整体色彩设计则用来统一公交站点造型，以形成秩序与设计的系列感。

经过多年努力，笔者对深南中路及深南东路西段道路两侧公共服务设施造型与环境色彩设计的探索研究工作于近年终于见到应用成果。其间，参与此项目的团队成员举白同学硕士毕业后来到深圳市相关设计公司从事环境设计工作，在深圳市汉沙杨景观规划设计有限公司工作期间，负责深南大道北侧福田区香蜜湖街道"一路一街"综合改造设计，在公司王锋总设计师的支持下，结合具体道路品质提升项目，对香蜜湖街道"一路一街"道路两侧公共服务设施造型与环境色彩设计继续进行探究，并形成一系列设计探究成果，从而为道路两侧公共服务设施造型与环境色彩设计的实现做出贡献（图5-60）。设计成果不仅提升了深圳市香蜜湖街道"一路一街"综合改造设计的文化品位，还可更好地服务于街道两侧及周边区域的城市市民，让城市空间环境更美丽、更宜居，也让城市市民更满意、更幸福。

图5-60 深南大道北侧福田区香蜜湖街道两侧公共服务设施造型与环境色彩设计成果掠影
1.香蜜湖文化广场入口；2.街道两侧坐具；3.街道两侧分类垃圾箱；4.街道两侧护墙；5.街道两侧导向柱

美国著名风景园林师劳伦斯·哈普林认为对一个都市景观的重视程度可以从这个城市街道桌椅的品质和数量上显示出来。道路公共服务设施是为市民服务的，配置的完善与否和造型设计风格体现着一座城市的文化意蕴和精神气质，甚至体现这个城市的文化内涵和市民的生活品质。正是基于这样的思考，以深圳市深南中路及深南东路西段为例进行道路环境色彩分析及公共服务设施设计创作实践方面的探索，目的是通过道路公共服务设施造型与环境色彩设计来提升城市空间环境艺术品质。

第六章　桥梁工程景观的环境色彩设计

在当代城市建设中，桥梁以其在城市中所处的重要位置和巨大的体量成为城市整体景观的重要组成部分。如今的桥梁已不局限于跨越江河湖海及各种障碍，城市中形式多样的高架桥、立交桥、人行天桥及廊道桥、景观桥等似雨后春笋般涌现，以桥梁自身的实用性、固定性、永久性及艺术性影响并改变着城市环境。桥梁不仅成为重要的城市节点，也成为城市空间中不可缺少的工程景观构成要素。随着经济的发展、科学技术的进步和人们审美水平的提高，人们对城市桥梁的建设要求也从结构、造型与景观个性创造层面提出了更高的要求，同时还要求桥梁与城市环境协调配合，直至将人、车、路、环境构成一个和谐统一的整体，在城市整体环境风貌塑造中发挥出更为重要的功效（图6-1）。

图6-1　城市整体风貌塑造中的桥梁工程建设

第一节　桥梁工程景观的内涵及环境色彩设计要点

一、城市桥梁及桥梁工程景观的意义

桥梁，是指为跨越天然或人工障碍物而修建的具有道路交通功能的单体构筑形式，以便于运输工具或行人在桥上畅通无阻地行走。就"桥梁"一词而言，虽为一个词组，但追其根源最早却为异名同实的两个单字，如东汉的经学家、文字学家许慎在《说文解字》中就有"梁之字，用木跨水，则今之桥也"的说法，说明桥梁的建造与材料、结构相关。另在《辞海》中，对"桥"的解释是："陆路交通系统中借以跨越河川险阻的建筑形式。"而桥梁的本质与内涵是无区别的，只是依据道路区域类型或建设定位的不同，出现城市桥梁的概念，这是对桥梁范畴的外延与深化所致，专指城市空间区域所建桥梁，既包括城市空间中需跨越江河湖海及各种障碍而建的交通桥梁，也包括在城市空间中为提高通行效率而建的高架桥、立交桥、人行天桥，以及满足市民游览、休闲所需而建的廊道桥、景观桥等，以便于与城市空间之外所建的各式桥梁进行区分。

（一）城市桥梁景观的内涵与作用

日本东京大学教授、著名桥梁设计专家和国际桥梁与结构工程协会前主席伊藤学先生在所著《桥梁造型》一书中写道："桥能满足人们到达彼岸的心理希望，同时也是印象深刻的标志性建筑，并且常常成为审美的对象和文化遗产。"关于桥梁的景观美学，伊藤学先生认为：桥梁是以实用为主的，应该主要把钱花在工程结构上；但一座桥往往需要使用几十年甚至上百年，如果把它修得十分难看，对看着它的人，也实在是很不公平的。显然，桥梁景观以桥梁及其周边环境为审美对象，应按照功能需求及美学法则对桥梁与周边环境进行美学创造和景观资源开发。

有关城市桥梁景观的定义，美国桥梁景观学家 Frederick Gottemoeller 在其著作 Bridgescape: The Art of Designing Bridges 中提出："桥梁景观设计是与当地景观的和谐统一，是对建桥地点文化的尊重和共融，以及对桥梁建设地点自然景观的保护。"他认为城市桥梁景观设计具体包括线形设计、桥梁造型设计、平面布局设计、机制设计、装饰设计以及色彩设计等方面的任务。2012 年 4 月实施的《城市桥梁设计规范》（CJJ 11—2011）中，虽没有专门对应桥梁景观设计的准则，但却将桥梁景观设计归为桥梁美学的范畴，作出了"城市桥梁设计应符合时代风貌，满足城市规划要求，并且与周围环境相协调"的规定。由此可见，城市桥梁作为建于城市人群、城市建筑、城市路网和城市文化等城市空间中的桥梁，其设计美学与景观特性有别于城市空间之外所建的各式桥梁，是现代城市空间内需要满足城市交通、景观等综合功能于一体的人工构筑物，城市桥梁的建设应与周边环境相辅相成，并为城市空间整体景观特色塑造起到增光添彩的作用（图 6-2）。

（二）城市桥梁景观及其构成类型

就城市桥梁工程景观而言，其构成类型由以下三个层面的内容组成。

图6-2　具有地标性作用的城市桥梁造型

1. 土耳其伊斯坦布尔具有标志性特征的博斯普鲁斯大桥；2. 中国澳门具有地标性特征的澳冰大桥

1. 跨越江河湖海及各种障碍而建的交通桥梁

　　跨越江河湖海及各种障碍而建的交通桥梁是城市桥梁景观的重要组成部分，其中许多桥梁与城市建设的历史一样久远，也有不少桥梁是随着桥梁技术的进步与城市及经济的发展逐渐修建的（图6-3）。

　　跨越江河的桥梁中，最著名的古桥当推福建泉州始建于北宋皇祐五年（1053年）、横跨洛阳江上的洛阳桥及广东潮州建于南宋乾道七年（1171年）、横跨韩江的广济桥，两者均为中国现存最早的跨越城区江河的古桥。国外跨越江河的名桥有捷克首都布拉格市建于1357年横跨伏尔塔瓦河的查理大桥、日本山口县岩国市1673年建造完成的跨越锦川河的锦带桥、美国纽约1883年建成的横跨纽约东河的布鲁克林大桥。

　　在跨越江河的现代城市名桥中，有1957年10月在湖北武汉建成的万里长江第一座铁路、公路两用桥——武汉长江大桥，它不仅使天堑变通途，将中国的南北大动脉一线贯穿，而且还让三镇连成一体，实现了武汉市民的世纪夙愿。其后，位于万里长江两岸的城市还先后建起了南京长江大桥、江阴长江大桥、芜湖长江大桥、鄂黄长江大桥、九江长江大桥、荆岳长江大桥、宜昌长江大桥、万州长江大桥、重庆朝天门长江大桥与宜宾长江大桥等，并于横跨中国大江大河的城市中建设了造型多样的各式桥梁。国外跨越江河的现代城市名桥有荷兰鹿特丹跨越新马斯河并连接城市南北的埃拉斯穆斯大桥、英国盖茨亥德跨越泰恩河的千禧桥及巴西圣保罗跨皮涅罗斯河的奥利韦拉大桥等。

　　跨越湖泊的桥梁有浙江杭州北里湖和外西湖分水点上始建于唐代的西湖断桥、山东济南城内大明湖上建于元代的鹊华桥、湖北武汉东湖上的八一路桥、江西南昌艾溪湖上的艾溪湖大桥、宁夏银川陈家湖上的朔方斜拉桥等。国外跨越城中湖泊的桥有越南河内还剑湖上建于1865年的栖旭桥、巴西首都巴西利亚横跨帕拉诺阿湖的库比契克大桥、美国五大湖中密歇根湖和休伦湖交界处的麦基诺大桥等。

　　跨海的桥梁中，有位于福建厦门通往海沧半岛的跨海峡海沧大桥、跨越山东青岛胶州湾海域的青岛海湾大桥及跨越广东湛江麻斜湾海域的湛江海湾大桥等。国外跨越城市滨海海湾的桥有澳大利

图6-3　跨越江河湖海及各种障碍而建的交通桥梁

1. 福建泉州横跨洛阳江上的洛阳桥；2. 捷克横跨伏尔塔瓦河的查理大桥；3. 日本山口跨越锦川河的锦带桥；4. 越南河内还剑湖上的栖旭桥；
5. 江苏南京长江大桥；6. 江西南昌艾溪湖上的艾溪湖大桥；7. 英国盖茨亥德泰恩河上的千禧桥；
8. 巴西首都巴西利亚帕拉诺阿湖上的库比契克大桥；9. 福建厦门跨越海峡的海沧大桥；10. 日本本州跨越濑户内海的濑户大桥；
11. 武汉火车站跨越轨道障碍所建的廊桥；12. 德国霍恩沃特城外跨越运河障碍所建的马格德堡水桥

　　亚悉尼建于20世纪初的杰克逊海港跨海大桥、新西兰奥克兰怀特马德海湾的跨海大桥、巴西里约热内卢市与尼特罗伊市之间全长13.7千米的尼特罗伊跨海大桥、土耳其伊斯坦布尔的博斯普鲁斯大桥、日本本州（冈山县仓敷市）到四国（香川县坂出市）间跨越濑户内海的濑户大桥、地处沙特阿齐兹至巴林贾斯拉的巴林—沙特阿拉伯跨海大桥等。

　　跨越城市中各种障碍而建的桥梁主要是跨越轨道、高速公路、峡谷等障碍所建的交通桥。这些桥梁在城市空间中除担负交通功能，由于其景观内涵更加丰富，不少还成为城市具有代表性的地标景观。国内有如广东广州火车站西的广园西路跨越轨道障碍而建的立交桥，上海虹桥综合交通枢纽跨越轨道障碍而建的跨线桥梁等。国外有位于法国南部米洛镇跨越塔恩河河谷的米约大桥，德国霍恩沃特城外为跨越运河障碍而建的马格德堡水桥等。

2. 提高城市空间中交通通行效率而建的桥梁

这类桥梁主要包括城市空间中的高架桥、立交桥与人行天桥等（图6-4）。

图6-4 提高城市空间中交通通行效率而建的桥梁

1. 美国城市中的高架桥景观；2. 四川成都城市高架桥桥下空间的景观塑造；3. 日本城市中的立交桥景观；
4. 北京国贸立交桥景观；5. 美国芝加哥千禧公园人行天桥景观；6. 广东深圳车公庙人行天桥景观

　　高架桥是随着近现代城市大规模扩展，机动车、人行交叉混流而出现的一种道路桥梁形式。高架桥均由高支撑的塔或支柱支撑。高架桥的出现基于城市发展带来的交通拥挤，以及街道因建筑物密集难以拓宽的现状，这种方式可降低交通密度，提高城市交通运输的效率。从城市空间中高架桥梁工程景观的营造来看，其重点在于桥下空间对城市景观的影响，欧洲国家在城市中心区建设高架桥时是从美学因素考虑的，如意大利、英国、希腊等国，均使建设的高架桥成为城市中的重要景观。国内如成都的城市高架桥，将具有地域文化的川剧脸谱与高架桥的桥下空间景观塑造有机结合，形成富有特色的城市桥梁工程景观效果。

　　立交桥是指在城市两条以上的交叉道路交会处所建的上下分层、多方向互不相扰的车行桥梁，由于隧道主体上方会形成桥形结构，立体交叉工程中的下沉式隧道也纳入桥的范畴内设计。立交桥主要在高速公路互通、城市干道或快速路之间的交会处等位置建设，其作用是使各个方向的车辆不受路口上的红绿灯管制，从而快速通过。城市立交桥体量较大，具有一定的地标意义，并成为重要的城市空间节点，故对桥梁工程景观要求很高，既要有良好的空中俯瞰效果，又需注重车行流线的美观，能与周边环境协调。诸如欧美国家城市空间中的城市立交桥及国内众多城市建设的立交桥，均具有各个城市的文化特色。

　　人行天桥是指建在交通密集的地区，为解决路人过街问题、满足人车分流、方便建筑物之间的联系而建设的过街桥梁。作为城市空间中的道路附属设施，人行天桥一般设置在重要的道路交叉处，它不仅缓解了交通压力，减少了交通事故，且在世界不少城市空间环境中得到广泛应用。诸如在美国与日本等国家的城市，以及中国香港，城市空间中人行天桥的建设不仅注重人性化设计，还会考虑对城市景观效果的影响及特色塑造。深圳作为一个快速发展、活力四射的年轻城市，城市人行天桥的建设以 2011 年 8 月在深圳举办的世界大学生运动会为契机，在很短的时间内让 20 余座人行天桥一改昔日灰暗呆板的印象，并成功实现华丽变身，成为引领城市时尚与前卫的人行天桥工程景观设计的弄潮儿，让人们感知到深圳作为设计之都的城市魅力。

3. 满足市民游览、休闲所需而建的各式桥梁

这类桥梁主要包括城市空间中的廊道桥、各式景观桥等（图 6-5）。

廊道桥是指在城市空间中可满足市民遮阳避雨、聚会交流、商贸与休憩观景等需求的桥梁。诸如意大利佛罗伦萨于 1345 年建的维琪奥桥，原是乌菲兹宫通往隔岸碧提王宫的走廊，对市民开放后，桥上开设多个精品商店，成为游人云集的观景桥。浙江泰顺是廊桥之乡，现存始建于清代至今的廊桥近千座，其中建于城内及城乡接合地的廊桥，成为遮阳避雨、商贸交易与休憩的场所空间。此外，在现代城市空间中还建有形态各异、便于市民通行与观景等的廊道桥。如新加坡近年来在滨海湾花园建成的空中走廊，还有中国澳门在城市空间中所建的高架廊道桥，不仅可供观光，还可遮阳避雨。另还有机场设的登机廊桥、休闲公园所建高架观景廊道桥等，不仅可以供人们通行、观景，而且成为城市空间中供人们观赏的桥梁景观。

景观桥是指在城市空间中能唤起人们美感的、具有良好视觉效果和审美价值的、与桥位环境共同构成景观的桥梁。如四川灌县建于宋代前的珠浦竹索榨桥，福建福州闽江之上始建于北宋时期的万寿桥，江苏扬州城内瘦西湖上始建于乾隆二十二年（1757 年）的五亭桥及北京颐和园昆明湖上建于清乾隆时期（1736—1795 年）形如长虹卧波的十七孔桥及长堤上桥身高耸的玉带桥等，另外，湖北武汉东湖风景区内的清河桥因在设计中对楚文化的巧妙挖掘与应用，建成后被列为东湖国家级风景名胜区"新七景"之一，并成为在地域性探索层面完成的桥梁景观佳作。国外如加拿大多伦多中央海滨波浪桥、澳大利亚阿德莱德河岸桥、荷兰阿姆斯特丹阿姆斯特河上的悬索桥、美国芝加哥千禧公园步行桥、日本城市公园内造型各异的景观桥、新西兰奥克兰北岸市公园桥、俄罗斯符拉迪沃斯托克的大陆部分与岛相连的俄罗斯岛大桥、以色列阿里尔沙龙公园集装箱桥等，均为城市空间中具有工程景观价值的桥梁景观。

从城市空间中的桥梁景观来看，桥梁的造型与结构不仅是客观存在的，也是需要人的视觉对其存在进行感知与认识的。由于桥梁的建设在现代城市空间交通中起着举足轻重的作用，与城市景观其他构成要素相比较而言，城市桥梁景观设计也更具个性，主要包括以下几点。

一是跨越性。人类建桥自古以来就是为了跨越天然或人工障碍，以使道路变通畅，故跨越功能为最主要的功能。在城市空间中，虽然桥梁横跨在江河湖海等天然或人工障碍之上，桥梁通行的功能得以实现，并成为审美的对象，但其跨越性始终是桥梁景观设计与建设中应凸显的重要特征，且需结合桥梁在形式、材料、技术与工艺等方面的进步来体现。

二是地标性。城市空间中由于桥梁所处位置比较重要，尤其是体型宏大的桥梁，不仅对城

图 6-5 满足市民游览、休闲所需而建的各式桥梁

1. 意大利佛罗伦萨的维琪奥廊桥；2. 中国廊桥之乡浙江泰顺的廊桥；3. 新加坡滨海湾花园所建的空中走廊；4. 澳门在城市中所建的高架廊道；
5. 江苏扬州瘦西湖上的五亭桥；6. 北京颐和园昆明湖长堤上的玉带桥；7. 湖北武汉东湖风景区内"新七景"之一的清河桥；
8. 加拿大多伦多中央海滨波浪桥；9. 荷兰阿姆斯特丹阿姆斯特河上的悬索桥；10. 日本城市公园内造型各异的景观桥

市景观产生重大的影响，并且成为具有地标性的城市景观构筑物。国外如英国伦敦横跨泰晤士河的塔桥、美国旧金山跨越海峡的金门大桥，国内如天津海河上的解放桥、武汉的长江一桥及中国澳门跨海的澳氹大桥等，均成为具有地标性特征的城市景观。

三是艺术性。城市空间中的桥梁在保障交通通行的同时，其独特的景观造型给人以不同的审美感受。诸如横跨江河湖海及各种障碍而建的大桥的气势，城市空间中的高架桥、立交桥与人行天桥的韵律，满足市民游览、休闲所需而建的各式桥梁的倩影等，均给城市增添了无尽的风采，桥梁造型的艺术性和功能性紧密结合，为城市空间增添了无尽的魅力。

四是协调性。城市桥梁与城市空间环境的协调性不仅表现在桥梁景观应与城市自然环境、地理位置相适应，还应最大限度地减少对城市环境产生的影响。诸如在城市空间中所建的横跨江河湖海及各种障碍的大桥，以及城市高架桥与立交桥等，在通行上需与城市道路协调，还需注意穿行车辆产生的噪声等对环境造成的不利影响，从而使城市桥梁景观设计的环境协调性得以提升。

五是地域性。城市空间中的桥梁景观在展现桥梁结构的先进性、合理性和时尚性时，尚需注重对桥梁所处城市空间场所地域文化的挖掘，使桥梁景观具有地域性特点。诸如贵州镇宁始建于明朝洪武年间的祝圣桥以及四川成都市内二环路上清水河立交桥的川剧"脸面"悬索结构造型等，均为在地域性探索层面完成的桥梁景观佳作。

二、城市桥梁工程景观与环境色彩的关系

城市桥梁是为了跨越天然或人工障碍而建的，多数城市桥梁体型宏大，所处位置重要，故对城市景观特色塑造产生了较大的影响。

就城市桥梁工程景观与环境色彩的关系而言，城市桥梁色彩作为桥梁工程景观中主要的构成要素之一，在城市桥梁工程景观营造中具有建设性的意义（图6-6）。

城市桥梁作为城市空间中具有地标性的构筑物，其环境色彩对桥梁工程景观具有重要的影响，也对整个城市空间的主调色彩产生影响。而成功的城市桥梁色彩可以增强城市桥梁工程景观的吸引力，并对提升整个城市空间的设计品位具有重要的作用。

城市桥梁色彩在桥梁工程景观营造中具有独立构形的特点，它可以在城市桥梁形体既定的情况下满足人们对色彩构形的创造，并在城市桥梁工程景观营造的空间样式、形象寓意、个性展示、风格表现及气氛烘托等层面起到渲染的作用。

城市桥梁色彩在桥梁工程景观营造中具有协同构形的特点，它既可发挥城市桥梁色彩构形自身的表现功能，又能配合桥梁形体来共同完成城市桥梁工程景观营造的美学使命，使桥梁工程景观营造的构思理念得到淋漓尽致的发挥。

城市桥梁色彩在桥梁工程景观营造中具有辅助构形的特点，它是城市桥梁形体造型的辅助方式，并可通过强化、调节与组织三种形式来实现城市桥梁工程景观的目标。

另外，从城市桥梁工程景观的发展趋势来看，在城市桥梁整体环境色彩处理层面，桥梁的环境色彩在色相上宜简不宜繁，在纯度上宜淡不宜浓，在明度上宜明不宜暗。在城市桥梁具体环境色彩处理层面，桥梁的环境色彩应以单色为基调，辅以其他一两种色彩加以点缀对比。一

图 6-6 城市桥梁景观与环境色彩的关系

1. 公元前 19 至公元前 20 年建设的法国加尔高架引水桥色彩景观效果；2. 建于 1 世纪的意大利罗马圣天使桥色彩景观效果；
3. 北京颐和园始建于清代的万字河上的荇桥色彩景观效果；4. 建于 19 世纪的英国伦敦塔桥色彩景观效果；
5. 美国旧金山建于 20 世纪的金门大桥色彩景观效果；6. 泰国清迈至拜县间的第二次世界大战纪念大桥色彩景观效果；
7. 江苏南京青奥桥色彩景观效果；8. 广东深圳彩田人行天桥色彩景观效果

个建筑群应以某一单色为基调，使整个城市建筑风格统一协调。在城市桥梁细部环境色彩处理层面，桥梁的环境色彩可以点缀醒目、鲜艳与多变的颜色，以体现相映生辉、情趣无穷的城市桥梁工程景观气氛。

三、城市桥梁环境色彩景观的设计要点

城市桥梁环境色彩作为工程景观营造中主要的构成因素，在桥梁工程景观的规划与深化设计中均受到重点关注。就城市桥梁工程景观营造而言，城市桥梁环境色彩景观的设计需要在桥梁工程景观营造确定的目标下展开工作，其设计要点包括以下内容。

1. 城市桥梁色彩景观营造中的整体把控

城市桥梁作为城市景观营造的重要节点，桥梁色彩需从城市色彩整体规划及城市桥梁工程景观特色营造两个方面来考虑。城市桥梁色彩的设计既要成为城市色彩整体框架中的有机组成部分，又需在城市桥梁工程景观营造中具有个性，以使市民通过桥梁环境色彩的景观设计达到场所特性上的心智认同。同时，城市桥梁色彩还应与城市整体环境协调，适应城市的环境及各种需求，并能从城市桥梁景观营造的整体上予以把控，使城市桥梁色彩景观的美学特点在宏观上更具表现意义。

2. 城市桥梁色彩景观营造中的独立构形

城市桥梁的本质是桥梁，城市桥梁的形态和规模与其所处位置，桥梁的桥跨结构、荷载、跨径、支座、桥墩、桥上附属建筑和桥梁用材、构造形式等多种因素有关，选择与桥梁相适应的色彩对桥梁色彩景观进行独立构形是十分重要的。如城市空间中具有地标性、体量大的桥梁，其环境色彩可选用对比强烈、明度高亮的色彩；城市空间中通用性、体量小的桥梁，其环境色彩可选用优雅的中间色和调和色，从而在桥梁色彩景观构形上具有差别，以使城市桥梁工程景观营造的特色得以凸显。

3. 城市桥梁色彩景观营造中的协同构形

桥梁作为城市空间中的主要交通设施和重要组成部分日益受到人们的关注，因此成为城市景观特色营造的主要因素，从而为城市景观整体形象营造增光添彩。为了改善城市空间中桥梁的工程景观效果，桥梁色彩景观协同构形的手法应用更广，如对桥梁的梁体、拱架、索塔、支座、桥墩及桥面护栏、灯杆等进行色彩处理，只需在不改变桥梁主体色彩关系的基础上施色，以取得协同构形的桥梁色彩景观营造效果。

4. 城市桥梁色彩景观营造中的辅助构形

城市桥梁色彩景观营造中的辅助构形主要通过对桥梁色彩的强化、调节与组织三种形式来实现。诸如城市桥梁配色中对特有安全色的应用，桥面色彩的配置及对地域风俗的色彩表现等，均可用辅助构形的途径，运用环境色彩强化、调节与组织等手法处理，以形成既各有特色，又相互渗透、相互贯通的城市桥梁工程景观营造目标，并使桥梁工程景观更具艺术魅力与文化意蕴。

5. 城市桥梁色彩景观营造中的夜景考量

城市桥梁色彩景观营造还需与桥梁夜景照明色彩结合予以考量。由于桥梁在城市空间中的地标性作用，加之多数与滨水区域融为一体，或跨线高架、视域开阔，从而成为城市夜景景观营造的重点。而城市桥梁的照明与灯光色彩是桥梁色彩景观不可缺少的一部分，它既拓展了城市桥梁色彩景观表达的内涵，又展示了城市桥梁色彩景观表现的魅力，更在城市桥梁色彩景观营造中使时空得到了延伸，是桥梁色彩景观营造中最具特色的设计内容。

6. 城市桥梁色彩景观营造中的管理控制

城市桥梁色彩景观设计的基本步骤包括在确定桥体造型设计方案的基础上，研究桥梁色彩与形态的协调关系，从已定的桥梁构形关系出发，通过现场调查与分析比较，结合桥梁所处区域环境色彩的分布比例，提取桥梁所处区域内的主要色彩，基于桥梁在城市空间中的定位与表达意念进行色彩设计，在报批及评审通过后予以实施。

城市桥梁色彩景观的管理控制建立在桥梁色彩景观城市主管部门对城市整体环境色彩管理的基础上。色彩是一种视觉传递信息，因此存在着管理上的需要，城市桥梁色彩亦然，制定完善的城市环境色彩管理措施对桥梁色彩进行严格管理，无疑是营造良好的城市桥梁色彩景观的根本保障。

第二节　城市桥梁工程景观中的环境色彩案例解读

纵观世界桥梁及其桥梁工程景观可知，在桥梁发展的进程中，若从工程技术的角度来看，其桥梁发展可分为古代、近代和现代三个时期。

人类最早建桥是为了跨越水道和峡谷等障碍。在原始时代，人类是利用自然倒下的树木，自然形成的石梁或石拱，溪涧安放步石，利用谷岸生长的藤萝等以达到跨越河溪的目的，但这只能看作道路向桥梁转化的一种过渡形式，或看成桥梁的雏形。人类有目的地伐木或堆石、架石为桥始于何时，现已无可查证。从文献查询可知，中国在周代已建有梁桥和浮桥，如公元前1134年左右，西周在渭水架有浮桥。春秋时期秦穆公称霸西戎，将原滋水改为灞水，并于河上建桥，故称"灞"。它既是中国最古老的石墩桥，也是一座颇有影响的古桥，其后才出现多跨梁桥和拱桥。国外早期文明发源地如古巴比伦王国在公元前1800年建造出有多跨的木桥，桥长达183米。古罗马在公元前621年建造了跨越台伯河的木桥，并在公元前481年架起了跨越达达尼尔海峡的浮船桥。古代美索不达米亚地区则在公元前4世纪建起有挑出的石拱桥。

依据对桥梁的发展演进划分的三个时期，通常将17世纪以前所建的桥梁列入古代桥梁的范围。在漫长的历史演进中，桥梁多用木、石材料建造，也有不少用到竹、藤、铁等材料。若按建造的材料来分，可将桥梁分为木桥、石桥、竹索桥、藤索桥及铁索桥等形式。

近代桥梁是指17世纪以后至20世纪30年代以前所建的桥梁。若按建桥的材料来分，桥梁除木桥、石桥外，还有铁桥、钢桥、钢筋混凝土桥等形式。

现代桥梁是指20世纪30年代后随着预应力混凝土和高强度钢材相继出现，在材料塑性理论和极限理论以及桥梁振动、空气动力学及土力学的研究等取得重大进展的基础上所建的各式桥梁。按建桥的材料，可将桥梁分为预应力钢筋混凝土桥、钢筋混凝土桥和钢桥等形式。

在人类建造桥梁的历史长河中，桥梁的建设为人类跨越江河湖海和峡谷等障碍带来便利，使天堑变通途。同时，这些造型各异的桥梁既展现出人类巧夺天工的造桥技艺，反映出古代匠人的智慧结晶，又为后人留下弥足珍贵的桥梁文化遗产。这些桥梁像一件件精美绝伦的艺术品一样点缀在奇山丽水之间，成为引人入胜的工程景观，且为城镇与大地增添异彩。诸如世界遗产名录列入了法国于公元前19至公元前20年在加尔修建的高架引水桥，西班牙于公元1世纪在塞哥维亚建成的高架引水桥，波斯尼亚东部和黑塞哥维那于1577年在德里纳河上修建的穆罕默德·巴夏·索科洛维奇桥等。这些桥梁工程及其色彩景观无不令人感到震撼。这里结合城市桥梁工程景观的研究，对古今中外具有特色的城市桥梁环境色彩案例进行解读，以领会到这些著名桥梁的环境色彩景观艺术魅力（图6-7）。

图 6-7　城市桥梁景观中的环境色彩案例

1. 浙江湖州南浔古镇石拱桥的环境色彩；2. 四川泸定铁索桥的环境色彩；3. 贵州黔东南侗族聚居区的木梁风雨桥的环境色彩；
4. 西班牙塞哥维亚的高架引水桥的色彩；5. 波黑塞哥维那的穆罕默德·巴夏·索科洛维奇桥的环境色彩；
6. 德国科隆霍亨索伦桥的环境色彩

一、独具特色的中国传统桥梁环境色彩景观

　　中国是桥的故乡，自古就有"桥的国度"之称，遍布在神州大地的各类桥梁展现出丰富的造型与景观各异的形态。桥梁的环境色彩也作为其物化的象征符号展现出与不同地域生存环境、信仰崇拜、风水意象和文化氛围有机融合的特色，并呈现出独特的文化个性与景观风貌特色。

（一）广东潮州韩江之上始建于宋代的广济桥

　　广济桥位于广东潮州古城东门外，横跨韩江且连接东西两岸，是风光旖旎的"潮州八景"之一，俗称湘子桥。桥梁始建于南宋乾道七年（1171 年），明朝嘉靖九年（1530 年）形成"十八梭船二十四洲"的格局。该桥集梁桥、浮桥、拱桥于一体，是我国古桥的孤例，以其独特的风格位列中国四大古桥之一。广济桥长约 500 米，为浮梁结合结构，由东西两段石梁桥和中间一段浮桥组合而成，梁桥由桥墩、石梁和桥亭三部分组成。东边为梁桥，长 283.35 米，有桥墩 12 个、桥台 1 座、桥孔 12 个；西边梁桥长 137.3 米，有桥墩 8 个、桥孔 7 个。中间的浮桥长 97.3 米，由 18 只木船连接而成。可见广济桥梁舟结合，刚柔相济，有动有静，起伏变化。其东段、西段是重瓴联阁、联芳济美的梁桥，中间是"舳舻编连、龙卧虹跨"的浮桥，其情其景更是妙不可言（图 6-8）。

　　整个广济桥的色彩给人古香古色的印象，位于桥梁东、西两侧的梁桥部分，每跨架梁所用梁石均为潮汕山区独有的灰白色花岗岩加工而成的巨型条石，桥墩则用粤东韩山独有的大青麻

条石砌筑，栏杆为灰白色横条石栏杆，从而构成以灰白色为主调、桥体环境色彩统一的视觉效果。位于桥梁中部的浮桥部分由 18 艘梭船组成，并与东、西梁桥桥墩连接，梭船用木材建造，船上设有围护的木栏杆与浮桥桥板，色彩为统一偏红的木质色。

图 6-8　广东潮州广济桥环境色彩景观效果

　　广济桥的精妙之处在于所建的 30 个桥亭，其中殿式阁桥亭有 12 个，杂式亭台有 18 个，使整座广济桥不仅是一处水上通道，并且还成为雄伟壮丽的古代建筑群。桥上亭台楼阁错落有致，其色彩以灰色为主调，屋面以传统的青瓦装饰，屋檐下悬挂金色的匾额，白色的岩石柱子簇拥着绿色的楹联，栗色的梁枋悬挂着圆圆的灯笼，精巧别致，冷暖相宜，与周边自然环境十分协调。桥梁屋顶的脊头上采用潮州民居特有的金木水火土形式，既有变化，又有地域特色。

　　每当春天来临，穿潮州市区而过的韩江两岸木棉花竞相绽放，万绿丛中露出点点火红，把广济桥装扮得更是妩媚动人，好一幅"江流汩汩，水天一色"的画卷与原生态景象。

（二）浙江泰顺北溪之上始建于清代的北涧桥

　　廊桥是指有廊屋的桥，其桥屋多采用榫卯结构的梁柱体系连成整体，桥梁梁架多用抬梁式。廊桥桥屋正中是一条长廊式的通道，两侧有木护栏，其内沿着栏杆设置木坐凳，并由栏杆、坐凳与柱廊相连。廊桥在栏杆外多挑出一层风雨檐，并在外缘用鱼鳞板封住。廊桥桥屋木栏板上开有形状各异的窗，有扇形、六边形、五边形、八边形、心形、桃形等，屋面形式则以双坡式居多，且覆盖青瓦。廊桥的木板多用油漆漆成红色或蓝色进行装饰，还可起到护桥防腐的作用。正是这种传统装饰手法使得廊桥桥身在跨越障碍的同时还呈现独特的环境色彩效果（图 6-9）。

图 6-9　浙江泰顺北涧桥环境色彩景观效果

　　在浙江泰顺一带的廊桥,主要有编梁木拱廊桥、八字撑木拱廊桥、木平廊桥、石拱廊桥等类型。位于浙江泰顺泗溪镇横跨北溪上的北涧桥,始建于清康熙十三年(1674 年),于道光二十九年(1849 年)重修。其桥长 51.7 米,宽 5.37 米,净跨 29 米。该桥为叠梁式木拱廊桥,立于二水交汇处。北涧桥的桥屋是建桥工匠们精心打造的部位,从而增加了桥梁造型的整体效果,其多样化的屋檐形式及屋脊装饰更凸显桥梁的美。而北涧桥在青山绿水之间显得异常绚丽,无疑与桥身的红装密不可分。北涧桥上风雨板的红色涂饰到位,并达到艳而不俗的效果。桥身的红色使其有别于周围绿色的自然环境及黄褐色的民宅,突出了廊桥的主体地位。更特别的是,桥身的这种红色随着岁月的变迁,还与周围环境的自然色彩形成对比中相互融合的色彩关系,别有风采。北涧桥上廊屋柱架为原木本色,加上桥屋的大部分石质附件没有过多雕饰,给人以“清水出芙蓉,天然去雕饰”的感受,构成一幅浙南廊桥之乡自然、清新的桥梁景观图卷。

（三）北京颐和园万字河上始建于清代的荇桥

　　荇桥是北京颐和园里 20 多座古桥中一座经典的园林古桥,它始建于乾隆二十三年(1758 年),现有层楼重檐特色的汉白玉亭桥系光绪十八年(1892 年)重修的样式。“荇桥”的名字出自《诗经·周南·关雎》的“参差荇菜,左右流之”,给人典雅与清丽之感。荇桥全长 25 米,宽 4.8 米,桥下有 3 孔,两边为斜方孔,尤以中间的方孔为大,若画舫较小,则可以通行无碍(图 6-10)。

图6-10　北京颐和园荇桥环境色彩景观效果

荇桥最大的特点是它在形制上别出心裁，即在荇桥之上立有双层四角方亭，使荇桥在色彩装饰层面显得靓丽多彩。荇桥上的四角方亭即由8根绿色漆柱支撑，柱顶有彩绘廊头，明造天花，内檐枋上绘有苏式彩画，所用色彩鲜明而不突兀，描画故事线条细腻又气韵生动，是中国古代桥梁壁画之精品。桥梁的方亭屋顶则为双重青瓦歇山屋，顶下临桥檐两侧设有木制亭栏及清式靠背条椅，上面饰以朱漆。方亭花柱下为青石方鼓镜柱础，桥的东、西两面各置25步青石台阶，18块勾栏式栏板为汉白玉石雕饰。

荇桥桥下为三孔分水洞，中间桥洞相对高大宽敞，当年可通行较小的画舫；桥洞南北两侧分水金刚墙为棱柱式样，精美之处在于四个石柱束腰的上部做成斗拱，承托平台，各踞一只造型精美的石雕狮子。荇桥桥墩与基座为偏暖方石砌筑，粗壮的梁架饰以褐红色。荇桥的东西两端各立有一座四柱三楼冲天牌楼，牌楼虽然色彩鲜艳，但荇桥之上的方亭施色靓丽，从而使两者在色彩上具有呼应关系，并因方位体量大于桥梁两侧的牌楼，从而形成主次分明的组群关系与景观效果。荇桥上过往的行人若驻足桥上观景，极目远眺园中，则万寿山佛香阁彩云缭绕，昆明湖水碧波如镜，十七孔桥长虹卧波，西堤六桥恍如仙境，加之荇桥丽影，好一幅名桥聚集一园的佳景。

二、各有千秋的国外著名桥梁环境色彩景观

"青山隐隐水迢迢，秋尽江南草未凋。二十四桥明月夜，玉人何处教吹箫。"这是唐代诗人杜牧在《寄扬州韩绰判官》中描述扬州瘦西湖二十四桥景观的诗句。那么国外的桥梁又是怎样的景象？桥梁环境色彩景观如何？这里就来一睹国外名桥色彩景观。

（一）意大利罗马台伯河上建于 1 世纪的圣天使桥

圣天使桥位于意大利罗马台伯河上，公元 134 年由罗马皇帝哈德良所建，又名哈德良桥。该桥连接罗马市中心与圣天使城堡，是一座从古罗马时期留存至今的著名城市桥梁（图6-11）。

图 6-11 意大利罗马圣天使桥环境色彩景观效果

这座桥用青灰色大理石铺砌，河中有 4 个桥墩，与两岸连接形成 5 个拱跨。由于年代久远，如今仅供行人步行。横跨台伯河的圣天使桥是罗马城中最美的桥梁，桥上有 10 尊天使以及圣彼得和圣保罗的雕像，共 12 座，每个天使手上都拿着一种耶稣受刑的刑具，这 10 尊天使都出自贝尔尼尼及其弟子之手。设立在圣天使桥桥面两侧的暖白色雕像，在晴日阳光照射下显得分外明亮。而圣天使桥整体用青灰色石块砌筑的桥体，与桥北高耸的圣天使堡弧形围墙的棕灰色形成色彩弱对比关系。矗立在城堡上方的青铜雕像"天使之长迈克尔"，其青绿古铜色给人以沉稳的感受，整个圣天使桥历经千余年的风雨，在古堡、周边街区、老城建筑、台伯河水与两岸树木的映衬下，构成环境色彩古朴与和谐的古桥景观文化印象。

（二）英国伦敦泰晤士河上建于 19 世纪的伦敦塔桥

只要提到英国伦敦的城市景观，浮现在人们脑海中的城市符号无疑是世人皆知的大本钟、红色双层巴士以及伦敦塔桥。伦敦塔桥于 1894 年 6 月建于泰晤士河上，并将伦敦南北区连接成整体。它不仅是该河上已建 15 座桥梁中最知名的一座，也是伦敦最具地标性的城市标志，有"伦敦正门"之美誉。

伦敦塔桥是一座吊桥，塔桥下面的桥身可以打开，河中的两座桥基高 7.6 米，相距 76 米，

桥基上建有两座高耸的方形主塔，塔高43.5米，内分5层。两座主塔上建有白色大理石屋顶和5个小尖塔，远看仿佛两顶王冠。两塔之间的跨度超过60米，塔基和两岸用钢缆吊桥相连。桥身分为上下两层：上层为宽阔的悬空人行道，两侧装有玻璃窗，行人从桥上通过，饱览泰晤士河两岸的美丽风光；下层供车辆通行，当泰晤士河上有万吨船只通过之时，主塔内机器启动，吊桥桥身慢慢向上分开折起，待船只通过后吊桥桥身又慢慢落下，并恢复车辆通行。其情其景使人感慨英国工业革命留在塔桥上的痕迹（图6-12）。

图6-12 英国伦敦塔桥环境色彩景观效果

在伦敦塔桥的色彩方面，塔桥主塔与桥基皆用牙黄灰、少量粉绿与赭石及白色相间的花岗岩砌筑而成，后为保护大桥不受风雨的侵蚀，整座桥还被包上了康沃尔花岗岩和波特兰石饰面。塔桥上、下两层钢梁饰以带灰钴蓝色与乳白色的油漆，细部构件饰以橘红色等点缀，使塔桥色彩与泰晤士河水及两岸的伦敦城区建筑形成有序的环境色彩关系，而塔桥钴蓝与乳白色互相穿插的主梁与吊梁色彩则从中性灰的城市环境背景色彩中跳出，以显伦敦塔桥的城市地标性特征。入夜时分，伦敦塔桥上五光十色的灯光照明色彩使塔桥光彩照人，令人们产生梦幻般的光色联想。若遇上伦敦雾天，薄雾锁桥的塔桥色彩景观更是一绝，成为伦敦难得一见的胜景之一。

（三）美国旧金山金门海峡上建于20世纪的金门大桥

金门大桥可说是世界上最著名的桥梁之一，被誉为20世纪桥梁工程的奇迹，也被认为是美国旧金山的城市象征。金门大桥于1933年动工，历时4年并耗费10万吨钢材建造而成。大桥雄峙于美国加利福尼亚州长达近2000米的金门海峡之上，桥梁北接加利福尼亚，南接旧金山半岛。当船只驶进旧金山时，人们从甲板上即可见到映入眼帘的巨型钢塔（图6-13）。

金门大桥高耸的钢塔立于大桥南北两侧，塔高342米，塔的顶端用两根直径为92.7厘米、重达2.45万吨的钢缆相连，而钢缆两端伸延到岸上锚定于岩石中。大桥桥体凭借两根钢缆所产生的巨大拉力高悬于半空，两塔之间的大桥跨度达1280米，为世界罕见的单孔长跨距大吊桥之一。从海面到桥中心部的高度约60米，大型船只也能畅通无阻。

图6-13　美国旧金山金门大桥环境色彩景观效果

金门大桥的造型宏伟壮观，桥身的色彩更是独特，桥身所用颜色给人的感受虽为红色，但却并不是正红色，而是由红、黄和黑混合的"国际橘色"。建筑师艾尔文·莫罗认为这种颜色既可与周边环境协调，又可使大桥在金门海峡常见的大雾中显得更为醒目。正是这独特的外观色彩与新颖的结构形式，使金门大桥被国际桥梁工程界广泛认为是美的典范，桥梁色彩的独特性使之成为世界最具魅力的桥梁工程景观奇迹之一。

三、多彩多姿的现代城市桥梁环境色彩景观

（一）江苏南京长江大桥造型及其环境色彩景观

南京长江大桥是长江上第一座由中国自行设计和建造的双层式铁路、公路两用桥梁，于1968年12月29日全部建成通车，它的建成成为沟通南北交通大动脉的关键性工程项目，使津浦、沪宁两条铁道线通过大桥铁路桥正式贯通，从北京直达上海，自此京沪铁路的贯通再无长江阻拦，也标志着我国桥梁建设达到世界先进水平。它的建成也开创了中国自力更生建设大型桥梁的新纪元，被看作"自力更生的典范"和"社会主义建设的伟大成就"，被称为"争气桥"，在中国桥梁史和世界桥梁史上具有重要意义。经历半个世纪以来的风云变幻，如今南京长江大桥已转化成一个内涵丰富的城市文化符号，并成为重要的城市象征和地标建筑。2009年9月，南京长江大桥入选"中国六十大地标"；2014年7月入选不可移动文物；2016年9月还入选"首批中国20世纪建筑遗产"名录（图6-14）。

1. 南京长江大桥的整体造型

南京长江大桥整体设计为双层双线公路、铁路两用桥。从南京长江大桥整体造型来看，整座大桥的桥身包括正桥、南北引桥、南北桥头堡、工字堡及堡身墙面，另还有大桥的桥墩、桥上设施（栏杆、路灯）及大桥周围环境等（图6-15）。

（1）大桥桥身。

大桥正桥为钢桁梁结构，主桁采用带下加劲弦杆的平行弦菱形桁架，用悬臂拼装法架设。

图 6-14　南京长江大桥桥梁工程环境色彩景观

分上下两层，上层为公路桥，正桥长 1577 米，车行道宽 15 米，可容 4 辆大型汽车并行，两侧人行道各宽 2.25 米，是沟通南京市江北新区与江南主城的要道之一。下层为双轨复线铁路桥，宽 14 米，全长 6772 米，连接津浦铁路与沪宁铁路干线，是国家南北交通要津和命脉。南京长江大桥江中正桥为 9 墩 10 跨，长 1576 米，最大跨度为 160 米。通航净空宽度为 120 米，桥下通航净空高度为设计最高通航水位以上 24 米，可通过 5000 吨级海轮。大桥南北引桥中，铁路引桥南岸为 48 孔，北岸为 104 孔。公路引桥采用富有中国特色的双孔双曲拱桥形式，平面曲线部分采用"曲桥正做"做法，即采用直梁按曲线拼装，而不是直接使用曲线梁。

南北桥头堡位于正桥南北两端，各有一对复合式桥头堡，即大桥头堡及小桥头堡各有一对。桥头堡由瞭望平台和红旗塔楼组成，也是大桥造型的精华所在。大堡塔楼高 70 米、宽 11 米，分立于大桥两侧，大堡高高凸出公路桥面，顶端高 5 米、长 8 米的钢制"三面红旗"呈飞跃前进状，象征着 20 世纪 50 年代的人民公社、"大跃进"和总路线。三面红旗的桥头堡在建成后风靡全国，被多次模仿。小堡位于大堡向引桥方向 68.7 米处，结构、外形、颜色与大堡类似，仅体量略小。小堡凸出公路桥面的部分为 5 米高的灰色"工农兵学商"混凝土群像，各有一座高 10 米有余的工农兵等五人雕塑，为当时中国社会的五大组成部分，即工、农、兵、学、商，具有典型的时代文艺风格。

在大桥南桥头堡下，利用空间改造出南京长江大桥陈列馆，以大桥的历史背景和文物资料还原大桥的设计、建设和使用过程，并展现丰富的历史记忆，传承"独立自主、自力更生"的大桥精神。

工字堡立于大桥南北两岸，用来分隔地面道路和引桥，作为长江大桥引桥的起点，分别立在大桥两侧，因顶部每面都有"工"字而得名。桥头堡身墙面饰有红色大幅标语，其中大堡堡身墙面写有"全世界人民大团结万岁""全国各族人民大团结万岁"，小堡堡身墙面写有"人民，

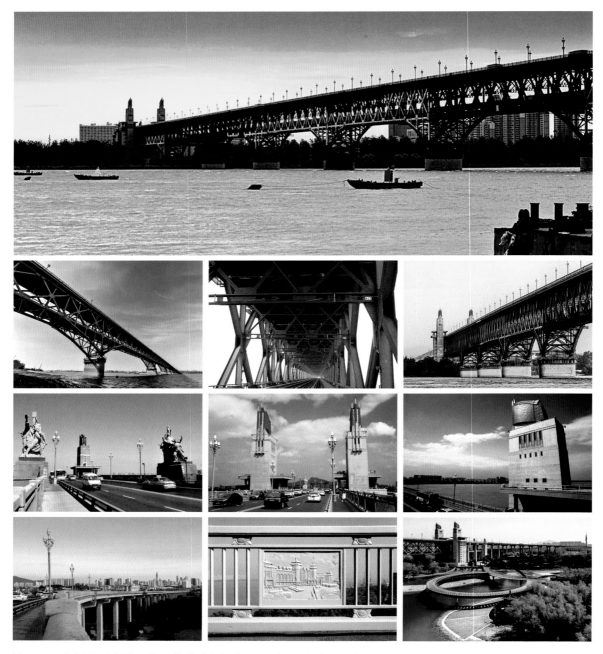

图 6-15　南京长江大桥的正桥、引桥与大桥桥头堡、工字堡、桥身、桥墩、桥面、桥上设施及大桥周围环境设计

只有人民，才是创造世界历史的动力" "我们的国家是工人阶级领导的以工农联盟为基础的人民民主专政的国家"等，均为修建年代特有的历史符号。

（2）大桥桥墩。

南京长江大桥江中正桥共有 9 墩 10 孔，每个桥墩高 80 米，每墩底部面积有 400 多平方米，比一个篮球场还大，最高的桥墩从基础到顶部高 85 米。墩与墩之间的距离除北岸第一孔是 128 米外，其余 9 孔均为 160 米，桥下可行万吨巨轮。

（3）桥上设施。

桥上设施包括大桥栏杆及路灯，大桥公路正桥两边的栏杆上嵌着 202 块铸铁浮雕，其中有 100 块向日葵镂空浮雕、96 块风景浮雕、6 块国徽浮雕。在 96 块风景浮雕中有 20 块不重复的浮雕都是描绘祖国山河风貌和歌颂当时社会主义中国的巨大成就，堪称"新中国红色经典"。大桥公路正桥人行道旁有 150 对白玉兰花形的路灯，每对相隔 40 米。入晚，桥栏杆上的 1048 盏泛光灯齐放，加之桥墩上的 540 盏金属卤素灯，把江面照得如同白昼，再加上公路桥上的 150 对玉兰花灯齐明，桥头堡和大型雕塑上的 228 盏钠灯使大桥像一串夜明珠横跨江上，使大桥的整体造型与桥上设施呈相映生辉的环境色彩景象。

（4）大桥周围环境。

大桥南北两岸的桥下，有 1970 年建于大桥南岸面积约 20 公顷的南堡公园，园内种植着各种花草树木，并有电梯直抵大桥桥面的桥头堡，其后还在公园建成占地面积为 4550 平方米的开放盆景园、桂花园、银杏林、儿童乐园及江边风光带。近来南堡公园内还建有圆形玻璃栈道，让人们行走在江面上仰望大桥的雄伟身姿。

2. 南京长江大桥的环境色彩

从整座大桥的桥身的环境色彩看，大桥的主跨钢梁和铁路桥檐钢菱形桁架均以蓝灰色为主，呈现出大桥恢宏的气势和工业感。上层公路桥外挑出的檐栏杆用色为淡青色与偏暖的浅灰色。大桥白玉兰花形路灯的玉兰花灯为乳白色，灯架为蓝灰色，灯柱为金色。大桥桥面原先的混凝土桥面现全部替换为钢桥面板，并铺设沥青面层。其中桥面车行道为紫黑色路面，人行道为深红色路面，在黄色与白色交通管理线下显得色彩夺目（图 6-16）。

而南京长江大桥最具特点的环境色彩主要表现在大桥南北桥头堡堡身的墙面上。如大桥大堡顶上红旗平台的"三面红旗"呈飞跃前进状的红色，旗尖和飘带的金色，均是那个年代中国的象征。整个大桥桥头堡堡身墙面的米黄色主调以及各种浅灰色，则使南京长江大桥展现出自身独有的色彩个性。只是现在所见的大桥色彩均为 2016 年 10 月底用时 27 个月进行全封闭大修恢复的，在南京长江大桥经过 50 年风雨后进行的翻新修缮中，对大桥南北桥头堡原已经出现大面积剥落、开裂和空鼓等破损的桥头堡堡身墙面装饰面层进行了修缮，并原汁原味地恢复桥头堡堡身墙面水刷石面层的米黄色，使桥头堡身墙面在色彩上重现往日面貌。另外，桥头堡的室内装饰修缮秉持原形制、原材料、原工艺的原则。桥头堡室内楼地面和墙裙的水磨石饰面有三种不同的做法：灰白石子红水泥水磨石、黑白石子黄水泥水磨石和黑白石子绿水泥水磨石。另外，对于小堡上的群雕塑像，为还原修建之时的本色，也由修缮前的青灰色恢复为原本的粉红色，群雕基座则为黄褐色瓷砖饰面。立于大桥南北两岸工字堡上的各种广告被清除，红色的工字堡显露出来。

大桥周围环境主要有大桥南北桥头堡下的公园，园内除硬化道路、广场外，主要为种植成林的树木和花草，硬化道路、广场均为偏黄的浅灰色，也有红褐色彩路铺装。绿化种植有不同季相植物，常年给人郁郁葱葱、充满生机的色彩印象。大桥南岸南堡公园内所建玻璃栈道的银色不锈钢扶手与圆弧栈道桥体的浅赭色融于一体，营造了大桥周围环境的亲和空间氛围。

图 6-16　南京长江大桥环境色彩经过复原修复后，重现往日大桥面貌的色彩景观效果

3. 南京长江大桥的亮化色彩

南京长江大桥的亮化色彩是在全封闭大修时重新设计的。本着"尊重历史、面向未来"的原则，大桥的亮化设计设计选择黄、白、红三种颜色作为主色调，通过创新的艺术表现和先进的技术手段来打造大桥文化、展示城市名片、再现大桥雄姿。

为了体现修旧如旧的效果，大桥整体亮化的色调确定黄、白两色为主色调，使灯光映照下的桥头堡被染成了金黄色。另外，所有的 LED 灯都可以在黄色与白色之间进行色温的控制调节，其中，白色光主要用于体现桥梁轮廓结构。桥头堡的三面红旗雕塑运用红色 LED 灯进行强化和动态化的处理，使三面红旗雕塑在夜色下呈现流动的红色灯光效果，仿佛红旗在风中飞扬。大桥玉兰花灯的整体造型和布置均无变化，只是在光源的选择和控制方面融入了高科技元素。如在大桥光源的选择上采用了质量比较稳定的 LED 光源，照度比原来有所提升，实现了亮度的可调节，便于整体的自动化控制。

如今眺望夜幕降临后华灯初上的南京长江大桥，亮化色彩将大桥装扮得宛如一道"彩虹"飞架长江南北（图 6-17），流光溢彩、绚丽缤纷，使历经半个世纪风雨的南京长江大桥，依然在灯光的海洋中通过多彩的光照，呈现出极富艺术感染力和视觉张力的动人光彩。

图6-17　南京长江大桥亮化色彩将大桥装扮得宛如一道彩虹飞架长江南北

（二）湖北武汉东湖清河桥造型及环境色彩景观

清河桥位于武汉市东湖国家级风景名胜区落雁景区与磨山景区蜿蜒相连的近千米长堤上，这里湖面广阔、湖岸曲折、港汊交错、山水相依、孤岛星罗、湖草茵茵、芦苇密集、水鸟聚集。常有群雁、野鸭、獐鸡等水鸟出没于芦苇间，临近傍晚，映着晚霞还可形成一幅"落霞与归雁齐飞"的美丽画面（图6-18）。

图6-18　清河桥

清河桥的设计创意取自养由基"一箭定乾坤"的历史传说。相传战国楚庄王九年（公元前605年），楚令尹斗椒率若敖氏之族兵叛乱，在皋浒（请和桥）与庄王对峙，庄王主动请和遭拒后，庄王令养由基与斗椒隔河比射决斗，一箭平定叛乱，实现和平。因而该桥被后人称为"请和桥"，谐音为清河桥。

作为清河桥的设计主创，笔者从历史事件及楚文化特色的塑造切入，结合景区生态休闲环境的需要，从布局、造型、色彩、材料、装饰符号及主题雕塑等方面进行整体环境艺术处理。

桥梁整体造型采用楚风定位，结合该桥的功能需求与景观特点，通过一系列楚地经典造型与装饰符号的有机组合，从桥的线形、平面布局、空间处理、色彩配置、材料选取及装饰图案运用等方面予以综合考虑，并从桥梁总体造型上把握住楚国建筑与造型艺术大气磅礴的整体气势。

在桥梁造型细部设计中，通过桥梁正中楚式玉佩、桥栏凤鸟纹样、桥台镇墓兽的运用与再造，使楚风造型定位予以具体展现。其中镶嵌在桥梁正中的楚佩造型高2.4米、长14.6米、宽0.4米。楚佩造型内为空心，并运用翻模成型与干挂工艺做法，以减轻桥梁负荷。镂空形式可让游人从镂空楚佩外望，仿佛从苏州园林漏窗观景一样。而桥栏浮雕图案选用楚文化精品——荆州丝织的凤鸟纹样与漆器图案做简化设计处理，以适合富于变化的桥梁栏板形式的需要（图6-19）。

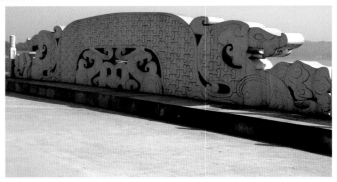

图6-19　武汉东湖清河桥设计造型

另外，在桥的左右两侧各设置了一组观景桥台，以便于游人在湖中观景。其中左右斜对的两个桥台分别设有拉弓对射的楚将养由基人物雕塑，斜对的桥台为一组坠落的箭矢，这种非对称的格局也反映出楚文化中那种骜骜不驯的精神气质。其"一箭定乾坤"的主题即通过这组雕塑进行了点题。

在清河桥环境色彩景观营造中，桥拱通体为冷灰色砌砖面，桥栏为汉白玉人造大理石，由于采用浇筑翻模成型与干挂新工艺，其材质均匀、雕琢细腻，为天然石材不能及，色彩为带有浅黄灰色调和纹理的大理石。桥梁中央，即桥中跨拱的上方所置楚式玉佩则为浅绿灰色调。桥墩采用楚凤架构造型，色彩为暖灰色砌砖面，从而与桥拱在色彩统一的前提下又有变化。清河桥车行道路面原为现浇水泥路面，为提升景区道路品质，改为沥青铺面，路面颜色也由黄灰色调变为紫黑色路面，人行道路面还为原色。而清河桥东西两端的4座观景平台，在环境色彩处理上则与桥身构成统一的整体。与观景平台南北相对的铜雕为古绿铜色。所有这些均与落雁景区自然湿地及湖面水天一色融为一体，以获得清河桥环境色彩景观营造创意方面大气磅礴的视觉效果（图6-20）。入夜，结合清河桥所临东湖磨山楚城景区的特点，以夜色为背景，选用楚国漆器的红、赭及青铜的青绿等色光对清河桥进行泛光灯照明，营造出荆楚文化的文化意蕴。

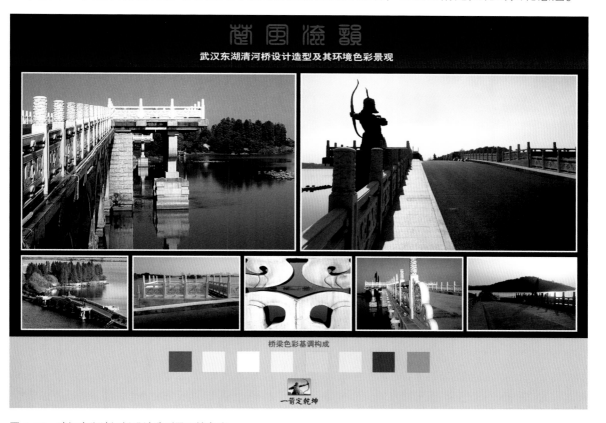

图6-20　武汉东湖清河桥设计造型及环境色彩

由于桥址之西为东湖风景区生态价值象征的鸟岛，故在桥梁平台亲水观景还能够带给游人与自然对话的亲和感，从而充分展示出设计的文化内涵与生态价值取向。清河桥落成后便被列为武汉东湖生态旅游风景区"新七景"之一，该项环境艺术设计于 2003 年 12 月获得教育部 2003 年度城乡建设优秀勘察设计（市政工程类）三等奖。

（三）澳大利亚悉尼港湾大桥造型及环境色彩景观

悉尼港湾大桥位于澳大利亚悉尼杰克逊海港，建成于 1932 年，至今仍是世界上最高的钢铁拱桥，并曾是全球最宽的长跨距桥梁。它像一道横贯海湾、气势磅礴的长虹，与举世闻名的悉尼歌剧院隔海相望，成为悉尼的象征之一。大桥全长 1149 米，拱桥跨度为 503 米，桥面宽度为 49 米，最高处距离海平面 134 米，有 8 条车道、2 条铁轨、1 条自行车道及 1 条人行道，跨越悉尼港，连接悉尼北岸与南岸（图 6-21）。

图 6-21　位于澳大利亚悉尼杰克逊港湾的悉尼港湾大桥

悉尼港湾大桥所处的悉尼湾，为悉尼市民带来了荡漾的碧波、清新的空气和美丽的海滩，海湾里游艇似鸥鸟翔集，在蓝天白云之下，湾畔林立的高楼给人们带来怡人、多姿的滨海景色和令人赏心悦目的色彩景观。20 世纪 30 年代，悉尼在海湾的蜂腰部建起了宛若长虹的悉尼港湾大桥，20 世纪 70 年代，又在海湾另一侧修筑了蜚声全球的悉尼歌剧院，使悉尼湾中两组建筑一水相隔，一深色一浅色、一壮美一精巧，深深吸引了来自世界各地的宾客，再加上悉尼塔，一并成为悉尼三大地标性建筑。

悉尼这座引人注目的桥梁，横跨南北的世界第一单孔拱桥像一道连接城市的彩虹，既有宏伟巍峨的气势，又有俊秀精致的构造。与众不同的拱形桥身为深灰色钢构梁体，大桥的钢架头则搭在两个巨大的钢筋水泥桥墩上，桥墩高 12 米。在桥身两端有 2 个桥墩，在其上各建有一座桥塔，塔高 95 米，全部使用浅灰色花岗岩石建造，桥柱上建有大桥历史博物馆，柱顶上还有瞭望台，并在大桥南端的桥头堡建有观景台。若登临台上望景，整个悉尼海湾美丽的海湾水色及靓丽的天空尽收眼底。北悉尼米尔逊角（Milsons Point）就在大桥下面，还有不少景色独特的街道以及美丽的歌剧院就在对岸，与周围景物相映成趣，可供游人在这里安静舒适地欣赏悉尼湾的美丽风光，感受悉尼湾碧海蓝天的环境色彩景象（图 6-22）。

图6-22 澳大利亚悉尼港湾大桥造型及其环境色彩景观

在水天一色的悉尼湾，悉尼港湾大桥像是横空出世般地把这碧海蓝天分开，并在海湾中绽放异彩。在风和日丽中，很多游人走到桥上观看大海上的景色，甚至攀爬至桥顶眺览整个城市，领略融入海风中的舒适与惬意。

在斜阳的金晖下，悉尼港湾大桥则映衬在变幻的夕阳背景中，直至天空由金黄变姹紫，由姹紫变暗褐，海面上的桥影也慢慢变深，大桥钢架和栏杆上开始亮起灯光，加上海湾中的行船似星星一样眨着眼。桥上往来车辆行走中的红、黄两条车灯灯带，更是铺满整个大桥桥面，可谓是璀璨夺目，熠熠生辉。在夜晚的星空下，悉尼港湾大桥的钢架上亮起了绚丽的灯光，远远望去，五彩缤纷、灿烂夺目。而在每一个新年到来的元旦前夜，悉尼港湾大桥都有盛大的新年焰火表演，烟花被放置在大桥拱梁上，五光十色的焰火按大桥拱梁的形状四射，人们在光影秀所营造的沉浸式光色空间中迎接新的一年到来。

显然，无论在白昼或夜幕、日出或晚霞，悉尼港湾大桥都会以其宏伟壮观的造型，展现出反差强烈又协调统一的环境色彩美丽图画。

（四）新加坡海湾南园的城市空中廊桥色彩景观

海湾南园是新加坡滨海湾公园3个园区中最大的一个，该园占地54公顷，于2012年6月建成。而滨海湾公园位于新加坡城市紧邻玛丽娜海湾核心区，是新加坡政府打造"花园中城市"发展战略的一项重要举措，公园将被打造为新加坡的国家空间标志，成为新加坡理想的户外休憩场所，并增加城市绿量，丰富植物种群，进而提升城市的生活品质。

建于海湾南园内的城市空中廊桥，是一条长 128 米、位于地面 22 米以上的高空人行廊道。廊桥蜿蜒曲折穿行于园内 12 棵高度在 25 ～ 50 米的超级树所形成的超级树林中，桥上能够鸟瞰整个滨海湾公园和附近的港湾地区。而超级树是一种像树的结构，每棵超级树由中央混凝土圆柱、铁制框架树干、向外伸展的伞形倒置树冠及栽种植物 4 个部分构成，超级树上种植了各种奇异的蕨类植物、藤蔓植物、兰花以及大量的凤梨科植物。超级树凭借其独特的造型成为海湾南园中引人注目的景观标志〔图 6-23〕。

图 6-23　新加坡海湾南园的城市空中廊桥色彩景观

海湾南园以产于东南亚山竹果的颜色为园区的基色，城市空中廊桥的色彩则以深紫色为主，同时搭配绿色、橙色和白色作为对比色。超级树则以深红色呈现，加上热带雨林地区大量色彩斑斓的花卉和观叶植物作为背景，并在空中廊桥和超级树树干上点缀紫红色、棕黄色、翠绿色、蓝灰色、深绿色、镉黄色等色彩，形成美不胜收的环境色彩景象。入夜时分，彩灯光和投射多媒体将这座垂直花园打扮得妖娆多姿，城市空中廊桥与超级树林更是呈现出惊艳迷人、具有魔力的滨海美景，漫步于空中廊桥之上，整个新加坡的都市景观皆可尽收于眼底。

第三节　彩练当空——武汉长江大桥组群环境色彩景观重塑及审美价值显现

"赤橙黄绿青蓝紫，谁持彩练当空舞？"出自一代伟人毛泽东于 1933 年夏天创作的一首词《菩萨蛮·大柏地》中。这句话的意思是：天上挂着一条七色的彩虹，像是有人拿着彩色的丝绸在翩翩起舞。在当代城市建设中，一座座横越江河湖海及各种障碍，变天险为通途的桥梁，以及城市中如雨后春笋般涌现的形式多样的高架桥、立交桥、人行天桥及廊道桥、景观桥等，均可被喻为飞舞在城市上空的彩练，不仅桥梁自身的实用性、固定性、永久性及艺术性等影响及改变着我们所处城市的环境，还以其情景交融、富有韵味的审美感受重塑城市环境景观，并在城市整体环境风貌塑造中发挥了重要的作用（图 6-24）。

图 6-24　飞舞在城市上空造型各异、形式多样的桥梁景观及环境色彩视觉审美意象

位于华中地区中心的特大城市武汉，因长江和汉水流经城市，被分为三镇。为了城市的发展，使南北变通途，从 1957 年 10 月落成的武汉长江大桥通车起，武汉至今已在市域江面建成了 11 座长江大桥和数座汉江桥，还有数条过江隧道，将武汉三镇及城市开发新区更好地融为一体，在增强武汉的综合交通枢纽地位、为城市未来发展奠定坚实建设基础的同时，也为武汉城市形象及景观重塑带来一道气象宏伟的城市桥梁建设靓丽风景线。

一、世纪夙愿——武汉长江大桥的建设及其环境色彩景观

武汉长江大桥被誉为"万里长江第一桥"，它于 1957 年 10 月建成通车，当时这一工程不仅在中国桥梁工程史上是空前的，在世界桥梁工程史上也不多见，堪称中国建桥史上的一个里程碑（图 6-25）。

图 6-25　堪称中国建桥史上里程碑的武汉长江大桥

武汉长江大桥位于武汉市汉阳龟山和武昌蛇山之间，是中华人民共和国成立后在天堑长江上修建的第一座复线铁路、公路两用桥。大桥全长 1670.4 米，正桥是铁路、公路两用双层钢木结构梁桥，上层为公路桥，下层为双线铁路桥，桥身共有 8 墩、9 孔，每孔跨度为 128 米，桥下可通万吨巨轮。它像一道飞架的彩虹，在长江天堑上铺成了一条坦途，加快了武汉市铁路枢纽建设的进程，使素有"九省通衢"之称的武汉市成为全国重要的铁路枢纽。大桥自建成以来，一直都是武汉市最具地标性的构筑物。

（一）武汉人民在长江上的建桥梦

在横穿武汉的宽阔长江江面建设长江大桥可谓是武汉人民的世纪夙愿。据历史档案显示，第一座在万里长江上架设的桥梁应是在公元 33 年的东汉时期，古益州自立为帝的公孙述在攻占彝陵（今宜昌）后，为抵御汉朝军队的进攻，在彝陵东南 50 多千米的长江江面修建的浮桥，因地处虎牙滩得名"虎牙桥"。就武汉而言，1852 年 12 月，太平军攻克汉阳，在汉阳与武昌江面也曾建起两座浮桥：一座从汉阳鹦鹉洲到武昌白沙洲；一座由汉阳南岸咀至武昌大堤口。浮桥建成后，一时两岸"人马来往，履如坦道"。其后，太平军攻克汉口，又在汉阳与汉口间架设一座浮桥，此间，从汉阳晴川阁到武昌汉阳门，还用巨缆绑巨木作桥梁，再铺木板作桥面，建成了一座沟通长江两岸的特大浮桥。

据历史档案显示，最早在武汉建长江大桥的构想由湖广总督张之洞提出。1912 年 5 月，中国铁路的开拓者詹天佑任粤汉铁路会办兼武（昌）长（沙）铁路总办。他在组织粤汉铁路复线的勘定中就考虑到粤汉与京汉两条铁路的跨江接轨，在规划武昌火车站（通湘门车站）时就预留了与京汉铁路接轨出岔的位置。1913 年，在詹天佑的支持下，北京大学德籍教授乔治·米勒应邀带领土木系 13 名师生来汉实习，勘测长江大桥桥址和大桥设计，提议将汉阳龟山和武昌蛇山江面最狭隘处作为武汉长江大桥的桥址，设计出公路、铁路两用桥的样式。该方案提出大桥的主跨长为 380 米，由 3 组巨型悬臂钢梁组成，桥面为火车、电车、马车、行人并列（图 6-26），铁路与城市街道交通相连，并在结构上仿照当时世界著名的最大钢桥——英国苏格兰的福斯大桥。

1927 年初，广州国民政府迁都武汉，在当年 4 月合并武汉三镇设武汉市，并于 1929 年 4 月成立武汉特别市政府。为推动武汉的市政建设，邀请曾来华的华德尔商议在长江上建桥之事。华德尔对 1921 年曾提出的大桥设计方案作出了修订，为保证长江轮船通行，大桥采用简单桁梁并设升降梁，全长 1222 米，共 15 孔，桥面一层由公路、铁路共用，后因耗资巨大而中止。

图 6-26　百余年前武汉长江大桥构想图中的桥面设计景象

1935 年，粤汉铁路即将全线建成通车，平汉、粤汉两路在武汉连通已有必要。此时由茅以升任处长的钱塘江大桥工程处即对武汉长江大桥桥址作测量钻探，并请苏联驻华莫利纳德森工程顾问团合作拟定第三次造桥计划。规划将桥址定在武昌黄鹤楼到汉阳莲花湖之间，全长 1932 米，桥面为公路、铁路并列，但因战乱集资困难而停建。

1946 年，抗日战争胜利后，湖北省政府成立大桥筹建机构着手进行第四次规划，民国政府先后请美国桥梁专家鲍曼、美国市政专家戈登到汉视察，提出建桥位置仍以龟山、蛇山之间为宜，为便利船运，采用较长跨度的悬臂拱桥形式。后因内战与经济等原因，建桥计划再次搁置。

1949 年 9 月末，中华人民共和国成立的开国大典还未举行，武汉解放也刚 4 个月，几名桥梁专家向人民政府提出《武汉长江大桥计划草案》。1950 年初，中央人民政府指示铁道部着手筹备建设武汉长江大桥。当年 3 月铁道部即成立大桥测量钻探队，随后成立大桥工程局负责武汉长江大桥的设计与施工。专家组先后做出了 8 个桥址线方案，并逐一进行了缜密的研究。到 1953 年 3 月，专家组召开了三次武汉长江大桥建设论证会议，并委托苏联交通部对完成的设计方案进行鉴定。

1954 年 1 月，国家聘请苏联康斯坦丁·谢尔盖耶维奇·西林为首的专家工作组来华援助，中苏两国合作完成了武汉长江大桥的规划与勘测工作，并经国务院批准，于 1955 年 9 月 1 日提前动工建设武汉长江大桥（图 6-27）。大桥建设期间，毛泽东主席曾三次来到大桥工地视察，并于 1956 年 6 月第一次畅游长江，望着当时已具雏形的大桥轮廓，毛泽东即兴写下《水调歌头·游泳》一词，其中"一桥飞架南北，天堑变通途"一句更是将伟大领袖的浪漫豪情与大桥的气势表现出来。1957 年 9 月 6 日，毛泽东主席在大桥通车前再次

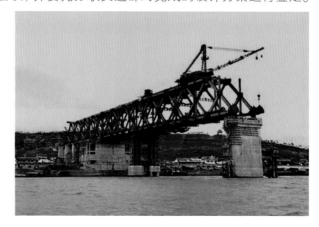

图 6-27　建设中的万里长江第一桥——武汉长江大桥

来到武汉长江大桥视察，并从汉阳桥头步行到武昌桥头，体现出中华人民共和国第一代领导人对武汉长江大桥建设的关注与重视。

经过一年多的建设，1957年5月4日，大桥钢梁顺利合龙，并于同年10月15日建成通车。2012年7月，在湖北美术馆举行了《丹青融情系九州——辛克靖从艺六十周年中国画作品展》，在汇集的百余幅中国画作品中，有一幅画前总是人潮簇拥、观者不断，这幅中国画作品就是由大桥通车见证人、华中科技大学教授辛克靖先生所绘制长362厘米、高150厘米的巨幅中国画《南北天堑变通途》，当年武汉长江大桥建成通车的景象便可从画中形象地窥见一斑（图6-28）。辛克靖先生所绘《南北天堑变通途》画作作为湖北美术馆收藏十年的作品，多次在与武汉城市建设成就相关的大型专题展览中展出。近年来，如2021年10月及2022年8月，分别在文化旅游部主办，湖北美术馆承办的《记忆中的武汉——一座城市的人文图景》和《长江·汉水——湖北美术馆馆藏地域题材美术作品展》，以及2023年7月文化和旅游部2023年全国美术馆馆藏精品展出季入选项目《大江南北——湖北美术馆馆藏"大桥"及相关主题艺术作品展》中均作为重要馆藏作品数次进行展出。也许正是因为辛克靖先生有着当年亲临通车盛况的经历，所绘巨幅中国画才能吸引众多武汉人驻足观赏这幅有着武汉人对武汉长江大桥特殊情愫的画作。驻足于这幅画作前的武汉市民络绎不绝，在美术馆展厅里，有满头银发的老者，也许他就是当年大桥的建设者；有中年夫妻，也许大桥曾见证了他们在此相恋的身影；青年学生们想到课本中学过的长江大桥课文；牙牙学语的孩童一进展厅见到这幅画就嚷道："这是长江大桥吔！"拉着妈妈的手要先来到这幅画前……所有这些也许都在不言中，述说了这座桥与武汉这个城市千丝万缕的联系（图6-29）。

图 6-28 再现盛况空前通车大典的巨幅中国画作品《南北天堑变通途》

建成已一个甲子有余的武汉长江大桥，在当时对于中国桥梁工程史是空前的，堪称中国建桥史上的一个里程碑。对于华中地区最大的都市之一武汉来说，更是激发出了武汉巨大的建设热情，它对武汉这个城市的影响，从那个年代出生婴儿中大量重复使用的名字"建桥""汉桥""银桥"等便可知当年武汉人以桥为荣、以桥为福的心境。

图 6-29　辛克靖先生所绘《南北天堑变通途》在国家文旅部等机构举办的多个主题大展中展出

（二）长江大桥的造型与环境色彩

从武汉长江大桥的桥梁造型来看，它凝聚着设计师匠心独运的智慧和建设者精湛的技艺。大桥的 8 个巨型桥墩矗立在大江之中，"米"字形桁架与菱格带副竖杆使巨大的钢梁透出一派清秀的气象。整个大桥桥身满足功能和美学要求，没有过多的装饰，裸露的钢架更是显示出技术与力量，展现出大桥本身的结构美与时代风尚，给大桥增添了恢宏与雄伟的气势。

武汉长江大桥两端有高约 35 米的桥头堡，从底层大厅至顶亭共 8 层，这显然受到国外桥梁形式的影响。大桥公路层两侧的桥头堡堡亭高 8 米，采用了中国传统的重檐四坡攒尖顶，以钢筋混凝土的结构筑成，用汰石子粉刷，色调和周围的混凝土建筑一致，以和整个大桥一起形成庄严、朴素的氛围（图 6-30）。桥头堡内有电梯和扶梯供行人上下，大厅之中陈列了建桥英雄群像大型泥塑，可供游人观看、欣赏，以追忆逝去的岁月。与武汉长江大桥一并落成的大桥纪念碑和观景平台与大桥相互依偎，其中纪念碑高 6 米，南面镌有毛泽东主席的诗句。观景平台是市民与游人观长江、赏大桥的最佳景点之一。

图 6-30　武汉长江大桥的正桥、引桥与大桥桥头、桥身、桥面、观景平台及纪念碑的设计造型实景

　　武汉长江大桥建设之时，人们对环境色彩的研究尚处萌芽状态，色彩还未被列入桥梁造型的设计要素进行考虑。为此，当时武汉长江大桥的色彩可说完全是各种建桥材料的本色体现（图 6-31）。我们不管是登上黄鹤楼从高处远眺，还是从长江南岸的汉阳门近观，人们所见的武汉长江大桥的整体色彩以偏黄的浅灰色为主调。大桥的主跨钢梁和铁路桥檐钢架均为红褐色，上

图6-31　本色呈现的武汉长江大桥环境色彩景观效果

层公路桥外挑出的檐钢架为深灰色漆饰。

　　大桥公路桥面原为偏黄的浅灰色，现改铺黑灰色进口沥青，上绘中黄色的分隔线和乳白色的分道线，在阳光照射下显得分外夺目，也为桥面交通安全色的标识。大桥桥墩与两侧桥头堡均为偏黄的浅灰色饰面，只有造型上的高低与凸凹变化，受光线照射与江水反射的影响而出现视觉上的差异，即高处与凸起处较亮，低处与凹下处较暗。这个因素对主跨钢梁正桥两侧的引桥在光线照射下的色彩也产生影响，如引桥桥孔墙体同为偏黄的浅灰色，本来与主跨钢梁要深的红褐色在明度上有差别，但当引桥桥孔墙体与主跨钢梁在阴面时却看不出这种明度上的差别，从而使整个桥身在色彩明度上呈现出同一性。另外，如大桥两侧的4个桥头堡亭，同样是偏黄的浅灰色，因在光照面，色彩明度显得亮得多。只是大桥桥头堡虽为中国传统的屋顶样式，但其堡顶与堡身既未用传统材料建造，也未用传统施色手法表现夺目的色彩，而是用汰石子粉刷桥头堡的表面，以与大桥桥面形成统一的色调，营造朴素的氛围。据推测，这可能是受苏式建筑装饰方式的影响。

　　大桥的附属设施包括观景平台、上桥步梯与桥台基座，均为汰石子粉刷成表面偏黄的浅灰色。大桥的细部装饰，诸如大桥护栏的铸铁花饰，分为板式与镂空雕两种形式，采用蓝灰色漆饰，以构成与长江江水相衬，与龟山、蛇山两山相依的联系。另外，如桥头堡内外空间中的花格门窗、电梯上下门与楼梯扶栏，则饰以深灰和黑色油漆。桥头堡内部空间的顶与墙面则以米黄色涂饰，间有白色边纹，地面为水磨石铜条饰边的花纹，以让人感受到华丽、亲和的内部空间氛围。

（三）长江大桥及其周边环境空间

武汉长江大桥主要通过将大桥两侧的引桥与桥台基座结合，以及长江两边岸堤等将大桥桥身融入两岸龟山、蛇山两山的郁郁葱葱之中。若人们登临江北龟山电视塔上鸟瞰，便可将大桥、长江、汉水、龟山、蛇山与武汉三镇收于眼底。而武汉长江大桥质朴、本色的色彩景观及与城市融为一体的景象无不令人发出由衷的赞叹。

二、武汉长江大桥组群概念的提出及其环境色彩景观重塑

面对武汉市城市发展的需要，在"万里长江第一桥"建成通车 38 年后，武汉长江二桥于 1995 年 6 月在其下游 6.8 千米处建成。武汉长江二桥为长江上建设的第一座特大型预应力混凝土斜拉公路桥，它的建成也使武汉市在长江沿江两岸建设跨江桥隧步入了发展的快车道。进入 2000 年后，随着武汉城市环线的不断加密，武汉市大桥建设通车的速度明显加快，先后有 9 座跨江大桥建成通车（图 6-32）。分别是 2000 年通车的白沙洲长江大桥，2001 年通车的军山长江大桥，2007 年通车的阳逻长江大桥，2009 年通车的天兴洲长江大

图 6-32　武汉建成通车的部分跨江大桥

桥，2011年通车的二七长江大桥，2014年通车的鹦鹉洲长江大桥，2017年通车的沌口长江大桥，2019年通车的杨泗港长江大桥，2021年通车的青山长江大桥。而随着一座座长江大桥的建成通车，不仅进一步优化了武汉环线和射线的路网结构，还使武汉长江大楼成为一个组群，其环境色彩景观重塑也成为面向城市未来发展需要进行规划考量且具有前瞻性探究的价值。

（一）武汉长江大桥组群概念的提出

武汉长江大桥组群概念是基于长江主轴发展规划提出来的。长江主轴指武汉提出的结合江城特点，以长江为城市主轴线的发展规划，这也是武汉市这个华中地区特大城市建设进入新的发展时期，面向未来城市建设提出的新的发展规划，预计耗时10年基本建成。发展规划的目标定位即沿"长江主轴"，以"全国领先、世界一流"为要求，围绕塑造"现代、繁华、生态、人文、智慧"的城市气质，体现城市价值，引领时尚生活，契合未来发展，打造现代城市的功能轴、时尚之都的发展轴、楚汉文化的展示轴、滨水绿城的生态轴、长江气派的景观轴，形成标志节点有序、空间复合立体、可感知、可游憩的世界级城市中轴，成为充满活力、彰显实力、富有魅力的核心区，引领和推动武汉大都市提升发展。

（二）"长江主轴"的区域及环境色彩

以武汉长江大桥为中心，沿长江上下流延伸的长江主轴区域范围包括核心段、重点段、主城段、拓展段等（图6-33）。

图6-33　武汉长江主轴的区域范围及其核心段实景

核心段范围北至长江二桥，南至长江大桥，面积约26.49平方千米，其中陆域面积约15.18平方千米，长江江段长约6.8千米。

重点段范围南北拓展至鹦鹉洲大桥和二七长江大桥，面积约 61.23 平方千米，其中陆域面积约 39.67 平方千米，长江江段长约 12 千米。

主城段范围西至沿江大道—晴川桥—滨江大道，东抵临江大道，南达长江上游白沙洲，北至长江下游天兴洲，总面积 138.50 平方千米，长江江段长约 25.50 平方千米，其中，陆域面积约为 78.98 平方千米，水域面积约为 59.52 平方千米。

拓展段范围南北拓展至鹦鹉洲长江大桥和天兴洲长江大桥，考虑到远期发展，进一步划定拓展段，向上下游拓展至武汉市域边界，以快速路、主干道及自然地貌为界。

在此基础上，为加快启动长江主轴建设，选取两江四岸江滩沿线作为启动片，并明确近、中、远期规划的建设重点。

正是基于长江主轴规划范围内已建成的 11 座与在建的长江大桥，我们提出应将这些桥梁纳入一个桥梁组群的整体，以对其环境色彩景观特色的关系予以设计考量，使其能够形成桥梁色彩景观的整体美（图 6-34）。即长江主轴上的长江大桥不能一桥一色，尤其是要防止高明度、高纯度、色相各异及争奇斗艳的桥梁用色出现。需从桥梁色彩整体景观塑造、两岸环境色彩协调、城市与桥梁关系融合等层面来进行桥梁色彩景观的设计。

图 6-34　要按"桥梁组群"的整体关系对长江大桥进行色彩景观的设计考量

（三）大桥组群的环境色彩景观重整

长江主轴发展规划的提出，对位于长江主轴规划范围内已建成数座长江大桥的景观重整，以及长江大桥环境色彩的景观个性彰显无疑是一个良好契机。目前，在长江主轴规划范围景观轴内的桥梁由上游往下游依次为白沙洲长江大桥、杨泗港长江大桥、鹦鹉洲长江大桥、武汉长江大桥、武汉长江二桥、二七长江大桥与天兴洲长江大桥。其中，除万里长江第一桥——武汉长江大桥以质朴、本色的色彩景观立于龟山、蛇山两山南北对应的长江江面，成为具有城市地标性的重要节点外，还有鹦鹉洲长江大桥以"国际橘"、杨泗港长江大桥以"金秋黄"的色彩引人注目地矗立于长江之中，其他几座大桥的桥体及桥塔均为现浇混凝土材料，呈现出偏暖或偏冷的灰白色，仅桥索及梁架有红、白或浅蓝的区别。这些大桥都为悬索桥，加之桥梁色彩趋于一致，各桥的景观特色不够突出。如何对以上桥梁色彩景观进行调整，使其成为扮靓长江主轴的具有个性的桥梁景观，是尚需探索的环境色彩设计研究课题。

三、武汉长江大桥组群环境色彩景观的审美价值呈现

基于对武汉城市及长江主轴规划范围内已建成或在建的 11 座长江大桥的认知，笔者认为武汉长江大桥组群环境色彩景观的审美价值归纳来看表现在以下几个层面。

（一）城市环境色彩景观营造中的地标性价值

美国城市规划设计理论家凯文·林奇在《城市意象》一书中将地标定义为"观察者的外部观察参考点"。据此，城市地标应该是从诸多城市构成元素中挑选出来的，其关键的物质特征具有单一性，在某些方面具有惟一性，或是在整个环境中令人难忘。城市中有了若干这样的参照点，就形成了一个所谓地标性的价值系统。而城市环境色彩在桥梁景观营造中的地标性价值，在于能很好地表现出桥梁造型及其景观营造中环境的功能、个性和特色，并便于人们在众多城市构成要素中识别与发现该桥梁。

作为建于城市建筑、城市路网和城市文化空间等城市空间中具有武汉标志功能的桥梁组群，武汉长江大桥设计美学与景观特性有别于城市空间之外所建的各式桥梁，是现代城市空间内满足城市交通、景观等综合功能的人工构筑物，武汉长江大桥组群的环境色彩景观不仅需要与周边环境相融共生，还应在审美层面上彰显武汉市城市空间的整体景观特色，呈现地标性价值的作用。

（二）城市环境色彩景观营造中的持久性价值

环境色彩有固定色、临时色和流行色之分。其中，固定色指能够相对持久保留的色彩，不少历史文化名城环境色彩均具有文化遗产保护的持久性需要。而临时色往往是指短时间可以更换的载体色彩，流行色是人们所形成的时尚色彩风尚。针对城市与乡村、建筑内外空间的环境色彩而言，持久性与稳定性等均为其呈现的重要特征。对武汉长江主轴规划范围内已建成或在建长江大桥组群环境色彩的景观营造，尚需确定景观特色塑造的主次，并处理好桥梁组群色彩景观塑造中保护与创新的关系。武汉长江大桥落成 60 余年来，不仅成为武汉市具有地标性特征的城市标识，还承载了几代武汉人挥之不去的城市记忆，其色彩景观塑造应纳入历史建筑保护的范畴，从保护层面予以思考。武汉长江大桥于 2013 年 5 月 3 日已被列入第七批全国重点文物保护单位，于 2016 年 9 月入选"首批中国 20 世纪建筑遗产"名录，成为武汉乃至中国极具特色的一个旅游景观节点，在环境色彩景观营造中应突出其审美的持久性价值（图6-35）。

（三）城市环境色彩景观营造中的协调性价值

城市桥梁与空间环境协调性不仅包括桥梁景观应与城市自然环境、地理位置相适应，还应最大限度地减少对城市环境产生的影响。诸如在城市空间中所建横跨江河湖海等障碍的大桥，以及城市高架桥与立交桥等，在环境色彩景观营造中均需注意桥梁与城市、桥梁与建筑、桥梁

图6-35　武汉万里长江第一桥

与设施、桥梁与桥梁等之间的协调性，以展现审美的协调性价值。在当下武汉长江大桥组群环境色彩景观重塑中，环境色彩审美层面的协调性尚未引起重视，应借鉴国内外城市桥梁色彩景观设计方面的成功经验。诸如法国巴黎塞纳河上由36座各式各样的桥梁形成的组合系列，这些桥梁不仅体现了法兰西文化，还记载了巴黎的城市发展，而且桥梁的造型、用材不同，桥梁色彩和谐，将塞纳河装扮得似彩虹一样，将沿河风光融为一体，体现出桥梁与城市、建筑、设施及桥梁与桥梁之间的协调性关系，也是面向未来的武汉市长江主轴规划范围内11座长江大桥组群环境色彩景观营造中需要借鉴的成功经验（图6-36）。

（四）城市环境色彩景观营造中的文化性价值

文化性是指一系列共有的概念、价值观、行为准则及个人行为能力为集体所接受的共同标准。环境色彩的产生首先是由文化的积累形成的，城市空间中的桥梁景观在展现桥梁结构先进性、合理性和时尚性的同时，尚需注重对桥梁所处城市空间场所地域文化的挖掘，使桥梁环境色彩景观营造能够展现审美上的协调性价值。美国宾夕法尼亚州匹兹堡市是美国著名的工业城市，被誉为"世界钢都"，是武汉市的友好城市，阿勒格尼河与莫农格黑拉河于此交汇后形成了俄亥俄河。匹兹堡市城区桥梁共计百余座，横跨几条大河的桥梁均由钢材建造，这是由于该市钢铁产量长期占全国三分之二，所以利用钢材造桥。匹兹堡市两河交汇处的尖端带桥梁更为密集，并形成钢桥组群，其中还有3座钢桥一模一样。而钢桥的色彩有浅铬黄、浅绿灰、浅蓝灰、浅

图6-36　法国巴黎塞纳河上各式桥梁形成的桥梁组群环境色彩景观效果

紫灰等，在深碧绿的河水、米黄色石砌的堤岸、中绿色的草地、各种建材色彩所构成的深浅灰等多色系城市建筑背景的映衬下，更显靓丽与平和，引人注目又不耀眼，在世界钢都昔日浓烟散去、产业转型后，城市桥梁色彩呈现明媚的景观效果（图6-37）。而在武汉长江大桥组群及其周边后续建成桥梁色彩的设计中，其环境色彩景观营造应注意不要争与抢，以免破坏审美层面文化性价值的展现，彰显出和谐的城市环境色彩整体关系。

图6-37　俄亥俄河上各种钢桥形成桥梁组群的环境色彩景观效果

　　此外，武汉长江大桥组群环境色彩景观的审美价值还包括空间性、跨越性、公共性、差异性等，基于篇幅不再赘述。日本桥梁美学家加藤诚平教授在《桥梁美学》一书中谈论到城市桥梁色彩设计方法时指出：桥梁色彩设计根据目标不同采用不同的方法，即消去法、融合法和强调法。这三种方法在城市桥梁色彩景观重塑中的关系是相辅相成的，将其应用于"长江主轴"规划范围上游和下游两端10余座长江大桥组群的环境色彩景观重塑，甚至应用于万里长江上更多的桥梁色彩景观营造之中，无疑是一件有意义的设计创造活动。

　　武汉"万里长江第一桥"建成通车至今，仅武汉市域内的长江江面已建成通车11座长江大桥，2022年，又有双柳长江大桥、汉南长江大桥动工，规划建设的还有光谷长江大桥、白沙洲公铁大桥等。武汉市域内的长江大桥已形成世界级的大桥群组，环境色彩景观重塑及其审美价值将在万里长江大桥建设者的努力下，如飞跨大江南北当空飞舞的彩练，在新媒介的环境中，呈现出多彩、和谐、独具个性及艺术魅力的城市桥梁色彩景观（图6-38）。

图6-38　武汉市域内的长江大桥已形成世界级的大桥群组

第四节　深圳市滨河大道人行天桥造型及环境色彩设计

深圳市作为一座快速发展、活力四射的年轻城市，人行天桥的建设以2011年8月在深圳举办的世界大学生运动会为契机，在很短的时间内让20余座人行天桥一改昔日灰暗、呆板的天桥造型印象，成功实现"蜕变"，以靓丽的形象展现在市民们面前。这不禁让深圳人眼前一亮，原来天桥可以如此美丽，也让当地居民与游人通过人行天桥的华丽变身，感知到深圳城市空间中环境艺术设计的魅力（图6-39）。

一、城市人行天桥及其环境色彩的意义

城市空间中的人行天桥又称为步行桥、街桥。作为城市中较大型的交通类公共环境服务设施，人行天桥一般设置在重要的道路交叉处，使交通畅通，减少交通事故。人行天桥在世界不少城市与乡村环境中得到广泛应用。从人行天桥的构成来看，有横梁型、窝桥型、构架型、吊桥型与斜拉桥型等类型（图6-40）。

图 6-39　造型各异的深圳城市人行天桥及环境色彩景观效果

图 6-40　人行天桥的构成类型

　　横梁型人行天桥适宜在较宽的道路上使用，横梁的跨度较大，构造简单，但与周围环境难以协调。

　　窝桥型人行天桥用在地形特别的地方，如在载物超高场所可使用此桥，给人沉重的感受。

构架型人行天桥多用于幅度较大的天桥和铁道线上空的跨架天桥，由于其骨架构造较为复杂，街市地区不常使用。

吊桥型与斜拉桥型人行天桥的主桁与塔或者缆索相互组合，具有紧张感和力学的安定感，给人深刻印象。

另外，为了提高人行天桥的使用效率，有的国家在人行天桥上设置了自动扶梯和斜坡道，并与周围建筑相联系而形成步行屋道。

城市人行天桥的造型与色彩设计首先应具有视觉美感上最易辨认和理解的作用，从而能够使市民通过对人行天桥的造型与环境色彩设计达到场所特性上的心智认同。其次，城市人行天桥的造型与环境色彩设计特色塑造还必须考虑所处城市空间在生态、美学、社会和文化等方面的综合效应，以实现人与自然、城市与自然的和谐共处，这也是人行天桥的造型与环境色彩设计的意义所在。

二、深圳市滨河大道人行天桥更新改造及其色彩设计的探索

深圳市滨河大道人行天桥的更新改造工程源于深圳市为迎接 2011 年世界大学生运动会展开的城市综合整治。深圳市在更新改造中重点整治的人行天桥有 20 余座，涉及滨河大道上的 15 座人行天桥（图 6-41）。滨河大道是深圳市内的三条主干道之一，为双向六车道或八车道。它西接滨海大道，东接罗湖区的船步路，沿途贯穿罗湖区、福田区南端。作为深圳市区东西穿行快速通道的中段，道路上车流量大，且全路段封闭，行人横穿道路主要依靠人行天桥。

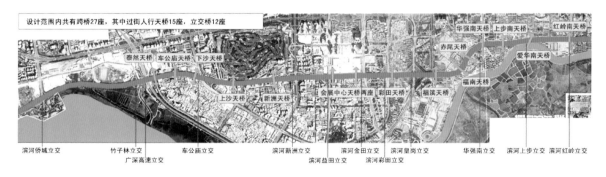

图 6-41　深圳市滨河大道人行天桥更新改造工程位置示意图

1. 滨河大道更新改造人行天桥存在的问题

从滨河大道上此次需要进行更新改造的人行天桥来看，除天桥造型与经济快速发展的城市形象有较大差距外，存在的问题归纳起来主要有以下几点。

一是人行天桥使用时间较长，多数出现破损，天桥雨棚损坏，天桥栏杆、踏步与构件等变得污浊及破败。

二是人行天桥杂乱无序的标识系统与各类广告招牌破坏了桥体形象，严重影响了城市空间

的美观。

三是人行天桥多数没有顶棚，且桥面与台阶遇雨易滑，加上桥体空间缺乏多样性，天桥人性化设计缺失。

四是人行天桥多数没有设置无障碍设施，缺少无障碍车道，不方便老人、残疾人、推儿童车的妇女与骑自行车的行人通过。

五是人行天桥管理不到位，不少小商小贩在天桥上销售商品，导致行人通行不便等。

2. 滨河大道人行天桥更新改造设计的原则

针对滨河大道人行天桥更新改造存在的问题，我们提出深圳市滨河大道人行天桥更新改造设计的总体定位是"立足城市设计前沿、导入环境艺术手法、提升天桥造型水平、重塑创意之都风尚"。

在滨河大道人行天桥更新改造的造型与色彩设计层面，以深圳市的城市总体特色、城市风貌规划性质及城市环境色彩导则为主导来进行人行天桥的造型与色彩设计。在人行天桥的单体造型与色彩设计中，依人行天桥所处路段的位置及主次等因素设计。主要位置的人行天桥单体造型可使用较为夺目的色彩，并在城市道路环境中产生视觉重点，彰显人行天桥单体造型识别与色彩设计的个性；次要位置的人行天桥单体造型可使用中性的色彩，以使之与城市道路环境融合，呈现出和谐的人行天桥单体造型与色彩设计文化意蕴。

三、深圳市滨河大道人行天桥更新改造的设计成果

基于对滨河大道人行天桥更新改造设计的考量，在重点完成的 6 座人行天桥更新改造任务中，深圳市汉沙杨景观规划设计有限公司承担了其中 3 座人行天桥的更新改造设计任务，即滨河大道彩田人行天桥、上沙人行天桥与车公庙人行天桥，并在大学生运动会举行前完成更新改造，使 3 座人行天桥以不同的设计造型呈现在世人面前，并在深圳市城市环境艺术设计引领与空间形象提升方面做出贡献。

（一）深圳市滨河大道彩田人行天桥的造型与色彩设计实践

彩田人行天桥位于滨河大道联合广场附近，天桥四周均为高档写字楼，外墙清一色为玻璃幕墙。天桥离彩田立交桥近，周边人流量大。彩田人行天桥全长为 77 米，其中跨路部分长 63 米，宽 6 米。其因特殊的区位性质，作为城市设计中的重点考虑地段（图 6-42）。

在设计特色方面，设计延续天桥周边建筑的时尚风格，以简练的线条提升城市形象品质。彩田人行天桥更新改造中的造型改造是在原来混凝土结构桥体两边设置独立钢结构桁架，在最大程度上避免或减少了对原桥体的影响。在桥体上增建廊桥造型，廊桥立面色彩采用通体铬黄铝、通条镂空条与低反射率淡蓝色胶钢化玻璃幕墙的设计形式，扶手改造为不锈钢加夹胶钢化玻璃设计，桥墩处外包波条喷灰漆铝板。人行天桥首梯段采用砖墙围护，地面改造为防滑地砖，并有效处理垃圾死角等问题（图 6-43、图 6-44）。

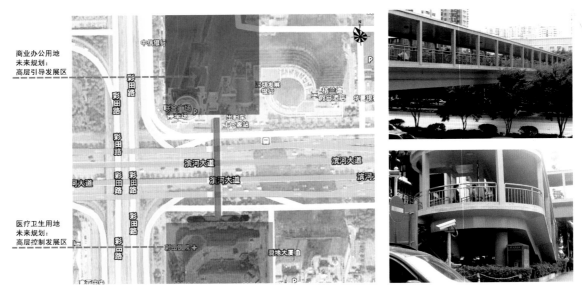

图 6-42 滨河大道彩田人行天桥位置图及更新改造前实景

图 6-43 彩田人行天桥更新改造设计构思启示与效果图

图 6-44　彩田人行天桥更新改造建成后实景图

（二）深圳市滨河大道车公庙人行天桥更新改造设计

车公庙人行天桥位于滨河大道上沙村附近，周边上下班人流密集，行人主要是年轻白领，他们年轻、充满激情，是城市建设的主力军。城市形象定位为拥有想象力、个性鲜明，同时整理空间，打造整洁而不空泛的城市公共空间形象。该桥的设计在考虑实用性功能时，也顾及了年轻上班一族的审美趣味，于是设计成了既能遮风避雨又清新飘逸的绿色飘带状（图6-45）。

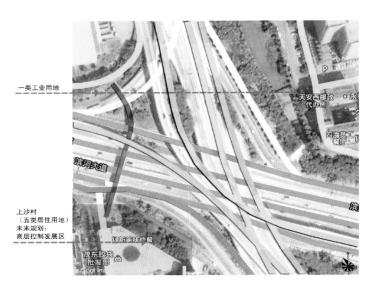

图6-45　滨河大道车公庙人行天桥位置图及更新改造前实景

车公庙人行天桥的设计灵感来源于花样体操中的彩带，动感、活力的彩带象征着深圳市未来不可限量的能量。在车公庙人行天桥更新改造中，在人行天桥桥体两边设置独立钢结构桁架，以避免或减小对原桥体的影响。另外，为体现此次滨河大道人行天桥更新改造设计的总体定位，在造型与色彩设计中，桥体的上部结构采用空间螺旋钢通及波纹铝板材料，桥螺旋钢通通体色彩为中灰绿镀光，可在不同天气条件下出现冷暖变化。桥体雨棚部分运用淡蓝色透明的 ETFE 膜，扶手改为银色弧形不锈钢设计，地面改造为防滑地砖设计。桥体的灯光处理采用弧形 LED 节能灯具，夜景灯光采用白色 LED 节能泛光灯照明。更新改造后的车公庙人行天桥既具有遮风避雨的功能，也符合城市形象定位，又能展现高科技材料的品质（图 6-46、图 6-47）。

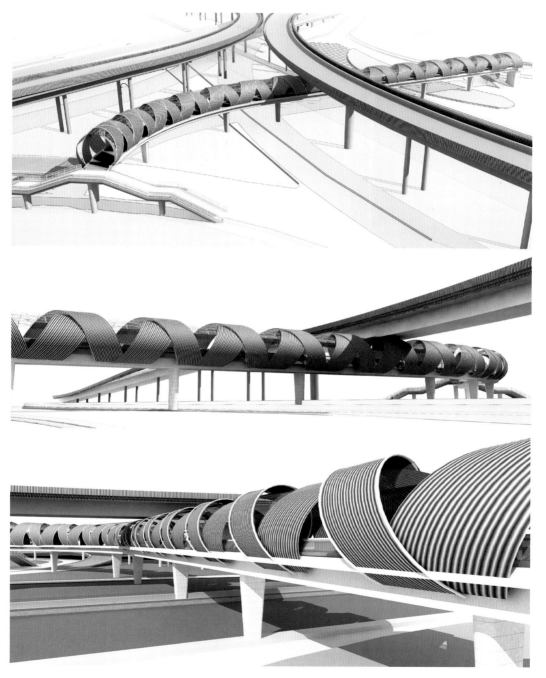

图 6-46 车公庙人行天桥更新改造设计效果图 1

图 6-47　车公庙人行天桥更新改造设计效果图 2

（三）深圳市滨河大道上沙人行天桥更新改造的造型与色彩设计实践

上沙人行天桥位于滨河大道福田体育馆附近，由于该人行天桥通向运动场馆，为了表现都市的活力，这座天桥的外形设计得比较有动感（图6-48）。

图6-48　滨河大道上沙人行天桥位置图及更新改造前实景

在设计特色方面，为体现上沙居民世代以渔业为主的特色，采用了鱼篓风格的变截面设计方式。在上沙人行天桥更新改造的造型与色彩设计中，因桥体为钢结构，原桥整体现状保持良好（图6-49、图6-50、图6-51）。

图6-49　上沙人行天桥更新改造设计效果图

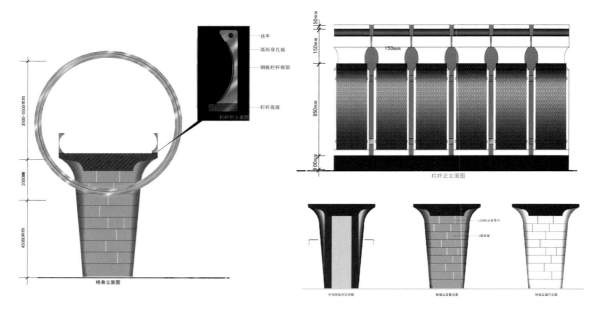

图 6-50　上沙人行天桥桥身、桥栏与桥墩更新改造设计立面图

图 6-51　上沙人行天桥更新改造建成后实景图

续图 6-51

　　在该天桥更新改造的造型与色彩设计方面，人行天桥通体采用银色与中性灰色的轻质满焊的铝通及镂空铝板材料，以减少自重，满足改造方案及原桥体结构的要求。地面改造为防滑地砖设计，扶手改造为不锈钢加夹胶钢化玻璃设计，屋面采用铝板贴膜装饰防雨，桥体下面喷刷灰色涂料，桥墩采用加厚钢板包身，以强化桥墩的整体感。人行天桥灯光照明采用弧形 LED 节能灯具，夜景灯光采用简单的白色 LED 节能泛光灯进行照明。

　　以上 3 座更新改造的人行天桥已在深圳滨河大道落成并投入使用，它们也与后续市内其他经过更新改造的人行天桥一道，融入高速发展的城市空间环境建设之中，成为横卧在滨河大道的美丽彩虹。而在造型与色彩设计创作实践方面，人行天桥更新改造无疑导入了环境艺术手法，并提升了城市设计品质，这在营造城市空间创新设计层面具有开拓意义与引领作用。

第七章 滨水工程景观的环境色彩设计

纵观城市演进发展的历程，从某种意义上说，城市的产生离不开水，水是城市发展的物质基础。生活、生产必须有水，水是城市产生、发展、演化的重要自然因素。水影响着城市社会、经济、文化诸方面的发展，水也是城市生态系统中最重要的自然生态因子，且对城市空间的发展影响巨大，它不仅孕育了城市和城市文化，而且成为影响城市发展的重要因素。世界上众多城市的兴衰变化均与江河湖海关系密切，并大多伴随着滨水环境的发展。为此，城市滨水区域无疑成为城市空间的重要组成部分，城市滨水景观带更是城市空间环境体系的骨架和主体，其功能与作用是显而易见的（图7-1）。在城市滨水工程景观带地域特色的塑造中，环境色彩更是有着举足轻重的作用。

图 7-1　城市滨水空间呈现各具特色的环境色彩设计风貌

第一节　滨水工程景观的内涵及环境色彩设计要点

一、城市滨水区域及滨水工程景观的意义

城市滨水区域是指在城市范围内水体区域与陆地区域相连接的一定区域。它是一个城市包括政治、经济与文化等文明发展的起点，是由水体与陆地两种不同生态领域所组成的特定城市空间环境。就城市滨水区域而言，它既是城市公共空间的重要组成部分，也是城市人工和自然融合最具生态价值的交错区域。滨水区域不仅能够提高城市的宜居性，还是最能体现城市地域特色和最能展示城市面貌的地方，更是城市的门户和窗口。作为城市中特定的空间地段，城市滨水区域的空间范围需要根据居民日常生活中对于滨水空间的心理意识来确定，这需要对居民进行意向调查。通常滨水区域的宽度大致为200～300米，对人的吸引距离为1000～2000米，

相当于正常步行 15 ～ 30 分钟可到达的距离。

（一）城市滨水区域的空间形式

从水体与陆地的关系来看，城市滨水区域可分为沿水型、环水型与融水型等空间形式（图 7-2）。

图 7-2　城市滨水区域的空间形式

1 ～ 2. 沿水型——加拿大临安大略湖西北侧的多伦多与中国上海黄浦江两岸的滨水空间；

3 ～ 4. 环水型——中国济南市内被陆地所围的大明湖与澳大利亚被墨尔本市所围的滨水空间；

5 ～ 6. 融水型——荷兰阿姆斯特丹与中国苏州水乡同里镇的滨水空间

沿水型的特点是陆地位于水面的一侧或两侧，陆地与水面的边缘呈带状展开。这类滨水区域多为城市建设的精髓所在，如埃及临地中海南侧的亚历山大、加拿大临安大略湖西北侧的多伦多、中国上海黄浦江与英国伦敦泰晤士河两岸等。

环水型的特点是陆地全围或半围水面，或水面全围或半围陆地，且陆地和水体呈环状关系。这类滨水区域依陆地与水面围合的性质不同，又有环湖、环海湾等区别。中国内陆此类城市滨水空间有被东湖等10余个湖泊所围的武汉、济南城内被陆地所围的大明湖、巴西被帕拉诺阿湖半围的巴西利亚、澳大利亚被墨尔本市所围的菲利普海湾、芬兰被波罗的海三面环围的赫尔辛基等。

融水型的特点是水城交融，水体可为自然形成，也可由人工挖掘而成，且城市中的水体呈网状交错的形态。典型例子有意大利水城威尼斯、荷兰的阿姆斯特丹、瑞典的斯德哥尔摩、美国的劳德代尔堡、法国的安纳西及中国苏州水乡同里镇等。

（二）城市滨水景观及空间构成

就城市滨水工程景观而言，英国景观设计师威尔斯在《园林水景设计》一书中认为：滨水景观是指对邻近所有较大型水体区域的整体规划和设计而形成的优美风景，按其毗邻的水体性质不同，可分为滨河、滨江、滨湖和滨海景观。城市滨水区的景观主要是指对位于城市范围内的较大型水体区域进行规划设计而形成的优美风景。而城市滨水景观由于自身特殊的地理条件，空间构成一般由水域、岸线和陆域三部分组成（图7-3）。

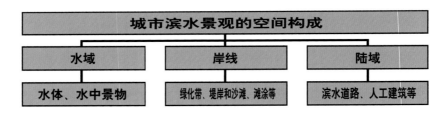

图7-3　城市滨水景观的空间构成内容

水域是城市中面积不等的各类水体，为水体环境的重要组成部分。水域景观基本是由水域的平面尺度、水质、水生态系统、地域气候、水面的人类活动等要素所决定的。

岸线是指因水位变化在高水位时淹没、在低水位时显露的水边地段。其景观包括绿化带、堤岸和沙滩、滩涂等。

陆域即对城市水体环境中陆地范围的界定，其景观由城市水体的尺度、用地性质以及水域周边的滨水道路、人工建筑、城市历史文化、居民心理意识等诸多方面因素所构成。

（三）城市滨水景观的基本特征

基于城市滨水区域特有的地理位置，以及在城市发展进程中与水体形成的密切联系，滨水区域的营造有别于城市其他区域，具有独有的景观特征。

1. 多样性

城市滨水景观创造的多样性可从多个层面呈现。从空间功能看，有工业空间、仓储空间、商业空间、办公空间、休闲娱乐空间、居住空间等之分，滨水区域是城市多种功能的综合体。从空间层次看，有水体、岸线、陆域、游憩、自然空间等之分，滨水区域是城市多种层次的集合体。从生态系统看，滨水空间是水域生态系统和陆地生态系统的交界处，具有水陆共生的两栖性，受到两种生态系统的共同影响，呈现出生态的多样性。从滨水活动看，有休闲、节庆、交通、体育、观光等，从而在活动上构成行为的多样性。而滨水区域的多样性特点显然也是营造城市景观的魅力所在。

2. 公共性

滨水区域是构成城市开放空间的主要场所，历来也是公众活动最为密集的区域。作为城市的"黄金宝地"，滨水景观具有共享的特点，且强调滨水用地和公共设施的合理利用与配置，并尽可能地将滨水空间留给公众，从亲水空间到近水空间，再到远水空间，时开放，时围合，收中有放，放中有收，丰富了人们的体验，让人们享受到大自然的恩赐，共享和谐发展的人居空间环境。

3. 亲水性

水乃生命之源，人类的起源、生存、延续都离不开水的滋养。自古以来，人类就懂得择水而居的生存方式，且因水而兴、因水而盛，由此人类生来就有亲水情结。城市滨水景观就要为人们提供这样一个亲水的开放空间，让人们参与到亲水、近水、赏水、玩水的活动中，以感受到生命的活力和亲水的乐趣。

4. 生态性

作为城市中最具生命力的空间场所，滨水区域不仅维持着整个城市生命的延续，承载着水体循环、水土保持、维护大气成分稳定的运作功能，还能净化城市的空气，改善城市小气候，有效调节城市的生态环境。同时，滨水区也可增加城市的自然环境容量，促使城市持续健康地发展。为此，滨水景观的塑造应注重生态性，充分考虑滨水区域的生态平衡，以维系生态结构及城市建设的良性发展。

5. 地域性

不同的城市拥有各自独特的自然与人文特色，城市滨水区域的景观营造亦然。在进行不同的城市滨水景观建设时，要充分考虑不同地区的滨水景观特色和文化内涵，将地域性特点融入景观营造之中。就滨水景观而言，其地域性一是与自然相关联，有效利用当地的地形、地貌和气候等自然条件；二是当地文化的历史沉淀、文化内涵的表现，以展现出不同城市滨水景观的地域特色和认同感。

6. 安全性

对于滨水区域来说，安全性尤为重要。其中临海有潮起潮落，临湖、临江河有防洪的问题。城市滨水空间由于有较大水面，就不能忽视人们的安全性。在滨水景观营造中，无论是在水中荡舟、游泳及戏水，还是在平台上观景，均应有安全保障，故安全问题应在城市滨水景观建设中得到充分考虑。

二、城市滨水工程景观与环境色彩的关系

城市滨水区域的开发是人类历史久远的建设活动之一，滨水工程景观的营造早已成为一种世界性现象，并涌现出一批著名的滨水城市或城市滨水区域。从古至今，国内也建有不少知名的滨水城市或城市滨水区域，如今国内经济快速发展与城市化进程加快，诸多城市都将滨水景观工程列为开发建设的重点。然而如何塑造独具特色的城市滨水区域景观，使之成为城市整体空间塑造中令人过目不忘的特色景观，显然也是城市滨水区域景观设计追求的主要目标。

就城市滨水工程景观与环境色彩的关系而言，城市滨水工程景观的环境色彩无疑具有视觉美感上最易辨认和理解的识别作用，城市滨水景观带地域特色塑造中的环境色彩设计，还必须考虑到所处滨水区域在城市生态、美学、社会和文化等方面的综合效应，以实现人与自然、城市与自然的和谐共处（图 7-4）。

图 7-4　城市滨水工程景观与环境色彩的关系

1. 加拿大多伦多滨水工程景观与环境色彩设计实景；2. 中国深圳前海滨水工程景观与环境色彩设计实景

通过对城市滨水工程景观基本特征的归纳与分析，可知在城市滨水工程景观营造中，水域宽度对城市滨水区域环境色彩设计具有较大的影响。不管是位于水面一侧还是两侧的城市滨水区域，滨水区域水域越宽，城市的细节可感知度就越低。反之，滨水区域水域越窄，城市的细节可感知度就越高。因此，水域的宽度显然就成为影响城市滨水区域环境色彩关系至关重要的因素。

对城市空间中连接两岸的滨水工程景观营造来说，对城市滨水区域总体环境色彩的感知，需要从对岸才能得以整体观察。当然，随着水域宽度的变化，城市滨水区域水岸两侧的环境色彩联系也在发生变化。这些变化包括水域两岸是否具有场所认同感，以及两岸景物所形成的环境色彩层次性。另外，面对不同尺度与地域特色的水体环境时，还应根据现状将两岸滨水工程景观中的环境色彩放在城市色彩的总体框架下进行设计，以促进两岸的场所认同感。

三、城市滨水区域环境色彩景观设计要点

在现代城市空间中，城市滨水区域工程景观是现代城市景观营建中的重要组成部分，滨水区域环境色彩景观的设计应结合城市空间与场所环境整体景观营建的需要来进行，其设计的要点包括如下内容。

1. 从城市总体对滨水区域环境色彩予以把控

滨水区域环境色彩是城市色彩总体框架中的有机组成部分，滨水工程景观中环境色彩的设计应在对城市自然环境、城市定位、文化精神等综合考虑的基础上，理解城市整体与分区的色彩关系，并对滨水区域环境色彩进行概念性定位，为城市滨水区域环境色彩设计提供指导。

2. 突出城市滨水区域水体及环境色彩特点

滨水区域在城市景观中最具魅力的地方即为水体的存在，而滨水区域水体及其环境色彩显然是突出的重点。而滨水区域水体的色彩会因临水类型（如海、湖、江、河）的不同以及水体所处的地域、季节、气候等的差异呈现不同的环境色彩，从而形成独特的滨水工程景观色彩效果。

3. 对滨水区域环境色彩的空间关系进行协调

滨水区域作为城市中以独特的自然景观为主导的公共空间类型，其空间主要由水域、岸线和陆域三部分构成，在滨水区域环境色彩设计中，协调水域与其他部分之间的环境色彩关系，是城市滨水工程景观特色塑造的重点工作。

4. 城市滨水区域自然色彩与人工色彩的互生

在城市滨水区域工程景观的营造中，自然色彩与人工色彩之间具有互生和转换的特点（图7-5）。从城市滨水区域的自然色彩来看，主要包括水域色彩、自然水岸色彩（土、石等）、植被色彩（乔木、灌木、草坪、花卉等）、天空色彩（季节、时段）、气候色彩（雨、雪、雾霾等）。人工色彩受到基础设施、使用材料等的影响，包括水域范围的人工色彩（船舶、桥梁）、岸线范围的人工色彩（码头、堤岸、步道、人群）、路域范围的人工色彩（建筑、道路、公共设施、户外广告、车辆等）。从滨水区域向城市内部延伸，形成以自然色彩为主导向以人工色彩为主导的

色彩转换趋势，即在水域空间一侧，自然色彩所占比重较大，人工色彩成为点缀色，适合使用高彩度、多色相的环境色彩。在城市内部空间，人工色彩的比重大于自然色彩，成为环境基色，自然色彩成为点缀色，形成滨水工程景观特色营造中自然色彩与人工色彩的互生和转换。

图 7-5　自然与人工色彩在城市滨水工程景观营造中的效果

5. 城市滨水景观工程中的环境色彩设计及控制

城市滨水景观工程中环境色彩的设计分为制订计划、基地调查、分析比较、色彩设计、现场测试与报审实施等。其中对滨水区域现状色彩的调查需从自然色彩与人工色彩两个层面来展开，且在分析比较的基础上弄清现状色彩的配制比例，确立滨水区域总体色彩规划策略，从宏观、中观、微观等层面确定各个区域环境色彩的设计关系。在色彩设计中应以环境色彩配置的协调为准则，并使相关区域环境色彩设计中的同一色彩或色调形成一致性，同一色系且相近的色调可以形成相关性，注意将色系不同、色彩互补的颜色进行对比，以此提出滨水区域环境色彩设计方案，以供现场测试所需。

城市滨水景观工程中环境色彩的控制，按照空间的重要程度有分级控制与法规控制等形式。其中分级控制有严格控制、协调控制、一般控制、特殊控制区域之分，控制内容包括各个控制区域的分控范围、控制内容、设计色表、实施框架等，并与控制性详细规划中的色彩专项结合起来予以实施。法规控制包括技术导则、法规条例等内容，以落实滨水景观工程中的环境色彩设计，保障城市环境色彩的实现。

第二节　城市滨水工程景观中的环境色彩案例剖析

一、威尼斯环境色彩印象解读

威尼斯是一个美丽的水上城市，位于意大利东北部亚得里亚海威尼斯湾西北岸，也是一个重要的港口。威尼斯主要建于离岸4千米的海边浅水滩上，平均水深为1.5米，有铁路、公路桥与陆地相连。该城由118个小岛组成，177条运河像蛛网一样密布其间，这些小岛和运河大约由400座桥相连。整个城市只靠一条长堤与大陆半岛连接，并以船作为唯一的交通工具，从而享有"水城""水上都市""百岛城""桥城"等美称（图7-6）。

图7-6　水上威尼斯城市意象

对于世界闻名的水城威尼斯来说，水无疑是城市的灵魂。蜿蜒的河道、流动的清波，水光潋滟，赋予水城不朽和灵秀之气，可见，水城威尼斯"因水而生，因水而美，因水而兴"。

（一）飘浮在水上的城市意象

水城威尼斯的建设始于公元452年，在8世纪成为亚得里亚海的贸易中心，并在中世纪成为地中海最繁荣的贸易中心之一，曾经在地中海文化的发展中作为重要角色发挥作用。其后，随着新航路的开辟，威尼斯因欧洲商业中心渐移至大西洋沿岸而衰落，于1866年并入意大利。威尼斯作为意大利的历史文化名城，城内古迹众多，在这个不到8平方千米四面环水的城市中，有100多座被运河分割而成的小岛。岛与岛之间以各式桥梁连接，大运河呈"S"形贯穿整个城市，人们乘船沿着这条号称"威尼斯最长的街道"航行，即可饱览威尼斯的美景而不用担心迷路。运河两岸有近200栋宫殿豪宅和7座教堂，多半建于公元14至16世纪，有拜占庭风格、哥特风格、巴洛克风格、威尼斯式风格等。所有的建筑地基都淹没在水中，看起来仿佛是从水中升起的一座城市（图7-7）。

图7-7　贯穿威尼斯整个城市呈"S"形的大运河及环境色彩风貌

贯穿城市的大运河如一条熙熙攘攘的大街，水道即小巷，船是威尼斯唯一的交通工具，当地的小船贡多拉更是独具特色，与各式游船往来穿梭于城市的运河与水巷之中，并与万顷波涛的亚得里亚海相连。

（二）水城威尼斯的色彩构成

应意大利米兰设计周学术交流活动之邀，2011年4月，笔者一行在活动之后，乘"欧洲之星"快铁经与大陆相连的长堤抵达水城威尼斯。走出火车站后乘游船浏览整个城市，沿大运河来到圣马可广场，穿越如潮的人群登临广场上的钟楼。该钟楼建于公元15世纪，高达98.6米，挺拔秀丽。在碧波之上，代表文艺复兴精华的威尼斯城展开了那令人陶醉的画面。我们俯瞰圣马可广场，漫步其间，感受被拿破仑誉为"欧洲最美丽的城市客厅"的圣马可广场及总督宫那美得令人窒息的回廊。步入建于中世纪的圣马可大教堂，停步于早期巴洛克式风格造型的叹息桥前，领悟建筑的艺术魅力。更多的时间，我们则循着河道徒步穿街、走巷、过桥，沿"水"踪觅"城"貌。其中最著名的有里亚托桥，该桥建于1592年前后，桥长48米，宽22米，是用大理石砌成的单孔拱桥。大文豪莎士比亚的文学巨著《威尼斯商人》就是以此为背景展开叙述的。此外，还有圣马可时钟塔、黄金宫、斯皮内利角宫、雷佐尼可宫、安康圣母圣院、圣马可图书馆、圣乔凡尼福音大学校、军械库、维克多·伊曼纽尔二世纪念碑以及遍布全城的教堂、博物馆、画廊与剧场等，还有周边各具特色的离岛风貌，这些人文景观让游人们体会到建筑的文化气魄及城市凸显出的温馨和浪漫氛围（图7-8）。

图 7-8 水城威尼斯著名的城市景观

1.欧洲最美丽的城市客厅——圣马可广场；2.圣马可广场钟楼；3.总督宫美得令人窒息的回廊；4.建于中世纪的圣马可大教堂；
5.早期巴洛克式风格造型的叹息桥；6.乘贡多拉小船沿河游水城；7.建于 1592 年前后的里亚托桥

作为一个"读城者"，在一页页翻阅水城威尼斯的美丽画卷之时，它的城市环境色彩也给我们留下深刻的印象。就威尼斯的城市环境色彩而言，归纳来看，最具特色的色彩主要由自然色彩与人工色彩要素所构成。其中自然色彩要素包括水体、天空、植被等的色彩，人工色彩要素包括建筑屋顶、街巷立面、码头堤岸、公共设施等的色彩，以及水城特有的细部色彩等。它们共同构成了水城威尼斯美丽的城市环境色彩画卷（图7-9）。

威尼斯坐落于四面环海的岛屿之上，阳光照耀下的蓝色海洋，以及城中河道、水巷中的蓝绿基色与水中建筑倒影色彩融为一体。水体色彩对这座城市的影响非常大，并成为威尼斯自然色彩要素中最重要的城市色彩构成要素。威尼斯所处的亚得里亚海属于地中海气候，夏季炎热干燥，冬季温和多雨，春季蓝天、白云与碧海和水城中新绿的植被色彩共同组成威尼斯海天一色的城市环境色彩意象。

若要想感知水城威尼斯的人工色彩，可登临圣马可广场钟楼鸟瞰，整个城市的陶红色瓦屋顶尽收眼底。除少量公共建筑和教堂的白色穹窿顶外，一些体量高大的建筑显露出的墙面以淡黄色、黄色、黄褐色、浅褐色、砖红色等暖色为主，从而使整个城市环境色彩显得和谐统一。陶红色屋顶与湖蓝色海洋之间的色彩对比，形成了威尼斯最基本的城市环境色彩景观。

在水城威尼斯，不管是穿街、走巷、过桥，还是乘贡多拉游船沿着水城窄窄的水道前行，随处可见笔直地伫立于水中的历经数百年的古老建筑以及波光粼粼之中晃动的建筑倒影。威尼斯城内的建筑多建成于中世纪，建筑多为3～5层，并组成连续性强的街道和围合感很好的广场。水城威尼斯的建筑墙面和街巷立面色彩基本以暖色系为主，且多为黄色、橙黄色和黄褐色，并与紫红色砖墙立面形成补色关系，呈现和谐而富有变化的色彩效果。另外，在建筑墙面和街巷立面色彩谱系中还有少量的白色、乳白色和灰白色，以避免环境色彩显得沉闷。

水城威尼斯内街巷中的码头堤岸及公共设施造型简洁，色彩多用深色或不同色相的浅灰色，以融于环境之中，诸如水巷中的游船防撞护柱，沿水巷道路、桥梁边缘所设的护栏等，均取退让的设计态度，绝不喧宾夺主。设于城市街巷中的电话亭，虽为现代造型，银灰色的外表色彩比较醒目，但基本可融于环境之中。

水城的细部色彩既包括街巷中商业广告招牌与遮阳棚上的用色，也包括建筑与街巷立面中门窗上特有的用色。作为世界文化遗产，威尼斯对城市中商业广告的设置管理严格，除维修中的历史建筑上设有广告外，不允许广告招牌遮挡历史建筑。遮阳棚的用色仅有蓝绿和紫红两类色彩，无杂乱的感觉。街巷立面中门窗、券柱以及建筑脚线多为白色、灰白色，且与中等明度的暖色系墙面搭配，显得明亮醒目。窗户多为木质百叶平开窗，色彩有深浅木色和蓝绿等。还有威尼斯的游船贡多拉，造型为两头翘的月牙形，多为黑色平底。船夫身着蓝白条纹衫穿行于迷宫似的水巷，英俊洒脱、个性奔放，也对城市色彩起到点缀作用。

在威尼斯及潟湖区域周边的离岛，诸如丽都岛、穆拉诺岛、圣乔治亚岛及布拉诺岛等，不管是码头、车站还是道路、广场、公园与建筑内外场地，环境色彩均较主岛艳丽，只是在阳光明媚、海风轻拂、碧空如洗、绿树成荫的背景映衬下，色彩与空间相辅相成，让游人品味到色彩设计的无限活力。

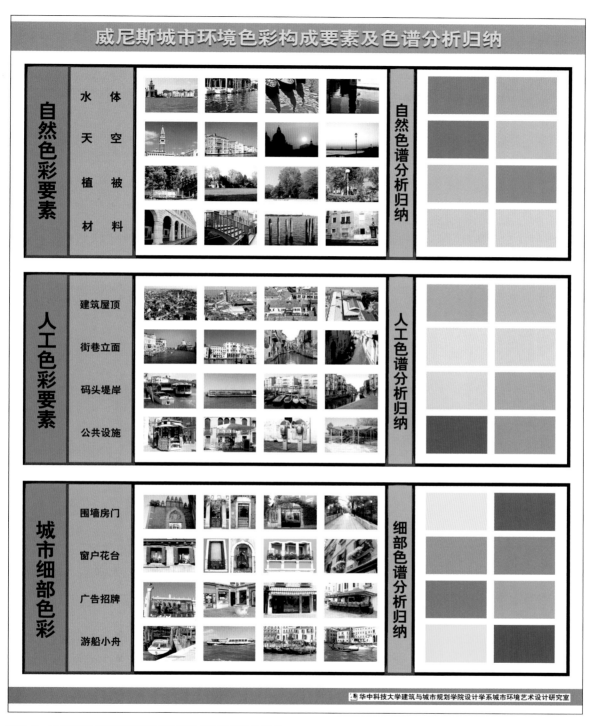

图 7-9 威尼斯城市环境色彩构成要素及色谱分析归纳图示

（三）威尼斯的城市色彩特征

通过对威尼斯的考察和归纳，笔者总结出其环境色彩的特征主要表现在以下几个层面。

第一，水体色彩是威尼斯城市环境色彩的基调色彩，威尼斯周边的海洋、天空以及城内河流、水巷的色彩为蓝绿色系，城市环境色彩的整体色调偏冷，并随季节的变化呈现出色彩基调上的变化。

第二，威尼斯城市环境中的建筑屋顶、街巷立面、码头堤岸、公共设施等的色彩均以褐红色系为主调，城市环境色彩丰富而不凌乱，和谐而不单调，是欧洲中世纪城市中极具色彩魅力的经典佳作。

第三，威尼斯城市细部的色彩反映在多方面：水城街巷中墙上悬挂的各种路灯、店面招牌、门饰窗台、绿化；运河边护栏和教堂院门院墙上的各式铁艺图案；街巷路面铺装；公园与休闲场地中的花园、绿地；城市导向牌与宅院门牌；等等。细微之中凸显出城市空间及环境色彩的浪漫风情（图 7-10）。

图 7-10　飘浮在水上的城市威尼斯，环境色彩更是充满魅力与活力

威尼斯作为一个飘浮在水上的城市，也是一个充满魅力的城市。一年四季游人如织，全球每年都有成千上万的游客来到威尼斯，感受这座城市环境色彩特有的文化魅力。正如丹麦建筑师拉斯姆森在《建筑体验》一书中所说："世界上有一个地方，那里的人们常常要在水上看景，这样的现象很引人注目，这就是威尼斯。"

二、感悟上海黄浦江两岸滨水空间的环境色彩

纵观全球城市，几乎每一座世界级的城市都有一条著名的河流，泰晤士河与伦敦、塞纳河与巴黎、哈德逊河与纽约……河流从城市中流淌而过，像一条美丽的项链串起两岸的人文景观，

也串起一座城市古往今来的精华。城市滨水空间作为"人—城市—自然"三者交会的承载体，体现了现代生活的复杂性，是构成城市骨架的主导要素之一，增强了城市的可识别性。黄浦江是上海的母亲河，蜿蜒穿城而过。从老城厢的城市发源地到外滩的万国建筑群，再到陆家嘴CBD，城市的中心虽然在迁移，但始终沿着黄浦江两岸发展。两岸的滨水地区始终是城市发展的重要载体，见证了上海从数百年前岸边的小渔村迅速崛起为一座现代化国际大都市的历史传奇，而黄浦江的变迁是整个城市发展历程的缩影（图 7-11）。

图 7-11 黄浦江的变迁是上海的历史传奇和缩影

（一）向水而生的黄浦江两岸滨水空间及其演变

黄浦江是上海的地标河流，流经上海市区，将上海分成浦西和浦东，两岸汇集了上海城市景观的精华。黄浦江是上海市居民主要生活用水及工业用水的水源，且具航运、排洪、灌溉、渔业、旅游、调节气候等综合功能，亦是太湖流域主要排水及具有多种功能的河道。作为依托黄浦江发展起来的港口城市上海，黄浦江的包容和开放，不仅使上海的人口结构与文化多元并存，还使本土文化和外来文化充分融合。黄浦江上过往的船舶和定居上海的外来人口，也带来了资金、技术、人才和文化艺术，这些汇聚起来成为上海的活力和潜力，构成了海派文化开放性、国际化的精神传统。黄浦江是海派文化的源点，既带动了城市的发展，也凝聚着城市的文脉。

上海从 1843 年开埠至今，黄浦江两岸滨水空间经过了兴起—繁荣—衰落—重振的过程，经历了从"贸易江"—"工业江"—"锈带"—"服务带"的演变发展（图 7-12）。黄浦江两岸地区作为上海近代以来资本输入与民族资本兴起起步最早也最为集中的地区之一，两岸滨水空间无疑成为近代上海工业发展的起源地和城市发展的源动力。从 1843 年上海开埠到 20 世纪初期，在外国航运势力的带动下，黄浦江西侧岸线由原本集中于老城厢外（十六铺到南码头）约 3 千米长的区域延伸至今北京路至延安东路（原洋泾浜）一带，形成了具有综合城市功能的租界区。外滩核心段则形成了以金融办公、航运码头为主，兼具社交娱乐、生活服务等丰富多样功能的区域。其后，上海港区向黄浦江下游继续延伸，形成了以市政和工业为主要功能的北外

兴起　繁荣

衰落　重振

图7-12　黄浦江两岸滨水空间经过了兴起—繁荣—衰落—重振的演变，并由"工业锈带"华丽转身为城市服务的"生活秀带"

滩地区，包括大型装卸码头、纺织和造船工业，以及大规模电力、供水等市政设施。

20世纪50年代后，黄浦江滨水区的城市功能再次大规模扩展，向南延伸至江南制造局，向北延伸至复兴岛工业区，黄浦江两岸出现大量工业区，其中以杨树浦、江南造船厂区域和徐汇滨江最具代表性。这些工业记忆构成了城市的独特财富，也形成了城市的文化符号和城市资本的文化形式。

20世纪70年代，黄浦江两岸随着工业发展，港口泊位不足，待卸压船情况严重，基于此，在进行新的港区规划建设时，改建和新建了一些万吨级码头泊位。到20世纪80年代初，开始改建集装箱码头，并规划建设了两个外贸装卸区，改建了十六铺客运站。1984年，港口货物的吞吐量已突破亿吨，跨入世界亿吨大港的行列。

进入20世纪90年代，1992年，党的十四大明确提出了要把上海建成"一个龙头、三个中心"的战略目标，上海在实施传统工业"退二进三"的战略指引下，市区内工业不断向产业园区集中，同时工业分布也呈现郊区化的现象。与此同时，黄浦江两岸一些传统工业如纺织业、造船、化工、钢铁、机械、建材等也于20世纪90年代由盛转衰，面临调整和升级。其中造船、化工、钢铁等产业由于空间局限和环境污染，在黄浦江两岸的发展受到制约。因此这些产业被迁出黄浦江两岸地区，向产业基地集聚，使企业获得了更大的发展空间。为此，黄浦江两岸港区通过"限制规模，调整功能，更新改造"，以实现现代化。同时，结合长江三角洲地区相邻的沿海和沿江的深水港而形成的组合港，为上海发展成国际航运中心奠定了基础。港口的外迁及港口功能的转移导致了黄浦江两岸功能的变化，港口的转型与城市的复兴呈现出相互交织的局面。

在港口转型的同时，黄浦江两岸滨水空间的振兴也使上海的城市生活得以复兴，以应对国际竞争和城市发展的挑战。从2002年起，上海市政府启动黄浦江两岸综合开发，提出"人民之江"的发展目标，以实现生产性岸线向综合服务性岸线的转变。综合开发可分为四个阶段。

第一阶段为2002—2007年，主要工作为释放沿江的土地和岸线空间，为今后新功能的引入做前期准备，针对沿江大量工业厂房和仓储运输单位开展动迁工作。

第二阶段为2008—2010年，主要通过加速改造滨江环境和推进基础配套设施建设，为黄浦江畔上海世界博览会的举办提供配套环境设施。

第三阶段为2011—2015年，以开展功能项目建设为主，在沿江地区引入新功能。

第四阶段为2016—2017年，聚焦核心段滨水公共空间建设，以开展滨江"45公里岸线贯通工程"为主，以打造滨水市民休闲空间，实现两岸地区品质的再提升。

这项工程在2017年12月31日实现岸线全面贯通，不仅使往日的岸线断点一个个连接起来，也连接了这座城市的过去和未来。当一道道墙被拆除的时候，那些曾经与这座城市紧密相连的仓储码头等老建筑又一次呈现在世人面前，人们可以自己走近它、触摸它……曾经亚洲最大的散粮筒仓，现在被改造成了上海城市空间艺术季的主场馆。

在迎接中华人民共和国成立70周年的前夜——2019年9月30日晚，上海利用黄浦江两岸滨水空间景观照明提升改造成果，打造了具有上海特色的光影秀，以灯光语言呈现中华人民共和国成立70周年以来，特别是改革开放的发展成果，展现上海人民喜迎中华人民共和国70华诞的节日氛围，表达上海人民对中华人民共和国成立70周年的衷心祝福（图7-13）。

图7-13　中华人民共和国成立70周年前夜，利用黄浦江两岸滨水空间景观照明打造具有上海特色的光影秀

如今，黄浦江两岸已建成 5.5 千米长的不间断工业遗存博览带，漫步道、慢跑道和骑行道并行的健康活力带及原生景观体验带。贯通道路上的 6 个断点，通过水上栈桥、架空通廊、码头建筑顶部穿越、景观连桥等不同方式予以解决。两岸滨水空间已挖掘出原有"八厂一桥"的历史特色，结合上海船厂、上海杨树浦自来水厂、上海第一毛条厂、上海烟草厂、上海电站辅机专业设计制造厂、上海杨树浦煤气厂、上海杨树浦发电厂、上海十七棉纺织厂、定海桥的空间与景观条件，形成 9 段各具特色的公共空间：诸如以船厂中超过 200 米长的两座船坞为标志点，大小船坞联动开发使用，大船坞为室外剧场，小船坞为剧场前厅与展示馆，船坞的西侧和东侧分别设置可举办各类室外演艺活动的广场与大草坪，形成船坞综合演艺区；中段以烟草公司、上海化工厂为主形成 3 组楔形绿地向城市延伸，形成带状发展、指状渗透的空间结构；丹东路码头北侧的楔形绿地结合江浦路越江隧道风塔设计了滨江观光塔；在安浦路跨越杨树浦港处设计了双向曲线变截面钢桁架景观桥，并通过桥下通道连接北侧楔形绿地和兰州路；在宽甸路旁的楔形绿地中保留了烟草公司仓库的主体结构，通过体量消减形成跨越城市道路之上的生态之丘，建立起安浦路以北区域与滨江公共空间的立体连接；借助杨浦大桥下的滨江区域形成工业博览园，以电站辅机厂两座极具历史价值的厂房为核心，改建更新为工业博览馆，将大桥下的空旷场地改造为工业主题公园，形成内外互动的综合性博物馆群和工业博览园；最后在黄浦江转折处，利用曾是远东最大火力发电厂的杨树浦电厂滨江段改造为杨树浦电厂遗迹公园，场所精神既存在于场地的物质存留，又存在于游离于场地之外的诗意之中。杨浦滨江公共空间示范段就是基于这一理念的一次全新实践，也成为后续同类实践的立足点（图 7-14）。

图 7-14　黄浦江两岸滨水空间的振兴，使 45 公里岸线贯通并实现了生产性岸线向综合服务性岸线的转变

续图 7-14

　　向水而生的黄浦江两岸滨水空间建设经过了长期努力，并非一蹴而就。今天黄浦江两岸从外滩、杨浦滨江空间到徐汇滨江空间等，基本实现了从生产性岸线向综合服务性岸线的转换，黄浦江两岸滨水空间建设成效十分显著，已成为城市靓丽风景观光带，呈现出城市的高颜值与远见。

（二）黄浦江北杨浦滨江空间的环境色彩与景观

　　城市的高颜值是什么？是繁花似锦的时尚都市，还是碧海蓝天的滨海丽城，抑或是那些被市民积极使用着的，有温度、多元化的高品质城市空间？显然，更新后的黄浦江两岸滨水空间兼而有之。这从黄浦江两岸滨水空间的环境色彩景观可见一斑。随着黄浦江两岸滨水空间更新核心段于 2017 年底全线贯通，往日上海曾辉煌百年的"工业锈带"变身为风貌独特的"生活秀带"，其后，黄浦江两岸滨水空间不断刷新"城市颜值"的定义，也不断演进城市的价值，这从黄浦江两岸"45 公里岸线贯通工程"后的黄浦江北杨浦滨江空间的更新改造即可见到（图 7-15）。

　　黄浦江北杨浦滨江空间位于上海中心城区东北部，总面积 15.6 平方千米，滨水空间岸线总长 15.5 千米，是上海"一江一河"发展"十四五"规划中的重点发展区块，也是提出"人民城市人民建，人民城市为人民"理念的首发地。杨浦滨江是中国近代工业文明的发源地之一，这里原为上海百年工业的承载地和见证地，曾创造了中国"百年工业"众多之最：拥有中国第一座现代化水厂、远东最大的火力发电厂、中国最早的煤气供热工厂、远东最大的制皂厂、中国第一家官督商办的机器造纸局、国内最大的电站辅机厂、国棉十二厂与十七厂、沪东中华造船厂，以及黄浦码头、杨树浦纱厂、上海鱼市场、祥泰木行、瑞镕船厂、毛麻仓库等，是工业复兴的重要历史见证。这些诞生过诸多国货精品的滨江厂房，如今已经不再机器轰鸣，但也并未淡出人们的生活。随着上海市政府于 2013 年底做出开发杨浦滨江生态岸线的决定，一条"生活秀带"

图7-15 黄浦江北杨浦滨江空间的环境色彩与景观

就此展开。其岸线从西至东共分为鱼市记忆、码头故事、海事旧址、小杨树浦、木行史话、绿草仓库、糖厂往昔七个板块，体现杨浦滨江空间深厚历史底蕴的工业之轨、眺望之堤、健身之道、浮线之园及14景空间序列，以及根据杨浦滨江空间中景观提升的要求所设计的江上栖行、墩台葭影、生态码头、层台览胜、坞上船鸣、曲径绕林、浮台翠意、绿野憩荫、永安栈房等景观节点。从黄浦江北杨浦滨江空间的环境色彩与景观看，该区域具有地标特色的空间节点有如下六个（图7-16）。

一是位于秦皇岛路32号的黄浦码头旧址，百年前诸多老一辈革命家从这个码头启程，扬起信仰之帆并投入轰轰烈烈的留法勤工俭学运动，他们从海外带回的坚定信仰、开放眼光、国际视野、博大胸怀，至今指引着改革发展的方向。如今这里按照"世界会客厅"要求开发建设的集浦江游览和滨江游览为一体的水岸联动综合体。秦皇岛路游船码头候船大厅内设有"初心启航"红色展厅、国家级非物质文化遗产项目——"上海港码头号子"非遗展厅以及杨浦滨江全景文旅导览长卷。岸线分为史海沉浮、扬帆起航、乘风破浪、心灵港湾四大板块，从工业之轮、作业驿站的视角，来剖析历史变迁。更新后的游船码头建筑外墙整体有法式米黄或深青灰砖色，前者间有白色外廊和窗框用色，后者间有红砖窗框、分隔装饰线和白色窗户遮阳拱圈。滨江步道与护栏为防腐木条拼合，上施深褐色油饰。路灯为深蓝灰色，各类导向牌均用褐色透红锈钢制作，在绿植映衬下给人一种历史的厚重感。

二是位于杨树浦路640号的瑞镕船厂旧址，在1900年由德商瑞记洋行创办。现存两个干船坞，一条长189米、宽44米，另一条长185米、宽36米，深均约10米，是上海乃至中国船舶制造的重要见证。现址保留了当年的办公楼、油罐、船排遗址、机械广场、变频

图7-16　黄浦江北杨浦滨江空间内具有地标特色的空间节点环境色彩与景观

1. 秦皇岛路 32 号的黄浦码头；　2. 杨树浦路 640 号的瑞镕船厂；　3. 杨树浦路 830 号的杨树浦水厂；
4. 杨树浦路 1426 号的祥泰木行；　5. 杨树浦路 2800 号的杨树浦发电厂；　6. 杨树浦路 2866 号的国棉十七厂

机房、船坞等工业遗迹，是上海市优秀历史建筑及工业遗存的见证。改造后的瑞镕船厂环境色彩保留了原有遗存面貌，即水泥灰色现浇船坞的厚重池壁、残存池壁钢板与船闸钢门上的浅蓝色油漆和锈迹，橘红色的大型船吊、办公楼的红砖墙及生产厂房的浅灰色外观等，呈现出浓郁的船厂工业文化意蕴。船厂旧址 1 号船坞已打开闸门完成灌水，将静候我国水下考古发现的体量最大、保存最完整、船载文物数量巨大的木质帆船——长江口二号古船，这艘清同治年间贸易商船的到来，使百年古船"安家"百年船坞，使中国第一座船厂遗址更具景观特色。

三是位于杨树浦路 830 号的杨树浦水厂，始建于 1881 年，为中国第一座现代化水厂。这个具有 140 多年历史的自来水厂现在仍然在发挥作用，目前提供上海城北地区杨浦、虹口、普陀、静安（原闸北）、宝山 5 个区域以及浦东部分地区约 300 万市民的日常生活和工业用水。杨树浦水厂的建筑如同一座中古时代的英国城堡，典雅的装饰让人根本想不到这是工业厂房。厂房岸线设置了水阶识潮、箱亭框景、枫池闲坐、井台旧痕、回廊高台、凭江听浪、红窗伴翠、榭畔暇观八个景观节点，且充分融入周边环境。更新后的水厂建筑承重墙用清水砖墙砌筑，嵌以红砖腰线，周围墙身压顶采用的是雉堞缺口，雉堞的压顶及窗框、腰线等均用水泥粉出凸线，墙面转折处为水泥隔石形状，尤其是那些装饰性元素，使这座建筑在沪上工业厂房中别具一格。杨树浦水厂在 2013 年被列入全国重点文物保护单位，2018 年被列入中国工业遗产保护名录。

四是位于杨树浦路 1426 号的祥泰木行旧址，由德商在 1884 年创立。在鼎盛时期，仅在上海就设有一个总栈、两个锯木厂、一个胶合板厂和一支船队，雄霸上海木材进出口市场半个世纪。更新后的祥泰木行对原有建筑墙体予以保留，并用钢结构加固改造，融合木材堆场肌理，不仅记录了祥泰木行的发展历程，而且突出了木质材料的展示功能。纵横木梁错叠铰支钢木结构的小楼，有地下一层和地上二层，现已建成杨浦滨江人民城市建设规划展示馆向市民开放。展示馆由橘黄色木构与黑漆钢构、玻璃、钢板、木栅等组合构建，与滨江自然生长的绿植融为一体，形成具有现代生态审美与记录历史的设计效果。

五是位于杨树浦路 2800 号的杨树浦发电厂，1913 年由英国商人投资建成，是当时远东第一大火电厂，历经百年发展，到 2010 年末关停。如今杨树浦电厂华丽变身为遗迹公园，数十幢工业遗存被别具匠心地被保留下来，公园总面积超过 26 万平方米。这处工业文明遗迹正以另一种方式在杨浦滨江空间岸线焕发新生、见证辉煌。更新后的电厂以两座建于 20 世纪 80 年代的高 105 米的烟囱为标识，烟囱均饰红白相间色彩，很远即可见到。另利用沿江岸线上的鹤嘴吊、输煤栈桥、传送带、清水池、储灰罐等作业设施进行公共空间营造，色彩有作业设施上原有的橘红、铬黄、蓝灰等用色，加上车间及办公建筑的浅黄、灰白等色彩。对原有厂区空间进行低开发，在汇集雨水的低洼湿地段配植原生草本植物和耐水乔木池杉，同时配以轻介入的钢结构景观构筑物，形成别具自然野趣和工业特色的景观环境。

六是位于杨树浦路 2866 号的国棉十七厂，始建于 1921 年，距今已有 100 多年的历史。该厂早期为日本商人创办的裕丰纱厂，1949 年后收归国有，变身为上海国棉十七厂。到 21世纪初，伴随着黄浦江北杨浦滨江空间的更新改造，这里也进行了改造。改造遵循"修旧如旧"的修缮理念，不但还原了老工业建筑的样貌，又融入了当代时尚的审美元素。建成后的上海国际时尚中心，同时具备时尚多功能秀场、时尚接待会所、时尚创意办公、时尚精品仓、时尚公寓酒店和时尚餐饮娱乐六大互动配套功能，为上海国际时尚中心的发展提供了结构优势。更新后的国际时尚中心建筑外墙为清水红砖，且整个时尚中心建筑组群均统一为这一色彩基调，保留了 20 世纪 20 年代老上海工业文明的历史痕迹，时尚中心建筑外部空间环境也运用了邻近色彩的地砖进行铺设，仅在不同品牌门店采用时尚品牌特有的造型与色彩进行点缀。时尚中心滨水道路铺有砌石砖和木制栈道等，有橙黄、灰黄、土黄、中灰等色彩。时尚中心的公共服务设施，如导向系统、品牌标识、店面招贴、服务管理、休息娱乐、灯光照明、公共艺术及绿化配置等设施，均选用时尚明亮的色彩，以营造出时尚中心独有的环境色彩与景观意象。如今的时尚中心，可承办一年一度的上海时装周、上海国际服装文化节、潮流时尚嘉年华、品牌发布会等时尚活动，还举办车展、音乐节、科技论坛等国内外各类活动。上海国际时尚中心已被定位为国际时尚业界互动对接的地标性载体和营运承载基地，并拥有享"亚洲第一秀场"美誉的多功能秀场。

此外，在杨浦滨江空间长达 15.5 千米的临黄浦江岸线上，百年历史的明华糖仓变身集会议和休闲于一体的公共服务空间。还有曾经的上海鱼市场，在这里设置了昔日鱼市场景的城市雕塑，留存这段城市记忆。市场改建为东方渔人码头后，由两幢地标性建筑组成：高层建筑外观造型酷似一条凌空跃起的跃鱼，是办公楼；低层建筑外观造型酷似一条遨游状态的卧鱼，是商业楼。曾经的杨树浦纱厂大班住宅始建于 1918 年，为假三层砖木结构的英伦洋房，现大班住宅一楼更新为一家颇具情调的"怡和 1915"咖啡厅，并向公众开放。另被誉为远东最大的制皂厂的生产原址，变身"皂梦空间"白七咖啡馆（图 7-17）。

杨浦滨江变身为更加宜业、宜居、宜乐、宜游的公共空间，让人民有更多获得感，为人民创造更加幸福的美好生活。2020 年 9 月，杨浦滨江被上海市文化和旅游局评为"最有温度的生活秀带"，并同期入围国家文物局公布的第一批国家文物保护利用示范区创建名单。

（三）黄浦江北杨浦滨江空间及其环境色彩更新

作为上海标志性的空间形象载体，黄浦江两岸滨水空间应聚焦城市美好意象的构建，打造海派特色的滨水景观风貌。就黄浦江北杨浦滨江空间营造及其环境色彩更新而言，具体可归纳出以下几个特征。

其一是在充分考虑杨浦滨江空间作为上海乃至中国近代工业最重要的发源地之一的基础上，遵循"修旧如旧"的更新设计理念，与杨浦滨江空间场地现状和环境有机结合，对滨江空间场地上的工业遗存予以保留。除保留各类工业遗存的构筑形态外，对其色彩也尽可能还原，以使杨浦滨江空间的工业遗存改造能让滨江地带形成独特的城市肌理和地区风貌。如杨浦滨江空间内的黄浦码头旧址、杨树浦水厂及国棉十七厂等的环境色彩更新便是对杨浦滨江空间深厚历史底蕴的再现。

其二是根据浦江两岸滨江空间从"工业锈带"华丽转身为风貌独特的"生活秀带"的建设目标，以及滨水景观提升的需要，在杨浦滨江空间近代工业遗存构筑形态与色彩等予以保留的层面，结合"人民城市为人民"的建设愿景，在杨浦滨江空间注入新的文化功能，将其打造为集科技创新、数字经济、研发转化、文化创意、休闲居住等功能为一体的高品

图 7-17 杨浦滨江空间长达 15.5 千米临黄浦江岸线的旧建筑更新改造及环境色彩景观
1. 百年历史的明华糖仓；2. 曾经的上海鱼市场；3. 杨树浦纱厂大班住宅；4. 远东最大的制皂厂生产原址

质复合滨水空间。滨江空间的形态与色彩在延续历史记忆的基础上，也引入现代和时尚的形态与色彩要素，以实现把滨江空间还给百姓，为当下现实所需的设计服务的目标。如杨浦滨江空间内的上海鱼市场改造成的东方渔人码头，国棉十七厂改造成的上海国际时尚中心等，其环境色彩更新均在历史传承方面面向当下进行创新，以适应滨江空间场所的现实使用需要。

其三是浦江两岸滨江空间的形态与色彩更新在生态文明建设的当下，更是强调"人—自然—环境"有机统一。而杨浦滨江空间的改造建设，既留住了工业时代的"锈色肌理"，也响应了新时代对生态审美营造的必然。从而使杨浦滨江空间昔日布满锈迹的工业厂房，如今变得草木茂盛，不仅充满绿色生机，环境色彩基调也随着季节的变化呈现出不同的景观生态效应。如杨树浦水厂改造成了"会呼吸"的雨水花园，杨树浦电厂改造成了遗迹公园，曾经的生产作业设施经过二次设计，搭配绿化与钢构形成了优美的景观环境，还有利用烟草公司机修仓库改造成的"绿之丘"现代展示中心（图 7-18）。祥泰木行更新后所建的人民城市建设规划展示馆及周边环境，均实现了杨浦滨江空间的形态与色彩更新在生态审美范畴的拓展，直至重建人与自然、人与社会之间和谐的关系（图 7-19）。

图7-18 黄浦江北杨浦滨江空间及其环境色彩更新特征

1. 黄浦码头旧址建为初心起航地；2. 杨树浦水厂仍为沪北地区供水；3. 国棉十七厂改造成的上海国际时尚中心；
4. 上海鱼市场改造成的东方渔人码头；5. 杨树浦水厂改造成"会呼吸"的雨水花园；
6. 烟草公司机修仓库改造成的"绿之丘"现代展示中心

图7-19 祥泰木行更新后所建的人民城市建设规划展示馆，实现了环境色彩在生态审美范畴的拓展

　　其四是黄浦江两岸滨江公共空间的形态与色彩更新在改造、新建等设计引导层面规划管控明确，由此实现黄浦江两岸滨水空间高颜值的形态与色彩景观营造。在杨浦滨江空间及其环境色彩更新中，长达15.5千米临黄浦江的杨浦滨江空间岸线更是构建起分层、分区、分类及全过程的色彩规划管控系统，从而创造出杨浦滨江空间和谐宜人的环境色彩景观更新效果，让民众成为滨江空间的使用者和拥有者。这也正是城市高颜值在当下的价值体现，也展现出管理建设部门对城市发展的远见。

第三节 豫中长葛市清潩河景观带的环境色彩设计

一、豫中长葛市清潩河景观带概念性规划解读

（一）概念性规划设计背景

　　长葛市位于豫中平原腹地，相传为远古"乐神"葛天氏的故址。清潩河作为市域范围内的主要河道，对城市的生态环境有着至关重要的作用。河道由城市西北向东南贯穿市区，并经许昌市区后汇入颍河，直至流入淮河。清潩河在数千年的历史进程中见证了长葛的发展，并与长葛的历史文化息息相关。清潩河作为长葛市的母亲河，其开发建设备受广大市民的关注。随着城市经济社会的快速发展，市民的生活质量不断提高，精神文化需求、环境质量需求日益增长，人人都希望生活在"天蓝、水碧、地绿、人和"的环境中（图7-20）。

图7-20　豫中长葛市清潩河景观带概念性规划设计效果图

（二）概念性规划设计定位

　　长葛市清潩河景观带概念性规划方案的设计定位为以反映葛天及钟繇文化、体现人文历史

为主导的，以发展城市旅游、改善人居环境、完善生态结构、进行土地经营为目的，融休闲、观光、度假、居住、商业、交通、防洪等综合功能于一体的城市重要景观轴。

基于这样的设计定位，清潩河景观带建设用地内对葛天及钟繇文化的表现主要是取其内涵，更多地采取现代环境艺术设计的表现形式与手法来展示，以处理好城市文化表达方面的主次关系，促进城市文化品牌与形象的塑造。同时，结合国内外提出的"河流生态修复"理念，确定规划方案的设计概念为"展长葛历史文化之脉·建清潩河岸生态走廊"。

长葛市清潩河景观带的河流开发建设应尊重如下八个原则：

尊重河流生命的伦理观原则，尊重河流自然的生态观原则；

尊重河流发展的人本观原则，尊重河流演变的历史性原则；

尊重河流建设的整体性原则，尊重河流开发的多样性原则；

尊重河流空间的系统化原则，尊重河流设计的程序化原则。

（三）概念性规划设计的景观结构

概念性规划设计确立的景观结构为一轴、两带、四大片区（图7-21）。

一轴表示清潩河为城市的一条重要水轴。

两带表示清潩河一河两岸的滨河公共带。

四大片区考虑了沿河地带的现有因素，包括景观特性、空间特性、文化特性和功能特性等，也研究了场地的历史因素，包括各种历史痕迹以及民俗文化等，同时预测了滨河可能的发展潜力。结合清潩河沿岸用地特点及社会、经济、文化基础，形成以"内部主题化"为原则的特色景观中心。

（四）概念性规划设计的空间布局

依据概念规划的设计定位与功能分区，在清潩河南北长7000米的景观轴线上，取清明上河图中的文化意蕴，将清潩河景观带划分为"城·庄·林·野"四个主题进行布局，并形成空间序列，且围绕这四个景观风貌区来构筑葛天及钟繇文化的展示节点。其空间序列关系如下：城——展现城市风貌，庄——凸显民俗民风，林——彰显自然之美，野——重温许都余韵。

清潩河景观带概念性规划通过空间序列关系的处理将景观带整合成为一条美丽的"项链"，由城市西北绕过市区，穿过道路，蜿蜒至东南。正是这条经过生态修复的河流，将给长葛市提供千亩"绿色氧吧"，并给城市注入新的活力。

二、环境色彩设计与长葛市清潩河景观带概念性规划的关系

从长葛市清潩河景观带来看，滨河景观带既是长葛市城市空间中天然的风光长廊，也是长葛市的理想生态走廊。环境色彩具有城市空间中的线性特征，且滨河景观带水体的色彩在整个环境色彩中并不占绝对主体地位，为此，需要注意水体应与其他环境构成物形成协调的环境色彩，以使滨水区域环境色彩成为一个整体。

长葛市清潩河景观带环境色彩设计主要在于协调水域、岸线和陆域之间的色彩关系，应对

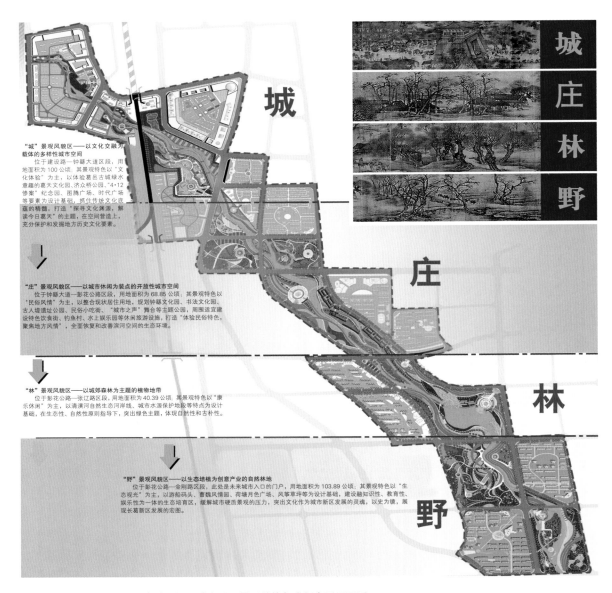

"城"景观风貌区——以文化交融为载体的多样性城市空间
位于建设路—钟繇大道区段，用地面积为100公顷。其景观特色以"文化体验"为主，以体验葛邑古城绿水意趣的葛天文化园、济众桥公园、"4·12惨案"纪念园、图腾广场、时代广场等要素为设计基础，抓住传统文化底蕴的精髓，打造"探寻文化渊源，解读今日葛天"的主题，在空间营造上，充分保护和发掘地方历史文化要素。

"庄"景观风貌区——以城市休闲为装点的开放性城市空间
位于钟繇大道—彭花公路区段，用地面积为68.85公顷。其景观特色以"民俗风情"为主，以整合现状居住用地，规划钟繇文化园、书法文化园、古人堤遗址公园、民俗小吃街、"城市之声"舞台等主题公园，周围适宜建设特色饮食街、钓鱼村、水上娱乐园等休闲旅游设施，打造"体验民俗特色，聚焦地方风情"，全面恢复和改善滨河空间的生态环境。

"林"景观风貌区——以城郊森林为主题的植物地带
位于彭花公路—张辽路区段，用地面积为40.39公顷。其景观特色以"康乐休闲"为主，以清溧自然生态河岸线、城市水源保护地段等特点为设计基础，在生态性、自然性原则指导下，突出绿色主题，体现自然性和古朴性。

"野"景观风貌区——以生态培植为创意产业的自然林地
位于彭花公路—金刚路区段，此处是未来城市入口的门户，用地面积为103.89公顷。其景观特色以"生态观光"为主，以游船码头、曹魏风情园、荷塘月色广场、风筝草坪等为设计基础，建设融知识性、教育性、娱乐性为一体的生态地带，缓解城市硬质景观的压力，突出文化作为城市新区发展的灵魂，以史为镜，展现长葛新区发展的宏图。

城
庄
林
野

图 7-21　清溧河景观带概念性规划设计定位、景观结构与空间布局平面图

长葛市清溧河景观带水域中水体的色彩进行分析判断，由于水体所处的地域、季节、气候等的不同而呈现各异的色彩，冬季河水呈深蓝灰色，其他季节河水呈绿灰色。

岸线和陆域的环境色彩主体色调应大面积使用与水体色彩类似的冷色，以突出水体的无彩色或低彩度、高明度的色彩倾向。当然，局部可以使用高彩度色、暖色作为点缀色，以打破主体色调的单一性，特别是在清溧河景观带的高潮段，如滨水广场中心、滨水核心地段，适当使用亮色的环境小品和花卉配置等进行点缀是必不可少的。

此外，从清溧河景观带滨水区域来看，自然风光极为重要，滨水区内不仅要有好的水体色彩，

也要有好的绿化色彩，并在清潩河景观带滨水区域环境色彩设计指引中着重强调对自然色彩的处理与应用。

三、地域特色塑造中的豫中长葛清潩河景观带环境色彩设计应用实践

从现代城市色彩特色设计来看，地域文化是城市整体环境风貌特色的重要组成部分与关键所在。长葛地处豫中平原腹地，城市历史悠久，古时为驿道、漕运必经之地，商贾云集之所，是与神农氏和伏羲氏齐名的葛天氏故里，其独特的人文风景资源具有世界影响力。在2000多年的历史长河中，世代居于这片神奇土地上勤劳智慧的人民在生产生活中创造出了丰富多彩的文化，也形成了独具风韵的民族建筑及色彩景观，这些成为清潩河景观带城市概念设计中需要传承的珍贵文化资源。

豫中长葛清潩河景观带环境色彩设计应用实践主要从城区环境色彩的调查与采集、定位与特点、分区与设色、规划与实施等层面来展开。

（一）清潩河景观带环境色彩的调查与采集

长葛市清潩河景观带环境色彩的调查主要从清潩河两岸的自然及人文环境色彩入手，包括自然气候、河流水体、地貌土壤、绿化植物等自然环境色彩，以及城区风貌、历史文化与地方民俗、传统建筑、构筑设施等人文环境色彩，包括清潩河景观带两岸区域内对环境色彩有影响的物体色彩现状，运用色卡对比法、拍照记录法、计算机技术处理法和仪器测量法等进行分析，以使感性的色彩输入能够以理性的方式输出，并应用于环境色彩的规划设计中。

与此同时，还需对清潩河景观带两岸区域内环境色彩的构成比例以及水域、岸线和陆域三个部分的环境色彩现状资料做出定性定量分析，从而确定清潩河景观带两岸环境色彩在色相、明度、纯度等方面的设计倾向，为整体色彩基调的确立奠定基础（图7-22）。

（二）清潩河景观带环境色彩的定位与特点

清潩河景观带环境色彩设计力求处理好景观带及其空间环境色彩的传承与时尚、自然与人工、历史与文化及设计与实施之间的关系，并使之有机结合。

由于滨河景观带具有可从两岸观赏的特点，城市滨河区域总体的环境色彩感知需要从对岸观察，因此，河道的宽度成为影响城市景观带两岸环境色彩关系的重要因素。景观带的河面越宽，两岸相对的独立性就越高，环境色彩设计的细节可感知度就越低，两岸环境色彩相互影响越小。反之，景观带河面越窄，两岸环境的联系越紧密。这个特点是清潩河景观带环境色彩设计必须把握的，只是从城市整体空间层面而言，清潩河景观带两岸的环境色彩设计均应置入总体城市环境色彩规划的框架下进行。

（三）清潩河景观带环境色彩的分区与设色

按照清潩河景观带总体概念规划，清潩河景观带未来将分为四个特色分区，即城、庄、林、野四个组团。其中，"城"是城市滨河文化娱乐功能区，"庄"是城市滨河民俗文化体验区，"林"

图 7-22 清潩河景观带环境色彩的调查与采集图示

为城市滨河生态游憩功能区，"野"为许都余韵滨河休闲度假区。清潩河景观带总体色调以黄、绿、暖、浅灰色为主，根据各个分区的特点分布，保持协调，但各有特色（图 7-23）。

1."城"——辉煌葛城景区

辉煌葛城景区位于清潩河景观带的开端，从人民路到钟繇大道，用地面积约为 57 公顷。城市以"历史的赞歌，激情的长葛"为主题，景区内分为和家桃园区、水岸柳林区与绚丽橘园区。其分区设色以城区静谧、温馨的暖色调为主，以传承城区传统建筑色彩文化，体现葛城辉煌的岁月。

2."庄"——又绿雅庄景区

又绿雅庄景区位于钟繇大道至长安大道区段，用地面积为 68.85 公顷。该区以"绿色城市楷模，再塑葛城风情"为主题，景区内分为葛城风情区与民俗文化区。分区设色以城区传统建筑特有的砖木原色中的灰色、棕色与白色为主，并以河水水体与绿色植物色彩作为景区背景色调。

3."林"——清潩林涧景区

清潩林涧景区位于长安大道和张辽路之间，用地面积为 54 公顷。此段位于清潩河景观带的中间部分，也是高潮部分。设计以"绿色生态、娱乐休闲与城市历史文化体验"为主题，景区内分密林绿水区、枫林湾广场区、趣味亲水平台区、歌八阕区与快活林观景区等。分区设色以清潩河涧密林植被的蓝绿、中绿等绿色色调为主，以塑造生态绿化的自然美，满足人们亲近、

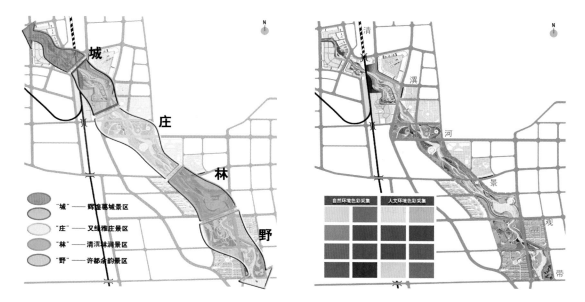

图7-23　清渠河景观带环境色彩的分区与设色规划设计图

回归自然的需求。

　　4. "野" ——许都余韵景区

　　许都余韵景区位于清渠河景观带末端，从张辽路至许昌市界，是由许昌进入长葛的门户，占地52公顷。景观特色以"生态走廊、许都余韵"为主，景区内分为溪水云道、百扇游园、许都韵苑等景观节点。分区设色以清渠河自然生态河岸线、城市水源保护地段的自然色彩为主，并点缀昔日许都建筑遗迹色彩，以满足人们亲近、回归自然的需求，以及对许都曾经繁荣之貌的追忆（图7-24）。

（四）清渠河景观带环境色彩的规划与实施

　　清渠河景观带环境色彩的规划与实施遵循从总体规划到详细设计，再到实施管理的步骤来展开。

　　1. 清渠河景观带环境色彩的总体规划

　　总体规划阶段是决定清渠河景观带发展大局策略的阶段，在对长葛市的历史和现状进行充分调研、分析的基础上，从色彩的角度确定清渠河景观带色彩总体发展的定位与原则，并制定清渠河景观带色彩的分区规划。

　　2. 清渠河景观带环境色彩的详细设计

　　详细规划将清渠河景观带环境色彩的总体规划与分区规划的种种构想贯彻落实，主要内容包括落实和划定清渠河景观带及周围场所文物古迹保护、传统旧街区、地方民俗和民族聚居区位色彩的保护界线，提出具体的色彩保护方案，对周边环境做出具体的环境色彩设计方案，对清渠河景观带空间体系的主要节点，如街道、建筑、植被、节点、标志及广告、雕塑、市政设施等做出详细的设计（图7-25）。

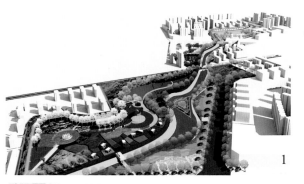

图 7-24　清溪河景观带各分区环境色彩规划设计效果

1. 辉煌葛城景区环境色彩规划设计效果；2. 又绿雅庄景区环境色彩规划设计效果；
3. 清溪林涧景区环境色彩规划设计效果；4. 许都余韵景区环境色彩规划设计效果

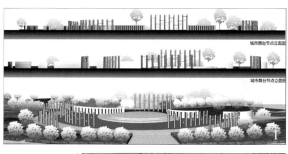

图 7-25　清溪河景观带各分区景点环境色彩详细规划设计效果表现

1. 辉煌葛城景区骨笛广场环境色彩规划设计效果；2. 又绿雅庄景区寻礼园环境色彩规划设计效果；
3. 清溪林涧景区墨林广场环境色彩规划设计效果；4. 许都余韵景区曹魏风情园环境色彩规划设计效果

（五）清溪河景观带环境色彩的实施管理

根据确立的清溪河景观带环境色彩规划结构对所做工作予以落实，做出清溪河景观带色彩实施设计方案，并通过对清溪河景观带环境色彩的引导与控制，为滨河区域环境色彩的管理实施提供实施导则，从而提高清溪河景观带环境色彩规划的法律地位。

今天，滨水空间已经成为城市空间中最为重要的景观要素，自古以来，人们择水而居，生生不息，水无疑成为人与自然之间情感联系的纽带，尤其是城市中富有生机的滨水景观带。而作为城市滨水景观带地域特色塑造的因素之一，环境色彩设计将发挥重要的作用，并将以绚丽的姿态把城市滨水景观带装扮得更加动人，展现其艺术品位，在建设美丽中国的征程中起到更为重要的作用。

第四节　上海市西泗塘西岸滨水空间更新改造及环境色彩设计

位于长江三角洲前缘，太湖尾闾，扼长江入海之咽喉，承长江、太湖来水的上海，其下游又面对大洋，可通达世界各地，是个典型的依水兴市、治水兴利、借水发展的河口海岸城市。上海简称"沪"，也源于水。没有密如蛛网的河道，就没有上海的兴盛与发展，而以水而兴的上海临江向海，不仅有"一江一河"——黄浦江、苏州河，更有由淀山湖、横塘河、通波泾、温藻浜、梅隆港、西泗塘、新槎浦、洪沟等一系列水体共同构筑起上海的水系生态网络（图7-26）。上海的水系网络究竟发达到什么程度？据日前从上海市水务局所得的数据：截至2021年底，上海共有河道（湖泊）47086条（个），河湖面积共649.2平方千米，河湖水面率10.24%。另有不计入河湖统计面积的小微水体4万余个。可以看出，在上海6340.5平方千米的陆域面积中，水面即超过了1/10。上海市域内这些四通八达的水网，最终通过苏州河和黄浦江汇入大海。

2017年，随着黄浦江两岸45千米滨水空间于年底全线贯通，以及2020年苏州河中心城段42千米岸线于年底基本贯通，"一江一河"让昔日上海曾辉煌百年的"工业锈带"华丽转身为风貌独特的"生活秀带""发展绣带"，使"一江一河"不仅成为上海21世纪的名片，滨水空间也惠及沿岸市民，只是能直接享受到黄浦江和苏州河沿线改造成果的市民毕竟有限，如何让上海市域内众多水系网络中的更多市民能享有滨水空间的水清岸美和宜人生态，使整个上海市域内的水系生态网络能够让市民有获得感与幸福感，便成为上海滨水空间景观再塑面临的主要问题和新的使命。对上海西泗塘西岸滨水空间及其环境色彩的设计探究，目的便在于让更多的水系生态网络能够涅槃重生和实现可亲可近目标。

一、西泗塘西岸滨水空间项目的建设基础

西泗塘位于宝山区、静安区内，又名新塘港。南起走马塘，往北经泗塘新村注入蕴藻浜。长

图 7-26　上海的水系生态网络及其环境色彩景观

1.淀山湖；2.横塘河；3.通波泾；4.温藻浜；5.梅隆港；6.西泗塘；7.新槎浦；8.洪沟

约 6 千米，枯水期航道水深 1.4 米，可航行 15～30 吨级船舶，受益农田达 1300 公顷。2010 年，上海市人民代表大会常务委员会发布《上海市河道管理条例》，目的在于加强市域内的河道管理，保障防汛安全，改善城乡水环境，发挥江河湖泊的综合效益。2016 年 11 月，上海市通过了《关于本市全面推行河长制的实施方案》，上海市的河道整治工作由此全面展开。2017 年，静安区召开中小河道和生态环境综合整治及"美丽家园""美丽城区"建设工作现场推进会，明确在整治黑臭水体的基础上，进一步改造河道设施、拆除违章建筑、改造雨污水管网等，在实现河流治污的同时，结合区内滨河景观整体规划，建设沿河区域慢行步道、生态走廊及绿化景观。

（一）西泗塘西岸滨水空间项目建设的需要

西泗塘作为静安区重要的中小河道，项目周边以居住用地为主。治理前，这里的环境脏乱，西岸静安段河面不时漂浮各类生活垃圾，岸上步行通道绿带杂草丛生、近 5000 平方米的违章建筑依河而建，是附近居民们避之不及的地方。静安区所辖街道党工委、办事处针对西泗塘现状，迫切需要展开攻坚克难的治理工作，即将西泗塘西岸滨水空间列为当年河道环境治理重点首先进行整治，其必要性表现在以下几个方面。

一是西泗塘作为静安区水环境的重要载体，迫切需要进行整治，建设岸坡，种植绿化，以达到保持水土、河道畅通、美化环境、提升功能等诸多目标，有利于推动工程水利向环境水利、城市水利转变，使广大市民真正享有"水清、地绿、天蓝、宁静"的生态环境。

二是河道是城市的生命线，应为居民的出行休闲提供保障，创造舒适、方便、优美的生活环境，让居民获得高品质的水岸休闲生活。提高河道生态服务水平，构建健康、完整、稳定的生态水环境，形成水岸慢行系统。

三是西泗塘水系沿线承载着静安区成长的历史记忆，随着城市的发展革新，功能景观形态及环境品质有待提升，这将成为改革开放的窗口和缩影。提升滨水空间同清淤工程并行推进，还原西泗塘滨水景观新形象，使西泗塘成为展示静安区发展成果的对外名片。

（二）现状评价及建设条件

（1）西泗塘西岸滨水空间整体为细长的带状滨水绿地，被保德路、汾西路、临汾路三条市政道路划分为四段，各段端头即为三条市政路的引桥部分。而引桥部分均与场地内部存在较大高差，市民需通过十多级较陡的台阶才能进入西岸滨水空间场地，缺乏无障碍通道，同时缺少滨水空间面水步道，西岸滨水空间现有交通状况有待改善。

（2）西泗塘西岸滨水空间现有驳岸形式单一，保德路至宝山区界段防汛墙为 L 形挡墙，其他防汛墙均为浆砌块石挡墙。防汛墙标高均未达到 5 米，但却比市政人行道高出近 1 米，且阻碍市民进行亲水体验活动并阻挡了观赏视线，防汛墙上的护栏较为陈旧且破损严重。

（3）西泗塘西岸滨水空间原有景观改建已久，现有建构筑物及服务设施陈旧、老化，环境色彩单一，照明灯光缺失，加之空间布局存在问题，导致休憩活动场地拥挤狭小，缺少公共服务设施及市民临近感受滨水空间的活动场所。

（4）西泗塘西岸滨水空间现有植被缺乏管理，植栽效果不佳，由于河道空间腹地较窄，植被较密，遮蔽阳光，从而导致视线通廊缺失与林下活动空间不足的情况（图 7-27）。

图 7-27　西泗塘西岸滨水空间更新改造前环境现状实景

二、西泗塘西岸滨水空间的环境景观重塑

（一）环境景观重塑目标

对西泗塘西岸滨水空间进行环境景观重塑，其重塑目标有三点。

其一是生态主导，绿色出行：融入西泗塘西岸滨水空间自然、绿色低碳生态绿廊。

其二是整合空间，延续肌理：激活城市活力，展示西泗塘西岸滨水空间区域风貌。

其三是强化功能，融合环境：重塑西泗塘西岸滨水空间场所记忆，提升环境品质。

通过对西泗塘西岸滨水空间所处区域的功能、景观及地块自身的评价，适当拓展和延伸西泗塘西岸绿地的功能，重塑高品质的西泗塘西岸滨水空间，使其成为周围市民进行公共活动的休闲空间，并从整体上实现上海市提出的"人民城市人民建，人民城市为人民"建设理念，提升静安区的环境品质（图 7-28）。

（二）环境景观重塑理念

环境景观重塑强调人的体验，主要针对城市内部的基础设施，重在改善环境空间品质、改进基础设施条件、提升公共服务质量、延续城市文化脉络、创造良好人居环境。因此，西泗塘西岸滨水空间的环境景观重塑将结合静安区河道流域系统形成"三条三支"的结构，即三条为主要河道，三支为中小支流的规划策略，从城市用地与河流的关系出发，将其建设成为南北向的滨水慢行空间与带状公园。

一是在西泗塘西岸滨水空间现有交通状况条件下，打通割裂的滨水空间，并通过无障碍交通设计对滨水空间内道路予以串联，从而形成滨水空间内的线性廊道及合理的道路布局系统。

二是对西泗塘西岸滨水空间布局进行调整，增加滨水空间沿线市民亲近水岸的休憩活动场地。同时，丰富滨水空间内环境色彩，改变滨水空间内夜景照明，完善滨水空间内各类服务设施，

图 7-28　西泗塘西岸滨水空间的环境重塑及色彩景观

处理好滨水空间内的绿化关系，营造植物季相美感。

　　三是将西泗塘西岸滨水空间打造成景致优美、富有活力的城市滨水活动场地，实现"人民城市为人民"的环境景观重塑理念，以回馈滨水空间沿线市民，即为其创造优质的生活休闲环境，满足市民户外活动需求，促进和谐社会的建设。

（三）环境景观具体设计

　　西泗塘西岸滨水空间环境景观具体设计包括空间布局、道路重组、竖向处理、设施配置与绿化改造等设计内容。

1. 空间布局

　　西泗塘西岸滨水空间建设用地为南北纵向，其用地范围东临西泗塘河岸线，西靠阳泉路人行道东侧，南至阳泉路 50 号北围墙，北接宝山区界，全长约 1506 米，建设面积约为 1.5 公顷。从南至北穿行的城市道路分为四段，分别是阳泉路 50 号至临汾路段，临汾路至汾西路段，汾西路至保德路段，保德路至宝山区区界段（图 7-29）。

　　在西泗塘西岸滨水空间布局中，对沿线碎片绿地进行重组，实现了沿线水岸绿地与城市生活有机融合。规划设计按穿行的城市道路分为四个组团进行布局。

　　（1）阳泉路 50 号至临汾路段为西泗塘西岸滨水空间主景区，打造独具特色的樱花主题，在滨水岸线打造樱花游廊以及赏樱花台，以提升滨水空间沿线的游赏体验。靠南与区委党校轴线正对的位置场地较大，可布置休闲健身广场和运动活动空间，用来方便周边居民使用，南端用地较宽，布置有一处雨水花境的对景。

　　（2）临汾路至汾西路段在正对阳泉路 559 号教育基地出入口位置，以保证通行便利为前提，为突出场地特色，打造出集观赏、休闲于一体的七彩廊架节点作为此段滨水空间的主景，并形成鲜明的景观特色。

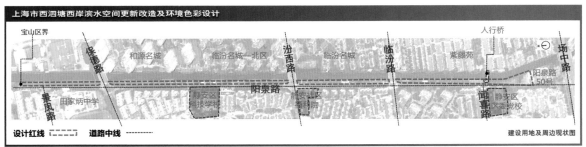

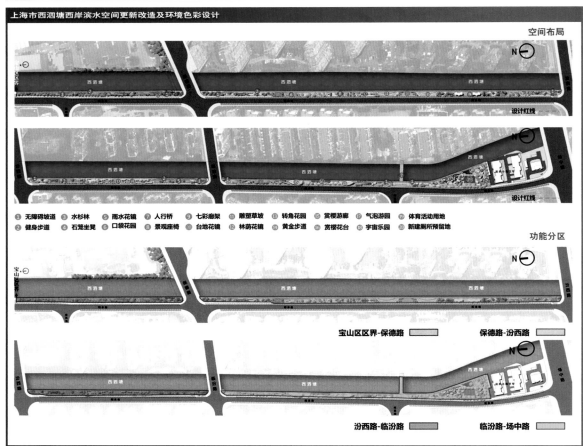

① 无障碍坡道　③ 水杉林　⑤ 雨水花镜　⑦ 人行桥　⑨ 七彩廊架　⑪ 雕塑草坡　⑬ 转角花园　⑮ 赏樱游廊　⑰ 气泡游园　⑲ 体育活动用地
② 健身步道　④ 石笼坐凳　⑥ 口袋花园　⑧ 景观座椅　⑩ 台地花镜　⑫ 林荫花廊　⑭ 黄金步道　⑯ 赏樱花台　⑱ 宇宙乐园　⑳ 新建厕所预留地

图 7-29　西泗塘西岸滨水空间更新改造建设用地范围及其规划空间布局及功能分区设计图

（3）汾西路至保德路段通过对用地交通进行重组，以银杏林带步行空间来激活整个场地的特色营造，其独具特色的带状环形休闲步道更是提升了此段滨水空间的游览乐趣和观赏品味。

（4）保德路至宝山区界段对用地现有水杉树林予以保留，重点区域布置休息观景点，并在保证原有水杉林风貌的同时，力图打造景致优美、通行便利的漫行步道系统。

2. 道路重组

西泗塘西岸滨水空间内现有空间较窄，多为 4.5 ～ 10 米宽。为满足防汛、休闲、健身等方面多功能需求，道路应采用"弹性设计"的理念，将防汛通道、城市绿道、慢行步道进行"三道合一"的重新组构。在建设西泗塘西岸滨水空间内连续游径的同时，打通断头路，形成回路系统。滨水空间内与城市道路连接的障碍应进行修整，并通过无障碍栈道直接通往滨河漫行步道。游径在平日满足市民的生活休闲需求，在汛期应急时可满足宽度不低于 3 米的防洪通道需求，以最大限度地利用滨水空间，兼顾功能使用与景观营造等方面的需要。

3. 竖向设计

西泗塘西岸滨水空间内整体地形的整治以满足无障碍设计和自然排水坡度为准则，从整个滨水空间的竖向设计上看，现防汛墙标高与市政人行道标高相差近 1 米，为满足观景视线需要，滨水空间内竖向设计标高在整体上呈东高西低的形态，并顺接市政人行道。滨水空间内的道路高差起伏控制在 3.8 ～ 4.8 米。在保德路、汾西路及临汾路道路端，标高平均为 5.80 米，为满足滨水空间的无障碍通行要求，在这三条道路的端头均设有无障碍坡道接入，市民可平缓下行到防汛墙的现状标高，以便于市民进出西岸滨水空间（图 7-30）。

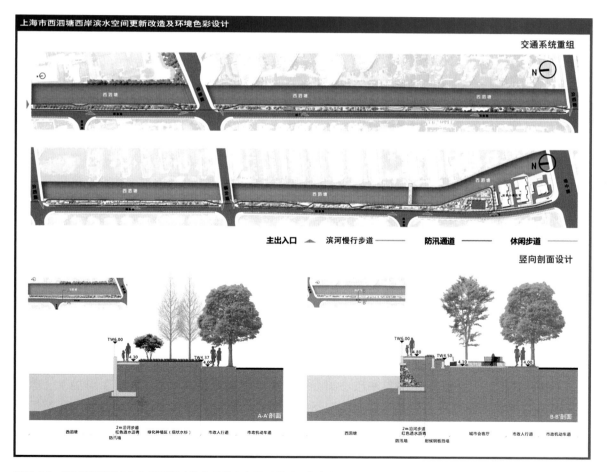

图 7-30　西泗塘西岸滨水空间更新改造中用地内交通系统重组与竖向剖面设计图

4. 设施配置

西泗塘西岸滨水空间内公共服务设施的配置反映出城市对市民的关爱。如何合理安排滨水空间内的公共服务设施对景观营造系统的完善是十分重要的，根据西泗塘西岸滨水空间不同节点功能及市民在其内开展活动的需要，在滨水空间内设置了休息亭廊、各类坐具、标识与公示牌、滨水护栏、文化景墙、照明灯具、羽毛球场、健身广场、宇宙乐园、分类垃圾箱、公共厕所、人行桥、无障碍坡道等服务设施，使西泗塘西岸滨水空间更具人性化设计特点（图7-31）。

休息亭廊：滨水空间内的两组休息亭廊独具特色，均用钢结构以现代造型营建。亭廊运用基本形重复手法在滨水空间内进行造型组构，并成为滨水空间内最具艺术表现力的构筑物，造型深受市民喜爱。入夜LED灯营造的环境氛围令人沉醉于迷人的夜色之中。

各类坐具：用材以石材、木材为主，采用精细化高标准方法制作，造型前卫，并具有较好的防水、防腐与抗损性。坐具或位于滨水空间内的路边，或穿插于植物丛中，抑或置于广场平台的角落，成为滨水空间内亮丽的风景线。

标识与公示牌：场地内有西泗塘西岸滨水空间标识和河长职责公示牌，前者运用多种材料组合的方法建造，后者为数字信息查询设施，可实时了解上海河道水网整治的各种资讯及反馈的滨水空间相关信息。

滨水护栏：在满足围护安全的前提下，护栏选用轻盈现代、坚固耐用的钢材打造，为便于清洁，护栏采用竖向隔栏，外饰车漆，夏天烈日下也不会烫伤扶栏望水的游人，其设计匠心可见一斑。

无障碍坡道：西泗塘西岸滨水空间内慢行步道与城市道路间的高差转换由无障碍坡道解决，方便周边市民进出。

此外，还有文化景墙、照明灯具、羽毛球场、健身广场、宇宙乐园、公共厕所、分类垃圾箱等公共服务设施，在西泗塘西岸滨水空间建成开放后，便受到西泗塘西岸滨水空间沿线市民的广泛好评和称赞。

5. 绿化改造

西泗塘西岸滨水空间内，由于往日任绿化植被在河岸自然生长，故现对西泗塘西岸滨水空间进行重塑时，需对绿化植被进行改造，以使滨水空间成为沿线市民亲水及开展各种活动的场地。结合西泗塘西岸滨水空间环境景观重塑目标，为使场地从南到北分别为春、夏、秋、冬四季季相，要对滨水空间内绿化植被予以改造，对樱花走廊、银杏大道、郊野空间、水杉林带等主题风貌进行重组。

一是增加观赏乔木，在尊重滨水空间内现有乔木资源的前提下，结合空间用地新增观赏价值高的大小乔木，重塑西泗塘西岸滨水空间的绿化植被配置关系，使滨水空间内整体生态效益得以提升。

二是重塑林下绿化，在西泗塘西岸滨水空间的林下绿化中，选用上海地区常用观赏花灌木植物品种及观赏期覆盖全年季相的花灌木进行林下绿化，以获得四季花草植物所呈现出的审美感受。

图 7-31　西泗塘西岸滨水空间更新改造中用地内已建成的公共服务设施实景图

1～2.休息亭廊；3～5.各类坐具；6～7.标识与公示牌；8.滨水护栏；9.照明灯具；
10.无障碍坡道；11.羽毛球场、健身广场与宇宙乐园；12.公共厕所与分类垃圾箱

　　三是设置观赏花境，在西泗塘西岸滨水空间的沿街绿地林下区域设置时令观赏花境，以提升西泗塘西岸滨水空间沿线的公共空间品质和环境生态建设价值。

三、西泗塘西岸滨水空间的环境色彩设计

西泗塘西岸滨水空间环境景观重塑于 2019 年底完成，整个滨河岸线呈现一派诗情画意的美丽景象。昔日环境脏乱差，周边市民避而远之的西泗塘河道西岸静安段经过环境景观改造，已经成为周边住区上万居民和行人跑步、打拳、跳舞、休闲等的开放式公共滨水空间，滨水空间内不仅可供健身，建成后的河岸美景更是吸引区外不少市民前来游憩、休闲与观光，深受西泗塘西岸滨水空间沿线居民的广泛好评和称赞。

从已建成的西泗塘西岸滨水空间来看，滨水空间内的环境色彩设计更是备受关注。整个西泗塘西岸滨水空间的环境色彩由种植树木的季相色彩主导，即由白色、粉红色的樱花，浅绿到中黄色的银杏，翠绿、金黄渐变到橘红的水杉林等植被所构成的色彩，以治理后的西泗塘清澈、碧绿河水为背景，包括整个纵向贯穿滨水空间南北沿线的赭红色透水沥青健身步道，在钢制白色滨水护栏的整合下，共同形成滨水空间的基调色彩（图 7-32）。

图 7-32　西泗塘西岸滨水空间带种植树木的季相色彩

西泗塘西岸滨水空间内最具环境色彩设计效果的当推阳泉路 50 号至临汾路段的主景区，区内靠南与区委党校轴线正对的位置场地较大，布置有供市民活动的休闲广场、供儿童游玩的气泡游园、市民健身的羽毛球场及滨水岸线所建樱花游廊与赏樱花台等，均呈现多姿多彩且现代时尚的环境色彩效果。其中休闲广场以橘红、橙色与中黄等暖色系色彩为主，在几何图形组合下形成具有活力的地面铺装，加上场地所配的木制坐具，也增加了场所空间的亲和性；供儿童游玩的气泡游园则在蓝白相间冷色系色彩的几何图形组构下，形成具有动感的地面铺装，而白色似气泡的休闲坐具更彰显了空间的趣味性；羽毛球场由深绿色网栅围合，场地为深蓝铺底

加白色标线，给人标准球场的印象；滨水岸线所建樱花游廊为白色外饰，灰色地砖和毛石相间铺地，休息坐具为石材和不锈钢材组合，且配置有实有虚，美之不竭（图7-33）。

图7-33 西泗塘西岸滨水空间内主景区最具环境色彩设计效果的场所境况及构筑设施

在滨水空间内从南至北的沿线，有用多种材料组合的方法建造的西泗塘西岸滨水空间标识景观，在浅棕色、土黄色的铁网石墙上，以红褐色锈钢板为底，上镶抛光的"西泗塘"银色大字作为景标造型，且在周围绿植的映衬下显得造景别致。围合于茂盛绿植中的口袋花园，休息坐具为饰白现浇水泥基坐，上置橙黄色木制座椅，在浅灰色地砖、深灰色照明灯具组构的背景中也别具一格，而杏林步道及条石嵌草呈现出的紫灰、嫣红、草绿、铬黄等色的花草丛植及青色条石，更显环境色彩丰富、景致优美。另还有滨水空间内所设雨水花境、赏樱花台、缓坡草地及文化景墙、导向系统、公共厕所、垃圾箱桶、人行便桥等服务设施，均在环境色彩方面依功能需要进行整合处理。而在三条横穿西泗塘滨水空间跨河道老桥的市政道路中，临汾路桥用灰褐色进行补饰，汾西路用浅橙黄色进行整桥色彩更新等，使西泗塘西岸滨水空间环境景观重塑后的秀丽景色与整体环境色彩设计取得相得益彰的视觉审美效果（图7-34）。

图7-34　西泗塘西岸滨水空间内公共服务设施及周边环境色彩景观效果

　　西泗塘西岸滨水空间景观重塑营造出的夜景十分美丽。夜幕降临，滨水空间内的各类景观灯，如栏杆灯、台阶灯、庭院灯和藏地灯等同时点亮，可见樱花游廊与赏樱花台等亭廊光带下人影律动，多彩灯色交相辉映，星星点点的光蔓仿佛让游人漫行在星河之上。雅致、曼妙的夜景光色效果，引得途经此地的市民驻足观赏。

　　环境色彩设计在西泗塘西岸滨水空间景观重塑中的引入，无疑为其所在辖区"高颜值"滨水空间的营造起到示例作用。而上海近年来对"一江一河"的整治让曾辉煌百年的"工业锈带"华丽转身为风貌独特的"生活秀带"，在取得城市建设巨大成就的同时，更要将滨水空间环境景观重塑进一步推进到市域内众多湖、河、泾、浜、港、塘、浦、沟等水系网络之中，以让更多市民享有滨水空间的水清岸美和宜人生态带来的获得感与幸福感（图7-35）。而西泗塘西岸滨水空间景观重塑及环境色彩设计，便是用行动践行"人民城市为人民"的建设理念和实现人与自然和谐相处的目标，更是当下生态审美观念在城市水网治理中的呈现。

图 7-35　上海市滨水空间环境景观重塑，让市民们享有水清岸美和宜人生态带来的幸福感

第八章　历史文化景观的环境色彩设计

历史文化景观是人类文明发展史的一面镜子，它是社会及其历史发展的实物体现，其存在也仿佛是在向人们叙述一个古老的故事。同时，它又记载着人类的光荣和梦想。在人类文明进程中，由于天灾人祸，不少具有历史文化价值的景观空间被毁坏，甚至永远消失，这是人类文明发展的不幸，也有一些具有历史文化价值的景观空间留存至今，显得弥足珍贵。尤其是历史文化景观空间的环境色彩，更是从一个特定的角度反映特定地域的文化内涵与本质。而历史文化景观空间环境色彩传承的价值不仅体现在历史文化景观空间环境文脉延续的层面，还展现在当今文化全球化背景下对景观空间特色塑造的层面，从而使历史文化景观空间环境色彩的文化理念得以延续（图 8-1）。

图 8-1　历史文化景观及其环境色彩
1. 意大利罗马角斗场及其环境色彩；2. 列为世界文化遗产的中国北京故宫建筑群及其环境色彩

第一节　历史文化景观的意义及环境色彩设计要点

一、历史文化景观的内涵及其功能特征

（一）历史文化景观的内涵

历史文化景观从属于文化景观范畴，强调在特定的历史时期，人类为了某种需要而刻意设计的具有一定应用价值和审美价值的景观设计作品，如古代园林、陵墓、祠堂、藏书阁、长城等。美国学者罗伯特认为历史景观是一种具有特殊意义的文化景观，是与具有意义的历史性事件、活动、人物相关的地理区域，包括区域内的全部文化和自然资源。因此，历史文化景观包括自然环境、人类活动、地表形态这三个关键词，是具有特殊历史意义的文化景观。就文化景观而言，在 1992 年举办的世界遗产委员会第 16 届大会上，文化景观（cultural landscape）被定义为"自

然与人类的共同作品"，即文化景观兼具"有形"的自然与"无形"的文化特点，是历史文化遗产的重要组成部分。

　　对历史文化景观内涵的解释，可分为广义和狭义两种。广义上解释：历史文化景观是历史景观和文化景观的合称，很显然它包括一部分自然景观，即历史自然景观。狭义上解释：历史文化景观强调历史景观与文化景观的交集，是具有特殊意义的文化景观，并定义"历史文化景观指与具有历史性意义的事件、活动、人物有关的，包括文化资源和自然资源在内的地理区域"。现代艺术的伟大人物之一瓦西里·康定斯基在《论艺术的精神》中写道："每个时代的艺术都是这个时代自己的孩子。"历史文化景观和自然景观、人文景观同属于景观范畴，它是历史文化地理区域特性的典型体现，是指在历史时期，人类为了某种需求而附加在空间场所上的人类活动形态。历史文化景观将时间变化与空间变化融为一体，通过它人们可以了解不同历史时期的文明发展风貌（图8-2）。

图8-2　从属于文化景观范畴的世界文化遗产埃及吉萨胡夫金字塔与中国万里长城及其环境色彩

（二）历史文化景观的构成

　　根据历史内涵与文化形式的不同，历史文化景观可分为历史聚落、文物古迹、传统建筑与各类遗存等（图8-3）。

1. 历史聚落

　　历史聚落指不同历史时期人类聚居和生活的场所，分为城市聚落和乡村聚落，以及介于二者之间的城市化乡村和集镇等聚落类型。聚落环境是人类有意识开发利用和改造自然而创造出来的生存环境，是人类各种形式的聚居地的总称。聚落通常是指固定的居民点，只有极少数是游动性的。聚落由各种建筑物、构筑物、道路、绿地、水源地等物质要素组成，规模越大，物质要素构成越复杂。

2. 文物古迹

　　文物古迹从不同侧面反映了各个历史时期人类的生产、生活和环境状况，作为一种以物质形式存在的文化遗产，它是一个国家、民族历史文化的主要载体。文物古迹包括与重大历史事件、革命运动和重要人物有关的，具有纪念意义和历史价值的建筑物、遗址、纪念物等；具有历史、

图 8-3　根据历史内涵与文化形式的不同归纳出的历史文化景观

1～2.历史聚落——意大利庞贝古城与中国浙江泰顺徐岙底古村落；

3～4.文物古迹——印度泰姬陵与湖北武汉市武昌都府堤中共五大会址；5～6.传统建筑——法国巴黎圣母院与京杭大运河山东聊城段；

7～8.各类遗存——荷兰阿姆斯特丹风车遗存与湖北天门市皂市镇彭家山出土的战国方座飞鸟遗物

艺术、科学价值的古文化遗址、古墓葬、古建筑、石窟寺、石刻等形式。

3. 传统建筑

传统建筑是指经城市、县人民政府确定公布的具有一定保护价值，能够反映历史风貌和地方特色，未公布为文物保护单位，也未登记为不可移动文物的建筑物、构筑物。传统建筑包括各个民族多姿多彩的传统建筑单体和组群，以及满足生活和生产需要的如桥梁、道路、管线、隧道、河道、给水、排水、卫生、消防等各种建构筑物，在发展进程中，还上升到建构筑物等的内部空间形态。

4. 各类遗存

各类遗存是指历史文化演进之中遗留下来的遗迹和遗物，种类繁多。其中遗迹为人工建造的各种工程和遗留下来的各种痕迹，通常是经过人类有意识加工的，因而能够反映当时人类的活动，是考古学研究的重要内容之一。由于地域、时代及民族的不同，遗迹的面貌也各不相同，从而呈现出各自独特的风俗及风貌。而遗物为古代人类遗留下来的各类物品，包括各类生产工具、武器、日用器具及装饰品等，也包括墓葬的随葬品和墓中的画像石、画像砖及石刻、封泥、墓志、买地券、甲骨、简牍、石经、纺织品、钱币、度量衡器等。遗物是人类社会活动的产物，因此它们能够从不同的方面反映当时社会的生产和生活、生产技术水平及文化的面貌。

若按历史文化景观遗存的形态，即点、线、面状等存在的形态来归纳构成类型（图8-4），则有以下特点。

一是在"点"状基础上形成的历史文化景观。点是指遗存为单体的历史文化景观以及名木古树，诸如法国巴黎的凯旋门、美国拉什莫尔山国家纪念公园总统山的总统雕像、巴西里约热内卢科科瓦多山山顶的基督像及中国西安的大雁塔、黄山的迎客松等。这些点状历史文化景观的共同特征是单体独立，本身具有极高的历史文化价值和特色鲜明的观赏性，从而成为典型且具有代表性的点状历史文化景观。

二是在"线"的基础上形成的历史文化景观。线是指遗存的历史文化景观为线状形态，典型的为沿道路形成的历史文化街区，以及沿河流形成的历史文化水系等，如英国伦敦牛津商业街、日本京都清水寺周边老街、新加坡滨水休闲商业街区、中国北京大栅栏历史文化街区和江苏扬州的瘦西湖历史文化街等。这些线状历史文化景观的共同特征是沿线成形，本身具有历史文化因素，且构成连续的空间序列，不少贯穿整个城区并具有观赏价值，从而成为典型且具有代表性的线状历史文化景观。

三是在"面"的基础上形成的历史文化景观。面是指遗存的历史文化景观为面状形态，典型的为历史文化名城、名镇与名村，以聚落形成的历史文化景观，如希腊的雅典卫城，俄罗斯莫斯科克里姆林宫，玻利维亚波托西城，南非约翰内斯堡北部的采矿小镇库里南，澳大利亚历史遗产的先锋村，中国国家历史文化名城广西桂林、名镇浙江湖州市南浔镇、名村安徽黟县西递村及北京紫禁城建筑群等。这些面状历史文化景观的共同特征是或被历代帝王选作都城，或曾是重大历史事件的发生地，有的曾是当时的政治、经济重镇，有的因拥有珍贵的文物遗迹而享有盛名，有的则因开发、经商及文化遗存而著称于世，从而成为典型且具有代表性的面状历史文化景观。

图 8-4　按历史文化景观遗存的形态不同归纳出的历史文化景观的构成

1-2. "点"状基础上形成的历史文化景观——巴西里约热内卢科科瓦多山山顶的基督像及中国西安的大雁塔；

3-4. "线"状基础上形成的历史文化景观——英国伦敦牛津商业街及中国江苏扬州的瘦西湖历史文化街；

5-6. "面"状基础上形成的历史文化景观——俄罗斯莫斯科克里姆林宫及中国国家历史文化名镇浙江南浔古镇

（三）历史文化景观的功能特征

1. 传承人类文明的功能特征

作为人类文明的重要载体，历史文化景观具有特殊的文明传承功能。历史文化景观是世界各个民族不可再生的珍贵资源，遍布全球的世界历史文化景观和蕴藏其间的文明因子是人类共同的宝贵财富。历史文化景观作为一种空间形态，不仅影响人的行为方式，同时也时刻影响着人类的精神状态，是人类内心世界的归属之地。没有历史文化景观的存在，人类的精神世界便无法对空间产生深层次的文化认同。而由此产生的文化认同既是对本民族文化的认可和赞同，也由此产生归属意识，进而获得文化自觉感。历史文化景观正是作为承载历史文化这些抽象共性的具体载体，在文明的传承中发挥出特殊的凝聚与存续作用，同时也为从现在走向未来提供了不可或缺的精神养料。

2. 科学研究与教育功能特征

历史文化景观反映出古往今来一定历史阶段人类的生存环境状态、社会技术发展水平以及当时的思想文化观念，在人类文明发展中凝聚了人们对事物本质和规律的认识，是人类智慧的结晶，对其进行科学研究，正是基于历史文化景观本身所蕴含和表现出来的工程建设和科技水准。而历史文化景观对提高人们的历史文化知识、活跃文化生活、传播科学知识具有现实意义。其教育功能能促使人们对人类生产、生活遗留下来的遗存、历史发展规律等有一个科学的认知，善于对照现实、反思过去、分析得失，从历史文化景观中汲取走向未来、可持续的营建智慧。

3. 经济与文旅开发功能特征

历史文化依托社会进行传承与深化，社会的发展需要对历史文化进行借鉴。历史文化景观富有丰富的历史文化内涵，其所在地区可结合历史文化景观的观赏功能进行开发，既能使历史文化景观得到可持续发展，又能推动当地经济出现新的增长点。同时历史文化景观还能很好地与所在地区的文化旅游产业相结合，让文化旅游产业开发成为历史文化景观的组成部分，并可使历史文化景观成为文化旅游产业开发对外的宣传窗口，通过历史文化景观推动所在地区经济的发展。

二、历史文化景观与环境色彩的关系

联合国教科文组织在 1976 年发布的《关于历史地区的保护及其当代作用的建议》中指出："考虑到历史地区是各地人类日常环境的组成部分，它们代表着形成其过去的生动见证，提供了与社会多样化相对应所需的生活背景的多样化，并且基于以上各点，它们获得了自身的价值，又得到了人性的一面。"而历史和建筑（包括本地的）地区指包含考古和古生物遗址的任何建筑群、结构和空旷地，它们构成城乡环境中的人类居住地，从考古、建筑、史前史、历史、艺术和社会文化的角度看，其凝聚力和价值已得到认可。这些性质各异的地区可特别划分为以下几类：史前遗址、历史城镇、老城区、旧村落与相似的古代建构筑物以及各类遗存等。不言而喻，它们均可纳入历史文化景观的范畴，并应予以精心维护与传承。

就历史文化景观保护而言，在联合国教科文组织于 2005 年通过的《保护具有历史意义的城市景观宣言》中，承认由功能用途、社会结构、政治环境以及经济发展等因素所引起的历史城市景观的变化，这种变化不可避免，关键在于如何认识这种变化和对其做出有效的干预。在2011 年联合国教科文组织通过的《关于城市历史景观的建议书》中，明确提出城市历史景观是作为文化和自然价值的"历史性层积"产物，未来研究应当着重关注城市空间中的复杂层积，记录、理解和展示城市地区的复杂层积及其构成成分。

从层积认知的视角对文化景观进行解读，包含更广阔的城市文脉和地理环境，将城市文化景观视为历史与现今的、文化与自然价值及特性的动态层积叠加的结果，包括内在的价值层积和外在的空间形态层积。而历史文化景观的层积认知为历史文化景观的保护和利用提供了基础和可能，由单体文化景观进行整合重组后所形成的综合文化景观形态内部价值也会随之发生变化。历史文化景观是对过去的见证，影响着现代生活，在时空中产生发展和变异，延续至未来，"现在被视为过去和未来的延续，过去、现在和未来被统一在持续不断的现在"，注重历史文化景观的延续，持续发展是历史文化景观保护的本质要求。

世间万物皆有色彩，色彩是表达空间文化意蕴的直接载体，它能运用自身特有的直观性潜移默化地影响人们的视觉审美感受。从历史文化景观与环境色彩的关系来看，对历史文化景观环境色彩的控制是保护其特色风貌的关键。早在1931年第一届历史性纪念物建筑师及技师国际会议通过的《关于历史性纪念物修复的雅典宪章》中就首次提出，当历史建筑由于坍塌、破坏而必须修复时，应尊重其过去的艺术风格，历史建筑应予以利用来延长寿命，但新的使用功能也必须以尊重建筑的历史和艺术特征为前提。在该宪章中反复提到历史建筑的艺术风格应当包含其色彩。这一点在后来的诸多国际历史建筑、环境保护宪章中都予以细化。如1962年联合国教科文组织大会第十二届会议通过的《关于保护景观和遗址的风貌与特性的建议》中规定：在一个已列入保护目录的区域内，当艺术特征为头等重要时，列入保护目录的应包括控制土地，遵循美学要求——包括材料的使用、颜色及高度标准（图8-5）。

图 8-5 历史文化景观与环境色彩设计

1. 意大利都灵历史文化景观与环境色彩保护；2. 中国河南新乡市东关街历史文化片区更新与环境色彩维护

在1987年于美国华盛顿举办的第八届国际古迹遗址理事会通过的《保护历史城镇与城区宪章》中，再次要求：所保存的特性包括历史城镇和城区特征……特别是用规模、大小、风格、建筑、材料、色彩以及装饰所决定的建筑物的外观，包括内部的和外部的。对一定范围内环境的保护，凡现存的传统环境必须予以保持，决不允许任何导致群体和颜色关系改变的新建、拆除和改动。

基于上述定义，本书所提出的"历史文化景观环境色彩"内涵是指具有一定历史文化性的，能够突出代表及反映所属地域文化的，为当代人们仍在使用的那部分城乡历史文化景观的环境色彩。而从历史文化景观造型的角度来看，历史文化景观可以解构为由"形"和"色"共同构成的空间，其中，色彩具有很强的空间识别性、象征性与装饰性，并能展现造型中"形"等构成要素所不能表达的情感，因而历史文化景观及其内外环境色彩作为一种符号，能够最直接地表现历史文化景观的风貌特色。此外，历史文化景观环境色彩还是环境美学的重要组成部分，诸如当我们说到意大利古城佛罗伦萨时，一定会联想到由红瓦屋面与黄色墙身立面构成的城市整体色调；提到江西婺源，由古城中的明清传统建筑屋面与墙身立面构成的黛瓦粉墙，给人带来的又是别样的建筑空间与环境色彩印象图（8-6）。

图 8-6　城镇环境色彩是历史文化景观重要的审美组成因素
1. 意大利古城佛罗伦萨的城镇环境色彩；2. 中国江西婺源明清传统建筑群呈现出的环境色彩景观意象

三、历史文化景观环境色彩的设计要点

历史文化景观环境色彩作为工程景观营造中主要的构成因素，在历史文化景观工程的规划与深化设计中均受到重点关注。就历史文化景观工程营造而言，历史文化景观环境色彩景观的设计需要在景观营造目标确定的情况下展开工作，其设计要点包括以下内容（图 8-7）。

（一）历史文化景观环境色彩设计的原真性

历史文化景观的保护必须具有原真性，这点直接关系到历史文化景观的存在价值。1964年 5 月 31 日在威尼斯通过的《威尼斯宪章》中最早出现了"原真性"的提法，文件中提出了修复的方法和原则：一是修复和补缺的部分要以历史真实和可靠文献为依据，反对一切形式的伪造；二是要跟原有部分形成整体，保持景观上的和谐一致，有助于恢复而不是降低它的艺术价值和信息价值；三是任何增添的部分都必须跟原来的部分有所区别，使人们能够识别哪些是过去的痕迹，哪些是修复的当代的东西，以保持文物建筑的历史可读性和历史艺术见证的原真性。同时保护历史景观遗存的真实性，不仅要保护物质形态的真实性，也要保护文化意义的真实性。如果重塑的历史文化景观不具有一定的真实性，那么就失去了"作为人类社会发展的见证"的地位。显然在历史文化景观环境色彩修缮与利用中，对设计的原真性把控是至关重要的。

图 8-7　历史文化景观环境色彩设计的要点在于彰显其原真性、整体性、地域性与亲和性

（二）历史文化景观环境色彩设计的整体性

历史文化景观的保护需要坚持整体性，重塑历史文化景观要从原有遗存的整体框架出发，应摒弃往昔碎片式、孤岛化等对历史文化景观的保护方式，而是运用连续性的方法对历史文化景观空间予以保护。在历史文化景观环境色彩设计层面，更需遵循所处地区景观环境的整体发展战略，有机地融入城市与大地环境的背景之中，从整体环境历史文化风貌的传承和营造出发，整合历史文化景观与环境色彩的协调关系，直至形成历史文化景观与环境色彩的整体效果，并为后期发展建设留有余地。

（三）历史文化景观环境色彩设计的地域性

历史文化景观的保护应该具有地域性，重塑历史文化景观一方面不但要尊重景观所处地域的自然环境，如地理资源、气候条件，同时也要尊重所处空间场地的地形地貌特点等；另一方面还要注重历史文化景观文脉的传承和延续，注重人文和自然特色的发现。在历史文化景观环境色彩设计层面，需对影响地域特性形成的自然和人文因素等予以挖掘，其中影响历史文化景观环境色彩形式的自然因素主要表现在地形与地貌、气候与日照、植被与水体及地方性建材等方面，人文因素主要表现在社会制度、风尚习俗、民族宗教、营造技术等方面。另外还包括环境色彩文化、环境空间尺度、环境场所特点与环境空间体验等，以设计出呈现鲜明的环境色彩地域特性的历史文化景观。

（四）历史文化景观环境色彩设计的亲和性

历史文化景观的保护应该具有亲和性，在重塑历史文化景观时应注重以人为本的理念在设计中的应用，并能从人的生理与心理角度出发进行科学合理的处理，以便让观众更好地观赏历史文化景观、领略时空变迁、体味历史沧桑，使重塑的历史文化景观能够更好地服务于人类的生活。在历史文化景观环境色彩设计层面，需要观察周边环境色彩的主要色调，在设计中加入相应的色彩进行融合设计，同时还需要了解所处空间的历史文化特征，以烘托出历史文化景观环境色彩的亲和性，使人们身处其中时不会因为过多或过于突兀的色彩而无法体验历史文化景观所设计出的亲和性氛围。

四、历史文化景观环境色彩的修复策略

历史文化景观的环境色彩是由岁月累积而成的，不管在城市还是乡村，留存至今的历史文化景观都有各自独特的环境色彩，其痕迹作为重要的构成因素蕴藏于历史文化景观的整体之中，人们可根据这些历史岁月的痕迹来领悟城乡文化景观的过去，着眼于现代，对环境色彩信息进行挖掘，以面向历史文化景观环境色彩的未来，立足环境色彩的原真性修复予以考量，这对历史文化景观环境色彩的修复及设计无疑是至关重要的，通过梳理归纳，环境色彩的修复策略主要包括以下内容。

一是需注重历史文化景观环境色彩修复的科学化考虑。在历史文化景观的环境色彩设计中，由于环境色彩所用原料、配比、工艺等差别，再加之长期的自然老化，历史文化景观呈现出千差万别的色彩特征。以往历史文化景观环境色彩的修复依人眼观察，结合经验修复的方式，即依靠人的经验主观把控原料配比、着色力、遮盖力、粗细度、均匀性等指标进行的历史文化景观环境色彩复原，必将被具有科学性、客观标准的精准方法取代。对历史文化景观环境色彩的修复，不仅要利用科学仪器进行测色评价，还需使用现代科技手段让修复配色标准化，从而降低配色的难度和偶然性，让修复更为科学精准。如在粤港澳大湾区近代历史建筑与文化景观环境色彩的修复中，选择最优配方，利用混匀机等设备配制出保护修复拟用色浆，通过测色比对色浆与文物本体色彩的一致性予以修正校准，直至历史文化景观环境色彩的修复做到科学化。

二是要把握好历史文化景观环境色彩设计的兼容性用途。兼容性用途是美国为了既促进历史建筑与环境的再生，又坚持遗产保护的诉求与底线，于1977年发布的《内政部长康复性再生标准》（简称《标准》）中有关康复性再生定义的核心之一。40多年过去，虽然在1990年经历了微调，但这个简明扼要的《标准》总体保持不变，证明了其经久不衰的有效性。在历史文化景观的环境色彩设计中要考虑兼容性，需在最低程度改变历史文化景观本体与特征的前提下，优先考虑保持或恢复现有的或具有历史意义的既往用途；在为历史文化景观赋予新用途时，应对本体与特征的改动要求最小；在对历史文化景观的用途改建或扩建中应避免本体、空间与造型特色的丧失，使兼容性利用与再利用得以彰显。如西班牙圣培多尔进行适应性再利用时，作

为当地著名的历史文化景观，其环境色彩在再利用中便做了兼容性设计考量。

三是要对历史文化景观环境色彩的应用进行控制性管理。在历史文化景观的环境色彩设计中，应从历史文化景观环境色彩的现状调查入手，在历史文化景观保护层面对环境色彩的应用进行分区管制，实现对各片区历史文化景观所形成的环境色彩系统的控制性管理。此外，还需要从几个方面做好历史文化景观环境色彩的应用实施，即建立历史文化景观环境色彩专项控制规范，构建有效保障历史文化景观环境色彩管理的奖励及处罚机制，提高历史文化景观所在地域对环境色彩的审美能力和保护意识，加强历史文化景观环境色彩设计方、材料生产商与施工方之间的良好协作配合，促进历史文化景观环境色彩修复工作自始至终维持在控制范围内，且形成完善的环境色彩修复管理系统。

第二节　历史文化空间环境色彩设计案例剖析

一、荷兰阿姆斯特丹旧城环境色彩

阿姆斯特丹是一座古老而现代、发达而人性化、开放而有序的国际都市。现为荷兰首都及荷兰最大的城市，是享誉世界的旅游城市和国际大都市，在 2022 年的世界城市排名权威机构 GaWC 中名列欧洲第三，仅次于伦敦和巴黎（图 8-8）。阿姆斯特丹的名称源于

图 8-8　享誉世界的旅游和国际大都市阿姆斯特丹城市鸟瞰及环境色彩景观

Amstel 和 dam，表明了城市的起源，即一个位于阿姆斯特尔河上的水坝，从现城市中的水坝广场就可窥见一斑。12 世纪晚期，一个小渔村建于此地，而后由于贸易的发展，在 17 世纪的荷兰黄金时代，阿姆斯特丹一跃成为当时世界上最重要的港口、金融和钻石交易的中心。阿姆斯特丹还是一座水城，四周由运河环绕，故有"北方的威尼斯"之称。城区于 19 至 20 世纪进行了扩展，并于 20 世纪 70 至 80 年代转向新区发展，从而使旧城活力开始衰退。为重振城市活力，阿姆斯特丹市政府从 2006 年起为 17 世纪形成的旧城积极争取世界遗产的地位。得益于政府长效化、动态化的保护机制，17 世纪的环运河地区于 2010 年成功入选世界文化遗产名录（图 8-9）。

图 8-9　阿姆斯特丹 17 世纪形成的旧城与环运河地区

　　基于遗产保护的原则，阿姆斯特丹于黄金年代建成的运河体系及独特的旧城格局得以保存。以此为基础，旧城及沿运河区域由原本的工业和商贸中心逐渐转换为以景观、生态、文物保护为核心的历史文化街区，在得到严格保护的同时也使旧城重新获得活力，成为一座鲜活的城市博物馆，其城市保护成就在世界上独树一帜，并引起国际上的广泛关注。

　　阿姆斯特丹作为欧洲四大文化城市之一，在城市色彩方面有着自身独特的个性。阿姆斯特丹属于高纬度地区，寒冷阴凉的气候也使厚重而温暖的色调构成了这座城市的色彩基调。在阿姆斯特丹旧城，运河、街巷与建筑等均显得古老而极有味道（图 8-10）。旧城中密布的运河将街巷一块一块地分割开来，成群的海鸥在水道和楼房之间飞翔，若乘游船沿运河穿行于旧城的大街小巷，眼前掠过的是古老宁静的街道、古朴的建筑、多彩的有轨电车、造型各异的桥梁、碧绿的海水、漂亮的船屋、水上餐厅、水上酒吧、水上咖啡屋。而旧城中所有三层和四层的小楼房被蓝色、绿色和红色精心地装饰着，加上欧洲人喜爱的咖啡色、酒红色、棕橙色等穿插施用于建筑外观，总的色彩趋于淡雅、瑰丽和温暖，使整座城市的环境色彩充满成熟、稳重、富足与安逸的视觉效果，散发出特有的城市魅力（图 8-11）。

　　从阿姆斯特丹的人文地理来看，自 17 世纪荷兰独立以来，阿姆斯特丹一直是欧洲著名的文化与艺术之都。荷兰是世界闻名绘画名家凡·高的故乡，其后形成的佛兰德斯美术对欧洲也有着重要的影响。该美术风格在绘画上习惯运用一些暗淡、厚重、浓郁的色彩来表现温暖的色彩感觉，对阿姆斯特丹城市色彩的形成和发展产生了深远的影响，从而使得旧城与运河两岸的房屋多采用低明度、暖色相与中纯度的色彩来表现城市的色彩效果。时至今日，人们依然能够从

图 8-10　阿姆斯特丹旧城中的运河、街巷与建筑等环境色彩均显得极有文化底蕴

图 8-11　阿姆斯特丹旧城空间中的环境色彩景观

阿姆斯特丹的城市色彩上寻觅到当年曾经对欧洲绘画艺术历史产生深刻影响的荷兰画派色彩风格。这些都与阿姆斯特丹在旧城及沿运河区域更新改造中严格遵循了遗产保护原则息息相关，使得旧城及沿运河两岸建筑的环境色彩修复能原汁原味地进行复原，并由此使阿姆斯特丹城市色彩显得既沉稳又具有城市活力（图 8-12）。

图 8-12　阿姆斯特丹旧城及运河两岸建筑环境色彩修复后呈现出的景观效果

二、日本京都清水寺周边老街的环境色彩

　　清水寺是日本极负盛名的国宝级古刹，也是世界文化遗产。该寺位于京都洛东区的悬崖峭壁之上，日本不少古典文学作品均曾提到这座寺庙，可见其声名显赫。京都是日本千年古都，在公元 794 年至 1868 年曾为日本的首都。京都古城仿照中国唐代长安的棋盘式布局，城内分洛东、洛西、洛北、洛南和洛中。至今仍保存有千余座古寺，还有众多历史遗迹，使京都成为日本著名的旅游城市（图 8-13）。

图 8-13　日本京都最负盛名的国宝级古刹，世界文化遗产清水寺及环境色彩景观

位于清水寺周边的老街与古寺一样，步入其间仿佛让人们回溯到千年之前：老街古色古香的建筑、玲珑雅致的园林、精巧迷人的小品，无不散发着盛唐时期中国与日本和风文化交融的独特魅力。老街的景观唤醒了人们对故国家园的记忆，老街的巷道韵味直达心灵深处。在老街的两侧，一幢幢各不相同的店铺则采用了相同的结构和建造技术，使老街显得具有整体感，老街古朴、平和的环境色彩给人们留下了宁静的景观印象（图 8-14）。

图 8-14 散发着和风文化魅力的京都清水寺及其周边老街

从清水寺周边老街来看，清水寺周边几条老街在定位上虽有差异，但整体上都围绕"古都古街"这一主题进行打造，使老街在总体上给人以整体感强、环境色彩协调的感受。清水寺周边老街的街道路面均用青灰、浅土黄等颜色的石块铺砌，石砌路面做工考究，且整个地面环境十分整洁。老街两侧建筑为低矮的和式造型，在材料上以石、木、竹、藤及草质等材质为主，显得自然质朴；街道空间在植物配置上也多用松类、盆栽、八仙花等，以凸显其高洁秀美。街道附属设施如信息、服务、卫生与照明设施，以及店招广告、街灯座椅、水池山石、窗门景墙与树木花草等，无不设计得体、构建雅致、管理细微、维护到位。

　　清水寺周边老街虽然熙熙攘攘，但是每家店都布置得十分漂亮，让人进去之后有赏心悦目的感觉。这些一家连着一家的小店出售各种食品、用品、工艺品与纪念品等。日本的纪念品都做得很精致，和果子、茶的包装都相当精美，还有不少小瓷器比如酒壶、茶具也让人一见倾心，各种样子的发财猫、Kitty猫都非常可爱。另外，老街不少店铺在门口不大的空地上通过景墙花窗、店招窗帘、盆栽山石等的处理，展现出日本庭园艺术的高雅与婉约之美。在这其中，老街所用构筑建材的朴实与原生态，也是老街环境色彩处处彰显着千年古都的细致和优雅，给人们以淳朴意境及景观意象的原因（图 8-15）。

图 8-15　京都清水寺周边老街及其环境色彩视觉印象

三、北京什刹海历史文化保护区的环境色彩

北京什刹海历史文化保护区地处北京市中轴线西翼文化带，东起地安门外大街，西至新街口北及南大街，北抵北二环，南到平安大街，占地面积为 323.0 公顷，水域面积为 33.6 公顷，绿地面积为 11.5 公顷，是北京首批公布的 25 个历史文化保护区中面积最大的一片（图 8-16）。

图 8-16 北京什刹海历史文化保护区的环境色彩景观

作为北京城唯一具有开阔水面的历史文化保护区，什刹海延续着老北京的文脉，历史文化积淀深厚，有文物保护单位 40 余处。在现保护区地址，历史上曾建有王府、寺观、庵庙等 30 余座，现尚存具有代表性的有恭王府及花园、庆王府、醇王府、涛贝勒府、广化寺、汇通祠、会贤堂、火德真君庙等 10 余处。什刹海近 34 公顷的水面十分自然地融入城市街区之中，依托水体，湖岸的垂柳、水中的荷花等也成为什刹海颇具特色的自然景观，如号称"燕京小八景"之一的"银锭观山"在保护区中便具有典型意义（图 8-17）。什刹海历史文化保护区内还有大量具有特点的胡同和四合院，如金丝套地区的大金丝胡同及小金丝胡同，南官房胡同及北官房胡同，后海北沿的鸦儿胡同以及白米斜街、烟袋斜街等，还有宋庆龄、郭沫若、梅兰芳等名人故居及纪念馆，以及钟鼓楼、德胜门箭楼和沿岸垂柳等组成极富吸引力的京味景色（图 8-18）。

在北京旧城，什刹海显然就是滋润、造就北京文化形成与发展的源头。与北海、中南海等皇家园林不同，什刹三海是一座属于平民百姓的城市园林，得天独厚的自然环境和与时相沿的人文氛围，使几百年间的什刹海始终拥有闲逸而不失健全、清雅而不失热烈的人气，京城人也亲切地称其为"海子"，可见对其历史文化进行保护，对维护北京城市风韵具有重要意义。而对北京旧城中什刹海片区的保护，从 20 世纪 80 年代起，至今已 40 余年，可以归纳为 1981—1990 年的"价值认知与旅游发展"、1991—2000 年的"整体保护与开发控制"与 2001—2020 年的"重点整治与保护修缮"和"试点先行与机制探索"四个阶段。先后于 1981 年编制出《什刹海地区总体规划》，1996 年编制出《什刹海地区控制性详细规划》，

图8-17　北京什刹海历史文化保护区内现存王府、寺观、庵庙及特色自然景观的环境色彩

1. 恭王府；2. 醇王府；3. 涛贝勒府；4. 广化寺；5. 汇通祠；6. 火德真君庙；7～8. 什刹海燕京小八景之一的"银锭观山"

2000年编制出《什刹海历史文化保护区保护规划》，2005年以来编制出《什刹海地区市政总体规划》《什刹海历史文化保护区风貌管理规划》等专项规划。依据规划，北京市西城区政府于2011年组织推进了对什刹海历史文化保护区近一年的建设，完成了船台改造、环湖栏杆更换、地面重铺等工程，使什刹海历史文化保护区的风貌得到整体提升。另外还对什刹海沿岸的商店门头建筑风格、色彩搭配、门牌标识等进行规范化设计，对景区变电箱进行美化处理。北京市西城区政府规划通过5年努力，到2016年底将什刹海建成集传统生活居住、特色商业服务和文化风景旅游功能于一体，历史遗迹丰富、风貌特色鲜明、人文气息浓厚的人文生态保护区。

　　在什刹海历史文化保护区风貌品质提升中，对历史文化保护区建筑及环境色彩的规划无疑也是一项重要工作。依照《什刹海历史文化保护区风貌管理规划》等专项规划，在历史文化

图 8-18　北京什刹海历史文化保护区内现存胡同、街巷、名人故居及纪念馆，钟鼓楼和沿岸垂柳等组成的京味景色

1. 金丝胡同；2. 官房胡同；3. 烟袋斜街；4. 宋庆龄故居；5. 郭沫若故居；6. 梅兰芳纪念馆；7. 什刹海及钟鼓楼；8. 什刹海沿岸垂柳

保护区建筑修缮和环境整治中，根据已完成北京市旧城 30 个历史文化保护区内建筑色彩测试分析成果，结合什刹海历史文化保护区自然与人文地理因素、城市发展需要及北京市对保护区不同功能建筑类别提出的色彩主题指引进行更新改造，如表 8-1 所示。通过色彩保护规划管控历史文化保护区具有自身特殊禀赋的色彩，避免破坏色彩文脉，并引导历史文化保护区内新建或改建建筑的色彩与既有建筑色彩相协调，直至延续保护区的传统历史文化色彩景观风貌（图 8-19）。

表 8-1　北京市历史文化保护区建筑及环境色彩主题

功能类型	色彩主题	色彩意象
生活居住类	朴	古朴稳重
商业贸易类	缤	繁华活跃

功能类型	色彩主题	色彩意象
商务金融类	锐	快捷高效
行政办公类	明	公正廉洁
教育科研类	睿	睿智创新
医疗卫生类	洁	清闲明快
文化娱乐类	悦	轻松愉悦
文物古迹类	雅	淡雅古韵

图 8-19　北京什刹海历史文化保护区风貌品质提升后的环境色彩景观掠影

续图 8-19

　　归纳来看，在对什刹海历史文化保护区进行建筑修缮及环境整治时，在环境色彩层面需做的工作主要包括以下内容。

　　一是注重保护区建筑及环境色彩的整体和谐。在北京市历史文化保护区建筑及环境色彩保护规划中，应该控制和引导色彩达到整体的和谐，并通过城市尺度（宏观）、街道尺度（中观）、近人尺度（微观）来实现。什刹海历史文化保护区的建筑及环境色彩也需如此展开，在宏观层面应注重保护区与什刹海水系（前海、后海和西海）、保护区绿化和城市背景色的整体和谐，保护区应保护原有建筑及环境的基调色，将街区色彩置于什刹海水系、绿化及城市背景色中，按规模、尺度、色彩属性进行比对，以实现色彩的和谐搭配；中观层面应注重不同建筑之间色彩整体的和谐，即通过控制色彩各属性范围值，形成建筑及环境的色彩秩序，实现整体和谐；微观层面应注重建筑单体及环境色彩的和谐，由于保护区的建筑及环境色彩历经多年，生活其间的人们早已对其形成深刻的色彩意象，因此应尽量保留原有材料的色彩，按建筑立面划分屋顶、墙面、墙裙、门窗线脚以及环境空间中的不同场景，分别建立色彩图谱予以控制和引导。

　　二是突出保护区建筑及环境色彩的控制重点。在北京市历史文化保护区建筑及环境色彩保护规划中，由于保护区具有占地规模大、建筑数量多、保护等级高等特点，故建筑色彩保护规划应对现存重点文物保护单位、历史风貌建筑、历史遗迹的建筑及环境色彩进行重点控制。在什刹海历史文化保护区对建筑进行修缮及环境整治时，也需把握重点。如恭王府及花园、庆王府与醇王府，以及寺观、庵庙、名人故居及纪念馆，钟鼓楼和德胜门箭楼等，对此建筑进行修缮时，应严控立面色彩以保持原貌；而对鼓楼西大街、烟袋斜街、白米斜街、环湖步道与公共空间等核心区的整治，环境色彩的控制重点应是对固有色彩文脉加以延续。对重点建筑与街巷胡同环境色彩的修复应以传统的灰色系为主，以与重点建筑与街巷胡同环境色彩相协调。

　　三是加强保护区建筑及环境色彩的分类指引。在北京市历史文化保护区建筑及环境色彩保护规划中，要求历史文化区在保留原有建筑形态和场所环境的基础上，赋予保护对象新的城市功能。建筑及环境色彩保护规划应按保护区的主体功能划分控制等级，分别进行规划指引。如对什刹海历史文化保护区进行建筑修缮及环境整治时，建筑及环境色彩控制等级要高，新建、扩建或改建的建筑及环境色彩应以传统灰色为主色调，成为王府、寺庙、钟鼓楼、德胜门箭楼、名人故居及纪念馆等的重要背景色；环湖核心区与公共空间等商贸建筑及环境，为营造活跃的商业旅游氛围，对建筑及环境色彩的要求可适当放宽，但应严控大面积、杂乱的广告牌匾造成的色彩污染。

综上所述，在什刹海历史文化保护区建筑及环境色彩层面需做的工作还有要在传承中求发展，对其进行科学的规划、管理和方案实施方能达到良好的设计效果。近年来，什刹海历史文化保护区通过市政基础设施建设、景观环境整治、文物古迹修复、历史街区保护修缮、特色商业发展引导以及旅游规范管理等一系列举措，使什刹海历史文化保护区建设成为集历史风貌和现代气息于一身的国际知名景区。根据《北京城市总体规划（2016年—2035年）》的要求，老城保护与存量更新是首都核心区未来发展的重要工作任务，2020年8月，《首都功能核心区控制性详细规划（街区层面）（2018年—2035年）》获得党中央国务院的批复，新修订的《北京历史文化名城保护条例》也已于2021年3月1日起实施，什刹海历史文化保护区的保护与发展也将进入新的阶段。而在什刹海历史文化保护区的建筑及环境色彩保护层面需做的工作，目的在于保护区建筑及环境色彩的历史、文化、艺术、情感和使用价值得以更好地体现，使什刹海历史文化保护区成为老北京风貌保存最完好，令人向往的地方（图8-20）。

图8-20　什刹海历史文化保护区环境色彩景观已成为老北京风貌呈现的重要构成因素

第三节　武汉户部巷历史风貌街区更新改造中的环境色彩设计

户部巷，全称户部巷汉味风情街，位于湖北省武汉市武昌区司门口，连通民主路和自由路，街区东靠十里长街解放路，西临浩瀚长江，南枕黄鹤楼，北接都府堤红色景区，是由名街、名楼、名景、名江环绕而成的一块方寸之地，自古钟灵毓秀、人杰地灵。整个户部巷长约150米，宽8米，是集小吃、休闲、购物、娱乐于一体的特色风情街区，被誉为"汉味早点第一巷"（图8-21）。

图8-21　有"汉味小吃第一巷"之誉的武昌户部巷历史风貌街区

　　"户部巷"作为地名于明代形成。若追根溯源，据考从三国时起，现户部巷所处地域范围便为历史上兵家必争之地，孙权在当时的蛇山上建造夏口城，即武昌城的雏形，户部巷所处地域紧邻武昌城的西城墙与汉阳门。至明朝，户部作为掌管财政收支的官署，而司门口则是布政司存放钱粮的金库和粮库，户部巷正好位于两个库房中间，因而得名。据明嘉靖年间的《湖广图经志书》中地图所示，图上标注有这条狭窄小巷所处位置，推测小巷至今应有400多年的历史（图8-22）。可见历史上户部巷虽巷子小，但名气却很响亮。清朝时期，斗级营是管理军队钱粮的地方，至清朝末期成为老武汉老字号商店的聚集地，而户部巷此时成为"憩园"。20世

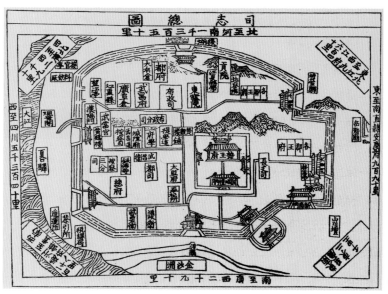

图8-22　《湖广图经志书》内所载"司志总图"中的武昌城街巷及民国初年户部巷西南的汉阳门城楼内景

纪 40 年代，肩挑小担沿街叫卖的谢氏面窝在户部巷安家落户，因其品种多、味道美，从而开始享有盛誉。

中华人民共和国成立后，户部巷成为武昌区委的大院，沿街叫卖的摊贩开始在此安家落户，20 世纪 70 年代，户部巷出现了做早点的石婆婆热干面、陈氏红油牛肉面、徐嫂糊汤粉、真味豆皮等名小吃。至 1990 年谢氏面窝传人重操旧业并在户部巷安家，户部巷由此成为武汉小吃的聚集地。其后，随着户部巷名声的扩大，武昌区政府开始将其打造为汉味早点第一巷。

从 2002 年起，在保持户部巷原街巷和尺度的前提下，武昌区政府对户部巷房屋和店面进行了多次整修，并且增添了一些能够体现汉味早点特点的文化墙、铜像、浮雕图形等。改造后的户部巷改名"户部巷汉味风情街"，充满古色古香的韵味。一批百年老字号小吃企业扎堆于此，一批外地知名小吃也入驻其间。户部巷已经成为声名远播的武汉早点标志品牌，既是老武汉形象的缩影，也成为都市难得的市井风情（图 8-23）。如今，位于武汉市武昌区繁华地段的户部巷历史风貌街区，占地面积为 21.86 公顷，街区东与武昌老商业中心司门口相邻，南部为蛇山且紧邻黄鹤楼，东连解放路，西隔临江大道与长江相邻，北接中华路；街区内有民主路西端、户部老巷、自由路中段、都府堤南段 4 条街道与道路（图 8-24）。2019 年初，为迎接同年 10 月在武汉举办的第七届世界军人运动会，华中科技大学建筑与城市规划学院城市环境艺术设计研究室师生应邀参加了武昌户部巷历史风貌街区城市综合提升规划设计工作，通过对武昌户部巷片区进行现场调研、方案构思研讨，在对多个设计方案进行比较后得到定稿后的深化设计，加以施工设计图纸配合，全程参与武昌户部巷历史风貌街区城市综合提升规划设计创作任务。其间，师生们还从历史文化空间修缮复原的角度，对户部巷历史风貌街区更新改造中的环境色

图 8-23　户部巷经整治已成为展现老武汉形象与市井风情的风情街

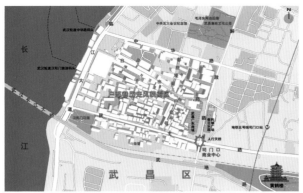

图 8-24　户部巷历史风貌街区在武昌老城的区位图及整体风貌景观鸟瞰

彩设计进行专题研究，专题研究和综合提升规划设计成果得到甲方和政府部门的认可，武昌户部巷片区从 2019 年 6 月底经过两个多月的封街整修，于 2019 年 8 月完成第一期环境重点更新改造工程并重新开放，成为武昌区喜迎 2019 年武汉军运会的旅游文化窗口。2021 年 3 月，户部巷还被评为"武汉十大景"之一，并将与其他 9 个武汉地标美景组团，从文化符号、艺术特色等各方面进行全面包装与提升，成为武汉广迎天下客的城市地标美景（图 8-25）。

图 8-25　经过城市综合整治提升的武昌户部巷历史风貌街区及其环境色彩景观

一、湖北武汉市武昌户部巷历史风貌街区更新改造规划解读

户部巷历史风貌街区位于武汉市旧城风貌区，同时位于黄鹤楼的前景控制区，出于对黄鹤楼的保护控制，周边地区的建筑高度受到一定限制。在武昌蛇山北整体规划中，户部巷历史街区同时位于传统风貌核心区、特色风貌过渡区与传统风貌协调区的交接处以及古城绿色文化景观区。总体来说，该街区在武汉风貌协调中属于重点地段，是具有代表性的武汉历史风貌街区（图8-26）。

图8-26　武汉市武昌区户部巷历史风貌街区更新改造规划解读

（一）功能构成

户部巷历史风貌街区内部主要以户部巷、都府堤以及斗级营为街区历史起源，目前街区内的建筑功能主要分为三大类，即商业办公、民居以及其他公共建筑，商业办公以零售类商业为主，民居则包括一般民居、老旧院落民居以及历史保护民居三大类型，同时街区内还有大型商场以及紧邻江滩的街头绿地作为公共空间使用，总体来说，街区的功能以生活服务类为主。

（二）建筑肌理

历史风貌街区内大部分建筑建造年代久远，建筑肌理早已形成。现街区内临街不少建筑为 20 世纪 70—80 年代所建，因此街区内部建筑外观参差不齐。同时建筑质量总体不高，甚至部分建筑为危房，亟须进行改造与整治。另外，沿街建筑在进入 21 世纪伊始便进行了翻修，因此在外观上较为统一，而街区内部其他受到黄鹤楼周边地区建筑高度要求限制的建筑，多为 1～4 层，楼层稍高的则为新建居民楼、商场及办公楼等。总体来说，户部巷历史风貌街区内建筑组成较为复杂，在层数、质量、年代、风貌等方面都需要重新整治与梳理。目前来看，户部巷街区内建筑肌理缺少协调性及统一性，同时各种功能建筑混杂，不同功能的建筑具有各自的肌理特点，肌理具有破碎性特征，因此在建筑肌理上应当进行重新梳理与整合。

（三）街区交通

户部巷街区内部道路多为人车混行道路，人行道路穿插其中，街区内还有不少断头路。近年来，随着旅游的推广以及户部巷作为小吃名巷的本质特征，用餐时段游客数量迅速增多，从而造成内部居民与游客混杂的状况，两者流线受道路限制基本重合，街区内部交通常出现拥堵情况，为街区居民日常出行带来不便。

（四）观景景点

户部巷历史风貌街区的整体地势在南部斗级营片区形成小的高地，坡度至户部巷开始平缓，因此斗级营片区成为整个街区观景的制高点。立面改造所形成的景观主轴使户部巷南部入口处形成了历史风貌街区的主要景观点。由于街区内用地紧张，故仅西侧的公共绿地能够设为自然观景点。

（五）街区文化

户部巷历史风貌街区受所处区位的影响，目前街区内以市井文化与饮食文化为主，同时受到黄鹤楼文化与江滩文化的辐射。其中市井文化由老武汉居民的日常生活组成，为街区内带来了浓厚的生活气息。饮食文化主要围绕着户部巷展开，作为小吃名巷，户部巷为街区奠定了文化基础，同时与街区相邻的古今闻名的黄鹤楼也为街区带来了深厚的文化底蕴。凸显武汉特征的武昌江滩，为户部巷历史风貌街区贴上了武汉特有的文化标签。

二、户部巷历史风貌街区更新改造规划下的环境色彩设计目标

户部巷历史风貌街区所在的武昌，是一座有近 1800 年建城历史的古城，史上曾有夏、鄂渚、夏口、江夏、郢城、鄂州等称谓，历来为省、州、府、县的治所，是区域政治文化中心和军事战略要地。现为武汉市的一个城区，从 1949 年至今，武昌一直也是中共湖北省委、省人民政府所在地。作为千年历史古城，古城内的昙华林片区、农讲所片区、户部巷片区为武昌区重要的三个历史街区。其中前两个片区被纳入武汉市历史文化街区行列，在 2008 年湖北省委省政府、武汉市委市政府审议通过的《武昌古城保护与复兴规划》中，提出将户部巷街道打造成为汉派

饮食文化步行街区，将户部巷片区作为武汉市重点发展的历史街区，此外，还提出增强户部巷片区与其他两个历史片区的联系。

这三个历史街区环境的保护与更新，关系着整个武昌区经济、文化、社会、生活等各方面的发展，是实现武昌千年古城复兴计划的重要环节（图8-27）。

图8-27　武昌古城保护与复兴规划中的重要环节——户部巷历史风貌街区更新改造

（一）户部巷历史风貌街区环境提升设计定位

基于城市有机更新理念，以在地文化为基因，将户部巷片区打造为以美食文化为底蕴的中国历史文化潮流历史街区。户部巷片区中的四条街道总体上都采用了中式的风格特色，但每条街道分别有自己不同的特色与风格。根据建筑年代和街区环境，又将户部巷街道环境设计定位为市井风，民主路街道环境设计定位为民国风，自由路和都府堤街道环境设计定位为新中式风格。民主路街道的新中式风格偏休闲，都府堤邻近红色革命旅游区，为了使户部巷片区环境与之过渡自然，有更紧密的联系，都府堤街道的新中式风格比自由路更多了红色传统元素。

（二）户部巷历史风貌街区环境提升设计愿景

1. 留住街区文化根脉， 续写古城千年风华

文化根脉是指文化的起源，历史风貌街区的文化根脉即镌刻着所在街区的历史根脉，存储着不可再生的人文生态以及人与灵魂的生命遗迹，是依靠历史文化积淀不断延伸的。户部巷历史风貌街区以汉味饮食文化出名，但在其空间场所能看到的展现街区文化根脉的内容尚不多见，或挖掘不深，或停留于表面。如何将户部巷历史风貌街区的演进历史呈现出来，既是追忆的原点，也是寄托心灵的驿站。而将早已融入户部巷一砖一瓦、一花一木、一步一景中的楚风汉韵梳理出来，则是续写武昌古城千年风华、提升街区环境设计品质的责任所在。

2. 讲好街区历史故事， 唤醒老街古巷记忆

户部巷历史风貌街区有着 400 多年的历史，这里流传着一代又一代人的历史故事，如今人们只能从典籍文字和近代留影照片中去寻找户部巷曾有的岁月痕迹与文化积淀。要"留住记忆""记住乡愁"，在街区环境提升中讲好街区历史故事，将户部巷历史风貌街区环境改善同保护历史遗迹、保存历史文脉统一起来，既要改善人居环境，又要保护历史文化底蕴，让历史文化和现代生活融为一体，让过去与现在交织成老街古巷一段独特的城市记忆。

3. 沟通街区周围关系， 再展文旅创新活力

整合户部巷历史风貌街区与周围文化旅游景点的关系，在街区环境提升过程中，通过提升户部巷历史风貌街区环境品质，强化与周围文化旅游景点的关系，以使户部巷历史风貌街区成为千年武昌古城文化旅游线路上的重要节点。同时，从街区场景的打造、业态的拓展，到经营方式和美食推广，均注重引入文化和生活氛围的营造，使得文化与旅游兼容，为武昌古城文旅发展赋能，直至再展文旅创新活力。

4. 提升街区环境品质， 共筑古城和谐美景

提升户部巷历史风貌街区环境品质，不仅要从整个历史风貌街区的改变入手，更需影响街区里各类人群的心态。每条街区都是有生命的，对街区环境品质的提升，就是让生活在街区里的人们能够对未来发展充满信心。另在明确户部巷历史风貌街区风格的基础上，持续推进街区空间一体化的建设进程，并从街区空间布局、建筑造型、环境色彩、服务设施、公共艺术与绿化配置等层面来实现街的环境品质提升，并与千年武昌古城历史文化风貌提质融于一体，共同构筑武昌古城和谐美景。

（三）户部巷历史风貌街区更新改造规划下的环境色彩设计目标

在户部巷历史风貌街区更新改造专项规划中环境色彩现状调查及问题分析的基础上，结合武昌古城保护与复兴规划发展的总目标，将户部巷街道打造为汉派饮食文化步行街区，户部巷片区作为武汉市重点发展的历史街区，是实现武昌千年古城复兴计划的重要环节，从环境品质提升的角度入手，笔者归纳出户部巷历史风貌街区更新改造专项规划中的环境色彩设计目标（图8–28）。

其一是确定街区整体色彩基调，打造具有武昌千年古城特质及街区更新改造特色的景观环境。

图8-28　武汉市武昌户部巷历史风貌街区更新改造设计愿景及环境色彩设计目标

其二是编制街区色彩控制导则，为户部巷作为"汉味早点第一巷"建设与管理提供技术依据。

其三是与街区文旅发展相结合，具体色彩配置方案能为街区品质的提升及和谐美景的形成添砖加瓦。

三、户部巷历史风貌街区更新改造规划下的环境色彩设计解读

户部巷历史风貌街区作为武昌区重要的三个历史街区之一，其更新改造规划受到各个领域的关注，在对户部巷历史风貌街区进行更新改造时，环境色彩设计应基于城市有机更新理论，结合武昌千年古城特质及街区更新改造特色，提出更有针对性的环境色彩设计策略，即在对户部巷历史风貌街区色彩进行采集分析的基础上，从整体色彩基调层面确立协调的关系，并对街区不同街巷、建筑立面、屋顶及环境中服务设施、公共艺术与绿化植被等层面的内容进行具体配置，以对街区环境色彩起到规划指引的作用。

（一）整体色彩基调

在进行历史风貌街区更新改造规划下的环境色彩设计时，首先应从街区环境整体予以考虑，

明确街区的空间结构布局，并对街区现状色彩进行采集和分析，在归纳总结的基础上，提出整体色彩基调方案。户部巷历史风貌街区是由几条街巷组合而成的，虽然每条街巷有各自独特的风格和特点，但整体来看，它们之间的关系是相互联系又有所区别的。只是长约150米的户部巷老街为整个历史风貌街区的核心，在环境色彩配置上应比其他街巷更为突出。整体色彩基调选择以武昌千年古城中荆楚文化特有的红、黑、褐等基调色为主，加以近代商业建筑中的中性橙、黄、浅绿及紫灰色为辅，以及鄂东受徽派建筑影响的灰、白色彩系列，并从整体层面对街巷节点进行分级配置（图8-29）。

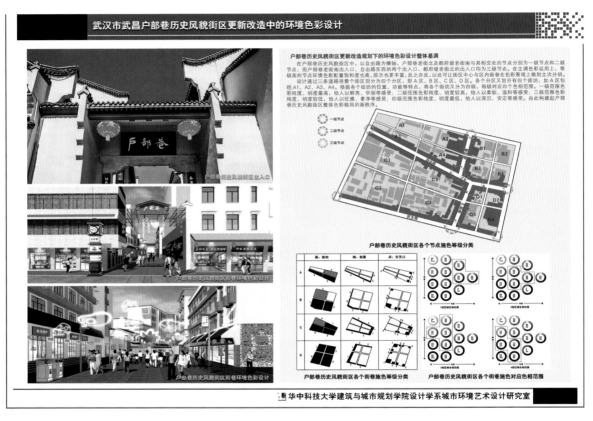

图 8-29　户部巷历史风貌街区更新改造规划下的整体环境色彩设计基调

在户部巷历史风貌街区中，以自由路为横轴，户部巷老街北及都府堤老街南与其相交处的节点分别为一级节点和二级节点；而户部巷老街南出入口、自由路东西的两个出入口、都府堤老街北的出入口均为三级节点。在主调色彩运用上，等级高的节点环境色彩配置饱和度也高，层次也更丰富，反之亦反，以此可让街区中心与区内街巷在色彩景观上做到主次分明。

设计通过三条道路将整个街区划分为四个分区，即A区、B区、C区、D区。各个分区又划分有四个街坊，如A区包括A1、A2、A3、A4。根据各个街坊的位置、功能等特点，将各个街坊又分为四级，每级对应四个色相范围。一级范围色彩纯度、明度最高，给人以鲜亮、华丽等感受；二级范围色彩纯度、明度较高，给人以柔软、温和等感受；三级范围色彩纯度、明度较低，给人以优雅、素净等感受；四级范围色彩纯度、明度最低，给人以深沉、安定等感受。由此构建起户部巷历史风貌街区整体色彩格局的新秩序。

（二）街巷色彩解析

在户部巷历史风貌街区更新改造规划的环境色彩设计中，街道环境色彩保留了之前建筑的灰色系和服务设施的红色系，并从整体上进行设计，使街区环境在色彩上更为统一（图8-30）。

户部巷老街环境色彩以暖色调为主，作为"汉味早点第一巷"，暖色基调能够规范整个小吃街区的视觉形象。在设计表达上，暖色基调和点缀色彩可用到老街沿巷建筑立面、店招、售卖与制作橱柜、桌椅及服务设施之中，以体现户部巷独特的美食营销文化魅力。

自由路为户部巷历史风貌街区东西向的主街，环境装饰以木质为主，在色彩上也大量使用木材本色作为基调色彩，局部配以红色加以点缀，在整体环境色彩关系上用色讲究，仅在统一中求变化，以显得色彩配置具有格局上的秩序。

都府堤为户部巷历史风貌街区靠北纵向街巷，环境色彩以红色为基调，但在明度与纯度上降低等级，使沿街巷的环境色彩配置能带给人们平稳、温和的印象。而都府堤老巷作为整个街区的北入口，却缺少具有标识性的引导，常被游人忽略，为此在该入口增建景观墙，上饰"户部巷"地名字体图形标识及相关简介，在色彩配置上，在以红色为基调色彩的基础上，选用青

图 8-30　户部巷历史风貌街区更新改造规划下的街巷环境色彩设计解析

武汉市武昌户部巷历史风貌街区更新改造中的环境色彩设计

都府堤街道环境提升设计色彩提取

都府堤为户部巷历史风貌街区靠北纵向街巷，环境色彩以红色为基调，但在明度与纯度上降低等级，使沿街巷的环境色彩配置能带给人们平稳、温和的印象。而都府堤老巷作为整个街区的北入口，却缺少具有标识性的引导，常被游人忽略，为此在该入口增建景观墙，上饰"户部巷"地名字体图形标识及相关简介，在色彩配置上，在以红色为基调色彩的基础上，选用青铜绿和铜黄予字体图形标识以点缀，从而起到引导游人进入街区的作用。

民主路街道环境提升设计色彩提取

民主路为户部巷历史风貌街区南部道路，两侧商铺及环境为民国风格，为营造整体环境氛围，其色彩基调在红灰、黄色系为主的基础上，辅以近代商业建筑中的中性橙、黄、浅绿及紫灰等色，分别用于沿街建筑立面、店招、店内销售空间、店外服务设施和周围环境氛围的营造。

华中科技大学建筑与城市规划学院设计学系城市环境艺术设计研究室

续图 8-30

铜绿和铜黄予字体图形标识以点缀，从而起到引导游人进入街区的作用。

民主路为户部巷历史风貌街区南部道路，两侧商铺及环境为民国风格，为营造整体环境氛围，其色彩基调在红灰、黄色系为主的基础上，辅以近代商业建筑中的中性橙、黄、浅绿及紫灰等色，分别用于沿街建筑立面、店招、店内销售空间、店外服务设施和周围环境氛围的营建。

（三）具体色彩配置

在户部巷历史风貌街区更新改造规划下的环境色彩设计中，建筑立面、屋顶及环境中服务设施等层面的具体色彩配置（图 8-31）具有以下特点。

一是其街区内建筑立面色彩整体上以灰色系列为主，包括暖灰和冷灰，以呈现粉墙黛瓦的效果。沿街店铺门面及环境色彩基调以荆楚文化特有的红、黑、褐等用色为主基调色，街区外门面及环境色彩基调则可在整体以灰色系列为主的基础上，加以近代商业建筑中的中性橙、黄、浅绿及紫灰色为辅。

二是街区内的服务设施涉及人们在街道中多方面的使用需要，为此在设计整个街区公共服务设施的色彩时，在考虑各种服务设施功能需要的基础上，对其外观进行统一的整合处理。而街区内服务设施的色彩来源于木、石、砖及金属等用料，整体色彩配置上以本色为主，再配以

图 8-31　户部巷历史风貌街区更新改造规划下的具体环境色彩设计配置

建筑立面色彩中的灰、红等色，让服务设施与街道中其他环境色彩在配置上有一定的联系。

　　三是对街区内夜景灯光照明进行提质。户部巷历史风貌街区位居武昌千年古城的中心区域，周边均为武昌古城的繁华商业街区，需要对街区内照明灯具和光色亮度进行改造。除街区内主要街巷照明具有明亮效果外，在街区外的司门口解放路与民主路交会处西北端的外广场，可通过光影秀来汇聚人流及开展夜经济的各种活动。街区临解放路一端东入口处的自由路路段，可建设成为可开展多项入夜沉浸式光影主题活动的街区，使夜经济不再只是简单的"吃、喝、买"，而是伴随着生活水平的提高，囊括了购物、娱乐、健身等多种消费形态的多元发展经济模式。而街区夜景灯光照明的光色设计与管控，也成为户部巷历史风貌街区更新改造规划中需统筹考虑的具体色彩配置任务。

四、户部巷历史风貌街区更新改造规划下的环境色彩控制管理

　　户部巷历史风貌街区更新改造规划下的环境色彩管理工作，在实施过程中应紧紧抓住保护历史风貌街区环境色彩设计的主线。按照街区环境色彩特征，从三个层面（宏观、中观、微观）、多个构成要素（建筑立面、街巷铺地、店铺卖场、广告店招、服务设施、配景植被、灯光照明）

分层次、分类别地开展街区色彩环境的控制管理与实施工作。

　　具体应以户部巷历史风貌街区特色营造作为管理的基础，以街区环境色彩规划为管理依据，以具体管理策略为工作方法，对街区环境色彩进行科学、合理的管理，同时，能使户部巷历史风貌街区环境色彩管理工作形成系统化、秩序化、常态化、程序化的管理流程。

　　户部巷历史风貌街区更新改造规划中的环境色彩管理工作，从整体上看可分三个阶段来展开。

　　一是近期要对街区重要街巷的节点建筑景观、主要街巷干道及两侧商业店铺进行更新改造及整治工作，使对街区内整体色彩风貌影响较大的主要色彩要素得到有效的管理与控制。

　　二是中期要将街区内环境色彩管理工作逐步推进到各个分区与街坊环境色彩风貌的控制管理中，使各个分区与街坊的环境色彩通过更新改造不断取得协调与统一。

　　三是远期要不断对街区内的环境色彩进行全方位、不同层次及深度的管理与控制，从而使户部巷历史风貌街区更新改造后的环境色彩能为武昌千年古城历史风貌的形成与维护起到促进作用。

第四节　历史建筑内外环境更新改造中的色彩设计探索
——以广东新会茶坑村旧乡府为例

　　历史建筑可谓是人类文明发展史的一面镜子，它既是社会及历史发展的实物体现，其存在仿佛是在向人们叙述着一个个古老的故事，反映了人类历史的进程，又记载着人类的光荣和梦想。在人类文明进程中，由于天灾人祸，不少古老的建筑遭到毁坏，甚至永远消失，这是人类文明发展的不幸，而也有一些古老的建筑留存至今，显得弥足珍贵。尤其是历史建筑的色彩，更是从一个特定的角度反映出特定地域的文化内涵与本质。历史建筑色彩传承的价值不仅在于延续历史建筑及其内外环境的文脉，还展现在当今文化全球化背景下对建筑特色塑造的层面，从而使历史建筑及其内外环境色彩的文化理念及审美情趣得以维护、更新和持续发展（图8-32）。

图8-32　意大利米兰斯福尔扎城堡与中国荆州太晖观环境色彩留存至今，显得弥足珍贵

改革开放以来，我国经济快速发展，城市化进程加快，历史建筑与文化遗产保护越来越受到政府的重视与公众的关注，历史建筑及其内外环境色彩的保护也成为国内相关保护法规的重要组成部分，如《西安历史文化名城保护条例》《北京历史文化名城保护条例》《广州市历史建筑和历史风貌区保护办法》等。随着人们认识的不断提高，历史建筑及其内外环境更新改造中的色彩设计在承载艺术风格以及表现城市历史文脉信息的独立性和重要性方面越来越得到认可和重视。

一、广东新会茶坑村旧乡府建筑内外环境更新改造项目设计背景

位于广东江门市新会区茶坑村的旧乡府建筑建于 20 世纪 60 年代初，至今已有 60 多年的历史。随着旧乡政府功能的转变，办公场所另迁他址，旧乡府仅作为茶坑村老人基金会的办公场所使用。

从旧乡府建筑内外环境看，它为一组中西合璧且颇具侨乡风情，融合了岭南建筑和西方建筑特色的园林式院落建筑。而新会茶坑村是中国近代史上伟大的政治活动家、启蒙思想家，清末发起著名"公车上书"及"戊戌变法"，推动中国维新改革运动的领袖之一梁启超的故乡，也是其长子、中国科学史事业的开拓者、著名的建筑学家和建筑教育家梁思成的祖籍地（图 8-33）。

图 8-33　从广东新会茶坑村凌云塔鸟瞰村貌及环境色彩构成印象

据茶坑村村民介绍，在新会茶坑村乡间早已流传旧乡府为梁思成 1962 年返乡主持设计的，但要确定旧乡府是否为梁思成设计，相关文物工作者认为需要更多证据。为了做好旧乡府建筑及周边具有侨乡特色历史建筑的维护工作，以及传承旧乡府在中国近代发展进程中的历史价值，新会区委、区政府与主管部门近年来依据国家及广东省文物保护的相关条例，已将茶坑村旧乡府列入江门市新会区优秀历史建筑保护名录予以保护。

与此同时，基于近年来山西大同、河北正定在梁思成、林徽因考察中国古建筑所在地建设

纪念馆的行动，新会区政府认为此地作为梁思成先生的祖籍城市，更有责任为梁思成先生建设一个纪念馆，以彰显家乡人民对梁思成先生的崇敬之情。为此，广东省江门市规划局新会分局提出将茶坑村旧乡府建筑作为新会梁思成·林徽因纪念馆建设选址加以更新改造及再次利用，且在批准实施的《会城茶坑旅游规划》中，将旧乡府作为茶坑村旅游规划线路上的一个重要节点来建设（图8-34）。

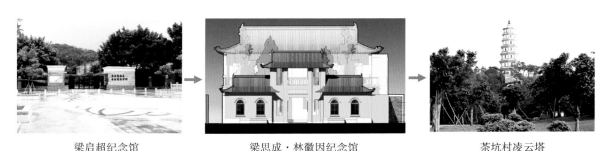

梁启超纪念馆　　　　　　　梁思成·林徽因纪念馆　　　　　　　茶坑村凌云塔

图8-34　优秀历史建筑旧乡府是新会区茶坑村旅游规划线路上的重要节点

二、旧乡府建筑内外环境更新改造设计构想

（一）建设场地与建筑用房现状

从新会区拟建的梁思成·林徽因纪念馆建设场地现状看，旧乡府为融合岭南和西方建筑特色的园林式院落建筑，院落内留有前后两栋房屋及由院墙围合而成的院子。旧乡府前楼为一层，门楼部分为两层高，但实际使用面积仅为一层门厅通道；后楼为二层5间，楼的右侧设有狭窄的外梯供上下使用。旧乡府院门外有两株百年树木，院内也有数株佳木，后楼背面有一片不规则用地，长满荒草，需整治后与登山步道相连（图8-35）。

从旧乡府建筑用房看，该建筑原功能为办公，使用范围仅为前楼、后楼及院落，总用地面积为1280平方米，前、后楼建筑面积分别为81平方米与168平方米。其中前楼为一层，平面布局为正中门厅，左右两侧为门房及收发人员、管理人员值班和休息用房。后楼为两层，正中为一开间较大的办公空间，主要用于主持会议及开展村民活动，左右两侧各有两间大小相同的独立办公或居住空间。旧乡府后楼楼梯设在建筑南端，且十分狭窄。

（二）更新改造设计理念与构想

利用茶坑村旧乡府作为新会区梁思成·林徽因纪念馆建设选址，依据建设场地与建筑用房现状条件，设计团队确立新会梁思成·林徽因纪念馆的设计理念：对建筑环境整旧如旧，对内外空间有机更新；对内外展示内容进行提炼，用艺术手段营造氛围。

旧乡府更新改造设计构想是运用整旧如旧、有机更新的方式对旧乡府内前、后两栋建筑及院落进行改造，并以"家乡"为主题和特色来建设梁思成·林徽因纪念馆。这对保护具有文物价值的旧乡府具有建设意义。只是作为纪念馆，其建筑在空间与功能上发生了变化，如何在维

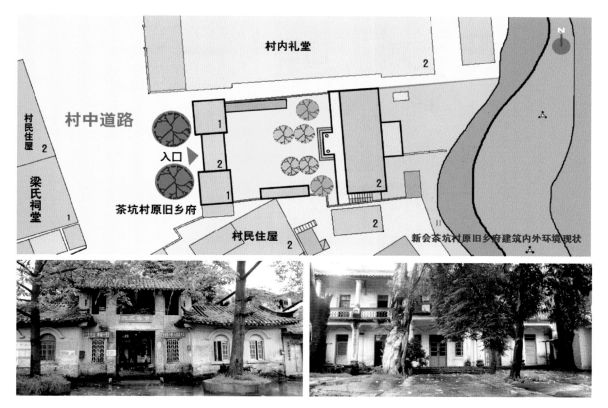

村内礼堂

村中道路

村民住屋

梁氏祠堂

入口

茶坑村原旧乡府

村民住屋

新会茶坑村原旧乡府建筑内外环境现状

图 8-35　新会区茶坑村旧乡府更新改造建设场地与前、后楼建筑用房现状图

护旧乡府建筑整体风貌及整旧如旧的前提下，做到对建筑与院落环境的有机更新，是需要进行研究探索的问题。

三、作为纪念馆建筑内外环境更新改造中的色彩设计探究

（一）旧乡府建筑与院落环境更新改造及其色彩设计

基于历史建筑保护的原则，笔者拟从以下几个方面对旧乡府进行更新改造、色彩设计。

1. 建筑空间重构

在空间序列方面，沿着纪念馆建筑及院落空间中轴线，将其分成"起始段—过渡段—展开段—高潮段—结束段—余音段"部分，并组成具有起伏变化、结构严谨、整体完整的空间序列（图8-36）。其中，起始段为纪念馆入口空间，过渡段为纪念馆前楼，展开段为纪念馆前院，高潮段为纪念馆后楼，结束段为纪念馆后院，余音段为纪念馆梁林古建测绘雕塑等。

梁思成·林徽因纪念馆建筑及院落空间改造形成的空间序列，让观者和游人能够在其中感悟到中国建筑一代宗师的文化意蕴。

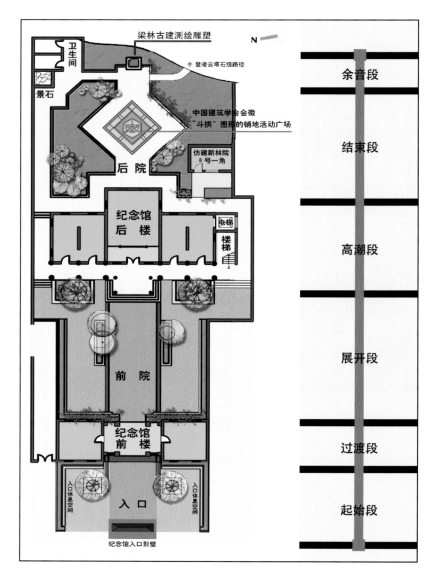

图 8-36　纪念馆建筑内外环境更新改造与空间序列重构

2. 建筑更新改造

　　将旧乡府建筑及院落空间改造成为梁思成·林徽因纪念馆后，就其建筑平面来看，前楼平面布置基本维持现状，建筑正中门厅改为纪念馆门厅，左右两侧的门房及收发人员、管理人员值班休息用房空间分别改为纪念馆的管理与接待用房。后楼作为纪念馆主要展示空间，建筑平面布置在功能上需做相应调整，以适应展示主题与陈列内容的布置。

　　后楼一层正中用房改为纪念馆序厅，序厅之后改为媒体演示空间；正中用房左右两侧办公空间隔墙按展示陈列需要局部打通，以形成完整的室内展示陈列空间。

　　后楼二层 5 间办公空间隔墙按展示陈列需要局部打通，以形成 3 个展厅陈列主题内容。在后楼二层正中阳台处设置具有岭南特色的休息茶座，方便游人在此小憩交谈。

3. 院落场地拓展

在旧乡府入口与前院空间场地的基础上，对后院场地进行拓展，并与登山步道连通，使改造后的梁思成·林徽因纪念馆成为茶坑村整个旅游线路上的重要节点。后院场地设可供游人休息的矮墙，中间铺地广场可用于纪念馆举办户外专题展示活动。另在后院南侧仿建梁思成和林徽因在清华大学校园内的居住空间——新林院 8 号建筑一角的生活与工作场景，以展现家乡名人在清华大学取得的令人瞩目的各项学术成就。后院场地东端设梁林古建测绘雕塑，并后置竹林与登山步道相连。

4. 环境色彩设计

对旧乡府建筑与院落环境进行色彩设计，按"尊重历史，再现历史，修旧如旧"的思路予以整修复原。只是旧乡府前、后楼建筑采用中西合璧的风格建造，且造型各异，在其建筑与外部环境修缮维护中，力求在遵循旧乡府前、后楼建筑风格原真性的基础上，对旧乡府前、后楼建筑等的色彩予以分析与提炼，并通过色谱、比例与材质分析等方法来进行（图 8-37）。

归纳来看，旧乡府前、后楼建筑与院落环境色彩迥异，其中前楼立面偏浅土黄色调，后楼立面为白色色调。在立面修缮维护中，拟恢复保留原旧乡府前、后楼建筑立面的这种色彩关系，并用整旧如旧的方式及同色同质的手法对旧乡府前、后楼建筑屋顶、墙体、地面、门窗、细部与外部环境进行修缮，以取得历史建筑与外部环境色彩传承的设计效果（图 8-38）。

（二）作为纪念馆建筑内外展示空间环境的色彩设计

结合茶坑村旧乡府作为历史建筑更新改造与再次利用的目标，拟从以下几个方面对其进行更新改造及色彩设计。

1. 提出内外环境展示空间设计概念

基于对茶坑村旧乡府作为新会梁思成·林徽因纪念馆建筑内外展示空间更新、改造利用的目标，不管选用何种方案，我们提出的建筑内外环境展示设计主要包括以下三点。

一是对内外空间进行有机更新。旧乡府原建筑用于办公，改为纪念馆后，原建筑内部空间在使用上无法满足内外展示的需要，应对其内外空间格局做相应调整，以在参观线路设置上满足内外环境展示的要求。

二是对室内展示内容进行提炼。梁思成和林徽因夫妇对中国建筑及教育发展影响巨大，学术成果丰富，需要在室内展示的内容较为丰富，而目前茶坑村旧乡府作为新会梁思成·林徽因纪念馆面积有限，加上国内已有多地在建或准备建设梁思成纪念馆，为此，基于新会馆址的现状，应对其内外环境展示内容予以提炼，并尽可能从家乡纪念馆的角度来精选室内展示内容，以形成纪念馆内外环境展示内容上的特色。

三是用艺术手段营造氛围。作为梁思成和林徽因夫妇在家乡的纪念馆，且依据内外环境展示条件，梁思成·林徽因纪念馆内外环境展示可运用现代科技方法来增强表现的效果，通过现代艺术手段营造氛围与展现文化内涵。

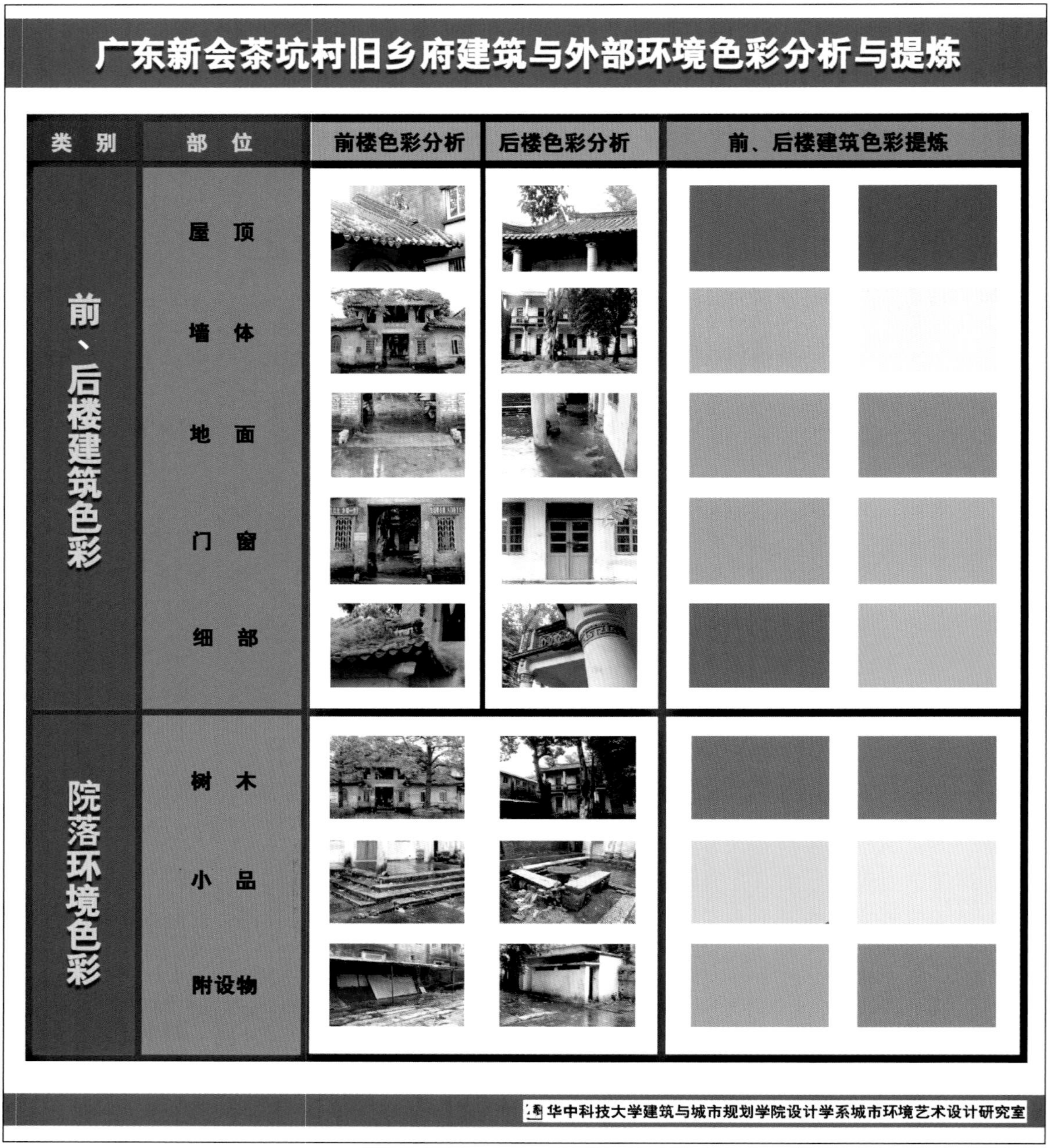

图 8-37　茶坑村旧乡府建筑与外部环境色彩分析与提炼

2. 构建内外展示陈列空间序列

将旧乡府原办公空间改建为新会梁思成·林徽因纪念馆，从现有建筑及其内外环境条件看，虽可尽量利用，但若要满足参观活动与内外环境展示需求，尚需对存在的诸多问题进行改造，以适应内外环境展示布置。

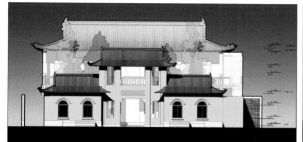

图 8-38 旧乡府建筑与外部环境更新改造及其立面色彩设计效果

而新会梁思成·林徽因纪念馆内外环境由序厅、5 个展厅及纪念馆后院仿建新林院 8 号一角室内展示空间组成，其内外环境展示空间序列由"起始段—过渡段—展开段—高潮段—结束段—余音段"展示空间所构成，具体内容为：起始段——纪念馆序厅，过渡段——纪念馆第一展厅，展开段——纪念馆第二展厅、多媒体演示厅，高潮段——纪念馆第三展厅、第四展厅（后楼建筑），结束段——纪念馆第五展厅，余音段——纪念馆后院仿建新林院 8 号一角内外环境展示空间等（图8-39）。

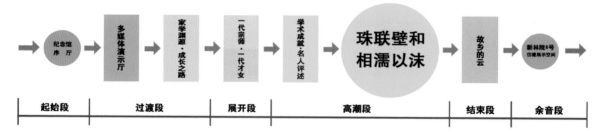

图 8-39 纪念馆室内环境展示空间序列与展厅布置主题

3. 确定内外环境展示陈列设计内容

新会梁思成·林徽因纪念馆内外环境展示陈列设计的内容，为与国内已建的梁思成纪念馆有所区别，且彰显家乡人民对梁思成先生所做重要贡献的崇敬之意，展示陈列设计内容应围绕"家乡"的主题做文章，主要通过序厅及多媒体演示厅，家学渊源·成长之路、一代宗师·一代才女、学术成就、名人评述、珠联璧合·相濡以沫、故乡的云 5 个主题展厅及后院仿建梁思成、林徽因在清华大学校园内的居住空间——新林院 8 号建筑一角的生活与工作场景等专题内容来展示梁思成、林徽因伉俪的学术人生，以呈现家乡纪念馆在设计内容上不可比拟的展示陈列特色（图8-40）。

4. 进行内外环境展示空间色彩配置

在新会梁思成·林徽因纪念馆内外环境展示空间色彩配置中，依据所提出的内外环境展示空间设计概念、构建内外环境展示陈列空间序列、确定内外环境展示陈列设计的主题内容，结合旧乡府建筑与院落环境更新改造及其色彩设计中的相关要素，以纪念馆内外环境展示空间中色彩配置的叙事性与情景性为基础，对不同主题内容的内外环境展示空间色彩基调予以配置（图8-41），

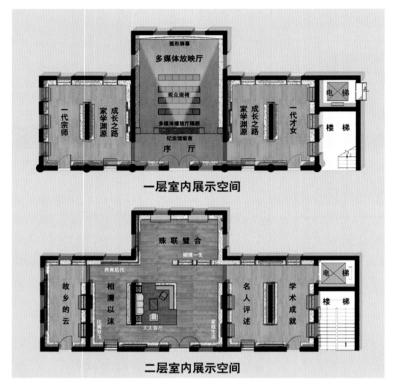

图 8-40　纪念馆一、二层室内展示空间平面布置设计图

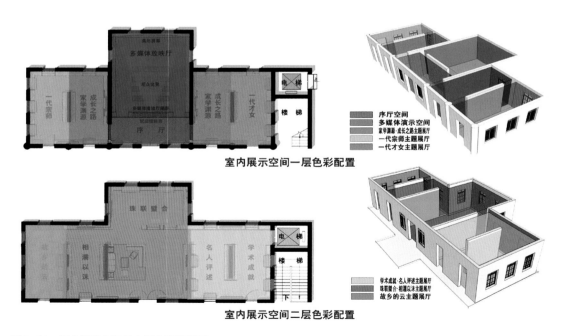

图 8-41　纪念馆室内展示空间色彩配置图

其中，不同展示空间中环境色彩配置的具体设计效果分别如图 8-42 至图 8-45 所示。

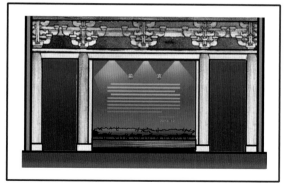

图 8-42　纪念馆室内序厅、多媒体演示空间色彩配置效果

　　序厅空间以红色为主，饰以金色，取梁思成、林徽因两人设计国徽时所选色彩，体现中国传统色彩文化的设计意蕴。

　　多媒体演示空间以深蓝色为主，以满足室内媒体演示空间的光影需要。

　　家学渊源·成长之路主题展厅空间左、右两个展厅分别展示梁、林两家世代相传的学术渊源及对儿女的教育，以及梁思成、林徽因两人各自的求学征程与成长之路，色彩基调以黄褐色为主。

　　一代宗师·一代才女主题展厅拟采用"集约化"与内容精选的方式分别展示梁思成、林徽因两人各自生平与取得的学术成果。其中，梁思成主题展厅以嫩绿到深绿渐变为主色调；林徽因主题展厅以粉红到深红渐变为主色调，从而给参观游人传递出成长渐进的理念。

　　学术成就·名人评述主题展厅以橙黄色调为主，寓意成果丰硕。

　　珠联璧合·相濡以沫主题展厅是纪念馆最具特色的展示空间，也是最具特色的设计展厅。空间采用叙事性与情景化的方式，集中展示梁思成、林徽因两人的绝世姻缘和家庭生活，展厅以橙红色调为主，寓意"家"的温暖。

　　故乡的云主题展厅从内向外做棕黄到彩色的渐变处理，以表现新会由古老走向充满希望未来的设计构想。

图 8-43　纪念馆室内主题展厅的色彩配置效果

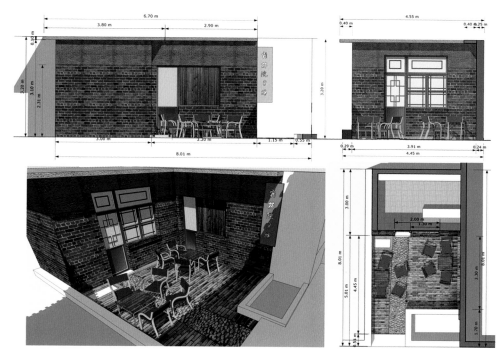

图 8-44　纪念馆院落户外展示空间造型与色彩配置效果

图 8-45　纪念馆院落空间——新林院 8 号建筑及院落环境色彩配置效果

户外展示空间造型作为新会梁思成·林徽因纪念馆展示陈列的另一亮点，是在后院仿建梁思成和林徽因在清华大学校园内的居住空间——新林院8号建筑一角及院落环境的生活与工作场景。户外仿建展示空间以北方旧红砖为建筑外观色彩主调，内部墙面为旧红砖色，地面为旧木地板的褐黄色，力求原汁原味地呈现原建筑的色彩风貌。

综上所述，历史建筑内外环境更新改造中的色彩设计与历史建筑更新改造同步，其中建筑与外部环境更新改造采用整旧如旧的方式，色彩设计也尽可能呈现原有建筑与外部环境的色彩效果，以达到色彩传承的目的。历史建筑内外空间环境由于再次利用的目标不同，在更新改造中考虑到在建筑风貌传承的基础上，尚需结合历史建筑再次利用的功能需要来进行设计，诸如茶坑村旧乡府作为新会梁思成·林徽因纪念馆内外环境展示空间，其内外环境展示陈列设计的色彩配置便需依据所提出的内外环境展示空间设计概念、构建的内外环境展示陈列空间序列、确定的内外环境展示陈列设计主题内容，以及纪念馆内外环境展示空间需表现的叙事性与情景性等要求对不同主题内容的内外环境展厅色彩基调予以配置，从而实现空间的有机更新及利用艺术手段来营造纪念馆内外环境展示空间氛围的设计构想。

历史建筑是世界文化遗产的重要组成部分，同时也是人类不可或缺的文化资源。今天，随着"建设美丽中国"观点的提出，为实现中华民族的永续发展，人们逐步认识到历史建筑是人类文化传承的宝贵财富，历史建筑内外环境更新改造中的色彩设计探索，显然是对历史建筑内外环境色彩资源的一种永续利用。而解决历史建筑的生存危机，尽量减少经济利益驱动下不断出现的新生建筑对历史建筑带来的损害，促使历史建筑及内外环境色彩的文化理念及其审美情趣得以维护、更新和持续发展，更是我们的职责和历史使命。

第九章　建筑外部空间的环境色彩设计

人类对色彩的认识有着悠久的历史，早在远古时期，人类就已经懂得运用色彩来装饰自身与周围的环境，以表达心中的情感。纵览人类社会的发展历程，我们可以发现人类运用色彩来装饰、美化建筑的历史，也和装饰、美化自身及其他一切物品的历史同样源远流长，而且随着不同时代物质与精神、生产与意识等客观因素的改变而不断地发生变化。从建筑色彩发展的进程来看，其发展的规律可概括为由纯朴走向丰富，由单一走向多样，由崇尚自然走向匠心创造，直至今日还在继续发展之中。步入当代，伴随着人类现代环境意识的觉醒，人们越来越关心与自身息息相关的生活环境，迫切期望有一个良好的生存空间，因此对建筑外部色彩设计的思考以及未来发展趋势的展望就显得意义深远了。而且色彩是现代建筑外部环境设计中对视觉美感影响最为重要的因素之一，处理好建筑外部的色彩关系，对建筑外部环境的作用是显著的（图9-1）。

图9-1　色彩是现代建筑外部环境设计中最重要的元素之一

1. 上海世博会中国馆建筑外部环境的色彩设计效果；2. 广西南宁国际会展中心建筑外部环境的色彩设计效果

第一节　建筑外部空间环境色彩设计的内涵

在现代建筑内外环境造型艺术设计的诸多因素中，运用色彩进行建筑外部环境设计，能创造富有变化的建筑内外环境造型设计艺术效果。因此在未来的设计发展中，建筑外部环境色彩设计已经成为现代建筑造型诸多要素中最为重要的设计手段之一。

一、建筑外部空间环境色彩设计的内涵

建筑的环境色彩设计主要包括建筑的室内环境色彩设计和建筑外部环境色彩设计两方面的

内容。就建筑外部环境色彩设计来说，它是利用现代色彩科学与美学的方法，对建筑的外部墙面、门、窗、凸出物、细部、屋顶与台基及其周围环境等进行色彩处理的设计，并且还构成现代环境色彩设计大系统中一个重要的子系统。从世界建筑环境色彩设计的趋势来看，人们对"环境色彩"问题的关注始于 20 世纪 80 年代，后随着人类对生存环境质量问题的普遍关注而迅速得到发展（图 9-2）。在现代环境艺术设计中，占比例最大的莫过于建筑，这样建筑外部环境色彩的设计处理往往就是人们对环境艺术质量产生的第一印象。由各种建筑材料组成的构筑物在光照反射下呈现出多彩多姿的环境色彩效果，为人们创造了绚丽、和谐的色彩世界，极大地丰富了人们的物质生活和精神生活。而且经过精心设计的建筑外部环境色彩还对各种城乡聚落环境的独特景观效果起到举足轻重的作用。

图 9-2　对环境色彩问题的关注，使其在城市环境设计中得以应用推广
1. 法国巴黎蓬皮杜艺术和文化中心建筑及环境色彩；2. 澳大利亚国家博物馆建筑及环境色彩

从建筑外部环境色彩设计的内容来看，主要包括建筑的外部墙面、门、窗、凸出物、细部、屋顶、台基以及建筑的周围环境部分。

一是建筑的外部墙面部分。主要包括除建筑物外部开口部或突出部以外的四面围墙的墙面。

二是建筑的门窗部分。主要包括门框、窗框、门扇、玻璃、铁窗（门窗部分）、窗台、雨篷、遮阳板、空调窗口等。

三是建筑的凸出物部分。主要包括阳台、花台、屋顶水箱、楼梯、外楼楼梯、骑楼、门廊花架、招牌、铁窗（阳台部分）等。

四是建筑的细部部分。主要包括线脚、转角、凸出梁柱、栏杆、排水管、排烟管、暖气管、煤气管、晒衣架等。

五是建筑的屋顶部分。主要包括平屋顶、斜屋顶、异形屋顶与屋顶花园等。

六是建筑的台基部分。主要包括建筑的台基、台座、栏杆等。

七是建筑的周围环境部分。主要包括各类环境设施与建筑小品、绿化植物、花草、山石、水池、叠泉等外部环境物品，它们都是构成建筑外部环境的重要组成内容，也是色彩设计能发挥作用的地方。

二、环境色彩设计在建筑外部空间中的作用

（一）主体构形作用

主体构形是一种最常见的、应用最为广泛的建筑外观色彩构形手法。它与所在物体的形体构形无关，可以在建筑主体形象既定的情况下满足人们对色彩构形的各种要求，包括式样的创造、性格的象征、个性的展示、风格的表现及气氛的渲染与烘托等。

首先是式样的创造，比如中国传统建筑上的梁柱彩画，就在梁枋本身体形造型既定的条件下，选用不同的彩画样式，并通过色彩构形的手法获得令人耳目一新的艺术设计效果。其次是性格的象征，比如红色代表热烈、喜庆、庄严、权威，绿色象征温柔、安宁、优雅、和平，黄色表示高贵、豪华、兴奋、光辉，蓝色显得清净、纯洁、深沉、飘逸等。这些跟建筑构形中所谓的雄伟、亲切、庄重、轻快、严肃、活泼之类的关于形体形象性格表现的描述同属一个层面。再者就是个性的展示和风格的表现，这是色彩在建筑构形中展示巨大潜能的地方，不仅通过色彩要素的变化可以产生多样的色彩调子，而且可通过色彩构形创造无穷的色彩图案，从而对视觉对象的形象个性与风格的塑造提供色彩表现的一切可能，色彩特性便是构形的重要因素之一。若北京紫禁城建筑群丧失了其独有的建筑外观色彩，对它进行色彩形象的"卸妆"，将会是怎样一种黯然失色的情景呢？又如摩尔设计的美国新奥尔良市意大利广场若是一片白色的建筑，其外部环境设计还能给人留下深刻的印象吗？还有荷兰风格派建筑的代表作乌特勒支的施罗德住宅设计，就是充分利用色彩塑造建筑内外形象的典范。建筑外观利用矩形阳台板、支架的翠绿色彩和其他构件的红、黄、绿、蓝、黑等色彩对建筑进行构形塑造，从而产生构成主义的雕塑效果，而色彩在这里就起到了独立构形的作用（图9-3）。

另外建筑外部环境气氛的渲染与烘托更是色彩独立构形的优势，甚至是它难以分享的"特权"。在建筑内外空间的艺术处理中，只需稍微变换周围实体环境色彩的冷暖调子与明暗调子，便可立即使空间的情调气氛大为改观，几乎没有任何其他的设计手段能够取代这种优势。

（二）同步构形作用

同步构形是一种既发挥色彩构形的表现功能，又借助形体来共同完成美学使命的色彩构形手法。中国传统建筑特有的艺术形式同样展现了色彩与形体同步构形的鲜明特征。如白色的台基、红色的柱子、黄色的琉璃屋顶与青绿点金的梁枋彩画是中国传统建筑艺术成就中具有特殊地位的一个重要组成部位。又如澳大利亚悉尼如帆影的歌剧院，也是色彩与形体同步构形的一个典范，歌剧院如帆影的建筑形体在白色的衬托下，使设计大师的构思理念发挥得淋漓尽致（图9-4）。

（三）辅助构形作用

辅助构形是指色彩构形配合建筑外观形象塑造的一种处理手法，它是形体造型的主要辅助方式，辅助方法可分为强化、调节与组织三种形式。

图 9-3　色彩设计在建筑外部环境中的主体构形作用

1. 北京昌平定陵祾恩殿外檐明间的彩画效果；2. 新疆维吾尔自治区喀什艾提尕尔清真寺建筑外部环境的色彩效果；
3. 美国新奥尔良市意大利广场的建筑与环境色彩效果；4. 法国乌特勒支的施罗德住宅建筑与环境的色彩效果

图 9-4　色彩设计在建筑外部环境中的同步构形作用

1. 北京紫禁城三大殿金碧辉煌的建筑外部环境色彩效果；2. 澳大利亚悉尼如帆影的歌剧院的建筑外部色彩效果

1. 强化

强化方法是指运用色彩构形手法进一步增强和突出建筑造型的表现力。比如在阳台、柱子、墙面线条或其他需要着重表现的凸出或前突部分，色彩明度与强度相对提高，而在其余凹入或后退部分，色彩明度与强度则相对降低等。如英国建筑大师詹姆斯·斯特林等在进行德国斯图加特新国立美术馆建筑设计时，作为后现代主义的又一扛鼎之作，利用色彩来强化建筑外立面的造型，在把握色彩基调统一的基础上，在馆外入口斜坡道上使用粉红色和蓝色的管状扶手，在建筑群入口处使用绿色柱子、红色过梁、玻璃屋顶等高技派处理方法，将人们带入五彩缤纷的排列之中，使美术馆建筑外部空间环境带给人们耳目一新的感受（图9-5）。

图9-5 德国斯图加特新国立美术馆运用色彩辅助构形手法，增强和突出了建筑造型的表现力

2. 调节

调节方法是指通过色彩途径对形体形象中某些不利特征或不良效果进行改善或隐化的处理，以使其产生所企求的视觉效果与形象特征，比如在高层建筑尤其是点式高层建筑的立面，在色彩构形上常常利用横向分割与竖向分割的构形手法，从而达到调节形体的作用。如现代建筑大师勒·柯布西耶设计的马赛公寓，因是一幢高层的板式建筑，尽管在开窗处理上力求获得变化，但由于建筑的功能和材料所限，显得缺乏生气。为了调节形体上的这种不足，勒·柯布西耶在建筑凹廊两侧的墙面涂上色彩明快、纯度极高的色彩，这幢表面粗糙的混凝土建筑立即大放异彩，并为周围的整个外部空间环境增添了无尽的光彩。再如美籍华裔建筑大师贝聿铭设计的北京香山饭店，就选择以白色为基调，使建筑春季掩映在绿树丛中，白墙灰顶的建筑群融在青山翠林中；秋季相伴在红叶枝下，香山饭店建筑群所用的白墙灰顶以红林尽染为背景，外部空间环境仿佛笼罩在迷人的秋色之中，由此也使规模相当的香山饭店建筑群隐化于周围的空间环境，取得与韵味浓郁的外部空间环境色彩协调的设计效果（图9-6）。

3. 组织

组织方法即发挥色彩构形的概括、突现及抑制的功能对形体形象的各个组成部分进行构图的重建和再造，即重构的手法，以使同一形体形象能够展现出多种不同的色彩构形效果，从而创造出多种可供比较和选择的整体形象，以便确定令人满意的外观构形形象。色彩构形与形体造型的关系所表现出来的上述作用是相对而言的。其中独立构形不可能绝对地超脱形体，而辅

图 9-6　马赛公寓及北京香山饭店设计中运用了色彩辅助构形手法，均改善或隐化了建筑造型的表现力

助构形也并非毫无独立的成分，它们既各有特色，又相互渗透、相互贯通，从而反映出在建筑外观进行色彩构形的全部可能性。

（四）功能构形作用

　　色彩在建筑外部环境艺术设计中的功能构形作用主要是指建筑色彩的选择必须符合功能性质的要求。如行政办公建筑色彩宜素雅，给人以既庄重又亲切的感觉。会堂、纪念馆常用黄色的琉璃瓦重檐装饰，淡黄色的墙面、红色的基台、白色的栏杆，在心理上给人以严肃、庄重、高贵和永久的感觉。疗养院、医院常以白色或中性灰色为主调，在心理上给人以洁净、清新、安详、宁静的感觉。学校、图书馆这类建筑应该有安静的气氛。不同性质和功能的建筑具有各自功能特征的建筑外部环境色彩设计艺术效果。建筑外部环境色彩不宜过分鲜艳，但商业、娱乐、服务建筑的色彩应力求热烈、醒目与鲜艳多变，以体现一种轻松、欢快的气氛。

　　然而多数建筑的外部环境色彩，尤其是城市中量广面大的居住建筑外部环境的设色，在考虑功能性质的基础上，应尽可能地选用淡雅、明快与平和的建筑外部环境色彩，以便于与周围的环境相协调。诸如北京市房山区的北潞园绿色住宅小区、奥林匹克花园健康住宅小区，广州市郊的山水庭苑住宅小区，深圳市龙岗圣·莫里斯与万科第五园居住小区、万里示范居住小区、锦华住宅小区与中城康桥花园居住小区，上海市浦东新区的御桥花园民乐苑居住小区等，在建筑外部环境色彩处理上，均采用明度较高的红灰、橙灰、黄灰、绿灰、蓝灰、紫灰等色，从而塑造出具有良好居住建筑外部环境色彩设计效果和较高整体质量的住宅小区居住环境（图9-7）。另外，在著者1990年3月完成的河南安阳殷墟"中华第一都"主体雕塑及广场空间环境艺术设计中，外部空间环境色彩即选择中国殷商时期所崇尚的朱、黑色彩作为主体雕塑及广场空间环境色彩的基调，从而使殷墟博物苑"中华第一都"主体雕塑及广场空间环境呈现浓郁的文化意味，并从色彩功能构形层面营造出殷墟博物苑特有的设计风貌（图9-8）。

当然也有些建筑由于功能的需要，具有鲜明的行业色彩，如消防建筑就以红色为主调色，邮政建筑则以绿色为主调色，这些设计也为整个城市建筑外部环境色彩效果的营造起到至关重要的作用。

从当前建筑外部环境色彩设计的趋向来看，整体建筑外部环境色彩设计在色相上宜简不宜繁，在彩度上宜淡不宜浓，在明度上宜明不宜暗。个体建筑应以单色为基调，辅以其他一两种色彩加以点缀对比。一个建筑群应以某一单色作基调，使整个城市的建筑风格统一协调。当然在某些街区中，装点些醒目的建筑物，尤可相映生辉，增加无穷情趣。随着社会生产力的发展，

图9-7　国内效果良好的居住环境设计佳作

1. 广州市郊的山水庭苑住宅小区；2. 深圳市龙岗圣·莫里斯居住小区；

3. 深圳市万科第五园居住小区；4. 上海市浦东新区的御桥花园民乐苑居住小区

图9-8　河南安阳殷墟"中华第一都"主体雕塑及广场空间环境色彩设计

色彩调配工艺的改进，生活水平的提高，人们的美学修养和审美观也随之提高。我国的现代建筑已摆脱了历代传统的彩度很高的大红大绿基本色调，而代之流行的高明度、低彩度的浅色调，这一色彩鉴赏水平的变革与世界环境色彩设计趋势是同步发展的。

第二节　建筑外部空间中的环境色彩设计方法

一、建筑外部空间中的环境色彩设计方法

建筑外部环境中的色彩设计方法首先必须遵循整体—部分—细部—整体的原则。具体来说，需从建筑外部环境色彩设计的整体出发，然后深入部分乃至细部，再从细部又回到整体的辩证设计过程。另外作为建筑外观的色彩设计，还必须从环境的角度及装饰的效果出发，也就是要顾及大众的审美情趣。同时在设计中还要传达出时代性、实用性、独特性、文化性，并与建筑外部环境的设计材料密切结合，使设计具有可行性。只有在设计中遵循这样的设计原则，才有可能创造出成功的建筑外部环境色彩，并被人们认可。而建筑外部环境色彩设计的步骤，主要可分为下列六步。

1. 制订计划

制订计划的主要工作就是对需要进行外观色彩设计的建筑，首先制订一个开展设计工作的计划，并做好各个阶段的准备工作。

2. 基地调查

基地调查是对需要进行外观色彩设计的建筑以及该建筑基地邻近环境中对环境色彩的感受

有影响的因素进行调查，如将基地内已有的建筑、植物、地面、其他人造设施等色彩的现状条件调查清楚，并拍摄出彩色照片及在基地环境的平面图和立面图上用色卡详细记录下来。

3. 模拟分析

在前面调查的基础上，从色彩现状资料中找到现有建筑与环境的色彩构成内容，作为对未来新建筑进行色彩设计的参考。同时还需对基地内现存各种物体与设施的色彩予以归纳分析，以找出基地现状色彩的配制比例，确定外部环境色彩设计的组配依据。

4. 色彩设计

依据基地现状分析的结果展开建筑外观的色彩设计工作，在设计中必须认真考虑这样几个问题：色彩设计中将使用多少种颜色？多大的面积才开始有色彩变化？同一色相的颜色将重复使用多少次？另外，在建筑外观的色彩配色中，应以色彩配置的协调为准则，为此还要做到以下几点：设计中同一色彩或色调可以形成一致性，同一色系且相近的色调可以形成相关性，注意不同色系但互补的色彩可以形成和谐的对比效果。根据对这些问题的考虑，提出几套建筑外观色彩的配色方案，以供现场测试的使用。

5. 现场测试

将设计出来的几套建筑外观色彩配色方案的色标放到基地，利用基地的光照条件，并以基地的现场为背景，用相机在各种不同的视线距离拍摄彩色照片。然后通过对照片的色彩效果进行比较，选择一至两个适宜的方案供审批单位批准后实施。

6. 审批实施

在完成建筑外部环境色彩配色方案后，立即将方案和说明报告呈报有关设计、管理部门论证讨论，待批准后交施工单位予以实施。施工过程中设计人员要亲临现场监督指导，以确保外观色彩设计施工质量，并把好最后的工程验收关。只有这样，良好的建筑外观色彩设计才能转变成具体的设计成果，而且还能与周围的环境和谐相处。

根据上述建筑外部环境色彩设计的方法，获得调查对象的现场测试资料，再加上对建筑材料的材质、所用色彩的面积比率及地方发展方向、市民意象等因素进行综合分析后，便可提出环境的色彩设计计划。

二、建筑外部空间环境色彩设计在当代中国的应用

建筑外部环境的色彩设计实际上就是现代色彩设计在建筑与环境规划设计领域中的应用设计。我国这方面的设计工作还仅仅处于起步阶段，正逐渐受到重视，被提到一个不可或缺的环节来进行考虑。随着全球对改善人类生存环境、提高生活空间物质与精神文化水平的呼吁，也迫切要求设计师能以更大的热情关心人类环境。20 世纪 90 年代以来，许多建筑与环境设计师在这方面进行了成功的探索，并在近年来涌现了一大批建筑外部环境色彩设计的佳作（图 9-9）。城市建设主管部门在近年来也加大了对城市与建筑外部环境色彩设计的管理，如首都规划委员会就开始对北京新建的住区环境建设提出了色彩设计的要求。诸如从 2000 年 8 月 1 日起开始实施的《北京市城市建筑物外立面保持整洁管理规定》，标志着我国在城市与建筑外部环境色

图 9-9　国内效果良好的公共环境色彩设计佳作

彩设计及管理方面也有了法规可供遵循。紧接着国内一些城市相继颁布了城市与建筑环境色彩方面的各种管理规定，如天津、沈阳、青岛、郑州、西安、成都、武汉、苏州、厦门、广州、珠海、南宁、贵阳、昆明等大中城市均完成了城市环境色彩规划，以使城市环境色彩在景观塑造中呈现个性与特色（图9-10）。

图9-10　面向未来的中国城市与建筑环境色彩设计意象

第三节　建筑外部空间环境色彩设计案例剖析

一、公立常青藤——美国密歇根大学安娜堡分校校园建筑造型与环境色彩

一所实力雄厚的大学在当下已成为一个现代城市的重要标志。久负盛名的密歇根大学（University of Michigan）于1817年9月24日于底特律市建校，1837年为扩大校园决定搬迁至密歇根州沃什特瑙县的县治安娜堡，经过4年建设，于1841年正式搬迁成功。作为美国大学协会14个创会成员中最古老的公立大学，密歇根大学积极推广现代化大学的理念和实践，从而在美国高等教育史上被认为是西方现代高等教育模式的先驱，享有"公立常青藤"之美誉（图9-11）。

图 9-11　入秋时节的密歇根大学安娜堡分校校园环境鸟瞰

（一）安娜堡——宜居、美丽、温馨的大学之城

　　在美国密歇根州底特律周边众多的卫星城中，安娜堡是一座位于美国中西部典雅安静的小城，这里树木葱茏，清澈明净的休伦河穿城而过，连起一片片森林绿地，故有"树城"之称。而密歇根大学安娜堡校区与城市融为一体，不仅带动了城市经济和文化的繁荣和发展，也为安娜堡这座城市创造了美好的生活环境。如今安娜堡市内的居民半数以上是大学的教授、职员和学生，小城中设有精致的餐饮店及商铺，以及图书馆、戏院、艺廊及博物馆，学校不少机构也分布于市内各个角落，从而共同成就了这座充满单纯、友善及浓郁文化气息的小城，安娜堡市成为宜居、温馨而美丽的大学之城（图 9-12）。

　　坐落于安娜堡美丽小城中的密歇根大学安娜堡分校，东距著名的汽车城底特律 75 千米，西离美国第三大城市芝加哥 400 千米，地理位置优越，校园教学和生活区占地面积约 12.86 平方千米。密歇根大学现有三个分校，分别为安娜堡分校、迪尔伯恩分校和弗林特分校。其中安娜堡分校是美国著名公立大学系统——密歇根大学系统的旗舰校区。作为全美最好的公立大学，密歇根大学安娜堡分校与加州大学伯克利分校、威斯康星大学麦迪逊分校一起被并称为"公立大学典范"，并在世界范围内享有盛誉。安娜堡分校现设有 19 个学院，各学院的学术水平排名领先群雄，例如社科学院、法学院、商管学院、工学院、医学院以及公共卫生学院均列美国高

图 9-12　安娜堡——宜居、美丽、温馨的大学之城

校同类学院的前 5 位。综合实力位居全美公立大学前 5 名。在美国国家研究委员会对美国各大学研究生院 41 个学科的评估中，密歇根大学安娜堡分校总分排名第三。

（二）密歇根大学安娜堡分校的校园环境

漫步密歇根大学安娜堡分校校园，校园环境构成可划分为中校区、北校区、南校区三个核心部分及一个相对独立的医学校区（图 9-13）。整个校园内现有 550 多幢教学科研和实验建筑，包括 37 个图书馆，藏书 800 余万册，9 个博物馆，9 家教学医院，150 个研究中心、研究所和实验中心。另外，学校不仅是学术的重地，也是文化的中心。剧场、音乐与艺术中心、公园等均是学生课余休闲的好去处，近千个学生社团及组织使校园生活丰富多彩，种类多样的活动应有尽有。

中校区是 1841 年从底特律搬迁到安娜堡后早期所建的校园，依初始占地面积约 16.19 公顷逐渐扩充，至今中校区分布有文理学院、法学院、天文学系、教育学院、环境资源学院、拉克哈姆研究生院、罗斯商学院、公共政策学院、护理学院、口腔医学院、公共卫生学院及药学院等，中校区东面的医学院占地面积约 51.80 公顷，除了科研机构和综合医院，还有 CS 莫特儿童医院、冯福伦达妇女医院和癌症医院等专科医院。校区中心有由天桥相连的哈伦海切尔研究生图书馆和夏皮罗本科生图书馆，对角广场、伯顿纪念塔钟楼、底特律天文台、希尔音乐厅、安吉尔楼、密歇根联盟楼、密歇根联合楼、凯尔希考古博物馆、艺术博物馆、自然历史博物馆及生物科学大楼、自然科学和化学大楼、研究生院大楼等。

北校区由休伦河和一片体育用地与中校区分开，占地面积约 323.75 公顷。这个校区于 1952 年开始建设，具有浓郁的现代气息，主要是工程学院、计算机科学学院、音乐·戏剧和舞

图 9-13　密歇根大学安娜堡分校的校园环境构成

1. 中校区校园环境；2. 北校区校园环境；3. 南校区校园环境；4. 医学校区校园环境

蹈学院、邮票艺术设计学院、建筑与城市规划学院、信息学院的所在地。北校区塔楼叫劳瑞塔，另外还有杜德施塔特中心，是艺术、建筑与工程学图书馆，内部配有计算机实验室、录音棚、乐器室、听力室、3D 动画室等多个工作室及数字媒体共享区，北校区还有杰拉尔德·R. 福特总统图书馆和本特利历史图书馆等。

　　南校区与中校区相邻，校区内主要为体育用地，有全美最大的大学橄榄球专用体育场，它是美国乃至西半球最大的体育场，也是世界第四大体育场，被称为"The Big House"。体育场拥有 109901 个座位，它是密歇根大学狼獾队的橄榄球主场，作为唯一在美国全国大学体育协会顶级联赛中获得过四球大满贯的美国大学校队，在奥林匹克运动会上累计获得了超过 180 枚的奖牌。南校区还有克莱斯勒中心篮球馆、约斯特冰球馆、高尔夫球场、足球场、网球场与棒球场等。

　　医学校区是一个独立建设的新校区，位于北校区东北方向，穿越安娜堡环城高速路即可抵达。

　　四个校区之间有便利的校内巴士乘坐，最繁忙的路线要属北校区与中校区的路线。为了方便出行，校内开通了往返于各个校区之间的免费巴士。被涂成蓝色的学校巴士穿梭于小城与校区之间的道路上，形成了独属于学校内外的美丽风景线。

（三）安娜堡分校校园环境中的建筑造型

从数百幢建筑造型各异的教学、科研、实验楼宇和住宿公寓与生活设施等构成的校园归纳来看，密歇根大学安娜堡分校校园环境建筑整体风貌可谓既有古典风韵的历史建筑，也有时尚风格的现代建筑（图9-14）。

图9-14　密歇根大学安娜堡分校校园环境中留存至今具有古典风韵的历史建筑造型及色彩景观

历史建筑主要分布在中校区和南校区，如校长住宅就是唯一与这所大学几乎同龄的老建筑。还有始建于 1854 年的底特律天文台，该天文台为校园内最古老的科研设施，其主体穹顶直径为 6.4 米，是 19 世纪美国最古老的圆顶天文台。该天文台 1958 年被列为密歇根州州级历史遗迹，1973 年被列为国家级历史保护地，也是女娲星等诸多星体的发现地。还有文理学院所在的安吉尔楼，也是密歇根大学具有标志性的古典式建筑。

闻名遐迩的密歇根大学法学院成立于 1859 年，为古香古色的哥特式建筑组群，穿过一个拱门就仿佛穿过时间隧道来到了欧洲中世纪的古镇。法学院建筑组群所围合的庭园绿草如茵、树木葱茏，好似一座神秘的古堡。当年这里曾是电影《哈利·波特》所选的第一外景地，但后被密歇根大学校长拒绝。建筑组群东南是法学图书馆，作为世界上最大的法律图书馆之一，1981 年增建了位于地面以下规模宏大的 4 层图书阅览空间，设计巧妙地将外面的灿烂阳光通过沿护城河装置的超大玻璃窗引入地下各层，并使古典风韵传承与现代功能需要相辅相成。

在中校区校园轴线上的对角广场，可见到 10 余栋以古典与哥特式风格著称的学院大楼，它们均为著名的底特律建筑大师阿尔伯特·卡恩（Albert Kahn）的伟大杰作。如对角广场上密歇根大学地标建筑——伯顿纪念塔，钟楼高 65 米，顶端装有世界上重量排第四位的大钟琴。钟声每小时都会响起，向人们传达着时光流动的信息。希尔音乐厅位于钟楼西南，作为校园内最大的艺术表演场所，过去百年来以庄重恢宏的建筑风格和卓越不凡的音响效果而闻名，不少世界一流的音乐团体和个人在这里演出，在音乐界享有盛誉。密歇根联合楼建造于 1917 年，见证了密歇根大学的百年历史，建筑的最顶端矗立着迎风飘扬的学校校旗。自然科学大楼和化学大楼两栋 4 层楼高的建筑风格古朴，外立面上的门洞和窗棂均透出浑厚的沧桑感。作为学校科学研究的重要场所，从这里走出数位诺贝尔奖获得者和无数大师。引人注目的建筑还有位于中校区主轴线北端造型庄严的青灰色建筑（为研究生院大楼）、轴线南端尽头高大的研究生图书馆、法学院北宫殿式的艺术博物馆、通体红砖的学生会大厦、密歇根联盟楼与凯尔希考古博物馆等。南校区的密歇根体育场始建于 1927 年，其后历经多次扩建，建筑风格可说是新旧兼之。两个校区内的住宿公寓与生活设施等均以悠久的历史和文化传承至今，成为校园中弥足珍贵、至今仍具使用价值的历史建筑。

密歇根大学安娜堡分校具有现代风格的建筑则分布于各个校区（图 9–15），如位于中校区于 1924 年建立的罗斯商学院，新建大厦所用蓝色玻璃幕墙将宽敞明亮的走廊和大厅呈现出来，使"团队协作，实战导向"式的高冲击教学模式独树一帜地予以展露。近年落成的密歇根大学生物科学大楼是一栋兼具生物科研与自然历史博物馆双重功能的现代建筑，学术空间与博物馆空间于 2018—2019 年相继对外开放。大楼采用清晰而简明的三大体量设计造型，建筑外观以文艺复兴色彩基调为主——满饰红棕陶土板，并在檐口与束带层加以少许装饰。学校自然历史博物馆的纳入，使密歇根大学历史悠久的生物科学专业增加了公众对其正在进行的重要工作的了解。玻璃与不透明元素的交替使用为需要在其中进行工作与研究的人员提供了最大限度的光照效果，该项目获美国建筑师协会底特律地区可持续发展建筑奖。还有中校区东侧的密歇根大学医学院及医疗系统，作为美国第一所承认并建立大学医院以进行医师指导的医学院，也是世界上最好的医学院之一。其医疗系统连续多年被 U.S.News 世界大学排名评为美国最佳医疗机构，医学院及医疗系统建筑组群也充满现代风格特色。

图 9-15 密歇根大学安娜堡分校校园环境中具有时尚风格的现代建筑造型及色彩景观

续图 9-15

　　而整个北校区是密歇根大学在 1952 年购买的大片农田上所建的，建筑均为现代时尚风格。如走廊两侧展示着学生建筑和艺术作品的艺术与建筑大楼、悠扬琴声传出的音乐·戏剧和舞蹈学院大楼及风格前卫的工程学院大楼、工程·建筑及艺术图书馆等教学科研建筑。另在北校区中心广场，立有 60 米高的卢丽塔钟楼。电子信息工程大楼入口立有一位低头沉思的学者半身青铜雕像，为被称为"信息论之父"的克劳德·香农（Claude E. Shannon）。雕像朴实而低调，似乎不愿打搅匆匆进出大楼的师生。21 世纪初，当人类社会进入以网络和智能为标志的第四次工业革命之际，从这里又走出一位杰出校友——拉里·佩奇（Larry Page），作为谷歌的联合创始人，他引领了当今智能科技的时代潮流。而在现代风格的航空航天工程大楼，百余年来从这里走出 6000 余位航空航天工程技术人员，包括 5 名宇航员，其中有 3 位曾登上月球，1 位完成人类首次太空行走。另外，阿波罗 15 号登月飞船上的 3 位宇航员全部是密歇根大学校友，他们带着 20 面密歇根大学校旗遨游太空，并在月球上成立了全球独有的密歇根大学月球校友会。

人工智能和无人驾驶是当前第四次工业革命的核心技术。为了引领这些核心技术领域的创新和面向未来发展，密歇根大学分别于 2015 年和 2021 年在北校区新建了 Mcity 项目及福特机器人研究院两个重要研发基地。密歇根大学机器人大楼是机器人学院为教学科研建设的四层高的大楼，1 ～ 3 层除了设有专门用于机器人飞行、行走、打滚及模拟人体的实验室，还有学院所用的教学、办公和创客空间。第四层设为福特汽车公司的第一个机器人和移动研究实验室，以容纳 100 名福特研究人员和工程师同学院师生在此开展以人为中心的机器人与智能系统的前沿科技探索。

安娜堡分校医学校区是立足现代及面向未来，探索前沿构建的医疗系统建筑组群，设有阿尔茨海默病、癌症、心血管护理、抑郁症、糖尿病、癫痫、老年病、器官移植、儿科、创伤/烧伤、视力、妇女健康研究和护理的专门中心。一家包括 M-Care 管理系统的医疗大厦是为密歇根大学的师生员工提供服务的医疗机构。

密歇根大学安娜堡分校学生宿舍遍布整个校园，其中最大的学生宿舍 Bursley Hall 位于北校区。宿舍区主要包括南跨院、东跨院、北跨院、西跨院、剑桥院、牛津院、柏思丽厅、贝斯·巴博尔院、弗莱彻厅、亨德森院、海伦纽波利院、玛莎·库克楼、爱丽丝·罗伊德厅、玛丽·马克里厅、柯森厅、斯托克威尔厅、莫熙儿·乔丹厅、贝斯院、诺斯伍德 1 ～ 5 区等。在中校区、北校区还各建有一个大型健身房，以及生活、服务与活动等附属建筑。遍布整个校园的宿舍建筑风格也是新旧兼有，从一个侧面呈现出学校 200 年来的演变历程（图 9-16）。

图 9-16　密歇根大学安娜堡分校遍布整个校园环境中的宿舍、健身及服务附属建筑造型及色彩景观

（四）入秋时节校园多样的环境色彩景观

入秋的安娜堡分校校园呈现出多样的环境色彩，在明媚阳光的照耀下，林木环绕、草坪齐整的校园更是显得层林尽染、色彩靓丽，由黄变红的树叶和深蓝的休伦河水，更是给校园环境带来了秋天的欢乐与惬意，可见入秋的色彩是大自然送给密歇根大学安娜堡分校最好的礼物。而入秋时节校园多样的环境色彩景观，可由三个方面体现。

一是从校园建筑来看，校园中建于 19 世纪的具有古典风韵的历史建筑与 20 世纪后期以来时尚风格的现代建筑在外观色彩风貌上互相呼应。其中以著名的底特律建筑大师阿尔伯特·卡恩设计的中校区主轴两侧 10 余幢立面为通体红砖白檐及灰瓦屋顶的建筑为主，包括文理学院、联合楼等教学及行政管理楼宇，以及希尔音乐厅、图书馆与博物馆等建筑所构成的校园环境基调色彩。另辅之有地标建筑——伯顿纪念塔钟楼、法学院建筑组群等哥特式石砌建筑色彩，建筑组群以大面积浅灰色系列，如云白、浅黄、米黄、淡赭、灰绿、浅紫灰、古金等为主，加上深褐、墨绿等色线条，呈现出别具一格的校园环境色彩文化底蕴。其后所建校园建筑，虽用现代建材和时尚造型，但仍在传承校园建筑色彩风貌的基础上进行变化，如中校区东侧后来所建的医学院与附属医院建筑组群，南校区的体育馆及其他运动设施在外墙色彩上均有延展。

另外，20 世纪中期以来，在北校区所建的各个学院及实验大楼，虽外墙使用偏黄色的面砖，形成黄褐色彩系列片区，但建筑组群色彩调性仍与中校区相近。而近年来所建罗斯商学院大楼、生物科学大楼、机器人大楼以及医学校区面向未来发展所建的造型时尚的建筑组群楼宇，虽大量使用玻璃和钢结构等新型材料，建筑楼宇出现新的面貌，但在楼宇实体与周边环境处理上，还是无处不在地使用了学校环境基调色彩，使整个校园环境在繁茂林间叠翠流金季相色彩的背景中显得统一而又有变化（图 9-17）。

二是从校园环境来看，安娜堡到处都是林木，草地修剪齐整，基本不见裸地。坐落在中校区南北轴线上具有标志性的对角广场地面，镶嵌着由巨大青铜制成的"M"图形，象征着这里是学校的中心位置。无论何时，众多学生从这里匆匆走过，都会小心翼翼地绕开这个"M"标志。艺术博物馆前红色抽象的钢构艺术配景设施和校园主轴草坪南端研究生图书馆前的喷泉水池中，从青铜海神雕塑扬起的嘴中不停地喷出欢快的水珠，在阳光照射下出现五彩斑斓的层层涟漪，给校园增添了活跃的氛围。而置身学校的不同校区，随处可见各种抽象的雕塑和大型艺术品，如旋转立方体和波浪地等。旋转立方体是一个前卫艺术雕塑，外观为蓝灰色，设在中校区联合楼、西跨院和文理学院主楼之间的小广场上。波浪地，即一片按特定波纹形状建成的绿色立体草坪，位于北校区航空大楼后，由华盛顿越战纪念碑设计师林璎 1995 年完成，名为"波场"。在阳光照射下，人们可在波浪地观看一天不同时间段呈现出的奇特光影，感受人与自然的静美时刻。从北校区森林中跑到校园草坪上的可爱小松鼠，更是给校园环境带来轻松、欢快的气氛。休伦河流水与湿地的斑斓色彩，更是呈现出校园秋日美丽的环境色彩景观（图 9-18）。

三是从学校 logo 色彩来看，密歇根大学的代表颜色是蓝色和黄色，学校的 logo 是一个大写的 M（密歇根的首字母），粗体黄色，出现在学校各个地方，且由蓝色背景衬底，分外夺目。

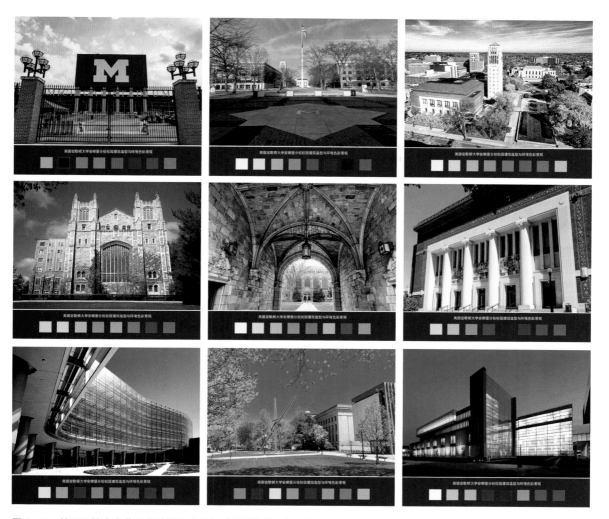

图 9-17　校园环境中古典风韵的历史建筑与时尚风格的现代建筑环境色彩交相辉映的视觉审美印象

在校内外，你都会看到这种属于密歇根大学的黄蓝颜色。另外，美国半数以上的大学都拥有吉祥物，密歇根大学的吉祥物是狼獾，为全校的庇护神灵（图 9-19）。

　　学校随处可见黄色 M 的粗体图形和蓝色衬底，如中校区的 M 字拱门，南校区体育场上的巨型标牌，以及校内各个机构的导向标识、悬挂的旗帜、学校校服、交通车辆，乃至办公文具、网站主页、传播媒介等可视环境中。这是密歇根大学赋予师生的学校精神与活力，它可将陌生人变成朋友，继而形成紧密的社区，渗透到日常生活之中，影响着在这里学习、生活、工作的每个故人和追逐梦想的人群，且让每个就读于此的学生都以密歇根大学为豪。今天当穿着密歇根大学黄蓝色衬衫的师生走在美国各地，甚至是在国外的任何一个城市，有人看见你总会说："Go Blue！"而这个时候，相信一种作为密歇根大学的归属感和自豪感会油然而生！

图 9-18　入秋时节，轻松、欢快的校园环境及空间中所设公共艺术品环境色彩景观掠影

图 9-19　学校 logo、校徽、吉祥物狼獾色彩在校园空间环境中的色彩应用

　　密歇根大学的传统运动项目是橄榄球，密歇根大学体育场也是美国全国大学体育协会劲旅密歇根大学狼獾队的橄榄球主场。当穿着代表学校颜色服装的 10 万球迷汇聚在这个美国乃至西半球最大的体育场为校队球员大声呐喊时，统一的色彩在青春洋溢的欢乐中形成一种巨大的力量和气势恢宏的场景（图 9-20）。这也许是世界上最壮观的校园环境色彩景观，冲击人们的视觉、震撼人们的心灵……

　　Go Blue! 蓝色之魂！这是属于密歇根的色彩，也是密歇根大学安娜堡分校校园秋天环境色彩带给人们别样的感受吧！

图 9-20　蓝色之魂，这是属于密歇根的色彩

二、绽放的色彩话语——澳大利亚国家博物馆建筑群外部空间环境色彩

　　澳大利亚国家博物馆坐落在距堪培拉市中心 3 千米的阿克顿半岛上，于 20 世纪 90 年代末由墨尔本的 ARM 建筑师事务所和 RPv HT 建筑师事务所负责建筑设计，并联合悉尼的景观设计组 Room 4.1.3 以及其他艺术家等共同组成了一个庞大的设计组所进行设计创作（图 9-21）。这个项目联盟虽然空前庞大却配合默契，该建筑最终以其"极具争议性"而被评为 2001 年度最佳公共建筑，获得以"激进和国际影响力"为衡量标准的国际蓝图建筑奖。

　　澳大利亚国家博物馆是一个话语丰富、复杂多彩、情节剧似的建筑，被称为世界上最为奇特的建筑之一。为找到创作灵感，建筑师在去澳大利亚中部的乌鲁鲁地区旅行时确定了设计概念，那就是色彩和肌理。由此通过运用自然的材料与形式等创造了一个各种不同的空间和形体混合于一体的博物馆，以使参观者获得一种不同寻常的观展体验。

　　在空间与形态方面，澳大利亚国家博物馆与许多新近建造的博物馆一样，自身就是一个引

图 9-21　澳大利亚国家博物馆建筑及外部空间环境色彩景观

人注目的展品，并以一种情绪化的方式及丰富而独特的结构与空间讲述着历史的故事。澳大利亚国家博物馆的魅力在于它将展览和建筑设计有机结合于一体。在澳大利亚国家博物馆的设计中，建筑本身已不再仅仅是放置展品的容器，而是更积极地参与展览，用空间、形体和色彩诉说着澳洲的历史与文化（图 9-22）。

澳大利亚国家博物馆包括 3 个永久性展馆、1 个临时展馆和 3 个剧场，此外还有一个独立于博物馆之外的澳大利亚土著研究中心。这些形态各异的展馆像一个拼图一样，围绕着中央的"澳之梦"广场形成一环，编织着一个本土的梦。进入博物馆建筑群，参观者在外部空间便可见到拱起、巨大的一条彩色"飘带"打成的一个"结"，飘带宽 6 米，是被称为"乌鲁鲁线"的红色长带，由基地蜿蜒指向乌鲁鲁地区，象征着澳大利亚的地理中心与国家政权中心之间的对话，暗示了一系列在澳大利亚历史上具有标志性意义的主题或事件，诉说着历史的延续，并隐喻不同的种族、不同的故事、不同的分支共同构成了澳大利亚的文化（图 9-23）。

中央的"澳之梦"广场由博物馆建筑群所环绕，成为一座新的文化舞台，用装饰和文字讲述着澳大利亚的故事，复写着它的历史，用时代的手稿图形描述着过去和现在、神话和梦幻。其平面是由不同的地图叠置而成的，最主要的两个地图为英语标注的澳大利亚地图和澳大利亚本土各种语言分区地图，以表明澳大利亚是一个真正的移民国家。广场的中央则空无一物，以寓意国土巨大却人烟稀少的澳大利亚内陆。在博物馆建筑群临水一端是一个由当地独有石材围筑而成，可容纳 1300 人的露天圆形剧场。左侧是一个临时展厅，右边则为永久性展厅。永久

图 9-22　澳大利亚国家博物馆建筑用空间、形体和色彩诉说着澳洲的历史与文化

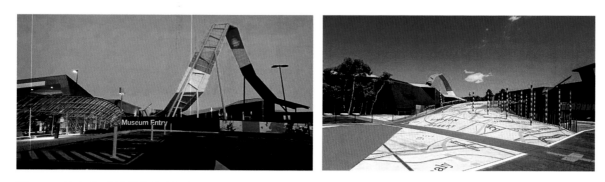

图 9-23　澳大利亚国家博物馆外部空间的"澳之梦"广场及"乌鲁鲁线"红色长带

性展厅后面便是折尺形的"早期澳洲"展馆，造型即通过一个修道院式的回廊把内院围合起来，并以富有戏剧性的折尺形式为象征进行空间处理，来呈现早期土著人在澳洲的生活。

　　在澳大利亚国家博物馆建筑群外部空间色彩处理上，建筑师可谓独具匠心，大胆运用非常丰富且引人注目的颜色。在建筑外观上，参观者就能看到非常丰富而引人注目的颜色和材质，诸如紫红、金、银、黑、蓝、绿、棕……而且从不同角度、不同光线下看，还会有所变化。这样独到的颜色搭配，使建筑群及外部空间产生一种动感——仿佛在闪烁、膨胀或收缩，直至绽放出特有的色彩话语，给参观者带来与多元文化融为一体的外部空间色彩视觉冲击（图9-24）。在博物馆内部空间，色彩与装饰也由外向内自由延续、伸展。馆内一些曲面被红色装饰，一些还被处理成褪晕的效果，仿佛是环境反射所形成的。建筑师在馆内还运用多种材料，包括一些非常漂亮的预制混凝土等来显示空间，并随着时间的流逝不断变幻，带给观展者以视觉感官上的愉悦。

图9-24　独具匠心的澳大利亚国家博物馆建筑群造型及外部空间色彩景观

　　澳大利亚国家博物馆是一个社会历史博物馆。博物馆建筑群用外观造型和抽象隐喻的双重话语，创造出一个情绪化地介入展览中的博物馆。令人惊叹的是这样一个如此复杂、多元、充满隐喻、非常个人而又辉煌奇特的建筑，也是澳大利亚的真实写照。环视澳大利亚国家博物馆，建筑群与外部空间既印证了澳大利亚的历史，同时也更多地展望了面向未来发展的价值取向。

三、足球的魅力与颜值——2022年卡塔尔世界杯体育场建筑造型与环境色彩

四年举办一次的国际足联世界杯，自1930年开始至今已经举办22届，受蔓延全球的新型冠状病毒感染影响，国际性体育赛事大幅减少，世界各国与地区之间的交流更是受阻，直至2022年岁末卡塔尔世界杯的举办才打破封控所带来的寂静，在各国球迷的热切期盼中拉开帷幕，参赛的32支球队谁能最终举起大力神杯，成为为期一个月牵动球迷心潮起落的大事。足球的魅力也将超越国界、超越种族、超越宗教，在赛场上点亮全世界共通的情感和价值火花。而卡塔尔举办2022年足球世界杯赛事的体育场建筑造型与环境色彩，以及赛场内外的人潮涌动和激情呐喊，更是散发出无尽的魅力及展现出撼动众生的颜值（图9-25）。

图9-25　2022年卡塔尔世界杯的如期举办，散发出无尽的魅力

（一）2022年卡塔尔世界杯体育场的建设

2022年卡塔尔世界杯于2022年11月20日至12月18日在卡塔尔的8座球场举行。这是历史上首次在中东国家境内举行，也是第二次在亚洲举行的世界杯足球赛。卡塔尔世界杯还是首次在北半球冬季举行，并且首次由从未进过世界杯决赛圈的国家举办的世界杯足球赛。

2022年国际足联世界杯举办地的卡塔尔多哈，位于波斯湾西南岸的卡塔尔半岛上。这里属热带沙漠气候，全国地势低平，总面积11521平方千米，海岸线长563千米，以首都多哈及一些主要城市为中心。截至2022年9月，卡塔尔总人口为265.8万，属于阿拉伯民族，伊斯兰

教为卡塔尔国教。卡塔尔石油和天然气资源非常丰富，是世界第一大液化天然气生产和出口国，油气出口收入丰厚。卡塔尔 2021 年国内生产总值为 1692 亿美元，人均国内生产总值 6.18 万美元，可谓是浮在油桶上"头顶一块布，全球我最富"的富国（图 9-26）。

图 9-26　2022 卡塔尔世界杯举办地，中东富裕城市多哈的建筑及环境色彩景观

　　卡塔尔于 2010 年 12 月 2 日获得 2022 年第 22 届国际足联世界杯主办权。其后卡塔尔精心准备 10 年，投入高达 2200 亿美元巨资建设各类体育场馆和地铁、公路、机场等配套设施，创造了世界杯有史以来东道主投资成本最高的纪录，被称为"史上最贵世界杯"。在巨资投入之下，卡塔尔把很多"不可能"变成了现实，如在一片沙漠之中打造了一座全新的世界顶尖现代化城市——卢赛尔城。在这座距离卡塔尔首都多哈以北 20 余千米的新城内屹立着全球规模最大、设计标准最高的世界杯主赛场——卢赛尔体育场。另还新建与改建了 7 座体育场用于 2022 年世界杯各个赛段的赛事。8 座球场之间最近距离为 5 千米，最远距离为 75 千米，距离最远的两座球场之间通勤时间也只需 1 小时左右，因此被称为"最紧凑"的一届世界杯，让球迷在同一个比赛日观看多场比赛成为可能。

　　此外，为解决世界杯举办的一个月内高达 120 万～ 150 万人的巨大入境人流所带来的餐饮、住宿和交通挑战，世界杯历史上国土面积最小的东道主除了在首都之外建设卢赛尔新城缓解交通压力，为解决酒店资源不足，除充分利用包括民宿、公寓及停泊在多哈港口的"邮轮酒店"，还从中国进口了 6000 多个集装箱并打造成为内部设施一应俱全的"集装箱酒店球迷村"，来自各国的球迷们可以尽情在这里看球、评球和交朋友，使"球迷村"转变为"地球村"，卡塔尔在 2022 年给世界呈现了一场精彩绝伦的世界杯（图 9-27）。

图 9-27　卡塔尔在沙漠中建了一座全新的世界顶尖现代化城市——卢赛尔城，给世界呈现一场精彩绝伦的世界杯比赛

（二）2022 年卡塔尔世界杯体育场建筑造型与环境色彩

2022 年卡塔尔世界杯是历史上首次在中东国家境内举行的世界杯足球赛，卡塔尔作为主办

方不仅为全球球迷打造了极具阿拉伯风情的足球场，而且立志举办一届绿色、低碳的世界杯，在基础设施建设、交通运输等方面大量采用环保技术和节能设备。2022年卡塔尔世界杯投入使用的球场共计8座（图9-28），其中新建6座，改建2座。8座球场只有卢赛尔体育场和巴伊特体育场为超大型球场（6万座以上），其他6座球场均为4万座。974体育场在世界杯后将会被完全拆除，为当地城市发展腾出空间。其余球场在赛后也将拆除座位或改建，拆除的座位将被捐赠到其他地方以再利用。

举办2022年世界杯赛事的8座体育场建筑造型与环境色彩呈现出了多样风采。

1. 有"金色之碗"美誉的卢赛尔体育场

卢赛尔体育场位于卡塔尔首都多哈以北约15千米的卢赛尔新城，东临波斯湾，西邻豪尔公路，是2022年卡塔尔世界杯的主体育场，也是最大的体育场，主要用于举行2022年世界杯半决赛、决赛以及闭幕式等重要赛事活动。

卢赛尔体育场由英国福斯特建筑事务所（Foster+Partners）设计，造型借鉴阿拉伯建筑，以伊斯兰"椰枣碗"和"珐琅灯笼"为设计灵感，整体如金色碗状器皿，屋面呈马鞍形，外观幕墙为金色双曲面铝板幕墙，远观如同一只阿拉伯金钵碗摆放在波斯湾海边，彰显出"金色之碗"的建筑之美。卢赛尔体育场是目前全球跨度与规模最大、系统最复杂、设计标准最高、技术最先进、国际化程度最高的世界杯主场馆。由中国铁建国际集团承建，能容纳92400名观众。世界杯比赛结束后，该体育场将被改造成多功能社区，从该场馆拆除的座椅则会捐赠给缺乏体育基础设施的国家。

2. 翻新扩容的哈里发国际体育场

哈里发国际体育场位于卡塔尔多哈西部约10千米的综合体育场，与阿斯拜尔运动精英学院、哈马德水上运动中心、阿斯拜尔塔共同组成了多哈体育城，它也是卡塔尔世界杯第一座达到全球可持续发展评估系统目标的体育场。哈里发国际体育场始建于1976年，是卡塔尔历史最悠久的体育场之一，也是卡塔尔国家队的主场。这座体育场为2022年世界杯专门有针对性地进行了翻新、重修及扩容。翻修后的哈里发国际体育场造型采用巨大的弧形结构，座位数增加了1.2万个。这里将用于举办2022年世界杯的季军争夺战，世界杯结束后这里将成为卡塔尔国家体育场。

3. 源自贝都因人所用帐篷造型的巴伊特体育场

位于卡塔尔首都多哈以北35千米处的港口城市阿尔科尔的巴伊特体育场此起彼伏的建筑造型，不禁让人们联想到露营的帐篷。该体育场的设计灵感源自古代中东地区游牧民族贝都因人使用的帐篷。如果再仔细观察会发现，就连建筑的外立面也模仿了帐篷的纹理。巴伊特体育场主要用于2022年世界杯开幕式、揭幕战以及其他9场赛事活动，可容纳6万人观赛。体育场配有最先进的可伸缩屋顶，顶棚可以开合，另在场内设有创新的冷却系统，能够配合遮阳屋顶降低场馆内部温度。巴伊特体育场也是卡塔尔世界杯第二座获五星级认证的体育场。由于采用模块化结构，体育场的上层座椅将在世界杯比赛结束后被拆除，并捐赠给世界上有需要的发展中国家。而体育场上层空间的包厢层将改建为五星级酒店，内将开设购物中心、餐厅、健身房和多功能厅，为当地居民和游客提供服务。

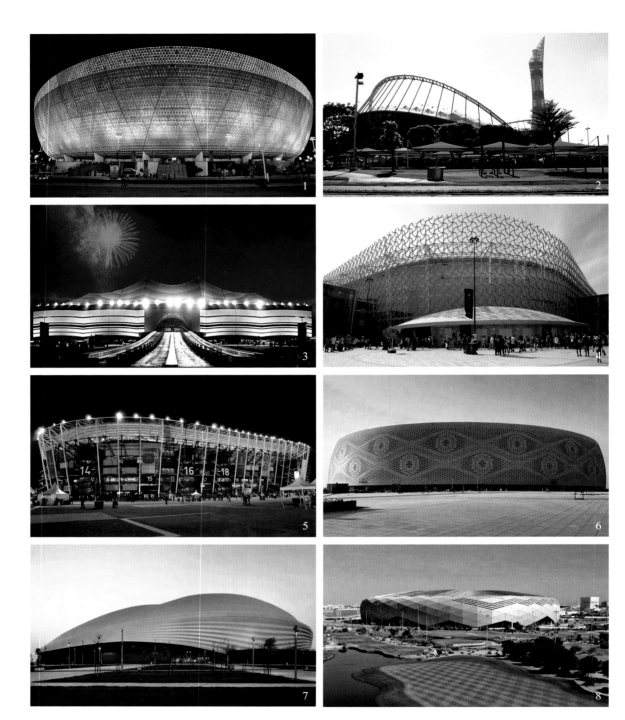

图 9-28 2022 年卡塔尔世界杯体育场建筑造型与环境色彩景观

1. 有"金色之碗"美誉的卢赛尔体育场；2. 翻新扩容的哈里发国际体育场；3. 源自贝都因人所用帐篷造型的巴伊特体育场；

4. "沙漠之门"艾哈迈德·本·阿里体育场；5. 组装模块式的 974 体育场；6. 巨型编织帽——阿图玛玛体育场；

7. "滨海之帆"的贾努布体育场；8. 别称"沙漠钻石"的教育城体育场

4. "沙漠之门"艾哈迈德·本·阿里体育场

艾尔迈德·本·阿里体育场位于瑞扬,设计灵感来自沙丘和伊斯兰建筑。场馆设计采取了许多可持续性的方案,因体育场坐落于沙漠边缘,故有"沙漠之门"之称,可容纳4万人在此观赛。该体育场是在原址上翻新的,所使用的材料中有90%来自原体育场建材。体育场内采用了最先进的冷却技术,以此确保场地可以不受气候变化的影响,全年均可使用。体育场外立面则满是可发光和变色的多媒体屏幕。这些屏幕上面罩着一层金属膜,上面描绘有卡塔尔不同特色的图案和花纹。世界杯结束后,体育场将被移交给当地的足球俱乐部运营。

5. 组装模块式的974体育场

974体育场选址在多哈的拉斯阿布阿巴迪,邻近多哈港的工业区。这是世界杯历史上首座可完全拆卸、移动、重复利用的"绿色球场",可容纳4万人观赛,体育场由模块化钢结构与974个五颜六色的集装箱组成,最大特点便是可自由拆装,从而达到建材可回收利用的目的。974体育场由西班牙的芬威克·伊里巴伦建筑事务所设计,于2017年开始建造。设计采用模块式拼接,每一个模块上都带有可移动座椅、看台、卫生间等必备设施,像乐高积木一样拼接起来。而模块化的优点是节省建筑成本、施工时间和原材料。并可节省大约40%的用水量,因此非常适合在缺水的卡塔尔使用。整个974体育场所用集装箱由中集集团负责定制,美心集团参照英标标准定制的防火门均为"重庆造"。北京时间2022年12月6日凌晨,随着2022世界杯淘汰赛的结束,974球场开始整体拆除,所有集装箱连同体育场内的可移动座椅将被捐赠给有需要的国家,异地重建和回收利用。

6. 巨型编织帽——阿图玛玛体育场

阿图玛玛体育场坐落于多哈南部,结构呈碗状造型,直径达240米,可容纳4万人同时观赛。它的设计灵感来自"加菲亚"——阿拉伯地区男子常戴的传统针织帽,由卡塔尔建筑师易卜拉欣·贾伊达设计。该体育场主要用于举办2022年卡塔尔世界杯四分之一决赛,场馆外立面覆盖着近2.5万平方千米带有蕾丝装饰的穿孔板,从远处看,其造型像极了巨型编织帽。

7. "滨海之帆"的贾努布体育场

贾努布体育场位于滨海城市阿尔·沃克拉,它是8个赛场中位置最靠南的,也是卡塔尔新建赛球场中率先亮相的"滨海之帆"。该体育场为建筑师扎哈·哈迪德的遗作,2013年开始构思设计,在哈迪德2016因病逝世后,由其他设计团队完成。该体育场最大的设计亮点在于它的可控式折叠屋顶,赛场的设计灵感来源于当地传统的单桅三角帆船,弓形梁柱撑起的体育场屋顶被设计成倒置的抽象单桅帆船形式,可伸缩的屋顶完全展开时,犹如一张船帆覆盖在球场上方,可以遮挡炎热的阳光,为足球比赛创造一个相对舒适的环境。

8. 别称"沙漠钻石"的教育城体育场

教育城体育场邻近多哈最好的大学,它被看作是对知识和教育的致敬。教育城体育场是2022年世界杯场馆中首座获得全球可持续发展评价体系五星可持续评级的体育场,主要用于一场四分之一决赛。这座可容纳超过4.5万人的体育场所使用的材料中至少有55%来自可持续资源,28%的建筑材料都是可回收材料,最大限度地减少了体育场建设的碳足迹。建筑灵感源自"钻石",因其外墙以三角形为特色,形成复杂的几何图案立面,在阳光的照射下如同钻石一般会反射出不同颜色，被誉为"沙漠中的钻石"。到了晚上，外墙会上演五彩缤纷的灯光秀，使场馆更加引人注目。

纵览 2022 年卡塔尔世界杯体育场建设，不仅建筑造型独具中东特色，体育场在沙漠中也呈现出五彩斑斓的环境色彩。有"金色之碗"美誉的卢赛尔体育场通体的金色、哈里发国际体育场翻新扩容后张拉膜顶的浅黄色、巴伊特体育场外立面源自贝都因人所用帐篷的彩条纹理、艾哈迈德·本·阿里体育场外立面可发光和变色的多媒体屏幕、由 974 个五颜六色的集装箱组成可自由拆装的 974 体育场，还有形如巨型编织帽的阿图玛玛体育场呈现出的镂空米色、贾努布体育场外立面有"滨海之帆"流动褶皱的白色、别称"沙漠钻石"的教育城体育场阳光下反射出多姿光色等，以及 8 座体育场入夜的灯光照明及灯光秀演示，将白天伊斯兰文化的静穆和入夜的多彩淋漓尽致地展现出来，直至成为 2022 年末令人激情涌动的一抹色彩（图 9-29）。

图 9-29　2022 年卡塔尔世界杯体育场不仅建筑造型独具中东特色，五彩斑斓的环境色彩与光影秀更独具魅力

（三）2022 年卡塔尔世界杯绽放的色彩，或许成为下一年度流行色

随着 2022 年世界杯在卡塔尔的火热开赛，足球这个世界上第一体育赛事的魅力与颜值更让世界感受到球迷们在赛场呐喊带来的欢乐和喜悦，以及人类的凝聚力。而 2022 年卡塔尔世界杯绽放出的色彩，除了体育场在沙漠中呈现出来的环境色彩，还包括 2022 年卡塔尔世界杯带给人们的所有色彩，其中最具影响力的当推 2022 年卡塔尔世界杯吉祥物 La'eeb 和会徽所突出的卡塔尔阿拉伯文化色彩，即"卡塔尔红"。

这种"卡塔尔红"源自卡塔尔当地的天然染料，被广泛运用于卡塔尔人的日常生活。在 2022 年世界杯赛场上，卡塔尔红充满了活力。而 2022 年世界杯开幕式也以红色为主色之一，这种象征着胜利的颜色，更像是寓意着卡塔尔对于世界杯的美好憧憬（图 9-30）。

图9-30　卡塔尔红——2022年世界杯绽放最具视觉冲击与活力的沙漠色彩景观

　　另外，32支参赛球队的颜色无疑是球迷心中最亮眼的那抹色彩。若将2022年卡塔尔世界杯32支参赛球队球衣按照主客场颜色依次排开，呈现在我们眼前的将是四年一度世界杯这场足球盛宴中最华丽的色彩点缀了。还有赛场上各国啦啦队和球迷们带来的奇装异彩及激情四射的展演活动，以及2022年卡塔尔世界杯赛场独特的视觉识别系统、海报招贴和文化展演等，这些缤纷色彩构成2022年卡塔尔世界杯环境色彩系统，助推赛场上下成为色彩交织的欢乐海洋（图9-31）。

图9-31　缤纷色彩构成2022年卡塔尔世界杯环境色彩系统

续图 9-31

而 2022 年卡塔尔世界杯出现的"卡塔尔红",也使不少知名企业和团体找到了时尚的商机，不少品牌、明星、秀场均采用了这抹"卡塔尔红"。如摩托罗拉 moto 推出联名配色手机，以及不少赞助世界杯球赛的公司在主办方官方授权下巧妙运用这种全球性视觉语言，在商标、纪念品和专属产品包装等方面的广泛使用，以通过"卡塔尔红"的专属颜色就能让消费者一眼认出是 2022 年卡塔尔世界杯的特有品牌。

在这个充满不确定性的年代，全球曼延的新型冠状病毒肺炎阻隔了世界的交往，是 2022 年卡塔尔世界杯让世界重新汇聚在一起。作为流行趋势方向标与社会情绪的代表，"卡塔尔红"所具主题及社交属性，或许会成为引领下一年度时尚潮流的流行色彩？让我们翘首以待……

第四节　建筑外部空间环境色彩设计实践应用

一、科技与艺术的融合——武汉光电国家研究中心公共空间及环境色彩设计

当今世界科学技术的发展突飞猛进，新技术革命席卷全球。科学技术正深刻地改变着我们的生活方式并成为经济与社会发展的动力。科研实验建筑是指以进行科学研究与实验为主要用途的建筑类型。随着当今社会变革和科技进步，科学发展呈现整体化、密集化的趋势，需要通过高效率、大范围的组织协调进行一系列科研项目，复杂且多功能的科研实验建筑综合体日渐

成为发展的主流，其发展与建设水准无疑也从一个侧面反映了社会、经济发展的程度。尤其在进入高科技时代的今天，如何在当代建筑文化思潮的影响下，能够融入更多的时代主题于科学实验建筑及其内外环境空间设计之中，从而呈现异彩纷呈、多姿多彩的建筑内外环境空间式样，显然是一个具有前瞻性意义的探索工作（图9-32）。

图9-32　科学实验建筑及其内外环境空间实景
1.德国慕尼黑宝马总部大楼及其研发中心建筑；2.澳大利亚拉筹伯大学分子科研所建筑外观造型；
3.深圳南山高新产业园联想大厦建筑外观造型；4.上海贝尔实验室建筑室内空间环境

（一）科学实验建筑的空间构成及环境设计发展取向

从构成类型来看，科学实验建筑主要包括科研机构、院校及企业的普通和各种专门研发空间、实验场所及科普场所等。这类建筑往往技术性要求较高，有的特殊实验室从选址、总体布局到建筑本身的设计都有严格的要求。依据空间的功能需要，科学实验建筑的空间构成有实验教学空间、设备支持空间以及公共空间之分（图9-33）。

科学实验空间是科学实验建筑中最主要的功能空间，也是科学实验建筑的核心部分，主要的服务对象是科研人员，师生可在此完成实验、教学以及辅助等活动，在一般条件下不对公众开放。

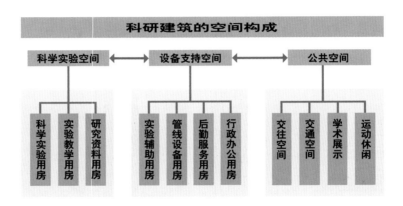

图 9-33　科学实验建筑的空间构成

设备支持空间主要包括实验辅助用房、管线设备用房、后勤服务用房及行政办公用房等，是为实验教学空间提供设备支持的。

公共空间是科学实验建筑内外环境中具有多种功能的公共性空间，主要包括实验空间内部的门厅、共享空间、展示厅、咖啡茶座、会议阅览室等用房，以及实验空间外部的屋顶花园、庭院环境与停车场地等，它是连接科学实验建筑内外关系的过渡空间，也是供科研人员、师生和其他人员使用的公共空间。

若从科学实验建筑内外环境中的公共空间来看，主要可分为建筑内外交通、交流研讨及辅助空间等。科学实验建筑内外交通空间包括垂直交通（楼梯、电梯和扶梯等）和水平交通（走廊、连廊等），是科学实验建筑中具有功能性的空间形式。科学实验建筑中的交流研讨空间包括科研人员和师生之间互相进行学术交流研讨的场所，按照组织模式，交流研讨空间可分为正式和非正式两种。正式交流研讨空间多有着明晰的空间划定，诸如科学实验建筑中所设的会议室、研究室、图书资料室等。非正式交流研讨空间所支持的行为活动大多专业针对性不强，要求气氛轻松，并具有一定的偶发性和随机性特点，诸如科学实验建筑中所设的咖啡茶座、休息室、中庭、室内外平台等。科学实验建筑中的辅助空间主要包括科学实验所用器材库房及公用设施用房（科学实验建筑中水、电、气、油、制冷、空调、低温及热力系统，通信、消防、三废处理、维修工场及车库等空间），辅助空间设计的合理性对科学实验建筑的高效性、通用性和持续性具有直接的影响。

纵览科学实验建筑及其内外环境设计发展，国外在 20 世纪六七十年代伴随着科技研发的突飞猛进，便开始大量兴建用于科学实验的建筑，并建设集约与规模化的科技园区与未来科技城，诸如近几十年来建成的美国旧金山的"硅谷"、128 公路地区、英国的剑桥科学园及法国的索菲亚·安蒂波利斯科学城、瑞典的西斯塔科学城、俄罗斯的新西伯利亚科学城、日本的筑波科学城等。国内的科学实验建筑也在同期经历了初创、开拓，于 21 世纪步入快速发展阶段，先后在东部沿海开放城市，诸如广州、深圳、珠海、中山、福州、厦门、杭州、无锡、苏州、青岛、威海等地建设了具有一定规模的高新科技园区，还有建设中的北京、天津、杭州、武汉四地的未来科技城，以通过科技和产业的发展，引领社会发展（图 9-34）。国内外高新科技园区与未

图 9-34　科学实验建筑内外环境设计的发展

1. 美国旧金山的"硅谷"建筑及空间环境；　2. 英国的剑桥科学园建筑及空间环境；　2. 俄罗斯的新西伯利亚科学城建筑及空间环境；
4. 日本的筑波科学城建筑及空间环境；　5. 北京中关村生命科学园建筑及空间环境；　6. 武汉光电国家研究中心建筑组群及空间环境

来科技城的建设，也促使科学实验建筑及其内外环境一改过去设施简陋、规模狭小、平实质朴的建筑形象，呈现出崭新的变化。发展的取向一是建筑平面空间布局趋向大进深、多开间、组合型与集群化；二是建筑外部形象设计更具创造性，出现变异、新颖的造型；三是内外空间环境设计趋于人性化，并注重公共空间场所特质的塑造；四是环境可持续设计理念引入科学实验建筑及其内外环境设计中，以体现设计的先进性及时代特征。

（二）武汉光电国家研究中心建筑组群及公共空间中存在的问题

武汉光电国家研究中心位于湖北省武汉市东湖新技术开发区，毗邻碧波荡漾的东湖。其前身武汉光电国家实验室（筹）是科技部于 2003 年 11 月批准筹建的第一批五个国家实验室之一，2017 年获批组建武汉光电国家研究中心。该中心由教育部、湖北省和武汉市共建，依托于华中科技大学，联合武汉邮电科学研究院、中国科学院武汉物理与数学研究所、中国船舶重工集团公司第七一七研究所共同组建，旨在通过建设多学科交叉融合的大型科学研究平台，推动国家科学研究的原始性创新（图 9-35）。

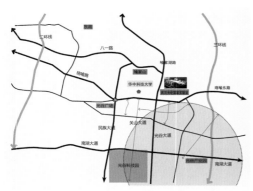

图 9-35　武汉光电国家研究中心在城市的区位及建筑组群鸟瞰

武汉光电国家研究中心占地面积为 4 公顷，光电实验大楼建筑组群建筑面积约 4.8 万平方米，于 2003 年 12 月开始建设，2005 年秋季落成并投入使用。光电实验大楼由 A、B、C、D、E、F、G、H 共 8 栋通过连廊连接的东、西两大建筑单体组群围合而成。其中东边建筑群为 3～4 层，西边建筑群为 5 层，各个楼层均设有面积较大的内部公共空间和外部屋顶平台，一层设多个有门禁系统的供工作人员出入的通道，大楼主要出口与共享大厅设于 D 栋南端，东、西两大建筑单体组群间还有一个东、西、北三面围合的庭院空间（图 9-36）。整个建筑呈现出简约、大方的设计特色和时尚风貌。目前光电实验大楼内已在光电子器件与集成、激光与太赫兹技术、能源光子学、生物医学光子学、信息存储与光显示、光电探测与辐射六大领域建立了 6 个功能实验室，并投入 4 亿多元建立了 12 个科学研究平台以及 1 个光电公共测试平台，开展立足光电前沿的基础研究和满足国家战略需求的高技术研究。从成立至今，该研究中心已承担了以 973 计划、863 计划、国家自然科学基金、国家重大专项、国防科研、国家科技攻关、国际合作为代表的各项科研任务 1000 余项。在激光科学与技术、生物医学光子学、光通信与器件、太赫兹技术、能源光子学、有机光电子学等领域形成了自己的研究特色。

作为设于华中科技大学的国家重大科技基础设施，武汉光电国家研究中心建筑组群内所配备的科研实验设备非常先进，服务配套设施完善，内外环境中的实验教学空间、设备支持空间以及公共空间均进行了相应设计，从而使"光电实验大楼"建筑组群及其内外空间运行至今，不仅满足了千余名固定与流动研究、工程及管理人员在此工作，还承担数千名硕士与博士在各

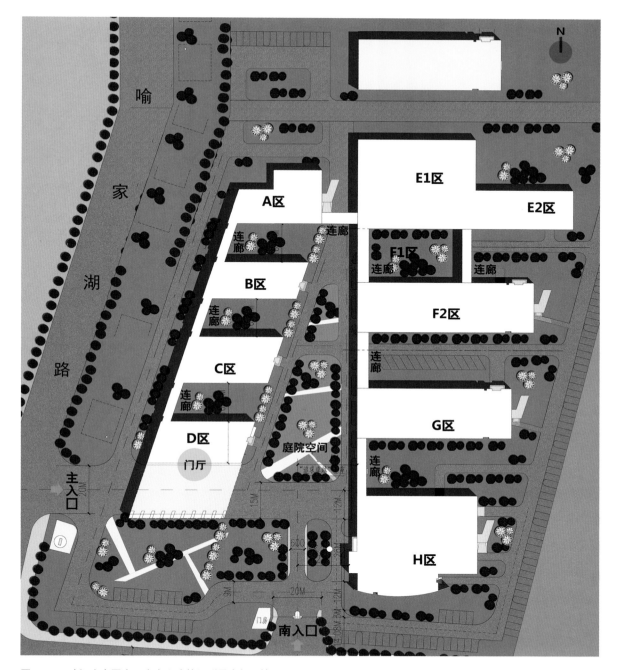

图 9-36 武汉光电国家研究中心建筑组群及空间环境平面图

相关实验室参与科研、学习等工作。经过 10 余年来的发展，武汉光电国家研究中心如今已成为中国光谷的核心科研机构及在光电子信息领域参与国际竞争的标志性品牌，对武汉光电产业起到支撑作用。

只是随着科学实验建筑的快速发展，尤其是出于对科学实验建筑内外环境空间品质提升的需要，科学实验建筑在发挥其科学实验主要功能作用的同时，出现了如何利用建筑公共空间促进相关学科研究人员、师生及与社会等层面的交流与往来，且能从科学实验建筑内外环境空间人性化的角度对公共空间予以探索的问题（图 9-37）。面对科学实验建筑及其内外环境设计的发展态势，以及在光电实验大楼建筑组群从事科研、实验、学习等工作人员的呼声，武汉光电国家研究中心结合建筑组群公共空间氛围营造无特色、服务设施配置尚不到位等问题，于 2015 年 5 月委托华中科技大学建筑与城市规划学院城市环境艺术设计研究室的师生负责对建筑组群公共空间进行内外环境更新改造设计，以从整体上对光电实验大楼建筑组群公共空间品质予以提升，这里便以武汉光电国家研究中心建筑组群公共空间为例来解析，以展现其在科学实验建筑组群公共空间中进行具体服务设施造型与环境色彩设计探索方面取得的成果。

（三）武汉光电国家研究中心建筑组群公共空间及环境色彩设计理念与内容

1. 设计理念

基于现代科学实验建筑及其内外环境设计的发展特色及建筑组群公共空间环境的需要，我们确立的武汉光电国家研究中心建筑组群公共空间环境应该体现以下几点设计理念。

（1）武汉光电国家研究中心建筑组群公共空间环境设计应体现科研实验建筑的专业性格与文化建设风貌，以形成科技与艺术相互融合的设计特色。

（2）武汉光电国家研究中心建筑组群公共空间环境设计应弘扬科研实验建筑的集约化特点，并使内外公共空间环境的功能得以拓展。

（3）武汉光电国家研究中心建筑组群公共空间环境设计应反映科研实验建筑的开放性特质，应以科研需求为导向，搭建起信息交流的开放共享平台。

（4）武汉光电国家研究中心建筑组群公共空间环境设计应展现科研实验建筑的人性化趋向，充分考虑科研人员的各种行为心理需求，空间设计应注重以人为本，公共空间的具体服务设施造型与环境色彩设计应注重对其间各类活动人员的关爱，以促使多种公共活动能在公共空间中开展。

（5）武汉光电国家研究中心建筑组群公共空间环境设计应展现科研实验建筑的生态化趋向，应维护公共空间环境的生态平衡和减少资源的浪费，引入绿色设计理念用于建筑组群公共空间环境设计，且在自然和人工环境的双重影响下，探索出自然环境与人工环境的平衡点，以实现科学实验空间环境与自然的对话，建构出供科研人员放松身心、健康发展的良好生态环境。

2. 设计内容

结合武汉光电国家研究中心内外环境现状，对建筑组群内外环境中公共空间进行更新改造设计，设计的内容主要包括以下两个方面。

（1）建筑内部公共空间环境——武汉光电国家研究中心大楼设于 D 栋南端一层的门厅与共享大厅，A 栋 1～3 层公共服务空间，A、B、C、D、E、F、G、H 共 8 栋楼宇内部交通空间，8 栋楼宇间的连廊空间、东西两个组团建筑间过廊及内部墙面陈列和环境导向设计等。

图 9-37 武汉光电国家研究中心建筑组群内外环境公共空间现状

1～2.武汉光电国家研究中心建筑组群外观造型；3.武汉光电国家研究中心大楼出入口与共享大厅；4.大楼过道；5.垂直交通空间；6.展示空间；7.大楼走廊；8.A区公共空间；9.东西两组建筑的连廊；10.外部庭院空间；11.建筑屋顶平台；12～14.大楼外部空间环境

（2）建筑外部公共空间环境——武汉光电国家研究中心大楼东、西两大建筑单体组群间围合而成的庭院空间，即中庭，各个楼层所设外部屋顶平台，外部空间具体的服务设施造型及环境色彩的设计等。

（四）武汉光电国家研究中心建筑组群公共空间及环境色彩设计配置规划

武汉光电国家研究中心建筑组群公共空间服务设施造型与环境色彩设计配置规划是依据建筑组群内外公共空间的功能布局来进行的，以使建筑组群公共空间通过服务设施造型与环境色彩设计配置规划，能够体现出现代科学实验建筑及其内外环境设计的发展特色，以及建筑组群公共空间环境的建设需要。设置规划依据公共空间环境建设的部署与资金投入情况，采用整体规划、分期实施的方式进行建设。

1. 内外环境空间序列

在空间序列方面，根据国家实验室建筑组群内外空间围合形态，将其公共空间主要设计部分分成"起始—过渡—高潮—延续—结束—余音"等段落。

起始段—门厅，过渡段—走廊，高潮段—公共服务空间，延续段—连廊和屋顶花园，结束段—走廊，余音段—庭院（图9-38）。

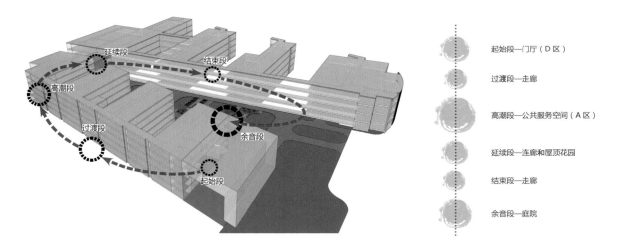

图9-38　武汉光电国家研究中心建筑组群及环境空间序列图示

2. 内部公共空间环境设计

（1）D区门厅与共享大厅。

D区门厅是武汉光电国家研究中心大楼的主入口，位于D栋南端一层。作为联系内外环境的过渡空间，门厅与共享大厅也是武汉光电国家研究中心人流集散的交通枢纽和建筑内部空间的开端。与一般公共建筑相比，在空间氛围塑造上应能彰显整个光电国家研究中心大楼建筑的特点，空间更新改造主要从以下几个方面展开（图9-39）。

一是在空间特色塑造方面，结合武汉光电国家研究中心已有六大领域功能实验室的学科特色进行设计要素提取，拟围绕具有光电国家研究中心空间符号氛围特色塑造来做文章，以凸显

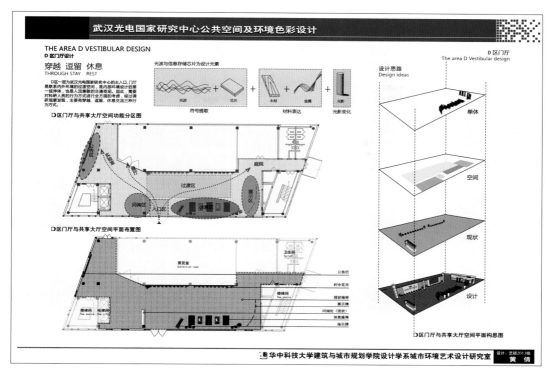

图 9-39　武汉光电国家研究中心建筑组群 D 区门厅与共享大厅空间环境设计图

内部公共空间环境设计的性格与特点。

二是在空间功能布置方面，通过对 D 区门厅与共享大厅空间的调查，发现功能主要包括穿越、休息与交流三种，空间布置即在满足交通的基础上设置问询区、休息区、展示区和公告区等。其中问询区为来宾提供来客登记、信息咨询与导引服务，休息区是为科研人员提供短暂休息和交流的活动空间，展示区则用于推介与展示科研成果，公告区用于相关信息的即时发布。

三是在空间环境色彩设计方面，D 区门厅与共享大厅空间的环境色彩以暖色调为主，顶棚为白色吊顶，墙面为白色乳胶漆饰面，黑色石材收边，地面以浅棕色石材饰面，力求塑造出安静、轻松、自由又不失庄重的科研建筑内部空间环境氛围；在采光照明方面，利用玻璃幕墙在白天将自然光引入，灯光辅之，夜晚照明在满足功能需求的基础上，利用蓝色光源及混合光照方式，渲染内部空间环境的气氛。

四是在空间服务设施配置方面，利用不同功能分区相应设置导向指示系统、信息告示栏、陈设展台及供交流使用的休闲座椅，以及结合展示背景墙与休息区进行绿化布置，从而在营造环境庄重感的同时带来场所空间的亲和性与归属感。

（2）A 区内部公共空间。

A 区位于武汉光电国家研究中心西侧建筑组群北部，内部公共空间包括 1～3 层，现除一层大厅设有校园模型及导向指示标识外，无任何陈设物品，且内部空间光线较暗，空间给人一种冷漠的印象，作为武汉光电国家研究中心大楼的公共服务空间，尚未得到利用，作为此次空间更新改造的重点，主要从以下几个方面来展开。

① 在空间特色塑造方面。

从空间布置来看，重点在 A 区内部公共空间增设具有公共性的交往空间，其中一层为武汉光电国家研究中心的次入口，规划布置了入口导引区、展示区和休息区；二层布置了讨论区与活动区；三层布置了交流区、休息区与服务区等交往空间内容。在空间尺度与造型上则依据研究中心内各种人员的行为需求进行设计，既考虑设计有利于独处、思考的半开放空间，也有供交流、游戏的开敞空间；另外，在二层还通过立方体的错落摆放来增加空间的层次，三层则利用木地板抬高地面和悬浮的 DNA 座椅来营造空间围合效果，增加空间布置的趣味性。

从意境塑造来看，一层内部公共空间的主题定为"光电剪影"，设计符号提取于光电子器件，诸如圆形金属展示框即利用集成电路板的线条与层次，串联楼层分布示意图与六大功能实验室的简介形成展示界面。二层内部公共空间重点展现信息的传输与存储，空间的主题定为"光电律动"，设计元素撷取"立方体糖块"，进行排列组合，形成不同的高低组合关系，以适应使用者的不同需求。另外，光导纤维是信息光通信的基本材料，活动区的体感游戏运用了光电的显示技术，以引起活动参与者产生共鸣和亲切感。三层内部公共空间的主题定为"神奇的DNA"，设计元素来源于生物医学光子学中 DNA 的双螺旋结构，简约流畅的双曲线桌椅与隔断，营造内部环境的归属感。另外，墙面造型元素提取于光的衍射，将其进行简化、抽象处理，形成放射状的装饰图案，是对光元素的具体描绘，也是对研究中心的主体诠释。

② 在环境色彩设计方面。

从环境色彩设计来看：一层内部公共空间的配色以蓝色作为环境色彩配置的基调，红色点缀并搭配不同程度的灰色和白色，以展现武汉光电国家研究中心内部公共空间稳重与大气的科技感。二层内部公共空间以木材的暖色调为主，搭配蓝色 LED 感压灯，在营造舒适环境的同时展现内部公共空间的亲和性。三层内部公共空间的配色以光电蓝和白色为主色调，深灰色为点缀色，以协调内部环境色彩的对比关系。

从采光照明设计来看，一层内部公共空间的采光照明以自然光为主，并辅以局部装饰照明，使内部空间光线较暗的现状得以改善。二层内部公共空间的地面采用 LED 感压灯拼合而成，当空间光线较暗时，相关人员进入其中，可控地面逐步发光，且照明光斑随着人的移动而移动，当空间的人越来越多时，整个空间的照明会在人们"齐心协力"下变得通透梦幻，照明以互动性的方式来拉近人与环境、人与人之间的距离，彰显灯光照明的科技感。三层内部公共空间的采光照明，着重利用灯光来营造空间氛围，并与家具、植物、装饰等形成光影感，以体现公共服务空间的场所特色。

③ 在服务设施配置方面。

A 区内部公共空间利用各层不同功能分区设置相应的导向指示系统、展示橱柜、供交流使用的各具特色的休闲座椅及服务设施，并结合公共空间分区与界面处理进行绿化布置和陈设设计，以使更新改造的 A 区内部公共空间能够激发武汉光电国家研究中心各类成员在此交流与活动（图 9-40）。

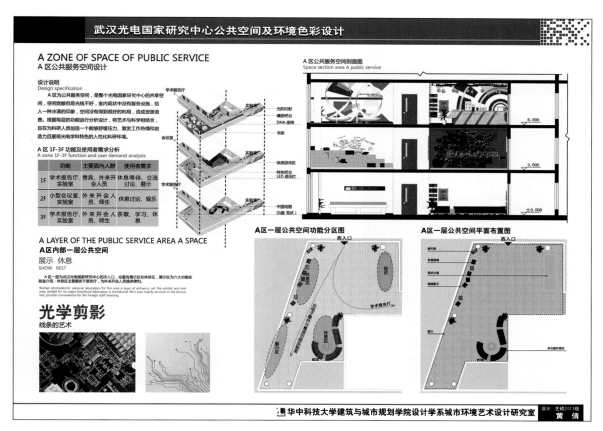

图 9-40　武汉光电国家研究中心建筑组群内部公共空间环境设计图

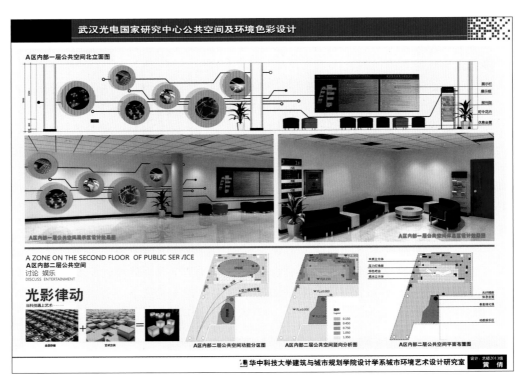

续图 9-40

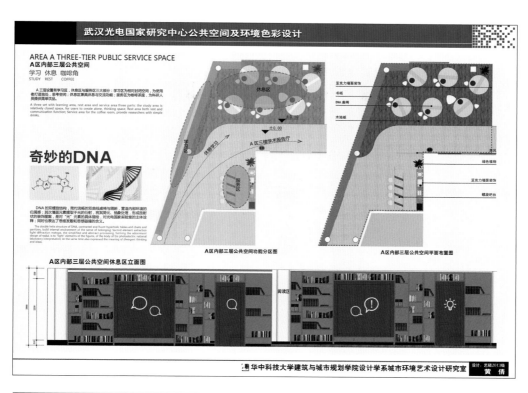

AREA A THREE-TIER PUBLIC SERVICE SPACE
A区内部三层公共空间
学习 休息 咖啡角
STUDY REST COFFEE

A区三层设置有学习区、休息区与服务区三大部分：学习区为相对封闭空间，为使用者打造独处、思考空间；休息区聚具休息与交流功能；服务区为咖啡吧承接，为科研人员提供简单饮品。

A three-set with learning area, rest area and service area three parts: the study area is relatively closed space, for users to create alone, thinking space; Rest area both rest and communication function; Service area for the coffee room, provide researchers with simple drinks.

奇妙的DNA

DNA的双螺旋结构，简约的流畅的双曲线桌椅与隔断；营造内部环境的归属感；其次墙面元素提取于光的衍射，抽象处理，形成放射状的新形画面，是对"光"元素的具体描绘，对光电国家实验室的主体诠释；同时也表达了节能发散的思维设计的含义。

The double helix structure of DNA, contracted and fluent hyperbolic tables and chairs partitions, build internal environment of the sense of belonging; Second element extraction light diffraction mottype, the simplified and abstract processing, forming the adjustment design of radial, is to "light" elements of the figures, of the body of the photoelectric national laboratory interpretation; At the same time also expressed the meaning of divergent thinking and ideas.

A区内部三层公共空间功能分区图

A区内部三层公共空间平面布置图

A区内部三层公共空间休息区立面图

亚克力墙面装饰
书柜
DNA座椅
木地板

绿色植物
亚克力墙面装饰
螺旋吧台

阅读区

华中科技大学建筑与城市规划学院设计学系城市环境艺术设计研究室

设计：艺硕2013级
黄倩

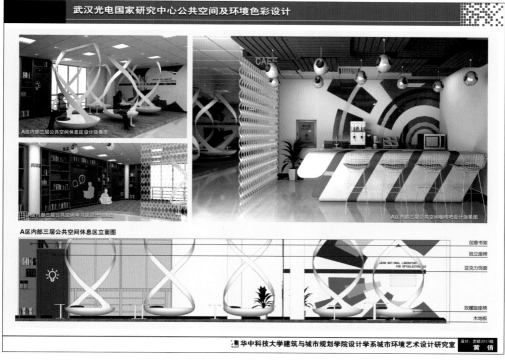

A区内部三层公共空间休息区设计效果图

A区内部三层公共空间学习区设计效果图

A区内部三层公共空间咖啡吧设计效果图

A区内部三层公共空间休息区立面图

创意书架
独立座椅
亚克力饰面
双螺旋座椅
木地板

华中科技大学建筑与城市规划学院设计学系城市环境艺术设计研究室

设计：艺硕2013级
黄倩

续图 9-40

（3）内部交通空间。

内部交通空间是武汉光电国家研究中心大楼8栋楼宇中不可少的功能性空间，包括垂直交通与水平交通空间。它们是建筑组群内部空间中垂直与水平交通联系的纽带。

① 建筑组群内部空间中的垂直交通。

武汉光电国家研究中心大楼垂直交通是建筑内部联系上下层的交通空间，主要包括楼梯、电梯、自动扶梯及坡道等。其空间更新改造在公共服务设施方面主要对导向指示系统、采光照明系统等进行优化与重新设计，两者均遵循武汉光电国家研究中心建筑组群内外公共空间环境应该体现的设计理念，并提高空间的设计表现效果。坡道这种特殊的垂直交通形式在科研实验建筑内外空间中应用广泛，不仅在入口处设置，也在有高差的走道设置，以打破垂直交通界面的限制，提高空间无障碍通行的便利性。

② 建筑组群内部空间的水平交通。

武汉光电国家研究中心大楼水平交通主要由走廊过道构成，走廊过道宽为4米，有半开敞式和封闭式之分。对武汉光电国家研究中心大楼各层走廊过道进行改造，可根据相关人员在走廊过道的活动方式，在半开敞式走廊空间增加休息区，设置坐凳、垃圾桶等来丰富空间功能，使相关人员在走廊过道空间能短暂地停留、交流与休息。在封闭式走廊空间可利用墙面布置展板，以展示不同学科取得的最新科研成果。在半开敞式连廊空间，则可利用自然光照，使放置其间的公共服务设施、绿化植物及相关陈设物品在空间上形成光影律动效果，而由于封闭式走廊空间光线昏暗，可利用照明灯光的艺术处理，使走廊过道空间具有科技展示的特点。在东西两大建筑组群的连廊空间中，采用休息坐具与种植容器相结合的方式，使建筑组群内外环境产生相互呼应的设计效果（图9-41）。

3. 外部公共空间环境设计

（1）庭院空间。

由武汉光电国家研究中心大楼东、西两大建筑单体组群围合而成的庭院空间——中庭，是武汉光电国家研究中心大楼外部公共空间环境构成的主体。中庭作为此次外部空间更新改造的重点，主要从以下几个方面对空间环境进行优化。

① 在空间特色塑造方面。

从空间布置来看，对庭院空间环境进行优化的目标，主要是创造宜人的户外交往、休息环境，使在武汉光电国家研究中心大楼建筑组群中工作及学习的相关人员能够就近感受到自然及经过调节的局部微气候，并增加空间的趣味性。依据庭院空间现状，整个庭院空间在功能分区上分为交流讨论区、活动娱乐区、员工休息区和成果展示区，以多层次提升庭院空间的文化品质。

从意境塑造来看，原庭院空间仅为疏林草坪，并无主题，此次更新改造设计通过对具有光电子形象特色的集成电路板进行元素提取，结合绿色草坪以形成简洁、明快、抽象和富有线条感的庭院空间环境景观效果，凸显武汉光电国家研究中心大楼建筑组群中心庭院空间的环境主题与设计意境。

② 在环境色彩设计方面。

从环境色彩设计来看，庭院空间与周边环境的环境色彩相呼应，以绿色植物为基调色，红

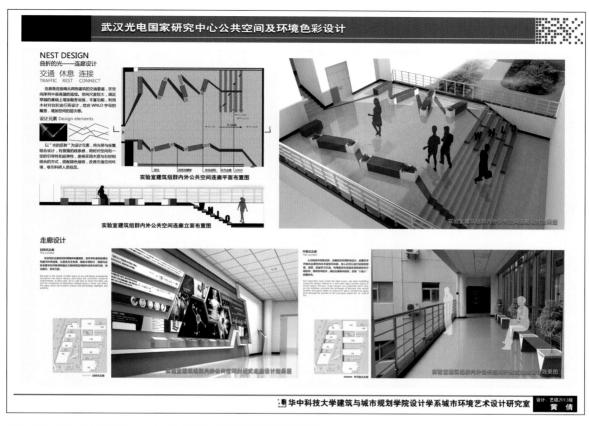

图 9-41　武汉光电国家研究中心建筑组群内部交通空间环境设计图

枫为点缀，形成春花、夏荫、秋色、冬香的景致。庭院空间中的硬质铺装采用彩色混凝土砖，并点缀深蓝色的成果展廊、导向标识及多彩的户外休息坐具、色彩靓丽的休息亭廊等，以使庭院空间环境在绿色基调背景的映衬下，充满高新科技时代的色彩设计活力。

从灯光照明设计来看，将绿色照明理念引入庭院空间照明，结合现代绿色照明技术，运用泛光照明、轮廓照明、透光照明等形式和不同的灯具，使武汉光电国家研究中心大楼建筑组群中庭院空间的灯光照明给人以独有的视觉印象。

③ 在服务设施配置方面。

将武汉光电国家研究中心大楼建筑组群入口一侧的配景类标志石予以保留，增设户外具有特色的成果展廊、导向标识、休息坐具与亭廊，以及周边停车廊架与智能感应垃圾箱等的配置，使庭院空间环境品质得以提升。此外，保留庭院空间南端的雪松，并稍加修整，形成背景树林，将原庭院空间中长势较好的植被进行移栽，以桂花为点景，结合茅草类、茶梅球、花叶蔓长春等形成丰富的庭院空间景观层次，也使庭院空间更显清净自然（图 9-42）。

（2）屋顶平台。

武汉光电国家研究中心大楼建筑组群各个楼层设有多个屋顶平台，它是研究中心内部空间

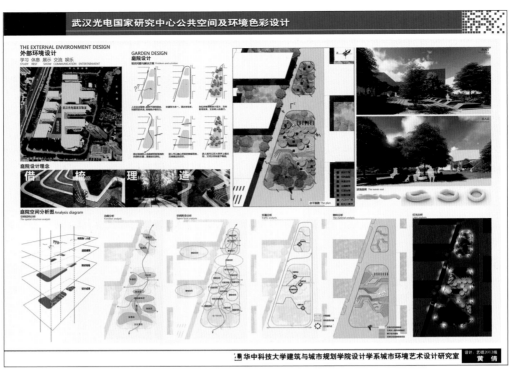

图 9-42 武汉光电国家研究中心建筑组群外部公共空间环境设计图

向外部自然环境的延伸，应得到有效的利用。

　　从屋顶平台来看，功能主要包括交流、活动与休憩，它与外界直接接触，往往更受到人们的青睐，吸引人们到此聚集。此外，对屋顶平台进行绿化，还能改善处于夏热冬冷地区建筑组群的物理性能，尤其是在夏季气候炎热的武汉，可以防止屋顶表面温度过高，降低屋顶下的环境温度，并创造宜人的空间环境。屋顶平台的设计结合绿化、座椅来划分空间，以营造轻松、自由的环境氛围，促使更多的科研交往活动在此展开（图9-43）。

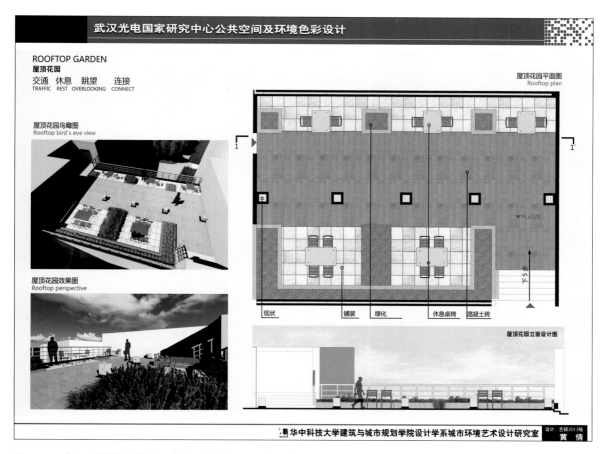

图9-43　武汉光电国家研究中心建筑组群外部屋顶平台环境设计图

（五）武汉光电国家研究中心建筑组群公共空间具体服务设施造型与环境色彩设计

　　武汉光电国家研究中心建筑组群公共空间具体服务设施造型与环境色彩设计主要包括导向信息指示系统、告示展架、休息桌凳、垃圾箱桶、陈列橱柜、停车场廊架、新能源车充电桩等。

　　1. 导向信息指示系统

　　导向信息指示系统是指由位置标志、导向标志等要素组成的引导人们在公共场所进行有序活动的识别指示系统。标准的导向信息指示系统会方便人们的出行、交流，它是一种非商业行为的符号语言，存在于生活的各个角落，并为人类社会带来了无形价值。导向信息显示屏多为液晶显示屏，属于平面显示器的一种，用于电视机及计算机的屏幕显示。显示屏的优点是耗电量低、体积小、辐射低。武汉光电国家研究中心建筑组群公共空间中的导向信息显示屏以光电波为设计元素，采用防腐木与不锈钢相结合进行设计造型。色彩以不锈钢的银灰色、仿木纹饰面及显示屏的黑灰色为主，加上研究中心的红、蓝标识色进行点缀，以与研究中心公共空间的整体环境氛围相融合（图9-44）。

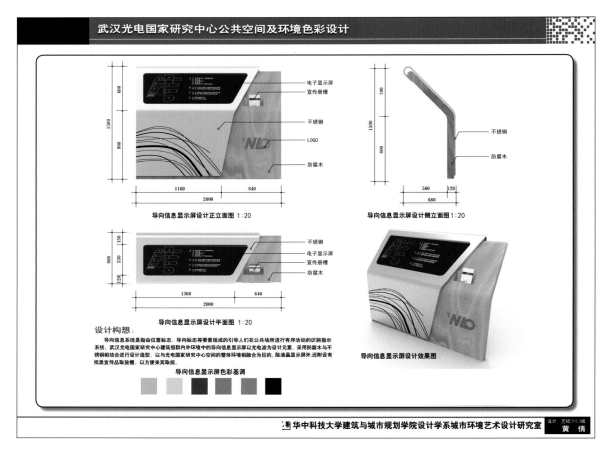

图9-44　武汉光电国家研究中心建筑组群公共空间导向信息显示屏造型及色彩设计

2. 告示展架

告示展架为武汉光电国家研究中心建筑组群公共空间中配置的服务设施，展架材质选用新型的高分子不锈钢复合材料，不仅用材硬度大、强度高，且防水、防污，夜间配置感应灯具，使告示展架具有智能感应的功效。实验室建筑组群内外环境中的报刊展架、悬挂式展示板等，均选用同类用材，色彩以不锈钢的银灰色系列及蓝灰色为主，银灰色系列还可进行抛光和亚光处理，形成深灰和浅灰色的变化，以取得与告示展架同质的设计造型效果。武汉光电国家研究中心作为设在高校中的国家研究中心，可定期为在校师生举办科研成果展示活动，这不仅可以吸引校内外相关人士的参与,加强相互间的交流与学习,同时也能促使师生走向实验室公共空间,感知科技前沿的最新动态和探索成果(图9-45)。

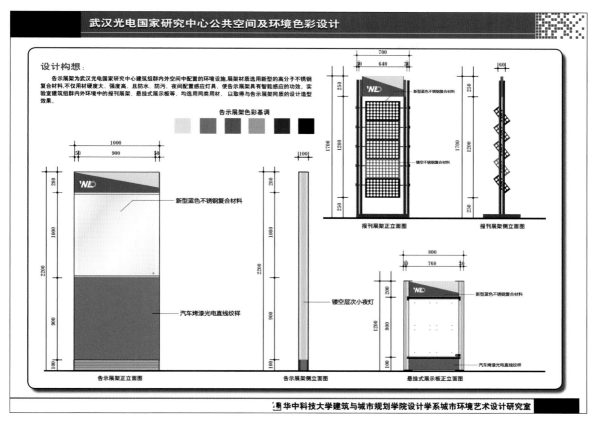

图9-45　武汉光电国家研究中心建筑组群公共空间告示展架造型及色彩设计

3. 休息桌凳

休息桌凳包括武汉光电国家研究中心建筑组群A区内部三楼公共空间中服务区咖啡吧所设的吧台桌及8栋楼宇内所配休息坐具(图9-46)。其中服务区咖啡台的吧桌以DNA螺旋结构为设计灵感,采用不锈钢与亚克力材料相结合的设计,以反映武汉光电国家研究中心生物光子学的学科特色,造型时尚且具有特定场所空间的设计考量。

武汉光电国家研究中心建筑组群中的休息坐具主要放置于8栋楼宇内的公共空间,设计灵感源于"光"的设计元素,运用不锈钢与亚克力结合设计,配置在实验室建筑组群内的各层公共空间,以便于科研人员及师生在公共空间中的相互交流,并给人们传达出科研实验建筑组群公共服务设施配置的前卫与时尚感。在武汉光电国家研究中心建筑组群入口广场置放的户外坐具,设计以物体入水泛起的层层涟漪为创意灵感,以回形为构成形式,经过旋转、扭动,形成有韵律与美感的曲形体。将这种形态赋予合适的尺度和形态,成为户外坐具的设计造型,坐具中向下凹陷的形态符合人体工程学,使设计能满足使用者对舒适性的需要。

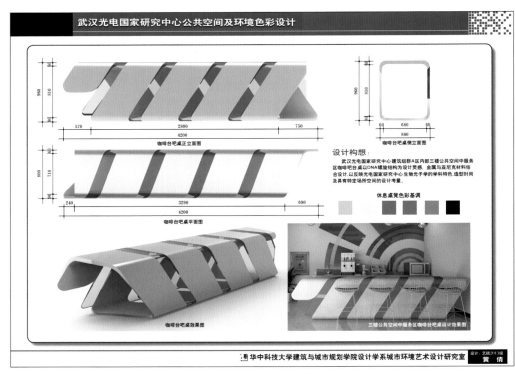

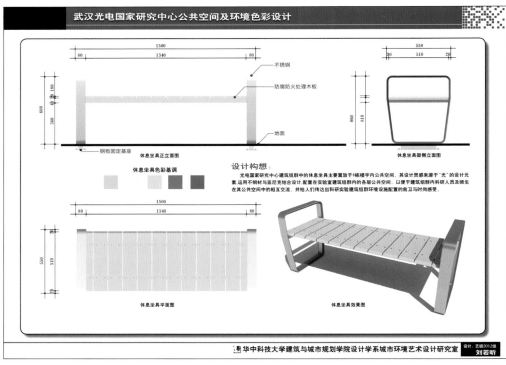

图9-46　武汉光电国家研究中心建筑组群公共空间休息桌凳造型及色彩设计

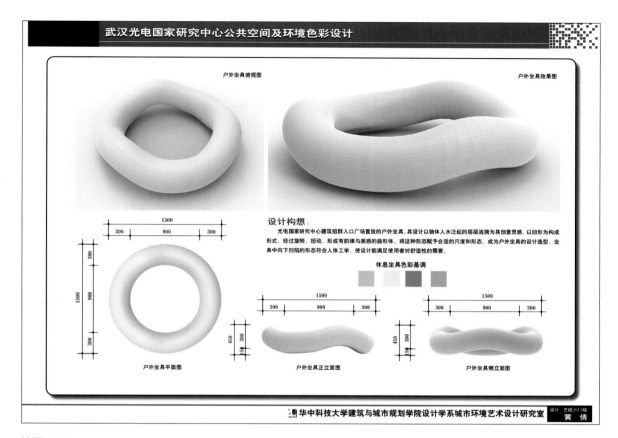

　　武汉光电国家研究中心公共空间的休息桌凳设计造型，不管放置于建筑组群内外的何种场所，环境色彩均依选用的制作用材本色予以展现材质美和科技感，即以抛光和亚光处理所形成的深灰色和浅灰色变化的银灰色系列为主，并在不同区域以深红、橙黄、深绿、钴蓝及浅紫色带予以点缀，以在整体空间氛围统一的基础上形成变化，增强场所的设计魅力。

　　4. 垃圾箱桶

　　武汉光电国家研究中心建筑组群公共空间设有垃圾箱桶（图 9-47），建筑组群内各层可设具有场所特点的智能垃圾桶。智能垃圾桶由先进的微电脑控制芯片、红外传感探测装置、机械传动部分组成，是集机光电于一体的高科技新产品。当人的手或物体接近投料口（感应窗）25 ～ 35 厘米时，垃圾桶盖会自动开启，待垃圾投入 3 ～ 4 秒后桶盖会自动关闭，人、物无须接触垃圾桶，从而解决了传统垃圾桶存在的卫生污染隐患，能有效杜绝各种传染性疾病通过垃圾进行传播和防止桶内垃圾气味溢出。

　　在建筑组群外环境所设垃圾桶为普通垃圾桶。就容纳垃圾的形式而言，垃圾桶分为独立垃圾桶和分类垃圾桶。就加工材料而言，垃圾桶可分为塑料垃圾桶、不锈钢垃圾桶、陶瓷垃圾桶、木质垃圾桶、水泥垃圾桶和纸浆垃圾桶等形式。

设计构想：

光电国家研究中心建筑组群内外公共空间放置的垃圾箱桶，其中在建筑组群内各层可设具有场所特点的智能垃圾桶，在建筑组群外环境所设垃圾箱即为普通垃圾桶。垃圾箱桶就盛放垃圾形式可分为独立垃圾箱桶和分类垃圾箱桶等。对垃圾进行分类处理是环境设施设置未来的发展方向，作为光电国家研究中心建筑组群内外公共空间，其卫生类环境设施的合理配置，更是直接反映出公共空间的品质和场所特点。

智能垃圾桶色彩基调

智能垃圾桶效果图

智能垃圾桶正立面图

智能垃圾桶侧立面图

普通垃圾桶正立面图　　普通垃圾桶侧立面图

普通垃圾桶效果图

华中科技大学建筑与城市规划学院设计学系城市环境艺术设计研究室

图 9-47　武汉光电国家研究中心建筑组群公共空间垃圾箱桶造型及色彩设计

但不管放置于建筑组群内外何种场所，也不论是智能垃圾桶还是普通垃圾桶，环境色彩在整体造型上均采用以深蓝色为顶盖、灰色系列色为桶体的处理方式，并将垃圾分类标识及色彩用于其中进行点缀，既可使垃圾桶在武汉光电国家研究中心建筑组群公共空间组合设置中形成整体，也可在其间依需要独立设置，但在环境色彩效果上是具有系列感的。垃圾桶作为武汉光电国家研究中心建筑组群公共空间中卫生类服务设施造型与环境色彩设计的合理配置，也直接反映出公共空间的品质和场所特点。

二、武汉东湖生态旅游风景区梨园大门入口空间广场公共服务设施及环境色彩设计

武汉东湖生态旅游风景区梨园大门入口空间广场位于武汉市东部徐东路与沿湖大道交会处。武汉城市形象道路——武汉大道的开通，以及武汉东湖生态旅游风景区的建设，已使这里成为武汉市整个城市空间中一个重要的城市集汇中心。

（一）武汉东湖生态旅游风景区概貌与文化背景

1. 武汉东湖生态旅游风景区概貌

武汉东湖生态旅游风景区位于武汉市东部，整个风景名胜区面积为 88 平方千米，其中水域面积为 33 平方千米，是中国最大的城中湖。东湖风景区于 1950 年开始建设，1982 年被国务院列为首批国家重点风景名胜区。如今的东湖已形成各具特色的六大游览区，即听涛区、磨山区、珞洪区、落雁区、吹笛区及还未完全建成的白马区。秀美的湖光山色景观别致，风光迷人。已建成对外开放的游览区有听涛区、磨山区、吹笛区、落雁区四大景区，景点 100 多处。12 个大小湖泊水波浩瀚，120 多个岛渚星罗棋布，112 千米湖岸线形曲折，环湖 34 座山峰绵延起伏，10000 余亩山林林木葱郁，湖水镜映，山体如屏，山色如画。一年四季，景色诱人，可赏"春兰、夏荷、秋桂、冬梅"（图 9-48）。

图 9-48　武汉东湖生态旅游风景区

2. 文化背景

东湖作为国内最大的楚文化游览中心，早期于听涛景区兴建的行吟阁、屈原塑像与纪念馆闻名遐迩（图 9-49）。20 世纪 80 年代后期，磨山景区建设了中国楚城，陆续建成了楚城城门、楚市、凤标、楚天台、祝融观星、离骚碑、楚辞轩、唯楚有材园与清和桥等景点。东湖湖畔还建有湖北省美术馆、博物馆、楚风园等。其中湖北省博物馆内珍藏大量楚地出土文物，如镇馆之宝——曾侯乙编钟享誉世界。浓郁的楚风、精妙的楚韵、丰富的内涵、远扬的美名，深厚的人文底蕴，让游人在观赏编钟乐舞表演之后，能够领略到楚文化的博大精深（图 9-50）。

图 9-49　东湖听涛景区的屈原塑像、行吟阁与纪念馆

图 9-50　东湖作为国内最大的楚文化游览中心，周边已建成一系列具有浓郁楚韵的文化景点

此外，依山傍湖的东湖梅园为江南四大梅园之首，50余公顷园地上300余种梅花争芳斗艳。目前，已登录的世界梅花品种共262个，东湖梅园就占了152个，是中国梅花研究中心所在地。而东湖荷花资源圃拥有荷花品种505个，水生植物20多个，是中国荷花研究中心所在地。以梅花与荷花在国内乃至世界的地位，使其并列成为武汉市市民公认的市花（图9-51）。

图9-51　梅花与荷花并列成为武汉市民公认的市花

如此底蕴深厚的文化内涵，独有的花卉研究基地，加之秀美的湖光山色，使武汉东湖生态旅游风景区成为令人向往的人文与自然融合的旅游胜地。

（二）入口空间广场现状与发展愿景

现有东湖梨园大门，在原武汉东湖生态旅游风景区整个规划布局中，为东湖听涛景区的一个出入口，并有意将其打造成整个武汉东湖生态旅游风景区面向未来发展的主要入口空间广场（图9-52）。

东湖梨园大门入口宽约30米，门前距马路50米，大门两侧各植有雪松5株，门内北侧有一小山坡，坡上种的樟树，南侧土坡上有大樟树1株，枫树3株，并有桂花、竹丛等低矮植物散植其间。大门与梨园广场中间被沿湖大道隔开，该路按规划将以广场边界为限向大门方向拓宽到25米。由于大门与广场不是一次规划而成的，从而造成大门的轴线与广场的中轴线不在一条直线上。随着城市的发展，大门周围的空间环境出现了很大的变化，尤其是周围城市道路等基础设施的建设，加之梨园广场的建成，使往日市民对地处偏僻的梨园大门从仅仅局限于一个景区出入空间的认识，逐渐上升到面向未来整个东湖国家级风景名胜区主要出入口空间的高度来畅想。为此，现有梨园大门的形象显然与未来武汉东湖生态旅游风景区的发展不相适应，亟待新建一个与国家生态旅游风景区地位相符的大门及入口空间广场（图9-53）。

图 9-52　东湖梨园大门入口空间鸟瞰与建设基地平面

图 9-53　东湖梨园大门入口空间广场现状实景

　　为此，武汉东湖生态旅游风景区管委会于 1999 年初组织了大门及入口空间环境广场邀标竞赛，在数轮评审中，笔者团队完成的东湖梨园大门入口空间环境设计方案以第一名胜出，受到评审专家的一致好评与赞誉，只是 20 余年过去，东湖梨园大门入口空间环境由于种种原因，仅在维持当初梨园大门旧貌的基础上做了修饰性改造，设计师付出心血完成的设计成果也被束之高阁，成为沉睡中的美好蓝图（图 9-54）。

（三）入口空间广场规划构思

　　基于对武汉东湖生态旅游风景区在城市中的地位，以及深厚的文化底蕴及秀美的湖光山色，我们认为东湖梨园大门作为未来整个东湖国家级风景名胜区的主要出入口空间，入口空间广场规划设计应该努力体现出如下的构思创意（图 9-55）。

图 9-54　东湖梨园大门入口空间环境艺术设计方案与竞标设计专家评审会

图 9-55　东湖梨园大门入口空间环境设计构思创意及其要素提取

1. 设计应体现所处城市的特色

　　作为地处武汉市区东部的国家级风景名胜区，东湖无疑是整个城市空间环境中一个重要的组成部分，也是城市空间的自然延伸与特色所在。若从风景名胜区来说，它既具有风景名胜区的诸多特征与独立性，同时又具有城市大型公园的许多特点与共同性，是湖北乃至武汉地区旅游开发的重心与建设山水园林城市主要的构成内容。因此，在入口空间广场规划设计中，要从将其纳入整个城市空间环境艺术设计的高度来认识，以使设计能体现出所处城市的特色与个性，并能将其建设成为整个武汉城市空间环境的一个窗口及东湖国家级风景名胜区具有标志特征的环境艺术设计作品。

2. 设计应反映所处的时代精神

入口空间广场公共服务设施规划设计的创作在体现城市特征的同时，还应强调现代审美意识，这样才能与时代精神密切相关。作为东湖国家级风景名胜区入口空间广场，过去虽有进行规划设计，但站在今天变化了的视点来观察它，仍然是一个新的设计项目，需要设计师能够立足当代来思考。具体来说，就是东湖国家级风景名胜区入口空间广场应满足广大市民日益增长的审美需求，构思立意应该表现出新的设计理念，特别是在飞速发展的当代，设计更应表现当今的技术与艺术发展水准，符合时代前进的节拍。为此在设计中我们应该力求摆脱过去样式的束缚，能从新的发展条件、新的需要中寻找一个有时代精神与文化内涵的入口空间广场规划设计形式，这样的入口空间广场才是有时代性与创造性的。

3. 设计应展示独特的文化品位

作为未来武汉东湖生态旅游风景区入口空间广场与公共服务设施的规划设计，设计本身就要求在构思创意上能展示独特的文化品位。而在大环境观念下，设计自然应在其建造环境中找到文化归属感，作为设计的构思创意，若能从环境艺术的角度出发深入思考环境问题，就会使设计创作更趋完整，并达到更高的文化层次。只是设计应该强化城市形态延续下来的文化精神，但绝非是简单的延续与重复古人，更不能是仿制的假"古董"。这样就要求设计能够运用当代建筑与环境艺术设计的形式语言和符号语汇，在取得"文化归属感"的同时，使面向未来的武汉东湖生态旅游风景区入口空间广场规划设计能够体现出城市与风景名胜区应有的文化底蕴。

除此之外，作为国家级风景名胜区的入口空间广场，规划设计的构思创意还应与一般城市公园与娱乐场所的入口空间广场有所区别，尤其是将其放在整个风景名胜区的环境来考虑，入口空间广场的大门应有一定体量。同时风景名胜区入口空间广场的大门也不是一般行政机关、厂矿企业的大门，设计应体现一定的趣味性，即在设计中体现出娱乐、休闲与好玩的特点……正因为是这样，笔者团队确立的武汉东湖生态旅游风景区入口空间广场公共服务设施规划设计的性质应该为：立足东湖国家级风景名胜区走向未来发展的需要，将武汉东湖生态旅游风景区入口空间广场设计成为一个有城市个性特色、时代精神风貌与独特文化品位，具有趣味性和武汉城市形象及标志特征的环境艺术设计作品。

（四）入口空间广场规划设计

1. 入口空间广场规划布局

从整个武汉东湖生态旅游风景区梨园大门入口空间广场规划平面布局来看，大门入口空间外侧部分采用退出一个半圆形入口空间广场的形式，并在广场将要拓宽的道路正中设一个半圆形水池，以便与梨园广场一侧的半圆形踏步相互呼应。沿大门入口空间半圆形广场外侧边缘，依抬高地形之势，取楚国高台建筑处理手法，兴建一组半圆弧形的入口高台建筑，并在高台建筑正中设置具有标志性的开放式大门构筑体，两侧分设满足武汉东湖生态旅游风景区主门功能需要的售票、管理及物业配套服务用房，并掩映于高台建筑整体之中。在半圆形入口高台建筑中心运用踏步供市民与游人进入大门，两边另设两条无障碍坡道供残疾人进出。入口空间北侧留有进出车道，供贵宾及管理局服务车辆进出所需（图9-56）。入口广场内侧设一个方形广场，靠大门标志性构筑体一侧设两个收票门房，从而将整个大门标志性构筑体与入口空间广场全部划分为风景名胜区的外部空间，以增加入口广场的活动空间范围。在两个收票门房以内的方形广场旁边有保留下来的大樟树与其他花木。方形广场两旁设满足整个风景名胜区功能需要的广告牌，诸如整个风景名胜区游览图、景点介绍与管理须知等。方形广场大门轴线延伸线上，地形略有起伏变化。这里地处整个入口空间轴线上，故依土坡地形做成叠落形状的花台，并在其上设置一个富有趣味性的九头鸟抽象雕塑作为入口空间的终结点。另沿道路设百米花廊与花器，以作为入口空间向整个风景名胜区相关景区进行人流分向引导的节点空间。

图9-56 东湖梨园大门入口空间环境现状实景及总体规划布局设计图

　　此外，由于梨园大门入口空间广场用地不规整，入口空间主轴在方向上具有变化，其中以入口空间外侧向拓宽道路边缘所设的一个半圆形水池为起点，至入口高台建筑正中具有标志性的开放式大门构筑体为转折点，至入口空间内侧富有趣味性的九头鸟抽象雕塑作为主轴终点。

另从大门构筑体正中沿百米花廊终点入口道路方向，引一条辅助轴线至景区人流分向引导节点空间，以满足入口空间在交通空间上的功能需要（图 9–57）。

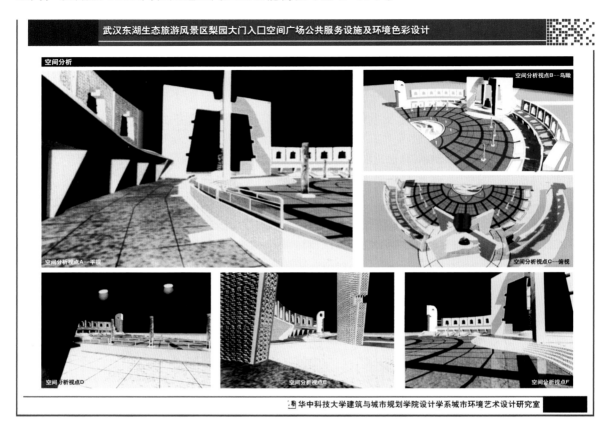

图 9–57　东湖梨园大门入口空间环境空间视觉分析图

　　总的来说，梨园大门入口空间广场从整个空间布局规划来看，空间序列明确，具有高低起伏变化，既有收有缩，又有张有驰，从而达到用空间艺术语言来塑造场所环境的目的。

　　2. 入口空间广场具体设计

　　武汉东湖生态旅游风景区入口空间广场的具体设计，依据与上位广场规划平面布局的衔接来进行，以从宏观视角把握规划及具体设计的方向与路径，使公共服务设施通过设置规划，能够体现出武汉东湖生态旅游风景区入口空间广场的风貌特色。

　　依据公共服务设施的类型划分及其所具有的不同功能，以及武汉东湖生态旅游风景区入口空间广场特有的文化背景需求与城市市民对风景名胜区的期待，武汉东湖生态旅游风景区入口空间广场具体设计中的公共服务设施类型主要以配景类与信息类公共服务设施造型为主，兼有卫生类、照明类、服务类、管理类与无障碍公共服务设施等类型。

　　规划布局则根据武汉东湖生态旅游风景区入口空间广场规划设计的构思创意与特色塑造的需要，完成公共服务设施设置方面的规划布局工作（图 9–58）。

设施配置

武汉东湖生态旅游风景区梨园大门入口空间广场环境设施配置类型选择

环境设施类型	编号	环境设施名称	所设位置	备注
配景类	01	入口空间广场大门标志构筑物体设计造型	入口空间广场高台	
	02	入口空间广场高台服务建筑设计造型		
	03	入口广场风景名胜区名牌设计造型		
	04	楚文化图腾柱设计造型	入口空间外广场	
	05	楚文化浮雕壁画设计造型		
	06	九头鸟主雕造型	入口空间内广场	
	07	百米花廊与花器		
	08	围墙	入口空间广场高台	
	09	地面铺装	入口空间外广场	
信息类	10	风景名胜区及景点介绍招牌	入口空间外广场	
	11	风景名胜区导游图牌		
	12	风景名胜区wifi亭设计造型		
卫生类	13	垃圾箱	入口空间内广场	
	14	洗手器		
照明类	15	高杆照明灯具	入口空间外广场	
	16	庭园与地灯		
服务类	17	休息坐具	入口空间内外广场	
	18	售货商亭		
	19	饮水器		
管理类	20	门房	入口空间内外广场	
	21	门禁		
无障碍	22	盲道	入口空间内外广场	
	23	坡道		
	24	扶手		

配置要点

武汉东湖生态旅游风景区梨园大门入口空间广场环境设施配置类型依据其入口空间广场环境设施规划设计的构思创意与特色塑造的需要，广场环境设施配置的条件、使用者活动规律与相应的设计规范要求，完成其环境设施设置方面的规划布局工作。

东湖生态旅游风景区梨园大门入口空间广场环境设施配置规划

配置规划图例

信息类 服务类 交通类 管理类

华中科技大学建筑与城市规划学院设计学系城市环境艺术设计研究室

图 9-58　梨园大门入口空间广场环境设施所设类型选择与布局规划

（五）公共服务设施造型与环境色彩设计

武汉东湖生态旅游风景区入口空间广场公共服务设施的造型设计是在设置规划的基础上，依据武汉东湖生态旅游风景区入口空间广场规划设计的构思创意与特色塑造的要求所做的深化设计工作。

1. 配景类公共服务设施造型与环境色彩设计

（1）入口空间广场大门及高台服务建筑。

① 大门标志构筑物体设计造型。

新建梨园大门标志构筑物体的设计，是整个大门设计的重心所在。

从具体的造型设计看，造型采用四块钢筋混凝土板片组成一个硕大的"空间构成"块体，中间虚空部分的边缘出现极具楚文化特征的编钟形体轮廓，这里采用了形态构成中图底转换、虚实相生等传统与现代造型的设计处理手法，即在一个整体全新的构筑实体之中出现一个虚拟的编钟形象。而凡是见过湖北省博物馆中编钟陈列的人们都不难辨认出它所具有的文化意味，因而符合约定俗成的要求。但它只有虚形，与观赏实物的感受不同，符合艺术中陌生化原则，从而让人们产生似与不似，既熟悉而又新鲜的印象。由于大门标志构筑物体为抽象的编钟造型，这样便可以在四块钢筋混凝土板片基座正中设置一个楚地特有的歌舞表演台建筑，并在台中水池内设置一个站立在楚国器具"铜冰鉴"基座上的铜铸古楚图腾"鹿角立鹤"造型，其下"铜冰鉴"上的八条龙则从龙嘴中向四面八方喷水叠下，其意主要在于表现楚文化的源远流长及纳百川于大海的气势。另外，在四块构筑物体上方，用一个块体将四块相连，块体正面则饰有"国家风景名胜区"的标志，以与一般公园相区别（图9-59）。

图9-59　梨园大门入口空间广场环境设施所设类型选择与布局规划

从环境色彩设计看，大门标志构筑物体外观材料为产于湖北随州的白色花岗岩饰面，品种为白麻荔枝面石材，底色灰白，花色统一，外墙干挂。由于产于楚文化的核心发展区域，就地选材用色意义深远。构筑物体四块板面顶端交会处由倒正方体门头相接，倒正方体四角处理为圆弧，门头外观用青铜饰面，为铜绿色，正面则饰以国家级风景名胜区铜雕标徽，以展现东湖新建梨园景区入口空间正大门的宏大气势。

整个东湖新建梨园大门及入口空间的图案纹样设计，以编钟图形为主贯穿整个设计，从而获得造型简练、整体感强的设计效果。编钟虚形旁的实体构筑物体石材面上分别刻饰云纹与水纹图案，以示云水之间的自然风景名胜区之意。其中主体为云纹，两旁以水纹纹样饰之。

②高台服务建筑设计。

从具体造型设计看，在大门标志构筑物体两旁为半圆形高台服务建筑物，主要用于满足入口空间功能上的需要，斜坡屋面用绿草铺面，使游客感觉不到入口空间司空见惯的建筑物体形象。

两旁高台式建筑上方各设8个以武汉市市花梅花与荷花图案相间的镂空虚形构筑架体，以凸显风景名胜区入口空间广场与所在城市的有机联系，使环境的主题气氛得到更进一步的加强。

从环境色彩设计看，整个入口广场以石材的白，青铜的青绿，楚国漆器的红、黑，以及郁郁葱葱、有生命的植物绿色为主，构成入口空间的色彩基调，设计采用对比中求和谐的方法，以获得设计创意方面大气磅礴的视觉效果。

（2）入口广场风景名胜区名牌。

在入口广场中心水池内设一石刻横匾条，上刻"武汉东湖生态旅游风景区"的篆体大字，以作为风景名胜区入口名牌。

（3）楚文化图腾柱。

在入口广场上设置8根反映楚文化内涵的图腾柱，以增强广场竖向上的变化。

（4）楚文化浮雕壁画及相关配景类公共服务设施。

从具体造型设计看，在两旁高台式建筑下方台阶处各设4个花坛，中间共设置8块浮雕，内容为反映武汉东湖生态旅游风景区典型景点的装饰浮雕画卷的设计造型。而相关具有楚文化风貌的配景类公共服务设施设计造型包括九头鸟造型、百米花廊与花器、围墙与地面铺装等，均通过提取楚文化要素进行造型设计，以加深文化氛围的营造。

从环境色彩设计看，入口广场所设8根图腾柱及8块装饰浮雕画卷，均用湖北黄石产的红砂岩柱和石板材进行浮雕刻饰。九头鸟主雕则以紫铜铸之，百米花廊与花器、围墙与地面铺装均选用浅赭和深褐相间配色，以暗红色系列用色展现楚文化源远流长的底蕴和深厚的内涵。

2. 信息类公共服务设施造型与环境色彩设计

信息类公共服务设施的设计造型主要包括东湖生态旅游风景区及景点介绍招牌、导游指示图牌及Wi-Fi亭设计造型等内容（图9-60）。

3. 卫生类、照明类、服务类、管理类与无障碍公共服务设施造型与环境色彩设计

卫生类、照明类、服务类、管理类与无障碍公共服务设施的设计造型主要包括垃圾箱（图9-61）、照明灯具、管理用房、自行车停放架、车挡路障（图9-62）、售货商亭、照明灯具（图9-63）、休息坐具及无障碍设施等设计造型内容。

从信息类、卫生类、照明类、服务类、管理类与无障碍公共服务设施造型看，均为新建梨园大门入口空间广场具体的公共服务配套设施，除借用楚文化建构筑物及相关器具在形态上提取符号进行造型外，还要从环境色彩设计的角度来营造空间环境气氛。做法即以楚国建筑与装饰中红色与黑色的强烈对比为主题基调，在此基调上依各类公共服务设施的功能，依现代使用的需要敷陈五彩，形成既鲜明艳丽，又缤纷斑斓，且传达出具有时尚风韵和当代造型特点的公共服务设施造型与环境色彩审美感受。

图 9-60　具有楚文化风貌的信息类环境设施造型及环境色彩设计

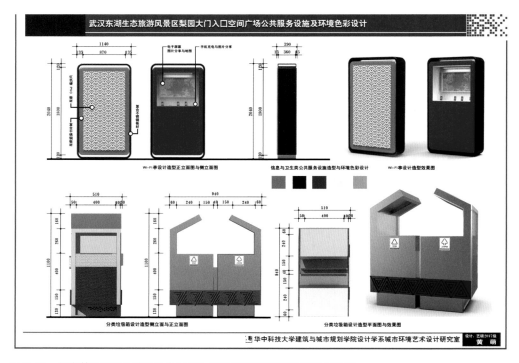

图 9-61　具有楚文化风貌的信息类与卫生类环境设施造型及环境色彩设计

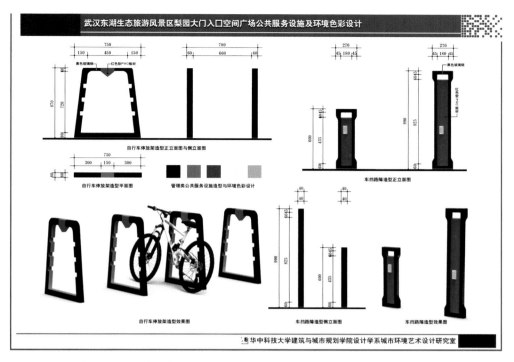

图 9-62　具有楚文化风貌的管理类环境设施造型及环境色彩设计

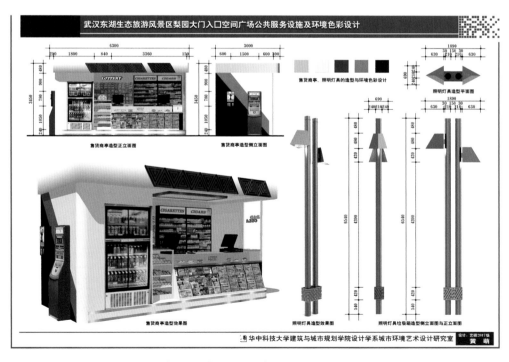

图 9-63　具有楚文化风貌的服务类与照明类环境设施造型及环境色彩设计

（六）材料与植物配置设计

新建梨园大门及入口广场的主体构筑物均用石材饰面，广场用彩色铺地砖铺饰，图腾柱用石头漆饰面，栏杆用铸铁与不锈钢管等。

在植物配置方面，对原大门外的雪松采用移植的方法进行处理，门内的树木基本上都得到了保护。新建梨园大门高台建筑物上的草坪可采用进口的天鹅绒草坪铺地，其余均保持原植被不受破坏为佳。

（七）夜景设计

作为武汉市的一个重要节点，梨园大门及入口广场的照明设计是反映城市现代化的重要内容之一（图9-64），在夜景设计方面主要从两方面进行考虑。

图9-64　武汉东湖梨园大门入口空间广场夜景照明设计效果及环境色彩整体鸟瞰图

其一是照明设计，采用低矮的广场灯与花坛底部、台阶底部的地灯来满足广场的基本照明要求，这种基本照明不宜太亮，否则会影响艺术照明的效果。

其二是艺术投光设计，我们在虚形大门底部的门柱两侧各设一组投光，实物编钟底部设计一组投光，在门廊的十六块墙板下各设一组投光，从下往上投光。在大门及两阙进行重点高亮度设计，以增强整体的艺术效果。

　　整个武汉东湖生态旅游风景区入口空间广场公共服务设施规划设计便是围绕以上设计创意来展开的，愿我们的设计能为走向未来的东湖国家级风景名胜区增光添彩，更愿我们能为武汉市城市特色塑造工程添砖加瓦，这也是我们对未来武汉东湖生态旅游风景区应尽的职责与美好的祝愿。

第十章　美丽乡村建设中的乡村环境色彩设计考量

　　"环境色彩"于 20 世纪 80 年代引入国内，历经 40 余年的理论研究与应用实践，如今已成长为一个多学科交叉、具有专业特点的色彩应用研究范畴。只是对"环境色彩"的探索目前主要集中在城市环境色彩方面，在乡村环境色彩研究与应用方面的成果尚不多见。当下在国家实施美丽乡村建设中，乡村环境色彩作为乡村特色营造要素之一，必将伴随着量广且面大的乡村建设而深化，社会经济的发展和物质生活水平的提高，以及对乡村建设的个性化追求成为环境色彩理论与应用研究拓展的崭新领域，这也是美丽乡村建设中村落文化特色得以维护和持续发展的必然需要（图 10-1）。

图 10-1　国内外乡村各具特色的环境色彩景观

第一节　建设美丽乡村的意义及其路径与特征

一、建设美丽乡村的意义解读

　　"美丽中国"是中国共产党第十八次全国代表大会提出的概念，它也成为最能激起社会各界的共鸣、最受国人欢迎的一个新词汇。美丽中国在十八大报告中首次作为执政理念出现。报告提出，把生态文明建设放在突出地位，融入经济建设、政治建设、文化建设、社会建设各方面和全过程，努力建设美丽中国，实现中华民族永续发展。其实，在日常生活中，"美丽"和"中国"都是非常大众化、通俗化的用语，但是，在庄严的人民大会堂，在字字珠玑的十八大报告中，通过习近平总书记之口说出这个词，"美丽中国"便被赋予了新的内涵。从党的十八大报告我们可以看出"美丽中国"的概念或基本含义：努力建设生态文明基础上的中国特色社会主义中国，即人与自然和谐的美好中国，也是人与人关系达到和谐完美状态的中国（图 10-2）。

美丽中国建设就是：

要把生态文明建设放在突出地位，融入经济建设、政治建设、文化建设、社会建设各方面和全过程，努力建设美丽中国，实现中华民族永续发展。

图 10-2 "美丽中国"的提出及其建设意义

　　回望中国乡村建设发展历程可知，对乡村建设问题的直接关注起源于近代的中国资本主义萌芽阶段。清政府于 1908 年颁布了《城镇乡地方自治章程》，主要开展乡村治理运动。进入民国时期后，主要在乡村发动了自治运动。中华人民共和国成立以后，对乡村的改造主要集中在农村政治建设等工作方面的探索，从 20 世纪 50 年代开始到 1978 年，主要是以粮为纲进行发展。1978 年，党的十一届三中全会举行后，乡村建设步入市场化发展阶段，从经济、政治、文化方面对建设中国特色社会主义新农村的任务提出了要求，新农村建设也成为一个系统工程。2005年至今为新农村建设进一步深化发展阶段，2013 年中央一号文件首次提出要建设美丽乡村奋斗目标，美丽乡村建设首次以国家文件的形式呈现。经过十余年的发展，美丽乡村建设促使农村改革发展取得巨大成就，不仅形成一系列乡村建设的典型范例，更是推进乡村建设逐步形成为绿色青山的美丽家园。而在 2022 年 10 月召开的党的二十大上，更是进一步提出了"建设宜居宜业和美乡村"的目标（图 10-3）。这一以贯之地体现了我们党对乡村建设规律的深刻把握，充分反映了亿万农民对建设美丽家园，过上美好生活的愿景和期盼。面向新时代、新征程，全面推进乡村振兴，建设宜居宜业和美乡村，对中国美丽乡村建设无疑具有深远的历史意义和重大的现实意义。

　　党的二十大报告指出："全面建设社会主义现代化国家，最艰巨最繁重的任务仍然在农村。"

图 10-3　推进乡村建设逐步形成绿色青山的美丽家园自是"建设宜居宜业和美乡村"的目标

这就再次阐明了习近平总书记曾指出过的"民族要复兴，乡村必振兴"的深刻道理和内在逻辑。建设美丽中国，重点和难点在乡村。美丽乡村建设是城乡一体化发展的重要途径，也是实现美丽中国建设的根本与保障。从美丽乡村来看，它应该是"生态宜居、生产高效、生活美好、人文和谐"的典范，也是美丽中国的重要组成部分。其中"美丽"，是指乡村的自然生态环境之美，天蓝、地绿、水净的自然环境，还指乡村的和谐之美，即人与自然、人与社会、自然与社会和谐。

　　而建设宜居宜业和美乡村是全面建设社会主义现代化国家的重要内容，也是让农民过上现代化生活的迫切需要，更是焕发乡村文明新气象的内在要求。推进宜居宜业和美乡村建设，必须坚持物质文明和精神文明一起抓，把我国农耕文明优秀遗产和现代文明要素结合起来，赋予新的时代内涵，让我国历史悠久的农耕文明在新时代展现魅力和风采，进一步改善农民精神风貌，提高乡村社会文明程度。建设宜居宜业和美乡村，目标任务是全方位、多层次的，涉及农村生产、生活、生态的各个方面，涵盖物质文明和精神文明的各个领域，既包括"物"的现代化，也包括"人"的现代化，还包括乡村治理体系和治理能力的现代化，内涵十分丰富：一是乡村要逐步基本具备现代生活条件；二是乡村要创造更多农民就地、就近就业的机会；三是乡村要保持积极向上的文明风尚和安定祥和的社会环境；四是城市和乡村要各美其美、协调发展。

　　习近平总书记在党的二十大报告中还强调"推动绿色发展，促进人与自然和谐共生"，并指出"大自然是人类赖以生存发展的基本条件。尊重自然、顺应自然、保护自然，是全面建设社会主义现代化国家的内在要求。必须牢固树立和践行绿水青山就是金山银山的理念，站在人与自然和谐共生的高度谋划发展"。

二、美丽乡村建设路径及演进

　　所谓乡村，《辞源》中将其解释为主要从事农业、人口分布较城镇分散的地方，是居民以农业为经济活动基本内容的一类聚落的统称，又叫农村。在旧石器时代中期，原始部落出现，到新石器时代，出现第一次社会大分工，农业和畜牧业分离，出现以农业为主要生产方式的氏族定居，从而出现了真正的乡村。中国发掘已知最早村落如浙江河姆渡、陕西半坡等，属于新石器时代前期。而村庄是人类聚落发展中的低级形式，人们以农业为主。村庄通常指的是居民房屋的建筑群、周围工业企业和商业服务设施等。另外，村庄在我国北方地区还是居住地形的代称。一般而言，村庄包含于乡村的广大范围之中，是乡村空间中的建筑及其附属空间。乡村空间相当于地球上可居住部分的非城市化空间，不仅是农业生产的场所，也是乡村空间、交通运输业、旅游业等的活动场所，乡村居民点与乡村居民日常生活、乡村经济活动密切相连。

（一）世界各国乡村建设路径及其模式

纵览世界各国在实现社会转型的进程中，对新型乡村的建设均十分重视，并将其作为一个重要的发展战略。西方发达国家如美国、德国、英国、法国及荷兰等都采取了不同的措施对乡村进行改革和建设。其中，美国乡村发展的模式是在借助工业化的同时，用城市化带动乡村发展，利用扩散效应带动城市周边的农村发展。从 19 世纪至今，美国乡村在基础设施方面已经达到和城市一样的水平，这对于促进城乡一体化的快速发展具有重大意义。同时，在农业生产方面，美国采用集约规模化管理经营模式，使农业产业结构调整更加便利。

欧洲国家在乡村发展方面则注重回归自然，德国的乡村建设以"村庄更新"为主题，对乡村公共服务的持续投入，对乡村老旧建筑进行改造，建设和改造过程中充分考虑文化特色等人文因素，同时在整个乡村更新计划中注重对传统的保护。从农业文明到工业文明，英国乡村可以说都是发展的"根儿"，乡村建设通过"中央—地方"多级治理以及"产—地—人"的城乡统筹展开，并迎合互联网经济时代创新趋势，强化乡村地区在生活质量创新上的优势，使乡村呈现"景美业兴"的面貌。法国乡村发展的特点是"注重艺术元素的融入"，如在世界闻名的薰衣草故乡普罗旺斯乡村中，每月组织开展不同的艺术活动，让每个来此体验的游客离开时都会有一种流连忘返的感觉，使乡村成为艺术交流的场所；荷兰是在土地与乡村资源匮乏的条件下成长起来的世界第二农业大国，其成就与推行的精简集约型农地整理模式密切相关。合法规划农地利用、推进乡村旅游和发展服务业、改变乡村生活质量及满足地方需求等，营造出的乡村不仅环境风貌良好、色彩景观美丽，而且乡村生活条件更是令人向往。诸如在荷兰羊角村，乡景中的环境色彩整体和谐，田园牧歌般的风光令人沉醉其中。

地处亚洲的日本与韩国等国，人口密度大，地少人多，历史上的农业发展也十分注重精细耕作。日本的乡村现代化转型以"造村运动"为主题，实行的"一村一品"运动值得推荐与借鉴，尤其是对乡村特色挖掘形成的优美景观，得于日本《景观法》《实施景观法相关法律》及《城市绿地保全法》等统称"景观绿三法"的推动，还有对乡村地区色彩规划管控体系的建构和推行取得的成效，无疑值得我们在进行乡村建设时参考。韩国乡村则以"新村运动"为建设的主题，并通过推进实施，使韩国乡村的自然环境和人文面貌均焕然一新（图 10-4）。

图 10-4　世界各国乡村建设路径及其模式

1. 美国乡村采用集约规模化管理经营；2. 德国的"村庄更新"建设；3. 英国乡村呈现"景美业兴"风貌；
4. 荷兰推行精简集约型农地整理模式；5. 日本乡村的"造村运动"；6. 韩国乡村开展的"新村运动"

（二）美丽乡村建设在中国的演进

中国的乡村发展，归纳来看经历了"自立—富裕—强盛"三个时期的演进历程。

一是自立时期（1958—1977 年）：这一阶段是在中华人民共和国成立后完成乡村土地改革的基础上，将农业经济中原有的小农经济整合为集体经济，以大型水利工程为基础的中国农业现代化拉开序幕。

二是富裕时期（1978—1997 年）：这一阶段随着改革开放的春风吹拂，农业生产力迎来爆发式增长，集体经济的快速发展带动乡村面貌的迅速改观，乡村建设掀起了农房建设热潮。国家相关部门出台了一系列乡村建设法规，使建设有法可依。

三是强盛时期（1998 年至今）：这一阶段伴随着党的十六届三中全会上将"统筹城乡发展"纳入国家全面发展战略构想的首要位置予以考虑，并在 2005 年的中央农村工作会议提出了"新农村建设"。其后，相关部门公布了中国第一批历史文化名村名录，浙江省率先开展"千村示范、万村整治"工程，对村庄环境进行整治，完善乡村基础设施。2012 年十八大报告提出了建设"美丽中国"，在 2013 年中央一号文件中首次提出了建设美丽乡村的奋斗目标。2015 年中央一号文件提出"中国要美，农村必须美"，让农村成为农民安居乐业的美丽家园。同年中央还发布《美丽乡村建设指南》，为美丽乡村的建设提供了标准和依据。2017 年，习近平主席在党的十九大报告中提出乡村振兴战略，并提出要按照"产业兴旺、生态宜居、乡风文明、治理有效、生活富裕"的总要求来发展，让乡村成为百姓安居乐业的美丽家园（图 10-5）。

《中华人民共和国国民经济和社会发展规划第十四个五年规划和 2035 年远景目标纲要》中提出，走中国特色社会主义乡村振兴道路，全面实施乡村振兴战略，强化以工补农、以城带乡，推动形成工农互促、城乡互补、协调发展、共同繁荣的新型工农城乡关系，加快农业农村现代化。

图 10-5　乡村成为百姓安居乐业的美丽家园

1. 湖南湘西土家族苗族自治州花垣县双龙镇十八洞村；2. 浙江安吉余村成为美丽乡村建设的典范

在"十四五"发展期间实施乡村建设行动，要把乡村建设摆在社会主义现代化建设的重要位置，优化生产、生活、生态空间，持续改善村容、村貌和人居环境，建设美丽宜居乡村。显然，牢固树立社会主义生态文明观，推动形成人与自然和谐发展的现代化建设新格局，大力推进乡村生态振兴和建设美丽乡村，将"让美丽乡村成为现代化强国的标志、美丽中国的底色"。直至为全面建设社会主义现代化国家和实现中华民族伟大复兴增添亮丽色彩。

三、美丽乡村建设的内涵与特征

（一）美丽乡村建设的内涵

2013 年中央一号文件提出"要加强农村生态建设，大力整治农村居住环境，努力建设美丽乡村"，依据美丽中国的理念首次提出要建设美丽乡村的奋斗目标，新农村建设以美丽乡村建设为目标的提法首次在国家层面提出。对美丽乡村的建设是顺应广大农村群众追求美好生活的新期待，是主动适应经济发展新常态的时代选择，也是推进生态文明建设、实现美丽中国目标不可或缺的部分。

从美丽乡村建设的内涵来看，包含了三大基本层面，即实现乡村的生态美、生活美与生产美，这也是美丽乡村建设的根本出发点和落脚点。其中生活美是美丽乡村建设的根本出发点，是生产美、生态美的最终目标；生产美是实现生活美、生态美的有力支撑和有效途径；生态美是实现生活美、生产美的环境目标和内在要求。三者应互为支撑、相互补充。而不断优化乡村的生态美、生活美、生产美三者间的相互关系，形成和谐稳定的运行系统，是推进美丽乡村建设的核心任务。

（二）美丽乡村建设的特征

就美丽乡村建设的内涵而言，其特征的塑造不仅仅停留在以往对乡村环境的整治上，而是包括对乡村环境、民居建筑、民俗文化与特色旅游等方面的整体营造，以使乡村更像乡村，从而打造出"一村一品，一村一韵，一村一景"的美丽乡村风貌，使乡村的建设保得住传统、留得住特色、记得住乡愁，实现永续发展。基于美丽乡村建设的目标，我们认为，美丽乡村建设的特征主要表现在自然、乡村和聚居人群三者之间关系的高度和谐，能够实现人的价值以及满足人的审美需求，是具有科学价值并能够融入城乡环境美学研究的系统之中的。而美丽乡村建设的特征归纳来看，主要通过乡村的自然山水、人工构筑与人文传统等层面来表达。

乡村的自然山水与城市不同，乡村对自然环境的改造不多，原生态的自然环境与丰富的山水景观为乡村提供了鲜明的特色之美。山地、河流、田野、树木等构成了乡村各具地域特征的原野美景，其独有的"形""色"关系，给人们展现出一幅幅美丽的图卷。

不管是在山区还是平原，人工构筑在乡村的布局与造型均更加有机、自由，不少乡村人工构筑层层叠叠，形成空间有序、曲折迂回、街巷丰富和景观多样的人工构筑效果。

乡村的人文传统包括乡村的地域特色、村风民俗等，是乡村的魅力所在。乡村的人文传统不仅展现出乡村的文化特质，还反映出聚居人群的价值观念、审美情趣等，体现出乡村所要传承和发扬的人文传统之美。

第二节　美丽乡村建设中的环境色彩设计考量

建设美丽中国，重点和难点在乡村，从环境色彩设计范畴出发，在美丽乡村建设中导入乡村环境色彩设计概念与方法，我们认为不仅是乡村建设中对个性化追求的必然，使乡村环境色彩成为乡村特色塑造的重要因素，而且也拓展了环境色彩设计的领域，对美丽乡村建设中乡村环境色彩的延续与发展起到推动作用。

一、美丽乡村建设对环境色彩设计的推动

（一）美丽乡村建设中环境色彩的设计内容

乡村环境色彩是指乡村实体环境中反映出来的所有色彩要素共同形成的相对综合的群体的色彩面貌，主要由绿化、建筑、道路以及构筑物等的色彩构成，可分为自然色彩与人为色彩两类。乡村环境色彩涉及乡村生活的方方面面，涵盖了乡村的历史、气候、植被、建筑和环境等诸多因素，直接体现了乡村的地域风貌特点及乡村的经济状况、村民素质和建设水准等。

数千年来，在中国这片土地上形成类型丰富的传统村落与民居建筑，均构成中国乡村特有的空间形态与和谐的环境色彩关系，诸如被许多海内外媒体誉为"中国最美的乡村"的江西婺源，乡村中四季的自然景色与村落中的明清传统民居，呈现出的绿、红、黑、白等环境色彩，给人一种别样的乡村环境色彩印象，并具有乡村环境特有的人文魅力。还有福建闽西连城县的培田村、云南元阳县箐口哈尼族民俗村、西藏自治区工布江达县错高村与山东沂南县竹泉村等。近年评出的美丽乡村，均呈现出各具特点的环境色彩文化意蕴（图10-6）。乡村环境色彩积淀着乡村的历史，与地理环境和传统民族风俗关系密切。特征鲜明的乡村环境色彩可以提升乡村形象，强化乡村的地域风情，在美丽乡村的建设中，具有乡村环境文化传承的价值与作用，也是美丽

图 10-6　中国最美的乡村环境色彩实景

1.福建连城县培田村；2.云南元阳县箐口哈尼族民俗村；3.新疆布尔津县图瓦村；4.山东沂南县竹泉村

乡村环境色彩对历史文化的传承及对审美观念的具体体现。

（二）美丽乡村建设中环境色彩的基本属性

美丽乡村环境色彩的呈现，通常受到所处地域自然地理条件和不同地域文化的综合影响，展现出不同的环境色彩景观风貌（图 10-7），基本属性具体表现在以下几个方面。

一是乡村环境色彩的自然属性。中国幅员辽阔、地形复杂、气候多变，不同地域的自然景观存在明显的差异，使得乡村拥有着差异化的自然色彩背景，这些自然界的色彩具有层次感和丰富性。乡村环境色彩的自然属性主要表现在乡村所处地域、地貌、水文、自然植被和生产农业景观等方面。其中地貌和水文包括乡村范围的山体、水体、土壤等地域环境元素，自然植被包括乡村树林、街巷绿化、庭院绿化等元素的色彩，虽然绿色在该类色彩中占据比重较大，但不同地域的乡土树种在季节变化的影响下，植物的花、叶、果会产生显著的差异，且具有季相性变化，如春生夏长、春华秋实等四季的交替对环境色彩的影响巨大。生产农业色彩主要指乡村农业产业景观色彩，不同地区会根据自然条件和风俗习惯的差异选择不同的农业生产方式和种植不同的作物，从而形成乡村景观上的差异，所形成的环境色彩风貌也会随着自然条件的变化而变化。

图 10-7　美丽乡村建设中环境色彩的基本属性

1～2.赣南乡村春天与川西乡村秋天的季相色彩展现出乡村环境色彩的自然属性;

3～4.皖南古村落群的粉墙黛瓦与豫西老村地坑院黄土灰瓦则呈现出各不相同的乡村环境色彩人文属性

　　二是乡村环境色彩的人文属性。乡村在漫长的形成过程中，经过物换星移的演进，由此孕育出了独特的地域人文景观，如乡村聚落中的空间布局、建筑形式、风俗习惯、匠作装饰、服饰美食等，从而使乡村环境色彩具有不同的文化属性。如位于安徽皖南的古村落群，村落中民居以"粉墙黛瓦""青砖黑瓦"的色彩基调被誉为"中国山水画里的乡村"。影响皖南古村落群环境色彩的文化因素在于受到众多名人志士的影响，皖南作为朱熹的故里，在他所崇尚的仁义礼智，主张平淡自然等思想的影响下，展现出"全村同在画中居"的山水泼墨国画意境。而散落在山西、河北、河南境内的太行山区古村落群环境色彩，在整体上呈现出灰黄、灰青等近似色组合，也有部分家族式的大院落构造采用红石砌墙、灰瓦布顶的厚重色彩，它们均巧妙地将村落整体环境色彩与周围自然环境融为一体，从而诠释了以质朴自然为美的道家文化审美观，浸透了太行山区独有的磨砺风沙且与当地特有的土石灰色彩融为一体，呈现出凝重、单纯和粗犷的色彩特征，达到了人与自然的高度和谐。还有藏区乡村和内蒙古游牧村落等，乡村环境色彩均为聚落中不同审美观念和文化价值的直接反映，并彰显出环境色彩可识别的重要文化信息。

（三）美丽乡村建设中环境色彩的实践应用

　　住房和城乡建设部与国家文物局从 2003 年起共同组织评选了 7 次中国历史文化名村，共有 487 个乡村收入名录。还有中央电视台历年评选出的若干中国十大最美乡村，均表明美丽乡村建设走向成熟，守护绿水青山、助力乡村振兴、绘就美丽画卷也成为乡村生态文明追寻的目标。而美丽乡村画卷中的环境色彩，诸如收入中国第一批历史文化名村名录的安徽省黟县宏村与西递村，还于 2000 年作为世界文化遗产列入《世界遗产名录》。还有 2015 年被评为全国十大最美乡村的新疆布尔津县禾木图瓦村等，乡村环境色彩均呈现出原汁原味的乡土气息，营造出具有乡土气息和地域特色的乡村色彩景观，更是提升与更新了乡村的整体风貌，并为乡村带来衍生的经济效益，对美丽乡村建设中的环境色彩景观营造具有借鉴价值。

根据"十四五"乡村建设行动和地域特色人居环境建设的需求，未来乡村环境色彩的实践应用将纳入乡村国土空间总体规划中，从概念规划开始，设计、施工等各阶段都要充分考虑乡村色彩的保护、修复和整治，充分吸纳公众意见，站在创建美好人居生活环境、延续乡村文化生态的高度来体现乡村的美学价值。

二、美丽乡村建设中的环境色彩设计问题

对乡村建设中环境色彩进行设计，无疑是进行乡村特色塑造的重要构成内容，也是提高乡村生活质量的外在表现。只是从当前乡村建设中的总体环境色彩来看，环境色彩设计现状呈现如下问题（图 10-8）。

图 10-8　乡村建设中的环境色彩设计现状
1. 乡村建设中对城市住区与环境色彩的仿建之风；2. 乡村整治中随处可见的照搬皖南与江南村落之风；
3. 乡村住宅建造中的仿欧式与攀比奢靡之风

一是改革开放以来，中国城市化迅猛发展，人们对环境色彩的关注程度与日俱增。随着乡村建设视城市为表率，城市环境色彩对乡村建设的影响日益加深，使不少经济发达的乡村环境色彩陷入模仿城市环境色彩的误区，原有乡村环境色彩特点逐渐丧失。

二是在面广、量大的乡村整治、修复与重建中，忽视地域文化特性，简单照搬皖南与江南村落环境色彩与仿建其民居建筑造型，从而形成由东到西、从南至北，均能见到"千村一面"的徽派典型乡村环境色彩，使不少极有特色的乡村环境色彩关系被替换。

三是对乡村环境色彩的挖掘，多集中在对乡村聚落中已有建筑色彩的现状调查与分析，对影响乡村环境色彩构成的地貌水文、自然植被和生产农业景观等色彩现状的调查与分析不足，对乡村人文景观环境色彩的分析更加缺失，亟待改变。

四是在不少经济落后的乡村，乡村环境色彩还基本处于自主、随意的状态，反而当地的自然、人文等传统村落环境色彩得以延续，特色犹存。

纵览乡村建设中的环境色彩设计现状，存在的问题归纳来看就是无个性、少和谐，加上乡村环境色彩尚未引起重视，人工构筑材料的同化等，造成乡村环境色彩缺乏协调性、提炼性、地域性与引导性，这些都与乡村环境色彩规划滞后相关。正是乡村建设中的环境色彩设计现状，使我们深感乡村环境色彩设计已经成为一个亟须引起关注的环境色彩设计课题，尤其在美丽乡村建设的当下，对乡村环境色彩设计的考量，更是实现美丽乡村风貌建设的目标之一。

三、美丽乡村建设中的环境色彩设计方法

（一）乡村建设中的环境色彩设计原则

乡村环境色彩设计毕竟和城市环境色彩设计在结构和性质上存在着差异，若从环境色彩设计理论层面来考量，其遵循的原则、方法及管理形式应有乡村建设的特点，以使乡村建设中的环境色彩设计定位更像乡村，而不似城市（图10-9）。

图 10-9　乡村建设中的环境色彩设计定位应更具乡村的特点
1. 浙江安吉美丽乡村建设及环境色彩景观；2. 湖北天门九真镇夹湾宜美乡村建设及环境色彩景观

就设计的原则而言，乡村环境色彩设计应顺应自然之美、彰显地域特色、强调和谐统一、塑造人文意向。

1. 顺应自然之美

与城市不同，乡村有着丰富的自然色彩，主要由山水、土地、植被与作物等组成，具有质朴纯真之美。顺应乡村这一美丽的环境色彩组合关系，使用具有原生态特性的构筑用材，显然是延续乡村环境色彩的关键。

2. 彰显地域特色

乡村环境色彩作为乡村的第一印象，应结合村落的地理环境和传统文化等因素来进行环境色彩设计，以彰显乡村环境的历史文脉与个性特色，形成独特的乡村环境色彩艺术魅力。

3.强调和谐统一

乡村环境中的人工构筑（建筑、道路、桥梁、服务设施等）具有不同的色彩，环境色彩必须从整体上考虑，把这些色彩和谐地构组于一体，并形成良好的色彩关系，达到和谐统一。

4.塑造人文意向

乡村环境色彩设计还应将村落中的人文传统在归纳、提炼的基础上表达出来，它们也是乡村的魅力所在。乡村环境色彩设计还需塑造出聚居人群的价值观念、审美情趣等，以体现出乡村环境色彩设计的人文传统之美。

（二）乡村建设中的环境色彩设计方法

从乡村建设中的环境色彩设计的方法来看，首先要对乡村环境色彩设计对象进行充分的了解，并根据设计对象的特点，运用相关色彩知识进行环境色彩的设计，注意色彩整体的统一与变化。最后还要进行适当的调整和修改，才能最终确定环境色彩设计的效果。其设计步骤在调查采集、目标定位、规划原则、详细设计与实施应用等层面来展开。

结合美丽乡村建设中的环境色彩设计实际，具体环境色彩设计方法便需以乡村土地利用为基础来进行功能分区与环境色彩设计工作。在构建乡村环境色谱层面，乡村聚落中不同空间分区需依其功能为依据，在色谱中选取对应的色彩类别，以形成乡村聚落中不同的色彩基调。空间分区内的实体对象应根据乡村居民的感知评价和实际功能选取对应的主色调、辅色调、点缀色，并从视觉美学的角度实施合理的色彩搭配，如果遇到具有特殊历史文化的遗留景观，还需对其进行环境色彩还原与修缮，以展现乡村历史文化遗留景观原有的环境色彩风貌。

当下，一年一度的寻找"中国最美乡村"活动是各地政府极力推崇和争取的"名片"。最美乡村不仅是一个概念、一个头衔，更是一种理念、意识，需要建立一系列评价标准，并确定严格的管理制度对乡村环境色彩予以维护。此外，乡村建设中愉悦的环境色彩设计实施还离不开相关管理部门的监督管理，只有在相关部门的有效管理下，乡村环境色彩设计成果才能得以落实，设计效果才能得以最终呈现出来，并成为乡村建设中一项意义深远的惠民工程。

（三）乡村建设中的环境色彩设计思考

在美丽乡村建设中，环境色彩景观风貌反映出乡村聚落的历史、地理和文化特色，需要经历漫长的积淀过程，然而国内当下关于乡村环境色彩景观风貌的研究尚处于初步阶段，存在规划设计经验匮乏、科学理论指导不足等问题，结合我们在美丽乡村建设规划与具体设计实践中的探索，认为美丽乡村建设中的环境色彩设计可从以下几个层面来进行。

一是需注重乡村聚落环境色彩景观营造的差异化特点显现。在美丽乡村建设中，对于环境色彩形态的规划与设计应根据当地自然属性、人文属性等进行系统的调查和探究。中国的乡村聚落广布于幅员辽阔、地形复杂、气候多变的国土之上，不同区域的乡村聚落环境色彩景观存在明显的差异，统一的乡村聚落环境色彩景观规划与设计显然是行不通的。美丽乡村建设中的环境色彩景观营造应在原有乡村聚落的基础上，对环境色彩景观特征进行深入的挖掘，并对乡村聚落中具有地方特色的环境色彩人文因素予以探究，以形成乡村聚落环境色彩景观营造中的差异。

二是需注重乡村聚落环境色彩景观营造文脉的持续化传承。在美丽乡村建设中，应注重对乡村聚落在漫长的形成过程中的环境色彩景观营造文脉的挖掘。对乡村聚落在空间布局、建筑形式、风俗习惯、匠作装饰、服饰美食等方面所具有的环境色彩景观营造文脉予以探究，从而使乡村环境色彩具有不同的文化个性。对于乡村聚落所在地域具有历史文化意义的建构筑物等，应在价值评估的基础上进行分级修缮，尽可能地使建构筑物等能够复原，为子孙后代传承原汁原味的乡村聚落空间的真实历史。通过对不同地域乡村聚落环境色彩景观营造文脉的挖掘，既看得见山、望得见水，又记得住乡愁、留得住乡情，实现乡村聚落环境色彩的传承。

三是需注重乡村聚落环境色彩景观营造中人居艺境的构建。在美丽乡村建设中，乡村聚落环境色彩景观营造应力求与当地自然环境和谐统一，以构筑有中国特色的绿色乡村聚落"人居艺境"的环境空间场所，实现政治、经济、社会、人文、生态、交通、建筑、规划、景观、能源等的持续发展，直至追求合乎时代发展需要的本土绿色乡村聚落环境色彩景观环境营建之"范式"，彰显出乡村环境色彩规划与设计的空间场所精神（图10-10）。

图10-10　绿色乡村聚落"人居艺境"的营造是乡村聚落环境色彩景观与自然环境和谐完美的统一

第三节　美丽乡村建设中的环境色彩设计案例剖析

纵观世界，世界各国乡村建设的路径及发展模式千变万化，由此构建出风格迥异的乡村聚落空间。乡村聚落是由社区或乡村居民点构成的，作为营造乡村景观的重要因素，乡村聚落空间及其环境色彩等是识别其场所的特征所在。乡村聚落空间伴随人类社会走过了漫长的发展进程，也给人类带来传统的乡村聚落景观印象。只是到了近代社会，城市化席卷全球，传统的乡村聚落景观正在加速改变，新的景观正逐渐取代传统景观。在工业化、城市化急速推进的过程中，乡村——特别是城市近郊的村庄——更是受到了城市发展的强烈辐射，传统的聚落形态、结构骤然改变。所有这些变化，都促使人类反思：乡村应如何复兴？世界各国无疑走出了不同的乡村建设路径，形成了不同的发展模式，也使不少特色鲜明的美丽乡景得以复兴，其中不少还在乡景环境色彩营建方面独具匠意，对中国美丽乡村建设中的环境色彩设计无疑具有借鉴作用。而中国在美丽乡村建设中，也有许多乡村聚落环境色彩景观营建方面的佳例，不少还荣获年度"中国十大最美乡村"

称号。对这些设计案例予以剖析，对面向未来宜居宜业和美乡村建设来说也是意义深远的。

一、荷兰羊角村田园牧歌般乡景中的环境色彩掠影

位于欧洲西部的荷兰，国土面积仅为 4 万多平方千米，却成为仅次于美国的世界第二大农业出口国，这样的成就和荷兰乡村实行的精简集约型的农地整理模式是密切相关的。荷兰人利用不适于耕种的土地因地制宜发展畜牧业，并跻身于世界畜牧业最发达国家的行列。荷兰还有"欧洲花园"的称号，全国共有 1.1 万平方千米的温室用于种植鲜花和蔬菜，花卉出口占国际花卉市场的 40% ～ 50%，把美丽的花卉送往世界各地（图 10-11）。

图 10-11　荷兰有"欧洲花园"之称，环境色彩景观独特

羊角村地处荷兰西北方上艾瑟尔省羊角村自然保护区内，因羊角村在冰河时期正好位于两个冰碛带之间，所以地势较周边低。这造成土壤贫瘠且泥炭沼泽遍布，除了芦苇与薹属植物，其他植物不易生长，唯一的资源则是地底下的泥煤。大约在 1230 年，来自地中海的难民定居于此，建立村落并进行开采，在挖掘过程中除了煤，他们还挖出了许多生活在 1100 多年前的野山羊角，故将此地称为羊角村。工人在这里日复一日地挖掘地下的泥煤，这成为当时居民的主要生计来源，日积月累形成圩田沟渠，工人们为了用船只外运更多的泥煤赚钱，将在此地长期挖掘的坑坑洼洼沟壑拓宽连通，从而形成今日水道及湖泊交织的美景。

（一）田园牧歌般乡景中的荷兰羊角村

距今已有 700 多年历史的羊角村，交错的河网覆盖了整个村子，这种空间布局是在 18—19 世纪古老村落保留的基础上逐渐形成的。羊角村正如它的名字一般远离尘嚣，纯净而祥和，像一个梦中的世外桃源。水道中的水看起来并不是清澈见底的，但把水捧起来却发现非常透明。这主要是因为当地盛产泥煤，河床和河堤都是黑色的，所以给人河水是黑的错觉。当地人为了保护河堤，两岸都用长条的木板做成护堤，用木桩固定，更加的原生态。在纵横交错的水道上方密布着 176 座木桥，桥身均为木质结构，它们是到达村中多数房屋的路径。水道自古就是羊角村居民生活与出行的交通纽带，与水共生的生存智慧存在于乡村空间格局和乡舍的选址建设中（图 10-12）。通过陆路和小木桥不能通抵所有的人家，居于村中的人们用

古老的撑篙小船作为交通工具。街坊四邻划船去串门，划船送快递及信件，就连结婚也是乘船去礼堂。可见船是村民最主要的出行交通工具，有平底船、单桅纵帆船、独木舟或者耳语船，这些船因行驶时悄无声息，让游客更易融入羊角村宁静的氛围。人们在村中的生活仿佛是在旅游。驱车前来的游客要想进入羊角村，需要把汽车停在村外，或骑车或漫步进村游览。跟水城威尼斯比起来，这里少了一些嘈杂，多了些世外桃源般的幽静和闲适，故羊角村也就有"荷兰威尼斯"之美誉。

图 10-12　田园牧歌般乡景中的荷兰羊角村有"荷兰威尼斯"之美誉

　　贯穿羊角村的主街不宽，却很干净。村民和游人可在主街和水道边开的咖啡馆小坐，以享受羊角村安宁的环境和纯净的阳光，任时光的河流从身边悄悄地流淌。除了水道和木桥，村内还有不少可供骑车和步行的幽静小路。若漫步于村中，会惊讶于其内还建有多个博物馆和教堂。羊角村有著名的农场博物馆，向众人展示荷兰农牧业几个世纪的发展历史。老地球博物馆则向游人展示形形色色的宝石与矿石，为游人了解乡村历史与文化提供了平台。还有浸信会教堂及为儿童所设的活动场地，均成为增强乡土审美体验的重要场所。

　　村中的每一个花园都是用来分享的，仔细观察，每家每户门前都收拾得很有规律，房前屋后种满了鲜花绿植。一到春季，花团锦簇，紫的、黄的、粉的……绘成一幅别致的画卷。无论是否热爱园艺，到了羊角村的每个人都会为这田园牧歌般的乡景所倾倒（图 10-13）。

　　如果有一天，你来到了荷兰，一定要到羊角村停留一段时间，过几天世外桃源一样的生活。在这里，看门前花开花落，天上云卷云舒，水波流转，四季变换。静静地度个假，感受一下大自然的馈赠，圆自己的一个梦。

图 10-13　被羊角村田园牧歌般乡景所倾倒的环境色彩审美体验

（二）羊角村的乡舍及四季童话般的景观

　　坐落在自然保护区内的羊角村，安然祥和的犹如世外桃源。水道两岸坐落着一个又一个精致的小木屋，倒映在水里，远远看去像一个个排列整齐的蘑菇，点缀在河道两岸。冬暖夏凉、防雨耐晒，和周围美景更是相得益彰，美不胜收。

　　羊角村中的乡舍乍看之下似乎都一个模样，但其实每个房屋的细节都有着不同的风格。可说这里的每幢房子都像是一个艺术品。村中的房屋精巧玲珑、色彩明快，一栋栋如同大蘑菇的民居点缀在河道两岸，简约的木制小桥通往每一家民居，没有围墙的院落一直延伸到水边，或紫或白恣意开放的鲜花环绕窗前，与院中摆放的彩陶或白色桌椅相映成趣、古朴自然。从庭院的树到窗户的颜色，从摆放的桌椅再到精心修剪的花圃，都极富情调。这里房子的屋顶都是由芦苇编成的，天然而朴素，这可比任何建材都要耐用，可使用 40 年以上，而且冬暖夏凉，防雨且耐晒。除了芦苇草顶，房屋的其他用材诸如墙体、门窗、地面、楼梯与栏杆等由乡舍屋主自定选配，使羊角村的建筑风貌在统一中彰显个性，向来到此地的游人展示着羊角村独有的乡土美感与水乡风情（图 10-14）。

图 10-14　羊角村中的乡舍造型及环境色彩景观

羊角村一年四季都淋漓尽致地向人们展现着诗情画意。春季是万物复苏的季节，嫩绿唤醒了在冬季里沉睡的小镇。推窗往外望去，满院的香草和盛开的鲜花，散养的家禽在一旁的草地上悠闲地进食，一片溢出眼眶的春意。春风和煦，野鸭在波光粼粼的水道上漫游，水面上倒映着一幢幢绿色小屋，闻着青草与花香入眠，日子安逸舒缓，宛如天上人间。夏天放眼望去，触目皆绿，绿荫清凉。这里雨水充沛，水位升高，即成为漂流乐园。秋日的早上，推开窗就是一个雾气蒙蒙的世界。幽幽的青草，平静的河水，村庄宛若一个温柔恬静的少女。静静地将大自然的馈赠渲染成一幅油画，柔情的阳光托起溢彩流金的金秋之旅。严冬这里就变成了冰雪世界，河道成为滑冰爱好者的乐园。下至五六岁的孩童，上到八旬以上的老人，均可在此一展"冰上舞姿"。在羊角村，就连时光都格外眷顾，路过就舍不得走。几百年过去，当外面的世界繁华、喧嚣、嘈杂时，羊角村还宛如一个世外桃源。

（三）整体和谐的羊角村环境色彩

羊角村作为远离人间烟火、滚滚城市之外一方不可多得的宁静之地。在田园诗般的乡景中，村内的房屋错落有致、色彩和谐地立于水道两侧。通过乡舍的芦苇屋顶、通达每户的木桥、清澈见底的水道和满目葱茏的朵朵鲜花……便能感受到整体和谐的环境色彩给人们带来的视觉审美印象（图 10-15）。

羊角村的乡舍建筑虽然有着各自独一无二的外观造型，但整体看来却具有统一的色彩基调，形成共性中带有个性的色彩选择。从建筑与植物共同构成的乡景空间来看，村中乡舍建筑所用芦苇草顶、深绿色系的木质外墙、全村种植的绿色植被与各种鲜花等融为一体。无论穿行在羊

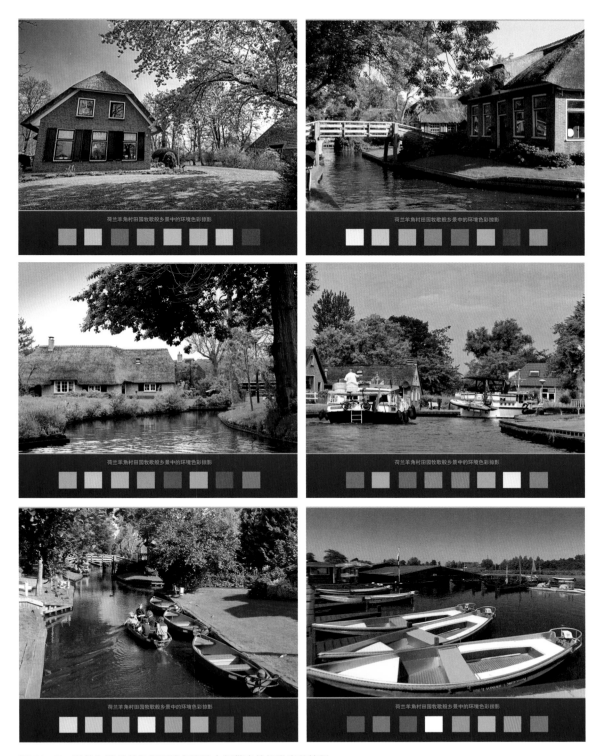

图 10-15　整体和谐的羊角村环境色彩给人们带来的视觉审美掠影

角村何处，人们几乎都可以看到生机勃勃的绿树花草及掩映在树丛中的茅顶屋舍。

乘船穿行于村内水道，可见整个羊角村几乎被绿植覆盖，处处绿树掩映、花团锦簇、满眼青翠、绿草如茵。不同色相的鲜花及绿植也完美融入乡景之中，每一枝硕大饱满的花球都仿佛充满着能量，以粉红、浅橙、柠黄、淡绿、湖蓝、青紫等色彩在深绿背景的映衬下进入游人的视野，整个乡景呈现和谐统一的效果。而村内的导向系统、商业店面和活动招幌等服务设施，均在统一的环境色彩基调下展现各自的功效。仅有水道行驶中的游船外壳为亮丽的红色，而游船的乘客座板则为有色相变化的粉色系列，给人以活力呈现。季相的变化，也能为羊角村的乡景营造出不同的环境色彩景象，从而使人们能产生对季节变换带来的期望和美好憧憬。羊角村作为一处开放的美丽之所，这里的村民善于创造，更善于将美丽的乡景色彩传递给世人（图10-16）。

图 10-16　羊角村美丽的乡景色彩

在探究了羊角村美丽的环境色彩配置，尤其是建筑、植物与水体等的色彩协调关系后，可发现整个羊角村的环境色彩配置不仅符合色彩调和原理，而且还形成了羊角村整体和谐的环境色彩景观效果，让人们恍若沉醉在田园诗般的乡景之中。

二、日本乡村"造村运动"中的环境色彩管控

日本从 20 世纪 60 年代初开始实施"乡村振兴运动"，为了振兴乡村及实现城乡一体化的目标，日本发起了立足乡土、自立自主、面向未来的"造村运动"。在政府的大力倡导与扶持下，各个地区根据自身的实际情况，因地制宜地培育富有地方特色的乡村发展模式，形成了为世人称道和效仿的"一村一品"（图10-17）。这种乡村发展模式对于推进日本农业现代化转型、解决农民老龄化、乡村空心化等问题具有显著的成效。提出的因地制宜型模式在具体的乡村治理实践中非常讲究具体问题具体分析的思路，通过整合和开发本地传统资源，形成区域性的经济优势，并为打造富有地方特色的乡村宜居环境做出贡献。

图 10-17　日本"乡村振兴运动"中形成的为人称道和效仿的"一村一品"乡村发展模式

（一）日本的"造村运动"及乡村景观营造

第二次世界大战以后，日本经济经过恢复重建时期，在农业领域着手进行农地改革，通过实行自耕农制度促进日本农业实现了第一次转变。20 世纪 50 年代中期，日本进入经济高速增长期，农业发展内在矛盾加剧。一是城乡居民收入差距逐步扩大，农业增产、增效、不增收问题日益突出；二是农村人口不断减少，农村凋敝现象严重；三是农村环境污染严重，农业高投入、高产出的发展模式不可持续。为此日本政府于 1961 年颁布《农业基本法》，认为只有把发展农业生产基础建设与改善乡村生活环境统筹考虑，才有利于实现产业兴旺与生态宜居，由此开启了复兴乡村的造町运动，又名造村运动。最初造村运动是以发展地方产业、恢复衰落农村为目标的复兴乡村治理运动，以"推动农业生产和农村生活环境综合治理，在提高农业生产率的同时，保证生活环境和定居环境的舒适性，建立有个性、有魅力的新农村"。只是随着运动的不断推进，后来造村运动的内容逐渐扩展到乡村生活的各个层面，包括改善景观环境、促进健康和福利、生态保育等，并从乡村走向城市，成为全民进行的社会运动。

日本的造村运动主要是鼓励乡村立足于本地资源，发展具有地方特色的产业，使逐渐衰败的乡村得以复兴。随着大分县时任知事平松守彦所倡导"一村一品"活动的开展，各个地方政府也从所处地区经济发展全局出发，针对当地村落存在的问题做好符合地方需求、具有地方特色的农业生产建设。由此"一村一品"活动也得到不少乡村的响应，并积极采取行动发掘各自乡村具有特色的产品和产业，许多乡村不仅开始对传统建筑等原有历史文化景观进行翻修和再造，还发展特色旅游以延续当地文脉，增加乡村对外吸引的文化魅力。通过实施多年复兴乡村运动，日本在乡村景观营造方面取得了不少显著成效，出现了不少令人心醉的乡村田园风光。

1. 北海道上川郡的美瑛町

美瑛町多丘陵，横跨日本境内许多观光乡镇的联合组织"日本最美村落联盟"总部设于此地。最主要的产业是农业与以农业生产品为原料所衍生的民生工业，如以蔬菜加工为主的食品制造业。由于邻近丘陵地区，树木生长繁茂，木材加工也是此地颇为兴盛的产业。在生产作物方面，美瑛町的主要农作物包括马铃薯、小麦、甜菜、玉米、番茄与稻米。

美瑛町所处丘陵地带上广种的五彩花卉成为其独特景观。春天，成片的绿苗覆盖了山坡，深绿、浅绿交映着，延伸到天际。夏天，是最美的时候：向日葵、薰衣草、凤仙花、美女樱、波斯菊、鼠尾草等各种各样的花卉争奇斗艳，为山坡披上了一层五彩盛装的乡景色彩（图10-18）。到了冬天，可看到一片碧蓝的清池，只见池水清澈，倒映出白雪压枝的树影。偶有一两只鸟儿掠过水面，泛起涟漪。以如诗如画的丘陵风光及花田美景而知名的美瑛町，可以说是日本最著名的乡村之一。

图10-18　日本北海道上川郡的美瑛町

2. 岐阜县大野郡白川乡的荻町

荻町坐落于四面环山的山麓下，地形较为孤绝，且町内水路纵横。村庄分布在庄川河东岸的台地上，核心是113栋引人注目的合掌造，因茅屋的房顶像合起的手掌而得名。合掌造的屋顶十分陡峭，是为了方便大雪滑落以防止冬季的大雪压垮屋顶。合掌造源于当地有着300多年历史的独特建筑，是日本独有的以木梁组成类似山形的屋顶建筑形式，于1995年12月被联合国教科文组织指定为世界文化遗产。

合掌造在荻町构成了一个非常完整的村落,既包括传统的民居、神社、寺庙等,也包括为了新生活之需而增加的一些新建设。对其保护始于1971年,有效促进保护与发展的内在动力:第一,当地村民是保护的真正力量;第二,村民自治机构在保护中发挥了至关重要的协调和推动作用;第三,综合的保护视野和精细的管理方式,即保护对象还包括非合掌式传统建筑,如牌坊、灯笼、石垣墙、石梯、神社、树林、水渠等村落其他有机组成部分,以及民俗文化遗产、古迹名胜、自然景观等;第四,充分考虑村民的利益诉求,始终"以保障村民的正常生活为底线,以提高生活水平为目的";第五,理性发展旅游业,使荻町不但是一处富有浓郁文化传统的遗产地,而且成为富有活力的生活现场。

白川乡地处深山,春夏秋冬的景色都极美。秋季在村内可看到大波斯菊、芒草、金黄色稻穗等,整个村庄都被染成秋色的美丽景色。进入雪季,当大雪完全覆盖了白川乡的山川河流、屋舍农田,美若仙境。在冬季的2个月内,村内共举行6次点灯仪式,届时整个村庄在灯光的映衬下宛如童话世界,尤其是村内成片合掌造建筑在雪景中的模样,堪称世界奇景也不为过(图10-19)。

图10-19 日本岐阜县大野郡白川乡的荻町

3. 奈良县吉野郡的吉野町

吉野町位居奈良县中部,这里坐落有日本第一赏樱名所之誉的吉野山,在日本的古事记和书纪中都有记载。这座山的名气并不在于它的高,而在于从古代起就有的3万株樱树。每年春天,漫山遍野的樱花争相盛开，粉白的花朵营造的浪漫景象，令人赞叹（图10-20）。吉野町依山而建，人们在此不仅可赏春天的绝景千本樱，还可见到夏天苍翠的绿、秋天枫叶的红、冬天冰雪世界的白，这都令人流连忘返。值得一提的是，春天来吉野山所赏满山遍野的樱花均是由吉野町当地村民自发保护的，由此可见村民的素质和公德。这里的樱花也是全日本最美丽的，因此常年都有许多游客慕名前来观光。

图 10-20　日本奈良县吉野郡吉野町，坐落在全日本赏樱最美丽的吉野山之中

4. 熊本县阿苏郡南小国町

南小国町为日本最美村庄联合成员之一。村落位于熊本县著名的活火山阿苏山北部，九州最大的河川筑库川的源流也途经于此，南小国町拥有得天独厚的自然观光资源，美丽的田园风光亦令人陶醉，而以黑川温泉为代表的一众温泉又为南小国町增添了别样魅力（图10-21）。

作为九州乃至全日本都闻名的温泉乡，黑川温泉与那些可以直达、人声喧嚣的温泉有所不同。它位于深山中，历史可追溯到300年前的江户时代。为了吸引更多游客，从20世纪80年代开始，黑川温泉经营者以年轻人为主，他们提出了半径2千米范围内的30家旅馆一馆化建议，道路作为走廊连通各家旅馆，实现旅馆统一化理念，统一旅店招牌及景观等，致力于统一化的温泉环境建设。1986年，当地合力推出了全日本首创的名为"入汤手形"的盖章式木牌。随后，这个隐于深山中的温泉乡逐渐闻名于日本。而此地的温泉旅馆均由当地农家兼业经营，不仅装饰风格统一，而且均设有露天风吕（澡堂）。在这里，见不到花花绿绿的广告牌与闪烁的霓虹灯，只有淳朴自然的田舍风情，因此这里也被誉为最温情的温泉圣地。

图 10-21　日本熊本县阿苏郡南小国町

　　此外，还有日本关西崎埠县古川町、京都府与谢郡伊根町、长野县木曾郡木曾町、山形县最上郡大藏村、北海道阿寒郡鹤居村等，均通过乡村环境整治、传承历史文化、发展特色产业、复兴匠作工艺等"造村运动"及"一村一品"活动的开展，使乡村恬淡舒适的田园生活重现，乡村景观的营造也回归于对大自然的拥抱，直至彰显出乡村自然本身的魅力。

（二）景观法规推行与乡村环境色彩规划

　　日本的色彩规划起源于 20 世纪 70 年代，作为世界上公认色彩规划发展最早、体系最成熟的国家之一，当时由日本色彩研究中心邀请色彩地理学创始人，法国著名色彩设计大师让·菲利普·郎科罗对东京进行色彩研究，并编制了《东京城市调研报告》，在此基础上完成了世界上第一部具有现代意义的色彩规划《东京城市色彩规划》。其后，日本色彩研究中心依此方法在全日本范围内进行色彩规划实践，从而推动日本不少城市和乡村进行色彩规划方面的探究。

　　进入 21 世纪，日本政府于 2003 年制定了"观光立国"的战略，国土交通省也颁布了《美丽国家建设政策大纲》，2004 年日本又通过了全国性的《景观法》，同时通过的还有《实施景观法相关法律》及《城市绿地保全法》三部法规，并统称为"景观绿三法"，以帮助日本各级政府与国民树立正确的景观环境观念，并指导成立了各级景观行政团体，为景观建设管理与公众参与提供了有效途径，对推动日本建设"美丽国家"具有重大意义。

　　而景观法规中与乡村环境色彩规划相关的条目，可见日本《景观法》第二章中的规定。都道县府或市区町村可以制定"景观计划"，并明确规定了景观计划的内容，包括景观计划的范围、形成良好景观的策略、为形成良好景观的行为限制事项、重要景观建筑物及重要树木的指定事项等。其中"行为限制事项"是景观计划具体的指导和管控要求，主要内容是对不同景观区域内的建筑物、构筑物等提出相应的管控要求。色彩管控作为行为限制事项的重要组成部分，也是景观计划中将要涉及的设计内容。

在景观法规的推行下，日本先后成立了近800个景观行政团体，其中近五分之四的景观行政团体均完成了实施具体景观计划的编制任务。同时，日本色彩规划进一步向乡村地区推广和延伸。只是日本的乡村色彩规划编制过程通常简化了色彩调研工作，主要采取普适性的规划经验或者传导上位规划的色彩导向来进行引导，并通过景观计划中的"行为限制事项"进行简单扼要的色彩控制（图10-22），从而对日本复兴乡村目标的实现及通过"造村运动"和"一村一品"活动对乡村进行治理与景观营造起到促进作用。

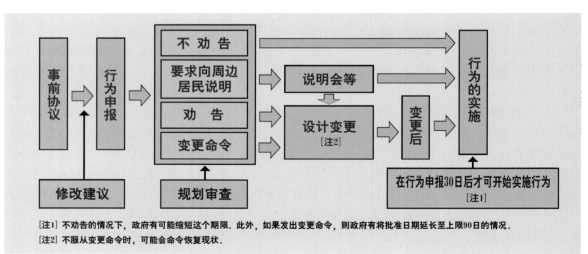

[注1] 不劝告的情况下，政府有可能缩短这个期限。此外，如果发出变更命令，则政府有将批准日期延长至上限90日的情况。

[注2] 不服从变更命令时，可能会命令恢复现状。

图10-22 日本北海道长沼町景观计划行为申报管理流程图

（三）日本乡村环境色彩的管控特征

日本对乡村环境色彩的管控，主要在于通过乡村治理推进乡村环境及景观的复兴，其特征主要包括以下内容。

一是通过管控，协调乡村环境色彩的发展取向。从日本复兴乡村的造村运动中对景观营造的实践看，在乡村环境色彩规划中，由于乡村聚落空间内的乡舍建筑密度与高度普遍较低，以自然色彩为主、人工色彩为辅。乡村聚落多置于森林、田地或草原形成的绿色背景之中，绿色无疑是多数乡村聚落的主色调。另外还有天空、水体等蓝色系列色彩。乡村聚落空间内种植的花卉或观叶树种的季节性变色，还会为乡村带来红、黄、橙、蓝、紫、粉等丰富的点缀色彩。

而日本乡村聚落空间内乡舍建筑的构筑用材多取自周边的天然材料。材料的灰、白、黑、棕或黄等色作为人工色彩，由于取自乡村所处的自然环境，色彩一般为低纯度，乡舍建筑用色也易于与周边自然环境协调。乡村聚落空间内部分宗教、宗祠建筑所用红色与橙色，以及店铺店招、招幌及各类服务设施中所用亮丽色彩，管控得当，即可为乡村聚落空间增加具有变化的人工色彩。只是随着乡村聚落空间内出现乡舍建筑使用现代用材，商业广告招贴及新型服务设施等进入其间，就需要通过管控，协调乡村环境色彩在当下的发展取向。如日本静冈县热海市下多贺町，在町内传统建筑周边使用新型材料所建房屋，即按照"与周边景观相协调的沉稳色彩和素材"进行材料用色选取，以与町内环境色彩统一。福岛县南会津郡下乡町，至今仍保留着江户时代（1603—1868年）风貌的珍贵村庄，为保护村内传统建筑付出了不懈努力，尤其在保护村内传统建筑用色时，延续了江户时代民宅的怀旧风情色彩构成理念，运用色彩调和的思想对村内新建房屋进行色彩引导，并于2009年获"平成百景"等荣誉（图10-23）。

二是通过管控，实现乡村环境色彩的规范表达。日本色彩规划经过几十年的发展，对于环境色彩引导已经形成规范的表达方式，即通过孟塞尔颜色系统，使用色相、明度、彩度三种属性的数据对色彩或配色的范围进行划分与指定。在景观计划中传达色彩管控要求时，主要采取推荐色彩使用范围的规定模式，一般有数值范围表示法和色卡表示法两种表达方法。其中前者主要运用对色相、明度和彩度的数值进行要求来明确推荐色彩的范围，具有全面和准确的表达

图 10-23　日本乡村环境色彩的管控特征

1. 静冈县热海市下多贺町新建房屋用材的色彩选取；2. 福岛县南会津郡下乡町传统建筑用色延续了怀旧风情

效果，只是不方便使用者直观理解。后者主要运用色卡来进行推荐色彩的示例，通常绘制多个代表色相的全明度、全彩度色卡，并将推荐范围内的颜色框选出来，以达到方便使用者理解和应用的效果，从而通过管控，实现乡村环境色彩的规范表达。

三是通过管控，完成乡村环境色彩的流程实施。在日本完成乡村环境色彩的流程实施，主要是基于《景观法》和景观计划来制定的。而日本《景观法》对景观计划的"行为限制事项"提出了明确要求：在景观区域内进行建筑物、构筑物的新建、增建、改建、迁移、改变外观的维修及改变模样或色彩时，应提前将行为种类、场所、设计和施工方式、实施日期及其他规定事项向地方景观行政团体进行申报。

显然，通过管控，完善乡村环境色彩的实施流程，应在法律层面上，通过《景观法》将建筑物、构筑物的全新用色与更改用色等纳入景观行政管辖范围，并采取"事前申报""事前协议"的制度进行管理。而对需要申报的行为，村民或行为主体在操作前需提交《行为申报书》，包含行为种类、场所、施工方式、实施日期等文字内容，另外还需提交包含施工图纸、照片等的图片内容作为申报书的附件。如群马县中之条町对于建筑物变更模样或色彩的最低限制就要求"外墙面积更改不超过 10 平方米"，冲绳县国头郡今归仁村最低限制就要求"超过建筑外墙面积过半"，管理规定就略放松些，这均需从乡村环境色彩的要求来予以管控。

三、沉醉在安徽皖南古村落群的环境色彩之中

皖南古村落群是指以黟县西递村和宏村为代表，包括黄山市所辖唐模村、呈坎村，歙县所辖许村、渔梁村，绩溪所辖龙川村、湖村与磡头村，旌德所辖江村及泾县所辖查济村等星罗棋布于皖南山地丘陵地带的古村落群。这些具有古代徽州共同地域文化背景的历史传统村落，不仅具有强烈的徽州文化特色，成为皖南地域文化的典型代表，而且还奇迹般地保留了中国传统乡村聚居的全貌，成为展现徽派民居建筑特色的文化载体。2000 年，以西递村、宏村为代表的皖南古村落被联合国教科文组织列入《世界遗产名录》，这也是首次把古村落民居列入《世界遗产名录》。

（一）藏在皖南深山中的古村落群

皖南位于安徽省长江以南，即沿平原丘陵区以南的山地丘陵地带，东、南、西三面分别与浙西和赣北低山丘陵连成一片的地域范围。皖南山地可谓是青山环抱、绿水萦回。地域内不仅自然环境优美，而且历史上也少有自然灾害和兵燹匪患。历史上这里道路艰险、河流湍急、交通不便，因此长期处于相对与世隔绝的状态。也正因如此，皖南能够历经千百年物换星移、世事变迁，保留下来大量古人的生活遗迹。其中藏在皖南深山中的古村落群，以其世外桃源般的田园风光、保存完好的村落形态、工艺精湛的徽派民居和丰富多彩的历史文化内涵而闻名天下（图 10–24）。

在皖南深山之中，随便走进山坳中的一个古村，就能见到高耸的马头墙或者矗立的牌坊与祠堂。步入村中至今保存完好的民居宅内，不仅可以窥见"布局之工，结构之巧，装饰之美，营造之精，文化内涵之深"的构筑意匠，还能在其中见到宅主传承几百年的家谱、文书、字画与古玩，那些发黄的纸页、残损的卷帙，恰好是岁月赋予它们高昂身价的依据，更有那些神工鬼斧雕琢出来的雀替、门饰、窗棂，也都在向人们诉说着这里曾经有过的繁华与荣耀。

图 10-24　藏在皖南深山中的古村落群

　　而在皖南古村落群中最具代表的当推黟县的西递村与宏村，其中西递村距黟县县城 8 千米，始建于北宋皇祐年间（1049—1054 年），距今已有近千年的历史（图 10-25）。整个村落呈船形，

图 10-25　距今已有近千年历史的安徽黟县西递村聚落及环境色彩景观

四面环山，两条溪流从村北、村东经过村落在村南会源桥汇聚。村落以一条纵向的街道和两条沿溪的道路为主要骨架，构成东向为主，向南北延伸的村落街巷系统。村落空间布局灵活，街巷和建筑形成协调的关系，村内所有街巷均以黟县青石铺地，古建筑多为木构、砖墙，宅内拥有大量徽州三雕，内外环境色调朴素淡雅。主要景点有胡文光牌楼、追慕堂、笃谊庭、敬爱堂、走马楼、旷古斋、瑞玉庭、笃敬堂、桃李园、西园、东园、惇仁堂、履福堂、青云轩、膺福堂、仰高堂、尚德堂、大夫第、迪吉堂等。2001 年 6 月，西递村古建筑群成为第五批全国重点文物保护单位。

宏村距黟县县城 11 千米，始建于南宋绍兴年间（1131—1162 年），原为汪姓聚居之地，绵延至今已有 800 余年历史。作为 2012 年 12 月命名的第一批中国传统村落，宏村始祖汪彦济 1131 年因遭火灾之患，举家从黟县奇墅村沿溪河而上，在雷岗山一带建 13 间房为宅，是为宏村之始。宏村选址布局的一大特色是平面为 "牛" 形村落，整个村庄若从高处看，宛若一头斜卧山前溪边的青牛。即以雷岗为牛首，参天古木为牛角，民居为牛躯，水圳为牛肠，月沼为牛胃，南湖为牛肚，河溪上架起的四座桥梁作为牛腿。形状惟妙惟肖，有 "山为牛头树为角，桥为四蹄屋为身" 之说。宏村三面环山，布局基本上保持坐北朝南状，基址处于山水环抱的中央。宏村的古建筑皆粉墙青瓦，分列规整，檐角起垫飞翘，整个村落选址、布局和建筑形态强调天人合一、尊重自然、利用自然的理想境界，使宏村村落的整体轮廓与地形、地貌、山水等自然风光和谐统一（图 10–26）。宏村现完好保存有明清民居 140 余幢，主要景点有月沼春晓、南湖风光、南湖书院、双溪映碧、牛肠水圳、亭前古树、明代汪氏宗祠乐叙堂及清代所建承志堂、树人堂等。

此外，在藏在皖南深山的古村落群中，具有鲜明徽派特色的乡村聚落还有以下几个村落。

一是黄山市所辖唐模村与呈坎村，其中唐模村始建于后唐同光元年（923 年），培育于宋元时期，盛于明清时期。徽文化底蕴十分浓厚，古村内有檀干溪穿村而过，全村夹岸而建。高阳桥横跨檀干溪，沿溪两岸的水街分布着近百幢徽派建筑，有民居、祠堂、店铺、油坊等，另有徽派园林——檀干园（孝子湖）、水口、镜亭、同胞翰林坊、沙堤亭等，均为省级文物保护单位。呈坎村原名龙溪，始建于东汉三国时期，距今已有 1800 多年历史，早在宋朝就被著名理学家朱熹赞誉为："呈坎双贤里，江南第一村。" 呈坎村现拥有国家级重点保护文物 21 处，被誉为 "国宝之乡"。呈坎村整个村落的选址布局按《易经》"阴（坎），阳（呈），二气统一，天人合一" 的八卦风水理论来进行，且依山傍水，从高处俯瞰，村落架构仿若一个大的八卦图形，令人称奇。步入村内的 99 条街巷，若遇淡淡轻雾，仿佛置身于一个偌大的迷宫，兜转几圈却又回到原地。故该村又被称作 "八卦村" 和 "风水村"。村内如今依然有许多古迹老宅得以留存，如罗东舒祠、罗进木宅五房厅、罗润坤宅、汪闺秀宅、下屋三宅、燕翼堂、纯爱堂、谷懿堂等，罗东舒祠为第四批全国重点文物保护单位。

二是歙县所辖渔梁村，位于县城东南 1.5 千米，渔梁村在唐代便已具雏形，渔梁的名称由渔梁坝而来，据说该坝为隋朝所建，选用的花岗岩形态似鱼，并用徽式风格榫头将块块巨石牢牢 "锁" 住，并分左、中、右三个水门控制新安江河流，从而既防涝又可防旱。渔梁村内整体格局保存完整，蜿蜒 1 千米的渔梁古街清一色的鹅卵石铺地，俗称鱼鳞街。重楼挑檐、鳞次栉比的木板店铺、庄号与住屋立于街道两侧，遮住了大半街面，作为明清徽商往返徽州的新安古道，古貌留存至今。而街南的渔梁坝和水运码头则是古村最有特色的景观构成要素，渔梁古村因紧靠新安江应运而生，促使其昔日的水运商埠呈现出徽州商业的繁华，为此，2005 年 9 月渔梁村

图 10-26　绵延至今已有 800 余年历史的安徽黟县宏村聚落及环境色彩景观

也被收入了第二批中国历史文化名镇名村名单。

　　三是绩溪所辖磡头村，该村建于明洪武二年（1369 年），是个历史悠久的古村落。在皖南深山众多的古村落中，磡头村可说是最具特色的古村。该村海拔在 1000 米以上，且山环水抱，发源于荆（州）磡（头）岭的云川溪蜿蜒曲折奔腾而来，由南向北呈"S"形穿村而过。村民沿溪谷两岸依山筑舍、就势造房，石阶奇多，甚至有的房屋从门口到床上也须拾级而上，所以村名俗称"磡头"。村内古建筑均为明清时期和民国初年所建，鳞次栉比的民宅均粉墙黛瓦，古貌依旧。沿溪岸的两条街道名为水街，全部用花岗岩石条铺就。水街有 14 古巷、10 古桥、10 古祠、5 古庙、5 古碾、4 古坊、2 古第、1 古楼。沿水街的溪中还筑有 28 处取水石磡，进村但见道道跌水似浅瀑，满耳但闻流水声。站在村外高处眺望，只见层层叠叠的马头墙错落有致、线条流畅、空间舒展、整体和谐，展现出徽派建筑特有的风格，该村已于 2019 年 1 月被列入第五批中国传统村落名录。

　　其他还有歙县所辖棠樾村与许村，绩溪所辖龙川村与湖村，旌德所辖江村及泾县所辖查济村等（图 10-27）。这些古村所构成的古村落群不仅与皖南山地的地形、地貌、山水巧妙结合，

图 10-27 藏在皖南深山中具有鲜明徽派特色的乡村聚落及环境色彩景观

1～2. 安徽黄山市所辖唐模村与呈坎村；3～4. 安徽歙县所辖渔梁村渔梁坝及渔梁古街；

5～6. 安徽绩溪所辖磡头村及沿云川溪岸的水街；7. 安徽歙县所辖棠樾村；8. 安徽绩溪所辖湖村；9. 安徽泾县所辖查济村

并且反映出明清时期有雄厚经济实力的徽商对家乡建设的支持，以及还乡后从村落文化传承到住屋营建方面呈现出的文雅、清高、超脱心态和居住理想，从而使得皖南古村落的文化环境更为丰富，村落景观特色也更为突出。

（二）皖南古村落群的形成及景观

藏在皖南深山中的古村落群，据史料查询可知其经历了"旧石器时期至先秦时期的萌芽期、秦汉时期的雏形期、魏晋南北朝至北宋的形成期、南宋至明中叶时期的发展期、明中叶至清中叶的繁荣期以及清中叶以后的衰落期，以及当今处于大好发展机遇的重生期"。今天人们所见到的皖南古村落遗存，最早的距今已有近千年的历史，即建于北宋皇祐年间的黟县西递村。其他所见多为明清时期兴盛发展起来的古村落，这些留存至今的皖南古村落与其他村落在形态上的区别主要表现在皖南古村落的建设和发展在相当程度上已脱离了对当时农业的依赖。古村落的住民在思想意识、生活方式及审美情趣方面，已超越了当时的乡农和一般市民阶层的水准，保留和传承了与文人、官宦阶层相一致的生活情趣，由此营建出的皖南古村落群具有浓郁的人文气息。这从皖南古村落群中徽派民居建筑的空间布置、结构形式、营造技术、装饰陈设、庭院环境处理中可见一斑，均能体会到当地居民极高的文化素质和艺术修养，以及创造优雅生活空间的美学追求（图 10-28）。

图 10-28　皖南古村落建筑群内外空间造型与环境色彩效果

皖南古村落群在选址上遵循的是有着2000多年历史的周易风水理论及"枕山、环水、面屏"的基本风水模式,因借自然,充分合理地利用了皖南良好的生态山水环境,体现出中国的哲学思想——天人合一的理想境界和对自然环境的充分尊重,注重物质和精神的双重需求,具有科学的基础和很高的审美观念。古村落群布局不仅与地形、地貌、山水巧妙结合,并在明清时期深受儒家文化影响的、经济实力雄厚的徽商对家乡的支持下,营造出皖南古村落群浓郁的文化氛围和审美情趣,古村落群景观也更是充满了诗情画意和乡村田园的淡雅意境。

如今,无论春夏秋冬四季如何变幻,皖南古村落群所呈现出来的依然是美不胜收、让人流连忘返的绝世景观。进入皖南即可见到山水一体、天地融合、人在其中的古村落群,从景观展现的特点中,人们不仅能感知到大自然的无穷魅力,还可在不经意间领略到皖南古村落群景观中所表现出人与人、人与自然的宜居和美,在景观意象上整体呈现出统一、平淡、恬静与和谐的乡村田园文化意蕴。

(三)皖南古村落群及其环境色彩

皖南古村落群的环境色彩景观以清新淡雅为基本风格,可以说是中国古村落景观色彩的奇葩。纵观皖南整个古村落群的环境色彩,以青山绿水的黑白灰为主,典型的中国画意境,用乡村聚落中无彩的色,体现自然的彩,突出自然,山、水、人一体,天地融合,和谐至极。皖南古村落群中的民居建筑采用白色粉墙、黑色瓦片和灰色青砖,墙角多采用灰色的条形青石或鹅卵石堆砌,黑、白、灰组成了古民居建筑的主色调。单纯质朴的白墙、黑瓦颜色,与古村落所处地域清幽秀丽的山川景色融为一体,给人一种淡雅明快的美感。这种水墨画般的隽永意境,渲染出皖南古村落群环境色彩景观中极具地域特色的田园风光(图10-29)。

图10-29　皖南古村落群以清新淡雅为基本风格,构成极具地域特征的环境色彩景观意蕴

近观皖南古村落群,砖、石、木材的使用构成古村落古朴的原始本色。从砖材来看,村中民居建筑多用青砖构筑,青色之外未见其他颜色,一是因为在皖南,当地的壤土烧出的砖颜色多为灰黑色,青砖色彩力求简约、质朴之美;二是在施色上受中国传统文化中色彩使用上的尊卑之分,即宅第多用黑、白、灰三色,这样的色彩造就了徽州古村落的朴素之美。从石材来看,皖南古村落群中遍布徽州青石、麻石等纯石质用材,如村中所见石牌坊、石桥、水池、石狮等

构筑用料多为石材，青石既保持着原始纯朴之美，各种石作雕饰的表现内容也成为后人探究当地民俗、民风的活化石。从木材来看，村中民居建筑内多用木材做梁枋、柱子、斗拱、雀替、门窗、栏板、隔壁及家具与陈设物品，用料硕大，木材外表仅以桐油涂刷，从而彰显出木料的原始本色之美。如果说皖南古村落群呈现出来的原始本色系就地取材、简约而不简单、质朴纯真之美，那么凸显皖南古村落群和谐色彩组合的则是出产这些材料的自然环境。村中粉墙黛瓦、青砖黑瓦的民居建筑色彩之间相互渗透，又与皖南青山翠竹的自然山水互补共鸣，从而构成简约、纯净及诗意婉约的皖南古村落群环境色彩景观水墨丹青画卷（图 10-30）。

图 10-30　皖南古村落群环境色彩景观构成水墨丹青的美丽画卷

　　皖南古村落群的生态文明延续至今，形态与色彩等一直影响着人们对它的感受。就皖南古村落群的形态看，核心就是在满足人与自然和谐共处的基础上，把握好皖南古村落群景观功能和形态的营造，使生态机能与社会功能融合共生，才能创造出合理的景观形态和优美的生态景观。就皖南古村落群的色彩看，色彩之美是多层次的，局部的变化即能体现出事物的特点与节奏。在宏观上更可统一表达人、自然、社会的和谐感与亲近感，展现大自然的生态特征。人们在走进自然的过程中感受到大自然的奇妙，人们的生态意识被唤醒：学会人与自然和谐共生才是生存之道。

　　皖南古村落群地处安徽南部，黄山脚下，风景优美，气候宜人。皖南古村落中的民居建筑布局精巧、错落有致，镶嵌在名山秀水之中，天造地合。皖南古村落群环境色彩景观中的白墙黛瓦朴素淡雅，与青山绿水相映成趣，仿佛是一个远离喧闹的世外桃源。而皖南古村落群的环境色彩之美，美在人与自然的和谐相融，美在文化与生态的完美结合。融于山水之间的皖南古村落群在质朴中透着清秀。多彩的生活、斑斓的色调，渲染出皖南山地间最具诗意的乡村景象。

四、俯瞰新疆布尔津县禾木村的环境色彩

禾木村是新疆维吾尔自治区布尔津县下辖的一座村庄，位于新疆北部阿尔泰山深处的喀纳斯湖区，这里距喀纳斯湖大约 70 千米，靠近蒙古、俄罗斯边境，是喀纳斯民族乡的乡政府所在地。禾木村是现有 3 个图瓦人聚居村落中最远和最大的村庄，其他还有喀纳斯村和白哈巴村。禾木村作为图瓦人的集中生活居住地之一，充满了原始的民族风情，是一个被白桦树、雪山和河流环绕的美丽村庄，也是一个令人神往的北疆民族古村庄。

（一）俯瞰令人神往的北疆禾木村

从新疆阿勒泰地区的布尔津县县城出发，在贾登峪前的路口向东转，便能见到一条风光绮丽的大道。去禾木村的沿途是连绵不断的阿尔泰山脉和美丽富饶的冲乎尔山谷平原，这里水源充足、牧草丰美，绿色的大地上散布着一座又一座牧场。金色的阳光柔和地洒在山谷里，大大小小的牛群、羊群像一簇簇野花点缀其中，时而能看到白色的毡房飘着袅袅炊烟，骑着马儿的牧民悠闲走过……这条大路的终点，就是令人神往的北疆民族古村庄——美丽的禾木村（图10-31）。

图 10-31　令人神往的北疆民族古村庄——美丽的禾木村

禾木村坐落在重重山岭环绕的山间阶地之上，整个阶地由东北向西南呈相对开阔的带状，西侧为由北向南蜿蜒流淌的禾木河，村落所在的阶地两侧山岭上树林密集分布，阶地之上和

周边的山岭之上草甸厚实。优越的水草资源、林木资源构成了禾木村村民生存的基础，也深刻影响着聚居人群的生活方式和空间建造方式。作为图瓦人较为集中的居住地，禾木村总面积为3040平方千米，居住着2000多名图瓦人。

登上河岸高坡的哈登平台俯瞰禾木村，可见禾木村的面积不大，可通过禾木河上的禾木桥进入禾木村。村内有3条由东北向西南的道路，道路也构成了整个村落的空间骨架，并将村中各栋建筑串联起来。村内骨架道路宽阔，木屋沿道路和河流单侧或两侧构筑架设，由木质栅栏围合的木屋房舍呈匀质布置，与家庭生活单元相对应的建造单元明确，在空间形态上直观地体现了人们的生活方式。由于村落建设用地相对开阔、地势较为平缓，村落周边为山体、阶地、白桦林和禾木溪所环绕，使得禾木村具有良好的聚居环境形态（图10-32）。

图10-32　登上禾木河岸高坡的哈登平台俯瞰禾木村，村落布局及秋色美景尽收眼底

禾木村最佳的观赏时节是万山红遍的醉人秋天，可见村内炊烟在秋色中袅袅升起，形成一条梦幻般的烟雾带，胜似仙境。在禾木村周围的小山坡上可以俯视禾木河的全景：空谷幽灵、小桥流水、牧马人在丛林间扬尘而过……当然，无论是夏季的野果还是秋天的落叶，人们总是能在这个多彩的北疆民族乡村中找到惬意与快乐。也正是因为禾木村的原生态美丽景色，在2015年被评为中国十大最美乡村。

（二）禾木村民族风情及景观特色

聚居于禾木村的图瓦人，事实上是蒙古乌良哈部落的人，为晚清《新疆图志》所记载的"乌梁海"人。他们有着独特的语言、风俗、信仰和生活习惯，是一支有着悠久历史的民族，勇敢强悍的图瓦人世代以放牧、狩猎为生，善骑马、滑雪，聚居于深山密林之中，沿袭传统的生活方式。民族风情主要表现在服饰方面，图瓦人多穿蒙古长袍、长靴，饮食以奶制品、牛羊肉和面食为主，常喝奶茶和奶酒。居住的木屋用松木垒砌，有尖尖的斜顶，木屋中饰有蒙古族图瓦人及哈萨克族的生活用品。图瓦人信仰佛教，并受到萨满教的影响，每年都举行祭山、祭天、祭湖、祭树、祭火、祭敖包等宗教祭祀仪式。图瓦人世代生活在山水环境之中，对山、水和火有着宗教崇拜，拥有氏族部落观念和祭祀节庆活动，在一年一度的敖包节中，要举行赛马、射箭、摔跤等竞技活动。图瓦人保存有自己的民族习俗，住俄式原木屋，习蒙古族文字，讲哈萨克语，不与外族通婚，从而在音乐、服饰、器具及婚丧等方面有独特的文化取向。

禾木村有原始、自然的山野风光，风景独特优美，禾木河自东北向西南流淌，原始村落与大草原和谐自然地融为一体。俯瞰禾木村，可见小山坡下的禾木村被分成高低两层错落的村舍，又有白桦林的树梢作为前景，禾木河在桦林的掩映中静静流淌。高坡阴面森林茂密、层林尽染，马鹿、旱獭、雪鸡栖息其间，高坡阳面则绿草满坡、繁花似锦，牛羊漫山遍野觅食撒欢。禾木河流淌在群山环抱的平原上，在绿树的掩映下流经村庄，淡淡的水汽在树林上空形成一条蜿蜒的白带，漂浮在村庄和群山之间。在平原的高坡和洼地上，散布着一座座图瓦人的木屋。这些木屋已成为图瓦人的标志，它有大半截埋在土里，以抵挡这里将近半年大雪封山期的严寒，特别原始古朴，并带有游牧民族的传统特征，只有在禾木村、喀纳斯村和白哈巴村这三个图瓦人聚居村落才能看到。木屋的屋顶、窗框及院子的栏杆上都施用了鲜艳的色彩，十分赏心悦目，当阳光洒在上面的时候，会觉得那么生气勃勃。靠近禾木河的房子大多是老房子，相对村内后建的木屋要矮，木屋上施用的鲜艳颜色在这里换成了岁月的沧桑（图 10-33）。

禾木村的景观特色体现在一栋栋的小木屋和成群结队的牧群上，与雪峰、森林、草地、蓝天白云等构成独特的北疆民族村落牧歌式的乡景。

（三）邂逅秋天禾木村的绚丽色彩

禾木村因典型的原始生态自然风光被称为"神的自留地"。作为中国西部最北的乡村，这里曾经是个封闭的小村庄，人们只能通过骑马或徒步行走很长的路才能抵达。如今禾木村已通公路，不仅方便了村民出入，也让更多的游人可走进禾木村，尤其是秋天更是能目睹这里的绚丽色彩。

每年的九月中下旬到十月初，禾木村就迎来了它最美的秋景，层林尽染的白桦林与小桥流水融为一体，在阳光的照射下闪烁着五颜六色的光晕，像极了童话世界。在禾木村，无论从任何一个位置观看，都是热烈而明朗的金黄色——小河、木屋、炊烟、桦林及禾木门桥上行走的人们（图 10-34）。

清晨，一缕阳光洒在远处的山顶上，山头被染成粉红色，阳光慢慢地穿过村子上空的淡淡水雾，慵懒地斜照下来，似乎不愿打扰这个还在睡梦中的美丽村庄。木屋围栏在阳光的照耀下拉出长长的光影，好像是书写在大地上跳跃的音符。几户早起的人家已经开始准备早饭，屋顶冒出淡淡的炊烟，牲口棚里的牛马也走出来在围栏中悠闲地散步，耐心等待着新一天的开始。

禾木村水源充足、草地丰美，牧场一个接着一个。有时可以看到炊烟缭绕的白色蒙古包，骑着马的牧民悠闲地走过。禾木村秋日的风景让人觉得那么轻松，所有的烦恼和压力都消散了。

图 10-33　禾木村木屋的环境色彩景观及其民族风情

　　牧归时分，白桦树在夕阳的余晖下闪耀着金色的光芒，折射出一幅幅优美、恬静、色彩斑斓的油画。俯瞰禾木村，落日余晖使得整个村庄看上去是玫红色的，太阳慢慢沉入对面雪山的肩头，背后山坡上的森林所笼罩的金色余晖也一点点地褪去，静静流淌的小河在草地上画下弯弯曲曲的细线，远处山顶的积雪用倒影在河面上抹下最后一缕亮色。邂逅秋天的禾木村，五彩斑斓的绚丽色彩，带给人们的是秋天美不胜收的乡村景象（图 10-35）。

图 10-34 邂逅秋天禾木村的绚丽色彩

图10-35 禾木村五彩斑斓的绚丽色彩，带给人们的是美不胜收的乡村景象

第四节 河南信阳市"狮乡美环"总体规划及美丽乡村重点地段整治项目中的环境色彩设计探索

一、河南信阳市"狮乡美环"总体规划及美丽乡村重点地段整治项目解读

（一）规划设计背景

信阳古称义阳、申州，又名申城、茶都，位于河南省最南部，东连安徽，西面及南面接湖北，是江淮河汉间的战略要地，为鄂豫皖区域性的中心城市。"狮乡美环"项目所在的南湾湖位于

城市西南 5 千米处，是一个以山林、岛屿为主体的风景胜地。水域面积为 75 平方千米，由 61座错落分布的岛屿组成，景色秀丽，湖的上游为信阳毛尖主产地，湖中则盛产南湾鱼。

　　南湾湖的周边由 224 省道与 011 及 040 两条县道构成环湖路，并通过省道连接市区及国道，通往全国各地，形成了便捷的交通格局。此项规划的区域即以环湖路外围 1 千米为基准，对规划范围涉及的 4 个乡镇、8 个重点村落及湖区 7 个旅游景点进行整治与规划设计（图 10–36）。

图 10–36　"狮乡美环"总体规划及碧波万顷的南湾湖与绿茶飘香的万亩信阳毛尖茶园

　　此次规划设计系信阳市为落实党的十八大精神提出的美丽乡村建设要求及《国家新型城镇化规划（2014—2020 年）》目标，以适应农村人口转移和村庄变化的新形势，建设各具特色的美丽乡村，以及河南省 2014 年新一轮美丽乡村试点申报工作的需要进行的规划设计项目。任务包括以南湾湖环湖路外围 1 千米为基准、长 84 千米所形成的"狮乡美环"总体规划及乡村重点地段整治设计，以对信阳市美丽乡村建设工作起到促进作用。

（二）规划设计定位

　　河南信阳市"狮乡美环"总体规划及美丽乡村重点地段整治项目的规划设计方案定位，以党的十八大提出的美丽乡村建设精神为指导，围绕科学规划布局美、村容整洁环境美、创业增收生活美、乡风文明身心美的目标要求，挖掘信阳毛尖茶文化，着力推进乡村生态人居体系、乡村生态环境体系、乡村生态经济体系和乡村生态文化体系建设，形成有利于乡村可持续发展的农村产业结构、农民生产方式和乡村消费模式，努力建设全国一流的宜居、宜业、宜游的美丽乡村。

（三）环境色彩设计在乡村建设中的导入

从乡村建设规划设计看，多数设计师在乡村环境营造中尚未将环境色彩设计方法引入其中，也未根据乡村所在地的人文与自然特性进行归纳与提炼，缺乏对环境色彩与乡村空间场所景观关系的深入思考，缺乏对乡村整体环境的分析研究，致使乡村建设规划设计实施后的效果远远达不到乡村环境营造的预期，使得村落景观显得平平无奇，丰富的环境色彩未能得以延续。而将环境色彩设计在乡村建设中导入，不应仅仅停留在对色彩感性的认知上，更需要去理解由感性所主导影响的文化特色，然后理性地结合环境场所的需求和变化，再通过合理的环境色彩设计手法来完成设计方案，是一个感性和理性结合的过程。

此外，在导入环境色彩设计的乡村建设规划中，还需借鉴发达国家乡村环境色彩设计处理的成功经验，并从调查了解需要进行环境色彩的乡村现状资料着手，弄清乡村的地理环境、风土人情和文化特征，了解当地的风土民俗及其历史、文化和未来的发展取向，从乡村环境色彩的调查采集、目标定位、规划原则、详细设计与实施应用等层面来展开河南信阳市"狮乡美环"总体规划及美丽乡村重点地段整治项目环境色彩设计的探索工作。

二、河南信阳市"狮乡美环"总体规划中的环境色彩设计

（一）乡村环境色彩的现状调查

乡村环境可谓色彩斑斓、变化万千，不同地域、不同季节、不同天气与不同时间的乡村呈现出来的环境色彩也不一样，乡村环境色彩的营造需要通过对区域内的现状资料搜集调研及要素分析提炼来实现。河南信阳市"狮乡美环"总体规划中的环境色彩现状调查内容包括对项目所在场地空间中已有的建筑、道路、植物、其他人工设施以及项目邻近环境中对其环境色彩有影响的物体色彩予以采集，并用我们所建构的环境色彩分析表格进行色彩记录。

在上述调查的基础上，从信阳"狮乡美环"总体规划场地环境获取的色彩现状资料中归纳出乡村环境色彩的构成内容，以此作为信阳"狮乡美环"总体规划中环境色彩设计的参考。同时还对所在乡村环境的文脉、用材等色彩信息资料进行搜集调研及要素分析，开始逐步构建当地乡村环境色彩总体框架及确定村落场地环境色彩主调，以实现规划设计色彩和已有乡村环境色彩的调和，同时，确定信阳"狮乡美环"总体规划现状色彩的配置比例，以形成乡村环境色彩设计的组配依据（图 10-37）。

（二）总体环境色彩规划的意向

结合信阳"狮乡美环"总体规划，以满足美丽乡村建设中场地环境特色塑造的需要，主要通过乡村的自然环境、人工构筑与人文传统等层面来表达色彩规划的意向（图 10-38）。

自然环境色彩规划的意向是美丽乡村建设中环境色彩营造最基本的构成要素。自然环境为天然塑造的乡村景观，村落所处的地域不同、气候有差异等因素，使得村落的自然环境色彩千差万别。归纳来看，可以从乡村的天空、水体、地貌、植被、作物等方面来提炼自然环境色彩

图10-37 "狮乡美环"总体规划及美丽乡村重点整治村落
1. 董家河镇睡仙桥村；2. 董家河镇车云山村；3. 狮河港镇桃园村；4. 狮河港镇郝家冲村；
5. 南湾湖湖区；6. 狮河港镇龙潭村；7. 谭家河乡土门村；8. 谭家河乡凌岗村；9. 十三里桥乡黄湾村

的规划意向。信阳"狮乡美环"为中国著名茶乡，绵延数万亩茶园呈现绿色飘香的世界，形成了信阳"狮乡美环"的自然环境色彩主调，也是信阳"狮乡美环"最具地域特征的乡村自然环境色彩魅力所在。

人工构筑色彩规划的意向是美丽乡村建设中环境色彩营造把控的关键，包括聚落建筑、传统民宅相关构筑、便民设施等内容，它们是乡村居民在长期生活、生产、交流、传承以及吸收外来思想的历史过程中逐步建设完成的，也有不少是为满足新的生活与生产需要规划建设的，其环境色彩规划应在传承、更新与再造的基础上，得到村民的认可和赞同，并形成特有的乡村人工构筑色彩的规划意向。

人文传统色彩规划的意向是美丽乡村建设中环境色彩文化内涵体现的价值所在，包括乡村所处区域中广大民众所创造、享用和传承的大众生活文化。它源于人们生活的心理需要，并在特定的聚居群体、时代进程和地域空间中不断形成、扩大及演变，成为民众固定的精神与灵魂的信仰。这种人文传统具体体现在每个村落上，都或多或少形成了具有地域特色的民俗色彩。而信阳"狮乡美环"沿南湾湖各个乡村的特色民居，以及打钉缸、汪家拳、特色婚俗、手工制茶技艺等民俗文化资源，无疑是人文传统色彩规划意向开发的宝库，展现出信阳"狮乡美环"

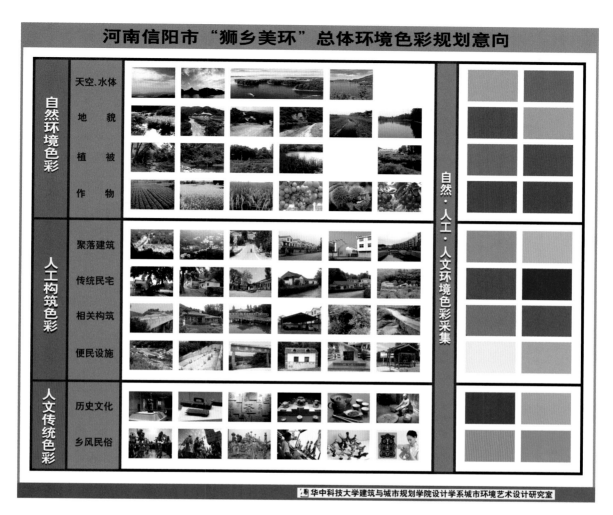

图 10-38　"狮乡美环"总体色彩规划意向

的环境色彩文化特质和审美情趣。

三、河南信阳市"狮乡美环"美丽乡村建设中的环境色彩设计

信阳"狮乡美环"美丽乡村建设涉及南湾湖周边环湖公路沿线 1 千米范围内的 4 个乡镇、8 个重点乡村、7 个主要景点，规划面积为 131.2 平方千米。从环境色彩设计来看，主要按特色村落、重点地段、典型建筑与服务设施的分类来推动乡村建设中的环境色彩设计工作。

（一）特色村落的环境色彩营造

信阳"狮乡美环"美丽乡村建设中的特色村落规划共选点 8 个，其中最具代表性的为位于董家河镇西北部与湖北随州市三道河乡相连的车云山村。该村面积为 4.5 平方千米，人口为

565 人，主要以种植茶叶为生。村内现有茶园 3600 亩（240 公顷），年产干茶 7.5 万千克，是全国十大名茶之一信阳毛尖的发祥地，也是久负盛名的茶叶生产专业村。所产信阳毛尖是上等的生态茶，为毛尖精品，是唐武则天时期的贡茶之一，民间传说在清光绪年间，拔贡程悌隐居于此，见山上常有风云翻滚，状如车轮，遂名曰"车云山"。1915 年，该村茶叶代表信阳毛尖荣获巴拿马万国博览会金奖，是河南省独有的茶叶品牌。车云山毛尖不仅在国内畅销，在国际上也享有盛誉（图 10-39）。

图 10-39 贡茶之村——车云山及环境色彩风貌

1. 特色村落环境色彩营造范围

村落环境色彩营造范围集中体现在对特色村落风貌色彩进行统筹，重点对山村已有房屋建筑，包括拟重建的青龙寺、宏济茶社，新建的普茶亭、佛茶苑等建筑外观色彩以及村内细部设施予以设计。

2. 特色村落环境色彩现状分析

车云山村位于苍翠欲滴的茶树山坳，周边自然环境优越，作为千年古村，村前池水荡漾，村中住屋错落，村后树木茂盛，生态条件良好。只是村内不少近年自建的楼房由于缺少统一规划，使山村环境色彩分布凌乱，缺乏协调性。

3. 特色村落环境色彩规划设计

依据乡村环境色彩特色的成因，结合当地民俗文化及建筑群整治等需要，将车云山村定位为以特色为主的环境色彩营造村落（图10-40）。

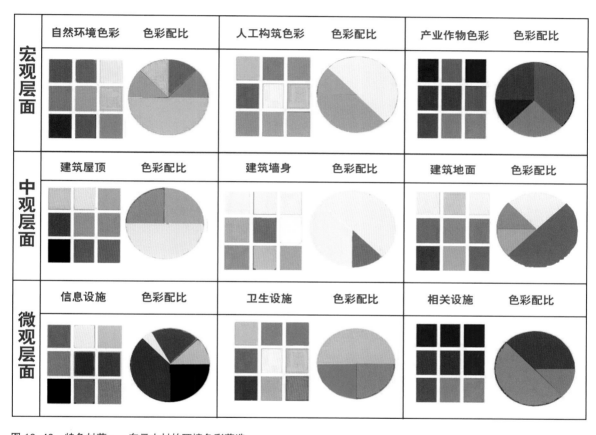

图10-40 特色村落——车云山村的环境色彩营造

首先，在宏观层面上，对车云山村整体风貌色彩予以规划。结合乡村环境色彩建设导则和山村基本形态、布局及整个区域范围的控制性详细规划资料和调查信息，通过功能分区把山村分为自然环境色彩区、人工构筑色彩区、产业作物色彩区。良好的村落界面色彩可以强化乡村内部的色彩识别，美化乡村环境。

其次，在中观层面上，对车云山村房屋建筑色彩进行整治。研究并控制不同材料的色彩比例关系，如木质材料色彩同砖混墙面涂料的比例。通过对风貌较差的房屋建筑外观色彩、材料等予以调整，以实现与该区域色彩的协调。村内道路地面统一恢复为传统街巷石板路和卵石灰砖铺路，以营造出山村特色村落的文化意韵。

再者，在微观层面上，对车云山村细部设施色彩进行设计。内容包括信息类、卫生类、照明类、服务类、交通类、管理类等，这些细部设施随着乡村经济发展延伸出来的具有当地特色的产品已经成为指导乡村总体色彩设计的重要手段，需要在乡村环境色彩设计中适度把控。

最后，在文化层面上，对车云山村品茶文化予以挖掘，将其提高到乡村特色旅游开发的高度来认识，从中提炼出车云山村的民俗文化内涵，使山村的环境色彩设计更具个性特色和美学价值。

（二）重点地段的环境色彩整治

信阳"狮乡美环"美丽乡村建设中的重点整治地段有 10 余处，以董家河镇睡仙桥村特色商业店街与狮河港镇桃园村五道河沿河景观整治最具特点。

1. 董家河镇睡仙桥村特色商业店街景观整治

睡仙桥村位于董家河镇东部，东与南湾乡相接，北与游河乡相连，面积为 7 平方千米，人口有 1142 人，产业以林业、板栗、水稻和茶叶为主。此地有座古桥，相传苏东坡醉酒依靠柳树下的小桥而睡、羽化成仙而得名睡仙桥村。规划睡仙桥村为美丽乡村建设的示范村，计划对沿街立面进行改造，新建民俗博物馆、游客服务中心与入口村民休闲广场。

特色商业店街位于睡仙桥村穿村而过的 011 县道两侧，全长 357 米。规划将穿村县道改线，现有道路两边的民居改造成商业店街。店街环境色彩整治集中在街面，因原有基调过于单调，便从当地特有石材中选用灰褐白色、灰褐浅黄色相间饰面，使店街立面环境色彩更为丰富。为使店街空间更具活力，将雨水花园概念引入，形成独具生态特色的景观效果与环境色彩意象。而流畅的灰白、橘红相间的曲道使商业店街的环境色彩更具动感变化（图 10-41）。

2. 狮河港镇桃园村五道河沿河景观整治

桃园村位于狮河港镇西北部，东邻陡坡村，南与夏家冲村接壤，西与董家河乡相邻，北临南湾水库库区西部尽端。从上游入此处的五道河穿村而过汇入南湾水库，山村环境优美，聚居人口达 2554 人。该村主要产业为茶叶，村民收益较好。桃园村五道河沿河景观整治地段长约 2.57 千米，河床距路面约有 2.8 米高差，沿河两岸一侧为村民住宅，一侧为茶园和林地，河滩中建设了富有当地特色的卵石公园。整治内容为沿河民宅、河道游路及游览服务设施（图 10-42）。

沿河民宅整治为重点，由于民宅多为村民自建，形式均为无特点的多层房。整治中结合豫南民居特征，从造型、用材、做法中提取形态与设色要素，力求在空间布局、外观色彩与内部使用方面满足美丽乡村建设要求及村民各自居家生活的实际需要。就沿河民宅外观色彩而言，提取此处山石冷灰与河中卵石暖灰为墙面色彩，屋顶及山墙屋脊为深灰瓦色。民宅外观墙裙为与墙面色彩相似的深色，均可在当地石材面色中选择。河堤用石垒砌，可与墙裙用色一致，所搭栈桥尽可能用木料本色。河岸一侧的茶园和林地中的寻幽禅径沿茶园中已有采茶小径拓展出一条曲线自然的"如意茶道"，用色为灰白、橘红相间，寓意称心如意，以取吉兆。栈桥则沿着岸边山体蜿蜒，游人可沿山上的木栈道游览并溯水而上，以体会五道河清新的自然气息及清风拂面的惬意感受。

图 10-41　重点地段——睡仙桥村特色商业店街的环境色彩营造

（三）典型建筑与重点设施的环境色彩设计

信阳"狮乡美环"美丽乡村建设中的典型建筑与设施设计有近30项，以谭家河乡土门村韩千岁府老宅更新恢复与凌岗村茶叶交易市场入口牌坊最具特点。

1. 土门村韩千岁府老宅

土门村位于谭家河乡西南部，与狮河港镇黑龙潭、红旗接壤，是谭家河乡生产大山茶的行政村之一。村内韩千岁府老宅位居"韩家素畈"，距土门村中心约1600米。老宅建成至今约有400年，最早的三间房屋建于康熙年间，在康熙至道光年间加盖房屋形成院落，院落坐西朝东。现房屋失修多年，显得阴暗潮湿，仅有部分建筑构件如花窗保存至今，并留有少量道光年间青砖。老宅南、北、西方向为丘陵地及茶田，东侧为耕地和水塘。基于韩千岁府老宅在当地的影响，规划利用韩千岁府老宅现有基础与场地进行更新恢复，将韩千岁府老宅改建为乡风民俗馆及村民文化中心，以使乡村的古朴乡风、草根文化、特色民俗得到继承和发扬（图10-43）。

更新恢复的韩千岁府老宅作为土门村乡风民俗馆及村民文化中心，作为信阳"狮乡美环"美丽乡村建设中的典型建筑，建筑内外环境色彩设计遵循修旧如旧、有机更新的原则。其留存老宅屋面、墙体与基础均保留原有建筑色彩，复建部分色彩虽用新材，但建筑色彩尽可能与保留的原始建筑一致。地面则选用村旁河中的卵石铺装，内外环境中的人工构筑物与服务设施多用原木、河石、钢构等材料本色，加上地方树木与花草的种植，使人工与自然环境色彩以及从人文传统中提炼出来的色彩，共同构成韩千岁府老宅内外空间和谐的环境色彩设计关系。

图 10-42　重点地段——狮河港镇桃园村五道河沿河的环境色彩营造

图 10-43 典型建筑——谭家河乡土门村韩千岁府乡风民俗馆及村民文化中心的环境色彩营造

2. 凌岗村茶叶交易市场入口牌坊

凌岗村位于 224 省道与 040 县道交界口的东南侧，该村茶叶交易市场已成为豫南大型茶叶集散地。由于茶叶交易的时令性，不交易时市场冷清。如何发挥市场功能并提高使用效率和环境层次，为此次整治的重点。整治内容包括增建便于识别的凌岗牌坊，整治住房门前场地，修建停车场与茶叶交易市场前广场，使豫南大型茶叶集散地交易市场的环境层次得以提升。其中牌坊设计最具特色，造型取古篆体"茶"字进行打散重构，以形成牌坊左右造型构筑体形，牌坊局部连接，以确保结构上的稳定性。牌坊柱顶采用钢构仿坡屋顶，柱身采用木质结构造型，基座采用当地石材砌筑而成，刻上"心清凌岗"四个大字。牌坊外观用色以木质结构本色为主，加以灰色钢架与基座石材本色，传达出质朴、清净的豫南茶叶交易市场的环境色彩文化品位（图10-44）。

图 10-44　重点设施——谭家河乡凌岗村茶叶交易市场入口牌坊的环境色彩营造

乡村环境色彩是环境色彩设计探索的崭新领域，它的出现与美丽乡村建设的提出有关。2013年7月22日，习近平总书记在湖北省鄂州市长港镇进行城乡一体化试点的峒山村视察时曾说道："实现城乡一体化，建设美丽乡村，是要给乡亲们造福，不要把钱花在不必要的事情上，比如说'涂脂抹粉'，房子外面刷层白灰，一白遮百丑。不能大拆大建，特别是古村落要保护好。"乡村环境色彩既受自然环境的影响，也受人文传统的作用，而美丽乡村追求的是乡村的个性，追求的是生态、空间与文化的契合（图10-45）。乡村环境色彩的营造需要将新旧环境融合并发挥得恰到好处，在沉淀历史的同时抓住时代的脉搏，积极创造乡村匠心独运的环境色彩印象，以使承载历史、文化和美学信息的色彩在美丽乡村建设中发挥更大的作用，最终营造出"一村一景斑斓色彩，量体裁出如画乡村"和谐的乡村环境色彩文化印象。

图 10-45　和谐的乡村环境色彩文化是环境色彩设计探索的崭新领域

附录 A 书中所用工程设计项目参与人员注

序号	项目名称		时间	参与人员
1	湖北武汉东湖生态旅游风景区梨园大门入口广场外部空间及环境色彩设计		1999 年	万敏、辛艺峰、举白、赵钧一、黄萌
2	湖北武汉东湖国家级风景名胜区清河桥造型及环境设计		2000 年	万敏、辛艺峰、伍特煜、陶若伟
3	贵州荔波县城风貌规划及旧城区主要街道环境色彩保护规划		2008 年	万敏、辛艺峰、苏杰、董文思、张岩、赵旭、游珊珊、罗融、石东明、陈恒、任善丽、李灵芝、朱方琳、许品、刘斌、陈雪
4	合肥安徽柏堰科技园区城市道路绿化环境色彩设计		2008 年	辛艺峰、王峰、傅方煜、董文思、张岩、游珊珊
5	广东深圳南山区南新路街道立面整治规划与环境设计		2009 年	辛艺峰、王峰、陈竞、杨润、王炽
6	广东深圳市深南中路及深南东路西段道路公共服务设施造型与环境色彩设计		2009 年	辛艺峰、王峰、董乔悦、吕苑青、杨润、举白、李大川、朱依欣
7	深圳市滨河大道人行天桥更新改造及其色彩设计	彩田人行天桥	2011 年	王峰、李洁、潘海飞
		车公庙人行天桥		王峰、胡洲、李洁、潘海飞
		上沙人行天桥		王峰、李洁、潘海飞
8	广东珠海主城区道路及广场公共服务设施设置规划设计		2012 年	万敏、辛艺峰、海洋、江吟、许艺凡、刘若昕、谢逸、黄乔、龚道林、刘昉、王雅慧、张鹏、黄河、张岩、王思萌、能瑛、宗子熙、薛雨桦
9	豫中长葛市清潩河景观带的环境色彩设计		2013 年	辛艺峰、傅方煜、游珊珊、王雅慧、黄河、张岩、王思萌、刘丰祺、王冲、袁彩、王品
10	广东新会茶坑村旧乡村建筑内外环境更新改造中的色彩设计		2013 年	辛艺峰、贾才俊、童宪、刘羿
11	河南信阳市"狮乡美环"总体规划及美丽乡村重点地段整治设计		2014 年	万敏、辛艺峰、乐美棚、海洋、李瑶、柯纨、吕彩虹、刘若昕、举白、黄倩、刘书婷、张文毅
12	武汉光电国家研究中心环境色彩设计		2016 年	辛艺峰、黄倩
13	上海市西泗塘西岸滨水空间更新改造及环境色彩设计		2018 年	刘若昕
14	湖北武汉市武昌户部巷历史文化街区更新改造中的环境色彩设计		2019 年	辛艺峰、彭羚正、袁嘉文、姚卓君

参 考 文 献

[1] 吉田慎吾.環境色彩デザイン——調査から設計まで［M］.东京：美術出版社，1984.
[2] 伊顿.色彩艺术［M］.杜定宇，译.上海：上海人民美术出版社，1985.
[3] 大智浩.设计色彩知识［M］.尹武松，译.北京：科学普及出版社，1986.
[4] 尹定邦.装饰色彩基础研究［M］.广州：广州美术学院，1980.
[5] 黄国松.实用美术［M］.上海：上海人民美术出版社，1984.
[6] 赵国志.色彩构成［M］.沈阳：辽宁美术出版社，1989.
[7] 山口正城，琢田敢.设计基础［M］.辛华泉，译.北京：中国工业美术协会，1981.
[8] 阿恩海姆.艺术与视知觉［M］.滕守尧，朱疆源，译.成都：四川人民出版社，1998.
[9] 贡布里希.艺术与人文科学［M］.范景中，译.杭州：浙江摄影出版社，1989.
[10] 孙孝华，多萝西·孙.色彩心理学［M］.白路，译.上海：上海三联书店，2017.
[11] 《色彩学》编写组.色彩学［M］.北京：科学出版社，2003.
[12] 张宪荣，张萱.设计色彩学［M］.北京：化学工业出版社，2003.
[13] 田少熙.数字色彩与环境设计应用［M］.北京：中国建筑工业出版社，2004.
[14] 李广元.色彩艺术学［M］.哈尔滨：黑龙江美术出版社，2011.
[15] 张康夫.色彩文化学［M］.杭州：浙江大学出版社，2017.
[16] 林奇.城市意象［M］.北京：华夏出版社，2001.
[17] 丁圆.景观设计概论［M］.北京：高等教育出版社，2008.
[18] 吴晓松，吴虑.城市景观设计——理论、方法与实践［M］.北京：中国建筑工业出版社，
      2009.
[19] 许浩.城市景观规划设计理论与技法［M］.北京：中国建筑工业出版社，2006.
[20] 张建涛，卫红.城市景观设计［M］.北京：中国水利水电出版社，2008.
[21] 威尔逊，陈晓宇.景观中的现代色彩［M］.北京：电子工业出版社，2015.
[22] 芬克.景观实录：景观设计中的色彩配置［M］.李婵，译.沈阳：辽宁科学技术出版社，
      2015.
[23] 池沃斯.植物景观色彩设计［M］.董丽，译.北京：中国林业出版社，2007.
[24] 施淑文.建筑环境色彩设计［M］.北京：中国建筑工业出版社，1991.
[25] 吴伟.城市风貌规划：城市色彩专项规划［M］.南京：东南大学出版社，2009.
[26] 吉田慎吾.环境色彩设计技法——街区色彩营造［M］.北京：中国建筑工业出版社，
      2011.
[27] 《建筑设计资料集》编写组.建筑设计资料集 (1)［M］.北京：中国建筑工业出版社，
      1995.
[28] 辛艺峰.建筑绘画表现技法［M］.天津：天津大学出版社，2001.
[29] 辛艺峰.建筑室内环境设计［M］.北京：机械工业出版社，2007.

[30] 辛艺峰.城市环境艺术设计快速效果表现［M］.北京：机械工业出版社，2008.

[31] 辛艺峰.室内环境设计理论与入门方法［M］.北京：机械工业出版社，2011.

[32] 辛艺峰.城市细部的考量——环境艺术小品设计解读［M］.武汉：华中科技大学出版社，2015.

[33] 歌德.色彩学［J］.莫光华，译.中国书画，2004(6).

[34] 辛艺峰.城市细节及环境设施设计［M］.北京.机械工业出版社，2021.

[35] 俞孔坚.景观的含义［J］.时代建筑，2002(1)：15-17.

[36] 王云，崔鹏，江玉林，等.道路景观美学研究初探［J］.水土保持研究，2006，13(2)：206-208，233.

[37] 齐伟杰.城市桥梁的景观设计现状和发展［J］.交通世界，2017(14).

[38] 王毅娟，郭燕萍.现代桥梁美学与景观设计研究［J］.北京建筑工程学院学报，2004(3).

[39] 金轶峰.现代城市滨水景观规划设计要点探析——上海国际友好城市公园设计［J］.上海建设科技，2014(4).

[40] 江鸿.城市滨水区景观规划设计理论及应用研究［J］.科技与创新，2015(12).

[41] 薛恩伦.荷兰风格派与施罗德住宅［J］.世界建筑，1989(3).

[42] 辛艺峰.现代城市景观个性创造的重要因素——城市的环境色彩设计［C］//1989年中国流行色协会学术论文集.1989.

[43] 辛艺峰.风景园林专业构成教育刍议［C］//武汉城市建设学院高教研究室.城建高教研究.1991(1).

[44] 辛艺峰.城市景观与环境色彩设计［J］.流行色，1992(4).

[45] 辛艺峰.浅析建筑外观色彩设计的特殊性质与审美作用［C］//第二届建筑与文化研究会论文集.1993.

[46] 辛艺峰.试论色彩在建筑外观设计中的特性与作用［C］//中国流行色协会学术论文选编.1995.

[47] 辛艺峰.对建筑外观色彩设计的思考与展望［J］.装饰装修天地，1995(6).

[48] 辛艺峰.论建筑外观的色彩设计［C］//中国室内设计学会.1995年青岛年会论文集.1995.

[49] 辛艺峰.走向新时期的城市环境色彩设计［J］.新建筑，1995(4).

[50] 辛艺峰.试论现代城市的环境色彩设计［J］.城市，1995(2).

[51] 辛艺峰.试探色彩在建筑外部环境艺术设计中的应用［J］.长江建设，1997(5).

[52] 辛艺峰.论建筑外部环境的色彩设计［J］.广东建筑装饰，2001(5).

[53] 辛艺峰.建筑外部环境艺术设计中的色彩应用研究［J］.重庆建筑大学学报，2002(5).

[54] 辛艺峰.现代城市环境色彩设计方法的研究［J］.建筑学报，2004(5).

[55] 辛艺峰.南方喀斯特地区城镇地域特色塑造中的环境色彩设计研究——以贵州荔波县城区为例［M］//2012年中国流行色协会学术年会论文集.北京：中国科学技术出版社，2012.

[56] 辛艺峰.基于城市滨水区域的环境色彩设计探析——以豫中长葛市清潩河景观带设计为例［M］//2013年中国流行色协会学术年会论文集.北京：中国科学技术出版社，2013.

[57] 辛艺峰.历史建筑内外环境更新改造中的色彩设计探索——以广东新会茶坑村旧乡府建筑

为例［M］//2014 年中国流行色协会学术年会论文集［M］.北京：中国科学技术出版社，2014.

[58] 辛艺峰．"美丽乡村"建设中的乡村环境色彩设计考量——以河南信阳市"狮乡美环"总体规划及美丽乡村重点地段整治设计为例［J］.流行色，2015(1).

[59] 辛艺峰．建筑外部环境中色彩设计的作用与方法研究［J］.流行色，2016(12).

[60] 辛艺峰．城市桥梁景观中的环境色彩设计探究——武汉"长江主轴"规划范围内长江大桥组群环境色彩景观解读［C］//2017 中国国际时尚创意论坛论文集.2017.

[61] 辛艺峰．砖茶之乡——鄂东南赤壁羊楼洞古镇风貌演变及其特色传承［J］.室内设计，2020(1).

[62] 辛艺峰．乡情依旧话古村——鄂东南大冶水南湾［J］.档案记忆，2020(6).

[63] 辛艺峰．乡村振兴背景下的荆楚匠作之美——湖北清江流域土家族聚落石作雕饰技艺传承及价值呈现［C］//"荆楚文化与乡村振兴"学术研讨会论文集.2021.

[64] 辛艺峰．彩练当空——武汉长江大桥组群中的环境色彩景观重塑及其审美价值显现［M］.中国土木工程学会桥梁及结构工程分会.第二十五届全国桥梁学术会议论文集.北京：人民交通出版社，2022.

[65] 辛艺峰．万里长江第一桥的六十五载——《南北天堑变通途》画作的历史追忆［J］.中国建筑教育，2022(28).

著后语 环境色彩理论构建及景观设计实践探究之四十载

　　《环境色彩的学理研究及景观设计实践探索》是笔者以近四十年来进行环境色彩探究取得的学术与设计创作成果为依托，在主持华中科技大学建筑与城市规划学院409城市环境艺术设计研究室二十余年、带领研究团队在环境色彩研究方向将设计理论应用于实践探索过程中完成的一部具有前瞻性的学术著述。自《环境色彩的学理研究及景观设计实践探索》首版问世至今，已逾五年。

　　在过去的五年里，尽管全球新冠疫情对经济和城乡建设带来了巨大冲击，但在整个工程景观领域，景观设计理论及应用实践仍然紧随绿色低碳、生态宜居、安全健康、节能环保、文化传承、科技创新、智慧高效等新概念、理论与技术的不断推出，有了长足的发展，取得了不少新的成果。基于这样的变化，对出版的"工程景观研究丛书"进行修订也成为必然，可彰显时代进步，为实现全面推进美丽中国建设、人与自然和谐共生发展的目标贡献力量。

　　这五年来，在环境色彩的理论及景观设计实践的持续探究中，领域内涌现了众多设计成果，涵盖了视觉传达、产品造型、服装服饰、空间营造、数字媒体、公共艺术等多个方面。在理论探究方面，我们见证了从需求到必然、从观念到实践、从外来到本土、从整体到细节的发展变化；在实践应用方面，环境色彩的应用已从传统拓展至现代、从室内延伸至室外、从建筑扩展至景观、从城市伸延至乡村；而在研究方法上，环境色彩的理论与实践探究更是以定性到定量、感悟到验证，以及指引与移植、模仿与替代等举措来展开。针对上述变化，修订后的著述从以下几个方面对五年来环境色彩理论构建及景观设计实践探究进行了更深入的梳理，以把握著述的前沿性。

　　一是在保持首版框架结构的前提下，随着对环境色彩理论构建及景观设计实践探究方面认知的深入和领域的拓展，修订后的著述增加了"城市空间特色营造与环境色彩设计"与"历史文化景观的环境色彩设计"两章，另对"滨水工程景观的环境色彩设计""建筑外部空间的环境色彩设计"等章的设计理论、方法叙述及相关案例列举进行了充实与优化，以及时反映时代发展在环境色彩理论构建及景观设计实践探究方面的最新动向。修订后的著述全书从八章增为十章，扩大了环境色彩理论及景观设计实践探究的范畴。

　　二是修订后的著述在首版对21世纪以来国内城市环境色彩规划设计实践与探索方面具有代表性的项目进行归纳的前提下，对环境色彩专项引入城乡规划设计完成的应用实践项目进行了总结，并从环境色彩规划设计在城市历史风貌及其旧城文化保护区维护、城市景观特色规划及空间形象设计重塑、城市开发新区整体规划及环境设计创新、城市标志建筑造型及内外环境空间营造，以及色彩表示系统建构及传统建筑色彩调研等多个层面取得的相关成果进行梳理，以系统展现环境色彩景观设计实践应用的发展概貌。

三是修订后的著述在首版环境色彩理论构建及景观设计实践应用相关案例剖析和探究成果呈现的基础上，各章均增加了国内外环境色彩景观设计实践应用层面最新的案例和成果，其中也包括这五年来笔者在环境色彩理论构建及景观设计实践探究方面完成的有特色的设计成果。

在修订过程中，笔者除增撰书稿文字与增配实拍图片，充实案例与应用设计成果，还在相关章节新增内容中列出参与设计工作的机构和人员，诸如第五章第四节"深圳市深南中路及深南东路西段道路环境色彩分析与公共服务设施设计"中注明案例由深圳市汉沙杨景观规划设计有限公司提供，并由王锋总设计师指导设计，设计配图由笔者指导的硕士研究生（2017级董卉悦与吕苑青、2009级杨润、2013级举白等）完成。第七章第四节"上海市西泗塘西岸滨水空间更新改造及环境色彩设计"由笔者指导的2012级硕士研究生、现上海市政工程设计研究总院（集团）有限公司景观规划设计研究院刘若昕设计师提供项目背景文字内容，并完成设计及配图绘制工作。第八章第三节"武汉户部巷历史风貌街区更新改造中的环境色彩设计"的配图由笔者指导的2017级硕士研究生彭羚茝绘制。第九章第三节"建筑外部空间环境色彩设计案例剖析"中"公立常青藤——美国密歇根大学安娜堡分校校园建筑造型与环境色彩"由2016年9月至2019年6月在美国密歇根大学安娜堡分校工程学院攻读硕士学位的辛宇提供相关文稿与实拍图片；"足球的魅力与颜值——2022年卡塔尔世界杯体育场建筑造型与环境色彩"由2022年9月至今在美国攻读博士学位的2022级博士研究生辛宇，于2022年11月赴卡塔尔观看2022年卡塔尔世界杯足球赛后提供相关文稿与实拍图片。第九章第四节"建筑外部空间环境色彩设计实践应用"中"科技与艺术的融合——武汉光电国家研究中心公共空间及环境色彩设计"由笔者指导的2013级硕士研究生黄倩撰写并绘制配图；"武汉东湖生态旅游风景区梨园大门入口空间广场公共服务设施及环境色彩设计"由笔者指导的2017级硕士研究生黄萌等绘制配图。第三章使用的美国底特律河沿岸的城市景观与卡塔尔多哈伊斯兰艺术博物馆临海环境色彩景观印象，以及美国的实景图片均为辛宇拍摄和提供，特在此注明。本书在撰写中参考、引用了大量文字、图片和设计案例，在此向所有为本书提供帮助、支持的相关人士表示诚挚的谢意！

本书对于环境色彩理论及景观设计实践应用的探索对当下国家全面推进美丽中国建设、实现人与自然和谐共生发展目标具有学术价值和现实意义，并为绘就各美其美、美美与共的美丽中国新画卷增光添彩。

辛艺峰

2023年10月于武汉华中科技大学韵苑